U0322415

曹 岩　白 瑀　主编　　万宏强　副主编

化学工业出版社
·北京·

本出版物以最新标准为依据，采用手册与三维图库相结合的形式，手册和图库可以独立使用，提高了使用的灵活性和方便性。书中主要内容包括小型系列组合夹具标准件技术设计参数，中型系列组合夹具标准件技术设计参数，大型系列组合夹具标准件技术设计参数，H 型孔系组合夹具标准件技术设计参数，K 型孔系组合夹具标准件技术设计参数，以及软件的安装、卸载与使用等。基于三维 CAD/CAM 软件 SolidWorks 建立的三维标准件库，内容包括各类组合夹具的标准数据和相应的三维标准件库。使用手册和三维图库进行设计和制造方面的工作，一方面可以避免设计者繁琐的标准件绘图工作，提高设计效率；另一方面也可以提高设计的标准化程度，降低错误发生率。

本出版物内容实用、使用简捷方便，可供机械、车辆、船舶、铁路、桥梁、建筑、工具、仪器、仪表等领域的工程技术人员和 CAD/CAM 研究与应用人员使用，也可供高校相关专业的师生学习和参考。

图书在版编目（CIP）数据

组合夹具手册与三维图库（SolidWorks 版）/ 曹岩，白瑀主编. —北京：化学工业出版社，2012.11

（制造业信息化三维模型资源）

ISBN 978-7-122-15402-6

ISBN 978-7-89472-655-1（光盘）

Ⅰ. 组… Ⅱ. ①曹… ②白… Ⅲ. 组合夹具-计算机辅助设计-应用软件 Ⅳ. TG754-39

中国版本图书馆 CIP 数据核字（2012）第 231702 号

策划编辑：刘海星 王思慧 张 立　　装帧设计：王晓宇

责任编辑：李 萃 孙 炜

出版发行：化学工业出版社（北京市东城区青年湖南街 13 号 邮政编码 100011）

印　　装：化学工业出版社印刷厂

787mm×1092mm　1/16　印张 $20^{1}/_{4}$　字数 525 千字　2013 年 1 月北京第 1 版第 1 次印刷

购书咨询：010-64518888（传真：010-64519686）　售后服务：010-64518899

网　　址：http://www.cip.com.cn

凡购买本书，如有缺损质量问题，本社销售中心负责调换。

定　　价：198.00 元（含 1DVD-ROM）

前　言

夹具是机床加工系统的重要组成部分，能够提高机床的加工能力和效率，保障加工精度和降低操作强度。通常，夹具可以分为通用夹具、专用夹具和组合夹具。组合夹具用于解决专用夹具设计制造周期长的问题，可分为槽系组合夹具和孔系组合夹具两大类，也有孔槽结合的组合夹具。组合夹具是在机床夹具零部件标准化基础上发展起来的，由一套结构、尺寸已经规格化、系列化和标准化的通用元件和合件组装而成，具有灵活多变、适应范围广、可重复使用等特点；能够缩短生产准备周期，节省人力物力，减少夹具存放库房面积和简化管理工作；缺点是外形尺寸较大、笨重、刚性较差、一次性投资费用较高等。

CAD/CAM 广泛应用于产品的设计、分析、加工仿真与制造等过程，并取得了显著效果。但是在设计过程中，有大量的绘图工作涉及标准件。生产实践证明，标准件具有优良的性能，采用标准件能够保证产品的质量，同时也能够降低企业的生产成本。由于这些零部件的数量大、结构形式多，不仅绘图过程非常繁琐，而且还要反复查阅手册，寻找数据。因而，迫切需要一种直观方便、快捷准确地绘制标准件的方法，使用户能够灵活地调用标准件，生成所需要的模型。

现有的 CAD/CAM 系统均不提供组合夹具技术资料和三维图库，工程技术人员仍然需要使用传统的纸质工具书、手册、相关书籍进行资料查询及三维标准件建模，为此迫切需要建立一个标准件库，以有效地积累设计成果，实现在设计过程中对已有设计资源及成果最大限度的使用，避免重复劳动，从而提高设计质量与效率。标准件库是将各种标准件或零部件信息存放在一起，并配有管理系统和相应 CAD/CAM 标准接口的软件系统。用户可以通过标准件库查询、检索、访问和提取所需的零件信息，供设计、制造等工序使用。

本出版物所配的三维图库是基于 SolidWorks 软件开发的。SolidWorks 是一套机械设计自动化软件，采用了用户熟悉的 Microsoft Windows 图形用户界面。使用这套简单易学的工具，机械设计师能够快速地按照其设计思想绘制草图，尝试运用各种特征与不同尺寸，制作模型和详细工程图。由于其内容丰富、性能先进而稳定，被广泛地应用于机械、电子、交通运输、航空、航天等行业。

本出版物采用手册与三维图库相结合的形式，其手册和三维图库可以独立使用，提高了使用的灵活性和方便性。在分析和总结组合夹具资料的基础上，本书以最新的标准为依据，主要内容包括组合夹具基础理论，小型系列组合夹具标准件技术设计参数（包括基础件、支承件、定位件、导向件、压紧件、紧固件、其他件等），中型系列组合夹具标准件技术设计参数（包括基础件、支承件、定位件、导向件、压紧件、紧固件、其他件等），大型系列组合夹具标准件技术设计参数（包括支承件、定位件、导向件、压紧件、紧固件、其他件等），H 型孔系组合夹具标准件技术设计参数（包括多夹具基础件、基础件、定位件、压板类件、系统附件、紧固件、钻模类件、成组定位夹紧件等），K 型孔系组合夹具标准件技术设计参数（包括基础件类、支承件类、其他件类等），以及软件的安装、卸载与使用等。

配套光盘中的三维图库是根据组合夹具的结构参数进行详细分类，并分析其结构特征而建立的三维标准件库。三维图库具有良好的人机交互界面、易学易用、方便快捷，能够实现对标准件的查询、检索及调用，自动生成用户所需的标准件三维模型，供用户进行设计或制造等工作使用。

使用《组合夹具手册与三维图库（SolidWorks 版）》进行设计和制造方面的工作，一方面可以避免设计者进行繁琐的标准件绘图工作，提高设计效率；另一方面也可以提高设计的标准化程度，降低错误发生率。另外，本出版物还具有如下突出特点。

（1）采用手册和图库相结合的形式，弥补了传统组合夹具纸质手册工具书功能上的不足，大大提高了本出版物的实用性。

（2）本出版物中的所有图片均采用矢量化二维图形与三维模型渲染图相结合的形式呈现，清晰直观，使用方便。

（3）三维图库软件系统根据工程技术人员的使用习惯和最新标准分类，条理清晰，系统性强，资料先进、实用、全面。

（4）提供目录树与查询相结合的方法，便于用户查找相关数据；提供二维矢量图和三维模型渲染图的正常视图和放大视图，其正常视图便于用户快速浏览组合夹具结构，放大视图便于准确、详细地了解其结构。

（5）三维图库软件系统能够独立于各 CAD/CAM 系统运行，即使用户的计算机没有安装相应的 CAD/CAM 系统，也可作为组合夹具数据库正常运行，为用户提供各种标准数据的检索服务。

本书由曹岩、白瑀担任主编，万宏强担任副主编。其中，曹岩、白瑀负责全书内容组织与统稿、图库构架设计与系统开发、数据校核、软件封装等。主要编写人员有曹岩、白瑀、万宏强、姚敏茹、杜江、姚慧、方舟、张小粉等。其中，第 1 章主要由方舟编写，第 2 章主要由姚慧编写，第 3 章主要由姚敏茹编写，第 4 章主要由白瑀编写，第 5 章主要由万宏强编写，第 6 章主要由杜江编写，第 7 章主要由张小粉编写。感谢李佳、贠江剑、柴新峰、潘文辉、邓滏炎、吴万欣等在图库开发中所做的工作。

由于编者水平所限，疏漏和不足之处在所难免，望读者不吝指教，编者在此表示衷心的感谢！

编　者

2012 年 10 月

目　录

第 1 章　组合夹具基础理论

1.1　组合夹具的概念及组成

1．组合夹具的概念

组合夹具是在机床夹具零部件标准化基础上发展起来的一种新型的工艺装备。它是由一套结构、尺寸已规格化、系列化和标准化的通用元件和合件组装而成的。可见，组合夹具就是一种零部件可以多次重复使用的专用夹具。生产实践表明，与一次性使用的专用夹具相比，组合夹具具有以下特点。

（1）使用灵活、适应范围广，可大大缩短生产准备周期。

（2）可节省大量人力、物力，减少金属材料的消耗。

（3）可大大减少存放专用夹具的库房面积，简化了管理工作。

与专用夹具相比，组合夹具也存在外形尺寸较大、笨重刚性较差等不足。此外，由于所需元件的储备量大，故一次性投资费用较高。

用组合夹具加工工件，同用其他夹具一样，必须使被夹工件相对于夹具和刀具的位置固定不变。为了达到这一目的，应该限制工件对于夹具所有可能的相对运动。这就是说，应该在工件上选择适当的定位基准面，在夹具上分布与之适应的支承点，以限制工件对于夹具所有的自由度。定位基准面和支承点的数目和分布是按六点定位原则确定的。

2．组合夹具系统的类型

组合夹具按组装时元件间连接基面的形状，可分为槽系和孔系两大类型。

（1）槽系组合夹具以槽（T 形槽、键槽）和键相配合的方式来实现元件间的定位。因元件的位置可沿槽的纵向做无级调节，故组装十分灵活，适用范围广，是最早发展起来的组合夹具系统。

（2）孔系组合夹具的主要元件表面为圆柱孔和螺纹孔组成的坐标孔系，通过定位销和螺栓来实现元件之间的组装和紧固。

组合夹具的类型与用途如表 1-1 所示。

表 1-1　组合夹具的类型与用途

名称	定位方式	系列标准	应用范围
槽系组合夹具	通过定位键与槽确定元件之间的相互位置	根据定位槽的宽度尺寸可将槽系组合夹具元件划分为 16mm、12mm、8mm（或 6mm）三种型号，即大型、中型和小型组合夹具元件	用于组装车、铣、刨、磨、钻、镗等普通机床使用的夹具，以及检验、焊接和装配夹具等。通过对元件的改进与创新，槽系组合夹具在加工中心和数控机床上的应用也不断扩大

续表

名称	定位方式	系列标准	应用范围
孔系组合夹具	通过定位销与定位孔确定元件之间的相互位置	根据连接螺纹的直径可将孔系组合夹具元件分为 M16、M12、M8 三种型号，即大型、中型、小型孔系组合夹具元件	由于孔心已构成坐标系，零件加工的位置尺寸依靠数控编程易于自动控制，孔系组合夹具定位精度高，刚性好，组装简单，已成为加工中心、数控机床和柔性生产线的配套夹具，并得到越来越广泛的应用

3．组合夹具的组装

组合夹具的组装是指根据工件的加工要求并按一定的程序选取有关元件和合件进行组合拼装，从而获得所需夹具的过程。

1.2 槽系组合夹具系统

1.2.1 槽系组合夹具的组成

1．槽系组合夹具元件型号系列和使用范围

槽系组合夹具元件按定位槽宽度尺寸可分为 16mm、12mm、8mm（或 6mm）三种型号，又称为大型、中型和小型组合夹具元件。槽系组合夹具元件型号系列和使用范围如表 1-2 所示。

表 1-2 槽系组合夹具元件型号系列和使用范围

槽系组合夹具元件型号系列	可加工工件的最大轮廓尺寸/mm	应用行业
16mm 系列	2500×2500×1000	重型机械、冶金设备、船舶、军工
12mm 系列	1500×1000×500	航空、纺织、轻工、机床、汽车、农机
6mm、8mm 系列	500×250×250	电子电器、仪器仪表

2．我国槽系组合夹具元件编号

槽系组合夹具的元件编号用于表示产品的型、类、组、品种等。以“型”来划分，可将槽系组合夹具元件分为大、中、小三个型，即 16mm 槽系组合夹具的元件称为大型元件，用 D 表示；12mm 槽系组合夹具的元件称为中型元件，用 Z 表示；8mm 或 6mm 槽系组合夹具的元件称为小型元件，用 X 表示。槽系组合夹具的元件的类、组、品种各用一位数字（0~9）表示。第一位数字表示槽系组合夹具元件的“类”，按用途划分；第二位数字表示槽系组合夹具元件的“组”，按形状划分；第三位数字表示槽系组合夹具元件的“品种”，按结构特征划分。

槽系组合夹具元件的规格特征尺寸一般用 $L \times B \times H$（长×宽×高）表示，称为“规格”。如：Z254——180×90×30，表示：中型系列、支承件类、5 组、4 号品种的槽系组合夹具元件，其规格为长=180mm、宽=90mm、高=30mm。

3．槽系组合夹具元件类别

槽系组合夹具元件可分为 9 类。

（1）基础件：包括各种规格尺寸的方形、矩形、圆形基础板和基础角铁等。基础件主要用作夹具体，如图 1-1 所示。

图 1-1　基础件

（2）支承件：包括各种规格尺寸的垫片、垫板、方形和矩形支承、角度支承、角铁、菱形板、V 形块、螺孔板、伸长板等。支承件主要用作不同高度的支承和各种定位支承平面，是夹具体的骨架，如图 1-2 所示。

图 1-2　支承件

（3）定位件：包括各种定位销、定位盘、定位键、定位轴、各种定位支座、定位支承、锁孔支承、顶尖等。定位件主要用于确定元件与元件、元件与工件之间的相对位置，以保证夹具的装配精度和工件的加工精度，如图 1-3 所示。

图 1-3　定位件

（4）导向件：包括各种钻模板、钻套、铰套和导向支承等。导向件主要用来确定刀具与工件的相对位置，加工时起到引导刀具的作用，如图 1-4 所示。

图 1-4　导向件

（5）夹紧件：包括各种形状尺寸的压板，夹紧件主要用来将工件夹紧在夹具上，保证工件定位后的正确位置在外力的作用下不会变动。由于各种压板的主要表面都经过磨光，因此也常被用作定位挡板、连接板或其他用途，如图 1-5 所示。

图 1-5　夹紧件

（6）紧固件：包括各种螺栓、螺钉、螺母和垫圈等。紧固件主要用来把夹具上各种元件连接紧固成一个整体，并可通过压板把工件夹紧在夹具上，如图 1-6 所示。

图 1-6　紧固件

（7）其他件：包括上述六类元件以外的各种用途的单一元件，如连接板、回转压板、浮动块、各种支承钉、支承帽、二爪支承、三爪支承、平衡块等，如图 1-7 所示。

图 1-7　其他件

（8）合件：指在组装过程中不拆散使用的独立部件。按其用途可分为定位合件、导向合件、夹紧合件和分度合件等。

1.2.2　槽系组合夹具元件技术条件

在槽系组合夹具元件通用技术条件（JB/T 7180—1994）行业标准中规定了 6mm、8mm、12mm 和 16mm 四种型号槽系组合夹具元件的技术要求，对各种元件的材料、热处理、螺栓强度、元件主要加工部位的尺寸精度、表面粗糙度、角度公差、形位公差以及 T 形槽和键槽的倒角等作出了规定，是槽系组合夹具元件设计、制造与成品检验的依据。

槽系组合夹具元件选用的材料和热处理条件如表 1-3 所示。槽系组合夹具元件的连接强度取决于槽用螺栓和 T 形槽唇口的强度。双头螺栓、槽用螺栓、关节螺栓和过渡螺栓用 40Cr 钢制造，淬火硬度 35～40HRC，具有较高的强度和较长的寿命，M12×1.5 螺栓的许用拉力应不低于 1000kN，细牙螺纹自锁能力强，使得螺纹连接安全可靠，从而保证夹具使用安全可靠。基础板、支承件和定位件用20CrMnTi优质合金钢制造，渗碳、淬火硬度54～62HRC，保证T形槽唇口具有较高的强度和耐磨性，以及一定的韧性。槽系组合夹具元件关键加工部位的尺寸精度、表面粗糙度、位置公差和简要说明如表1-4和表1-5所示。

组合夹具元件的精度比较高，因此组合夹具元件生产企业需要具备一定的精密加工和专业检测的能力，元件的质量检测与验收执行已颁布的槽系组合夹具元件成品检验方法 JB/T 8048—1995 行业标准。该标准规定了槽系组合夹具元件成品的检验方法、量具的选用原则，以及元件有关检测尺寸的换算与验收的规定。

表 1-3　槽系组合夹具元件的材料和热处理

元件的类别或名称	选用材料	热处理
简式、方形、长方形基础板	20CrMnTi	渗碳深0.8～1.4mm，淬火58～62HRC
圆形基础板、基础角铁		渗碳深0.8～1.4mm，淬火54～58HRC
支承件、定位件、导向件、合件中用于支承、定位、导向的零件		渗碳深0.8～1.2mm，淬火58～62HRC
平键、T形键、偏心键、过渡键	20	渗碳深0.8～1.2mm，淬火50～54HRC
连接板，两、三爪支承，支钉，支承帽		渗碳深0.8～1.2mm，淬火50～56HRC
定位销、定位盘、轴销、顶尖、对定栓	T10	淬火54～58HRC
高度≤3mm支承环		淬火50～54HRC
固定和快换的钻、镗套		淬火60～64HRC
槽用螺栓、双头螺栓、关节螺栓	40Cr	淬火38～42HRC
厚度≤5mm支承件（垫片）	45	淬火40～44HRC
压紧件、螺钉和螺母、手柄、夹紧合件、拨杆		淬火38～42HRC
平衡铁、连接盘	铸铁	时效处理
钻孔检验棒直径 $\phi\leqslant58$mm	T8A	淬火58～62HRC
高度＞3mm支承环、$\phi70$mm和$\phi90$mm空心镗孔检验棒	无缝钢管	渗碳深0.8～1.4mm，淬火58～62HRC

表 1-4　槽系组合夹具元件主要尺寸的精度和表面粗糙度

元件主要尺寸	尺寸公差或极限偏差	表面粗糙度 Ra/μm	简要说明
键槽、T形槽配合部位	H7	0.8	16mm、12mm、8mm、6mm槽宽尺寸精度H7
定位键配合部位	h6、js6	0.4	键宽16h6、12h6、8js6、6js6
安装定位元件配合孔	H7	0.8	圆基础板中心孔、定位支承定位孔
安装钻套配合孔	H6	0.8	钻模板和镗孔支承安装钻、镗套孔
定位销、盘的外圆直径	g6	0.8	圆形、菱形定位销和定位盘
钻、镗套定位外圆直径	g6	0.4	固定钻套、快换钻套和镗套
钻、镗套刀具导向孔直径	F7	0.8	固定钻套、快换钻套和镗套
检验棒外圆直径	h6	0.4	钻孔和镗孔检验棒

续表

元件主要尺寸	尺寸公差或极限偏差	表面粗糙度 Ra/μm	简要说明
系列支承截面	±0.01	0.4	方形、长方形支承和角度垫板外廓
支承件的槽与基面距离	±0.01	基面的表面粗糙度为 0.4	只有伸长板例外，公差为±0.025mm
安装定位元件孔与基面距离			所有带 ϕH7 定位孔的定位件
安装钻、镗套配合孔与基面或与组装定位横向键槽的距离			所有的钻模板和镗孔支承
基础件槽距普通型（相邻槽距）	≤0.05mm		用于组装普通机床夹具
基础件槽距精密型（任意槽距）	≤0.05mm		用于组装数控机床夹具或组合冲模

表 1-5　槽系组合夹具元件的主要位置公差

元件位置公差项目	确定位置公差数值的主参数/mm	公差等级或公差值/mm	简要说明
Ra=0.4μm 各工作表面的平行度、垂直度	被测面长度	GB/T 1184—1996，4 级	特殊的见表注，垂直度以小面为基准测量大面
圆形元件 H7 精度的槽对槽平行度、垂直度	被测槽长度		圆基础板、定位盘、多齿分度台上的槽
H7 精度的槽对 Ra=0.4μm 基面的平行度、垂直度	被测槽长度		十字槽的基面无垂直度要求，则标注两槽垂直度
H6、H7 精度的孔对 Ra=0.4μm 基面的平行度、垂直度	被测孔长度		钻模板、镗孔支承，定位件上和圆基础板中心孔
同一轴线上 IT6、IT7 级精度的孔、轴的同轴度	大直径＞6	GB/T 1184—1996，7 级	定位销两外圆，定位盘、钻套和镗套的内外圆
	大直径≤6	GB/T 1184—1996，8 级	
同一中心平面上 H6、H7 精度的孔与 H7 精度槽的对称度	T 形槽键槽宽＞6～10	≤0.015～0.03	圆基础板、定位盘、中孔钻模板的中心孔与槽
同一中心平面上 IT7 精度的槽与槽的对称度	T 形槽键槽宽＞10～18	≤0.02～0.04	基础板，伸长板，左右角度支承的上、下槽

注：1. 厚度小于或等于 5mm 的各种垫片、支承环等薄的元件，因加工容易变形，故对其平行度、垂直度不要求，但元件的等厚偏差应在厚度尺寸公差的 1/2 以内。

2. 厚度大于 5mm、小于或等于 12.5mm 的各种垫板、V 形板等元件，在以四个侧面为基准测量上、下大面的垂直度时，由于侧面窄小，影响垂直度检测的稳定性和准确性，为此，将这些元件的垂直度降低为 GB/T 1184—1996 的 5 级，平行度可仍为 GB/T 1184—1996 的 4 级。

3. 两个平面的平行度公差等于或大于两平面距离尺寸公差时，两个平面的平行度由平面距尺寸公差控制，不再标注平行度公差。

4. 根据夹具的使用范围或要求，如组装检测夹具或焊接夹具的元件，需要提高或降低元件的精度，以及改变材质和热处理等，供需双方可以协商解决。

1.2.3　槽系组合夹具元件结构要素

组合夹具元件的结构要素是指影响组合夹具元件强度、刚度和互换性的基本结构、相关尺寸与精度。组合夹具元件结构要素的国家标准（GB/T 2804—2008）对 6mm、8mm、12mm

和 16mm 四种型号组合夹具元件的槽用螺栓、T 形槽、支承件截面、键槽和导向槽、带肩螺母、过孔、沉孔、螺纹孔和螺纹等结构要素进行了规定。

1. 槽用螺栓

槽用螺栓结构形式及尺寸规格如表 1-6 所示。技术要求为：材料（40Cr）；热处理（淬火 35～40HRC）；表面处理（表面氧化）。

表 1-6 槽用螺栓结构形式及尺寸规格 单位：mm

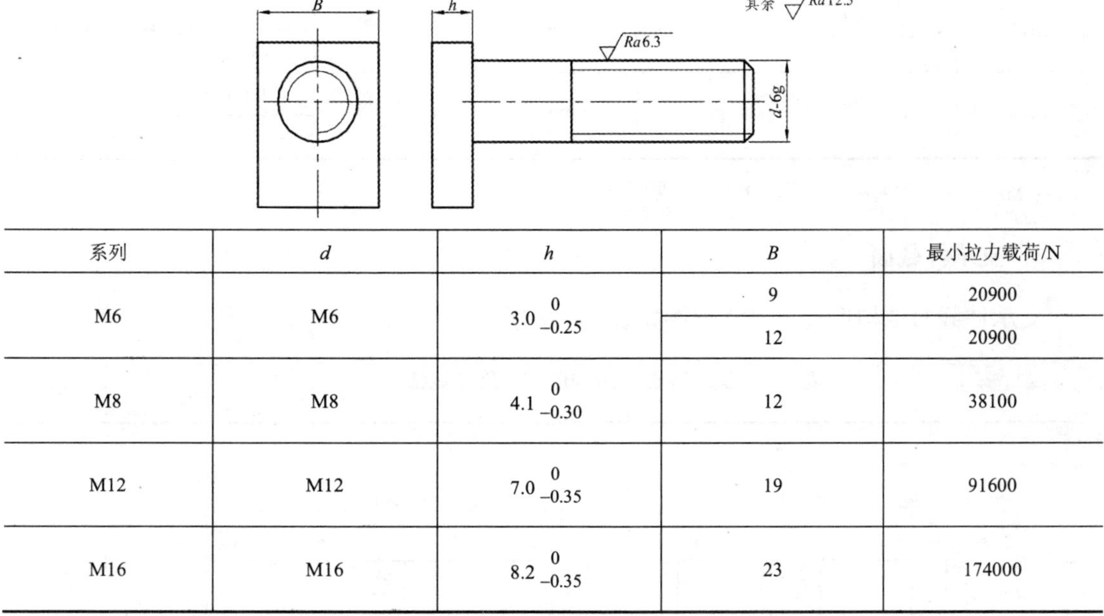

系列	d	h	B	最小拉力载荷/N
M6	M6	$3.0_{-0.25}^{0}$	9	20900
			12	20900
M8	M8	$4.1_{-0.30}^{0}$	12	38100
M12	M12	$7.0_{-0.35}^{0}$	19	91600
M16	M16	$8.2_{-0.35}^{0}$	23	174000

2. T形槽

T 形槽结构形式及尺寸规格如表 1-7 所示。

表 1-7 T 形槽结构形式及尺寸规格 单位：mm

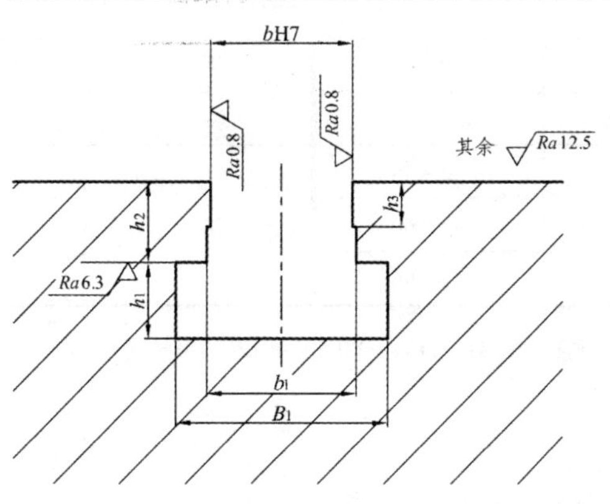

续表

系列	bH7	b_1	B_1	h_1	h_2	h_3
M6	$6^{+0.012}_{0}$	6	9.5	$3.2^{+0.018}_{0}$	3 ± 0.125	2
	$8^{+0.015}_{0}$	8	13			
M8	$8^{+0.015}_{0}$	9	13	$4.3^{+0.018}_{0}$	4.8 ± 0.15	3
M12	$12^{+0.018}_{0}$	13	20	$7.3^{+0.036}_{0}$	6 ± 0.15	3
					10 ± 0.29	4
M16	$16^{+0.018}_{0}$	17	24	$8.5^{+0.036}_{0}$	9 ± 0.18	5
					12 ± 0.35	

注：M8 系列的空刀 b_1=9、h_3=3 亦可按工艺要求做成相应的倒角。

3．支承件截面

支承件截面结构形式及尺寸规格如表 1-8 所示。

表 1-8　支承件截面结构形式及尺寸规格　　单位：mm

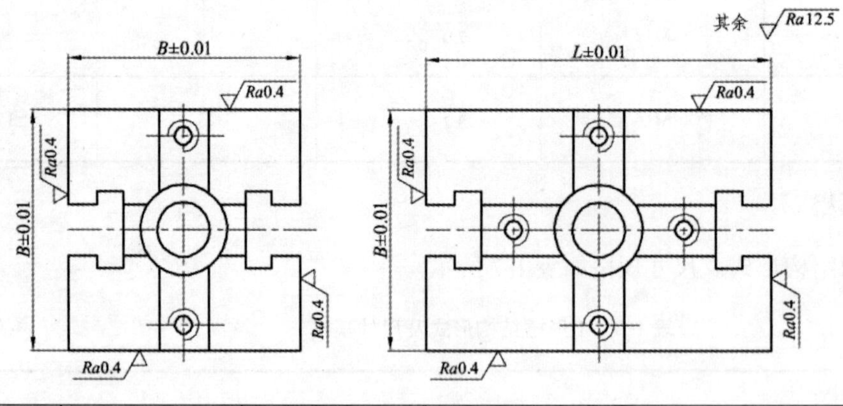

系列	$B\times B$	$B\times L$	系列	$B\times B$	$B\times L$
M6	22.5×22.5	22.5×30	M12	60×60	60×90
M8	30×30	30×45	M16	75×75	75×112.5
M12	60×60	45×60		90×90	60×120
		45×90			90×120

注：*Ra*0.4的面与面间的平行度、垂直度按GB/T 1184—1996附录B表B3中的4级的规定。

4．键槽

键槽结构形式及尺寸规格如表 1-9 所示。

表 1-9　键槽结构形式及尺寸规格　　单位：mm

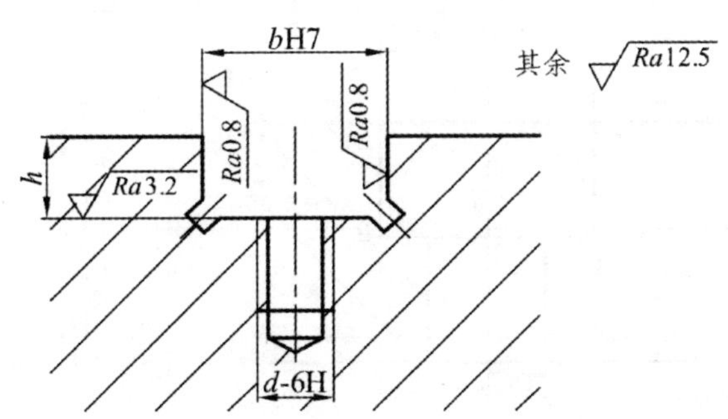

系列	bH7	h	d	系列	bH7	h	d
M6	$6^{+0.012}_{0}$	2	M2.5	M12	$12^{+0.018}_{0}$	3	M5
	$8^{+0.015}_{0}$	2.5	M3	M16	$16^{+0.018}_{0}$	4	M5
M8	$8^{+0.015}_{0}$	2.5	M3				

5．带肩螺母

带肩螺母结构形式及尺寸规格如表 1-10 所示。技术要求：材料（45）；热处理（淬火 35～40HRC）；表面处理（表面氧化）；采用热镦工艺时，带肩螺母头部六方可不加工。

表 1-10　带肩螺母结构形式及尺寸规格　　单位：mm

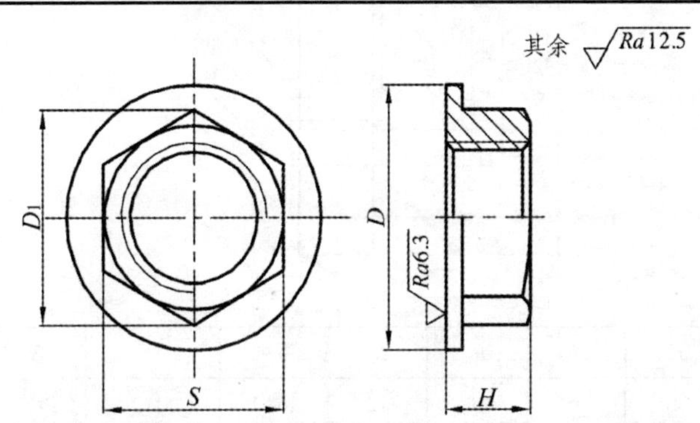

系列	D	H			D_1	S	系列	D	H			D_1	S
M6	10	4.5	6	12	9.2	8	M12	22	7	10	20	18.5	16
M8	14	6	8	15	12	11	M16	30	10	15	30	25.4	22

6．过孔、沉孔

过孔、沉孔（包括腰形孔及其沉孔）结构形式及尺寸规格如表 1-11 所示。

表 1-11　过孔、沉孔结构形式及尺寸规格　　单位：mm

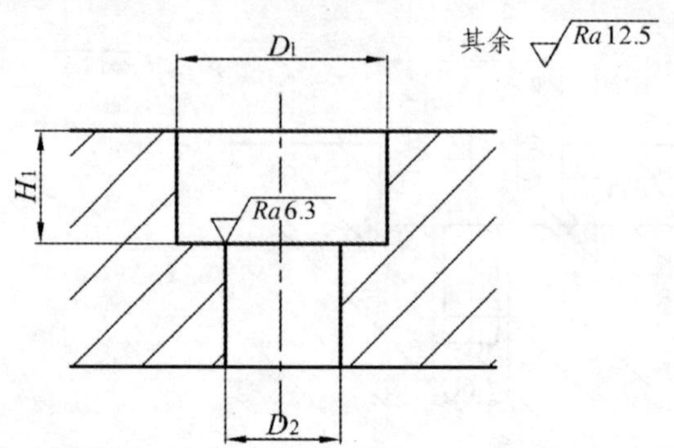

系列	D_1	H_1	D_2	系列	D_1	H_1	D_2
M6	12	≥6.5	6.5	M12	23	≥10.5	13
M8	16	≥8.5	9	M16	32	≥16	17

注：过孔、沉孔的同轴度 ϕ0.6mm（腰形孔及其沉孔对称度为0.6mm）。

7．系列螺纹孔

系列螺纹孔结构形式及尺寸规格如表 1-12 所示。

表 1-12　系列螺纹孔结构形式及尺寸规格　　单位：mm

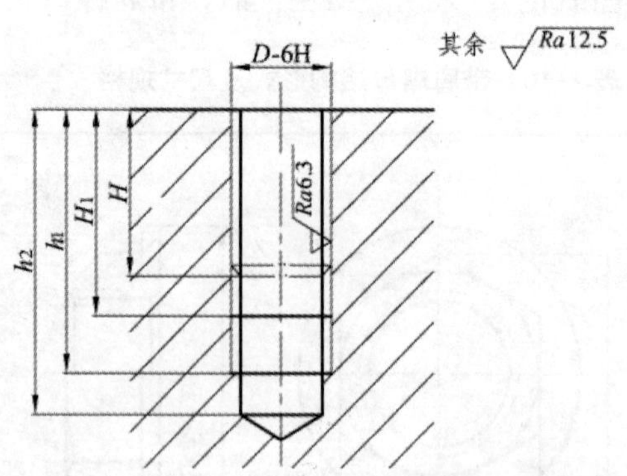

系列	D	H	H_1	h_1	h_2	系列	D	H	H_1	h_1	h_2
M6	M6	≥6	8	10	12	M12	M12	≥12	16	18	24
M8	M8	≥8	10.5	12	16	M16	M16×1.5	≥16	18	24	28
M12	M12×1.5	≥12	16	18	24		M16	≥16	18	24	28

注：H 为嵌入深度；H_1 为螺孔深度。

8．导向槽宽度

导向槽宽度结构形式及尺寸规格如表 1-13 所示。

表 1-13　导向槽宽度结构形式及尺寸规格　　单位：mm

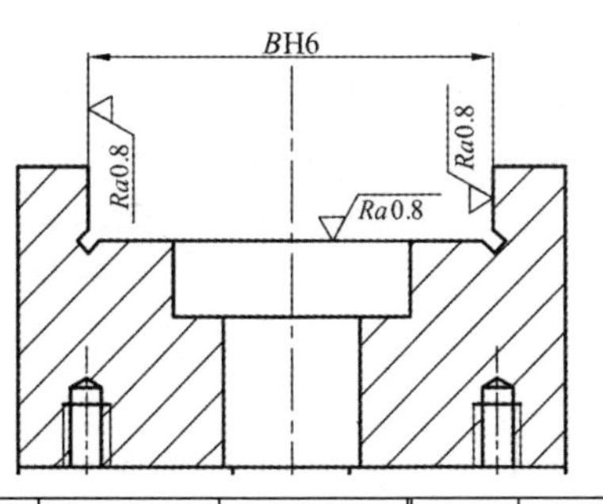

要素	M6	M8	M12	M16	要素	M6	M8	M12	M16
$BH6$	$15^{+0.011}_{0}$	$22.5^{+0.013}_{0}$	$30^{+0.013}_{0}$	$60^{+0.019}_{0}$	$BH6$	$20^{+0.013}_{0}$	$30^{+0.013}_{0}$	$45^{+0.016}_{0}$	$90^{+0.022}_{0}$

注：*Ra*0.8的面与面间的平行度、垂直度按GB/T 1184—1996附录B表B3中的4级的规定。

9．螺纹

螺纹结构形式及尺寸规格如表 1-14 所示。

表 1-14　螺纹结构形式及尺寸规格　　单位：mm

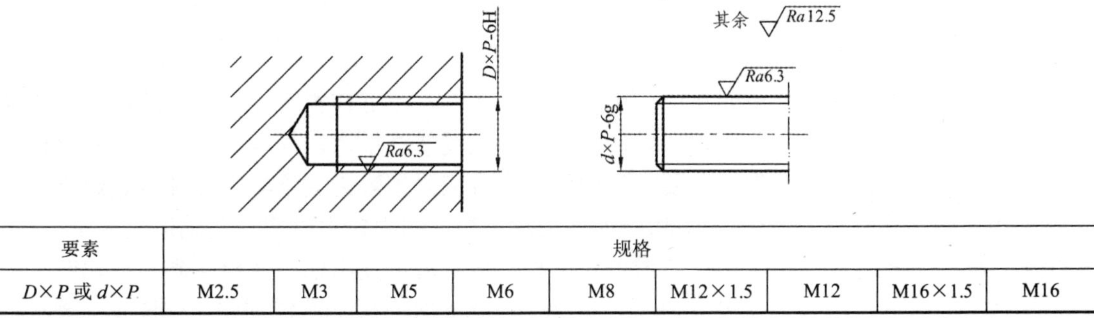

要素	规格								
$D\times P$ 或 $d\times P$	M2.5	M3	M5	M6	M8	M12×1.5	M12	M16×1.5	M16

10．孔、轴直径

孔、轴直径（指元件有配合精度要求的孔、轴直径）结构形式及尺寸规格如表 1-15 所示。

表 1-15　孔、轴直径结构形式及尺寸规格　　单位：mm

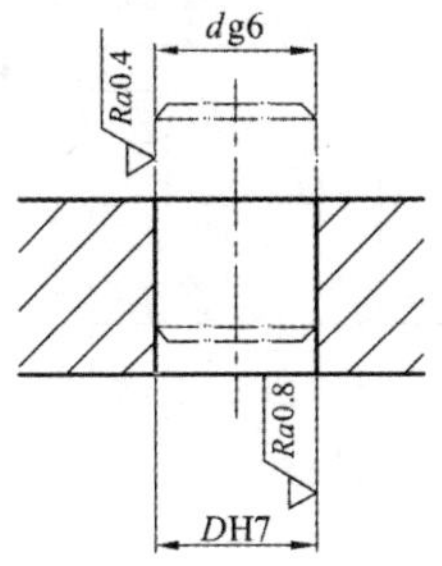

续表

要素	规格											
D或d	4	6	8	12	18	26	35	45	58	60	70	90
	120	150	180	240	300	360	420	480	600	720	900	—

注：H7 精度的孔、g6 精度的轴对 *Ra* 值为 0.4μm 或 0.8μm 的基准面的平行度、垂直度按 GB/T 1184—1996 附录 B 表 B3 中的 4 级的规定。

1.2.4 槽系组合夹具元件的组装

1．基本要求

在组装槽系组合夹具元件，必须熟悉加工零件的图样、工艺规程、机床、刀具以及加工方法。按照确定的组装方案，选用元件（试装）、装配和调整尺寸，并按夹具结构和精度检验的程序进行组装。

组装夹具时要满足如下要求：①工件定位符合六点定位原则；②工件夹紧合理、可靠；③组装出的夹具应结构紧凑、刚度好，便于操作，保证安全，车床夹具应做动平衡；④组合夹具能在机床上顺利安装；⑤装好的夹具应带齐钻套、钻套螺钉、定位轴、活动垫块及连接盘。装好的夹具须经检验合格后方可交付使用。与加工精度有关的夹具精度，一般按工件图样要求公差的 1/3～1/5 选取。

2．组装中合理使用元件

在组合夹具组装时，要按元件的使用特性选用元件，不能在损害元件精度的情况下任意使用元件。使用厚度较薄的 T 形槽时，应避免其直接受较大的力。螺栓旋入螺母时，应有足够的深度。工件使用毛基准作为主要定位面时，夹具应采用鳞齿支承帽等元件组装定位。

槽用螺栓在基础板 T 形槽十字相交处使用时，当紧固力较大时应从基础板底部 ϕ13mm 孔穿出，如图 1-8 所示。在基础板 T 形槽十字相交点附近，使用槽用螺栓紧固其他元件时，应采用适当的措施防止 T 形槽交角悬空。例如 l<16mm 时应用支承件加强，如图 1-9 所示。V 形支承用于轴类工件定位，压紧时底面要全部垫实，不要两边悬空，如图 1-10 所示。

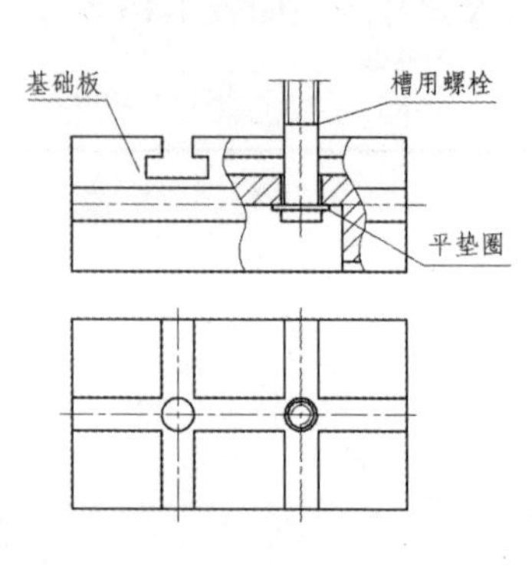

图 1-8 使用槽用螺栓 1

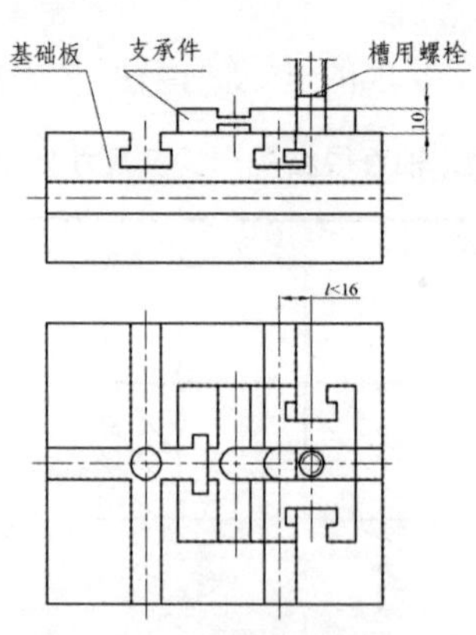

图 1-9 使用槽用螺栓 2

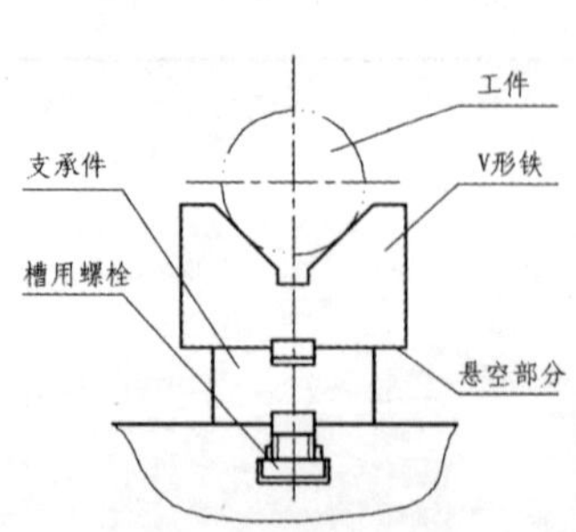

图 1-10 V 形支承用于轴类工件定位

3．组装时应注意的问题

（1）组装时要除净元件结合面上的污物和毛刺。

（2）工件的定位基准应尽量采用工艺基准或设计基准。

（3）元件间定位联结除调整方向外，要有足够数量的定位键，并保证定位可靠。

（4）工件的两点或一点定位是毛坯面时，一般应装成可调整的定位点。

（5）工件的压紧力方向要垂直于主要定位基准，压紧点应尽量靠近加工部位。

（6）使用压板压紧工件时，应注意力臂关系，在一定的主动力作用下，应尽量使工件得到较大压紧力，在压板的下面一般应装上弹簧和平垫圈，压板与紧固螺母间应放球面垫圈，如图 1-11 所示。

（7）钻孔夹具中钻套底面到工件孔端距离为 l，一般应取 l=（0.5～1）d。铸铁工件应取较小值，钢件应取较大值，如图 1-12 所示。

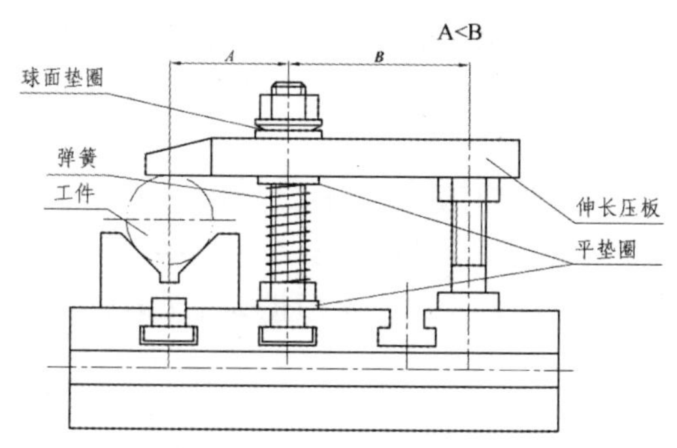

图 1-11　压板压紧工件

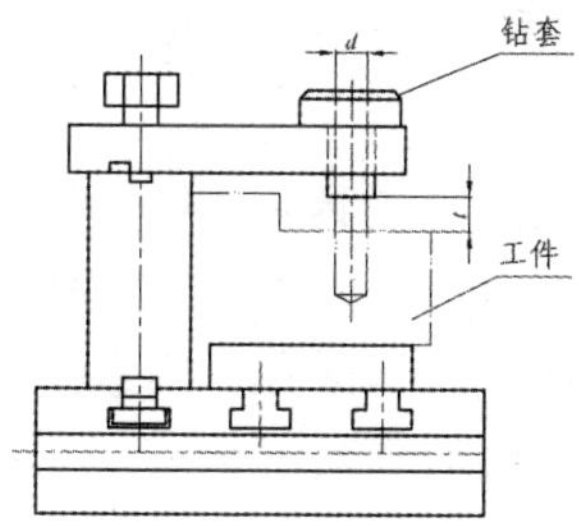

图 1-12　钻孔夹具

（8）铣、刨、平磨夹具要有承受主切削力的挡块。

（9）调整夹具尺寸时禁止用铜锤重击元件。

（10）应采用下面能够减少误差的调整尺寸方法：根据夹具的精度要求，按 GB/T 3177—2009 的规定选择合适的量具，按 JB/T 3627—1999 的规定选择检验棒，应尽量使测量基准与定位基准或设计基准一致；当调整回转式分度钻、铣夹具时，要把测量基准与回转中心调整到同心进行测量，或直接以回转中心作为基准进行测量。

（11）在调整用于测量角度的夹具时，除直接测量角度外，根据需要还应检测工件在角度斜面的导向定位面对夹具底面的位置误差，如图 1-13 所示。

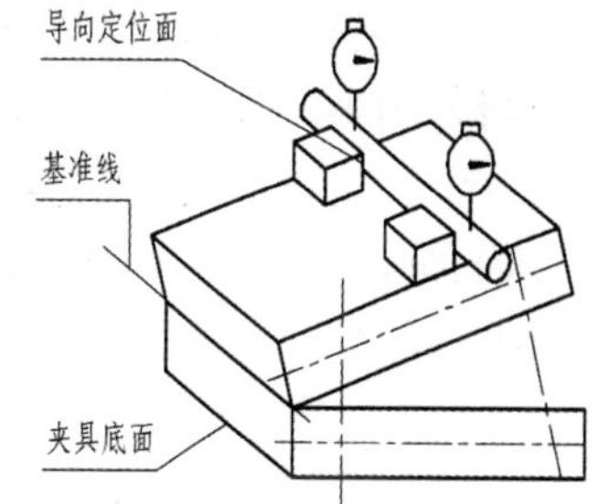

图 1-13　调整用于测量角度的夹具

1.3　孔系组合夹具系统

1.3.1　孔系组合夹具特点

孔系组合夹具是根据数控机床和加工中心的使用要求，在槽系组合夹具的基础上，经过多年的研制和改进，逐步成为当代一种新型的柔性化夹具。

孔系组合夹具不但使用灵活、组装快速、元件可反复组装使用，而且它的元件以孔和销定位并用螺栓连接，元件定位精度高，夹具的组装简便，刚性好，便于编制加工程序。因此，特别适合数控机床、柔性加工单元或柔性生产线使用。

数控机床、加工中心的使用日趋普遍，推动了孔系组合夹具的发展，孔系组合夹具元件的开发和组装体系也日臻完善，并已形成系列化、商品化的夹具产品。我国组合夹具行业先后开发成功了M16、M12和M8三种型号的孔系组合夹具，在纺织机械行业成功应用后，已经逐步扩大到了机床、轻工、军工、汽车、农机、铁道、工程与通用机械、航空航天、仪器仪表等领域。

1.3.2 孔系组合夹具元件的主要技术参数

在我国孔系组合夹具元件通用技术条件（JB/T 6192—1992）行业标准中，对孔系组合夹具元件的技术要求、验收、标志、防锈与包装作出了规定。孔系组合夹具元件的主要技术参数见表9-27。

我国孔系组合夹具元件按连接螺纹的直径划分为M16、M12、M8三种型号，即大、中和小型孔系组合夹具元件。中型孔系列组合夹具采用M12×1.5细牙连接螺纹，与中型槽系列组合夹具相同，这样孔、槽系列两种元件能够结合使用，不但扩大了元件的应用范围，而且还可以优化组合夹具的组装。

1.3.3 孔系组合夹具元件分类编号规则

1. 孔系组合夹具元件分类编号的组成

紧固件螺纹大径为10mm、12mm、16mm的孔系组合夹具元件分类编号由六部分组成，并按“系列代号——品种代号——类别代号——组别代号——分组代号——规格代号”顺序排列。

（1）系列代号：编号组成的第一部分表示系列。孔系组合夹具元件的系列代号用孔字汉语拼音的头一位大写字母K表示。

（2）品种代号：编号组成的第二部分表示品种。同一孔系组合夹具元件按紧固螺纹大径分为10mm、12mm、16mm三个品种，用两位阿拉伯数字10、12、16表示。品种代号如表1-16所示。

表1-16 品种代号

品种	紧固螺纹大径/mm	品种代号
10mm孔系组合夹具元件	10	10
12mm孔系组合夹具元件	12	12
16mm孔系组合夹具元件	16	16

（3）类别代号：编号组成的第三部分表示类别。同一品种孔系组合夹具元件按用途划分为九大类别，用一位阿拉伯数字1～9顺序编号。类别代号如表1-17所示。

表 1-17　类别代号

代号	1	2	3	4	5	6	7	8	9
类别	基础件	支承件	定位件	调整件	压紧件	紧固件	其他件	合件	组装工具

（4）组别代号：编号组成的第四部分表示组别。同一类别孔系组合夹具元件按形状或功能划分组别，用0～9一位阿拉伯数字顺序编号。

（5）分组代号：编号组成的第五部分表示分组。同一组别孔系组合夹具元件按结构划分分组，用0～9一位阿拉伯数字顺序编号。

（6）规格代号：编号组成的第六部分表示规格。同一分组孔系组合夹具元件按外形尺寸由小到大划分，用01～99两位阿拉伯数字顺序编号。

2．分类编号示例

【例1】基础件K 16 1 1 0 01代表的含义如表1-18所示。

表 1-18　基础件编号示例

K	系列（孔系组合夹具元件）	1	组别（长方形基础件）
16	品种（16mm）	0	分组（长方形基础板）
1	类别（基础件）	01	规格（长方形基础板和第一种规格）

【例2】合件K 12 8 2 0 01，如表1-19所示。

表 1-19　合件编号示例

K	系列（孔系组合夹具元件）	2	组别（支承合件）
12	品种（12mm）	0	分组（浮动支承）
8	类别（合件）	01	规格（浮动支承第一种规格）

1.3.4　孔系组合夹具元件

为了与槽系组合夹具元件分类基本对应，孔系组合夹具元件也划分为基础件、支承件、定位件、调整件、压紧件、紧固件、其他件、合件及组装工具九大类元件。孔、槽两系列元件分类对应，有利于两种元件相互结合使用。

1．基础件

基础件按其形状与特征划分，可分为方形基础板、长方形基础板、圆形基础板、基础角铁、双面 T 形基础角铁和方箱、不带定位孔和螺孔的光面基础件七个品种，如图 1-14所示。

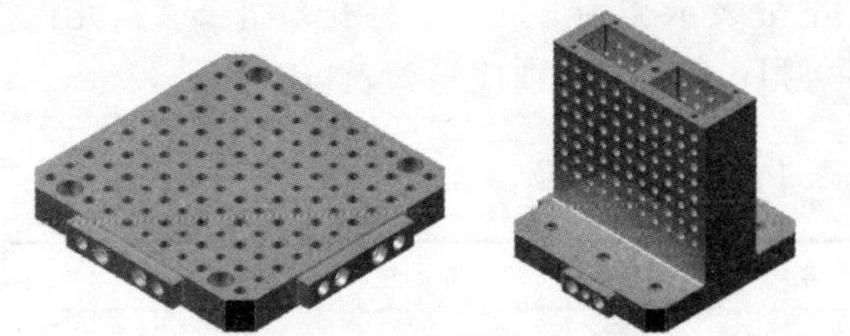

图 1-14　典型基础件

2．支承件

支承件可分为方形、长方形、L 形、角铁形、圆形、扇形、四面、五面、槽孔过渡等 22 种，如图 1-15 所示。除宽角铁是铸件以外，其他支承件的材料都用 20CrMnTi，并渗碳淬火，表面硬度 58～62HRC，精磨的支承件外廓尺寸精度为±0.01mm，定位孔中心与基面间的尺寸精度为±0.01mm。

图 1-15　典型支承件

3．定位件

定位件按其作用可划分成如下三种：用于元件与元件定位的定位销；用于工件定位的元件，如圆形、菱形定位销和定位盘，连接定位盘，V 形铁，可调定位板；用于基础板与机床工作台定位和紧固的元件（T 形定位键）。典型定位件如图 1-16 所示。

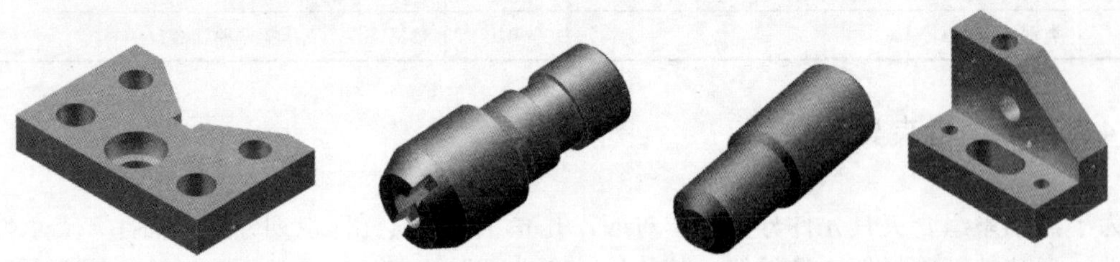

图 1-16　典型定位件

4．调整件

调整件按其功能可划分为螺纹孔调整板、预制调整板和定位连接板三种不同结构的元件。调整件的高度尺寸精度都是±0.01mm，因此，调整件可以作为支承件使用。调整件主要有方形、长方形、扇形和圆形多螺纹孔调整板，单、双螺纹孔调整板，方形、长方形定位连接板，预制调整板和预制调整角铁等，如图 1-17 所示。

图 1-17　典型调整件

5．压紧件

压紧件与槽系组合夹具相同，两个系列压紧工件的各种压板可以互换使用。槽系组合夹具的基础件都是淬火件，而孔系组合夹具的基础件是调质件，表面硬度较高。因此，在组装孔系组合夹具的夹紧结构时，应尽量避免直接用基础件的螺纹孔组装夹紧螺栓，压板的支承螺钉也不要直接压在基础板的表面上，尽量采用支承件或调整件等淬火件的螺孔组装夹紧螺栓，并用淬火件的表面支承压板，起到保护基础板的螺孔和工作面的作用，延长基础板的使用寿命。典型压紧件如图 1-18 所示。

图 1-18　典型压紧件

6．紧固件

紧固件借用了槽系组合夹具中的平垫圈、球面垫圈、锥面垫圈、六角螺母、厚螺母、双头螺栓、紧定螺钉和压紧螺钉，如图 1-19 所示，增加了内六角圆柱头螺钉、六角头螺栓和 T 形螺母三种紧固件。中型孔系列和中型槽系列组合夹具的连接螺纹都是 M12×1.5，两个系列的紧固件完全通用。由于大型孔系列组合夹具的连接螺纹是 M16 粗牙螺纹，大型槽系列组合夹具的连接螺纹是 M16×1.5 细牙螺纹，因此，这两种型号元件的双头螺栓、压紧螺钉、紧定螺钉和螺母等紧固件不能互换使用。

图 1-19　典型紧固件

7．其他件

其他件主要有平面支钉、球面支钉、鳞齿支钉、支承帽、支承环、连接板、连接柱、压板支座、防尘堵、螺纹堵、密封堵等，如图 1-20 所示。

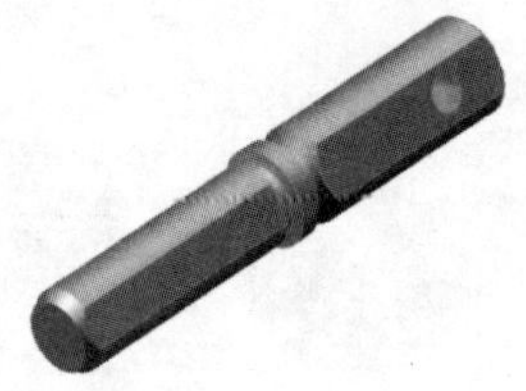

图 1-20　典型其他件

8. 合件

应用合件可以简化组装结构或夹紧操作，但合件占用的组装空间较大，因此在组装夹具过程中合件的使用会受到限制。常用的孔系组合夹具定位合件和夹紧合件有回转支承、浮动支承、三爪自定心支承、偏心夹紧机构、夹紧钳、侧向夹紧钳、可调夹紧机构、组合侧向夹紧钳、构型组合压板等。

9. 组装工具

组装孔系组合夹具的组装工具有内六角扳手、开口扳手、铜锤、拔销器、磁棒等。

1.3.5　孔系组合夹具元件结构要求

1. 定位孔孔径

定位孔结构形式及尺寸规格如表 1-20 所示。

技术要求如下。

（1）定位孔表面淬火硬度为 53~58HRC，允许基体（或支承元件）上压入定位套后得到或采用其他工艺方法得到。

（2）孔中心线对基准端面的垂直度按 GB/T 1184—1996 附录 B 表 B3 中的 4 级的规定。

表 1-20　定位孔结构形式及尺寸规格　　单位：mm

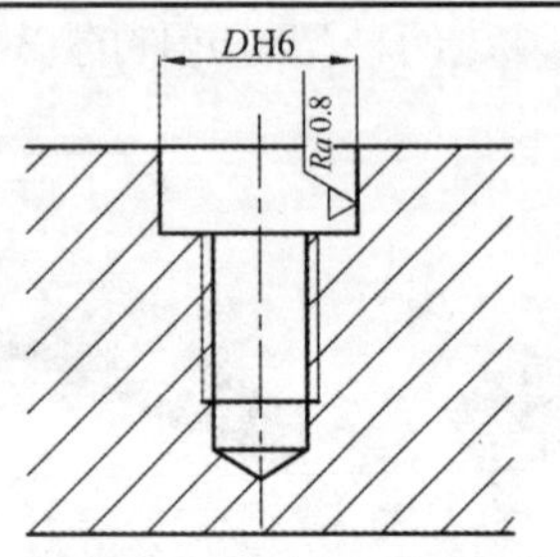

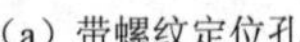
(a) 带螺纹定位孔

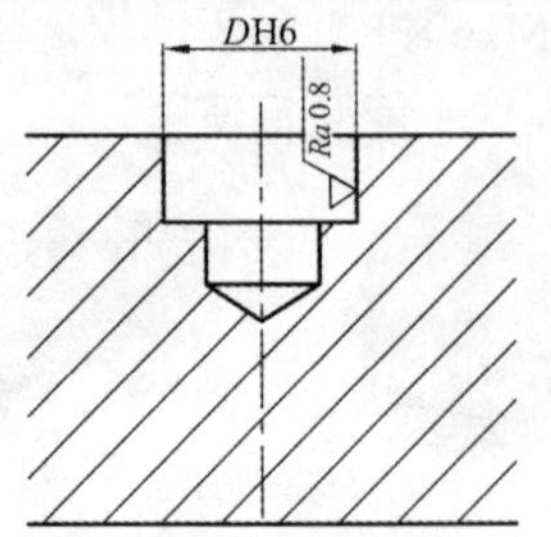

(b) 不带螺纹定位孔

要素	规格			
D	φ10	φ12	φ16	φ20

2. 定位孔孔距

定位孔孔距结构形式及尺寸规格如表 1-21 所示。

表 1-21　定位孔孔距结构形式及尺寸规格　　单位：mm

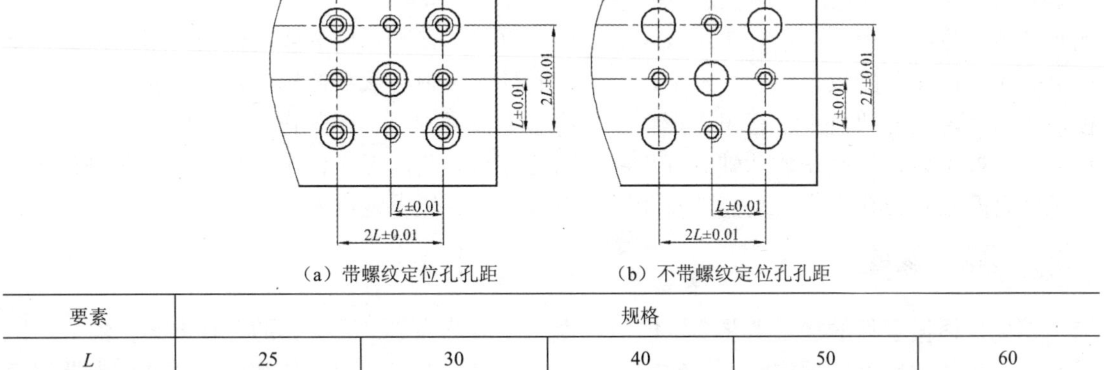

（a）带螺纹定位孔孔距　（b）不带螺纹定位孔孔距

要素	规格				
L	25	30	40	50	60

3. 连接螺纹孔孔径

连接螺纹孔孔径结构形式及尺寸规格如表 1-22 所示。

表 1-22　连接螺纹孔孔径结构形式及尺寸规格　　单位：mm

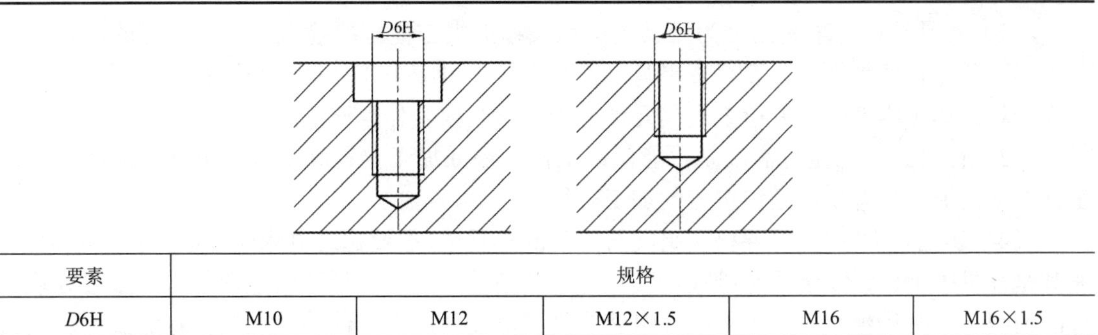

要素	规格				
D6H	M10	M12	M12×1.5	M16	M16×1.5

4. 主要工作面定位孔、螺纹孔分布

定位孔、螺纹孔分布形式如图 1-21 所示。

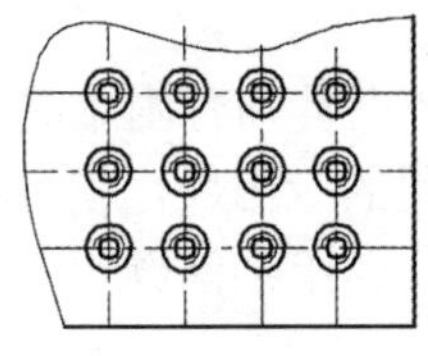

（a）带螺纹定位孔连续分布

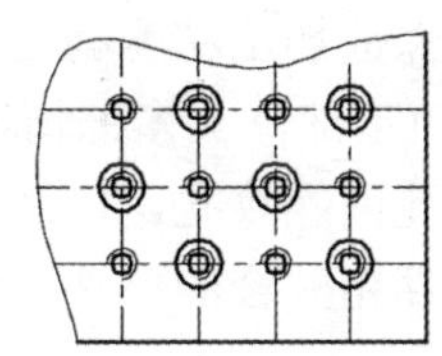

（b）带螺纹定位孔间隔分布

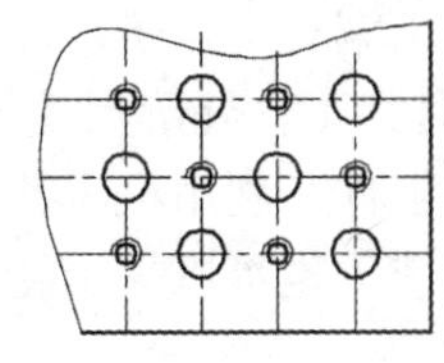

（c）不带螺纹定位孔分布

图 1-21　定位孔、螺纹孔分布示意图

1.3.6 孔系组合夹具的组装

1．在机床工作台上安装孔系基础板

首先要根据加工中心或数控机床的工作台尺寸选定基础板，并在基础板上按机床工作台T形槽或螺孔的位置尺寸，加工好用于穿螺钉紧固基础板的沉孔，同时按机床工作台的T形槽尺寸或定位孔直径，准备好T形螺母、T形定位键、安装定位盘或定位销。用定位键、定位盘、定位销将基础板定位于机床工作台上，通过加工中心或数控机床自身检验，调准基础板，然后用内六方圆柱头螺钉和T形螺母，将基础板紧固在机床工作台上。由于数控机床工作台的结构不同，因此安装基础板有几种不同的方法，即以工作台T形槽定位安装基础板，以工作台两个定位孔定位安装基础板和以工作台两个定位板定位安装基础板等。

2．组装孔系夹具

首先，根据工件的加工工艺和定位与夹紧的要求，确定组装夹具的总体方案；然后，选择元件，在基础板上先摆放好工件的定位结构，再摆放上工件的夹紧结构；经过适当调整或更换个别元件，确定合理的夹具组装结构，将工件插销定位，并用螺钉紧固；检验和调整夹具的定位尺寸精度使其符合要求，这样就基本上完成了夹具的组装。

组装夹具应注意以下事项。

（1）起定位作用的元件必须插销定位，并用螺钉紧固，保证定位准确可靠。夹具的刚性要好，必要时加装辅助支承。

（2）夹具结构力求紧凑，为刀具进出和编程提供方便。要检查元件与加工的刀具是否有干涉现象。转位加工时，要检查夹具元件是否超出机床工作台最大回转直径。用多个交换工作台机床加工零件时，要检查夹具元件是否超出交换工作台通过的门口尺寸。

（3）检查工件的定位高度是否能保证工件的最低加工位置高于机床主轴的最低位置，工件的最高加工位置不能超出机床的加工行程。

（4）加工重大零件时，要核实夹具与工件的总重量，不要超过机床允许最大负重的90%。尤其是在机床上已经安装了基础板，其上再组装基础角铁、T形双面基础角铁或方箱等基础件的情况下，必须核实由几个基础件组装的夹具与几个加工零件的总重量，避免机床超重工作而导致故障或损坏。

（5）用T形双面基础角铁或方箱组装多工位、多件加工的夹具时，注意选好工件在夹具上的安装位置，使得机床转位90°或180°时能够用同一个程序加工几个零件，不仅可以减轻机床加工编程工作量，而且能够保证加工精度稳定。

（6）遇到工件外廓尺寸较小、加工部位又多的情况，组装夹具确有困难时，可灵活地采用预制调整件，利用机床加工定位孔或螺纹孔，以及制作少量的专用件，就可以有效地解决夹具的组装。也可以采用孔、槽元件相结合的办法，解决夹具的组装问题。

第 2 章 小型系列组合夹具标准件技术设计参数

2.1 基础件

基础件包括正方形基础板、长方形基础板、条形基础板、基础角铁、基础内角铁和圆形基础板。其尺寸如表 2-1～表 2-8 所示。

表 2-1 正方形基础板（SJ 2226—1982）尺寸 单位：mm

二维图形	三维图形
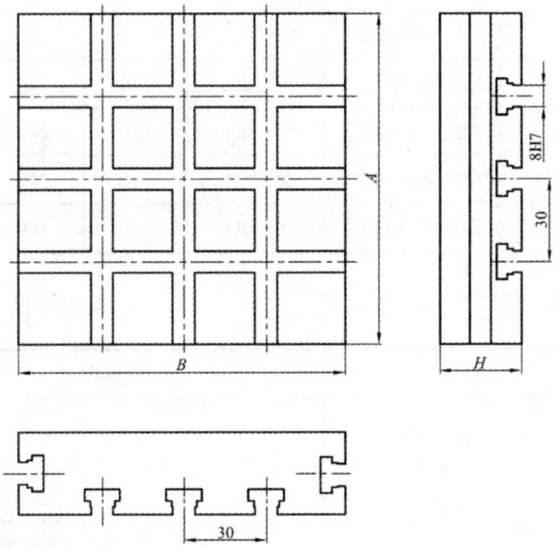	

标准件编号	标记代号	*A*	*B*	*H*
SJ2226-X101_1	X10101	120	120	30
SJ2226-X101_2	X10102	180	180	30
SJ2226-X101_3	X10103	240	240	30

表 2-2　长方形基础板 1（SJ 2226—1982）尺寸　　单位：mm

二维图形 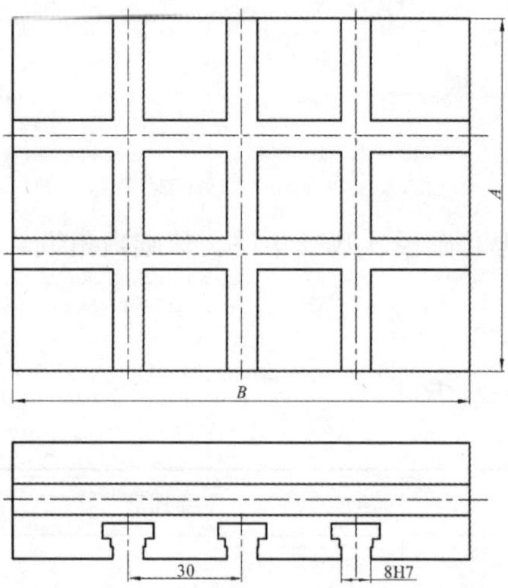	三维图形 

标准件编号	标记代号	*A*	*B*	*H*	标准件编号	标记代号	*A*	*B*	*H*
SJ2226-X110_1	X11001	60	90	30	SJ2226-X110_5	X11005	120	180	30
SJ2226-X110_2	X11002	60	120	30	SJ2226-X110_6	X11006	120	240	30
SJ2226-X110_3	X11003	90	120	30	SJ2226-X110_7	X11007	180	240	30
SJ2226-X110_4	X11004	90	180	30	SJ2226-X110_8	X11008	180	300	30

表 2-3　长方形基础板 2（SJ 2226—1982）尺寸　　单位：mm

二维图形	三维图形

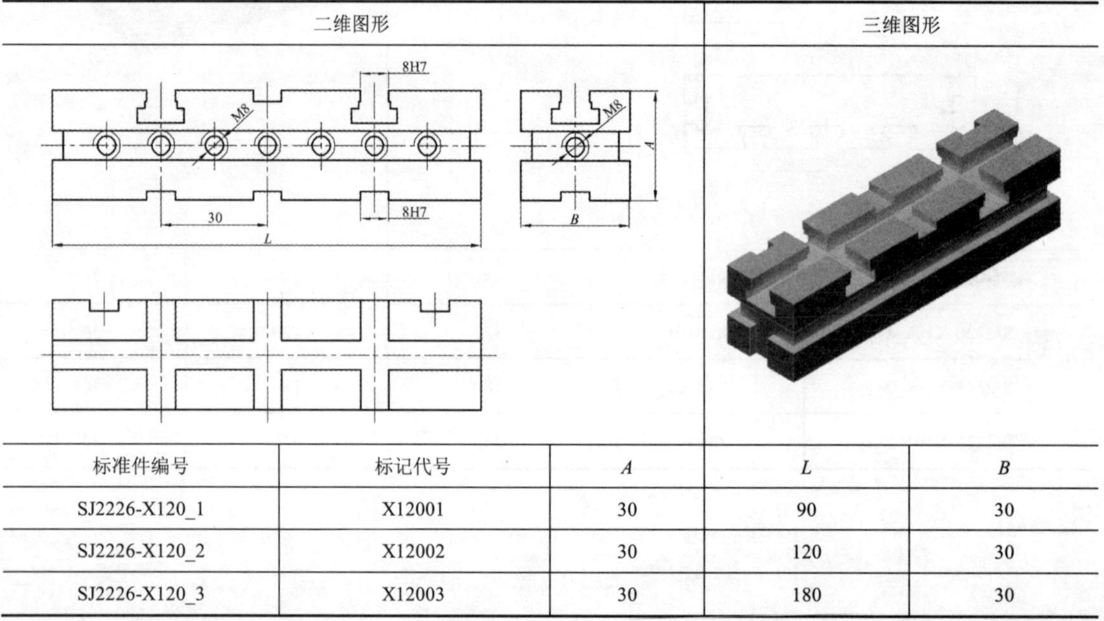

标准件编号	标记代号	*A*	*L*	*B*
SJ2226-X120_1	X12001	30	90	30
SJ2226-X120_2	X12002	30	120	30
SJ2226-X120_3	X12003	30	180	30

表 2-4　条形基础板（SJ 2226—1982）尺寸　　　　单位：mm

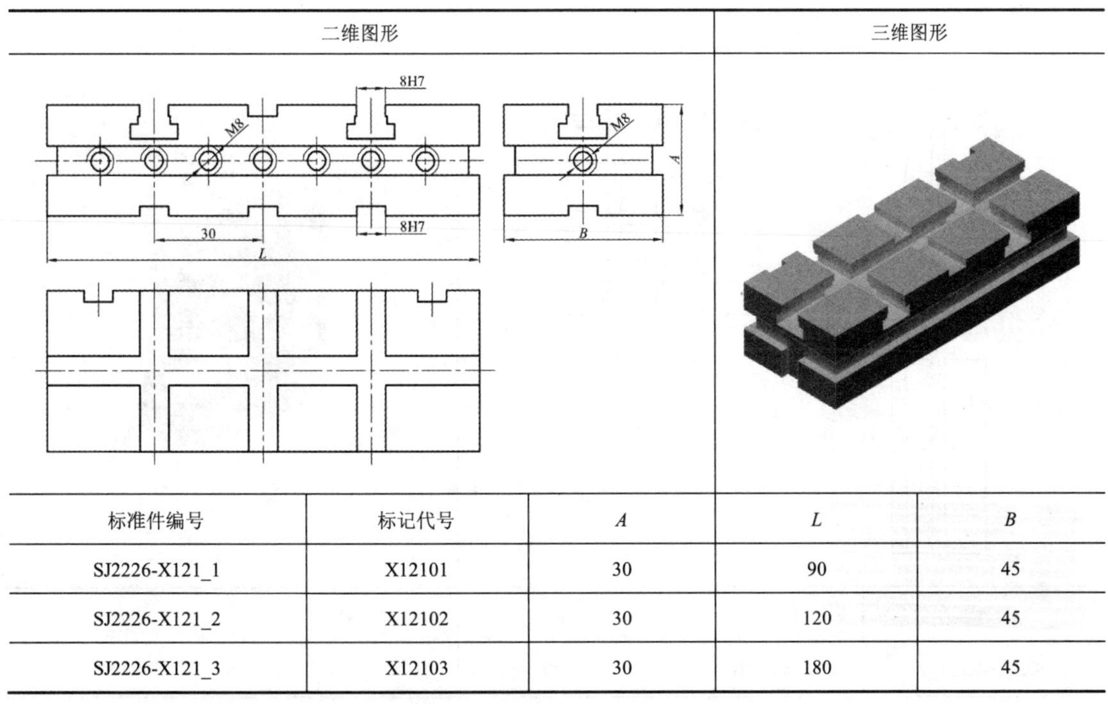

标准件编号	标记代号	*A*	*L*	*B*
SJ2226-X121_1	X12101	30	90	45
SJ2226-X121_2	X12102	30	120	45
SJ2226-X121_3	X12103	30	180	45

表 2-5　基础角铁 1（SJ 2226—1982）尺寸　　　　单位：mm

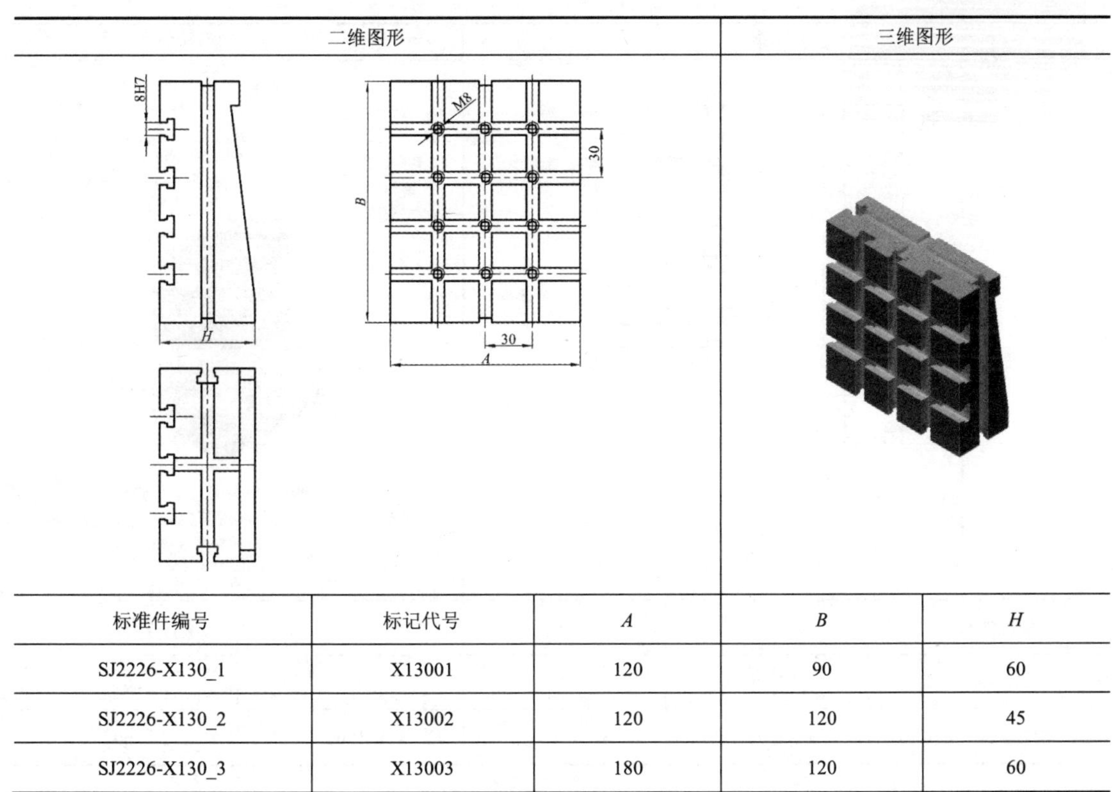

标准件编号	标记代号	*A*	*B*	*H*
SJ2226-X130_1	X13001	120	90	60
SJ2226-X130_2	X13002	120	120	45
SJ2226-X130_3	X13003	180	120	60

表 2-6 基础角铁 2（SJ 2226—1982）尺寸 单位：mm

二维图形	三维图形

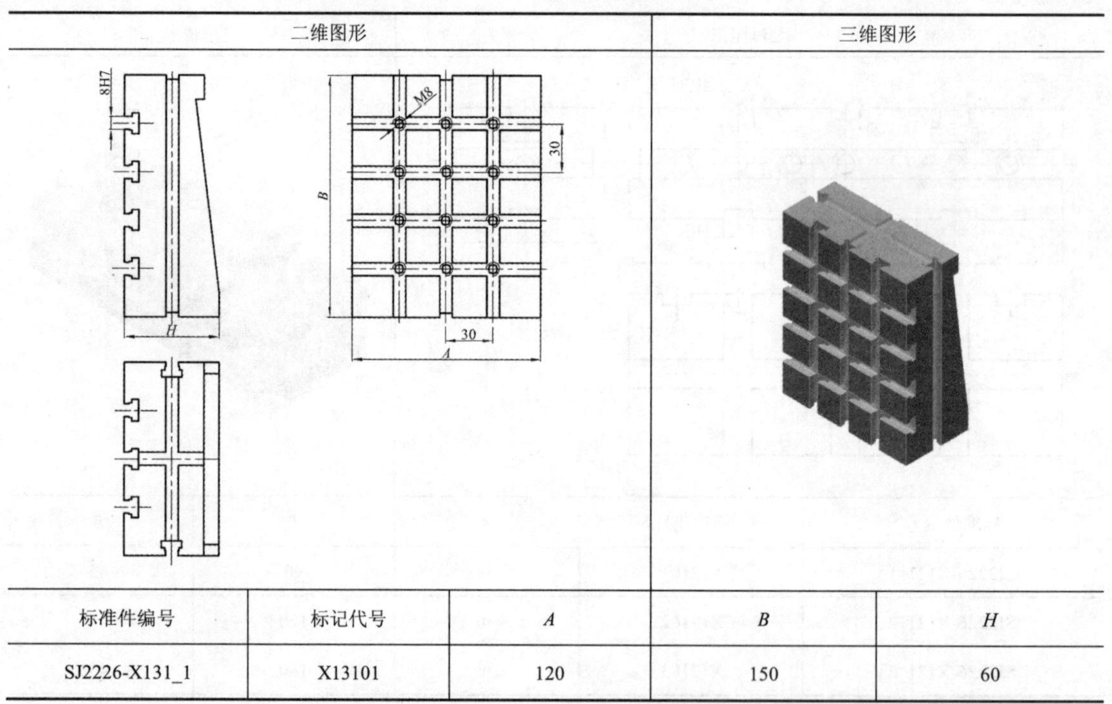

标准件编号	标记代号	*A*	*B*	*H*
SJ2226-X131_1	X13101	120	150	60

表 2-7 基础内角铁（SJ 2226—1982）尺寸 单位：mm

二维图形	三维图形

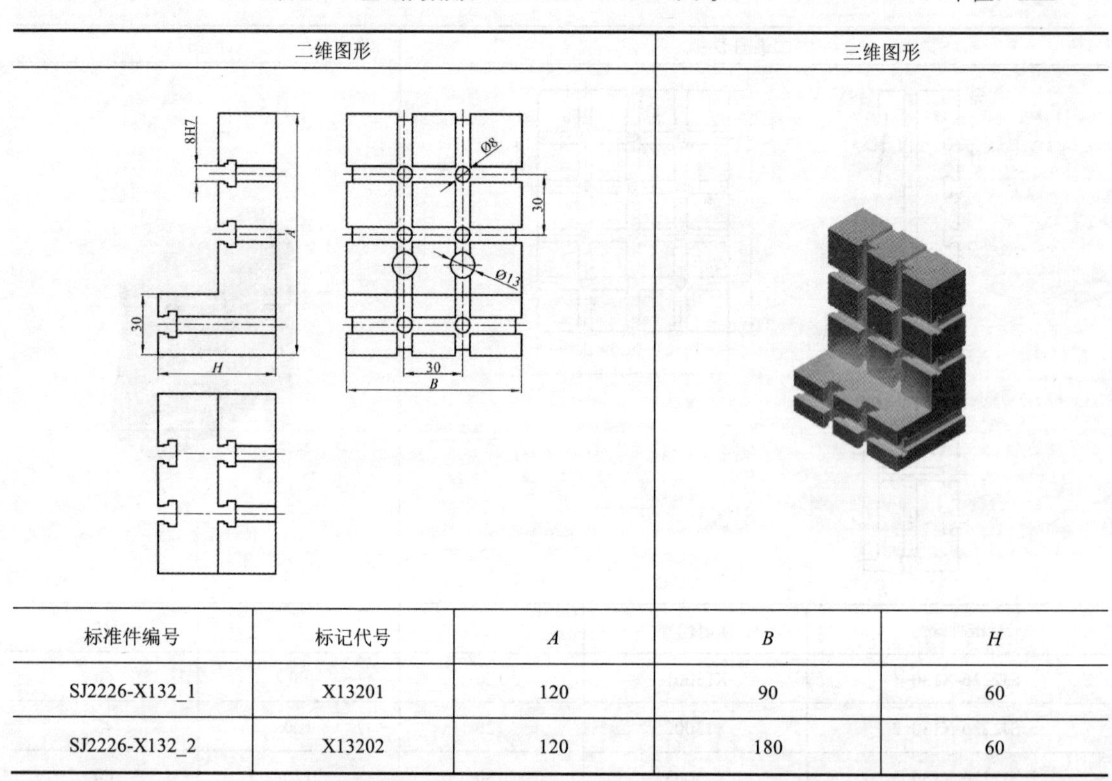

标准件编号	标记代号	*A*	*B*	*H*
SJ2226-X132_1	X13201	120	90	60
SJ2226-X132_2	X13202	120	180	60

表 2-8 圆形基础板（SJ 2226—1982）尺寸 单位：mm

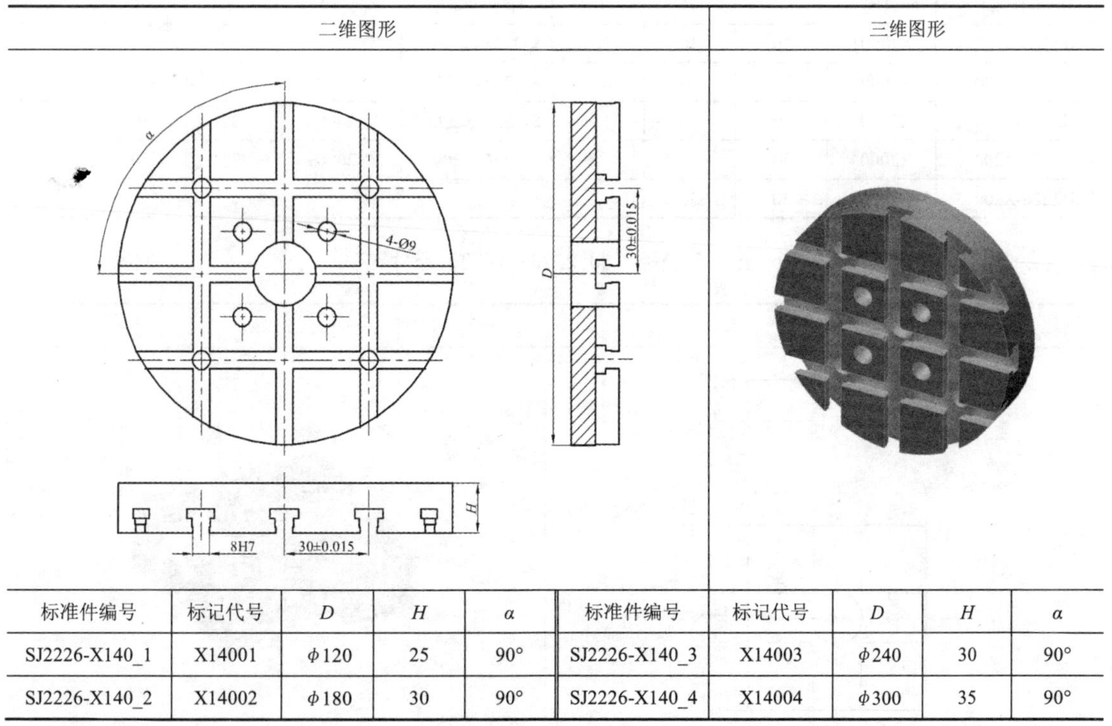

标准件编号	标记代号	*D*	*H*	*α*	标准件编号	标记代号	*D*	*H*	*α*
SJ2226-X140_1	X14001	ϕ120	25	90°	SJ2226-X140_3	X14003	ϕ240	30	90°
SJ2226-X140_2	X14002	ϕ180	30	90°	SJ2226-X140_4	X14004	ϕ300	35	90°

2.2 支承件

支承件包括正方形垫片、正方形垫板、正方形支承、长方形垫片、长方形垫板、长方形支承、紧固垫板、紧固座承、角度垫板、角度支承、V 型垫板、V 型支承、V 型角铁、带柄 V 型铁、椅角形角铁、右角形角铁、左菱形板、右菱形板、左支承角铁、右支承角铁、单槽角铁、双槽角铁、三槽角铁、加肋角铁、伸长板、方形支座、三角支座、三棱支座、六棱支座、导向支承、定位支承、端孔定位支承、滑动支承和台阶板。其尺寸如表 2-9～表 2-42 所示。

表 2-9 正方形垫片（SJ 2226—1982）尺寸 单位：mm

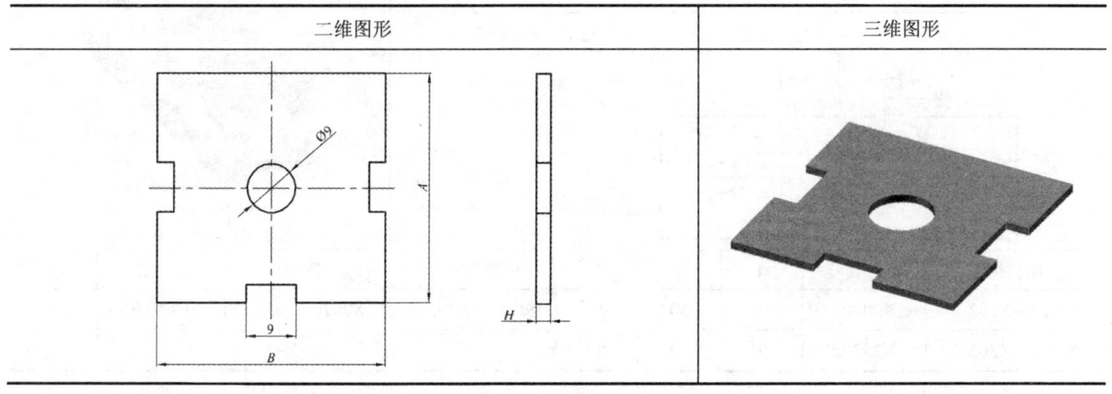

续表

标准件编号	标记代号	*A*	*B*	*H*	标准件编号	标记代号	*A*	*B*	*H*
SJ2226-X200_1	X20001	30	30	1	SJ2226-X200_6	X20006	30	30	2
SJ2226-X200_2	X20002	30	30	1.05	SJ2226-X200_7	X20007	30	30	2.5
SJ2226-X200_3	X20003	30	30	1.1	SJ2226-X200_8	X20008	30	30	3
SJ2226-X200_4	X20004	30	30	1.2	SJ2226-X200_9	X20009	30	30	5
SJ2226-X200_5	X20005	30	30	1.5					

表 2-10　正方形垫板（SJ 2226—1982）尺寸　　单位：mm

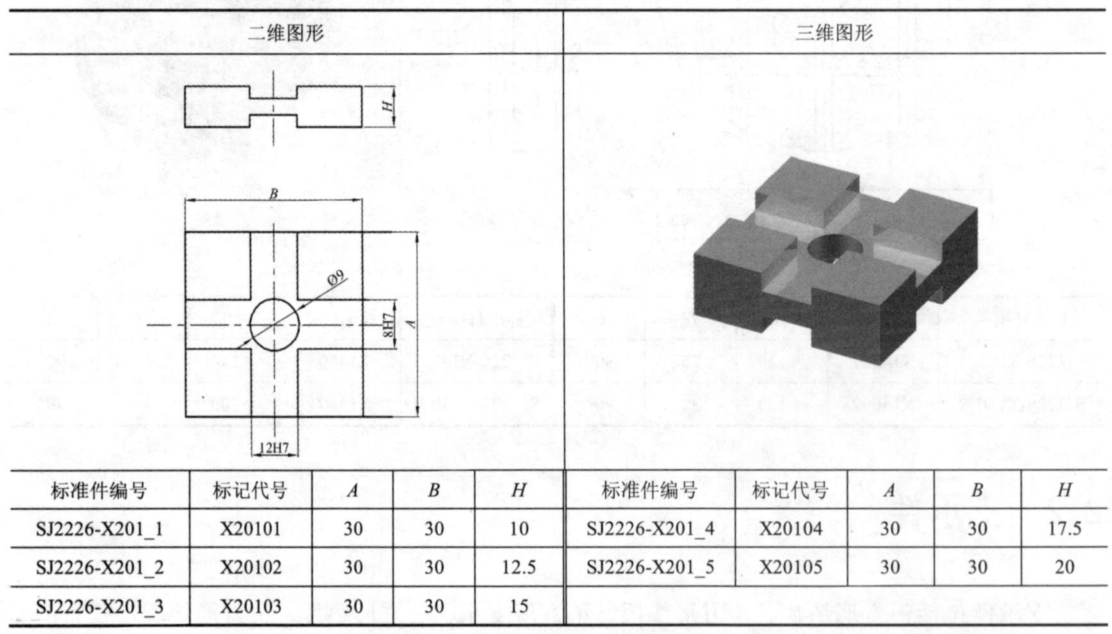

标准件编号	标记代号	*A*	*B*	*H*	标准件编号	标记代号	*A*	*B*	*H*
SJ2226-X201_1	X20101	30	30	10	SJ2226-X201_4	X20104	30	30	17.5
SJ2226-X201_2	X20102	30	30	12.5	SJ2226-X201_5	X20105	30	30	20
SJ2226-X201_3	X20103	30	30	15					

表 2-11　正方形支承（SJ 2226—1982）尺寸　　单位：mm

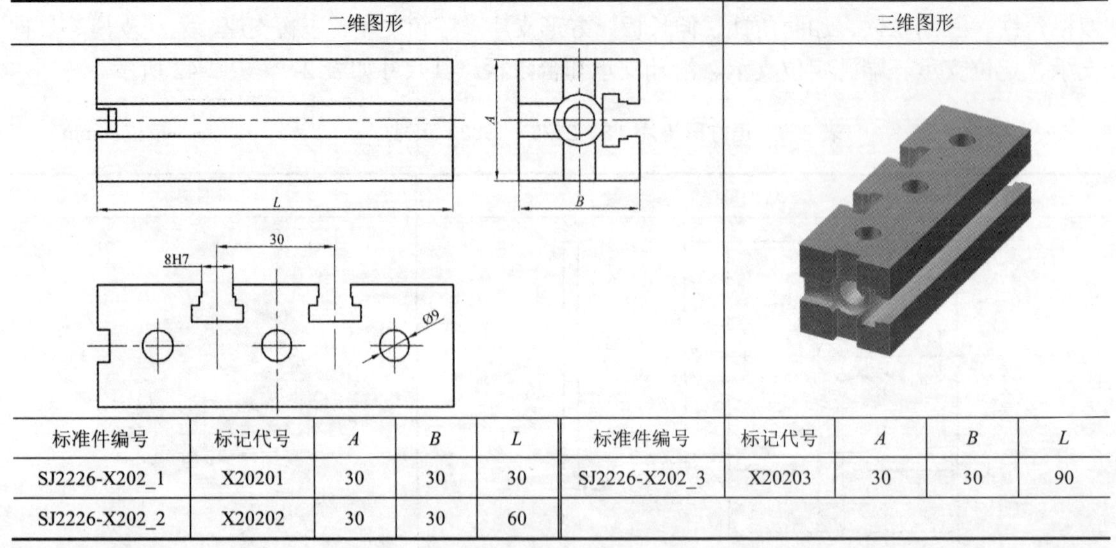

标准件编号	标记代号	*A*	*B*	*L*	标准件编号	标记代号	*A*	*B*	*L*
SJ2226-X202_1	X20201	30	30	30	SJ2226-X202_3	X20203	30	30	90
SJ2226-X202_2	X20202	30	30	60					

表 2-12　长方形垫片（SJ 2226—1982）尺寸　　单位：mm

二维图形	三维图形

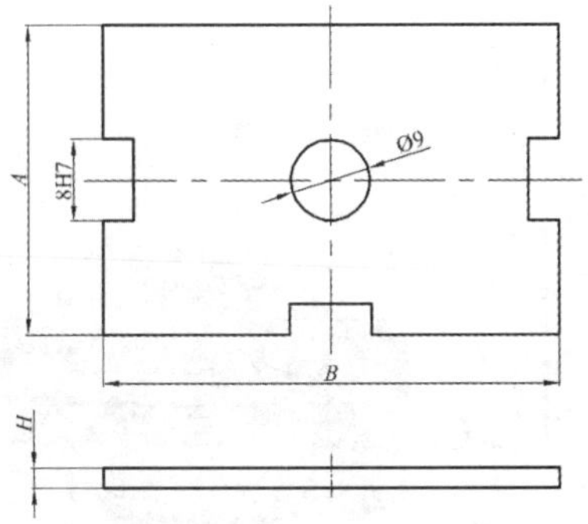

标准件编号	标记代号	*A*	*B*	*H*
SJ2226-X210_1	X21001	30	45	1
SJ2226-X210_2	X21002	30	45	1.05
SJ2226-X210_3	X21003	30	45	1.1
SJ2226-X210_4	X21004	30	45	1.2
SJ2226-X210_5	X21005	30	45	1.5
SJ2226-X210_6	X21006	30	45	2
SJ2226-X210_7	X21007	30	45	2.5
SJ2226-X210_8	X21008	30	45	3
SJ2226-X210_9	X21009	30	45	5

表 2-13　长方形垫板（SJ 2226—1982）尺寸　　单位：mm

二维图形	三维图形

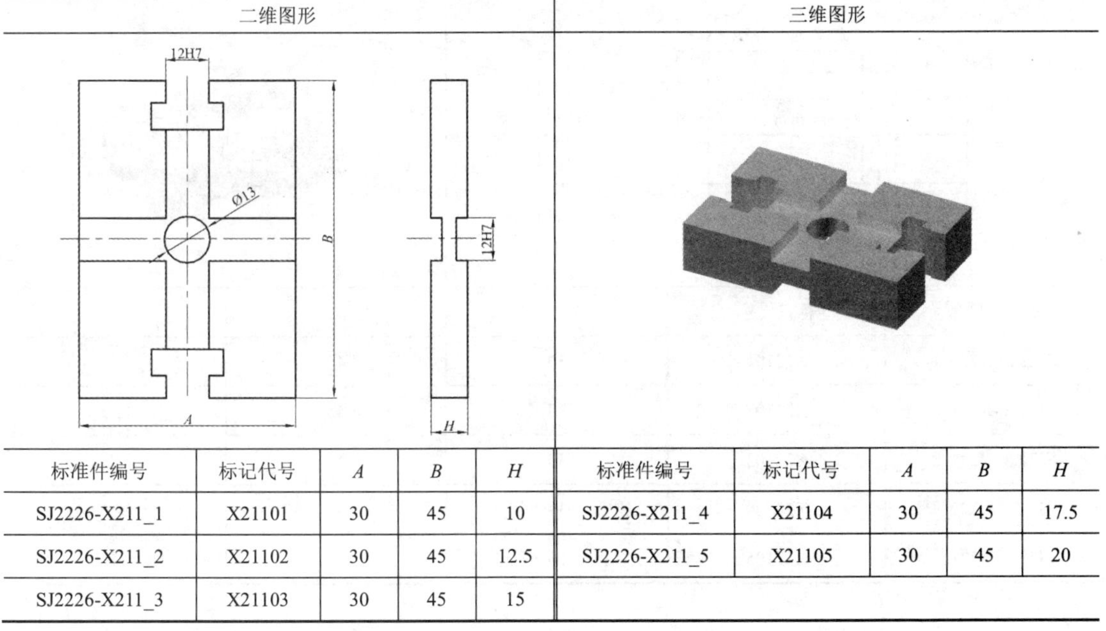

标准件编号	标记代号	*A*	*B*	*H*	标准件编号	标记代号	*A*	*B*	*H*
SJ2226-X211_1	X21101	30	45	10	SJ2226-X211_4	X21104	30	45	17.5
SJ2226-X211_2	X21102	30	45	12.5	SJ2226-X211_5	X21105	30	45	20
SJ2226-X211_3	X21103	30	45	15					

表 2-14　长方形支承（SJ 2226—1982）尺寸　　　　单位：mm

二维图形	三维图形

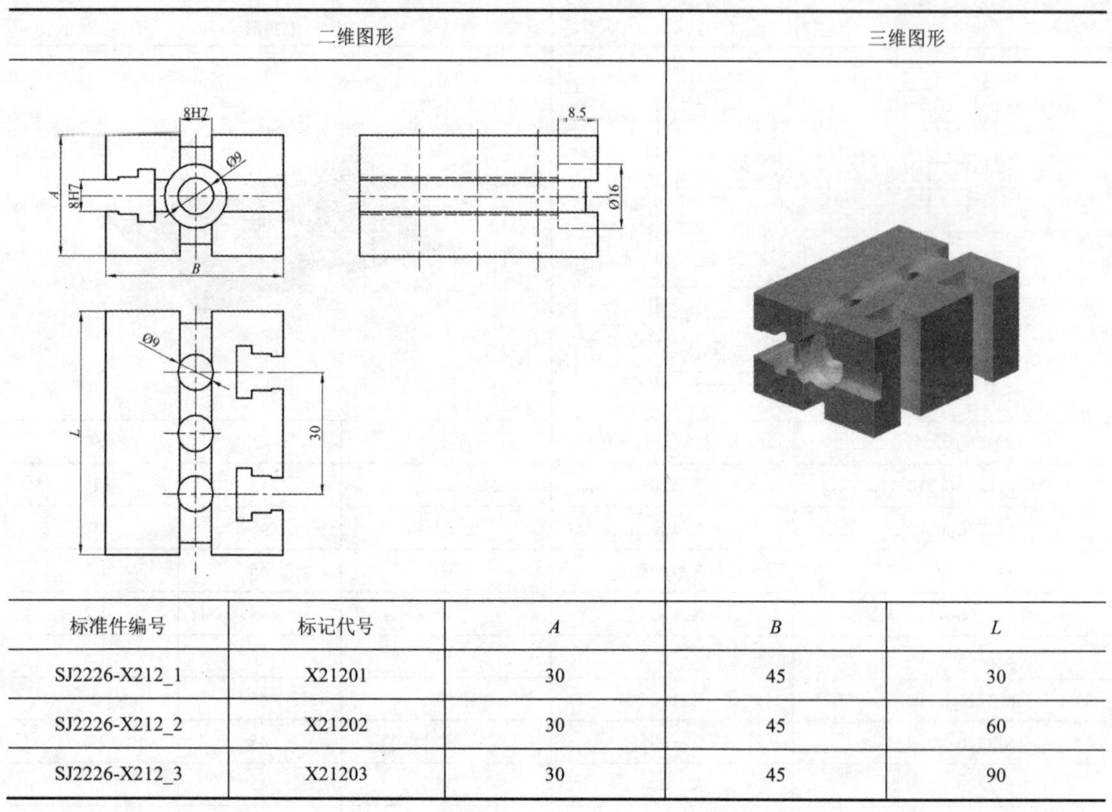

标准件编号	标记代号	A	B	L
SJ2226-X212_1	X21201	30	45	30
SJ2226-X212_2	X21202	30	45	60
SJ2226-X212_3	X21203	30	45	90

表 2-15　紧固垫板（SJ 2226—1982）尺寸　　　　单位：mm

二维图形	三维图形

标准件编号	标记代号	A	B	H
SJ2226-X221_1	X22101	30	45	10
SJ2226-X221_2	X22102	30	45	12.5
SJ2226-X221_3	X22103	30	45	15
SJ2226-X221_4	X22104	30	45	17.5
SJ2226-X221_5	X22105	30	45	20

表 2-16　紧固座承（SJ 2226—1982）尺寸　　　单位：mm

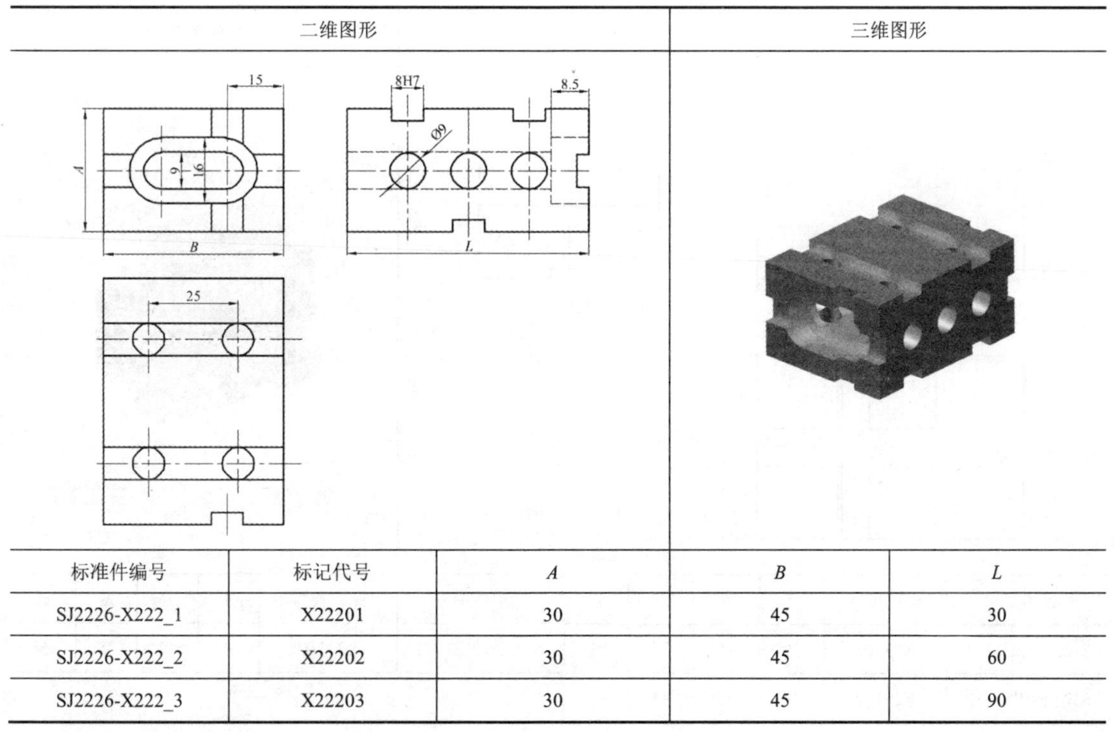

标准件编号	标记代号	*A*	*B*	*L*
SJ2226-X222_1	X22201	30	45	30
SJ2226-X222_2	X22202	30	45	60
SJ2226-X222_3	X22203	30	45	90

表 2-17　角度垫板（SJ 2226—1982）尺寸　　　单位：mm

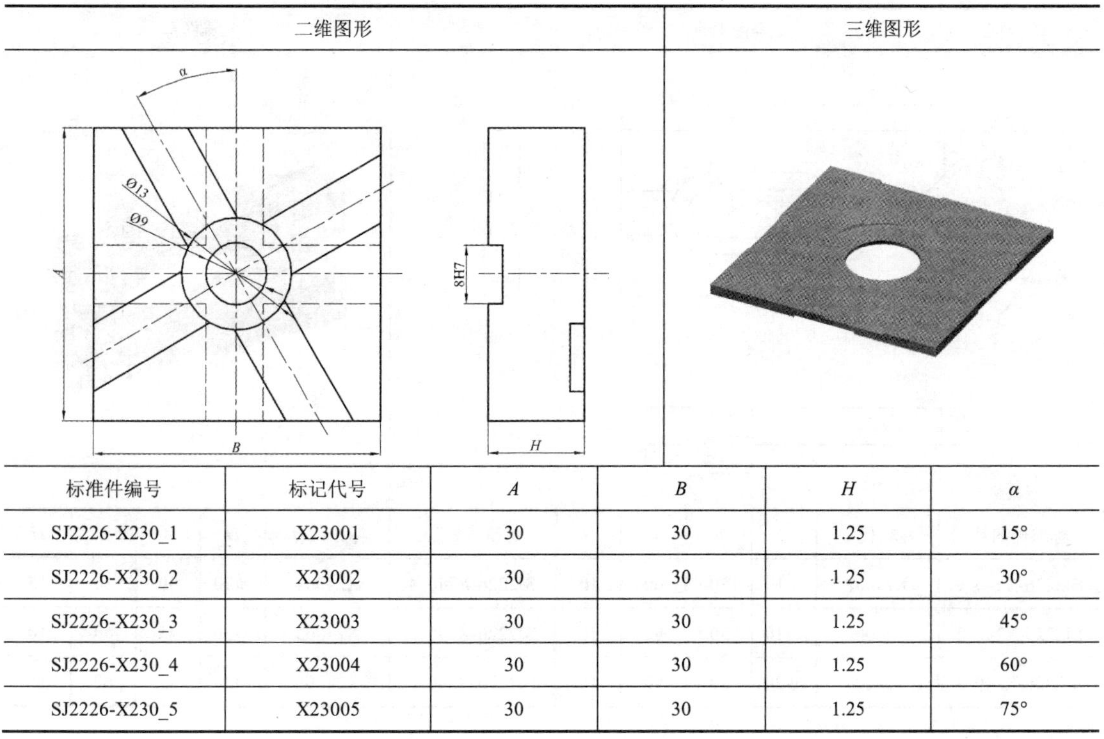

标准件编号	标记代号	*A*	*B*	*H*	*α*
SJ2226-X230_1	X23001	30	30	1.25	15°
SJ2226-X230_2	X23002	30	30	1.25	30°
SJ2226-X230_3	X23003	30	30	1.25	45°
SJ2226-X230_4	X23004	30	30	1.25	60°
SJ2226-X230_5	X23005	30	30	1.25	75°

表 2-18　角度支承（SJ 2226—1982）尺寸　　单位：mm

二维图形	三维图形

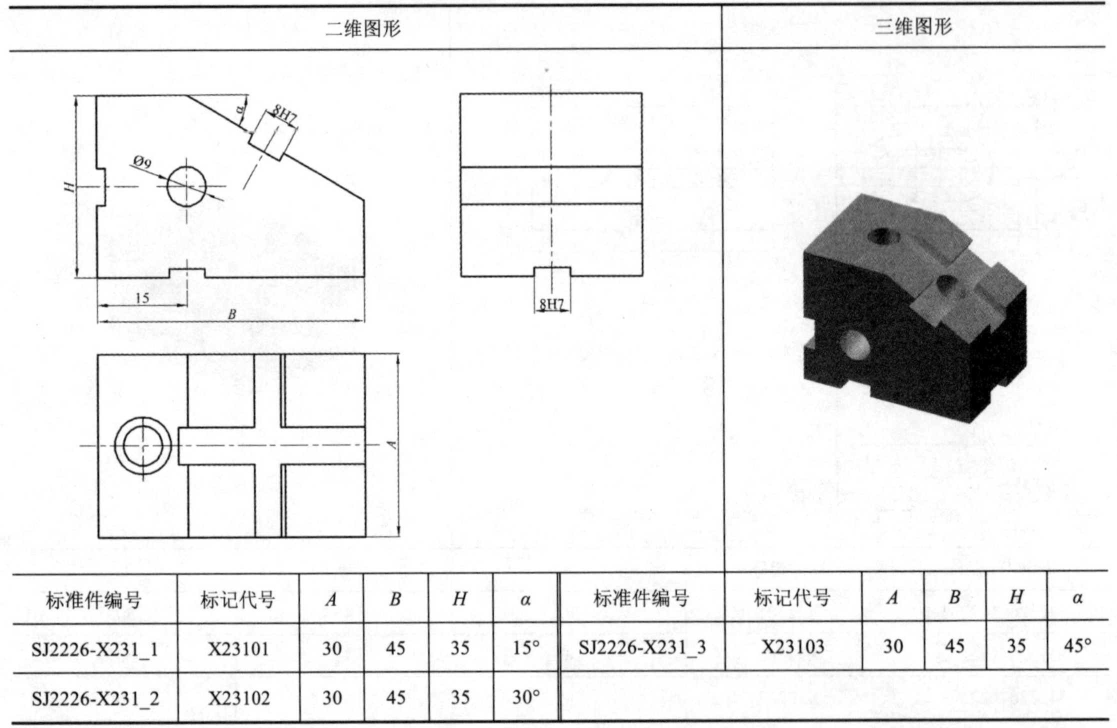

标准件编号	标记代号	*A*	*B*	*H*	*α*	标准件编号	标记代号	*A*	*B*	*H*	*α*
SJ2226-X231_1	X23101	30	45	35	15°	SJ2226-X231_3	X23103	30	45	35	45°
SJ2226-X231_2	X23102	30	45	35	30°						

表 2-19　V 型垫板（SJ 2226—1982）尺寸　　单位：mm

二维图形	三维图形

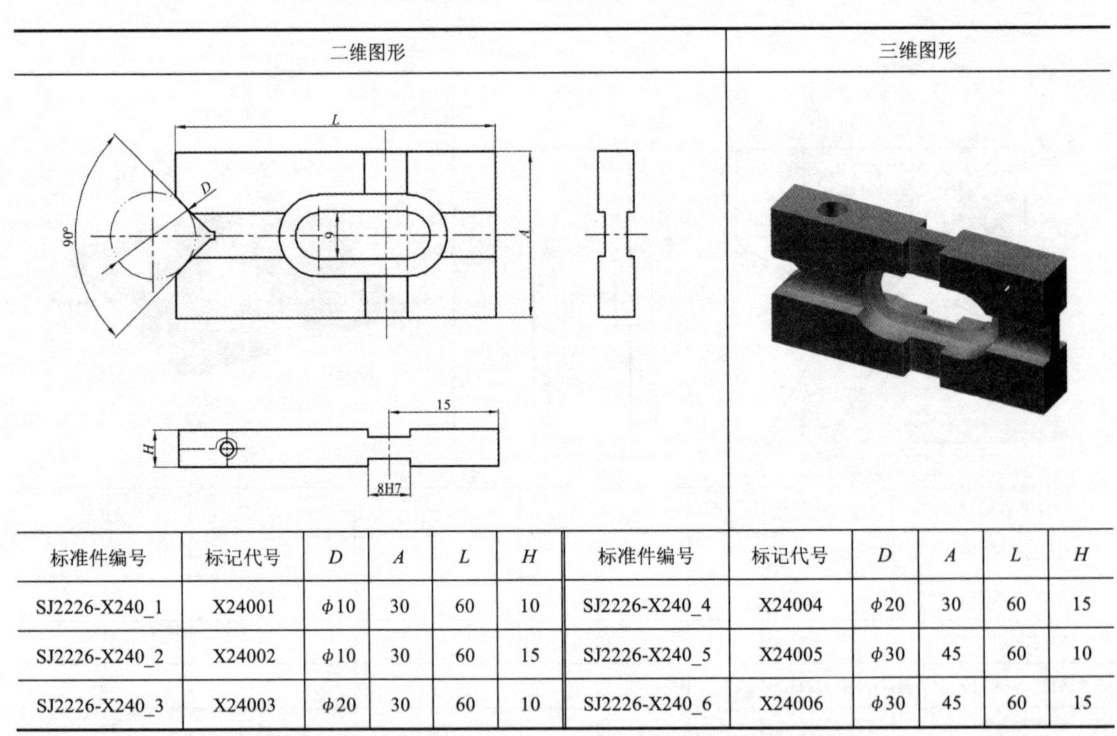

标准件编号	标记代号	*D*	*A*	*L*	*H*	标准件编号	标记代号	*D*	*A*	*L*	*H*
SJ2226-X240_1	X24001	ϕ10	30	60	10	SJ2226-X240_4	X24004	ϕ20	30	60	15
SJ2226-X240_2	X24002	ϕ10	30	60	15	SJ2226-X240_5	X24005	ϕ30	45	60	10
SJ2226-X240_3	X24003	ϕ20	30	60	10	SJ2226-X240_6	X24006	ϕ30	45	60	15

表 2-20 V 型支承（SJ 2226—1982）尺寸 单位：mm

二维图形 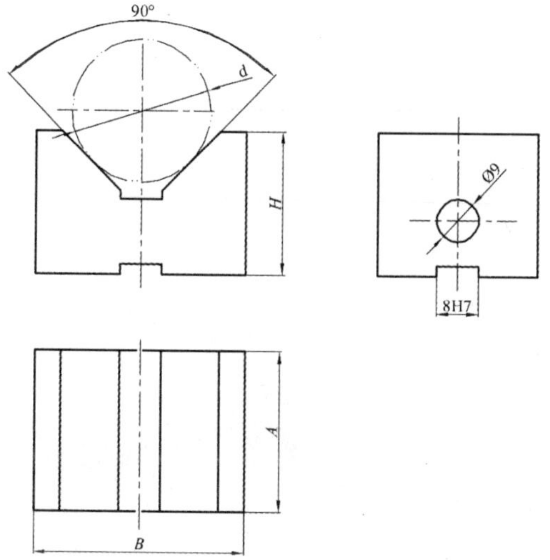	三维图形 

标准件编号	标记代号	d	A	B	H
SJ2226-X241_1	X24101	$\phi 10$	30	30	20
SJ2226-X241_2	X24102	$\phi 14$	30	30	29
SJ2226-X241_3	X24103	$\phi 30$	30	45	30
SJ2226-X241_4	X24104	$\phi 45$	30	60	45

表 2-21 V 型角铁（SJ 2226—1982）尺寸 单位：mm

二维图形	三维图形

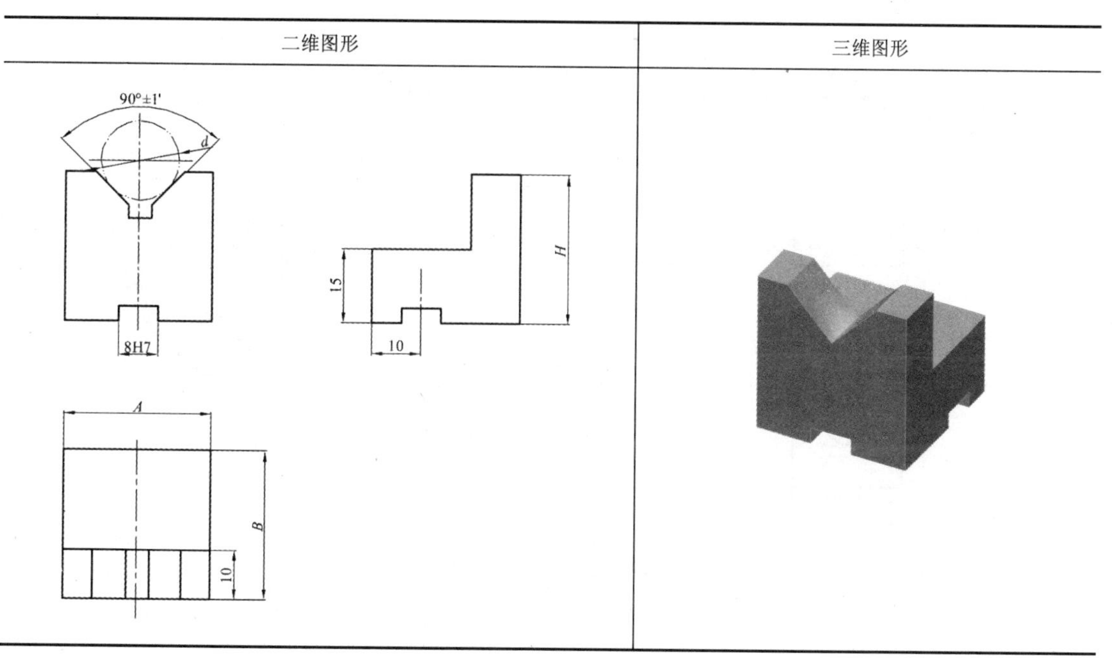

续表

标准件编号	标记代号	*d*	*A*	*B*	*H*
SJ2226-X242_1	X24201	ϕ10	30	30	30
SJ2226-X242_2	X24202	ϕ20	30	30	30
SJ2226-X242_3	X24203	ϕ26	45	45	30

表 2-22　带柄 V 型铁（SJ 2226—1982）尺寸　　单位：mm

二维图形	三维图形

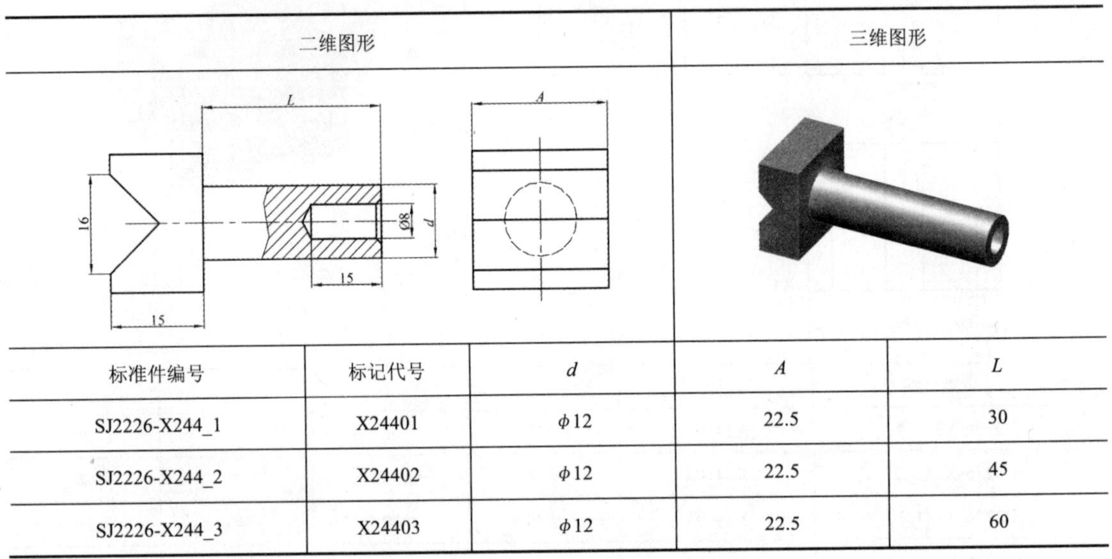

标准件编号	标记代号	*d*	*A*	*L*
SJ2226-X244_1	X24401	ϕ12	22.5	30
SJ2226-X244_2	X24402	ϕ12	22.5	45
SJ2226-X244_3	X24403	ϕ12	22.5	60

表 2-23　椅角形角铁（SJ 2226—1982）尺寸　　单位：mm

二维图形	三维图形

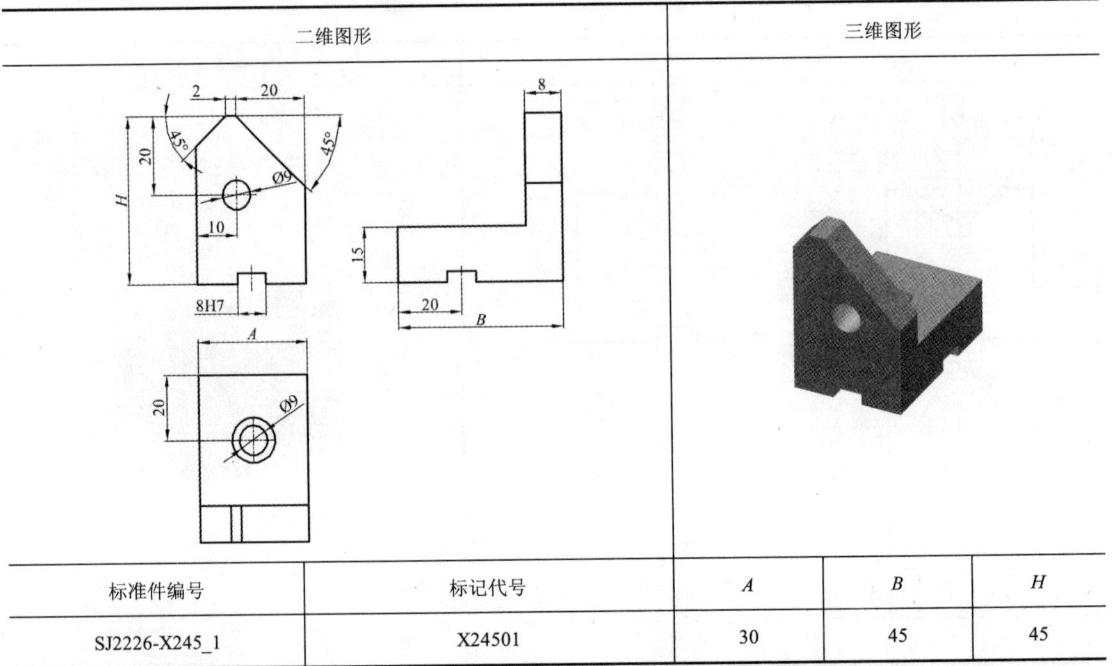

标准件编号	标记代号	*A*	*B*	*H*
SJ2226-X245_1	X24501	30	45	45

表 2-24　右角形角铁（SJ 2226—1982）尺寸　　单位：mm

二维图形	三维图形

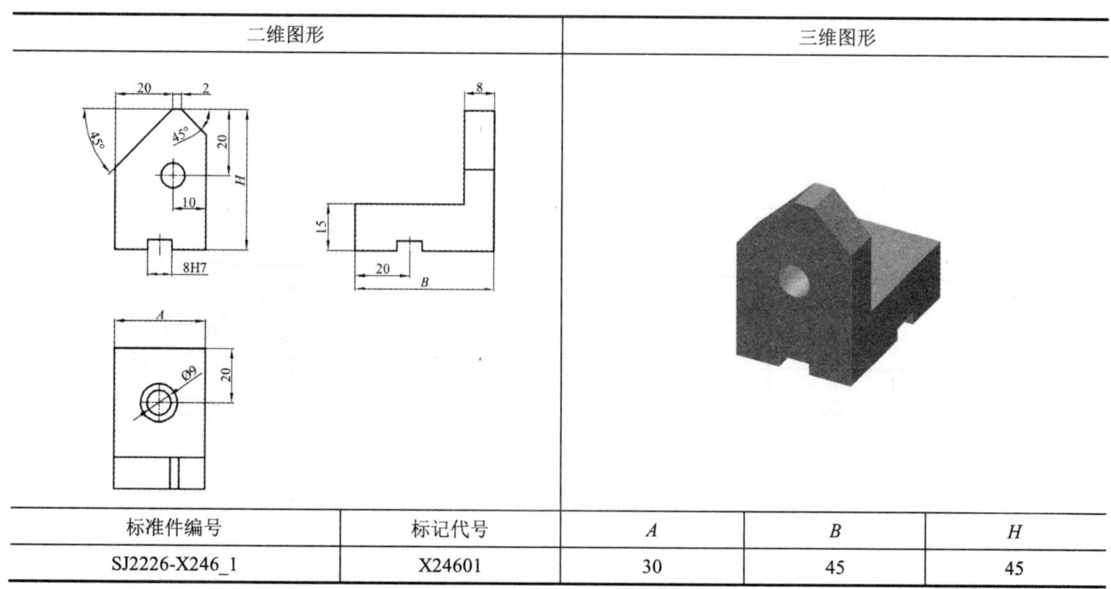

标准件编号	标记代号	A	B	H
SJ2226-X246_1	X24601	30	45	45

表 2-25　左菱形板（SJ 2226—1982）尺寸　　单位：mm

二维图形	三维图形

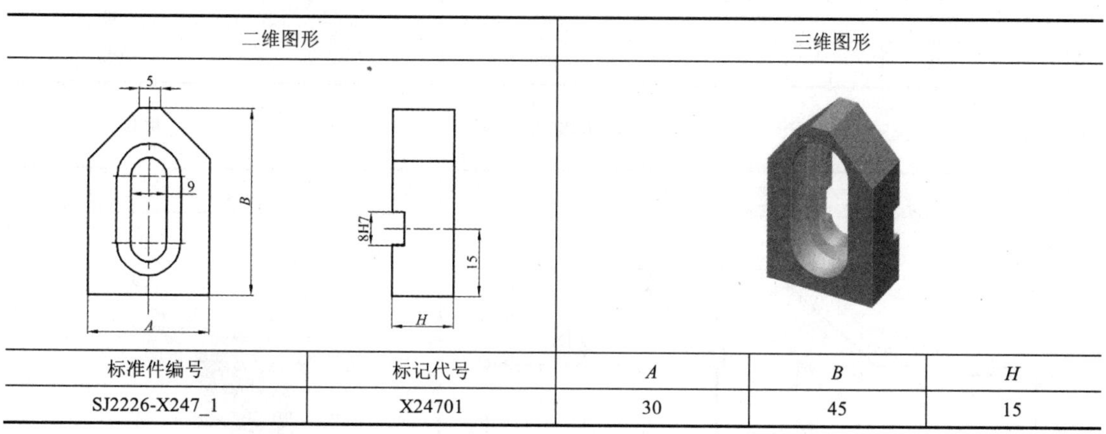

标准件编号	标记代号	A	B	H
SJ2226-X247_1	X24701	30	45	15

表 2-26　右菱形板（SJ 2226—1982）尺寸　　单位：mm

二维图形	三维图形

标准件编号	标记代号	A	B	H
SJ2226-X248_1	X24801	30	45	15

表 2-27　左支承角铁（SJ 2226—1982）尺寸　　　单位：mm

二维图形	三维图形

标准件编号	标记代号	*A*	*B*	*H*
SJ2226-X250_1	X25001	30	45	60
SJ2226-X250_2	X25002	30	45	90
SJ2226-X250_3	X25003	30	45	120

表 2-28　右支承角铁（SJ 2226—1982）尺寸　　　单位：mm

二维图形	三维图形

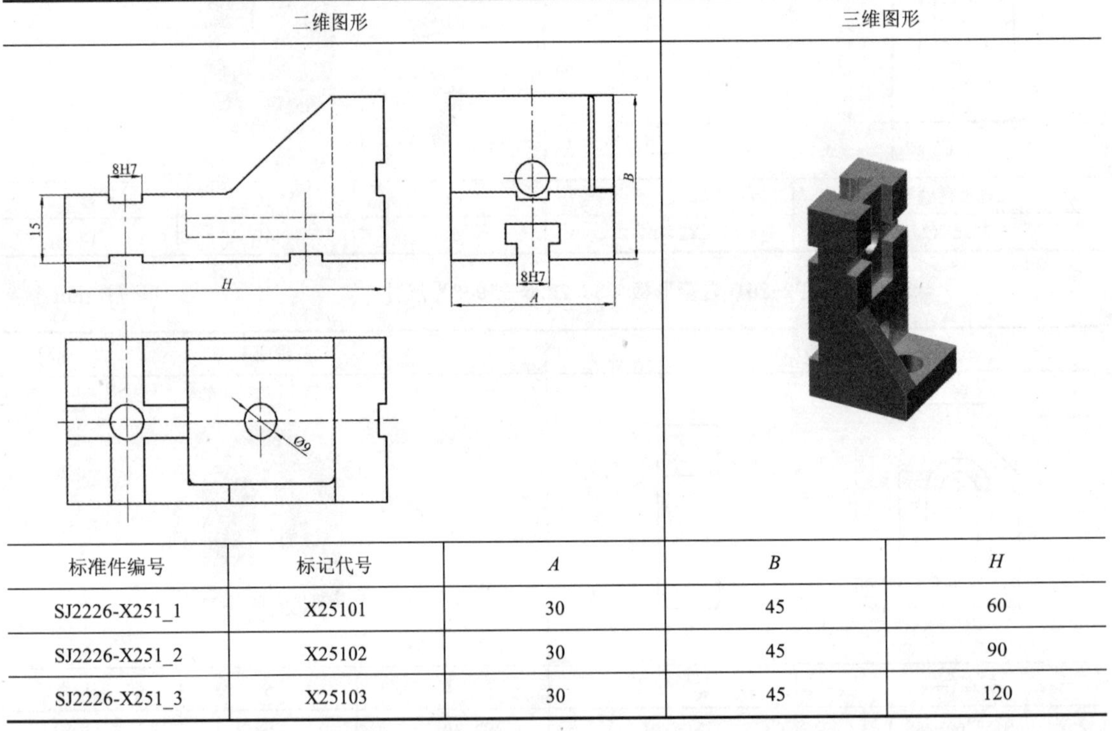

标准件编号	标记代号	*A*	*B*	*H*
SJ2226-X251_1	X25101	30	45	60
SJ2226-X251_2	X25102	30	45	90
SJ2226-X251_3	X25103	30	45	120

表 2-29　单槽角铁（SJ 2226—1982）尺寸　　单位：mm

二维图形	三维图形

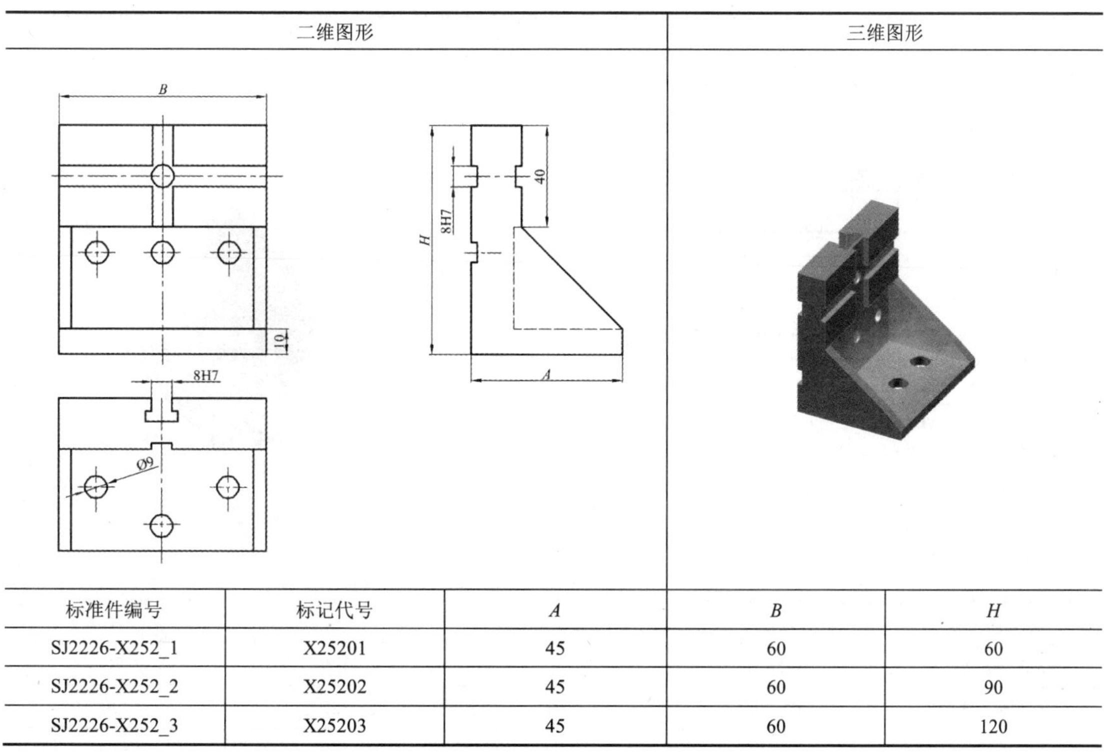

标准件编号	标记代号	A	B	H
SJ2226-X252_1	X25201	45	60	60
SJ2226-X252_2	X25202	45	60	90
SJ2226-X252_3	X25203	45	60	120

表 2-30　双槽角铁（SJ 2226—1982）尺寸　　单位：mm

二维图形	三维图形

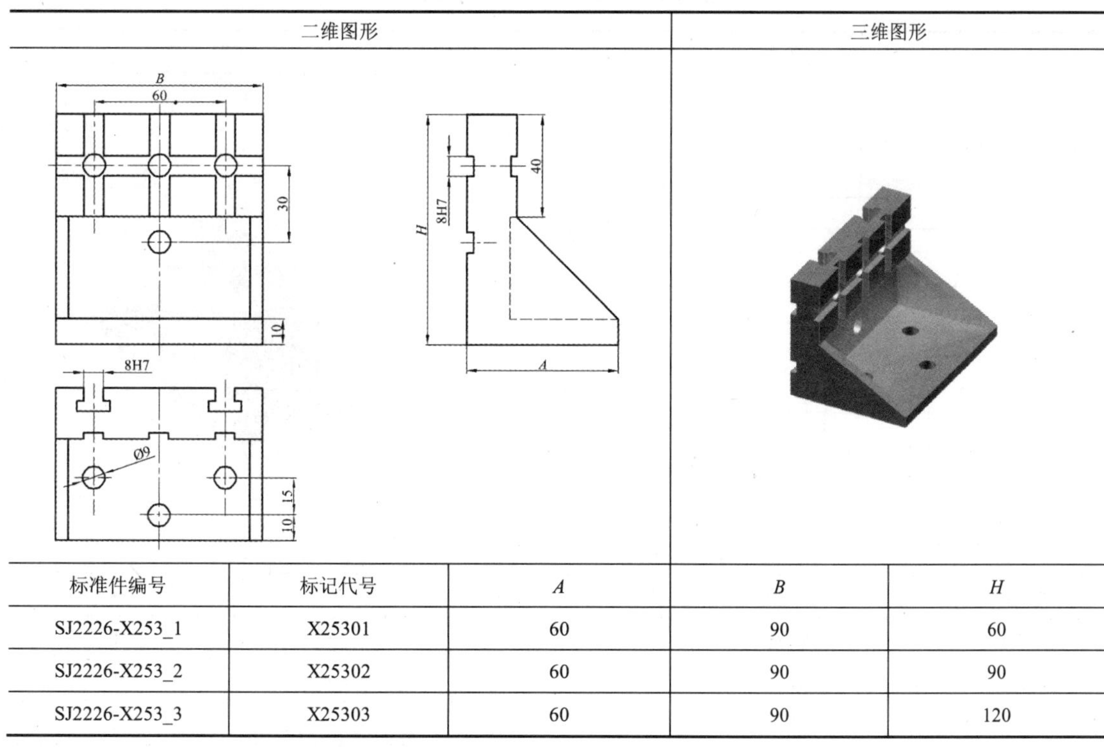

标准件编号	标记代号	A	B	H
SJ2226-X253_1	X25301	60	90	60
SJ2226-X253_2	X25302	60	90	90
SJ2226-X253_3	X25303	60	90	120

表 2-31　三槽角铁（SJ 2226—1982）尺寸　　单位：mm

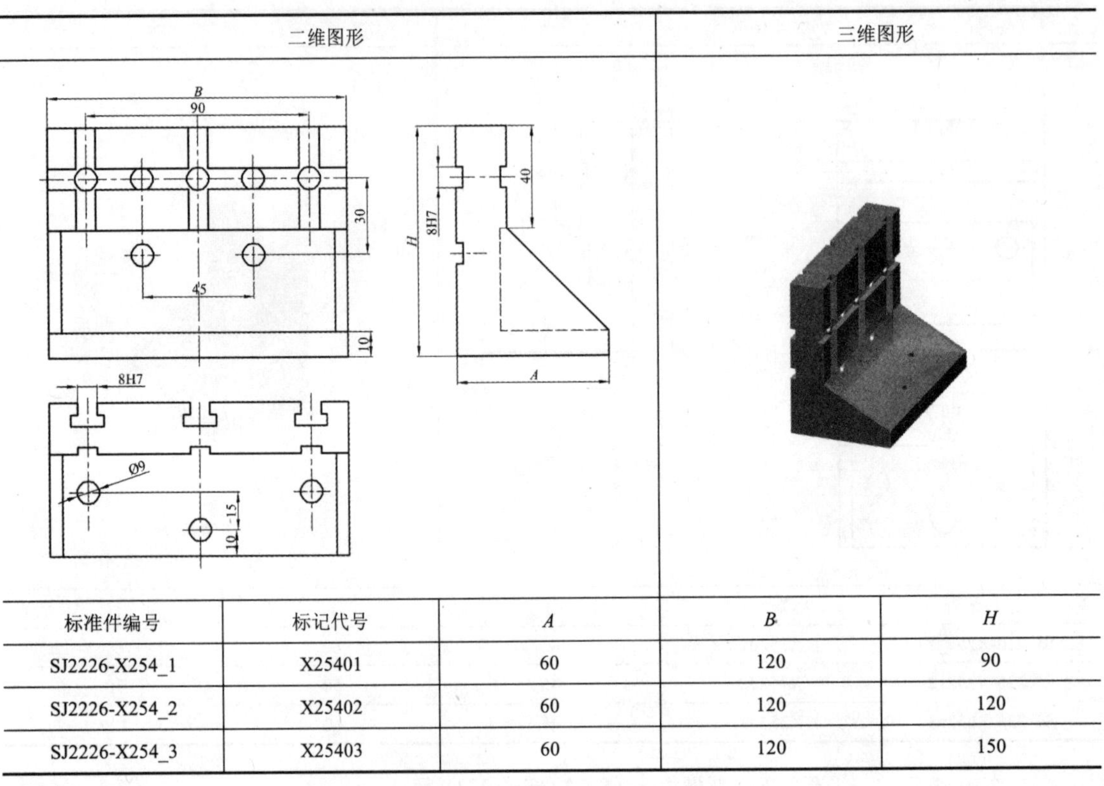

标准件编号	标记代号	*A*	*B*	*H*
SJ2226-X254_1	X25401	60	120	90
SJ2226-X254_2	X25402	60	120	120
SJ2226-X254_3	X25403	60	120	150

表 2-32　加肋角铁（SJ 2226—1982）尺寸　　单位：mm

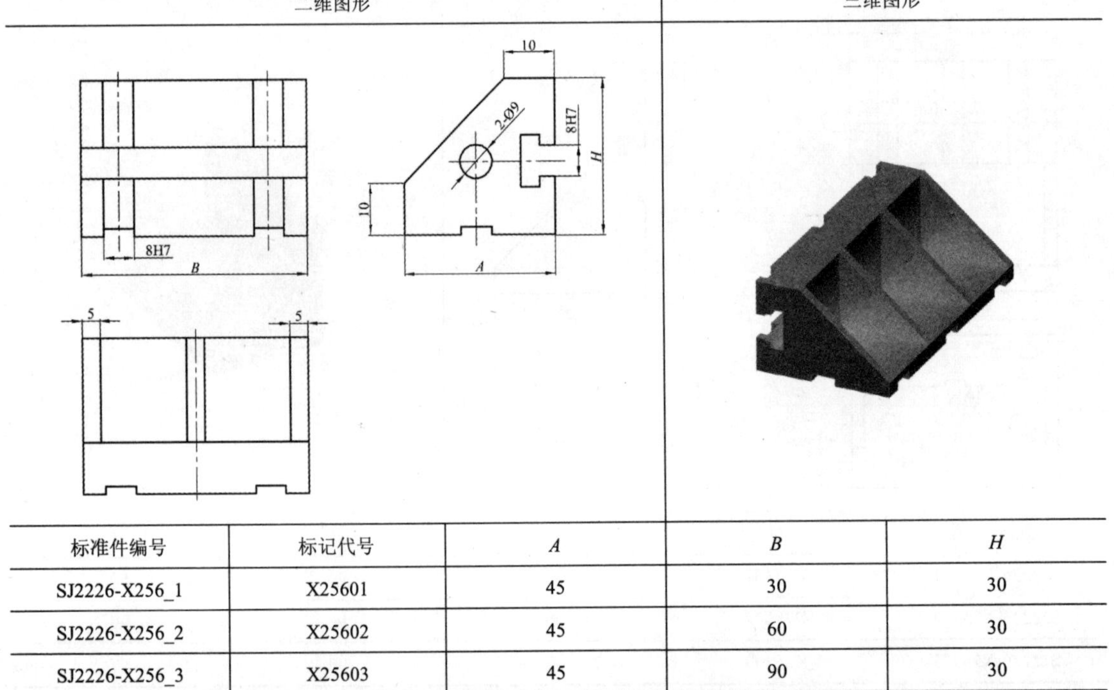

标准件编号	标记代号	*A*	*B*	*H*
SJ2226-X256_1	X25601	45	30	30
SJ2226-X256_2	X25602	45	60	30
SJ2226-X256_3	X25603	45	90	30

表 2-33　伸长板（SJ 2226—1982）尺寸　　单位：mm

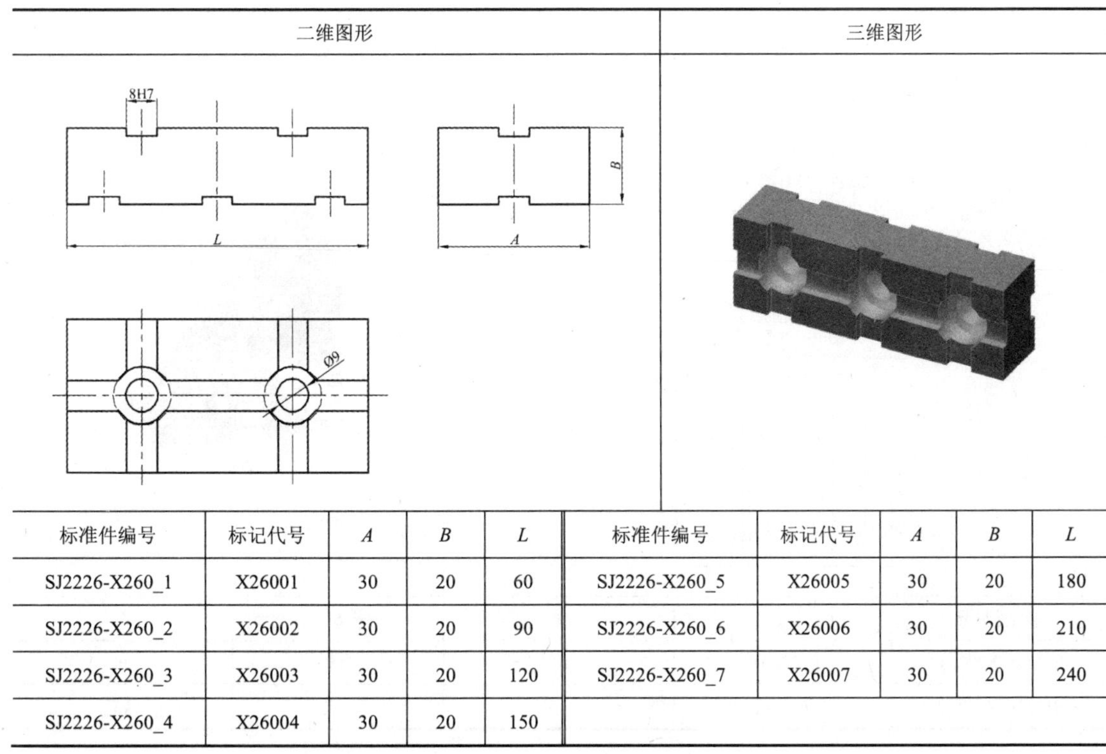

标准件编号	标记代号	A	B	L	标准件编号	标记代号	A	B	L
SJ2226-X260_1	X26001	30	20	60	SJ2226-X260_5	X26005	30	20	180
SJ2226-X260_2	X26002	30	20	90	SJ2226-X260_6	X26006	30	20	210
SJ2226-X260_3	X26003	30	20	120	SJ2226-X260_7	X26007	30	20	240
SJ2226-X260_4	X26004	30	20	150					

表 2-34　方形支座（SJ 2226—1982）尺寸　　单位：mm

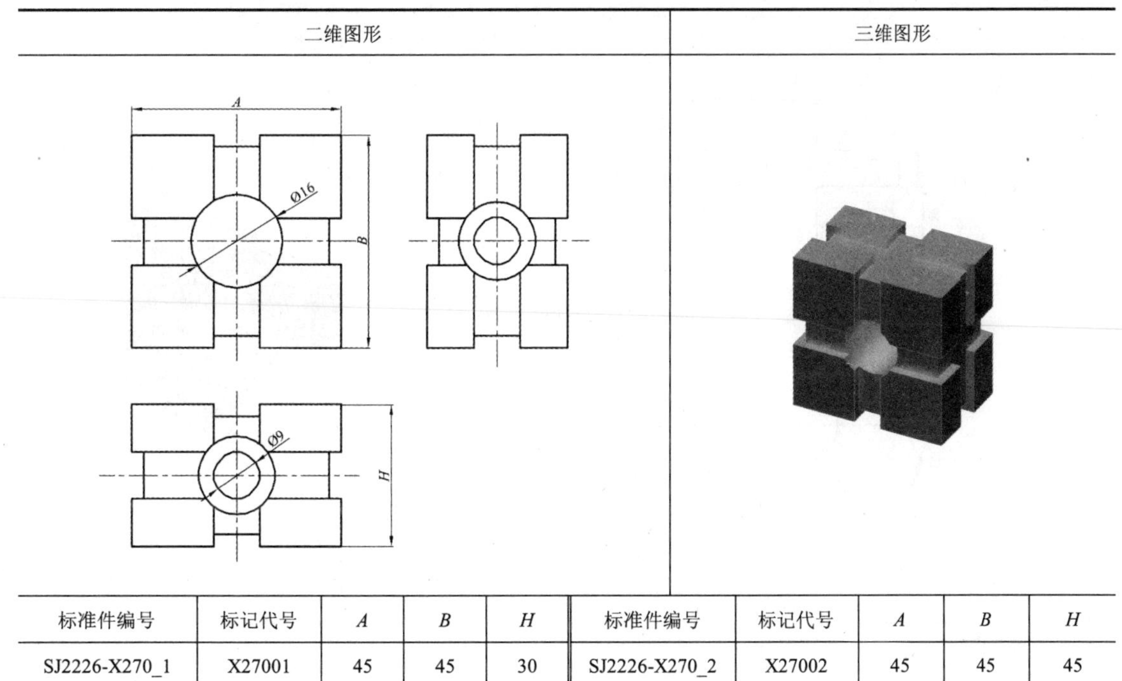

标准件编号	标记代号	A	B	H	标准件编号	标记代号	A	B	H
SJ2226-X270_1	X27001	45	45	30	SJ2226-X270_2	X27002	45	45	45

表 2-35　三角支座（SJ 2226—1982）尺寸　　单位：mm

二维图形	三维图形

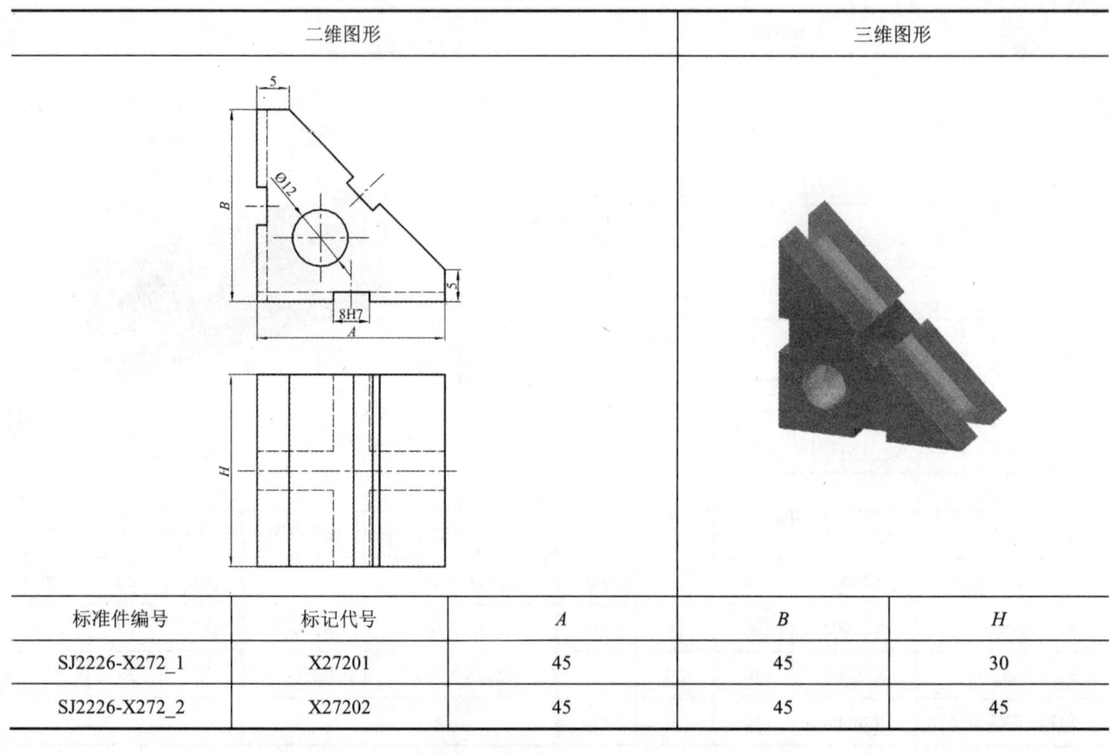

标准件编号	标记代号	*A*	*B*	*H*
SJ2226-X272_1	X27201	45	45	30
SJ2226-X272_2	X27202	45	45	45

表 2-36　三棱支座（SJ 2226—1982）尺寸　　单位：mm

二维图形	三维图形

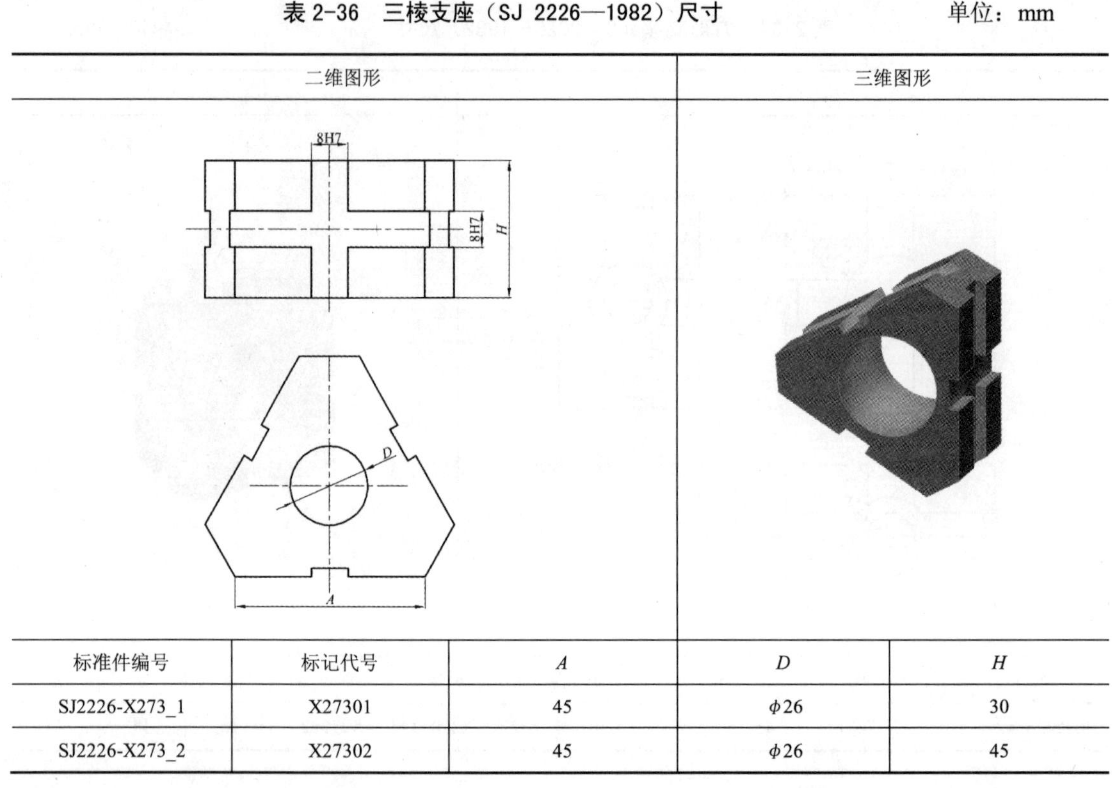

标准件编号	标记代号	*A*	*D*	*H*
SJ2226-X273_1	X27301	45	ϕ26	30
SJ2226-X273_2	X27302	45	ϕ26	45

表 2-37　六棱支座（SJ 2226—1982）尺寸　　单位：mm

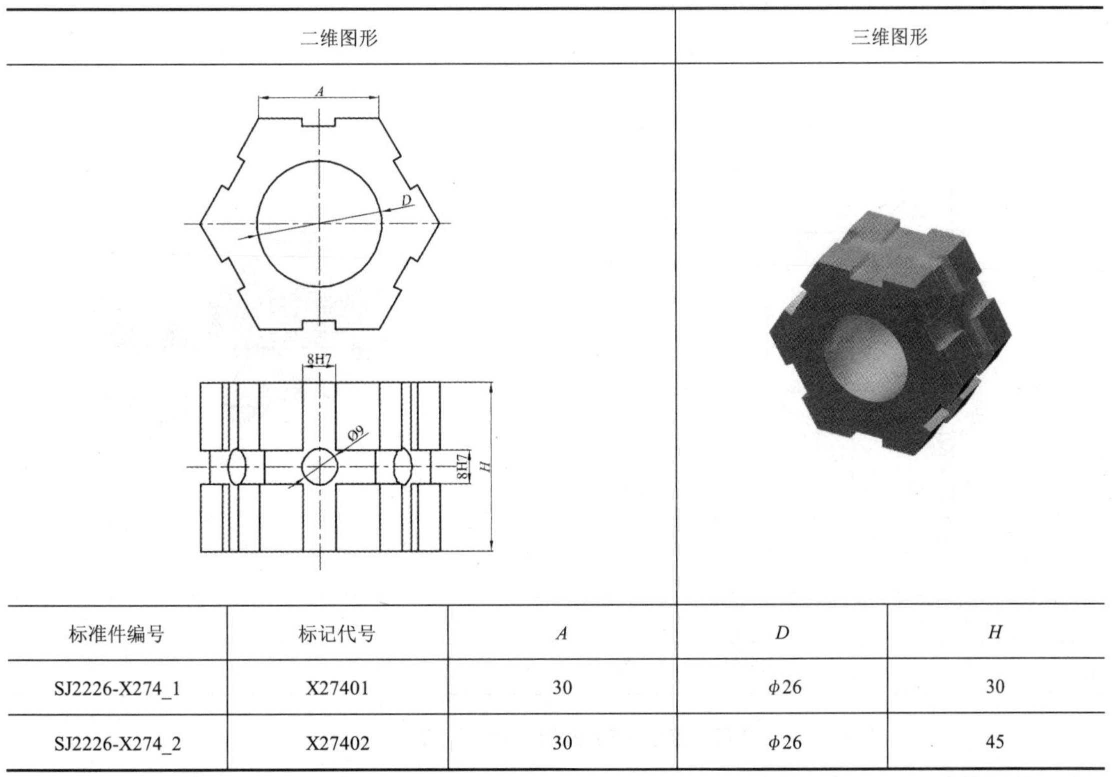

标准件编号	标记代号	*A*	*D*	*H*
SJ2226-X274_1	X27401	30	ϕ26	30
SJ2226-X274_2	X27402	30	ϕ26	45

表 2-38　导向支承（SJ 2226—1982）尺寸　　单位：mm

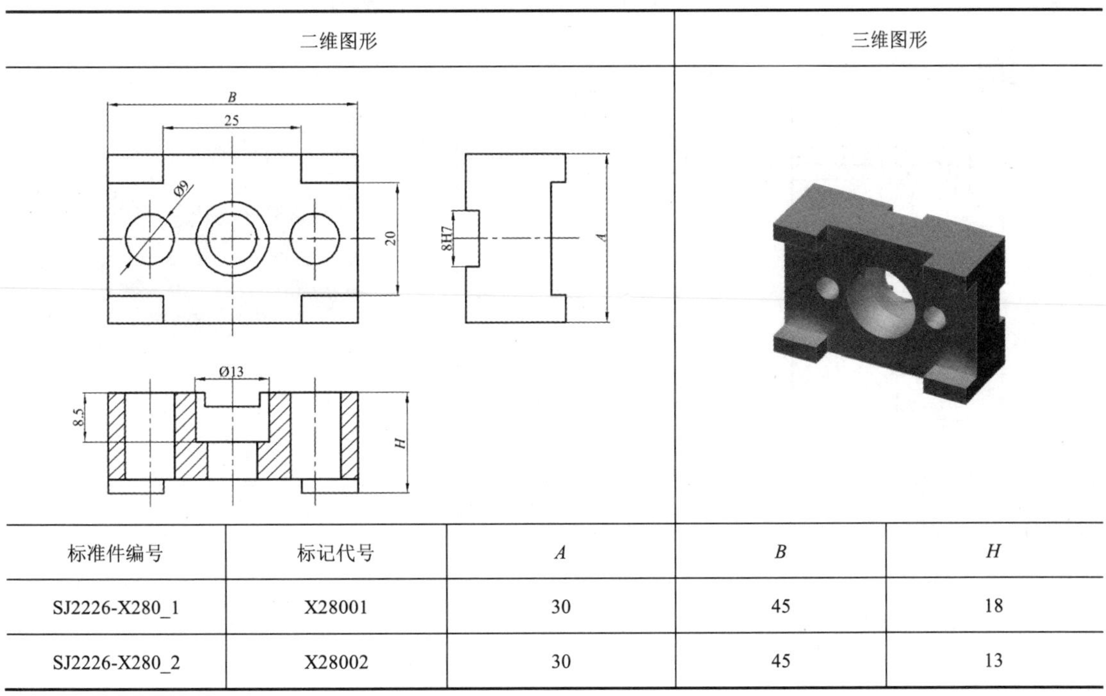

标准件编号	标记代号	*A*	*B*	*H*
SJ2226-X280_1	X28001	30	45	18
SJ2226-X280_2	X28002	30	45	13

表 2-39　定位支承（SJ 2226—1982）尺寸　　　　单位：mm

二维图形	三维图形

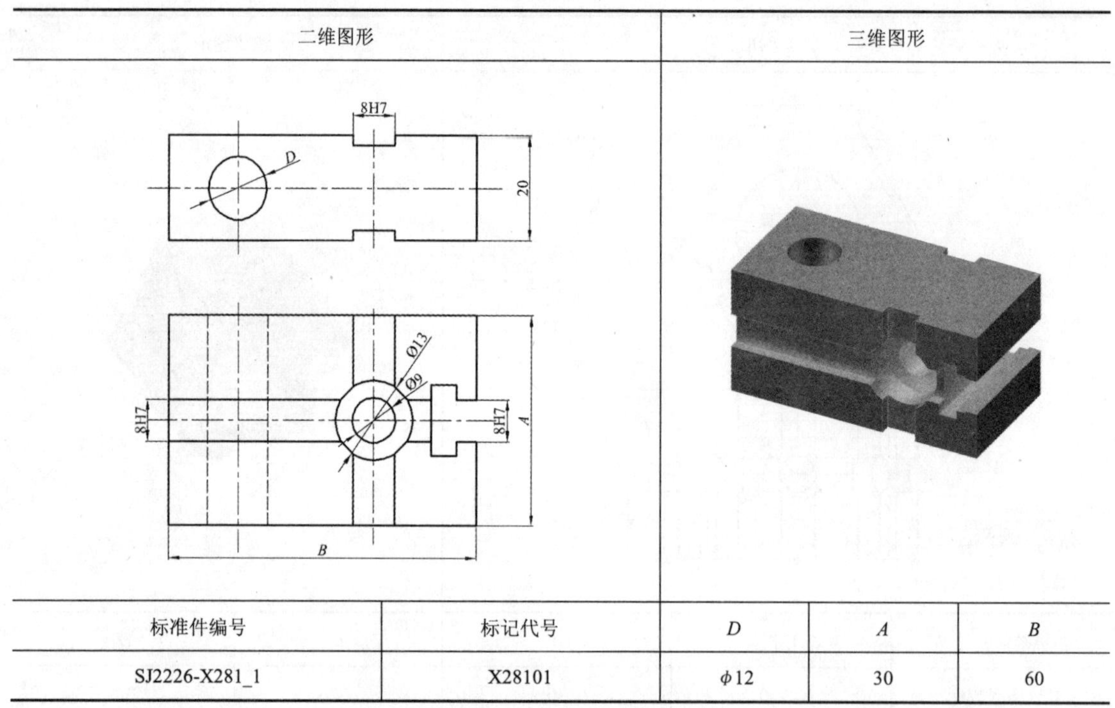

标准件编号	标记代号	*D*	*A*	*B*
SJ2226-X281_1	X28101	ϕ12	30	60

表 2-40　端孔定位支承（SJ 2226—1982）尺寸　　　　单位：mm

二维图形	三维图形

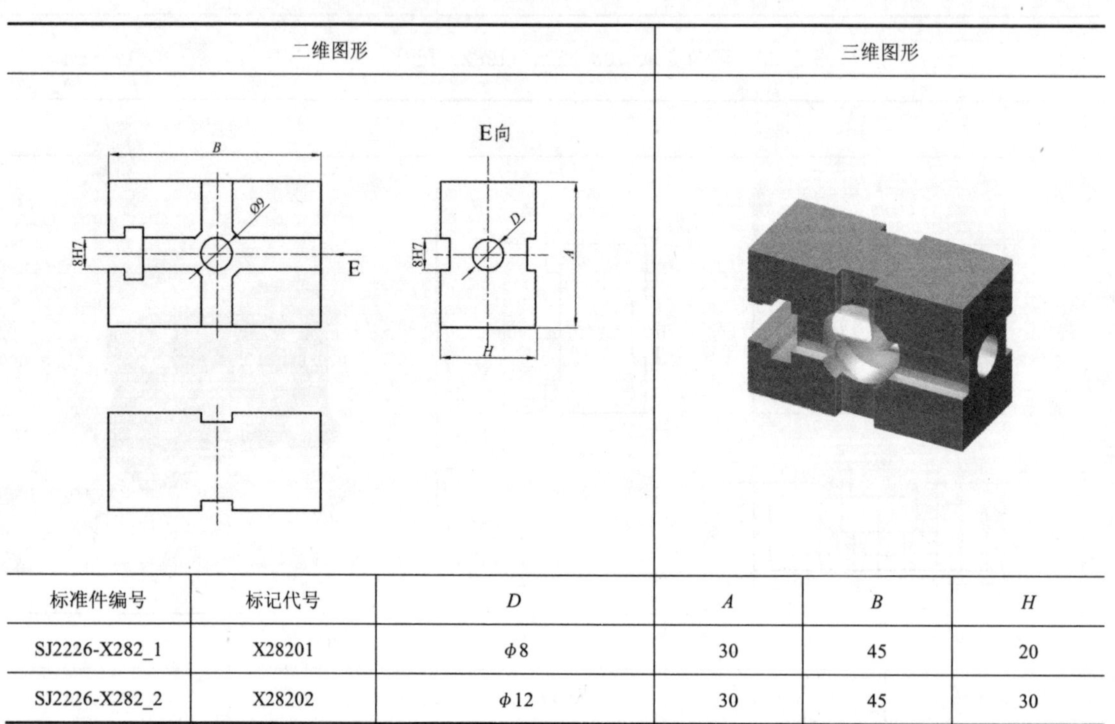

标准件编号	标记代号	*D*	*A*	*B*	*H*
SJ2226-X282_1	X28201	ϕ8	30	45	20
SJ2226-X282_2	X28202	ϕ12	30	45	30

表 2-41 滑动支承（SJ 2226—1982）尺寸 单位：mm

二维图形	三维图形

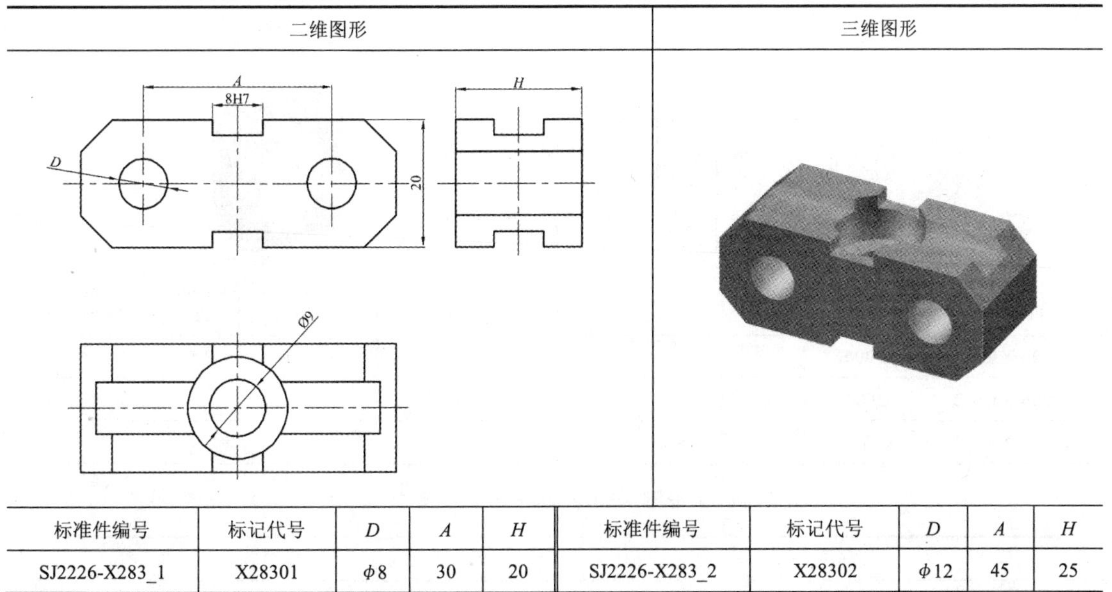

标准件编号	标记代号	D	A	H	标准件编号	标记代号	D	A	H
SJ2226-X283_1	X28301	ϕ8	30	20	SJ2226-X283_2	X28302	ϕ12	45	25

表 2-42 台阶板（SJ 2226—1982）尺寸 单位：mm

二维图形	三维图形

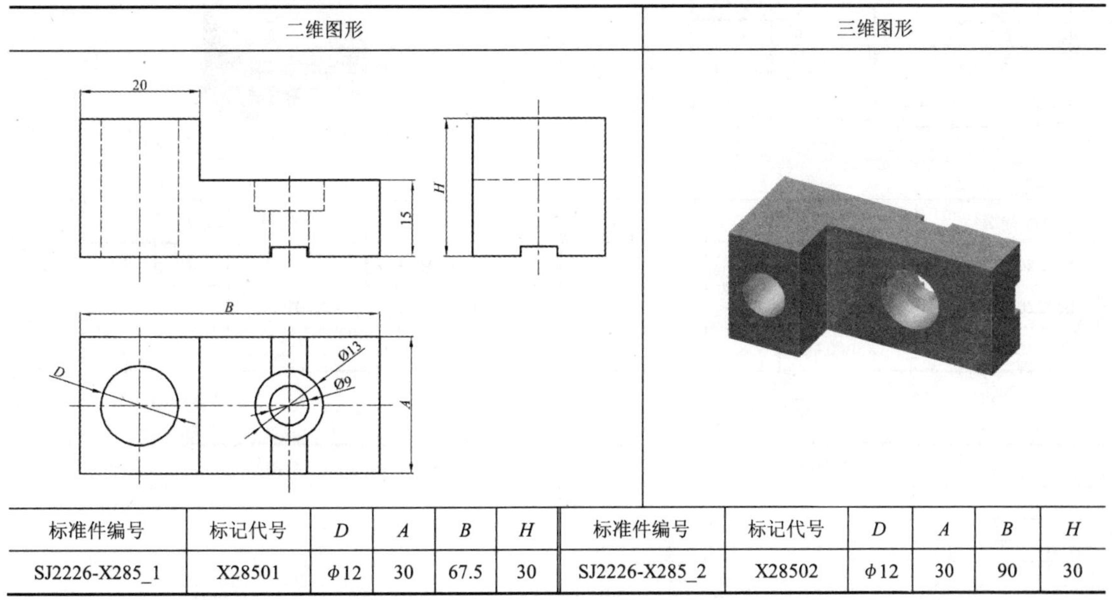

标准件编号	标记代号	D	A	B	H	标准件编号	标记代号	D	A	B	H
SJ2226-X285_1	X28501	ϕ12	30	67.5	30	SJ2226-X285_2	X28502	ϕ12	30	90	30

2.3 定位件

定位件包括平键、T 形键、过渡键、圆形定位销、菱形定位销、圆形定位盘、正方形定位接头、长方形定位接头、圆形定位接头、对位栓、轴、定位环、密孔垫片、矩形垫片。其尺寸如表 2-43～表 2-62 所示。

表 2-43　平键（SJ 2226—1982）尺寸　　单位：mm

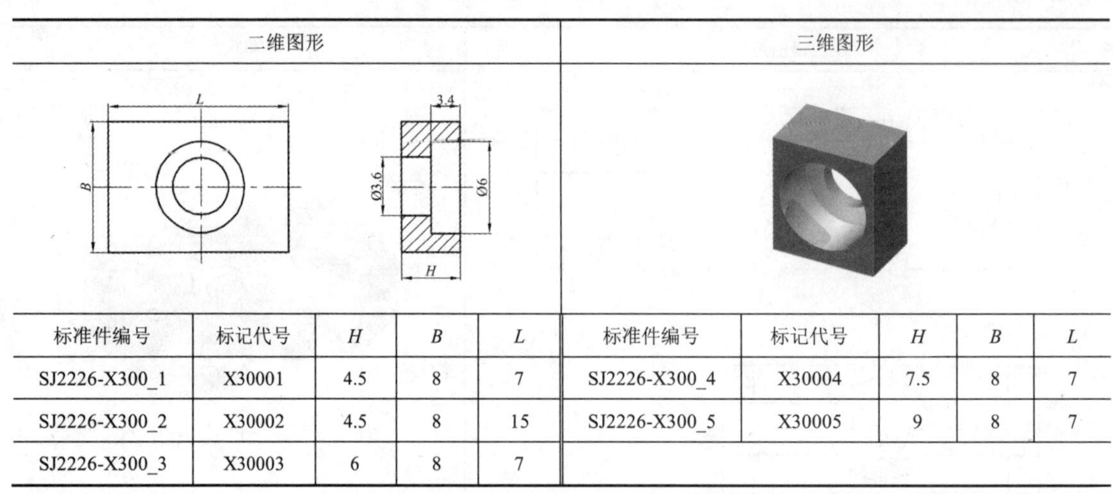

标准件编号	标记代号	*H*	*B*	*L*	标准件编号	标记代号	*H*	*B*	*L*
SJ2226-X300_1	X30001	4.5	8	7	SJ2226-X300_4	X30004	7.5	8	7
SJ2226-X300_2	X30002	4.5	8	15	SJ2226-X300_5	X30005	9	8	7
SJ2226-X300_3	X30003	6	8	7					

表 2-44　T 形键（SJ 2226—1982）尺寸　　单位：mm

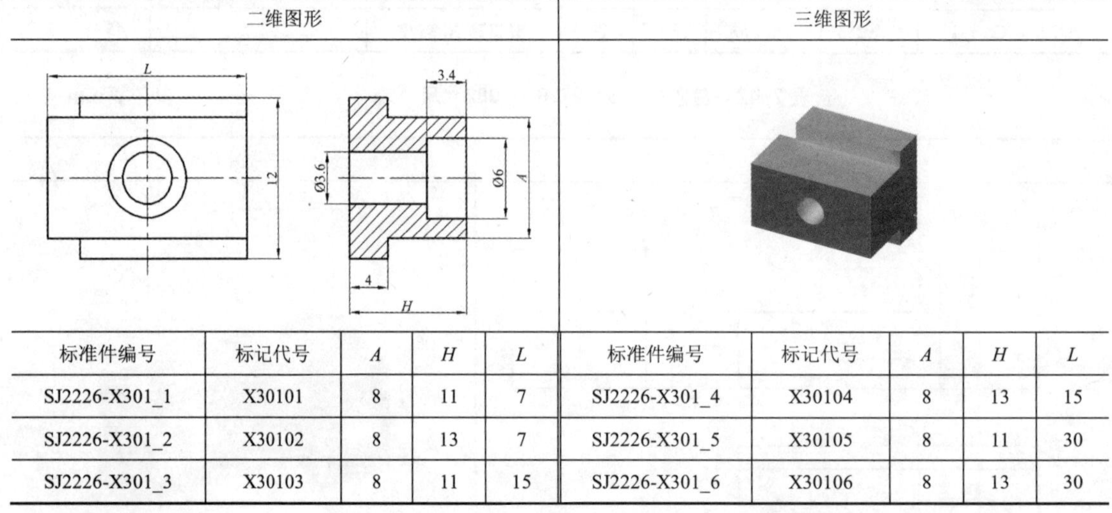

标准件编号	标记代号	*A*	*H*	*L*	标准件编号	标记代号	*A*	*H*	*L*
SJ2226-X301_1	X30101	8	11	7	SJ2226-X301_4	X30104	8	13	15
SJ2226-X301_2	X30102	8	13	7	SJ2226-X301_5	X30105	8	11	30
SJ2226-X301_3	X30103	8	11	15	SJ2226-X301_6	X30106	8	13	30

表 2-45　过渡键（SJ 2226—1982）尺寸　　单位：mm

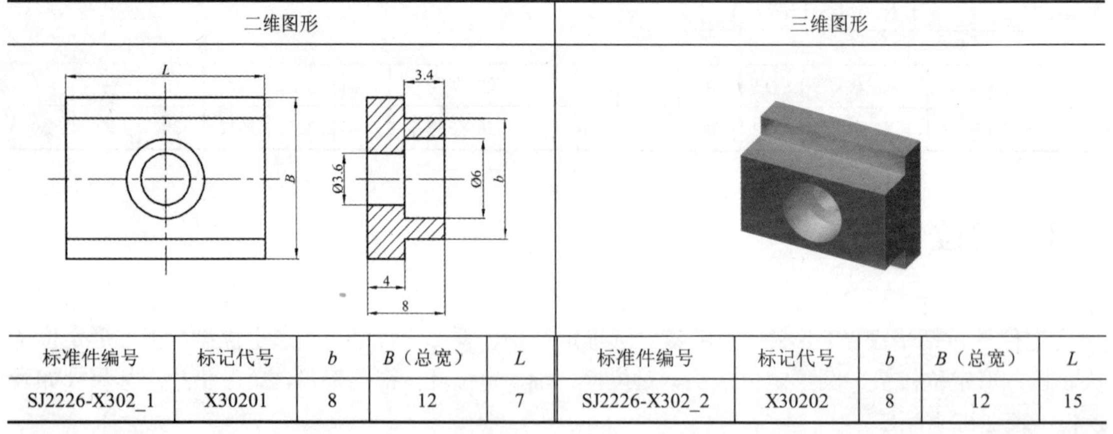

标准件编号	标记代号	*b*	*B*（总宽）	*L*	标准件编号	标记代号	*b*	*B*（总宽）	*L*
SJ2226-X302_1	X30201	8	12	7	SJ2226-X302_2	X30202	8	12	15

表 2-46 圆形定位销 1（SJ 2226—1982）尺寸 单位：mm

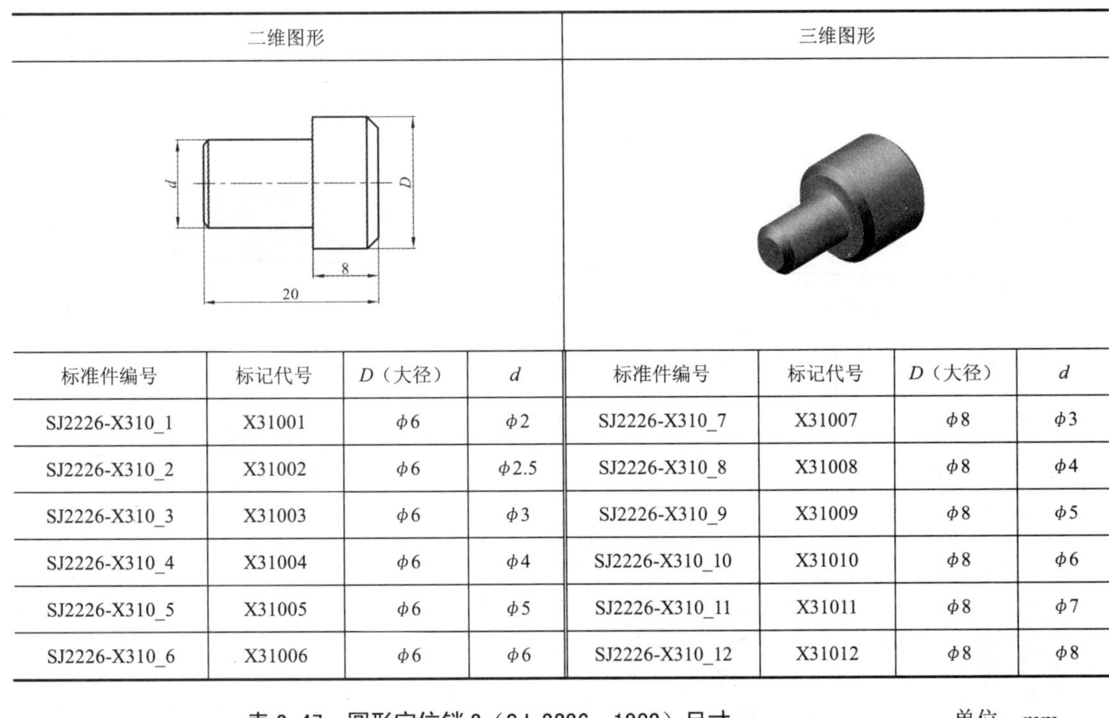

标准件编号	标记代号	D（大径）	d	标准件编号	标记代号	D（大径）	d
SJ2226-X310_1	X31001	φ6	φ2	SJ2226-X310_7	X31007	φ8	φ3
SJ2226-X310_2	X31002	φ6	φ2.5	SJ2226-X310_8	X31008	φ8	φ4
SJ2226-X310_3	X31003	φ6	φ3	SJ2226-X310_9	X31009	φ8	φ5
SJ2226-X310_4	X31004	φ6	φ4	SJ2226-X310_10	X31010	φ8	φ6
SJ2226-X310_5	X31005	φ6	φ5	SJ2226-X310_11	X31011	φ8	φ7
SJ2226-X310_6	X31006	φ6	φ6	SJ2226-X310_12	X31012	φ8	φ8

表 2-47 圆形定位销 2（SJ 2226—1982）尺寸 单位：mm

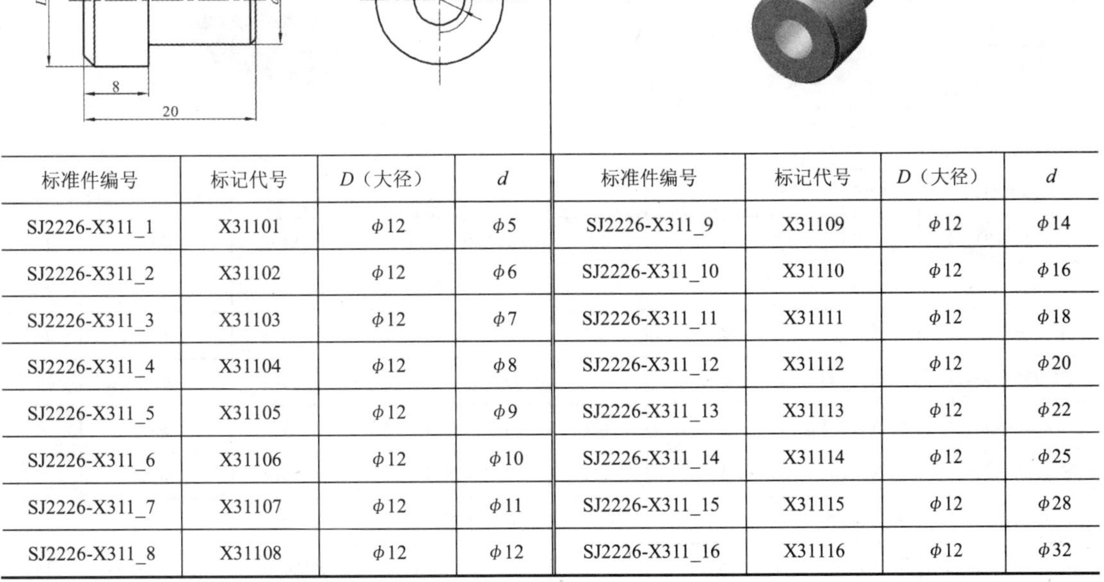

标准件编号	标记代号	D（大径）	d	标准件编号	标记代号	D（大径）	d
SJ2226-X311_1	X31101	φ12	φ5	SJ2226-X311_9	X31109	φ12	φ14
SJ2226-X311_2	X31102	φ12	φ6	SJ2226-X311_10	X31110	φ12	φ16
SJ2226-X311_3	X31103	φ12	φ7	SJ2226-X311_11	X31111	φ12	φ18
SJ2226-X311_4	X31104	φ12	φ8	SJ2226-X311_12	X31112	φ12	φ20
SJ2226-X311_5	X31105	φ12	φ9	SJ2226-X311_13	X31113	φ12	φ22
SJ2226-X311_6	X31106	φ12	φ10	SJ2226-X311_14	X31114	φ12	φ25
SJ2226-X311_7	X31107	φ12	φ11	SJ2226-X311_15	X31115	φ12	φ28
SJ2226-X311_8	X31108	φ12	φ12	SJ2226-X311_16	X31116	φ12	φ32

表 2-48　菱形定位销 1（SJ 2226—1982）尺寸　　单位：mm

二维图形	三维图形

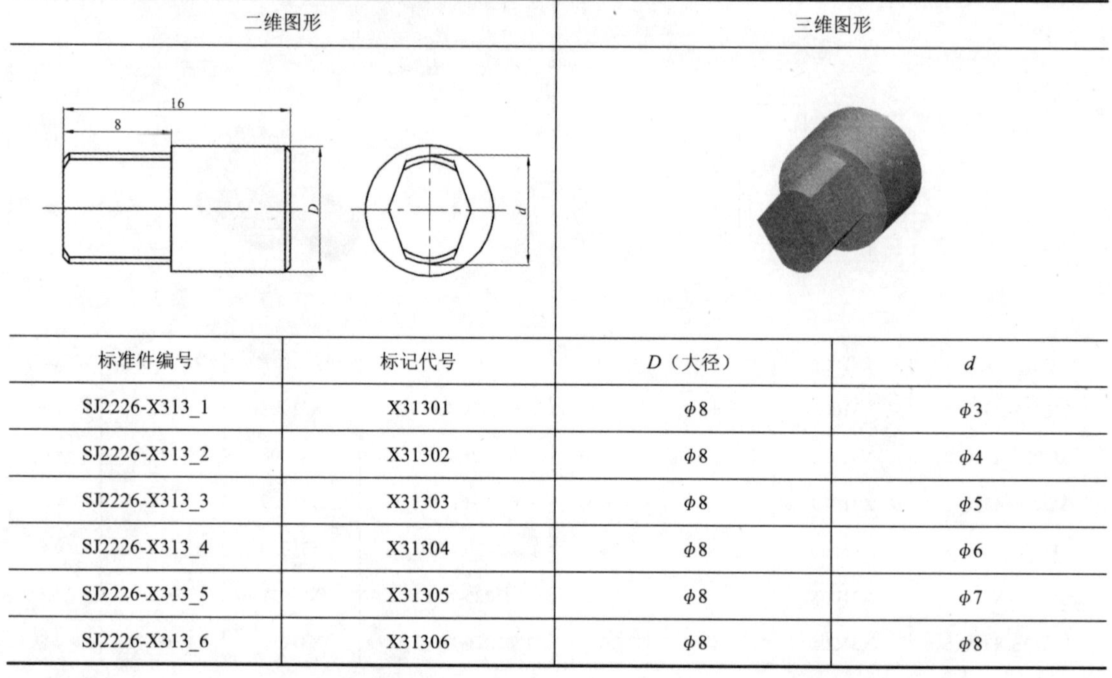

标准件编号	标记代号	D（大径）	d
SJ2226-X313_1	X31301	ϕ8	ϕ3
SJ2226-X313_2	X31302	ϕ8	ϕ4
SJ2226-X313_3	X31303	ϕ8	ϕ5
SJ2226-X313_4	X31304	ϕ8	ϕ6
SJ2226-X313_5	X31305	ϕ8	ϕ7
SJ2226-X313_6	X31306	ϕ8	ϕ8

表 2-49　菱形定位销 2（SJ 2226—1982）尺寸　　单位：mm

二维图形	三维图形

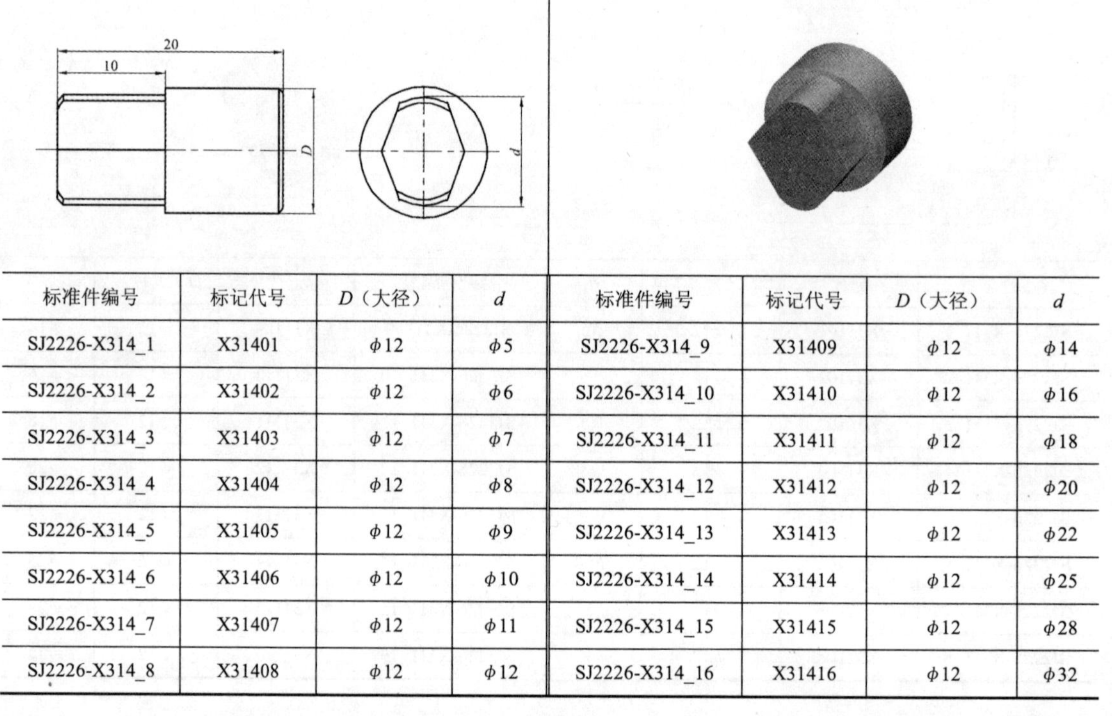

标准件编号	标记代号	D（大径）	d	标准件编号	标记代号	D（大径）	d
SJ2226-X314_1	X31401	ϕ12	ϕ5	SJ2226-X314_9	X31409	ϕ12	ϕ14
SJ2226-X314_2	X31402	ϕ12	ϕ6	SJ2226-X314_10	X31410	ϕ12	ϕ16
SJ2226-X314_3	X31403	ϕ12	ϕ7	SJ2226-X314_11	X31411	ϕ12	ϕ18
SJ2226-X314_4	X31404	ϕ12	ϕ8	SJ2226-X314_12	X31412	ϕ12	ϕ20
SJ2226-X314_5	X31405	ϕ12	ϕ9	SJ2226-X314_13	X31413	ϕ12	ϕ22
SJ2226-X314_6	X31406	ϕ12	ϕ10	SJ2226-X314_14	X31414	ϕ12	ϕ25
SJ2226-X314_7	X31407	ϕ12	ϕ11	SJ2226-X314_15	X31415	ϕ12	ϕ28
SJ2226-X314_8	X31408	ϕ12	ϕ12	SJ2226-X314_16	X31416	ϕ12	ϕ32

表 2-50　菱形定位销 3（SJ 2226—1982）尺寸

单位：mm

二维图形	三维图形

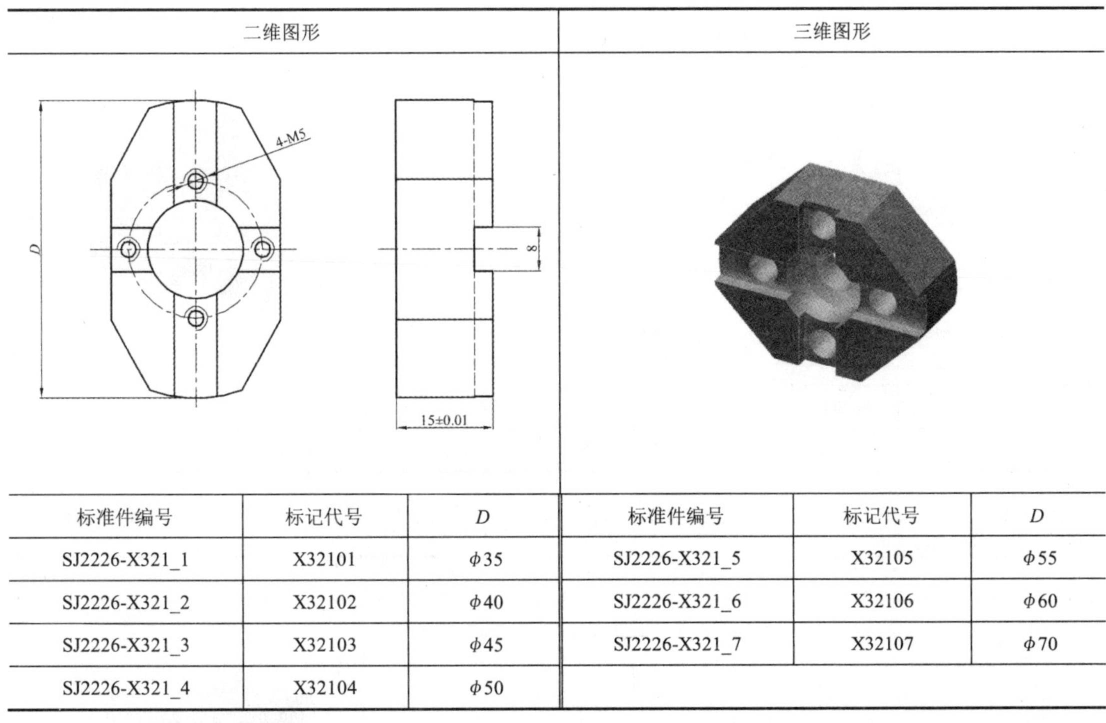

标准件编号	标记代号	D	标准件编号	标记代号	D
SJ2226-X321_1	X32101	ϕ35	SJ2226-X321_5	X32105	ϕ55
SJ2226-X321_2	X32102	ϕ40	SJ2226-X321_6	X32106	ϕ60
SJ2226-X321_3	X32103	ϕ45	SJ2226-X321_7	X32107	ϕ70
SJ2226-X321_4	X32104	ϕ50			

表 2-51　圆形定位盘（SJ 2226—1982）尺寸

单位：mm

二维图形	三维图形

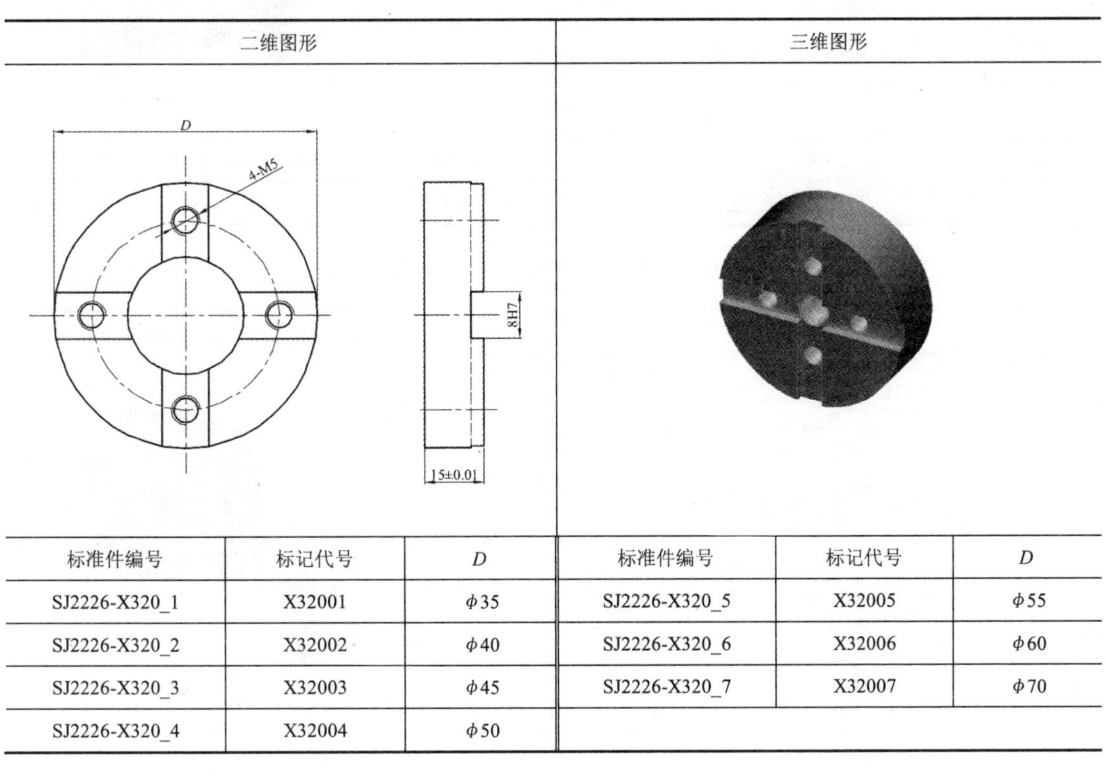

标准件编号	标记代号	D	标准件编号	标记代号	D
SJ2226-X320_1	X32001	ϕ35	SJ2226-X320_5	X32005	ϕ55
SJ2226-X320_2	X32002	ϕ40	SJ2226-X320_6	X32006	ϕ60
SJ2226-X320_3	X32003	ϕ45	SJ2226-X320_7	X32007	ϕ70
SJ2226-X320_4	X32004	ϕ50			

表 2-52　正方形定位接头（SJ 2226—1982）尺寸　　单位：mm

二维图形	三维图形

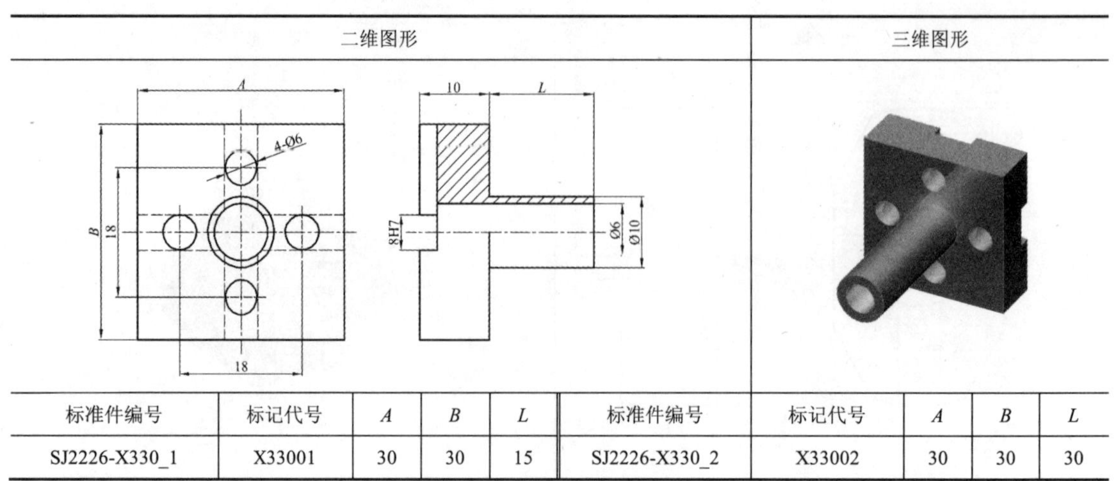

标准件编号	标记代号	*A*	*B*	*L*	标准件编号	标记代号	*A*	*B*	*L*
SJ2226-X330_1	X33001	30	30	15	SJ2226-X330_2	X33002	30	30	30

表 2-53　长方形定位接头（SJ 2226—1982）尺寸　　单位：mm

二维图形	三维图形

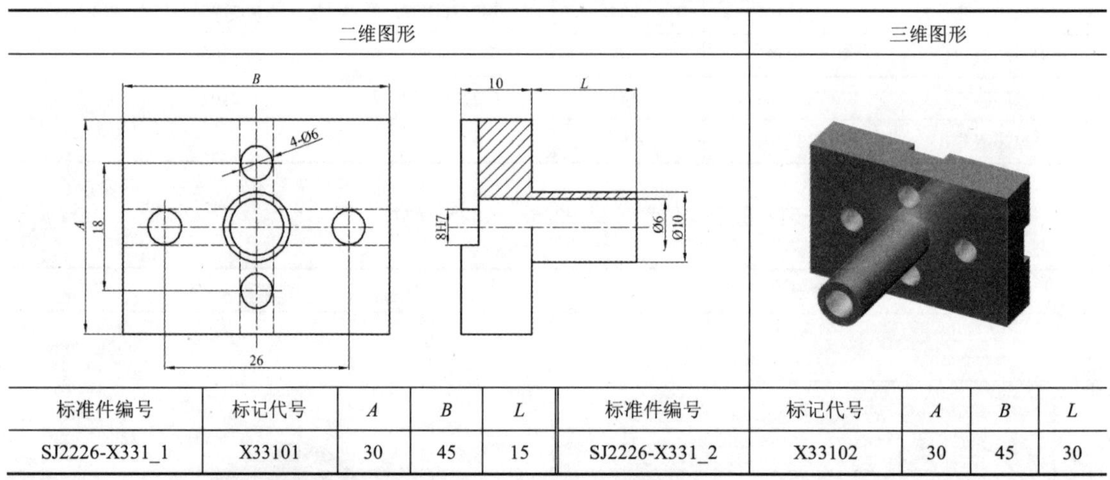

标准件编号	标记代号	*A*	*B*	*L*	标准件编号	标记代号	*A*	*B*	*L*
SJ2226-X331_1	X33101	30	45	15	SJ2226-X331_2	X33102	30	45	30

表 2-54　圆形定位接头（SJ 2226—1982）尺寸　　单位：mm

二维图形	三维图形

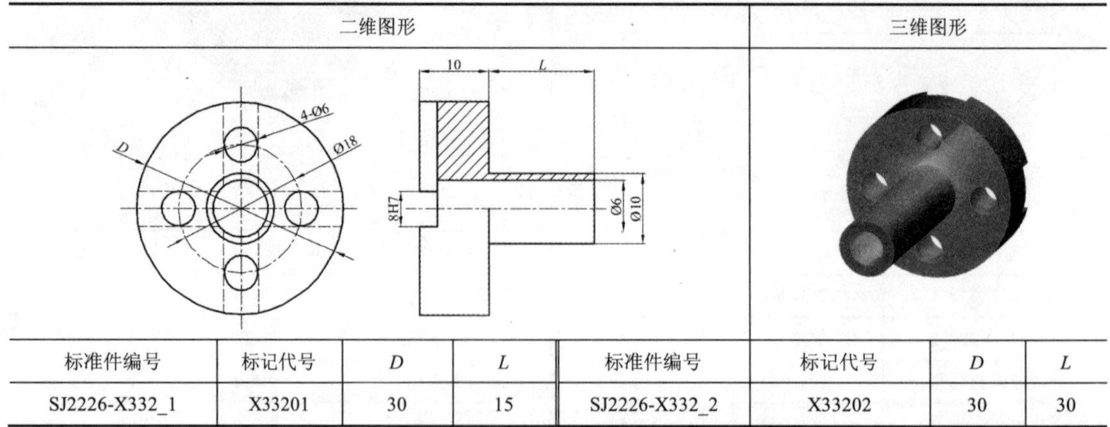

标准件编号	标记代号	*D*	*L*	标准件编号	标记代号	*D*	*L*
SJ2226-X332_1	X33201	30	15	SJ2226-X332_2	X33202	30	30

表 2-55　对位栓（SJ 2226—1982）尺寸　　　　单位：mm

二维图形			三维图形		

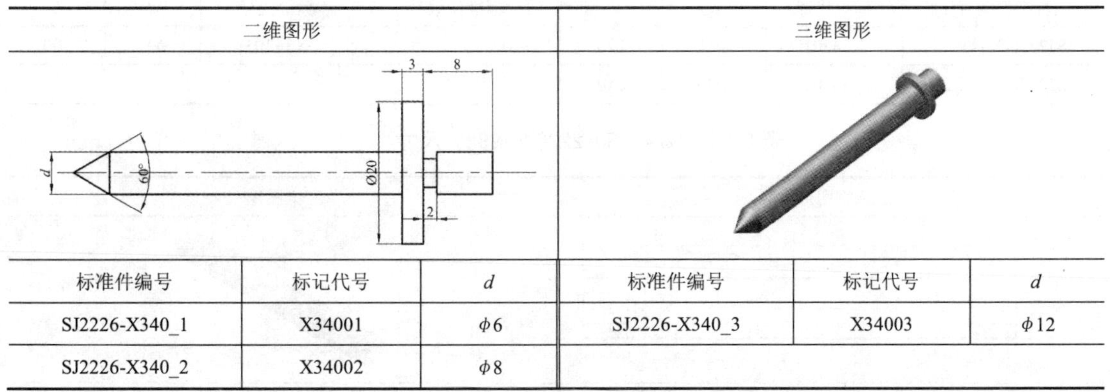

标准件编号	标记代号	*d*	标准件编号	标记代号	*d*
SJ2226-X340_1	X34001	ϕ6	SJ2226-X340_3	X34003	ϕ12
SJ2226-X340_2	X34002	ϕ8			

表 2-56　轴 1（SJ 2226—1982）尺寸　　　　单位：mm

二维图形				三维图形			

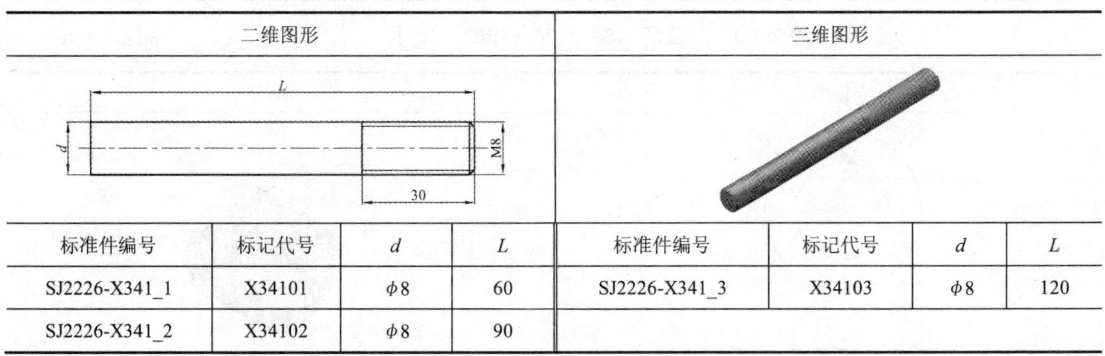

标准件编号	标记代号	*d*	*L*	标准件编号	标记代号	*d*	*L*
SJ2226-X341_1	X34101	ϕ8	60	SJ2226-X341_3	X34103	ϕ8	120
SJ2226-X341_2	X34102	ϕ8	90				

表 2-57　轴 2（SJ 2226—1982）尺寸　　　　单位：mm

二维图形				三维图形			

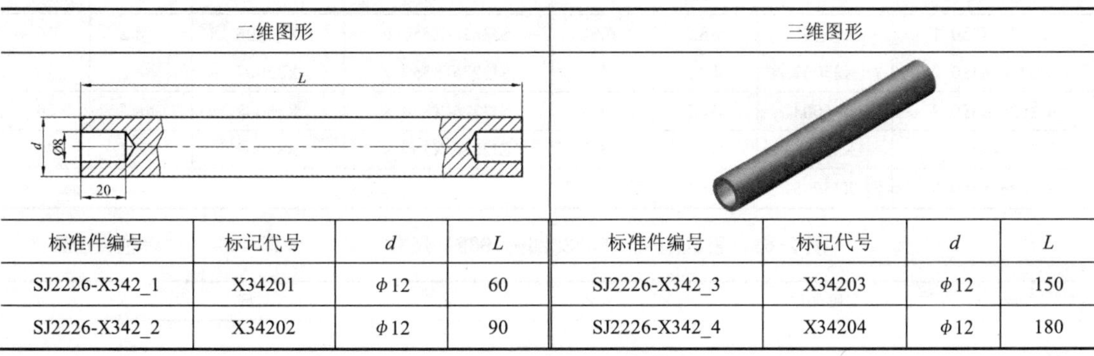

标准件编号	标记代号	*d*	*L*	标准件编号	标记代号	*d*	*L*
SJ2226-X342_1	X34201	ϕ12	60	SJ2226-X342_3	X34203	ϕ12	150
SJ2226-X342_2	X34202	ϕ12	90	SJ2226-X342_4	X34204	ϕ12	180

表 2-58　轴 3（SJ 2226—1982）尺寸　　　　单位：mm

二维图形	三维图形

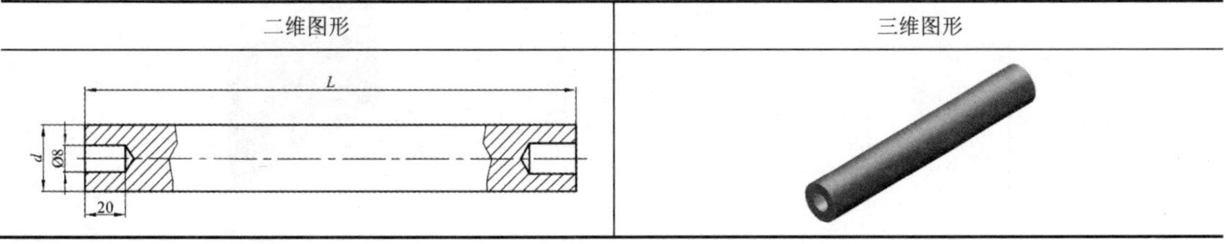

续表

标准件编号	标记代号	*d*	*L*	标准件编号	标记代号	*d*	*L*
SJ2226-X343_1	X34301	ϕ18	120	SJ2226-X343_3	X34303	ϕ18	300
SJ2226-X343_2	X34302	ϕ18	240				

表 2-59　轴 4（SJ 2226—1982）尺寸　　单位：mm

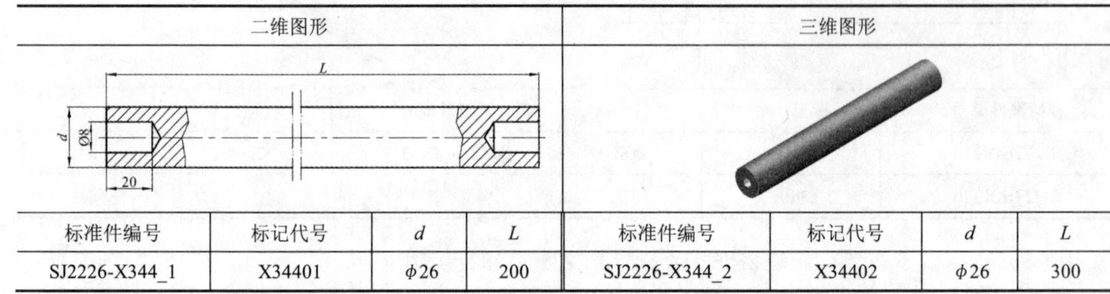

标准件编号	标记代号	*d*	*L*	标准件编号	标记代号	*d*	*L*
SJ2226-X344_1	X34401	ϕ26	200	SJ2226-X344_2	X34402	ϕ26	300

表 2-60　定位环（SJ 2226—1982）尺寸　　单位：mm

标准件编号	标记代号	*d*	*H*	标准件编号	标记代号	*d*	*H*
SJ2226-X350_1	X35001	ϕ8.2	0.5	SJ2226-X350_6	X35006	ϕ8.2	10
SJ2226-X350_2	X35002	ϕ8.2	1	SJ2226-X350_7	X35007	ϕ8.2	15
SJ2226-X350_3	X35003	ϕ8.2	2	SJ2226-X350_8	X35008	ϕ8.2	20
SJ2226-X350_4	X35004	ϕ8.2	3	SJ2226-X350_9	X35009	ϕ8.2	40
SJ2226-X350_5	X35005	ϕ8.2	5				

表 2-61　密孔垫片（SJ 2226—1982）尺寸　　单位：mm

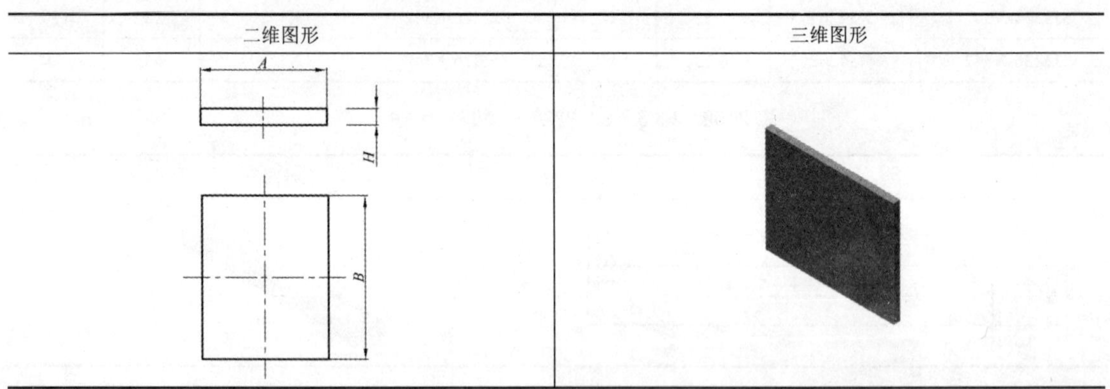

续表

标准件编号	标记代号	*A*	*B*	*H*	标准件编号	标记代号	*A*	*B*	*H*
SJ2226-X360_1	X36001	8	10	0.5	SJ2226-X360_4	X36004	8	10	5
SJ2226-X360_2	X36002	8	10	1	SJ2226-X360_5	X36005	8	10	10
SJ2226-X360_3	X36003	8	10	2					

表 2-62　矩形垫片（SJ 2226—1982）尺寸　　　　单位：mm

二维图形	三维图形

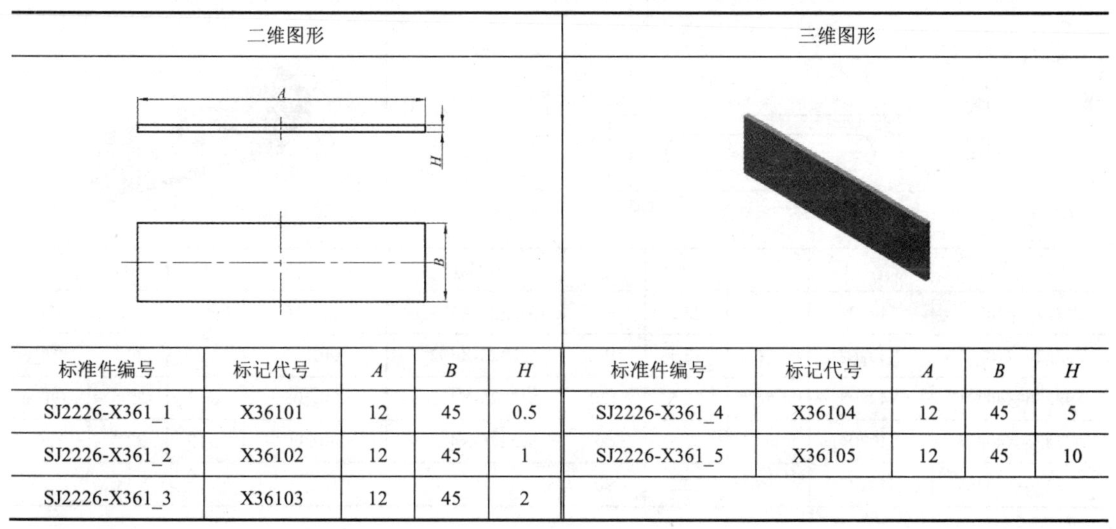

标准件编号	标记代号	*A*	*B*	*H*	标准件编号	标记代号	*A*	*B*	*H*
SJ2226-X361_1	X36101	12	45	0.5	SJ2226-X361_4	X36104	12	45	5
SJ2226-X361_2	X36102	12	45	1	SJ2226-X361_5	X36105	12	45	10
SJ2226-X361_3	X36103	12	45	2					

2.4　导向件

导向件包括左偏心钻模板、右偏心钻模板、左弯条形钻模板、右弯条形钻模板、平钻模板、单槽钻模板、沉孔钻模板、条形钻模板、中孔钻模板、双面槽中孔钻模板、立式钻模板、固定钻套、快换钻套、密孔钻套。其尺寸如表 2-63～表 2-76 所示。

表 2-63　左偏心钻模板（SJ 2226—1982）尺寸　　　　单位：mm

二维图形	三维图形

标准件编号	标记代号	*d*	*A*	*L*	标准件编号	标记代号	*d*	*A*	*L*
SJ2226-X401_1	X40101	ϕ6	22.5	60	SJ2226-X401_4	X40104	ϕ8	22.5	60
SJ2226-X401_2	X40102	ϕ6	22.5	90	SJ2226-X401_5	X40105	ϕ8	22.5	90
SJ2226-X401_3	X40103	ϕ6	22.5	120	SJ2226-X401_6	X40106	ϕ8	22.5	120

续表

标准件编号	标记代号	d	A	L	标准件编号	标记代号	d	A	L
SJ2226-X401_7	X40107	ϕ12	22.5	60	SJ2226-X401_9	X40109	ϕ12	22.5	120
SJ2226-X401_8	X40108	ϕ12	22.5	90					

表 2-64　右偏心钻模板（SJ 2226—1982）尺寸　　单位：mm

二维图形	三维图形

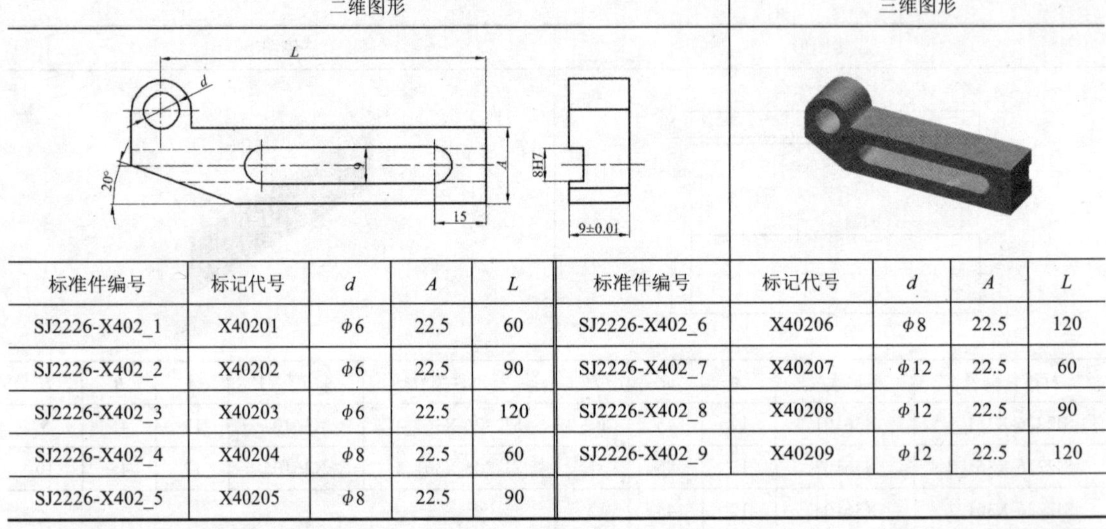

标准件编号	标记代号	d	A	L	标准件编号	标记代号	d	A	L
SJ2226-X402_1	X40201	ϕ6	22.5	60	SJ2226-X402_6	X40206	ϕ8	22.5	120
SJ2226-X402_2	X40202	ϕ6	22.5	90	SJ2226-X402_7	X40207	ϕ12	22.5	60
SJ2226-X402_3	X40203	ϕ6	22.5	120	SJ2226-X402_8	X40208	ϕ12	22.5	90
SJ2226-X402_4	X40204	ϕ8	22.5	60	SJ2226-X402_9	X40209	ϕ12	22.5	120
SJ2226-X402_5	X40205	ϕ8	22.5	90					

表 2-65　左弯条形钻模板（SJ 2226—1982）尺寸　　单位：mm

二维图形	三维图形

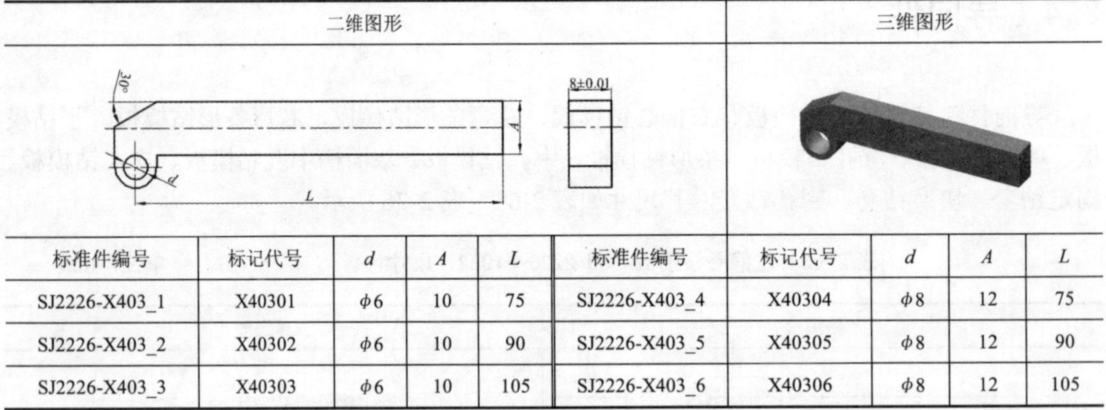

标准件编号	标记代号	d	A	L	标准件编号	标记代号	d	A	L
SJ2226-X403_1	X40301	ϕ6	10	75	SJ2226-X403_4	X40304	ϕ8	12	75
SJ2226-X403_2	X40302	ϕ6	10	90	SJ2226-X403_5	X40305	ϕ8	12	90
SJ2226-X403_3	X40303	ϕ6	10	105	SJ2226-X403_6	X40306	ϕ8	12	105

表 2-66　右弯条形钻模板（SJ 2226—1982）尺寸　　单位：mm

二维图形	三维图形

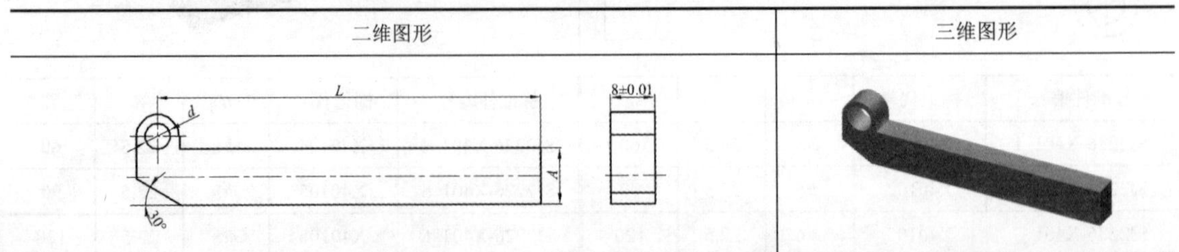

续表

标准件编号	标记代号	*d*	*A*	*L*	标准件编号	标记代号	*d*	*A*	*L*
SJ2226-X404_1	X40401	φ6	10	75	SJ2226-X404_4	X40404	φ8	12	75
SJ2226-X404_2	X40402	φ6	10	90	SJ2226-X404_5	X40405	φ8	12	90
SJ2226-X404_3	X40403	φ6	10	105	SJ2226-X404_6	X40406	φ8	12	105

表 2-67　平钻模板（SJ 2226—1982）尺寸　　单位：mm

二维图形	三维图形

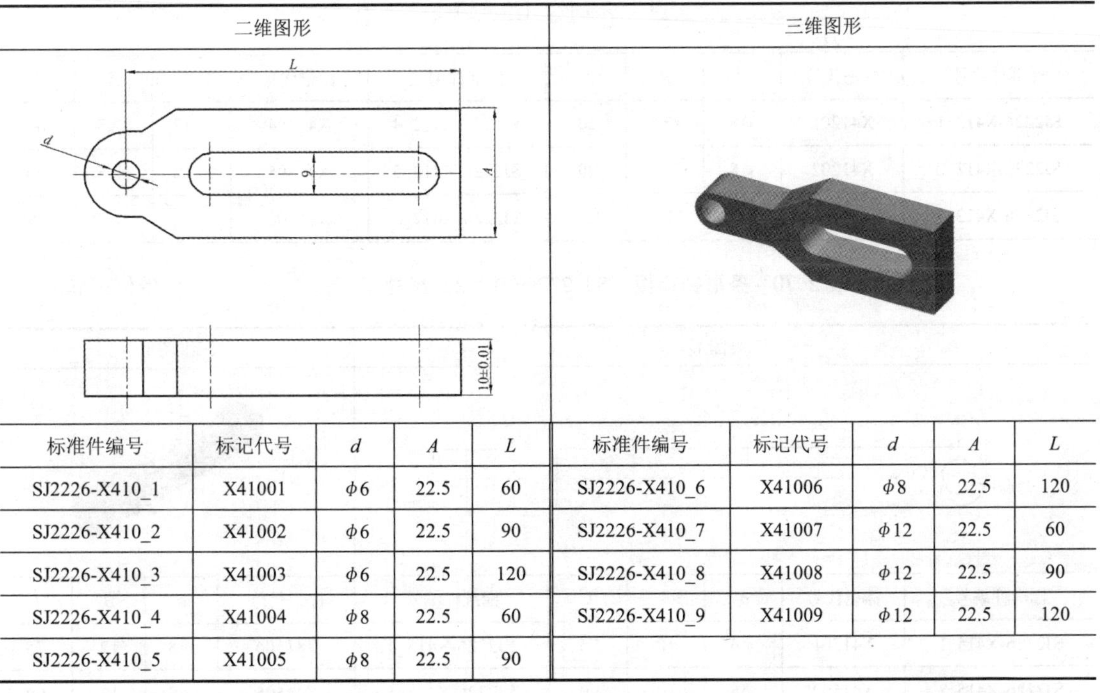

标准件编号	标记代号	*d*	*A*	*L*	标准件编号	标记代号	*d*	*A*	*L*
SJ2226-X410_1	X41001	φ6	22.5	60	SJ2226-X410_6	X41006	φ8	22.5	120
SJ2226-X410_2	X41002	φ6	22.5	90	SJ2226-X410_7	X41007	φ12	22.5	60
SJ2226-X410_3	X41003	φ6	22.5	120	SJ2226-X410_8	X41008	φ12	22.5	90
SJ2226-X410_4	X41004	φ8	22.5	60	SJ2226-X410_9	X41009	φ12	22.5	120
SJ2226-X410_5	X41005	φ8	22.5	90					

表 2-68　单槽钻模板（SJ 2226—1982）尺寸　　单位：mm

二维图形	三维图形

L
d
13
10±0.01
8
A

标准件编号	标记代号	*d*	*A*	*L*	标准件编号	标记代号	*d*	*A*	*L*
SJ2226-X411_1	X41101	φ6	22.5	60	SJ2226-X411_6	X41106	φ8	22.5	120
SJ2226-X411_2	X41102	φ6	22.5	90	SJ2226-X411_7	X41107	φ12	22.5	60
SJ2226-X411_3	X41103	φ6	22.5	120	SJ2226-X411_8	X41108	φ12	22.5	90
SJ2226-X411_4	X41104	φ8	22.5	60	SJ2226-X411_9	X41109	φ12	22.5	120
SJ2226-X411_5	X41105	φ8	22.5	90					

表 2-69　沉孔钻模板（SJ 2226—1982）尺寸　　单位：mm

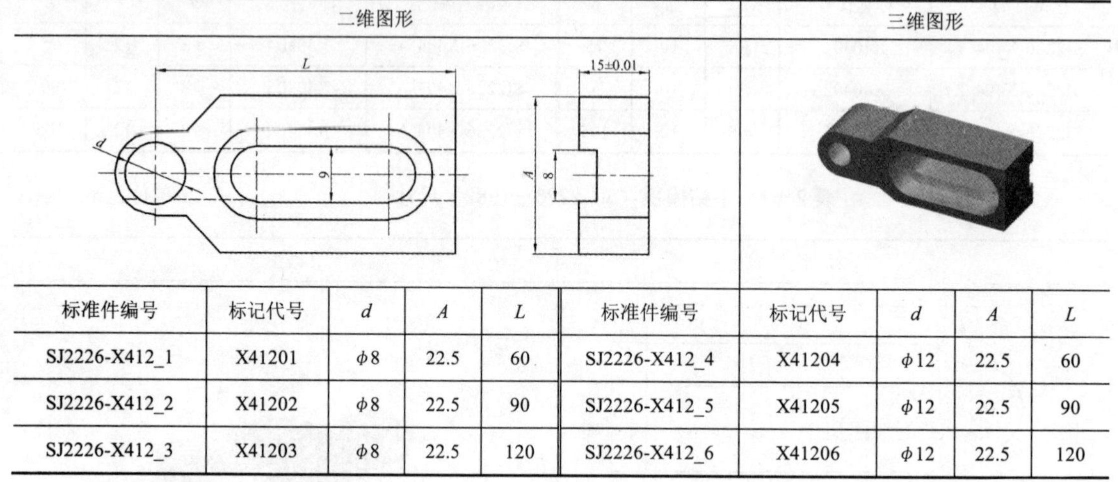

标准件编号	标记代号	d	A	L	标准件编号	标记代号	d	A	L
SJ2226-X412_1	X41201	ϕ8	22.5	60	SJ2226-X412_4	X41204	ϕ12	22.5	60
SJ2226-X412_2	X41202	ϕ8	22.5	90	SJ2226-X412_5	X41205	ϕ12	22.5	90
SJ2226-X412_3	X41203	ϕ8	22.5	120	SJ2226-X412_6	X41206	ϕ12	22.5	120

表 2-70　条形钻模板（SJ 2226—1982）尺寸　　单位：mm

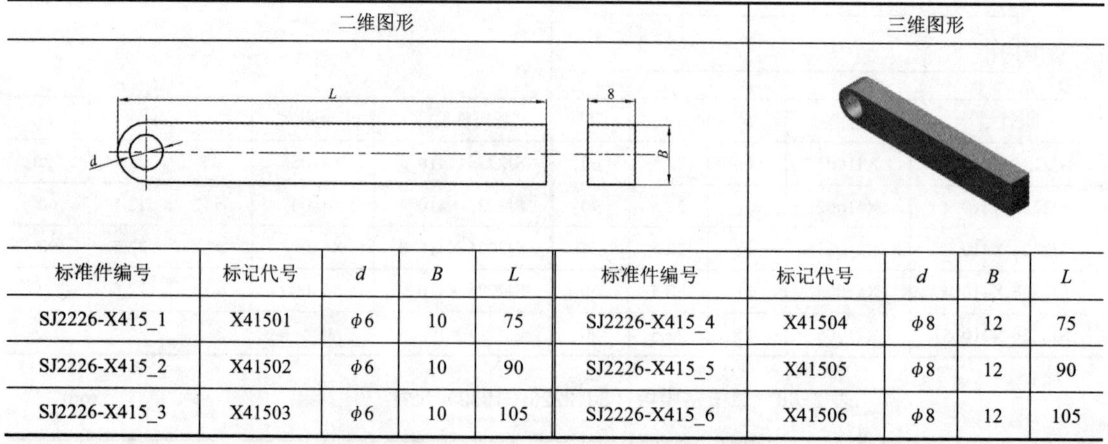

标准件编号	标记代号	d	B	L	标准件编号	标记代号	d	B	L
SJ2226-X415_1	X41501	ϕ6	10	75	SJ2226-X415_4	X41504	ϕ8	12	75
SJ2226-X415_2	X41502	ϕ6	10	90	SJ2226-X415_5	X41505	ϕ8	12	90
SJ2226-X415_3	X41503	ϕ6	10	105	SJ2226-X415_6	X41506	ϕ8	12	105

表 2-71　中孔钻模板（SJ 2226—1982）尺寸　　单位：mm

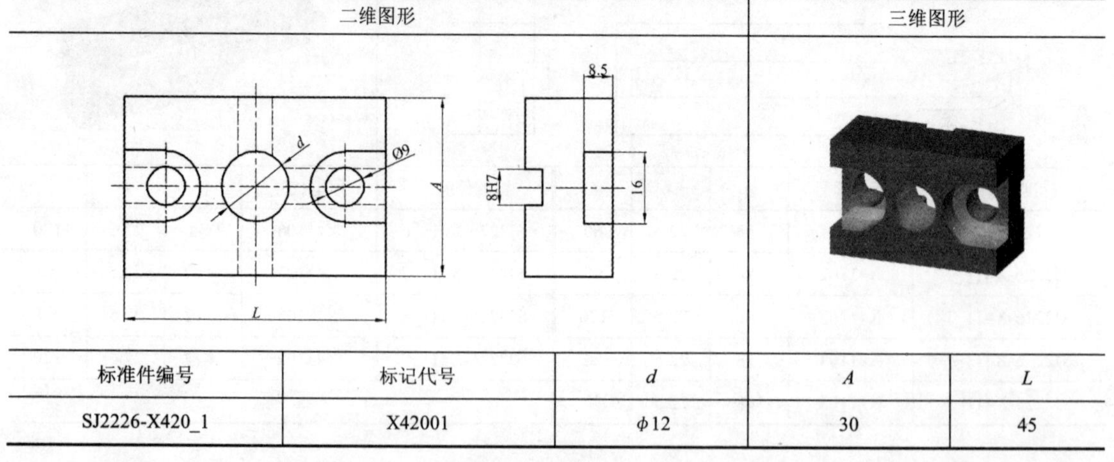

标准件编号	标记代号	d	A	L
SJ2226-X420_1	X42001	ϕ12	30	45

表 2-72　双面槽中孔钻模板（SJ 2226—1982）尺寸　　　单位：mm

二维图形	三维图形

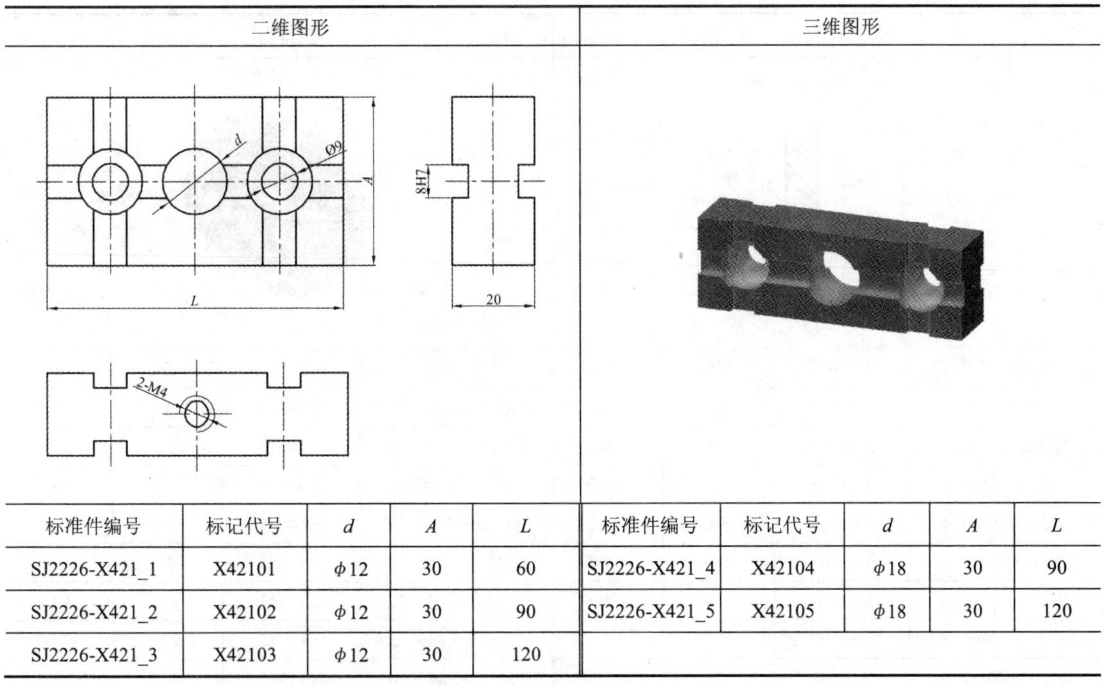

标准件编号	标记代号	d	A	L	标准件编号	标记代号	d	A	L
SJ2226-X421_1	X42101	ϕ12	30	60	SJ2226-X421_4	X42104	ϕ18	30	90
SJ2226-X421_2	X42102	ϕ12	30	90	SJ2226-X421_5	X42105	ϕ18	30	120
SJ2226-X421_3	X42103	ϕ12	30	120					

表 2-73　立式钻模板（SJ 2226—1982）尺寸　　　单位：mm

二维图形	三维图形

标准件编号	标记代号	d	A	L	标准件编号	标记代号	d	A	L
SJ2226-X430_1	X43001	ϕ6	22.5	60	SJ2226-X430_6	X43006	ϕ8	22.5	120
SJ2226-X430_2	X43002	ϕ6	22.5	90	SJ2226-X430_7	X43007	ϕ12	22.5	60
SJ2226-X430_3	X43003	ϕ6	22.5	120	SJ2226-X430_8	X43008	ϕ12	22.5	90
SJ2226-X430_4	X43004	ϕ8	22.5	60	SJ2226-X430_9	X43009	ϕ12	22.5	120
SJ2226-X430_5	X43005	ϕ8	22.5	90					

表 2-74 固定钻套（SJ 2226—1982）尺寸 单位：mm

二维图形				三维图形			
标准件编号	标记代号	*D*	*d*	标准件编号	标记代号	*D*	*d*
SJ2226-X440_1	X44001	ϕ6	ϕ0.75	SJ2226-X440_17	X44017	ϕ8	ϕ3.5
SJ2226-X440_2	X44002	ϕ6	ϕ0.9	SJ2226-X440_18	X44018	ϕ8	ϕ3.9
SJ2226-X440_3	X44003	ϕ6	ϕ1.0	SJ2226-X440_19	X44019	ϕ8	ϕ4.0
SJ2226-X440_4	X44004	ϕ6	ϕ1.2	SJ2226-X440_20	X44020	ϕ8	ϕ4.2
SJ2226-X440_5	X44005	ϕ6	ϕ1.4	SJ2226-X440_21	X44021	ϕ8	ϕ4.5
SJ2226-X440_6	X44006	ϕ6	ϕ1.5	SJ2226-X440_22	X44022	ϕ12	ϕ4.9
SJ2226-X440_7	X44007	ϕ6	ϕ1.6	SJ2226-X440_23	X44023	ϕ12	ϕ5.0
SJ2226-X440_8	X44008	ϕ6	ϕ1.75	SJ2226-X440_24	X44024	ϕ12	ϕ5.5
SJ2226-X440_9	X44009	ϕ6	ϕ1.9	SJ2226-X440_25	X44025	ϕ12	ϕ5.8
SJ2226-X440_10	X44010	ϕ6	ϕ2.0	SJ2226-X440_26	X44026	ϕ12	ϕ6.0
SJ2226-X440_11	X44011	ϕ8	ϕ2.2	SJ2226-X440_27	X44027	ϕ12	ϕ6.5
SJ2226-X440_12	X44012	ϕ8	ϕ2.5	SJ2226-X440_28	X44028	ϕ12	ϕ6.7
SJ2226-X440_13	X44013	ϕ8	ϕ2.9	SJ2226-X440_29	X44029	ϕ12	ϕ7.0
SJ2226-X440_14	X44014	ϕ8	ϕ3.0	SJ2226-X440_30	X44030	ϕ12	ϕ7.5
SJ2226-X440_15	X44015	ϕ8	ϕ3.2	SJ2226-X440_31	X44031	ϕ12	ϕ7.8
SJ2226-X440_16	X44016	ϕ8	ϕ3.3	SJ2226-X440_32	X44032	ϕ12	ϕ8.0

表 2-75 快换钻套（SJ 2226—1982）尺寸 单位：mm

二维图形	三维图形

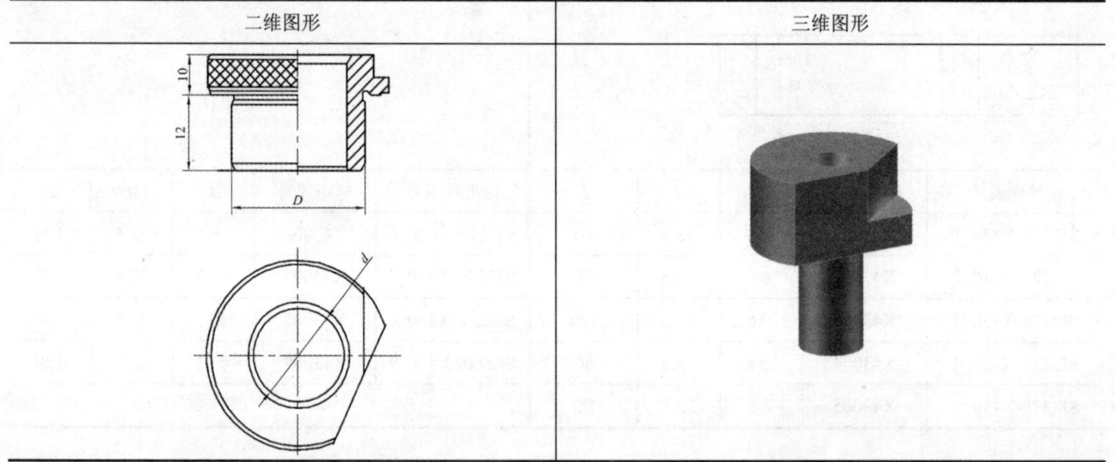

续表

标准件编号	标记代号	D	d	标准件编号	标记代号	D	d
SJ2226-X441_1	X44101	ϕ6	ϕ0.75	SJ2226-X441_17	X44117	ϕ8	ϕ3.5
SJ2226-X441_2	X44102	ϕ6	ϕ0.9	SJ2226-X441_18	X44118	ϕ8	ϕ3.9
SJ2226-X441_3	X44103	ϕ6	ϕ1.0	SJ2226-X441_19	X44119	ϕ8	ϕ4.0
SJ2226-X441_4	X44104	ϕ6	ϕ1.2	SJ2226-X441_20	X44120	ϕ12	ϕ4.2
SJ2226-X441_5	X44105	ϕ6	ϕ1.4	SJ2226-X441_21	X44121	ϕ12	ϕ4.5
SJ2226-X441_6	X44106	ϕ6	ϕ1.5	SJ2226-X441_22	X44122	ϕ12	ϕ4.9
SJ2226-X441_7	X44107	ϕ6	ϕ1.6	SJ2226-X441_23	X44123	ϕ12	ϕ5.0
SJ2226-X441_8	X44108	ϕ6	ϕ1.75	SJ2226-X441_24	X44124	ϕ12	ϕ5.5
SJ2226-X441_9	X44109	ϕ6	ϕ1.9	SJ2226-X441_25	X44125	ϕ12	ϕ5.8
SJ2226-X441_10	X44110	ϕ6	ϕ2.0	SJ2226-X441_26	X44126	ϕ12	ϕ6.0
SJ2226-X441_11	X44111	ϕ8	ϕ2.2	SJ2226-X441_27	X44127	ϕ12	ϕ6.5
SJ2226-X441_12	X44112	ϕ8	ϕ2.5	SJ2226-X441_28	X44128	ϕ12	ϕ6.7
SJ2226-X441_13	X44113	ϕ8	ϕ2.9	SJ2226-X441_29	X44129	ϕ12	ϕ7.0
SJ2226-X441_14	X44114	ϕ8	ϕ3.0	SJ2226-X441_30	X44130	ϕ12	ϕ7.5
SJ2226-X441_15	X44115	ϕ8	ϕ3.2	SJ2226-X441_31	X44131	ϕ12	ϕ7.8
SJ2226-X441_16	X44116	ϕ8	ϕ3.3	SJ2226-X441_32	X44132	ϕ12	ϕ8.0

表 2-76 密孔钻套（SJ 2226—1982）尺寸 单位：mm

二维图形	三维图形

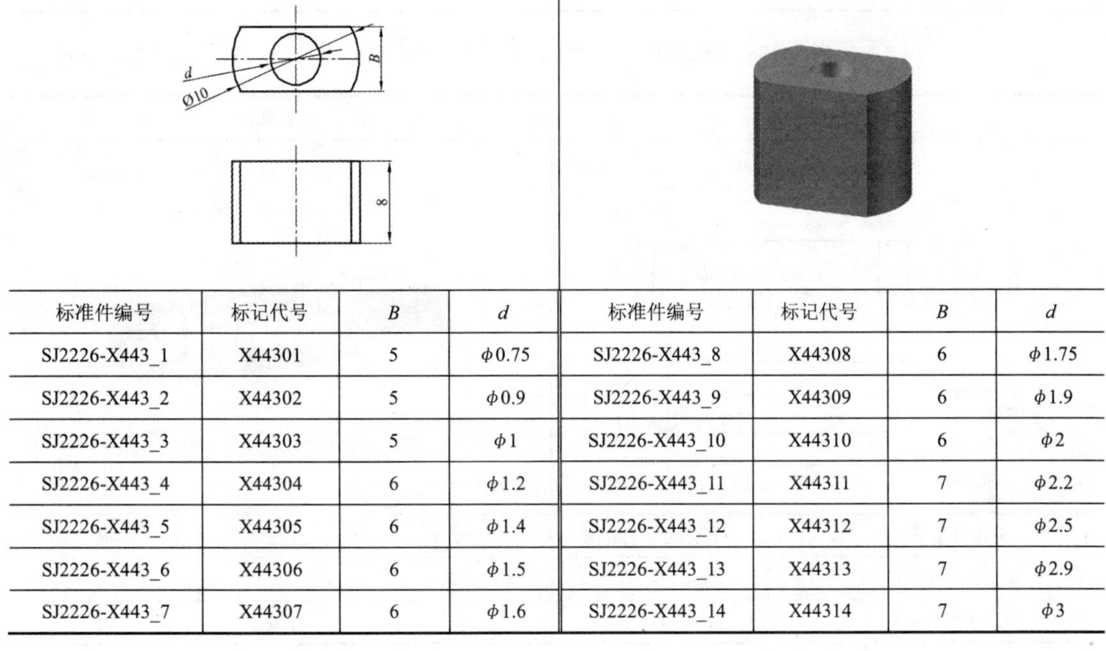

标准件编号	标记代号	B	d	标准件编号	标记代号	B	d
SJ2226-X443_1	X44301	5	ϕ0.75	SJ2226-X443_8	X44308	6	ϕ1.75
SJ2226-X443_2	X44302	5	ϕ0.9	SJ2226-X443_9	X44309	6	ϕ1.9
SJ2226-X443_3	X44303	5	ϕ1	SJ2226-X443_10	X44310	6	ϕ2
SJ2226-X443_4	X44304	6	ϕ1.2	SJ2226-X443_11	X44311	7	ϕ2.2
SJ2226-X443_5	X44305	6	ϕ1.4	SJ2226-X443_12	X44312	7	ϕ2.5
SJ2226-X443_6	X44306	6	ϕ1.5	SJ2226-X443_13	X44313	7	ϕ2.9
SJ2226-X443_7	X44307	6	ϕ1.6	SJ2226-X443_14	X44314	7	ϕ3

2.5 压紧件

压紧件包括平压板、伸长压板、弯头压板、关节压板、叉形压板、U 形压板、Y 形压板、十字形压板、等边压板。其尺寸如表 2-77～表 2-85 所示。

表 2-77　平压板（SJ 2226—1982）尺寸　　单位：mm

二维图形	三维图形

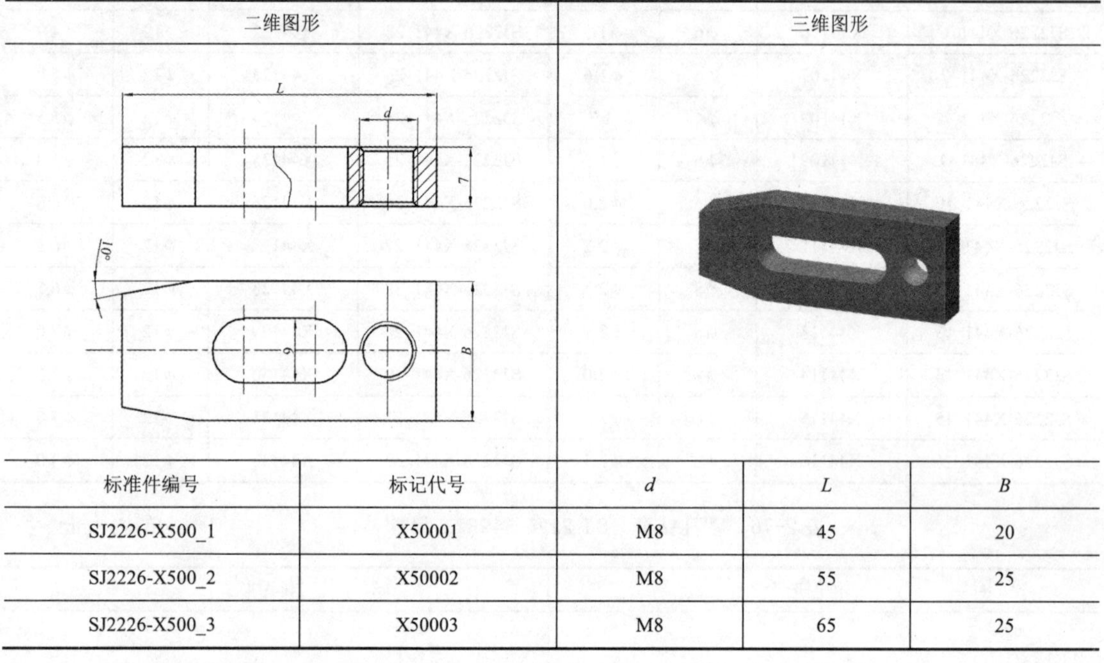

标准件编号	标记代号	d	L	B
SJ2226-X500_1	X50001	M8	45	20
SJ2226-X500_2	X50002	M8	55	25
SJ2226-X500_3	X50003	M8	65	25

表 2-78　伸长压板（SJ 2226—1982）尺寸　　单位：mm

二维图形	三维图形

标准件编号	标记代号	d	L	B
SJ2226-X501_1	X50101	M8	90	20
SJ2226-X501_2	X50102	M8	120	25

表 2-79　弯头压板（SJ 2226—1982）尺寸

单位：mm

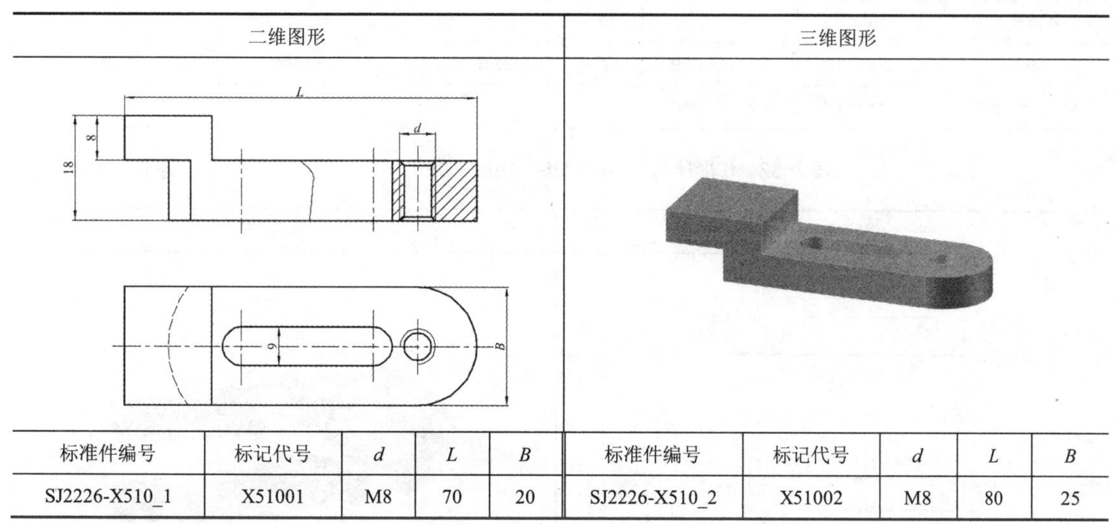

标准件编号	标记代号	*d*	*L*	*B*	标准件编号	标记代号	*d*	*L*	*B*
SJ2226-X510_1	X51001	M8	70	20	SJ2226-X510_2	X51002	M8	80	25

表 2-80　关节压板（SJ 2226—1982）尺寸

单位：mm

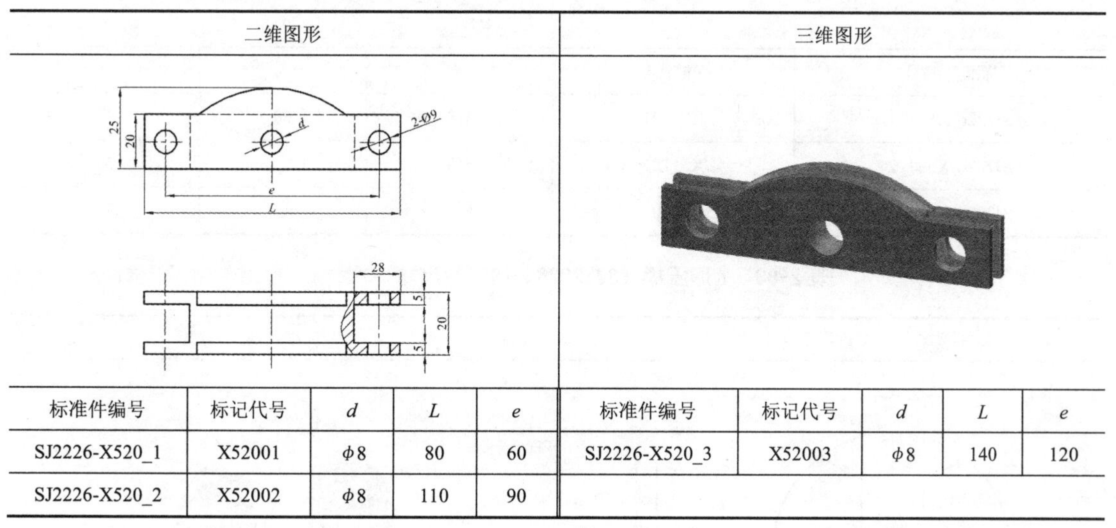

标准件编号	标记代号	*d*	*L*	*e*	标准件编号	标记代号	*d*	*L*	*e*
SJ2226-X520_1	X52001	$\phi 8$	80	60	SJ2226-X520_3	X52003	$\phi 8$	140	120
SJ2226-X520_2	X52002	$\phi 8$	110	90					

表 2-81　叉形压板（SJ 2226—1982）尺寸

单位：mm

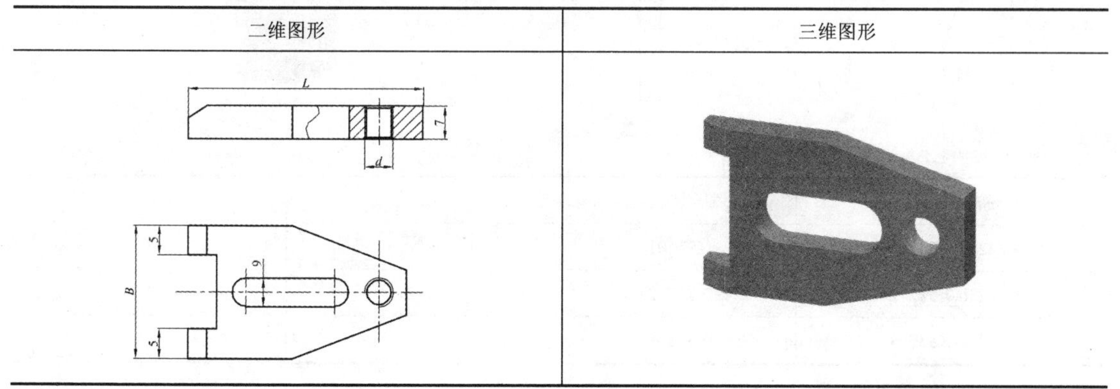

续表

标准件编号	标记代号	*d*	*L*	*B*	标准件编号	标记代号	*d*	*L*	*B*
SJ2226-X530_1	X53001	M8	50	30	SJ2226-X530_3	X53003	M8	70	50
SJ2226-X530_2	X53002	M8	60	40					

表 2-82　U 形压板（SJ 2226—1982）尺寸　　　　单位：mm

二维图形	三维图形

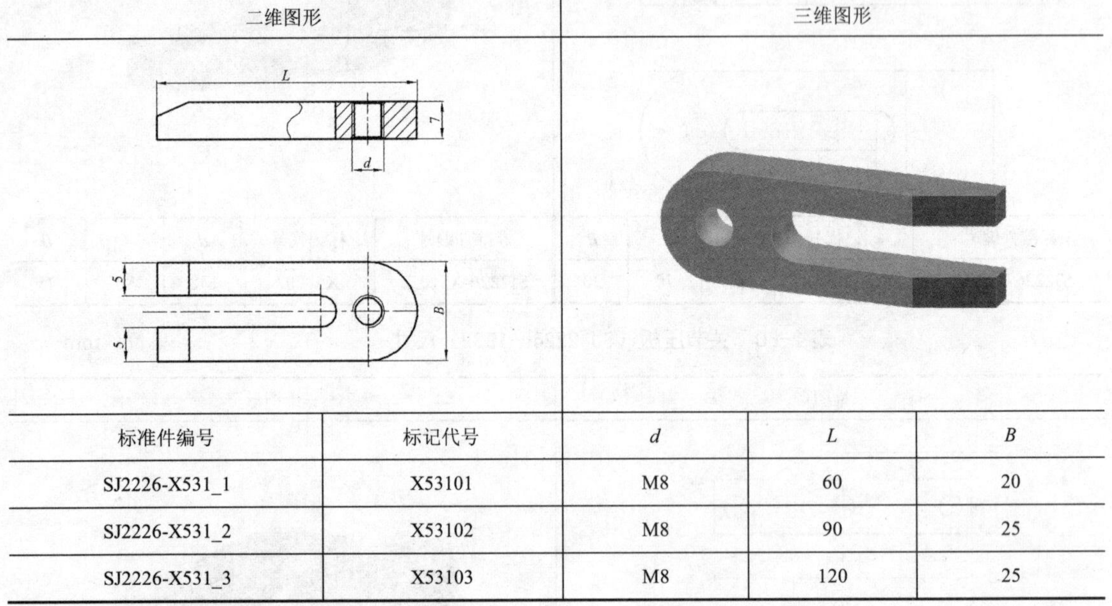

标准件编号	标记代号	*d*	*L*	*B*
SJ2226-X531_1	X53101	M8	60	20
SJ2226-X531_2	X53102	M8	90	25
SJ2226-X531_3	X53103	M8	120	25

表 2-83　Y 形压板（SJ 2226—1982）尺寸　　　　单位：mm

二维图形	三维图形

标准件编号	标记代号	*D*	*H*
SJ2226-X532_1	X53201	$\phi 30$	3
SJ2226-X532_2	X53202	$\phi 45$	4
SJ2226-X532_3	X53203	$\phi 60$	5

表 2-84　十字形压板（SJ 2226—1982）尺寸　　单位：mm

二维图形	三维图形

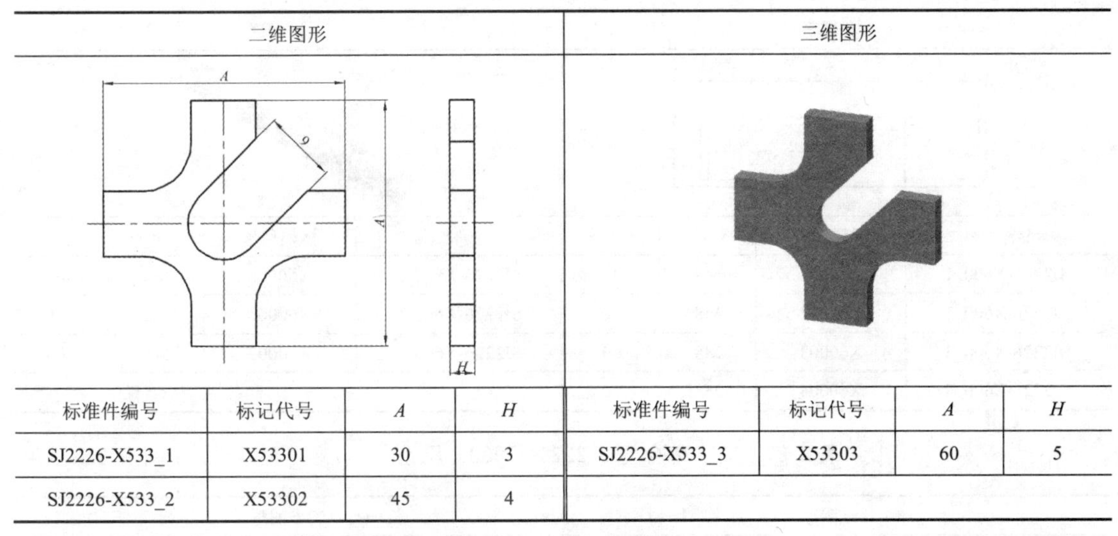

标准件编号	标记代号	A	H	标准件编号	标记代号	A	H
SJ2226-X533_1	X53301	30	3	SJ2226-X533_3	X53303	60	5
SJ2226-X533_2	X53302	45	4				

表 2-85　等边压板（SJ 2226—1982）尺寸　　单位：mm

二维图形	三维图形

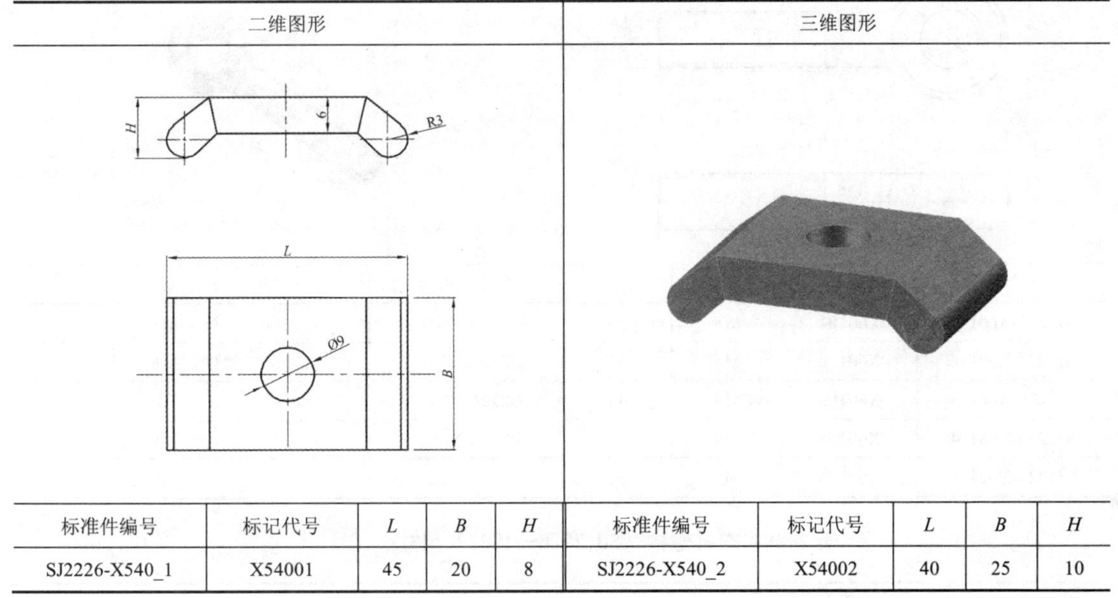

标准件编号	标记代号	L	B	H	标准件编号	标记代号	L	B	H
SJ2226-X540_1	X54001	45	20	8	SJ2226-X540_2	X54002	40	25	10

2.6　紧固件

紧固件包括双头螺栓、关节螺栓、螺孔螺栓、弯头螺栓、长方头槽用螺栓、T 形槽用螺栓、压紧螺钉、圆柱端紧定螺钉、止动螺钉、圆柱头螺钉、钻套螺钉、薄六角螺母、厚六角螺母、特厚六角螺母、小六角螺母、滚花螺母、方螺母、长方螺母、过滚螺母、平垫圈、球面垫圈、锥面垫圈、快换垫圈。其尺寸如表 2-86～表 2-108 所示。

表 2-86 双头螺栓（SJ 2226—1982）尺寸　　单位：mm

二维图形				三维图形			
标准件编号	标记代号	*d*	*L*	标准件编号	标记代号	*d*	*L*
SJ2226-X600_1	X60001	M8	40	SJ2226-X600_5	X60005	M8	80
SJ2226-X600_2	X60002	M8	50	SJ2226-X600_6	X60006	M8	90
SJ2226-X600_3	X60003	M8	60	SJ2226-X600_7	X60007	M8	100
SJ2226-X600_4	X60004	M8	70				

表 2-87 关节螺栓（SJ 2226—1982）尺寸　　单位：mm

二维图形　　三维图形

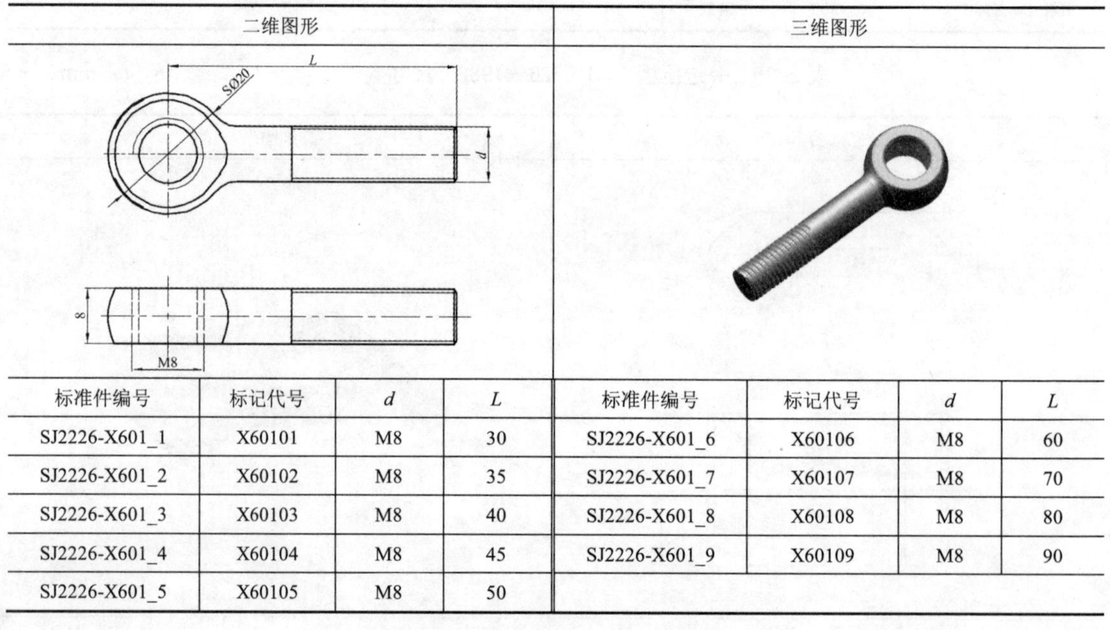

标准件编号	标记代号	*d*	*L*	标准件编号	标记代号	*d*	*L*
SJ2226-X601_1	X60101	M8	30	SJ2226-X601_6	X60106	M8	60
SJ2226-X601_2	X60102	M8	35	SJ2226-X601_7	X60107	M8	70
SJ2226-X601_3	X60103	M8	40	SJ2226-X601_8	X60108	M8	80
SJ2226-X601_4	X60104	M8	45	SJ2226-X601_9	X60109	M8	90
SJ2226-X601_5	X60105	M8	50				

表 2-88 螺孔螺栓（SJ 2226—1982）尺寸　　单位：mm

二维图形　　三维图形

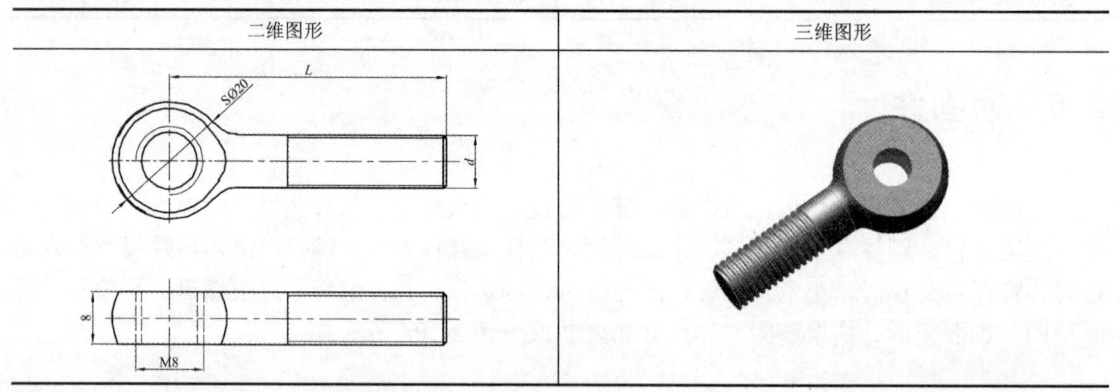

续表

标准件编号	标记代号	*d*	*L*	标准件编号	标记代号	*d*	*L*
SJ2226-X602_1	X60201	M8	30	SJ2226-X602_6	X60206	M8	60
SJ2226-X602_2	X60202	M8	35	SJ2226-X602_7	X60207	M8	70
SJ2226-X602_3	X60203	M8	40	SJ2226-X602_8	X60208	M8	80
SJ2226-X602_4	X60204	M8	45	SJ2226-X602_9	X60209	M8	90
SJ2226-X602_5	X60205	M8	50				

表 2-89　弯头螺栓（SJ 2226—1982）尺寸　　单位：mm

二维图形	三维图形

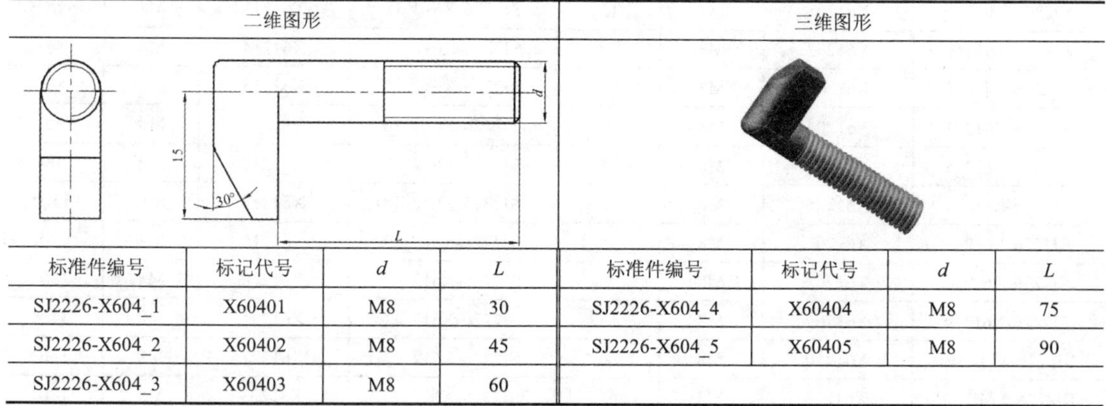

标准件编号	标记代号	*d*	*L*	标准件编号	标记代号	*d*	*L*
SJ2226-X604_1	X60401	M8	30	SJ2226-X604_4	X60404	M8	75
SJ2226-X604_2	X60402	M8	45	SJ2226-X604_5	X60405	M8	90
SJ2226-X604_3	X60403	M8	60				

表 2-90　长方头槽用螺栓（SJ 2226—1982）尺寸　　单位：mm

二维图形	三维图形

标准件编号	标记代号	*d*	*L*	标准件编号	标记代号	*d*	*L*
SJ2226-X611_1	X61101	M8	15	SJ2226-X611_13	X61113	M8	75
SJ2226-X611_2	X61102	M8	20	SJ2226-X611_14	X61114	M8	80
SJ2226-X611_3	X61103	M8	25	SJ2226-X611_15	X61115	M8	85
SJ2226-X611_4	X61104	M8	30	SJ2226-X611_16	X61116	M8	90
SJ2226-X611_5	X61105	M8	35	SJ2226-X611_17	X61117	M8	100
SJ2226-X611_6	X61106	M8	40	SJ2226-X611_18	X61118	M8	110
SJ2226-X611_7	X61107	M8	45	SJ2226-X611_19	X61119	M8	120
SJ2226-X611_8	X61108	M8	50	SJ2226-X611_20	X61120	M8	130
SJ2226-X611_9	X61109	M8	55	SJ2226-X611_21	X61121	M8	140
SJ2226-X611_10	X61110	M8	60	SJ2226-X611_22	X61122	M8	160
SJ2226-X611_11	X61111	M8	65	SJ2226-X611_23	X61123	M8	180
SJ2226-X611_12	X61112	M8	70	SJ2226-X611_24	X61124	M8	200

表 2-91　T 形槽用螺栓（SJ 2226—1982）尺寸　　单位：mm

二维图形	三维图形

标准件编号	标记代号	d	L	标准件编号	标记代号	d	L
SJ2226-X612_1	X61201	M8	15	SJ2226-X612_13	X61213	M8	75
SJ2226-X612_2	X61202	M8	20	SJ2226-X612_14	X61214	M8	80
SJ2226-X612_3	X61203	M8	25	SJ2226-X612_15	X61215	M8	85
SJ2226-X612_4	X61204	M8	30	SJ2226-X612_16	X61216	M8	90
SJ2226-X612_5	X61205	M8	35	SJ2226-X612_17	X61217	M8	100
SJ2226-X612_6	X61206	M8	40	SJ2226-X612_18	X61218	M8	110
SJ2226-X612_7	X61207	M8	45	SJ2226-X612_19	X61219	M8	120
SJ2226-X612_8	X61208	M8	50	SJ2226-X612_20	X61220	M8	130
SJ2226-X612_9	X61209	M8	55	SJ2226-X612_21	X61221	M8	140
SJ2226-X612_10	X61210	M8	60	SJ2226-X612_22	X61222	M8	160
SJ2226-X612_11	X61211	M8	65	SJ2226-X612_23	X61223	M8	180
SJ2226-X612_12	X61212	M8	70	SJ2226-X612_24	X61224	M8	200

表 2-92　压紧螺钉（SJ 2226—1982）尺寸　　单位：mm

二维图形	三维图形

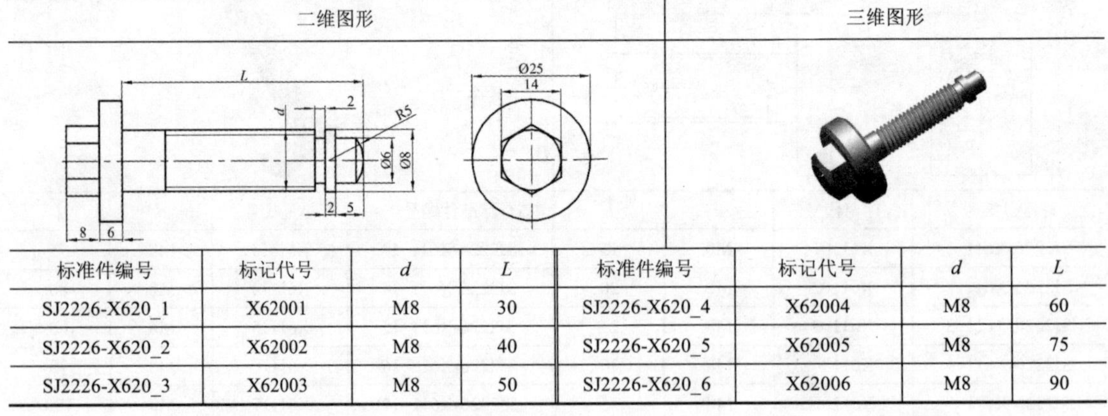

标准件编号	标记代号	d	L	标准件编号	标记代号	d	L
SJ2226-X620_1	X62001	M8	30	SJ2226-X620_4	X62004	M8	60
SJ2226-X620_2	X62002	M8	40	SJ2226-X620_5	X62005	M8	75
SJ2226-X620_3	X62003	M8	50	SJ2226-X620_6	X62006	M8	90

表 2-93　圆柱端紧定螺钉（SJ 2226—1982）尺寸　　单位：mm

二维图形	三维图形

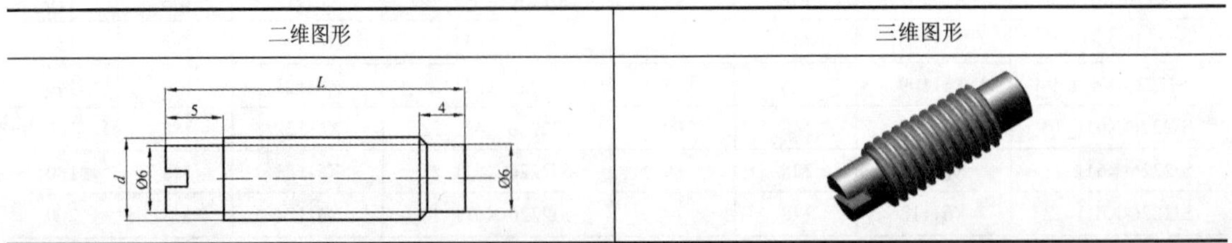

续表

标准件编号	标记代号	*d*	*L*	标准件编号	标记代号	*d*	*L*
SJ2226-X621_1	X62101	M8	15	SJ2226-X621_5	X62105	M8	35
SJ2226-X621_2	X62102	M8	20	SJ2226-X621_6	X62106	M8	40
SJ2226-X621_3	X62103	M8	25	SJ2226-X621_7	X62107	M8	50
SJ2226-X621_4	X62104	M8	30	SJ2226-X621_8	X62108	M8	60

表 2-94　止动螺钉（SJ 2226—1982）尺寸　　单位：mm

二维图形	三维图形

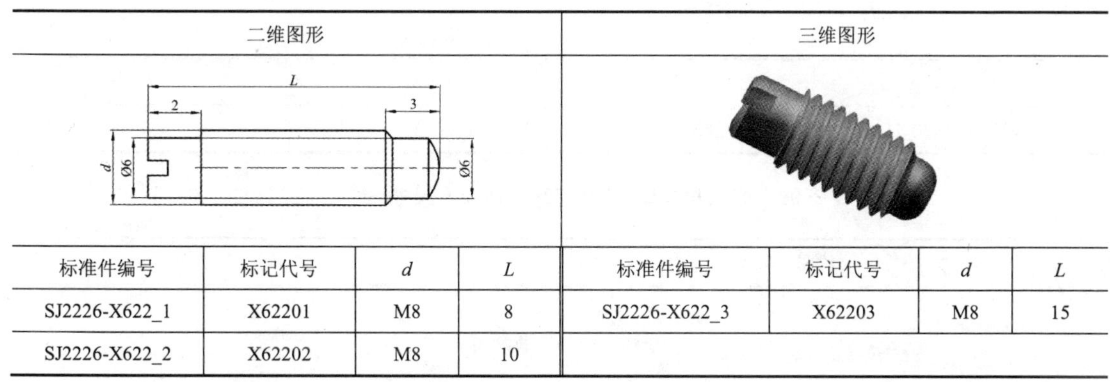

标准件编号	标记代号	*d*	*L*	标准件编号	标记代号	*d*	*L*
SJ2226-X622_1	X62201	M8	8	SJ2226-X622_3	X62203	M8	15
SJ2226-X622_2	X62202	M8	10				

表 2-95　圆柱头螺钉（SJ 2226—1982）尺寸　　单位：mm

二维图形	三维图形

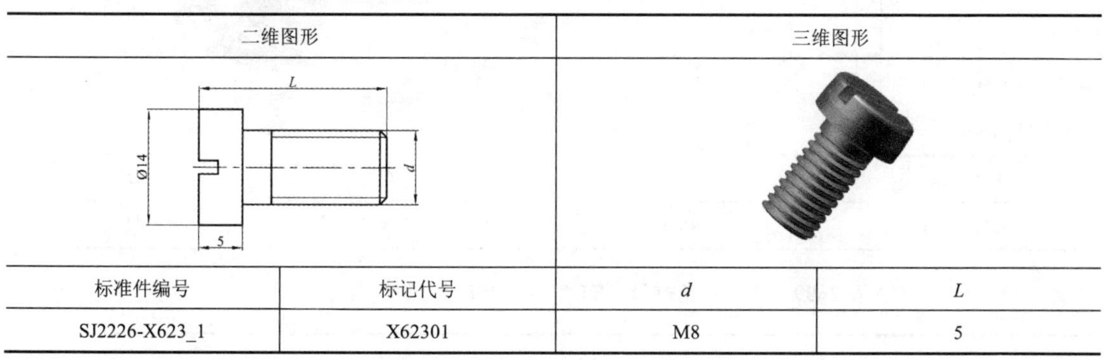

标准件编号	标记代号	*d*	*L*
SJ2226-X623_1	X62301	M8	5

表 2-96　钻套螺钉（SJ 2226—1982）尺寸　　单位：mm

二维图形	三维图形

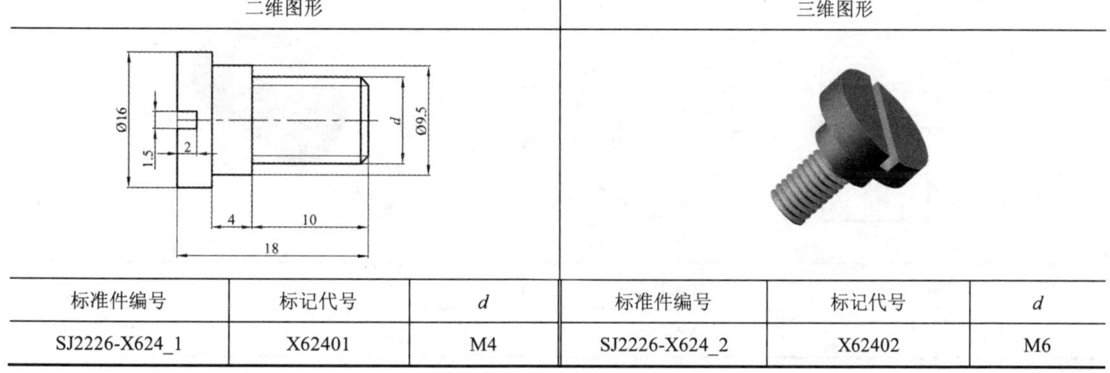

标准件编号	标记代号	*d*	标准件编号	标记代号	*d*
SJ2226-X624_1	X62401	M4	SJ2226-X624_2	X62402	M6

表 2-97 薄六角螺母（SJ 2226—1982）尺寸 单位：mm

二维图形	三维图形

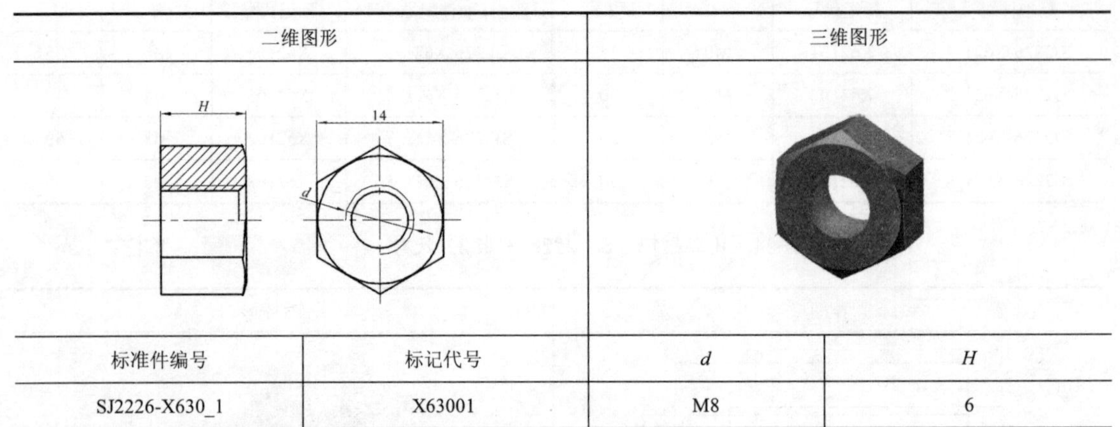

标准件编号	标记代号	d	H
SJ2226-X630_1	X63001	M8	6

表 2-98 厚六角螺母（SJ 2226—1982）尺寸 单位：mm

二维图形	三维图形

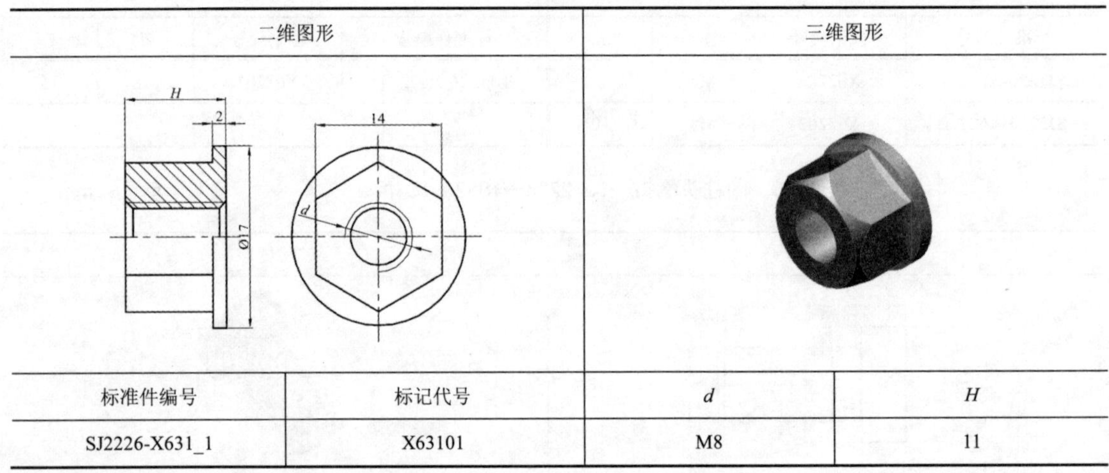

标准件编号	标记代号	d	H
SJ2226-X631_1	X63101	M8	11

表 2-99 特厚六角螺母（SJ 2226—1982）尺寸 单位：mm

二维图形	三维图形

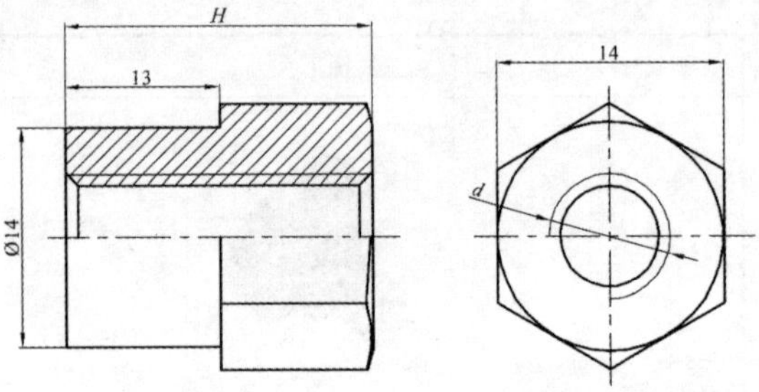

标准件编号	标记代号	d	H
SJ2226-X632_1	X63201	M8	22

表 2-100　小六角螺母（SJ 2226—1982）尺寸　　单位：mm

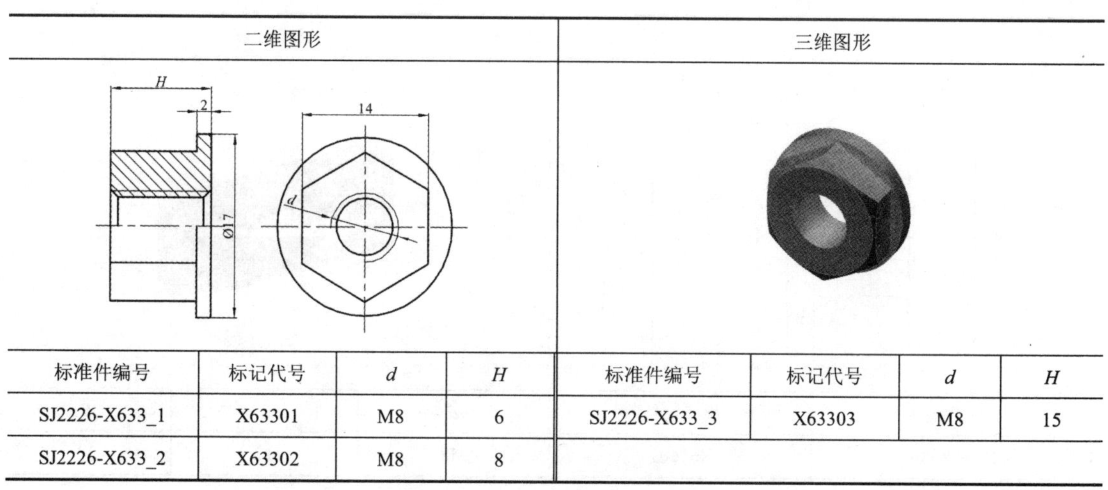

标准件编号	标记代号	d	H	标准件编号	标记代号	d	H
SJ2226-X633_1	X63301	M8	6	SJ2226-X633_3	X63303	M8	15
SJ2226-X633_2	X63302	M8	8				

表 2-101　滚花螺母（SJ 2226—1982）尺寸　　单位：mm

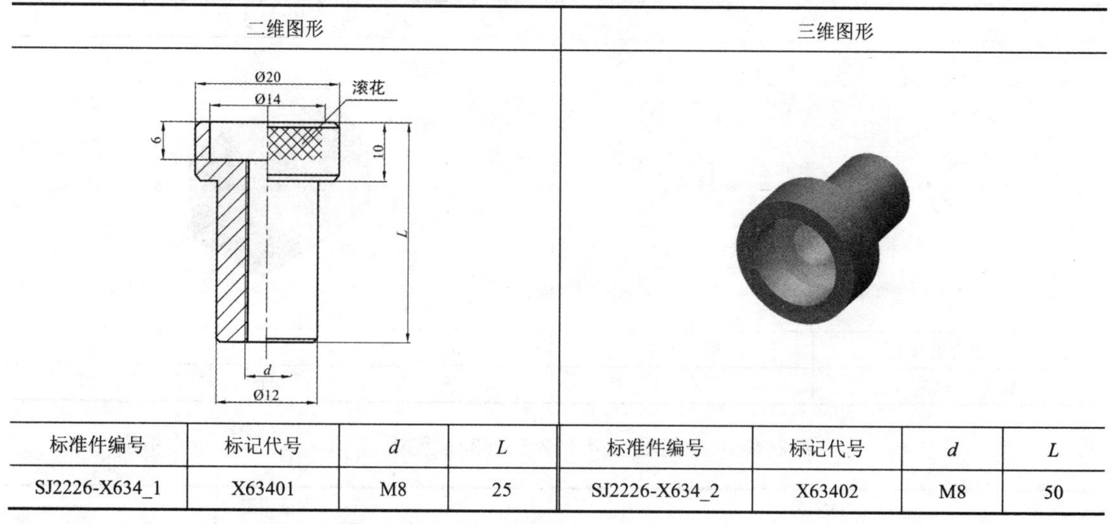

标准件编号	标记代号	d	L	标准件编号	标记代号	d	L
SJ2226-X634_1	X63401	M8	25	SJ2226-X634_2	X63402	M8	50

表 2-102　方螺母（SJ 2226—1982）尺寸　　单位：mm

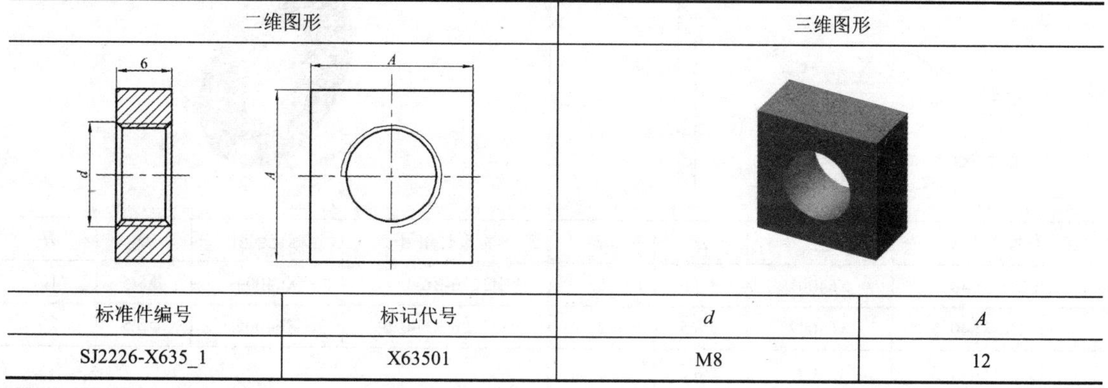

标准件编号	标记代号	d	A
SJ2226-X635_1	X63501	M8	12

表 2-103　长方螺母（SJ 2226—1982）尺寸

单位：mm

二维图形	三维图形

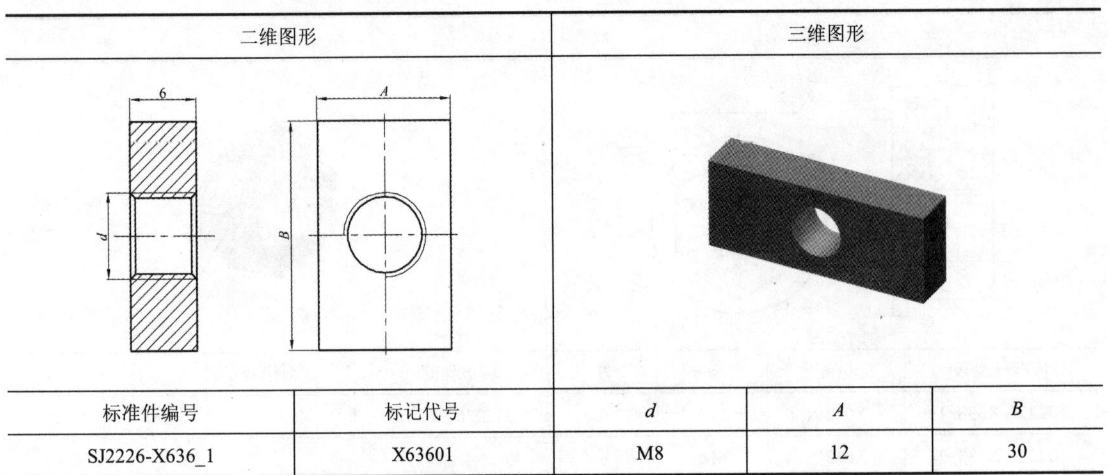

标准件编号	标记代号	d	A	B
SJ2226-X636_1	X63601	M8	12	30

表 2-104　过滚螺母（SJ 2226—1982）尺寸

单位：mm

二维图形	三维图形

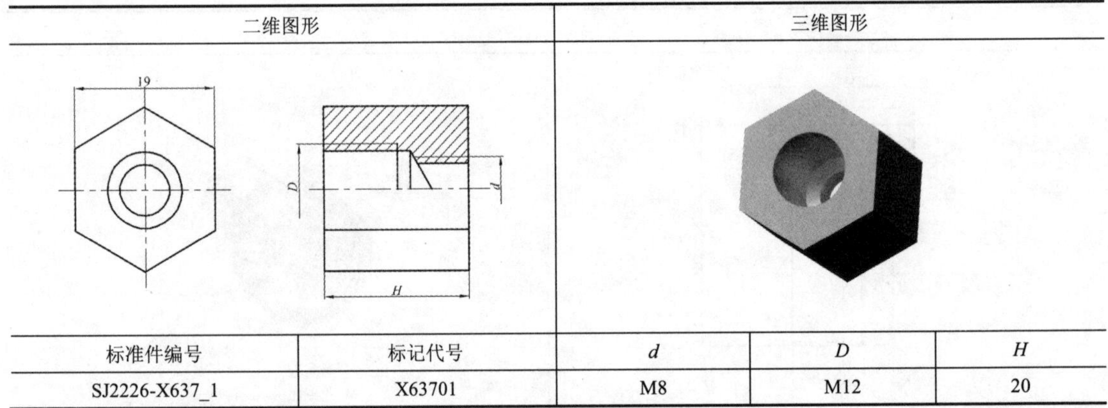

标准件编号	标记代号	d	D	H
SJ2226-X637_1	X63701	M8	M12	20

表 2-105　平垫圈（SJ 2226—1982）尺寸

单位：mm

二维图形	三维图形

标准件编号	标记代号	D	H
SJ2226-X640_1	X64001	ϕ8.5	1
SJ2226-X640_2	X64002	ϕ8.5	2
SJ2226-X640_3	X64003	ϕ8.5	5
SJ2226-X640_4	X64004	ϕ8.5	10
SJ2226-X640_5	X64005	ϕ8.5	20

表 2-106　球面垫圈（SJ 2226—1982）尺寸　　　单位：mm

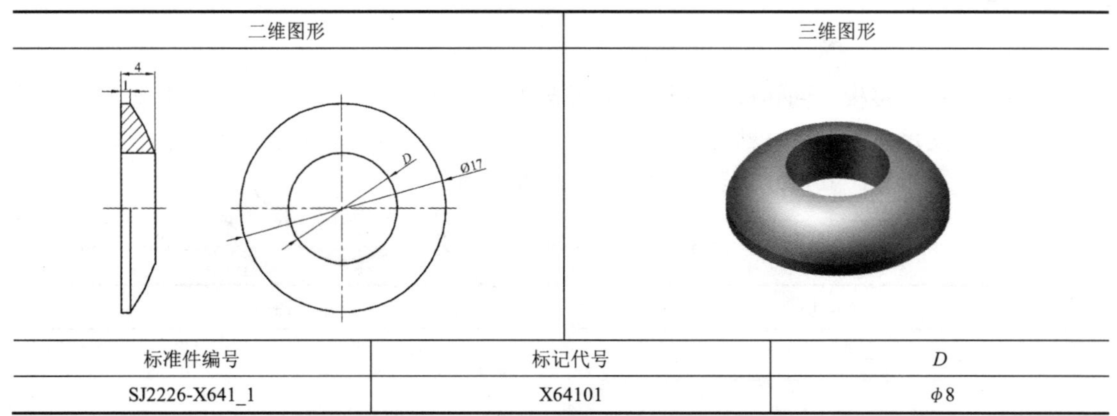

标准件编号	标记代号	*D*
SJ2226-X641_1	X64101	ϕ8

表 2-107　锥面垫圈（SJ 2226—1982）尺寸　　　单位：mm

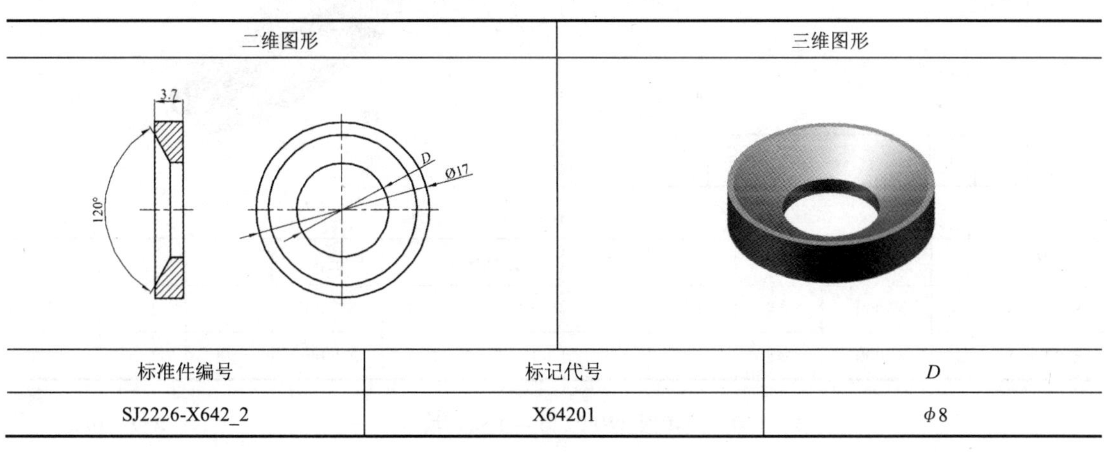

标准件编号	标记代号	*D*
SJ2226-X642_2	X64201	ϕ8

表 2-108　快换垫圈（SJ 2226—1982）尺寸　　　单位：mm

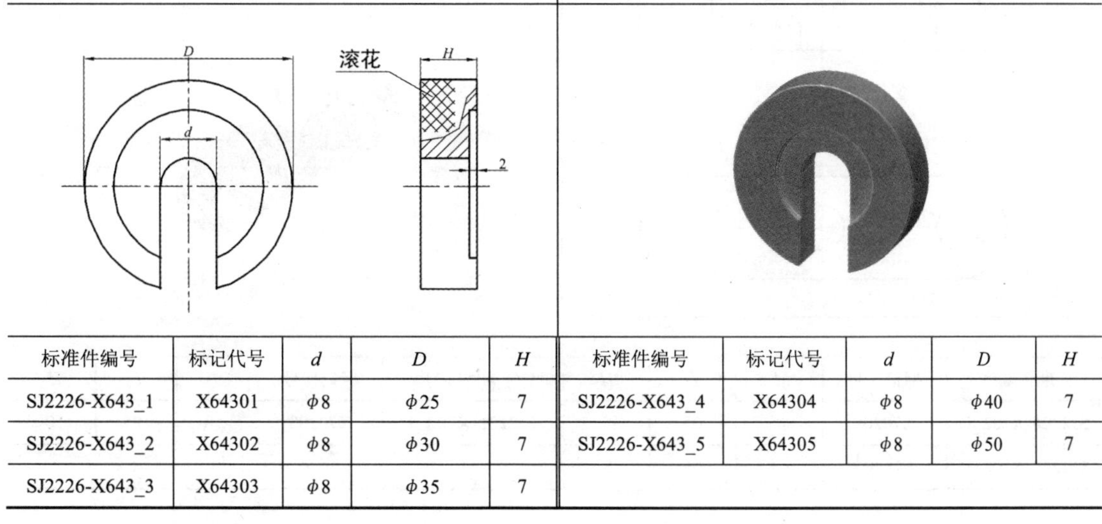

标准件编号	标记代号	*d*	*D*	*H*
SJ2226-X643_1	X64301	ϕ8	ϕ25	7
SJ2226-X643_2	X64302	ϕ8	ϕ30	7
SJ2226-X643_3	X64303	ϕ8	ϕ35	7
SJ2226-X643_4	X64304	ϕ8	ϕ40	7
SJ2226-X643_5	X64305	ϕ8	ϕ50	7

2.7 其他件

其他件包括连接板、回转板、摇板、平面支钉、球面支钉、二爪支钉、三爪支钉、平面支承帽、球面支承帽、轴销、凸接头、凹接头、手柄、手柄球、滚基础扣板、扇形平衡块、弹簧、砧块、弓形夹。其尺寸如表 2-109～表 2-128 所示。

表 2-109 连接板（SJ 2226—1982）尺寸 单位：mm

二维图形	三维图形
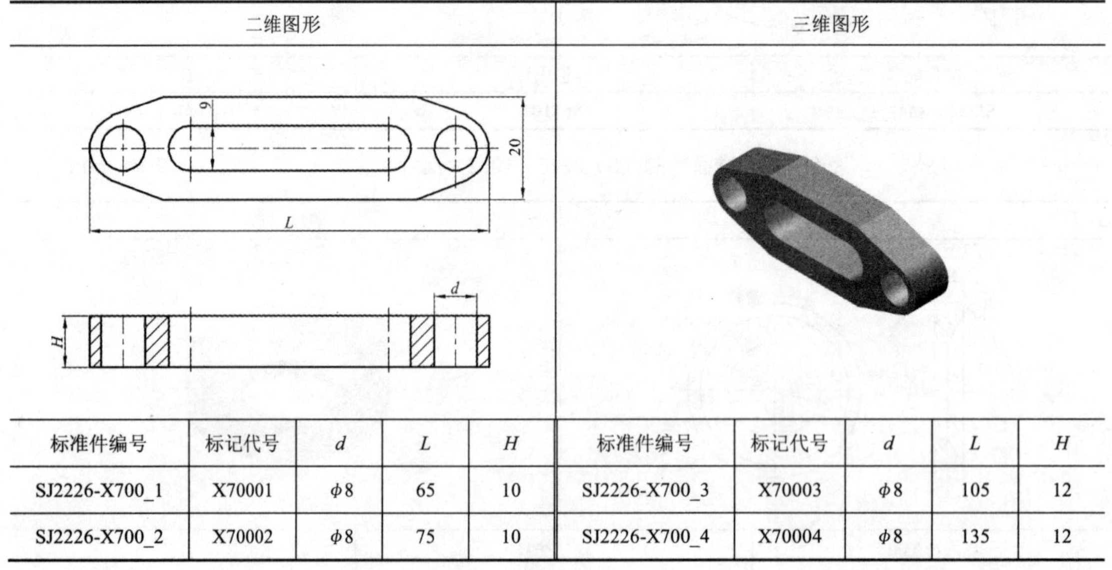	

标准件编号	标记代号	d	L	H	标准件编号	标记代号	d	L	H
SJ2226-X700_1	X70001	$\phi 8$	65	10	SJ2226-X700_3	X70003	$\phi 8$	105	12
SJ2226-X700_2	X70002	$\phi 8$	75	10	SJ2226-X700_4	X70004	$\phi 8$	135	12

表 2-110 回转板（SJ 2226—1982）尺寸 单位：mm

二维图形	三维图形
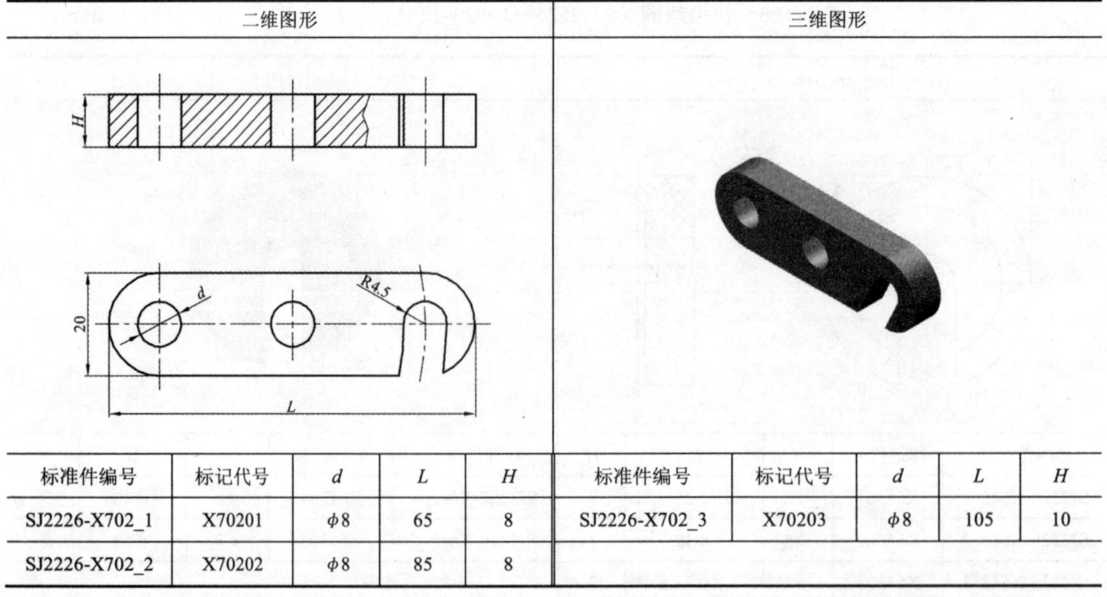	

标准件编号	标记代号	d	L	H	标准件编号	标记代号	d	L	H
SJ2226-X702_1	X70201	$\phi 8$	65	8	SJ2226-X702_3	X70203	$\phi 8$	105	10
SJ2226-X702_2	X70202	$\phi 8$	85	8					

表 2-111　摇板（SJ 2226—1982）尺寸　　单位：mm

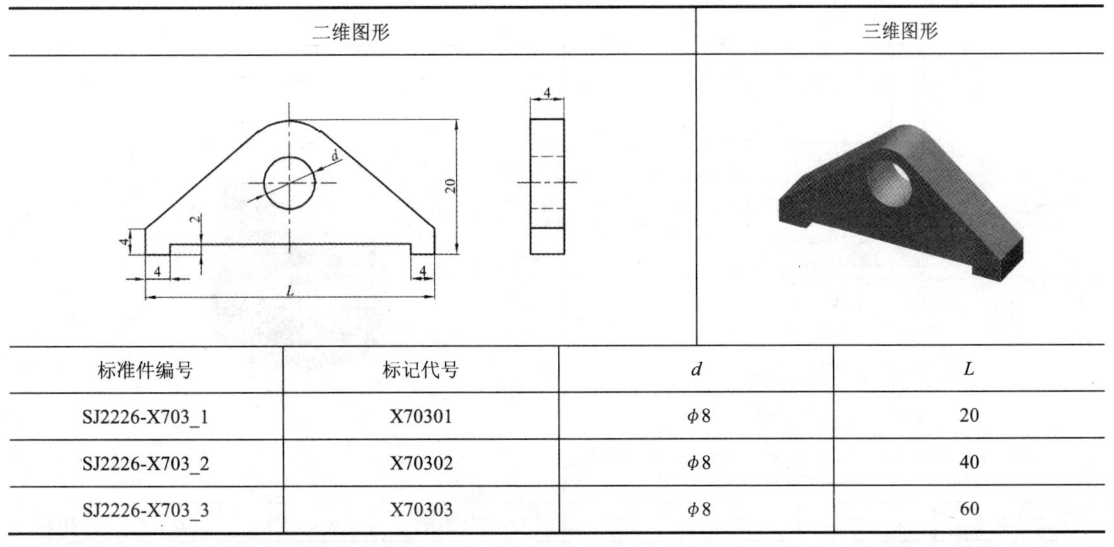

标准件编号	标记代号	*d*	*L*
SJ2226-X703_1	X70301	ϕ8	20
SJ2226-X703_2	X70302	ϕ8	40
SJ2226-X703_3	X70303	ϕ8	60

表 2-112　平面支钉（SJ 2226—1982）尺寸　　单位：mm

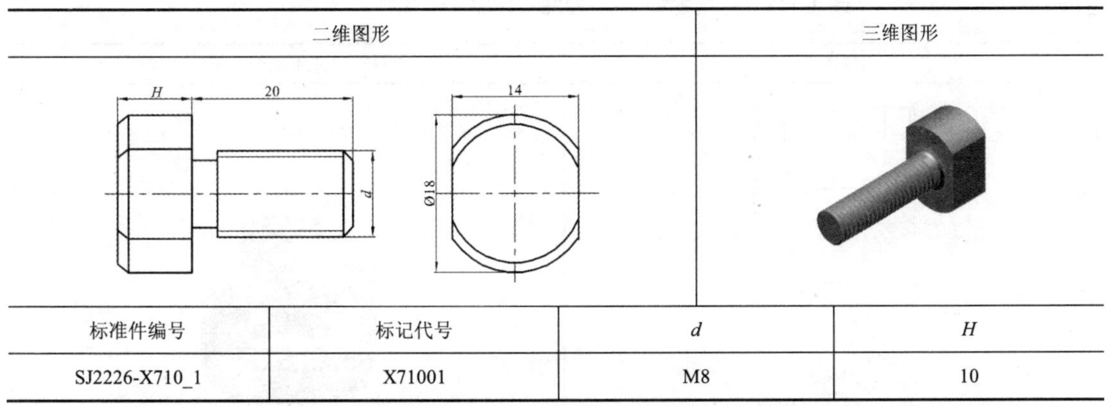

标准件编号	标记代号	*d*	*H*
SJ2226-X710_1	X71001	M8	10

表 2-113　球面支钉（SJ 2226—1982）尺寸　　单位：mm

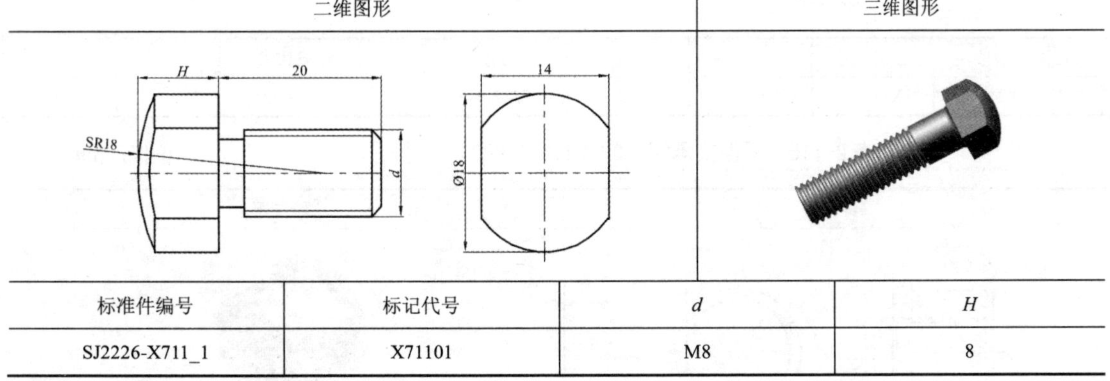

标准件编号	标记代号	*d*	*H*
SJ2226-X711_1	X71101	M8	8

表 2-114　二爪支钉（SJ 2226—1982）尺寸　　单位：mm

二维图形	三维图形

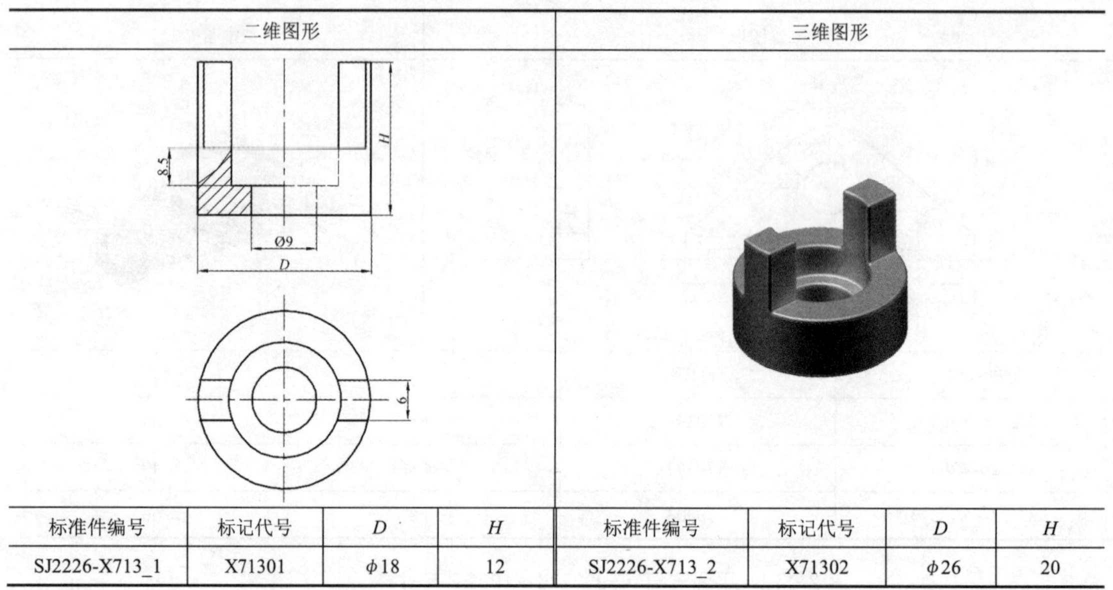

标准件编号	标记代号	D	H	标准件编号	标记代号	D	H
SJ2226-X713_1	X71301	ϕ18	12	SJ2226-X713_2	X71302	ϕ26	20

表 2-115　三爪支钉（SJ 2226—1982）尺寸　　单位：mm

二维图形	三维图形

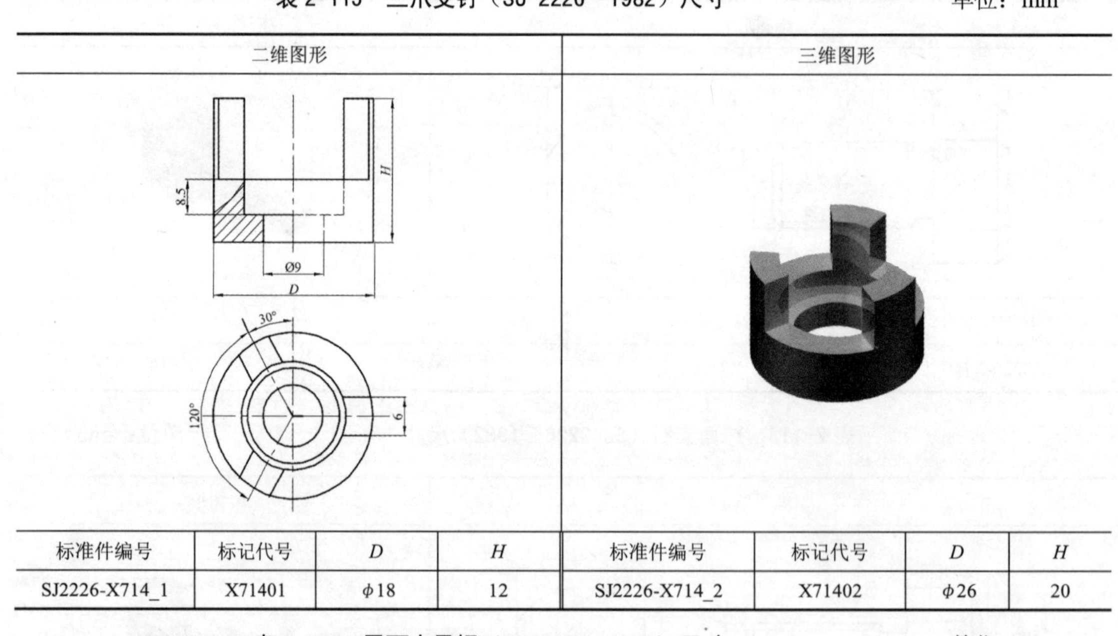

标准件编号	标记代号	D	H	标准件编号	标记代号	D	H
SJ2226-X714_1	X71401	ϕ18	12	SJ2226-X714_2	X71402	ϕ26	20

表 2-116　平面支承帽（SJ 2226—1982）尺寸　　单位：mm

二维图形	三维图形

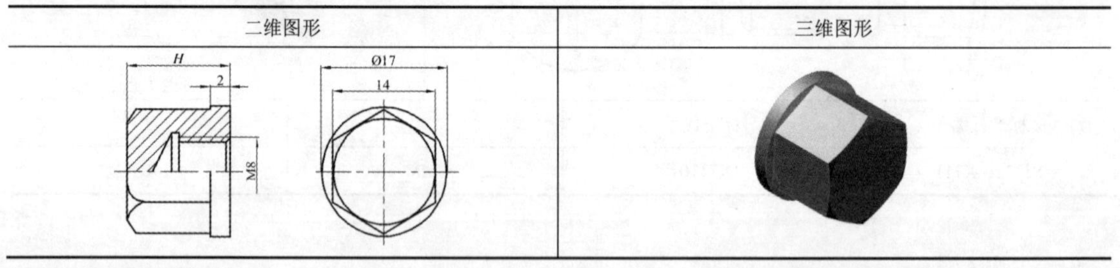

续表

标准件编号	标记代号	*H*
SJ2226-X720_1	X72001	12

表 2-117 球面支承帽（SJ 2226—1982）尺寸　　单位：mm

二维图形	三维图形

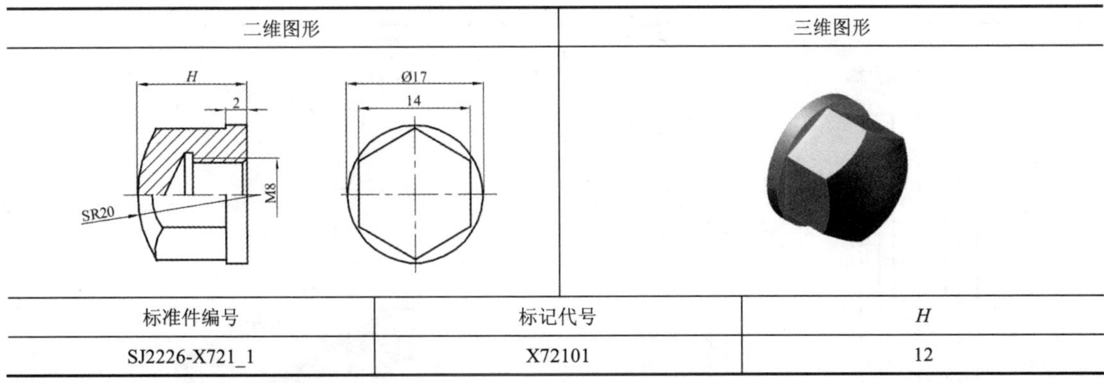

标准件编号	标记代号	*H*
SJ2226-X721_1	X72101	12

表 2-118 轴销（SJ 2226—1982）尺寸　　单位：mm

二维图形	三维图形

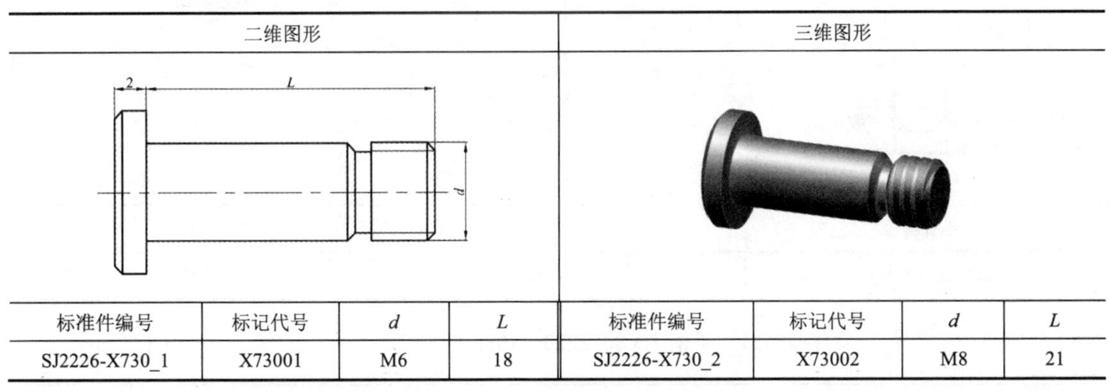

标准件编号	标记代号	*d*	*L*	标准件编号	标记代号	*d*	*L*
SJ2226-X730_1	X73001	M6	18	SJ2226-X730_2	X73002	M8	21

表 2-119 凸接头（SJ 2226—1982）尺寸　　单位：mm

二维图形	三维图形

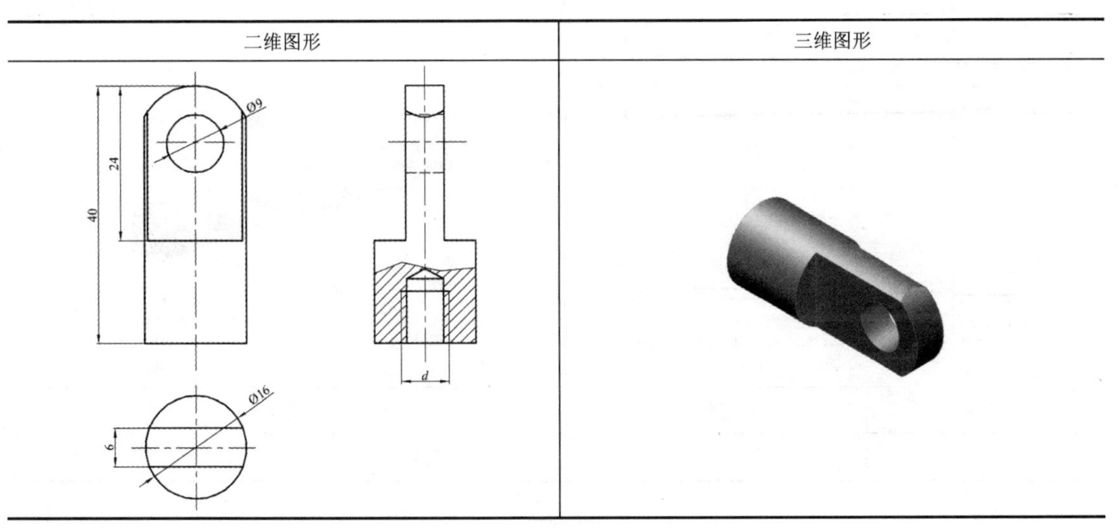

续表

标准件编号	标记代号	*d*
SJ2226-X740_1	X74001	M8

表 2-120　凹接头（SJ 2226—1982）尺寸　　单位：mm

二维图形	三维图形

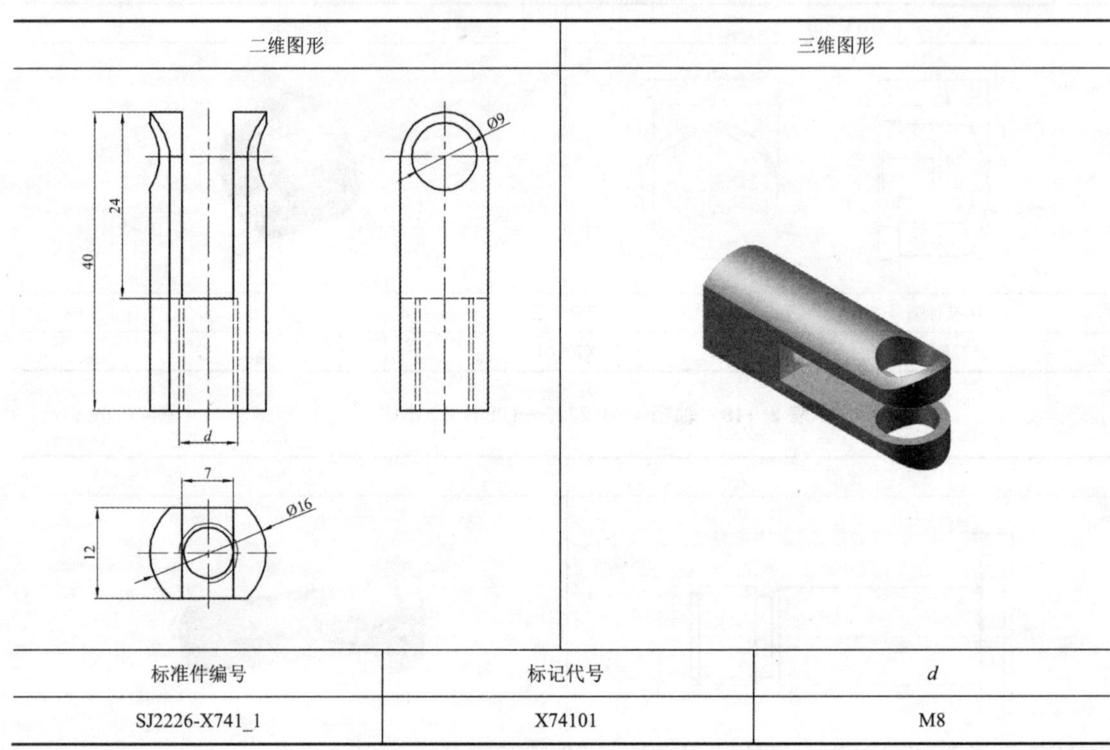

标准件编号	标记代号	*d*
SJ2226-X741_1	X74101	M8

表 2-121　手柄 1（SJ 2226—1982）尺寸　　单位：mm

二维图形	三维图形

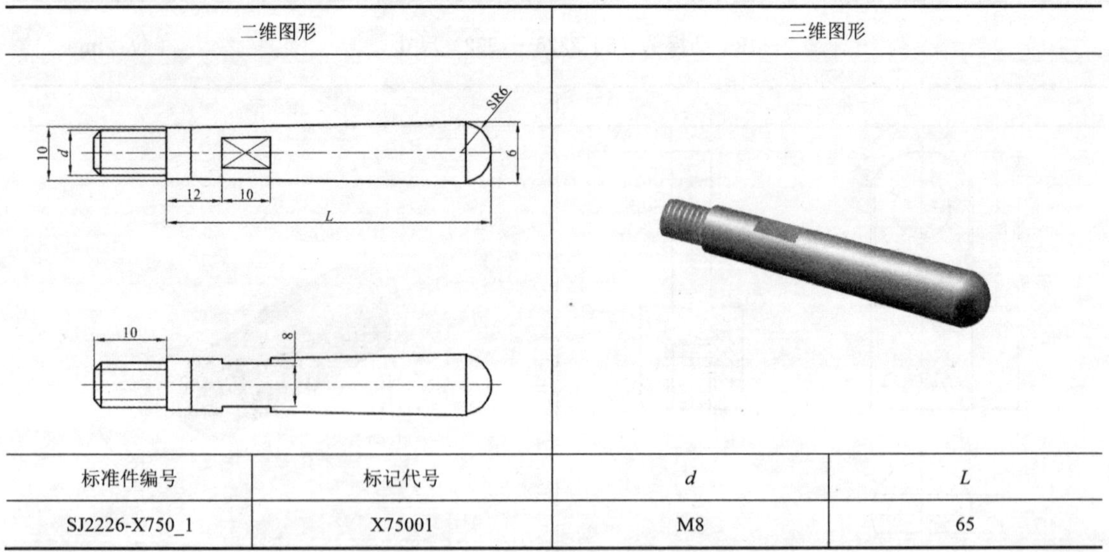

标准件编号	标记代号	*d*	*L*
SJ2226-X750_1	X75001	M8	65

表 2-122　手柄 2（SJ 2226—1982）尺寸　　单位：mm

二维图形	三维图形

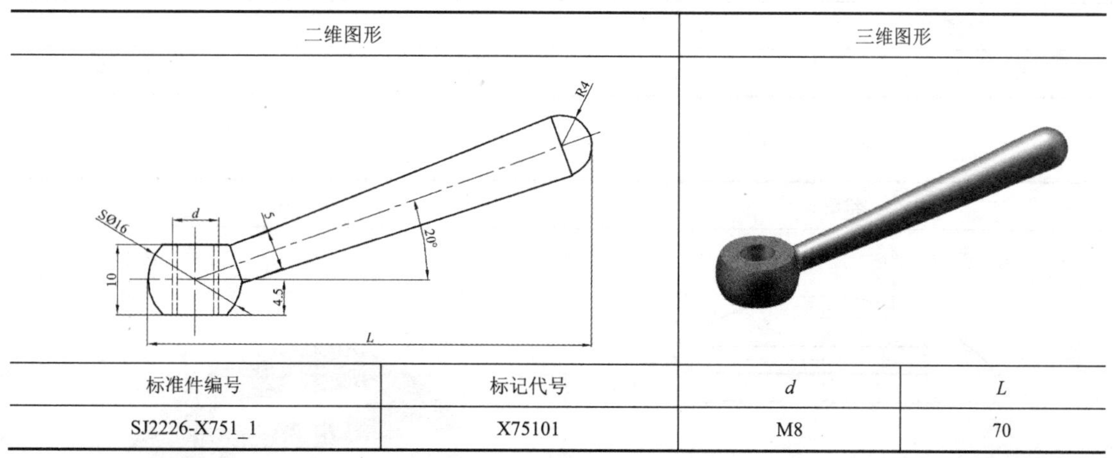

标准件编号	标记代号	*d*	*L*
SJ2226-X751_1	X75101	M8	70

表 2-123　手柄球（SJ 2226—1982）尺寸　　单位：mm

二维图形	三维图形

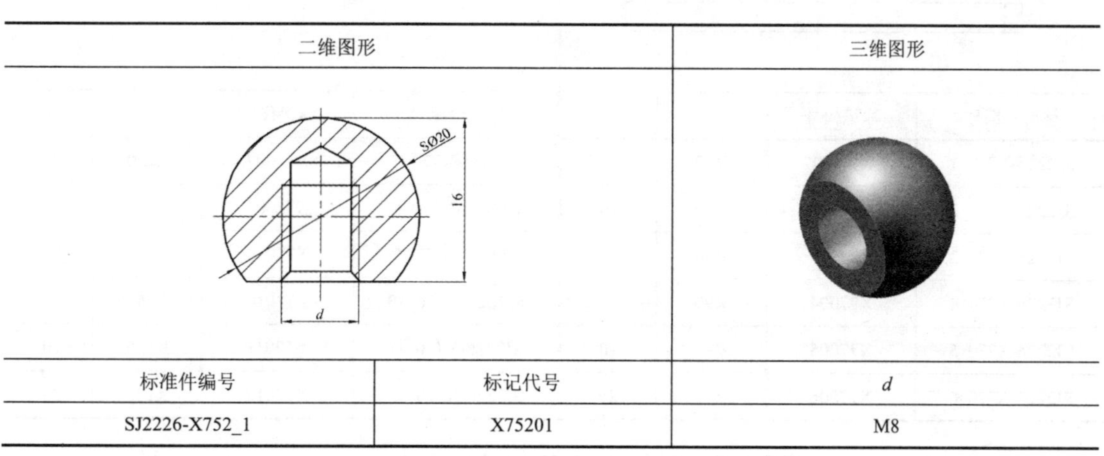

标准件编号	标记代号	*d*
SJ2226-X752_1	X75201	M8

表 2-124　滚基础扣板（SJ 2226—1982）尺寸　　单位：mm

二维图形	三维图形

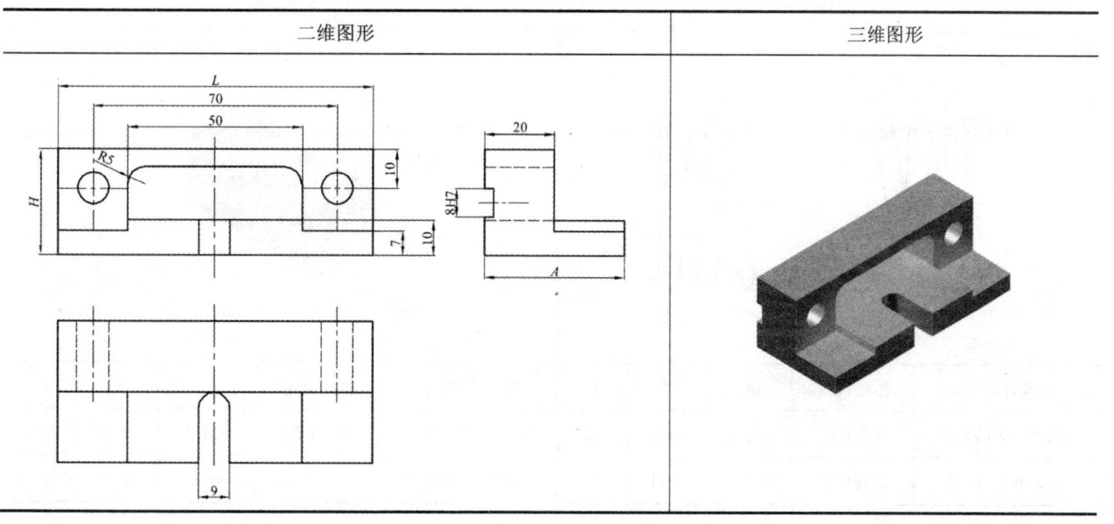

续表

标准件编号	标记代号	H	A	L
SJ2226-X760_1	X76001	30	40	90

表 2-125　扇形平衡块（SJ 2226—1982）尺寸　　单位：mm

二维图形	三维图形
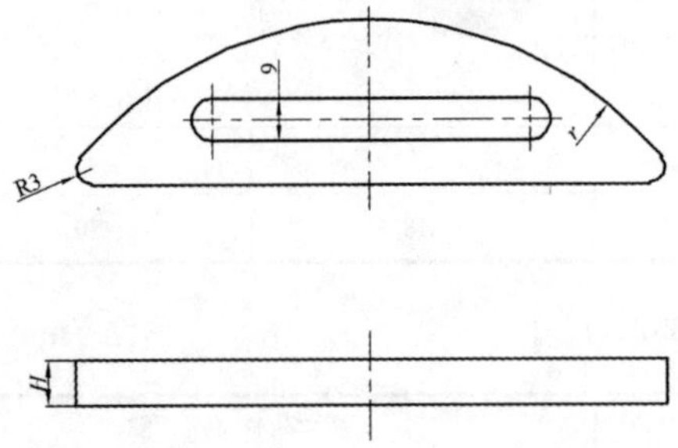 R3　6　r　H	

标准件编号	标记代号	r	H	标准件编号	标记代号	r	H
SJ2226-X770_1	X77001	R60	5	SJ2226-X770_7	X77007	R120	5
SJ2226-X770_2	X77002	R60	10	SJ2226-X770_8	X77008	R120	10
SJ2226-X770_3	X77003	R60	20	SJ2226-X770_9	X77009	R120	20
SJ2226-X770_4	X77004	R90	5	SJ2226-X770_10	X77010	R150	5
SJ2226-X770_5	X77005	R90	10	SJ2226-X770_11	X77011	R150	10
SJ2226-X770_6	X77006	R90	20	SJ2226-X770_12	X77012	R150	20

表 2-126　弹簧（SJ 2226—1982）尺寸　　单位：mm

二维图形	三维图形
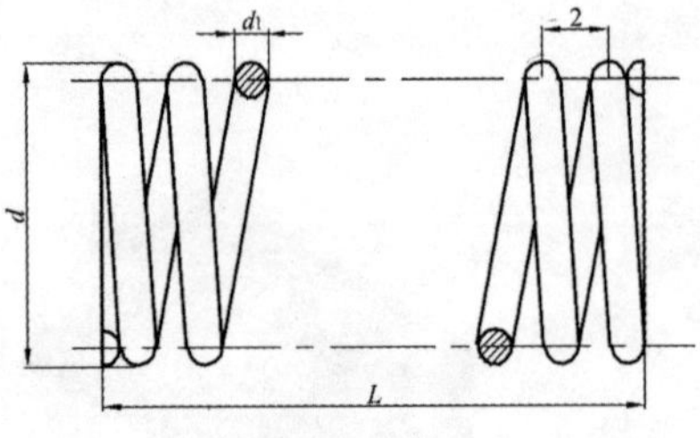 d_1　2　d　L	

标准件编号	标记代号	d_1	d	L	标准件编号	标记代号	d_1	d	L
SJ2226-X780_1	X78001	$\phi1.2$	$\phi11$	15	SJ2226-X780_3	X78003	$\phi1.2$	$\phi11$	30
SJ2226-X780_2	X78002	$\phi1.2$	$\phi11$	20	SJ2226-X780_4	X78004	$\phi1.2$	$\phi11$	40

表 2-127 砧块（SJ 2226—1982）尺寸

单位：mm

二维图形	三维图形

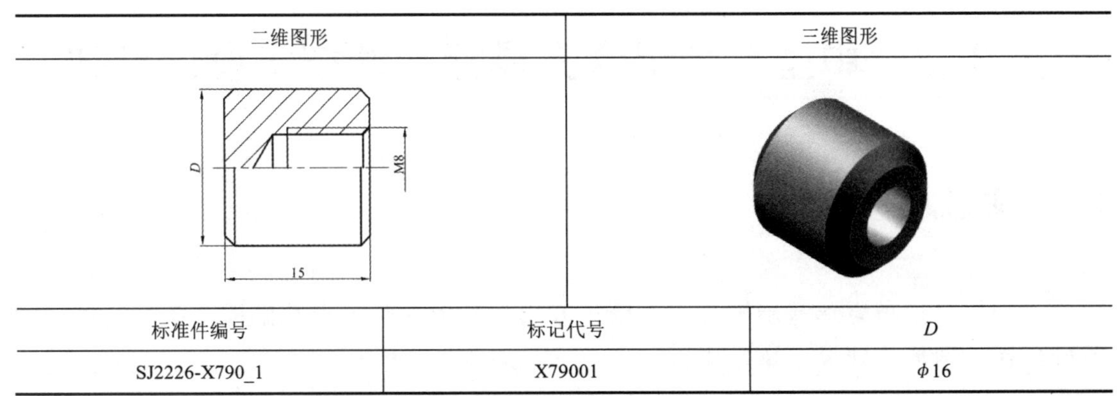

标准件编号	标记代号	*D*
SJ2226-X790_1	X79001	ϕ16

表 2-128 弓形夹（SJ 2226—1982）尺寸

单位：mm

二维图形	三维图形

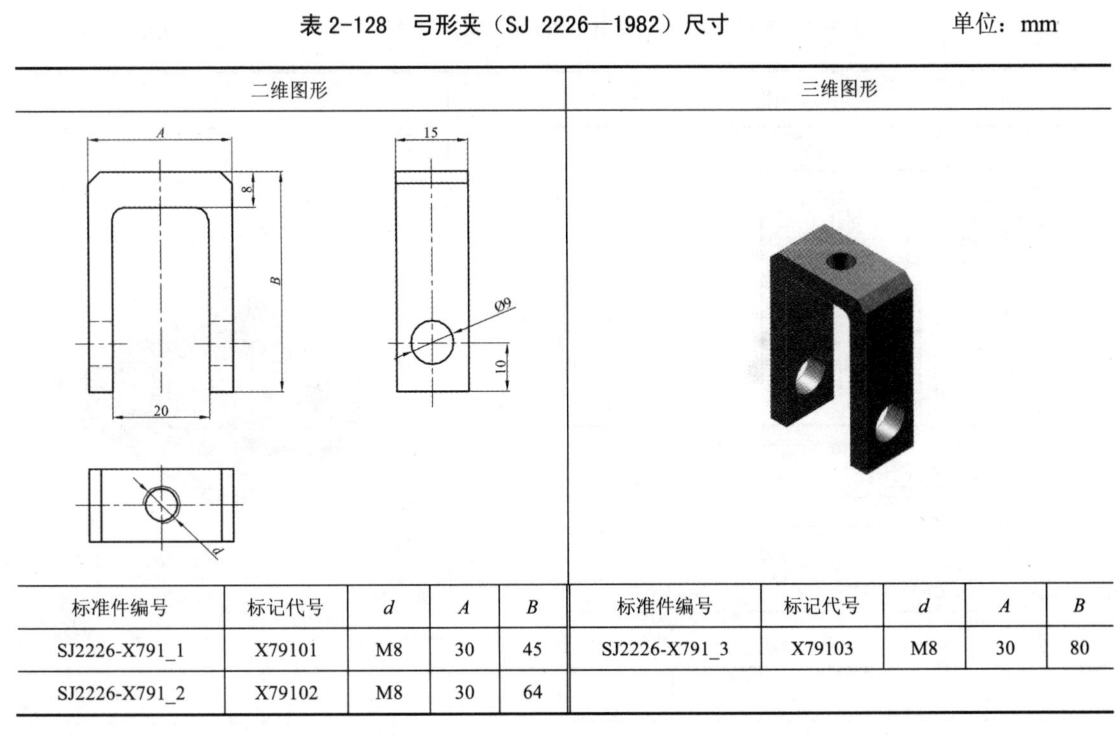

标准件编号	标记代号	*d*	*A*	*B*	标准件编号	标记代号	*d*	*A*	*B*
SJ2226-X791_1	X79101	M8	30	45	SJ2226-X791_3	X79103	M8	30	80
SJ2226-X791_2	X79102	M8	30	64					

第 3 章　中型系列组合夹具标准件技术设计参数

3.1　基础件

基础件包括正方形基础板、四面槽正方形基础板、长方形基础板、条形基础板、基础角铁、圆形基础板。其尺寸如表 3-1～表 3-8 所示。

表 3-1　正方形基础板（SJ 2225—1982）尺寸　　单位：mm

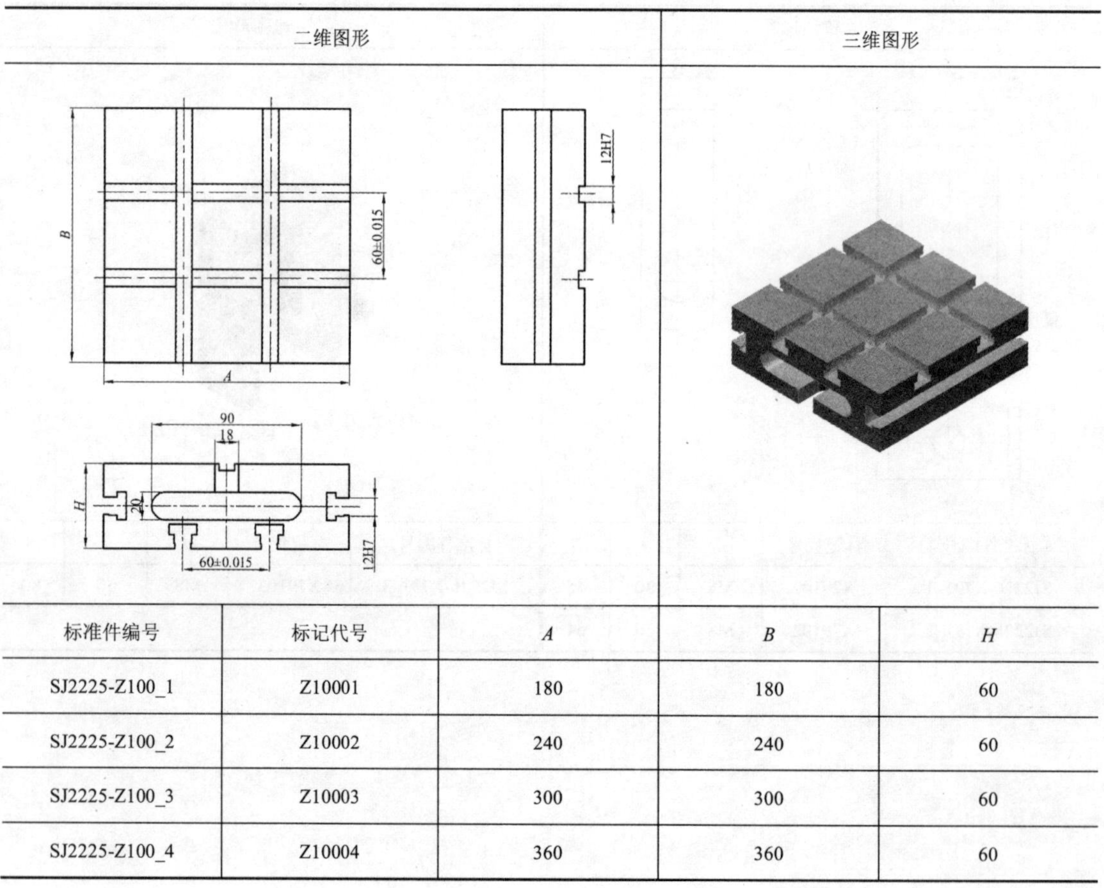

标准件编号	标记代号	*A*	*B*	*H*
SJ2225-Z100_1	Z10001	180	180	60
SJ2225-Z100_2	Z10002	240	240	60
SJ2225-Z100_3	Z10003	300	300	60
SJ2225-Z100_4	Z10004	360	360	60

表 3-2　四面槽正方形基础板（SJ 2225—1982）尺寸　　　　单位：mm

二维图形	三维图形

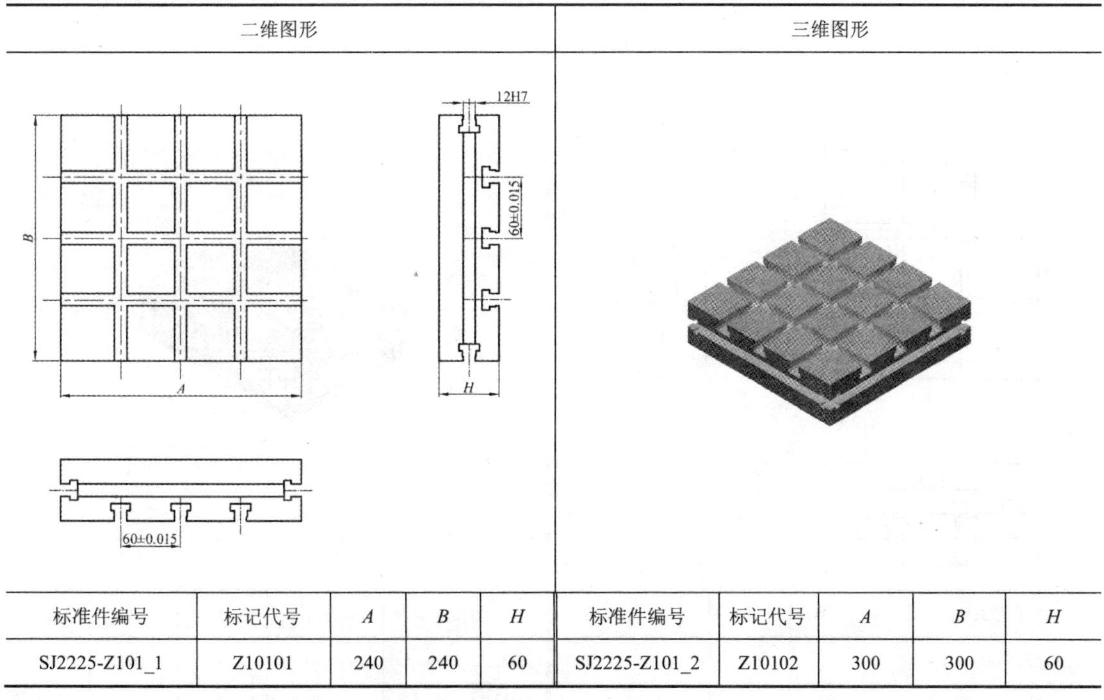

标准件编号	标记代号	*A*	*B*	*H*	标准件编号	标记代号	*A*	*B*	*H*
SJ2225-Z101_1	Z10101	240	240	60	SJ2225-Z101_2	Z10102	300	300	60

表 3-3　长方形基础板 1（SJ 2225—1982）尺寸　　　　单位：mm

二维图形 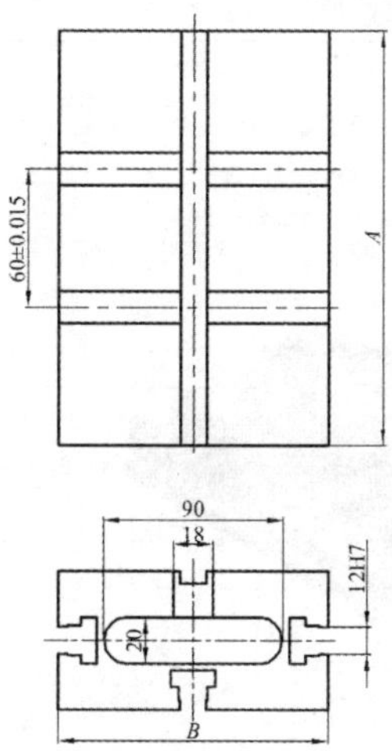	三维图形 

标准件编号	标记代号	*A*	*B*	*H*	标准件编号	标记代号	*A*	*B*	*H*
SJ2225-Z110_1	Z11001	180	120	60	SJ2225-Z110_4	Z11004	360	120	60
SJ2225-Z110_2	Z11002	240	120	60	SJ2225-Z110_5	Z11005	480	120	60
SJ2225-Z110_3	Z11003	300	120	60					

表 3-4　长方形基础板 2（SJ 2225—1982）尺寸　　单位：mm

二维图形	三维图形

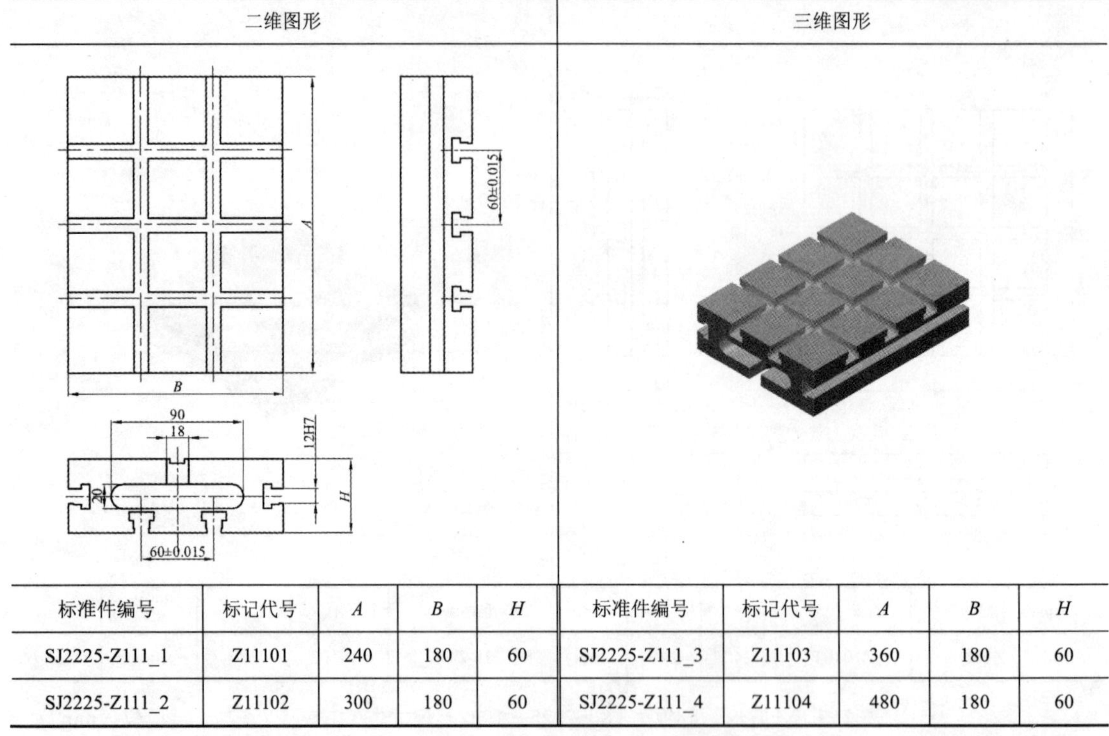

标准件编号	标记代号	*A*	*B*	*H*	标准件编号	标记代号	*A*	*B*	*H*
SJ2225-Z111_1	Z11101	240	180	60	SJ2225-Z111_3	Z11103	360	180	60
SJ2225-Z111_2	Z11102	300	180	60	SJ2225-Z111_4	Z11104	480	180	60

表 3-5　长方形基础板 3（SJ 2225—1982）尺寸　　单位：mm

二维图形	三维图形

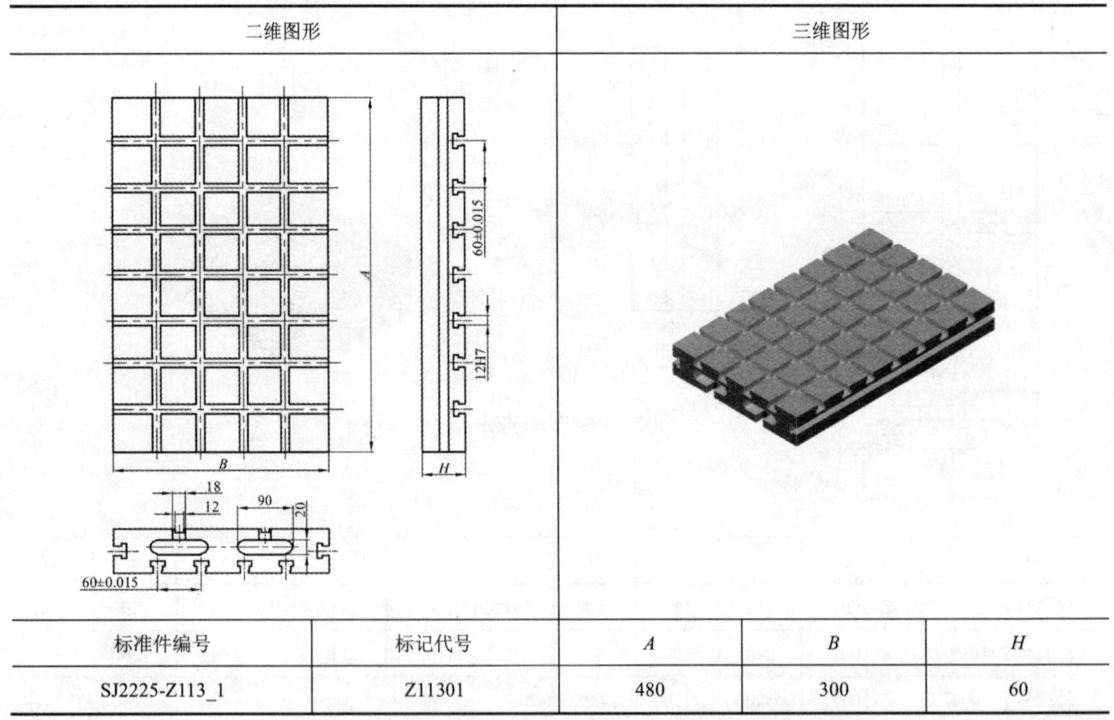

标准件编号	标记代号	*A*	*B*	*H*
SJ2225-Z113_1	Z11301	480	300	60

表 3-6　条形基础板（SJ 2225—1982）尺寸　　单位：mm

二维图形	三维图形

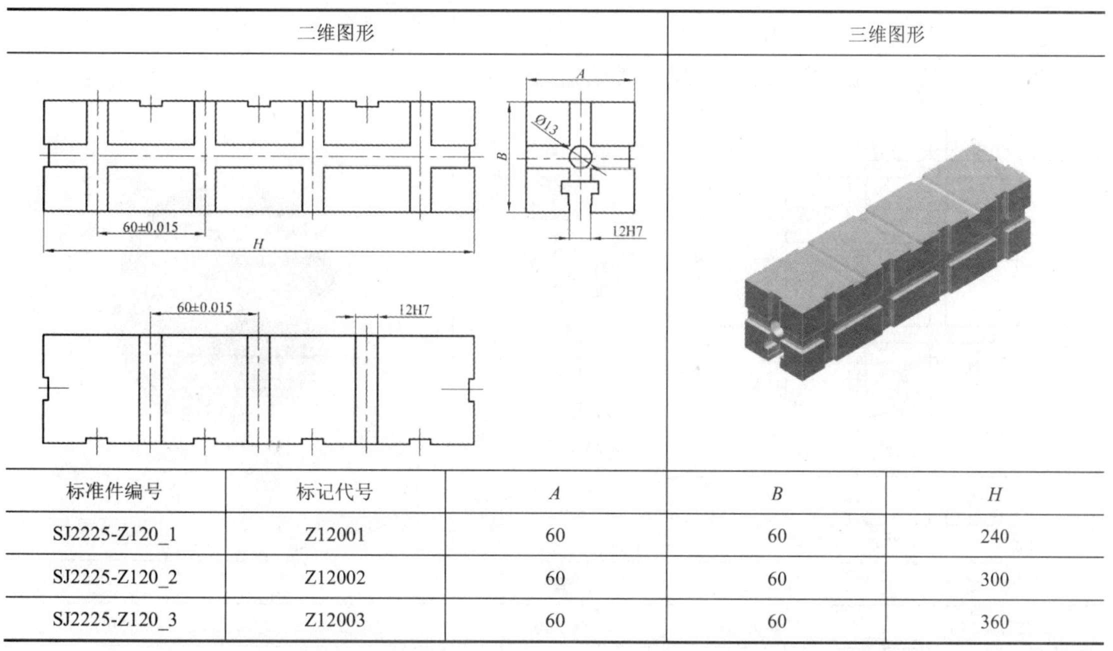

标准件编号	标记代号	*A*	*B*	*H*
SJ2225-Z120_1	Z12001	60	60	240
SJ2225-Z120_2	Z12002	60	60	300
SJ2225-Z120_3	Z12003	60	60	360

表 3-7　基础角铁（SJ 2225—1982）尺寸　　单位：mm

二维图形	三维图形

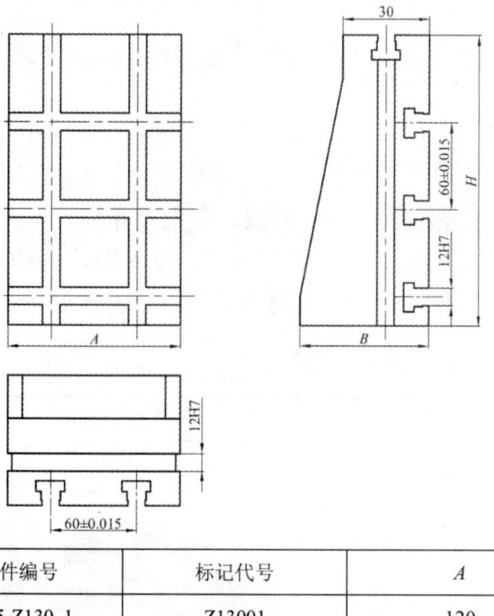

标准件编号	标记代号	*A*	*H*	*B*
SJ2225-Z130_1	Z13001	120	200	90
SJ2225-Z130_2	Z13002	120	300	150
SJ2225-Z130_3	Z13003	180	200	90
SJ2225-Z130_4	Z13004	180	300	150

表 3-8　圆形基础板（SJ 2225—1982）尺寸　　单位：mm

二维图形	三维图形

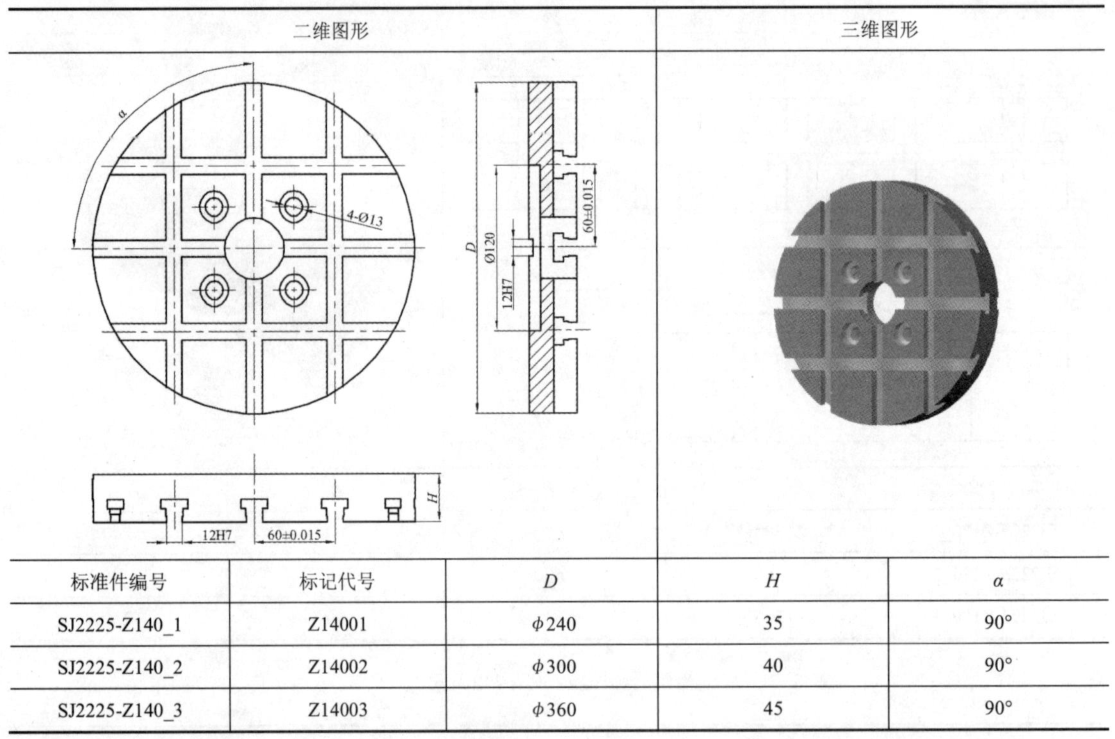

标准件编号	标记代号	*D*	*H*	*α*
SJ2225-Z140_1	Z14001	ϕ240	35	90°
SJ2225-Z140_2	Z14002	ϕ300	40	90°
SJ2225-Z140_3	Z14003	ϕ360	45	90°

3.2　支承件

支承件包括双槽正方形垫板、双槽正方形支承、正方形垫片、三槽正方形垫板、三槽正方形支承、长方形垫板、长方形支承、长方形垫片、紧固垫板、紧固支承、角度垫板、角度支承、V型垫板、V型支承、活动V型铁、左菱形板、右菱形板、左支承角铁、右支承角铁、宽角铁、加肋角铁、伸长板、方形支座、长方形支座、三角支座、三棱支座、六棱支座、导向支承、定位支承、端孔定位支承、定位板、台阶板。其尺寸如表3-9～表3-45所示。

表 3-9　双槽正方形垫板（SJ 2225—1982）尺寸　　单位：mm

二维图形	三维图形

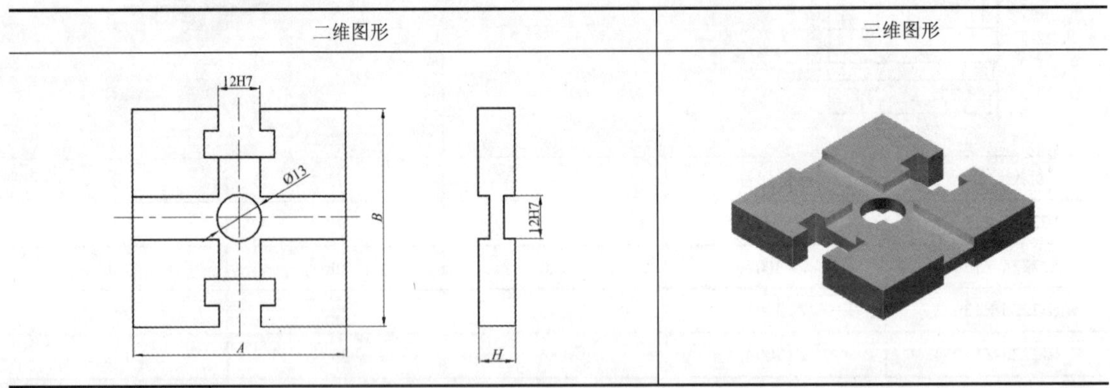

续表

标准件编号	标记代号	*A*	*B*	*H*	标准件编号	标记代号	*A*	*B*	*H*
SJ2225-Z201_1	Z20101	60	60	10	SJ2225-Z201_4	Z20104	60	60	17.5
SJ2225-Z201_2	Z20102	60	60	12.5	SJ2225-Z201_5	Z20105	60	60	20
SJ2225-Z201_3	Z20103	60	60	15					

表 3-10　双槽正方形支承（SJ 2225—1982）尺寸　　单位：mm

二维图形	三维图形

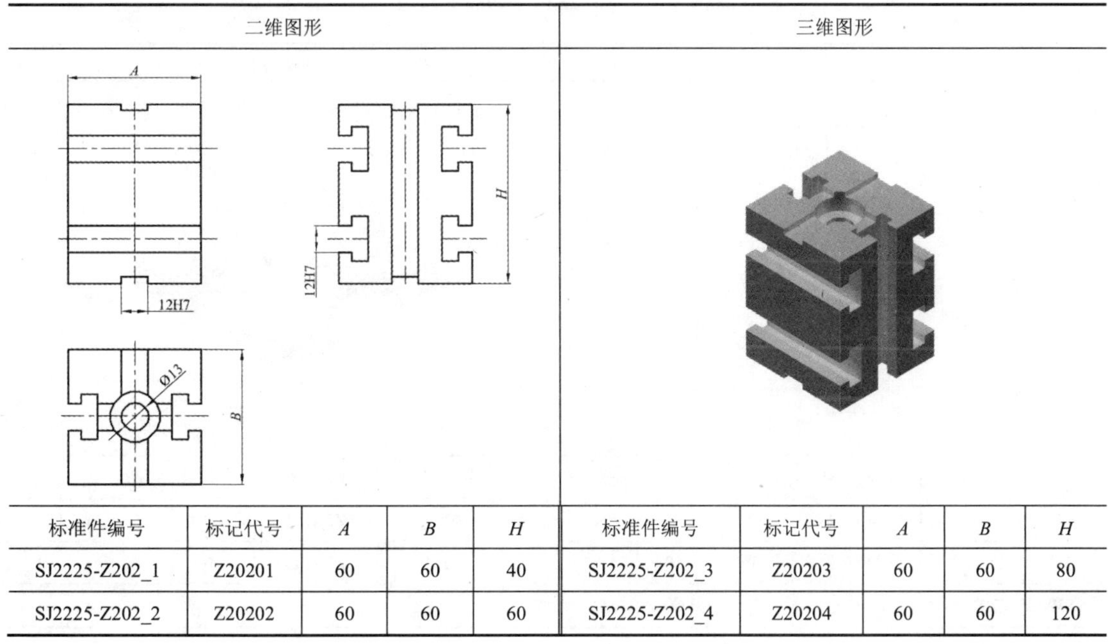

标准件编号	标记代号	*A*	*B*	*H*	标准件编号	标记代号	*A*	*B*	*H*
SJ2225-Z202_1	Z20201	60	60	40	SJ2225-Z202_3	Z20203	60	60	80
SJ2225-Z202_2	Z20202	60	60	60	SJ2225-Z202_4	Z20204	60	60	120

表 3-11　正方形垫片（SJ 2225—1982）尺寸　　单位：mm

二维图形	三维图形

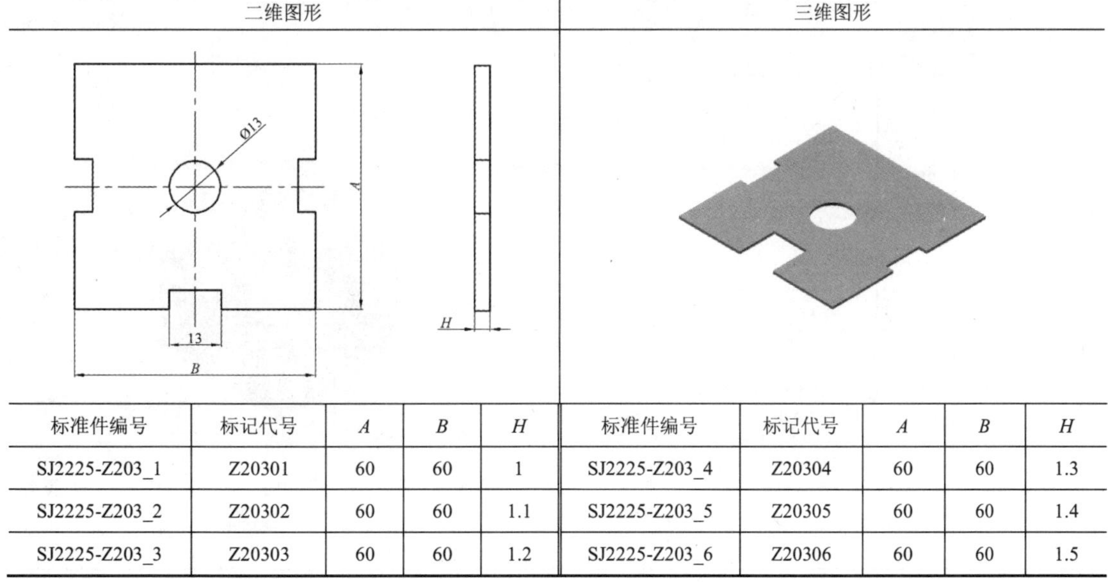

标准件编号	标记代号	*A*	*B*	*H*	标准件编号	标记代号	*A*	*B*	*H*
SJ2225-Z203_1	Z20301	60	60	1	SJ2225-Z203_4	Z20304	60	60	1.3
SJ2225-Z203_2	Z20302	60	60	1.1	SJ2225-Z203_5	Z20305	60	60	1.4
SJ2225-Z203_3	Z20303	60	60	1.2	SJ2225-Z203_6	Z20306	60	60	1.5

续表

标准件编号	标记代号	A	B	H	标准件编号	标记代号	A	B	H
SJ2225-Z203_7	Z20307	60	60	1.6	SJ2225-Z203_11	Z20311	60	60	2
SJ2225-Z203_8	Z20308	60	60	1.7	SJ2225-Z203_12	Z20312	60	60	2.5
SJ2225-Z203_9	Z20309	60	60	1.8	SJ2225-Z203_13	Z20313	60	60	3
SJ2225-Z203_10	Z20310	60	60	1.9	SJ2225-Z203_14	Z20314	60	60	5

表 3-12 三槽正方形垫板（SJ 2225—1982）尺寸 单位：mm

二维图形	三维图形

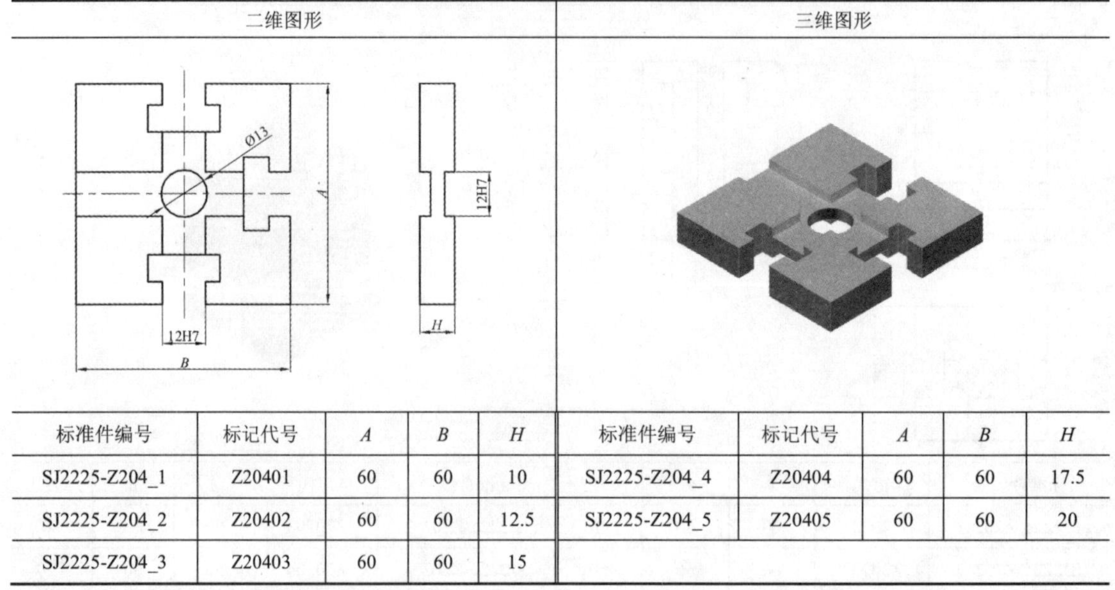

标准件编号	标记代号	A	B	H	标准件编号	标记代号	A	B	H
SJ2225-Z204_1	Z20401	60	60	10	SJ2225-Z204_4	Z20404	60	60	17.5
SJ2225-Z204_2	Z20402	60	60	12.5	SJ2225-Z204_5	Z20405	60	60	20
SJ2225-Z204_3	Z20403	60	60	15					

表 3-13 三槽正方形支承（SJ 2225—1982）尺寸 单位：mm

二维图形	三维图形

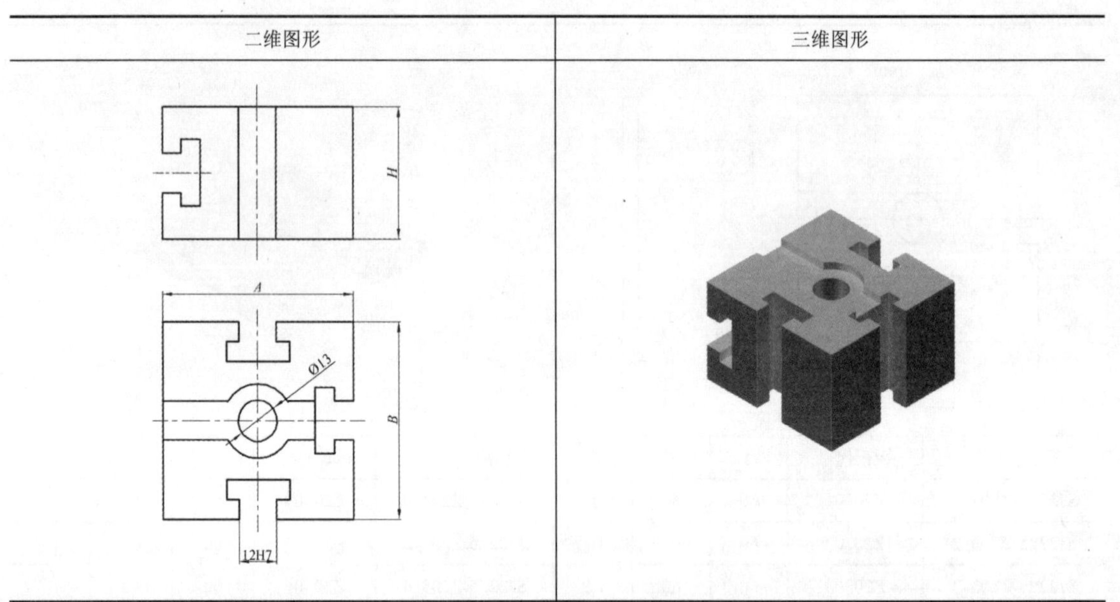

续表

标准件编号	标记代号	*A*	*B*	*H*	标准件编号	标记代号	*A*	*B*	*H*
SJ2225-Z205_1	Z20501	60	60	40	SJ2225-Z205_3	Z20503	60	60	80
SJ2225-Z205_2	Z20502	60	60	60	SJ2225-Z205_4	Z20504	60	60	120

表 3-14 长方形垫板 1（SJ 2225—1982）尺寸 单位：mm

二维图形	三维图形

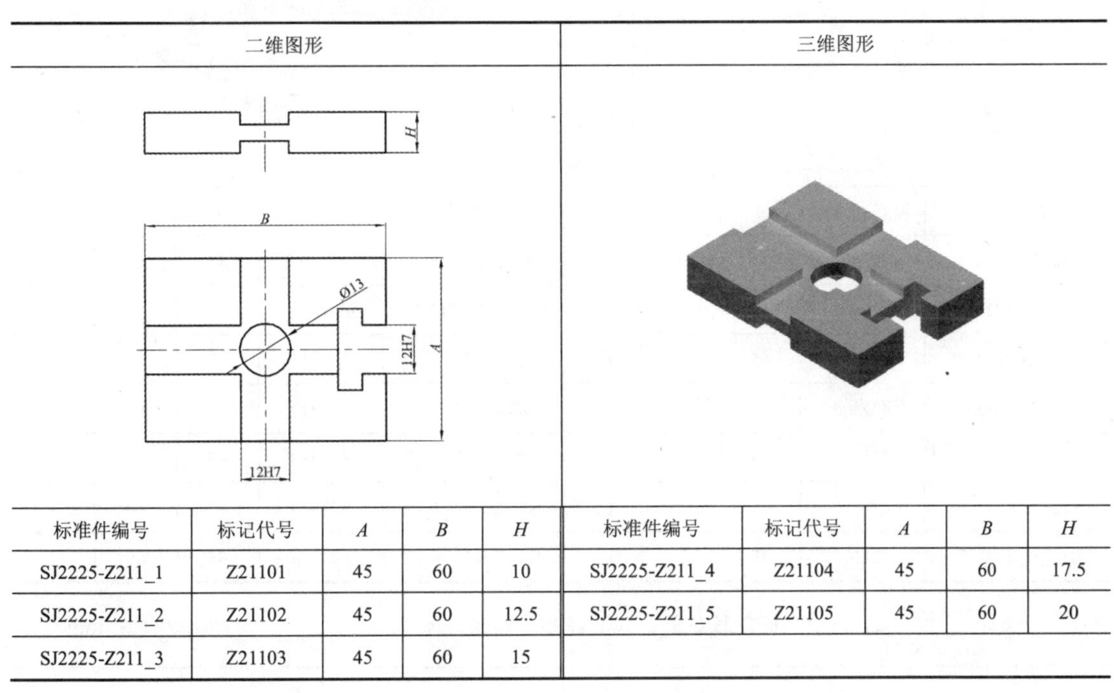

标准件编号	标记代号	*A*	*B*	*H*	标准件编号	标记代号	*A*	*B*	*H*
SJ2225-Z211_1	Z21101	45	60	10	SJ2225-Z211_4	Z21104	45	60	17.5
SJ2225-Z211_2	Z21102	45	60	12.5	SJ2225-Z211_5	Z21105	45	60	20
SJ2225-Z211_3	Z21103	45	60	15					

表 3-15 长方形支承 1（SJ 2225—1982）尺寸 单位：mm

二维图形	三维图形

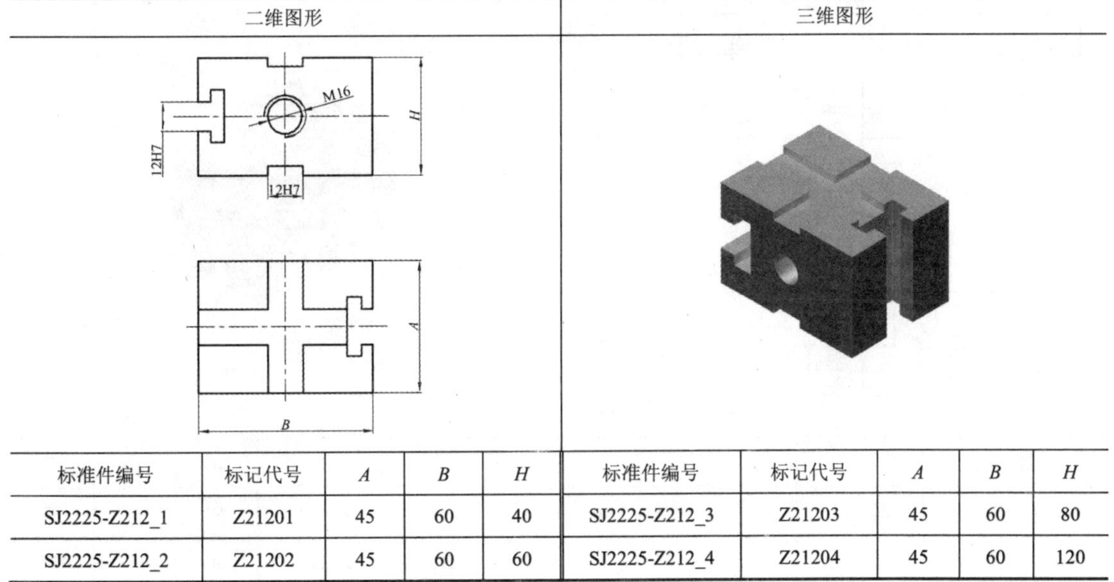

标准件编号	标记代号	*A*	*B*	*H*	标准件编号	标记代号	*A*	*B*	*H*
SJ2225-Z212_1	Z21201	45	60	40	SJ2225-Z212_3	Z21203	45	60	80
SJ2225-Z212_2	Z21202	45	60	60	SJ2225-Z212_4	Z21204	45	60	120

表 3-16　长方形垫片 1（SJ 2225—1982）尺寸　　单位：mm

二维图形	三维图形

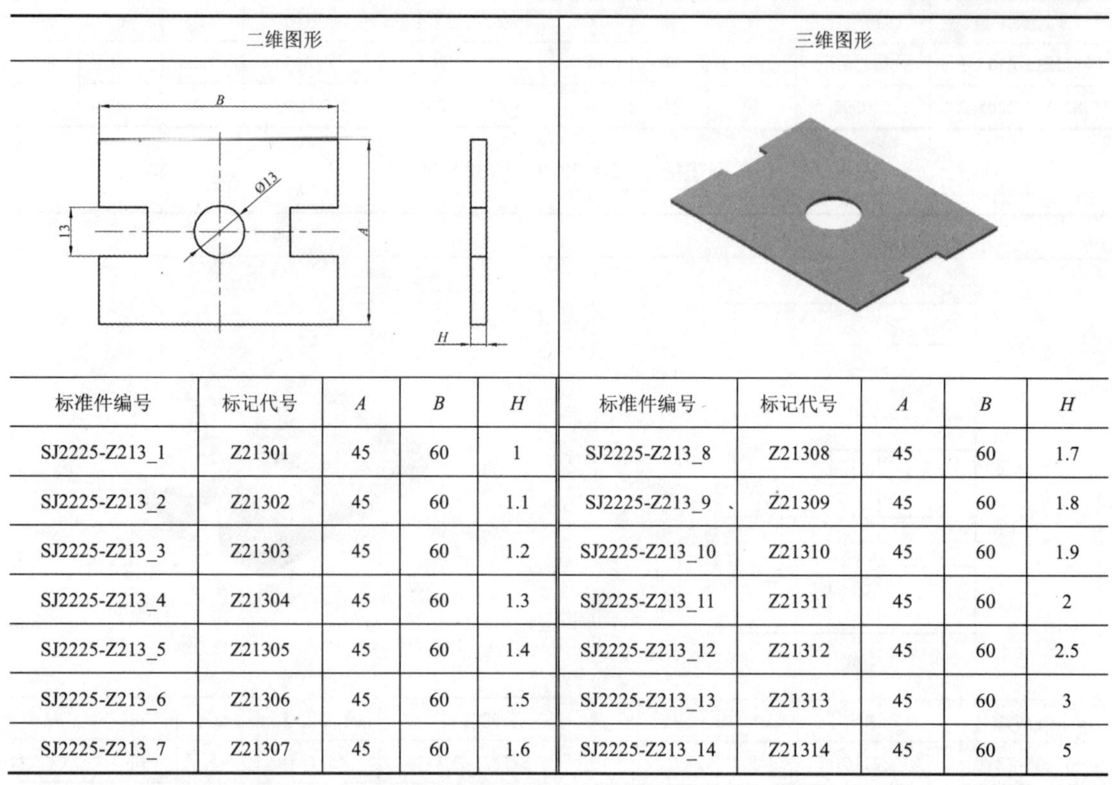

标准件编号	标记代号	*A*	*B*	*H*	标准件编号	标记代号	*A*	*B*	*H*
SJ2225-Z213_1	Z21301	45	60	1	SJ2225-Z213_8	Z21308	45	60	1.7
SJ2225-Z213_2	Z21302	45	60	1.1	SJ2225-Z213_9	Z21309	45	60	1.8
SJ2225-Z213_3	Z21303	45	60	1.2	SJ2225-Z213_10	Z21310	45	60	1.9
SJ2225-Z213_4	Z21304	45	60	1.3	SJ2225-Z213_11	Z21311	45	60	2
SJ2225-Z213_5	Z21305	45	60	1.4	SJ2225-Z213_12	Z21312	45	60	2.5
SJ2225-Z213_6	Z21306	45	60	1.5	SJ2225-Z213_13	Z21313	45	60	3
SJ2225-Z213_7	Z21307	45	60	1.6	SJ2225-Z213_14	Z21314	45	60	5

表 3-17　长方形支承 2（SJ 2225—1982）尺寸　　单位：mm

二维图形	三维图形

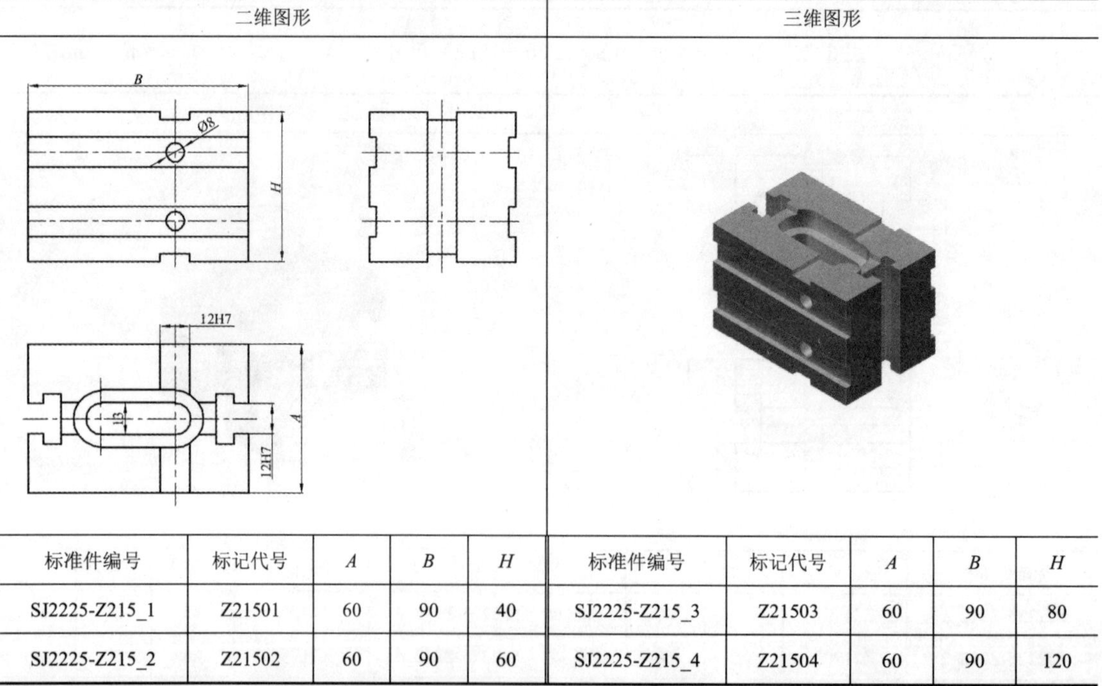

标准件编号	标记代号	*A*	*B*	*H*	标准件编号	标记代号	*A*	*B*	*H*
SJ2225-Z215_1	Z21501	60	90	40	SJ2225-Z215_3	Z21503	60	90	80
SJ2225-Z215_2	Z21502	60	90	60	SJ2225-Z215_4	Z21504	60	90	120

表 3-18　长方形垫板 2（SJ 2225—1982）尺寸　　单位：mm

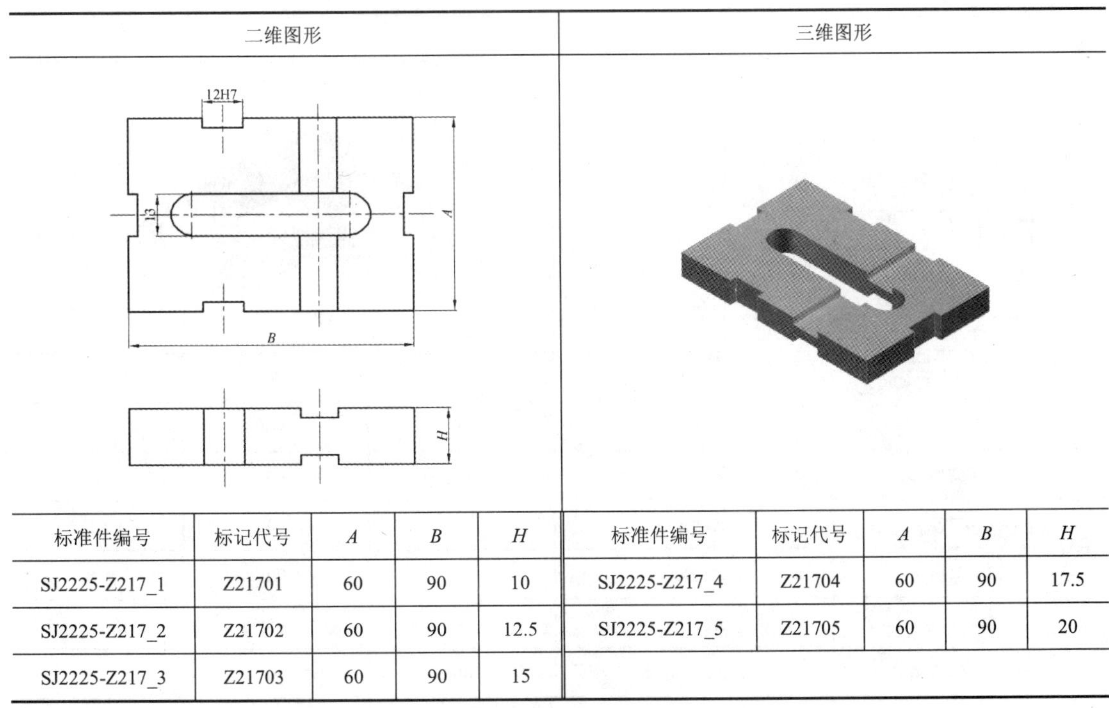

标准件编号	标记代号	*A*	*B*	*H*	标准件编号	标记代号	*A*	*B*	*H*
SJ2225-Z217_1	Z21701	60	90	10	SJ2225-Z217_4	Z21704	60	90	17.5
SJ2225-Z217_2	Z21702	60	90	12.5	SJ2225-Z217_5	Z21705	60	90	20
SJ2225-Z217_3	Z21703	60	90	15					

表 3-19　长方形支承 3（SJ 2225—1982）尺寸　　单位：mm

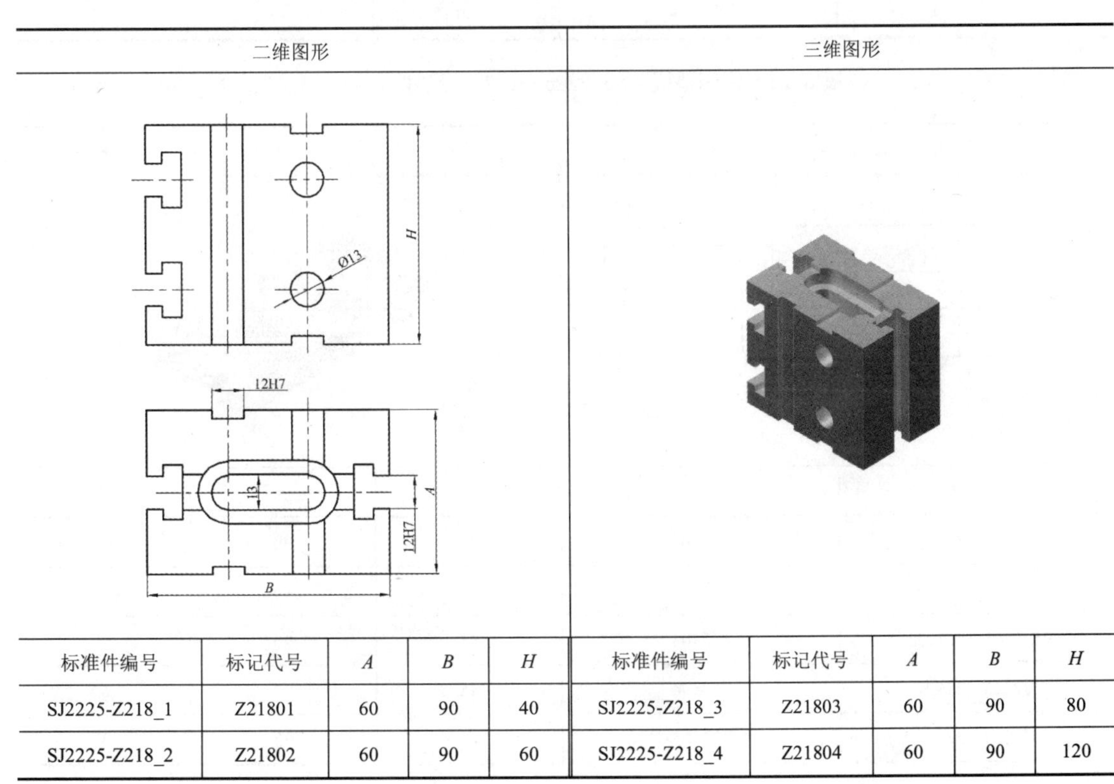

标准件编号	标记代号	*A*	*B*	*H*	标准件编号	标记代号	*A*	*B*	*H*
SJ2225-Z218_1	Z21801	60	90	40	SJ2225-Z218_3	Z21803	60	90	80
SJ2225-Z218_2	Z21802	60	90	60	SJ2225-Z218_4	Z21804	60	90	120

表 3-20　长方形垫片 2（SJ 2225—1982）尺寸　　单位：mm

二维图形	三维图形
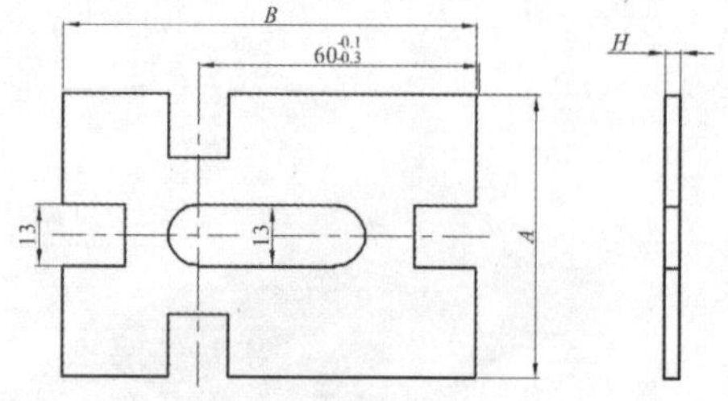	

标准件编号	标记代号	*A*	*B*	*H*
SJ2225-Z219_1	Z21901	60	90	1
SJ2225-Z219_2	Z21902	60	90	1.5
SJ2225-Z219_3	Z21903	60	90	1.6
SJ2225-Z219_4	Z21904	60	90	1.8
SJ2225-Z219_5	Z21905	60	90	2
SJ2225-Z219_6	Z21906	60	90	2.5
SJ2225-Z219_7	Z21907	60	90	3
SJ2225-Z219_8	Z21908	60	90	5

表 3-21　紧固垫板（SJ 2225—1982）尺寸　　单位：mm

二维图形	三维图形
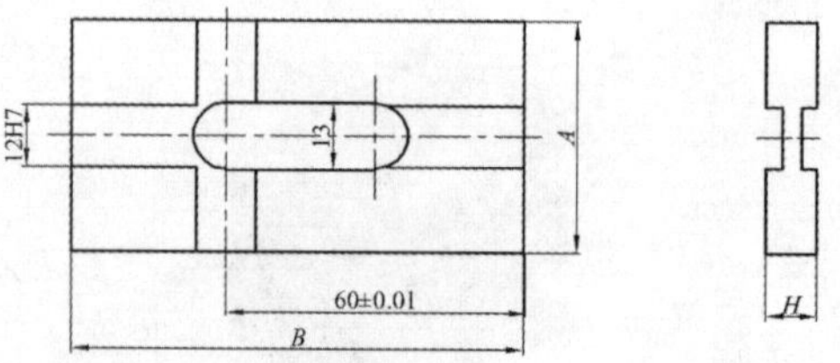	

标准件编号	标记代号	*A*	*B*	*H*
SJ2225-Z221_1	Z22101	45	90	10
SJ2225-Z221_2	Z22102	45	90	12.5
SJ2225-Z221_3	Z22103	45	90	15
SJ2225-Z221_4	Z22104	45	90	17.5
SJ2225-Z221_5	Z22105	45	90	20

表 3-22　紧固支承（SJ 2225—1982）尺寸　　　　单位：mm

二维图形	三维图形

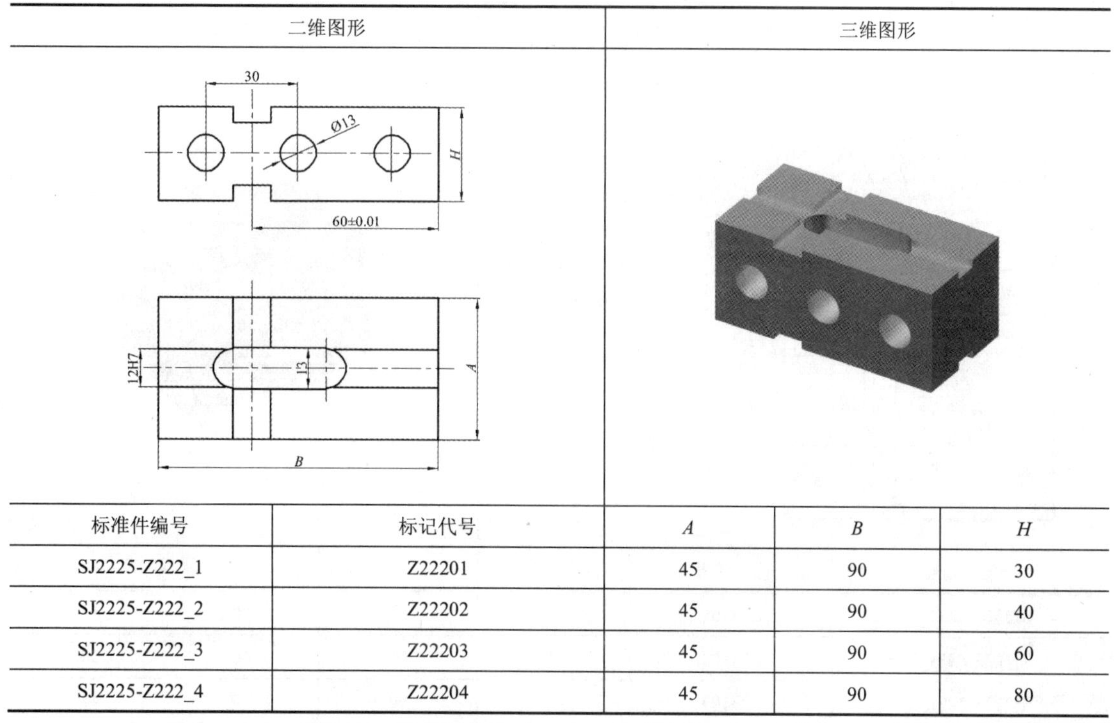

标准件编号	标记代号	A	B	H
SJ2225-Z222_1	Z22201	45	90	30
SJ2225-Z222_2	Z22202	45	90	40
SJ2225-Z222_3	Z22203	45	90	60
SJ2225-Z222_4	Z22204	45	90	80

表 3-23　角度垫板（SJ 2225—1982）尺寸　　　　单位：mm

二维图形	三维图形

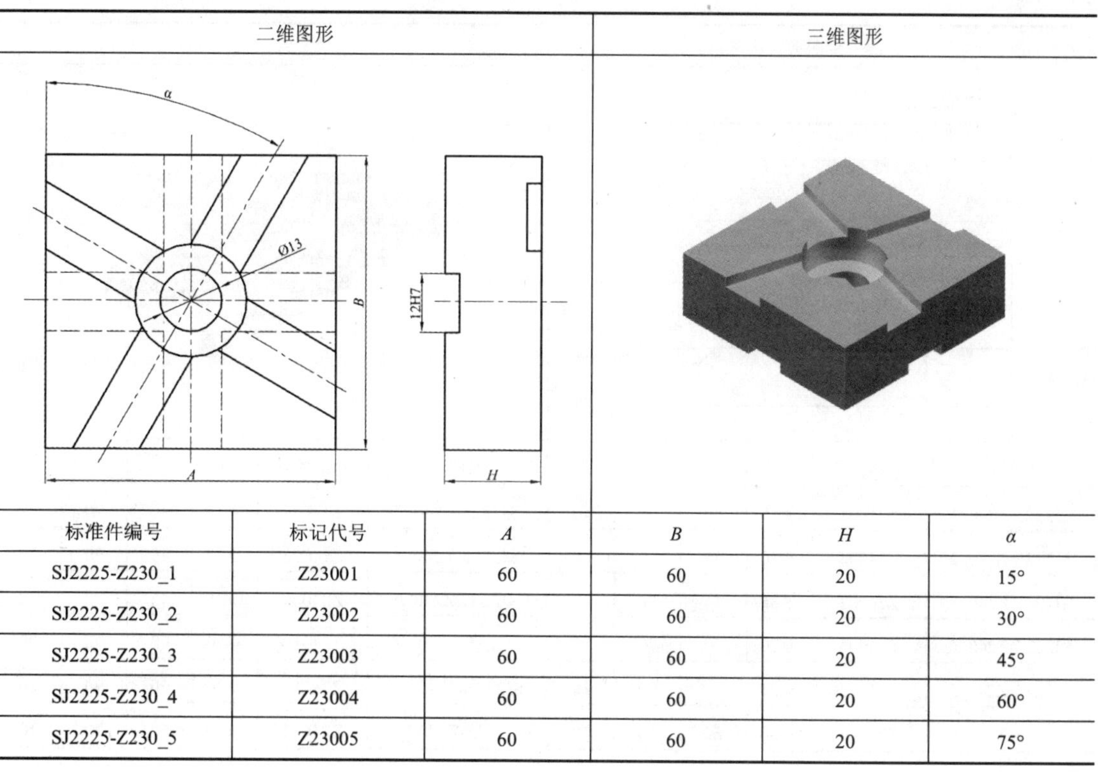

标准件编号	标记代号	A	B	H	α
SJ2225-Z230_1	Z23001	60	60	20	15°
SJ2225-Z230_2	Z23002	60	60	20	30°
SJ2225-Z230_3	Z23003	60	60	20	45°
SJ2225-Z230_4	Z23004	60	60	20	60°
SJ2225-Z230_5	Z23005	60	60	20	75°

表 3-24　角度支承（SJ 2225—1982）尺寸　　单位：mm

二维图形	三维图形

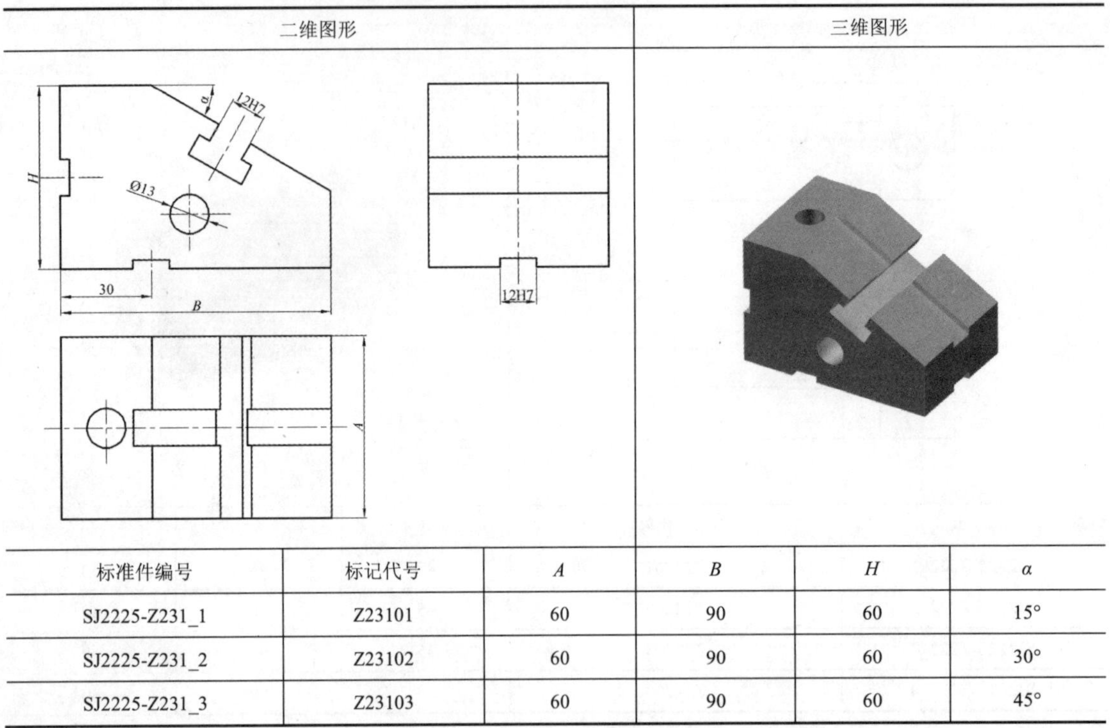

标准件编号	标记代号	A	B	H	α
SJ2225-Z231_1	Z23101	60	90	60	15°
SJ2225-Z231_2	Z23102	60	90	60	30°
SJ2225-Z231_3	Z23103	60	90	60	45°

表 3-25　V 型垫板（SJ 2225—1982）尺寸　　单位：mm

二维图形	三维图形

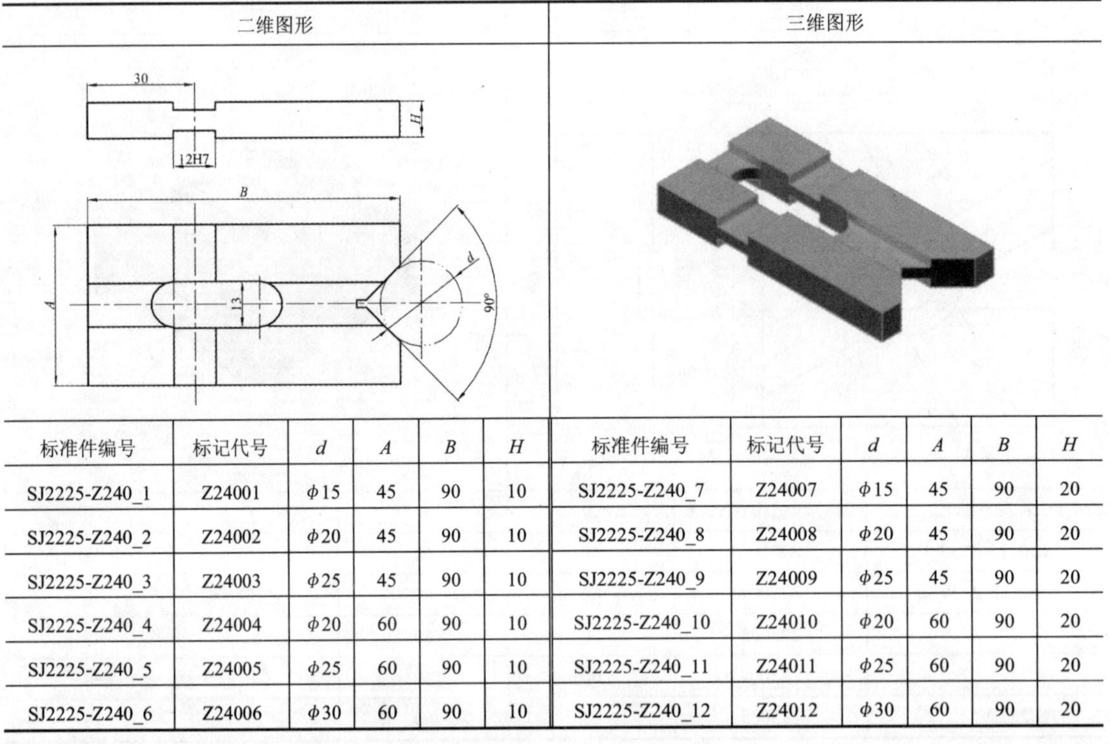

标准件编号	标记代号	d	A	B	H	标准件编号	标记代号	d	A	B	H
SJ2225-Z240_1	Z24001	ϕ15	45	90	10	SJ2225-Z240_7	Z24007	ϕ15	45	90	20
SJ2225-Z240_2	Z24002	ϕ20	45	90	10	SJ2225-Z240_8	Z24008	ϕ20	45	90	20
SJ2225-Z240_3	Z24003	ϕ25	45	90	10	SJ2225-Z240_9	Z24009	ϕ25	45	90	20
SJ2225-Z240_4	Z24004	ϕ20	60	90	10	SJ2225-Z240_10	Z24010	ϕ20	60	90	20
SJ2225-Z240_5	Z24005	ϕ25	60	90	10	SJ2225-Z240_11	Z24011	ϕ25	60	90	20
SJ2225-Z240_6	Z24006	ϕ30	60	90	10	SJ2225-Z240_12	Z24012	ϕ30	60	90	20

表 3-26　V 型支承（SJ 2225—1982）尺寸　　单位：mm

二维图形	三维图形
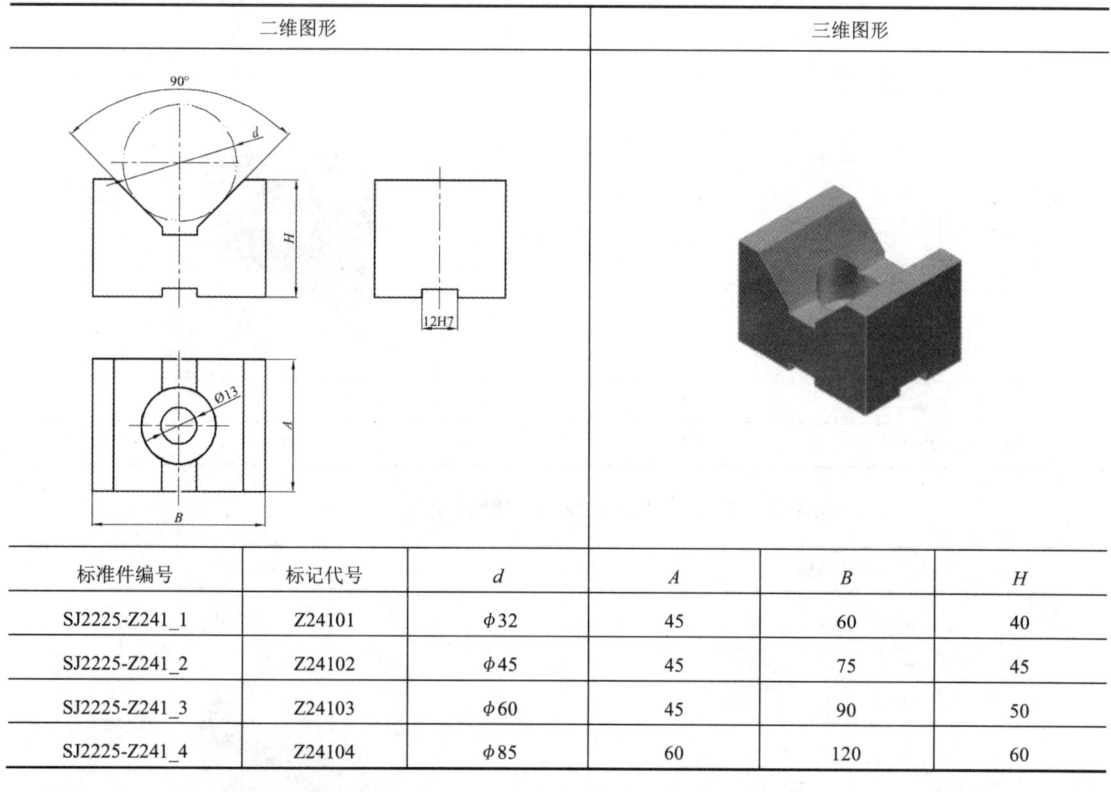	

标准件编号	标记代号	d	A	B	H
SJ2225-Z241_1	Z24101	ϕ32	45	60	40
SJ2225-Z241_2	Z24102	ϕ45	45	75	45
SJ2225-Z241_3	Z24103	ϕ60	45	90	50
SJ2225-Z241_4	Z24104	ϕ85	60	120	60

表 3-27　活动 V 型铁（SJ 2225—1982）尺寸　　单位：mm

二维图形	三维图形
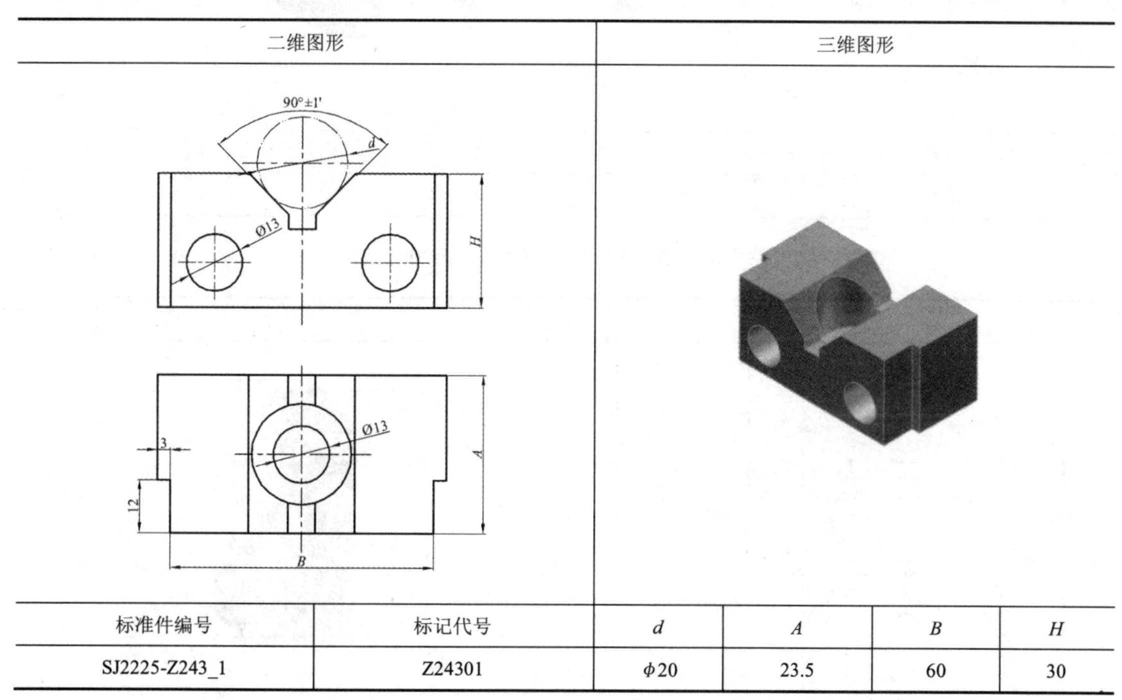	

标准件编号	标记代号	d	A	B	H
SJ2225-Z243_1	Z24301	ϕ20	23.5	60	30

表 3-28 左菱形板（SJ 2225—1982）尺寸

单位：mm

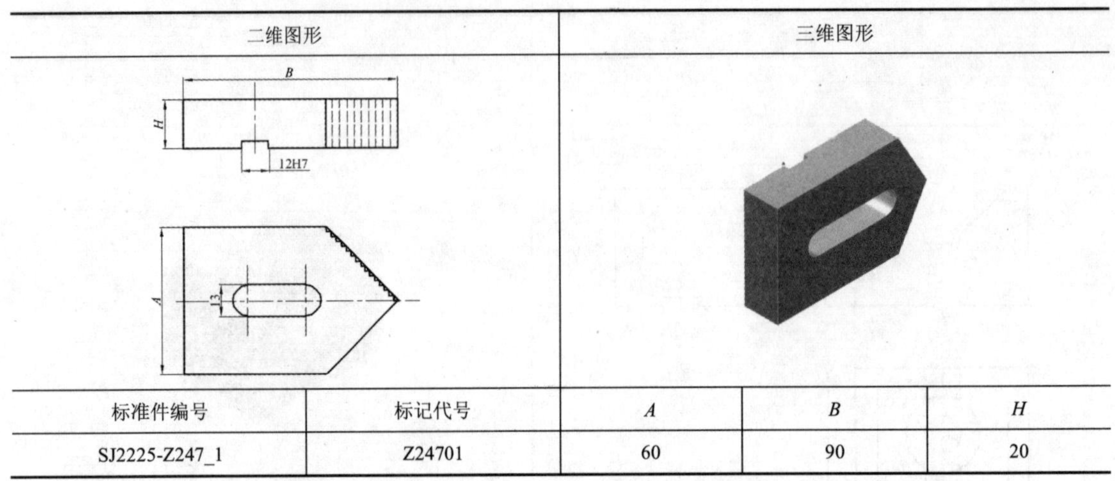

标准件编号	标记代号	*A*	*B*	*H*
SJ2225-Z247_1	Z24701	60	90	20

表 3-29 右菱形板（SJ 2225—1982）尺寸

单位：mm

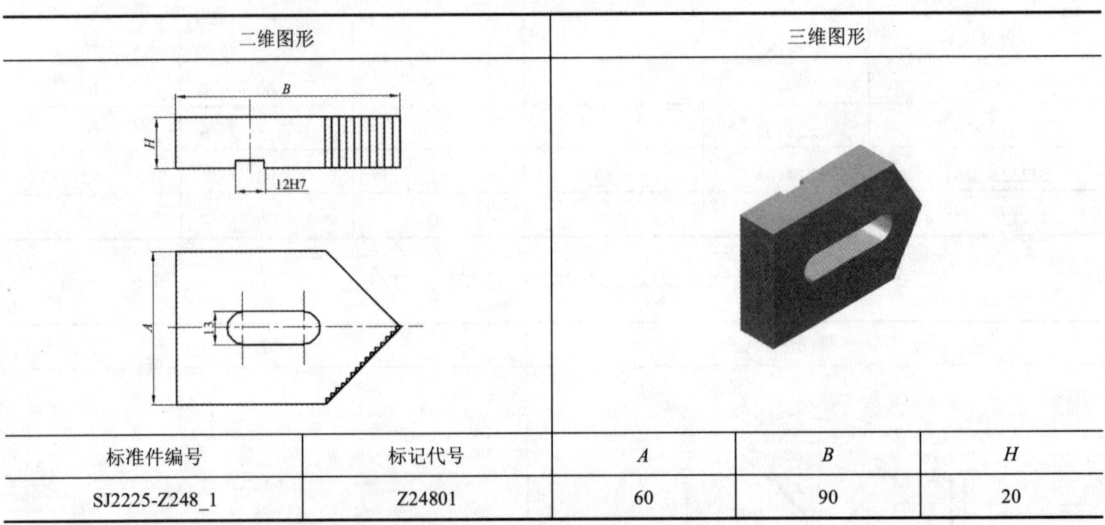

标准件编号	标记代号	*A*	*B*	*H*
SJ2225-Z248_1	Z24801	60	90	20

表 3-30 左支承角铁（SJ 2225—1982）尺寸

单位：mm

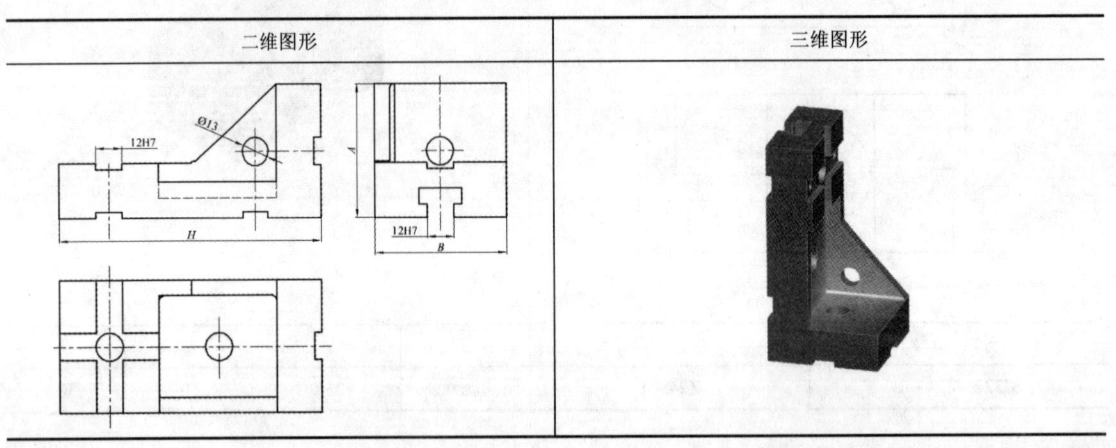

续表

标准件编号	标记代号	A	B	H	标准件编号	标记代号	A	B	H
SJ2225-Z250_1	Z25001	60	60	120	SJ2225-Z250_3	Z25003	90	60	240
SJ2225-Z250_2	Z25002	60	60	180	SJ2225-Z250_4	Z25004	90	60	300

表 3-31　右支承角铁（SJ 2225—1982）尺寸　　单位：mm

二维图形	三维图形

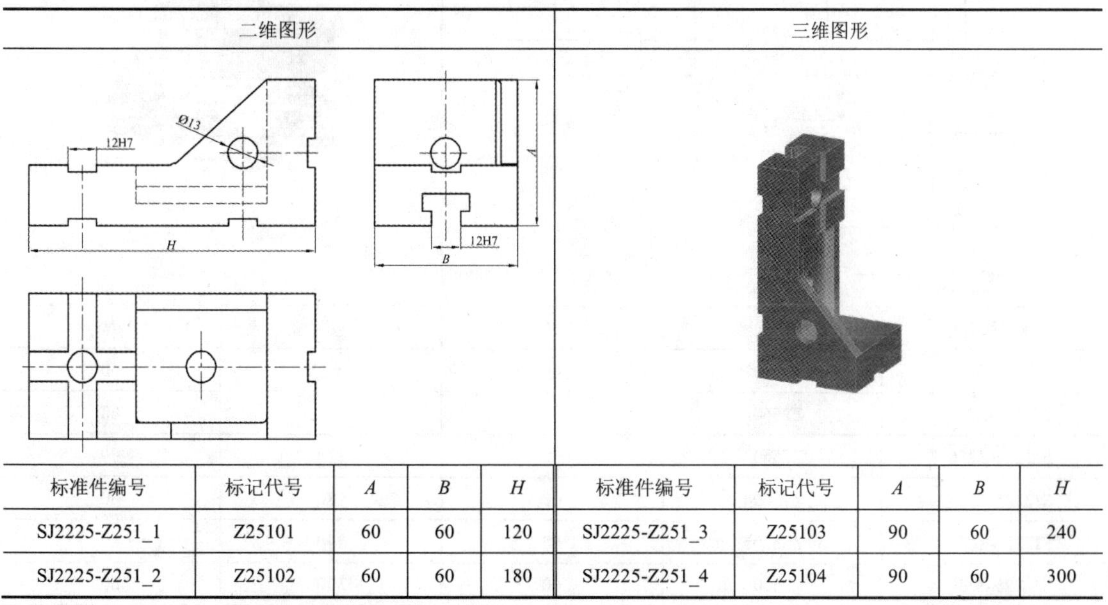

标准件编号	标记代号	A	B	H	标准件编号	标记代号	A	B	H
SJ2225-Z251_1	Z25101	60	60	120	SJ2225-Z251_3	Z25103	90	60	240
SJ2225-Z251_2	Z25102	60	60	180	SJ2225-Z251_4	Z25104	90	60	300

表 3-32　宽角铁（SJ 2225—1982）尺寸　　单位：mm

二维图形	三维图形

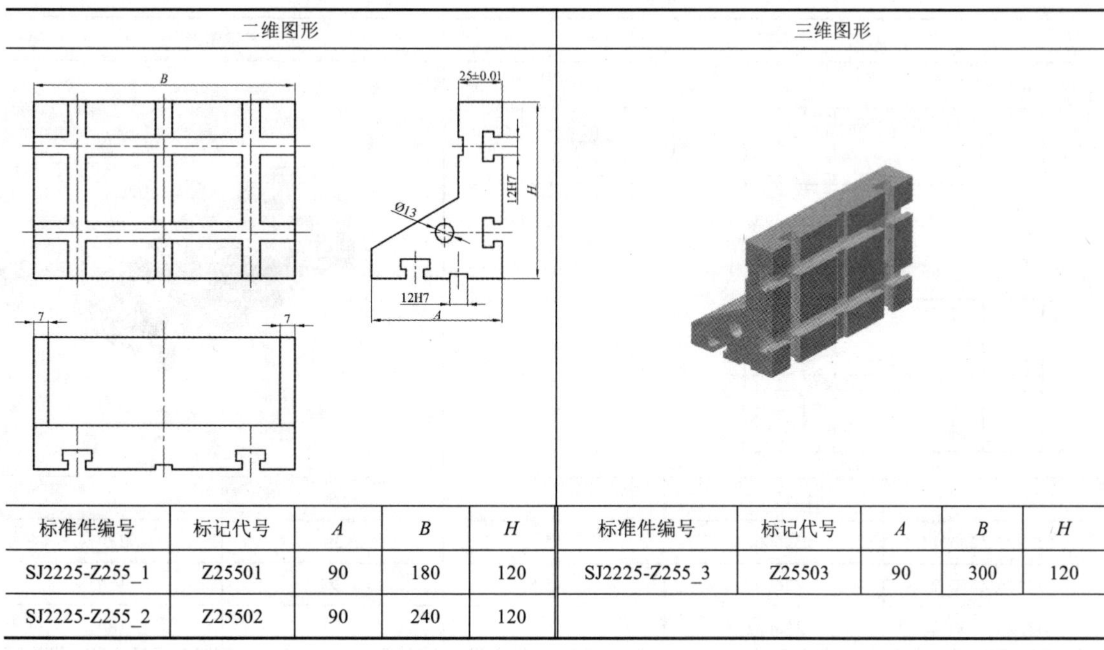

标准件编号	标记代号	A	B	H	标准件编号	标记代号	A	B	H
SJ2225-Z255_1	Z25501	90	180	120	SJ2225-Z255_3	Z25503	90	300	120
SJ2225-Z255_2	Z25502	90	240	120					

表 3-33 加肋角铁（SJ 2225—1982）尺寸 单位：mm

二维图形	三维图形

标准件编号	标记代号	*A*	*B*	*H*
SJ2225-Z256_1	Z25601	60	60	60
SJ2225-Z256_2	Z25602	60	90	60
SJ2225-Z256_3	Z25603	60	120	60
SJ2225-Z256_4	Z25604	60	180	60
SJ2225-Z256_5	Z25605	60	240	60
SJ2225-Z256_6	Z25606	60	300	60

表 3-34 伸长板 1（SJ 2225—1982）尺寸 单位：mm

二维图形	三维图形

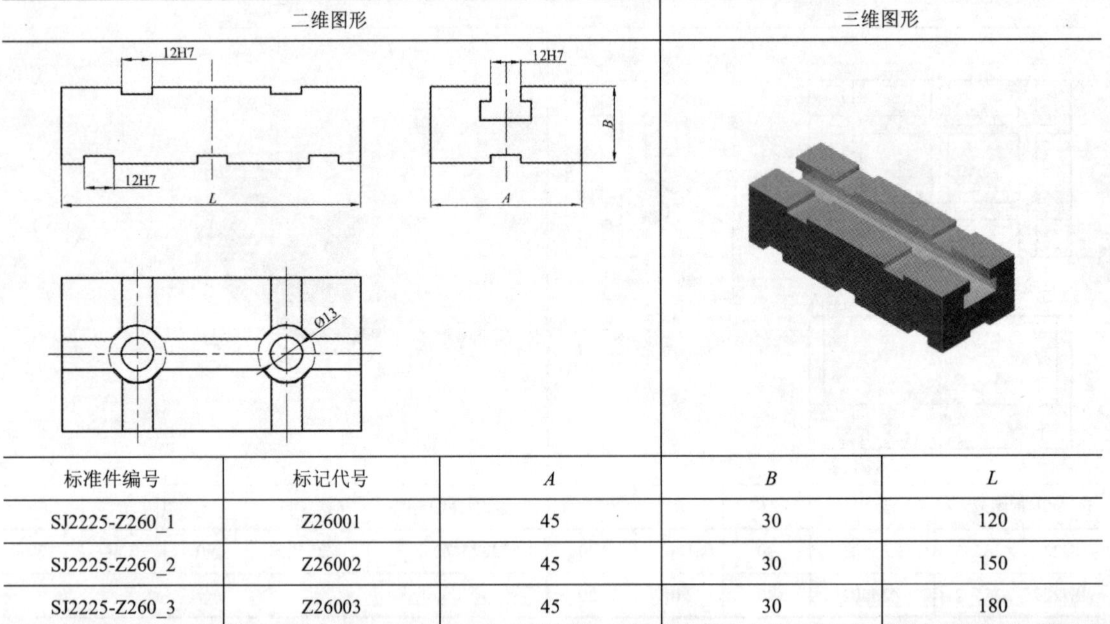

标准件编号	标记代号	*A*	*B*	*L*
SJ2225-Z260_1	Z26001	45	30	120
SJ2225-Z260_2	Z26002	45	30	150
SJ2225-Z260_3	Z26003	45	30	180

续表

SJ2225-Z260_4	Z26004	45	30	210
SJ2225-Z260_5	Z26005	45	30	240
SJ2225-Z260_6	Z26006	45	30	300
SJ2225-Z260_7	Z26007	45	30	360

表 3-35　伸长板 2（SJ 2225—1982）尺寸　　单位：mm

二维图形			三维图形	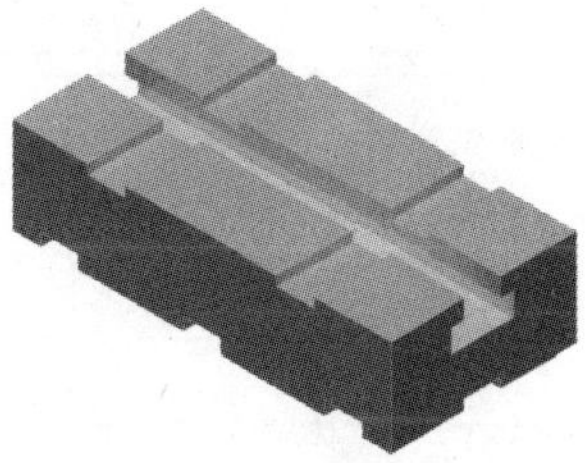
标准件编号	标记代号	*A*	*B*	*L*
SJ2225-Z261_1	Z26101	60	30	120
SJ2225-Z261_2	Z26102	60	30	150
SJ2225-Z261_3	Z26103	60	30	180
SJ2225-Z261_4	Z26104	60	30	210
SJ2225-Z261_5	Z26105	60	30	240
SJ2225-Z261_6	Z26106	60	30	300
SJ2225-Z261_7	Z26107	60	30	360

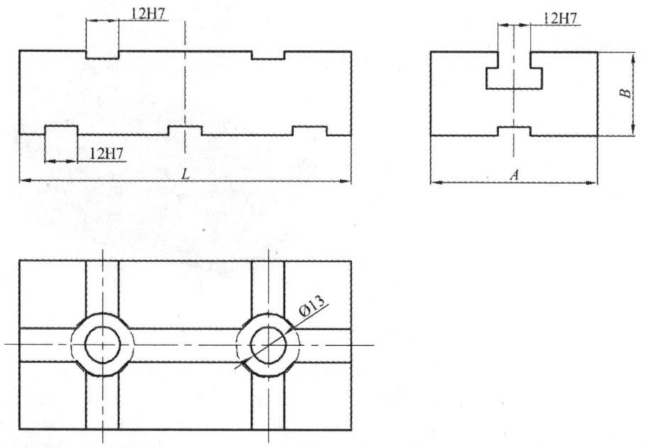

表 3-36　方形支座（SJ 2225—1982）尺寸　　单位：mm

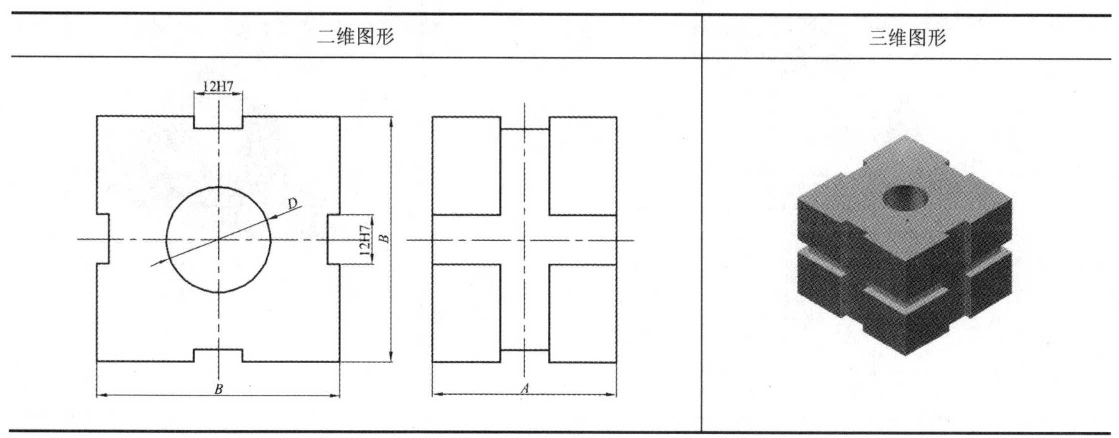

续表

标准件编号	标记代号	*D*	*A*	*B*
SJ2225-Z270_1	Z27001	$\phi 18$	45	60
SJ2225-Z270_2	Z27002	$\phi 26$	45	60

表 3-37 长方形支座（SJ 2225—1982）尺寸　　单位：mm

二维图形	三维图形

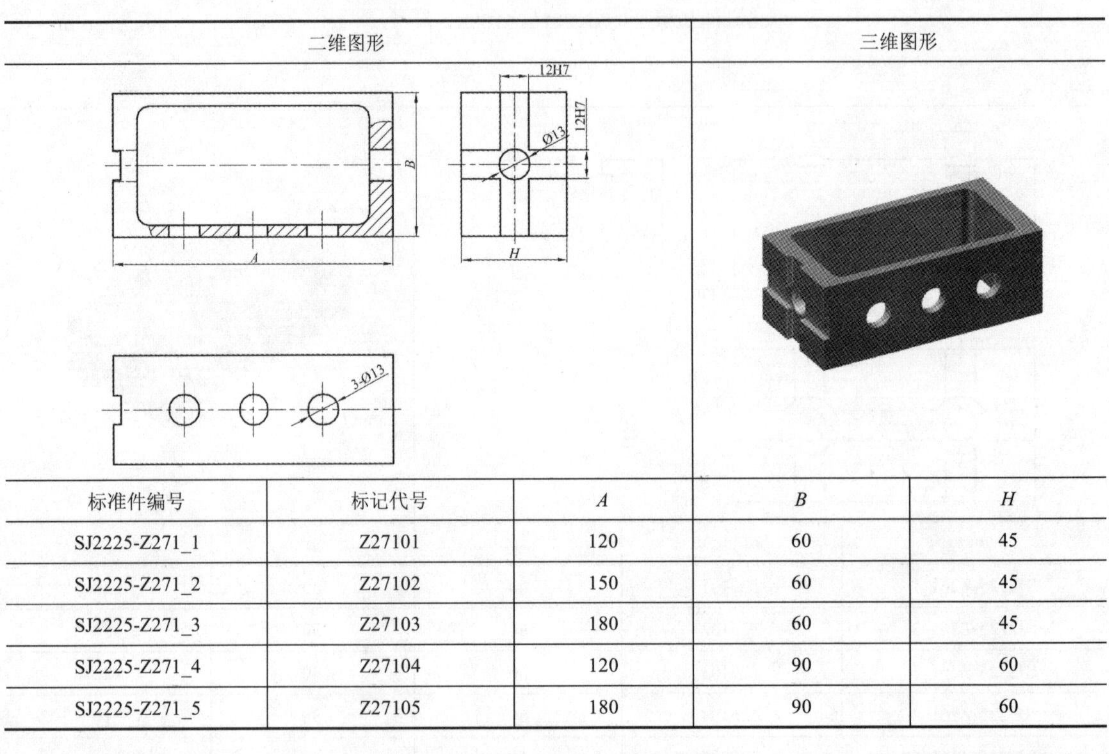

标准件编号	标记代号	*A*	*B*	*H*
SJ2225-Z271_1	Z27101	120	60	45
SJ2225-Z271_2	Z27102	150	60	45
SJ2225-Z271_3	Z27103	180	60	45
SJ2225-Z271_4	Z27104	120	90	60
SJ2225-Z271_5	Z27105	180	90	60

表 3-38 三角支座（SJ 2225—1982）尺寸　　单位：mm

二维图形	三维图形

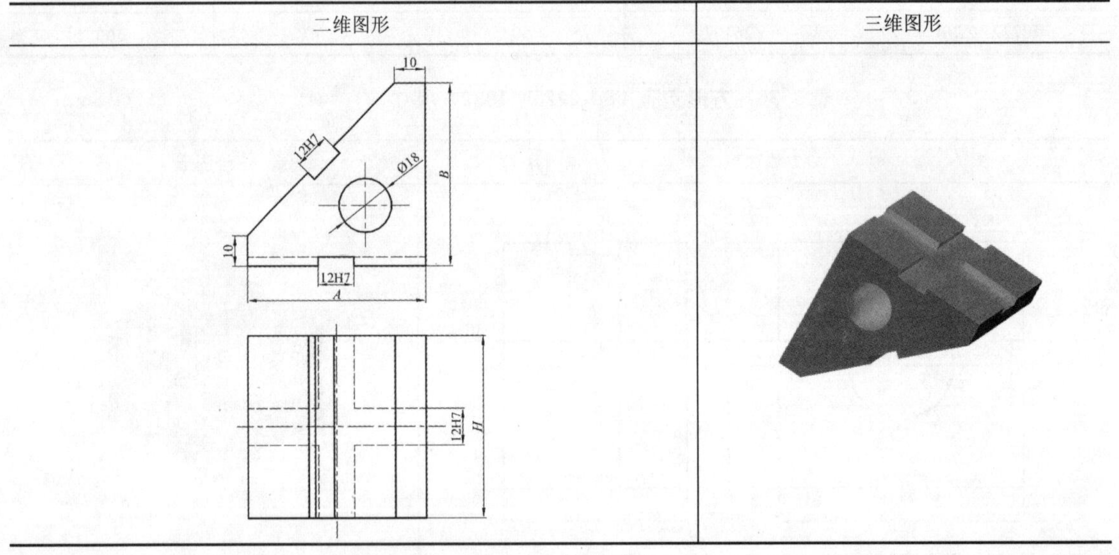

续表

标准件编号	标记代号	*A*	*B*	*H*
SJ2225-Z272_1	Z27201	60	60	60

表 3-39　三棱支座（SJ 2225—1982）尺寸　　单位：mm

二维图形	三维图形

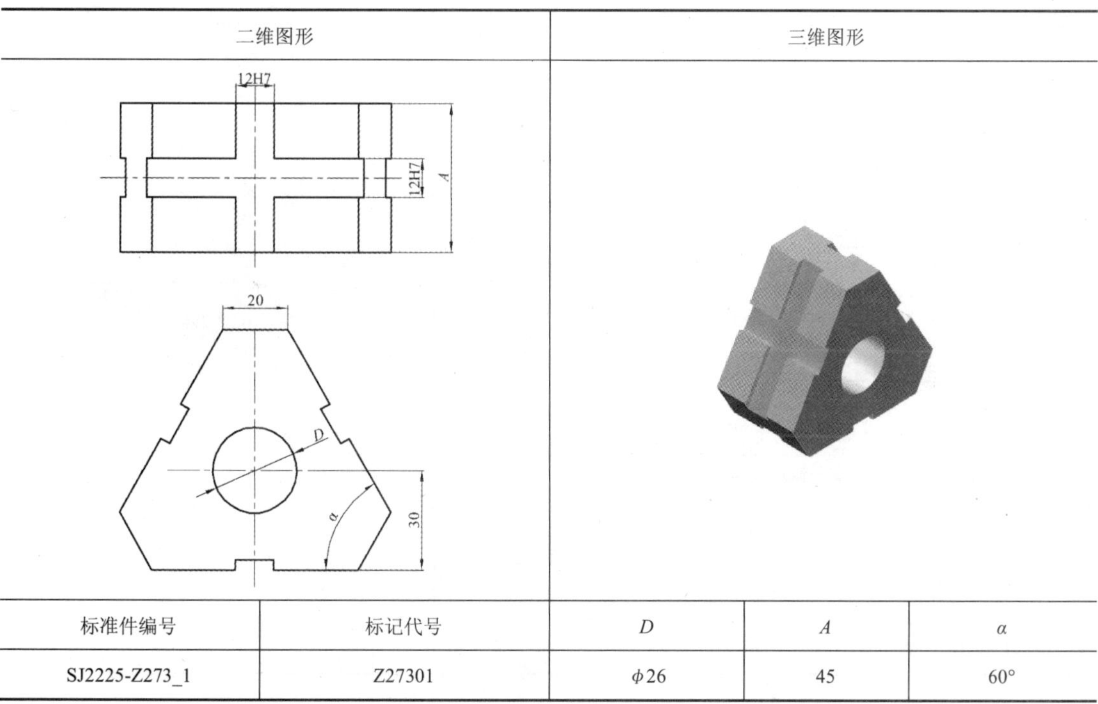

标准件编号	标记代号	*D*	*A*	*α*
SJ2225-Z273_1	Z27301	ϕ26	45	60°

表 3-40　六棱支座（SJ 2225—1982）尺寸　　单位：mm

二维图形	三维图形

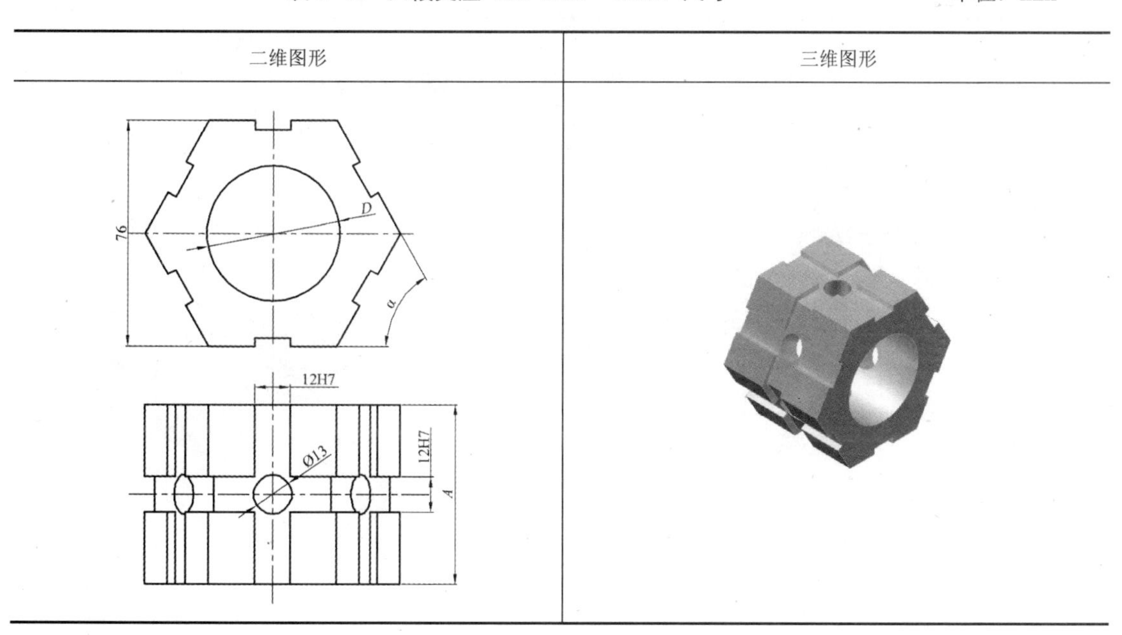

续表

标准件编号	标记代号	*D*	*A*	*α*
SJ2225-Z274_1	Z27401	ϕ45	60	60°

表 3-41　导向支承（SJ 2225—1982）尺寸　　　　单位：mm

二维图形	三维图形

标准件编号	标记代号	*A*	*B*	*H*
SJ2225-Z280_1	Z28001	45	60	20
SJ2225-Z280_2	Z28002	60	60	20
SJ2225-Z280_3	Z28003	60	90	20

表 3-42　定位支承（SJ 2225—1982）尺寸　　　　单位：mm

二维图形	三维图形

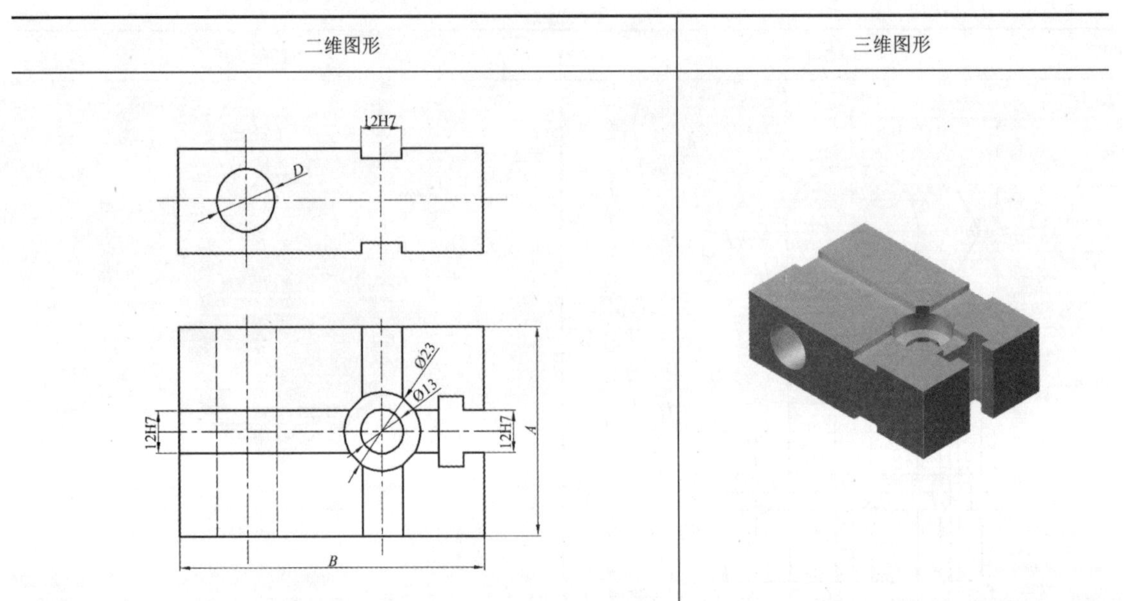

续表

标准件编号	标记代号	*D*	*A*	*B*
SJ2225-Z281_1	Z28101	ϕ18	45	90
SJ2225-Z281_2	Z28102	ϕ18	60	90

表 3-43　端孔定位支承（SJ 2225—1982）尺寸　　单位：mm

二维图形	三维图形

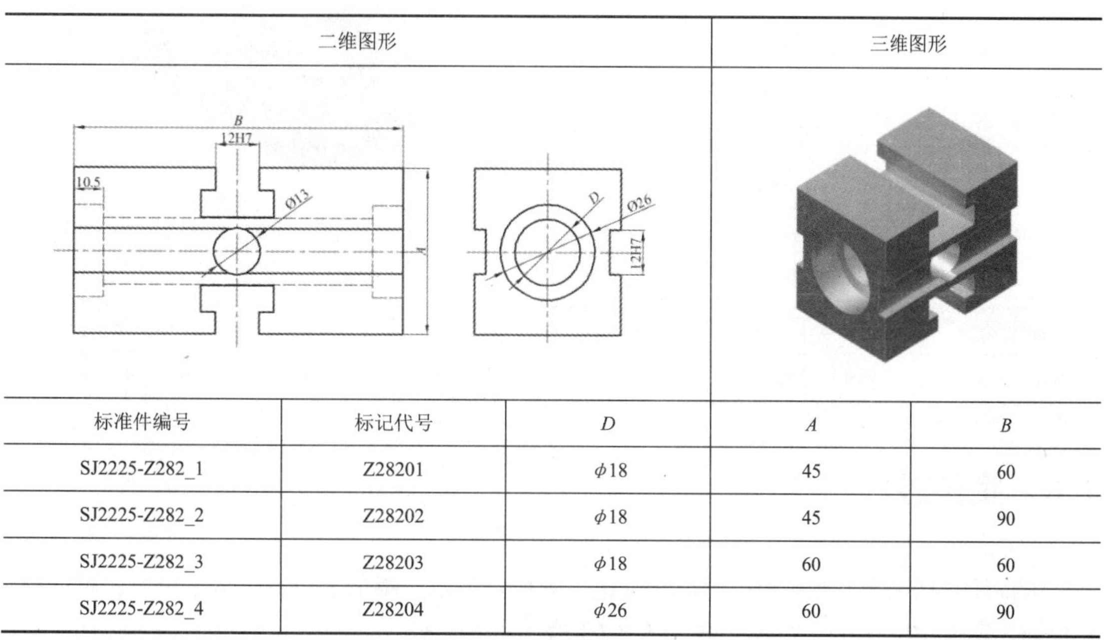

标准件编号	标记代号	*D*	*A*	*B*
SJ2225-Z282_1	Z28201	ϕ18	45	60
SJ2225-Z282_2	Z28202	ϕ18	45	90
SJ2225-Z282_3	Z28203	ϕ18	60	60
SJ2225-Z282_4	Z28204	ϕ26	60	90

表 3-44　定位板（SJ 2225—1982）尺寸　　单位：mm

二维图形	三维图形

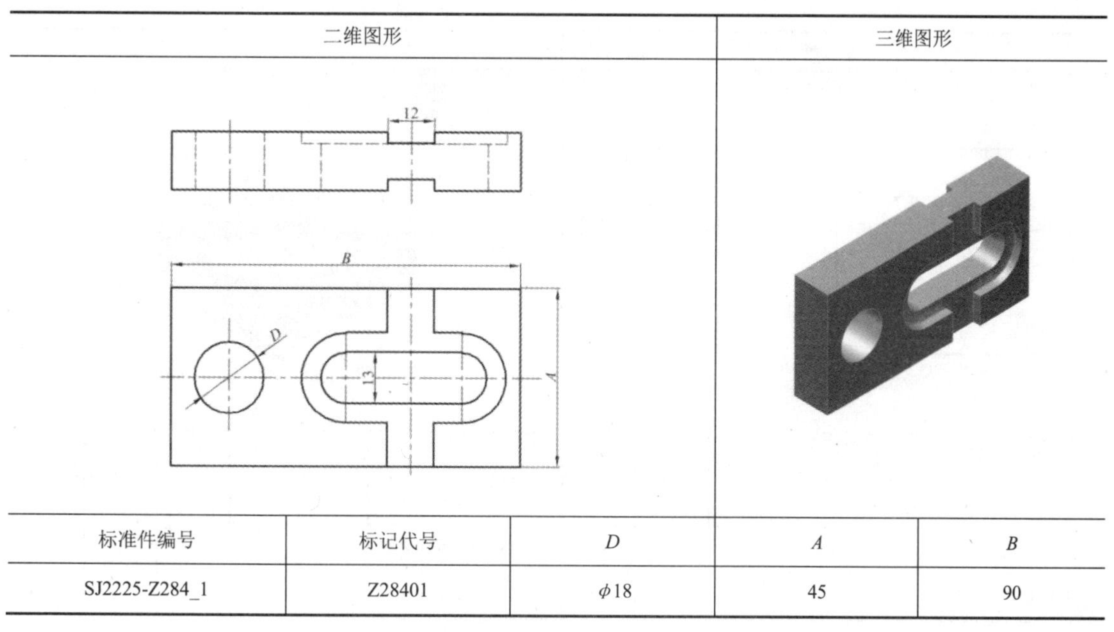

标准件编号	标记代号	*D*	*A*	*B*
SJ2225-Z284_1	Z28401	ϕ18	45	90

表 3-45　台阶板（SJ 2225—1982）尺寸　　单位：mm

二维图形	三维图形

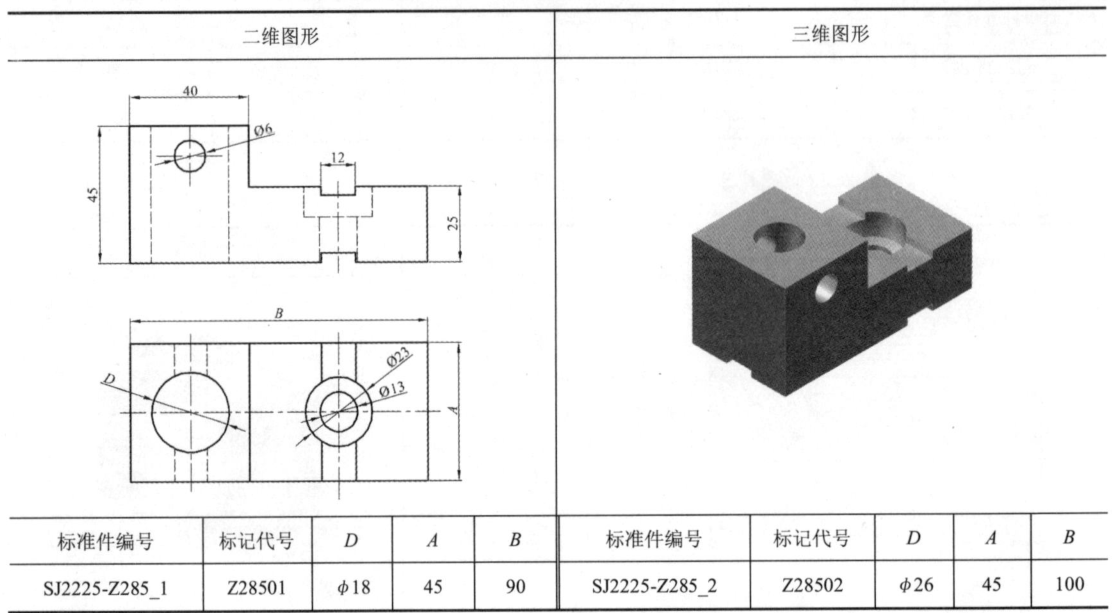

标准件编号	标记代号	*D*	*A*	*B*	标准件编号	标记代号	*D*	*A*	*B*
SJ2225-Z285_1	Z28501	$\phi18$	45	90	SJ2225-Z285_2	Z28502	$\phi26$	45	100

3.3　定位件

定位件包括平键、T 形键、圆形定位销、菱形定位销、圆形定位盘、定位接头、对位栓、空心轴、定位环。其尺寸如表 3-46～表 3-63 所示。

表 3-46　平键（SJ 2225—1982）尺寸　　单位：mm

二维图形	三维图形

标准件编号	标记代号	*A*	*B*	*H*	标准件编号	标记代号	*A*	*B*	*H*
SJ2225-Z300_1	Z30001	13	12	5.5	SJ2225-Z300_4	Z30004	30	12	5.5
SJ2225-Z300_2	Z30002	16	12	5.5	SJ2225-Z300_5	Z30005	40	12	5.5
SJ2225-Z300_3	Z30003	20	12	5.5	SJ2225-Z300_6	Z30006	13	12	7.5

续表

标准件编号	标记代号	*A*	*B*	*H*	标准件编号	标记代号	*A*	*B*	*H*
SJ2225-Z300_7	Z30007	20	12	7.5	SJ2225-Z300_9	Z30009	20	12	9.5
SJ2225-Z300_8	Z30008	13	12	9.5					

表 3-47　T 形键（SJ 2225—1982）尺寸　　　单位：mm

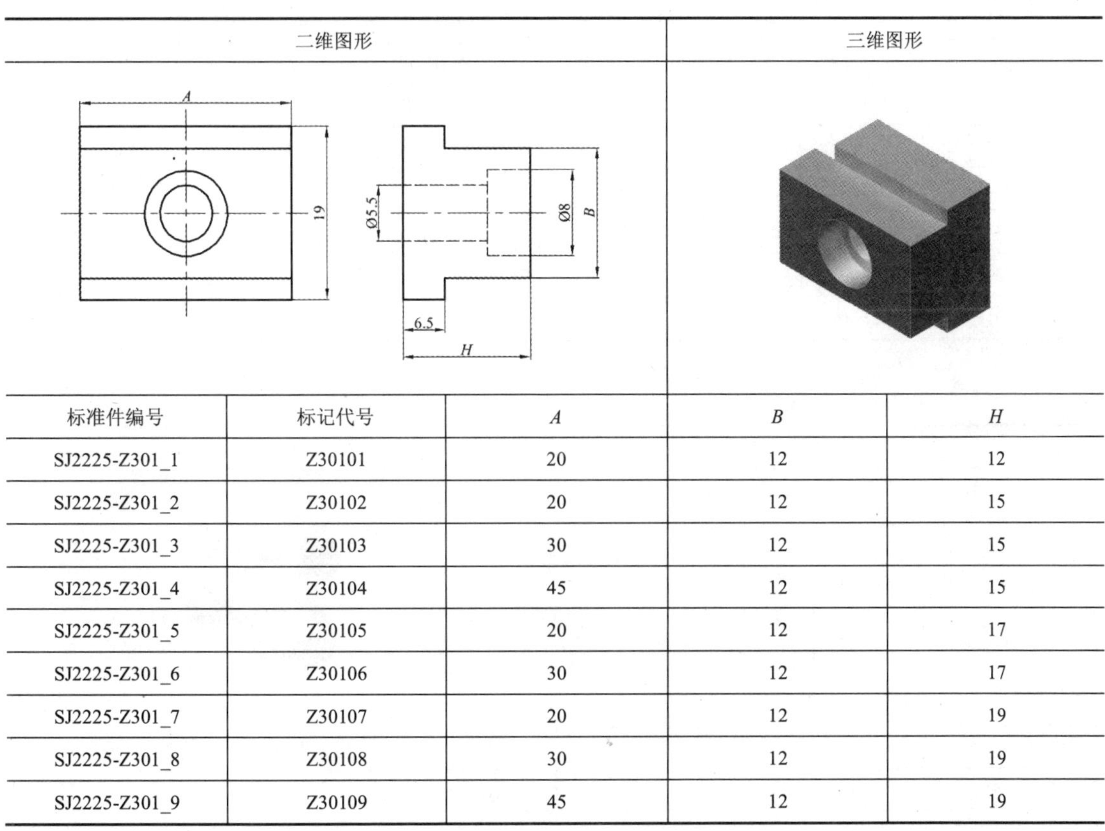

标准件编号	标记代号	*A*	*B*	*H*
SJ2225-Z301_1	Z30101	20	12	12
SJ2225-Z301_2	Z30102	20	12	15
SJ2225-Z301_3	Z30103	30	12	15
SJ2225-Z301_4	Z30104	45	12	15
SJ2225-Z301_5	Z30105	20	12	17
SJ2225-Z301_6	Z30106	30	12	17
SJ2225-Z301_7	Z30107	20	12	19
SJ2225-Z301_8	Z30108	30	12	19
SJ2225-Z301_9	Z30109	45	12	19

表 3-48　圆形定位销 1（SJ 2225—1982）尺寸　　　单位：mm

二维图形	三维图形
d　D　L　8	

标准件编号	标记代号	*d*	*D*（大径）	*L*	标准件编号	标记代号	*d*	*D*（大径）	*L*
SJ2225-Z311_1	Z31101	$\phi 3$	$\phi 12$	8	SJ2225-Z311_3	Z31103	$\phi 5$	$\phi 12$	8
SJ2225-Z311_2	Z31102	$\phi 4$	$\phi 12$	8	SJ2225-Z311_4	Z31104	$\phi 6$	$\phi 12$	8

续表

标准件编号	标记代号	d	D（大径）	L	标准件编号	标记代号	d	D（大径）	L
SJ2225-Z311_5	Z31105	$\phi7$	$\phi12$	10	SJ2225-Z311_17	Z31117	$\phi18$	$\phi12$	10
SJ2225-Z311_6	Z31106	$\phi8$	$\phi12$	10	SJ2225-Z311_18	Z31118	$\phi11$	$\phi12$	20
SJ2225-Z311_7	Z31107	$\phi9$	$\phi12$	10	SJ2225-Z311_19	Z31119	$\phi12$	$\phi12$	20
SJ2225-Z311_8	Z31108	$\phi10$	$\phi12$	10	SJ2225-Z311_20	Z31120	$\phi14$	$\phi12$	20
SJ2225-Z311_9	Z31109	$\phi7$	$\phi12$	20	SJ2225-Z311_21	Z31121	$\phi16$	$\phi12$	20
SJ2225-Z311_10	Z31110	$\phi8$	$\phi12$	20	SJ2225-Z311_22	Z31122	$\phi18$	$\phi12$	20
SJ2225-Z311_11	Z31111	$\phi9$	$\phi12$	20	SJ2225-Z311_23	Z31123	$\phi11$	$\phi12$	30
SJ2225-Z311_12	Z31112	$\phi10$	$\phi12$	20	SJ2225-Z311_24	Z31124	$\phi12$	$\phi12$	30
SJ2225-Z311_13	Z31113	$\phi11$	$\phi12$	10	SJ2225-Z311_25	Z31125	$\phi14$	$\phi12$	30
SJ2225-Z311_14	Z31114	$\phi12$	$\phi12$	10	SJ2225-Z311_26	Z31126	$\phi16$	$\phi12$	30
SJ2225-Z311_15	Z31115	$\phi14$	$\phi12$	10	SJ2225-Z311_27	Z31127	$\phi18$	$\phi12$	30
SJ2225-Z311_16	Z31116	$\phi16$	$\phi12$	10					

表 3-49 圆形定位销 2（SJ 2225—1982）尺寸 单位：mm

二维图形 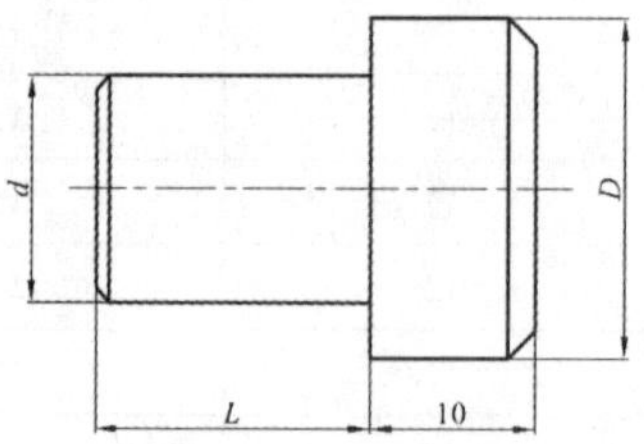	三维图形 

标准件编号	标记代号	d	D（大径）	L	标准件编号	标记代号	d	D（大径）	L
SJ2225-Z312_1	Z31201	$\phi3$	$\phi18$	8	SJ2225-Z312_15	Z31215	$\phi14$	$\phi18$	10
SJ2225-Z312_2	Z31202	$\phi4$	$\phi18$	8	SJ2225-Z312_16	Z31216	$\phi16$	$\phi18$	10
SJ2225-Z312_3	Z31203	$\phi5$	$\phi18$	8	SJ2225-Z312_17	Z31217	$\phi18$	$\phi18$	10
SJ2225-Z312_4	Z31204	$\phi6$	$\phi18$	8	SJ2225-Z312_18	Z31218	$\phi11$	$\phi18$	20
SJ2225-Z312_5	Z31205	$\phi7$	$\phi18$	10	SJ2225-Z312_19	Z31219	$\phi12$	$\phi18$	20
SJ2225-Z312_6	Z31206	$\phi8$	$\phi18$	10	SJ2225-Z312_20	Z31220	$\phi14$	$\phi18$	20
SJ2225-Z312_7	Z31207	$\phi9$	$\phi18$	10	SJ2225-Z312_21	Z31221	$\phi16$	$\phi18$	20
SJ2225-Z312_8	Z31208	$\phi10$	$\phi18$	10	SJ2225-Z312_22	Z31222	$\phi18$	$\phi18$	20
SJ2225-Z312_9	Z31209	$\phi7$	$\phi18$	20	SJ2225-Z312_23	Z31223	$\phi11$	$\phi18$	30
SJ2225-Z312_10	Z31210	$\phi8$	$\phi18$	20	SJ2225-Z312_24	Z31224	$\phi12$	$\phi18$	30
SJ2225-Z312_11	Z31211	$\phi9$	$\phi18$	20	SJ2225-Z312_25	Z31225	$\phi14$	$\phi18$	30
SJ2225-Z312_12	Z31212	$\phi10$	$\phi18$	20	SJ2225-Z312_26	Z31226	$\phi16$	$\phi18$	30
SJ2225-Z312_13	Z31213	$\phi11$	$\phi18$	10	SJ2225-Z312_27	Z31227	$\phi18$	$\phi18$	30
SJ2225-Z312_14	Z31214	$\phi12$	$\phi18$	10	SJ2225-Z312_28	Z31228	$\phi20$	$\phi18$	10

续表

标准件编号	标记代号	d	D（大径）	L	标准件编号	标记代号	d	D（大径）	L
SJ2225-Z312_29	Z31229	ϕ22	ϕ18	10	SJ2225-Z312_39	Z31239	ϕ28	ϕ18	30
SJ2225-Z312_30	Z31230	ϕ25	ϕ18	10	SJ2225-Z312_40	Z31240	ϕ32	ϕ18	10
SJ2225-Z312_31	Z31231	ϕ28	ϕ18	10	SJ2225-Z312_41	Z31241	ϕ35	ϕ18	10
SJ2225-Z312_32	Z31232	ϕ20	ϕ18	20	SJ2225-Z312_42	Z31242	ϕ40	ϕ18	10
SJ2225-Z312_33	Z31233	ϕ22	ϕ18	20	SJ2225-Z312_43	Z31243	ϕ32	ϕ18	20
SJ2225-Z312_34	Z31234	ϕ25	ϕ18	20	SJ2225-Z312_44	Z31244	ϕ35	ϕ18	20
SJ2225-Z312_35	Z31235	ϕ28	ϕ18	20	SJ2225-Z312_45	Z31245	ϕ40	ϕ18	20
SJ2225-Z312_36	Z31236	ϕ20	ϕ18	30	SJ2225-Z312_46	Z31246	ϕ32	ϕ18	30
SJ2225-Z312_37	Z31237	ϕ22	ϕ18	30	SJ2225-Z312_47	Z31247	ϕ35	ϕ18	30
SJ2225-Z312_38	Z31238	ϕ25	ϕ18	30	SJ2225-Z312_48	Z31248	ϕ40	ϕ18	30

表 3-50　菱形定位销 1（SJ 2225—1982）尺寸　　单位：mm

二维图形	三维图形

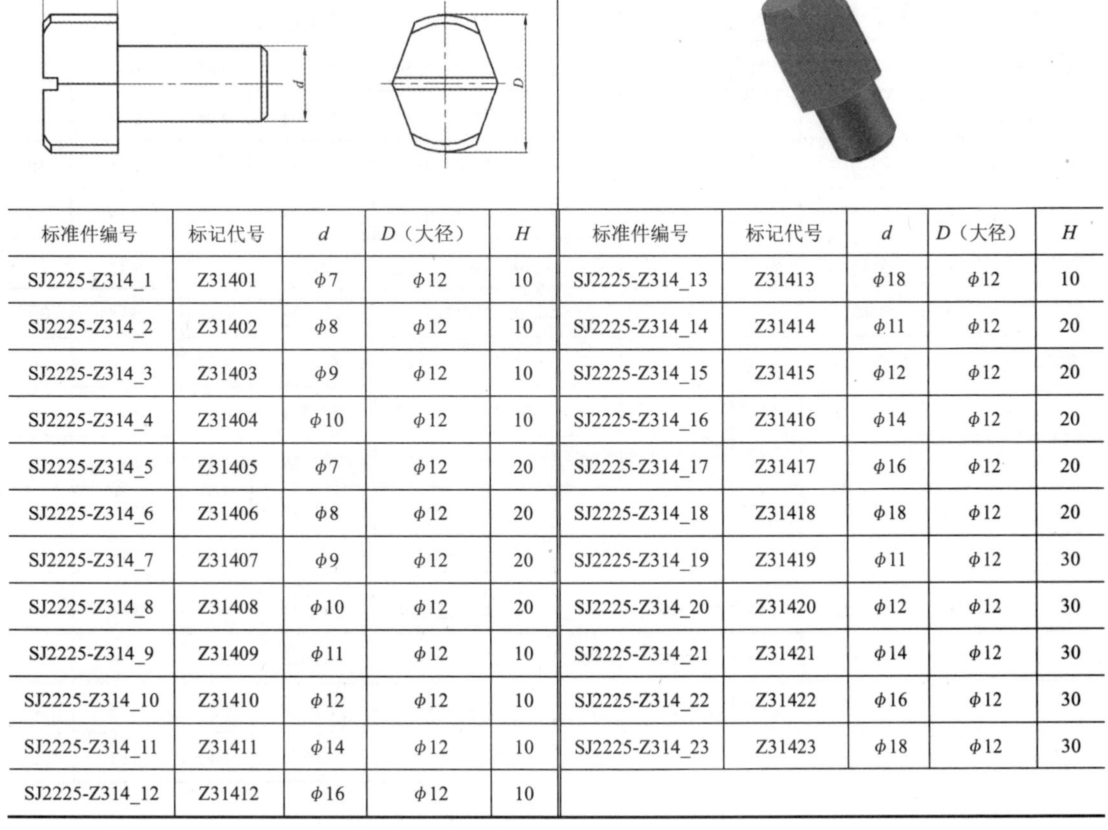

标准件编号	标记代号	d	D（大径）	H	标准件编号	标记代号	d	D（大径）	H
SJ2225-Z314_1	Z31401	ϕ7	ϕ12	10	SJ2225-Z314_13	Z31413	ϕ18	ϕ12	10
SJ2225-Z314_2	Z31402	ϕ8	ϕ12	10	SJ2225-Z314_14	Z31414	ϕ11	ϕ12	20
SJ2225-Z314_3	Z31403	ϕ9	ϕ12	10	SJ2225-Z314_15	Z31415	ϕ12	ϕ12	20
SJ2225-Z314_4	Z31404	ϕ10	ϕ12	10	SJ2225-Z314_16	Z31416	ϕ14	ϕ12	20
SJ2225-Z314_5	Z31405	ϕ7	ϕ12	20	SJ2225-Z314_17	Z31417	ϕ16	ϕ12	20
SJ2225-Z314_6	Z31406	ϕ8	ϕ12	20	SJ2225-Z314_18	Z31418	ϕ18	ϕ12	20
SJ2225-Z314_7	Z31407	ϕ9	ϕ12	20	SJ2225-Z314_19	Z31419	ϕ11	ϕ12	30
SJ2225-Z314_8	Z31408	ϕ10	ϕ12	20	SJ2225-Z314_20	Z31420	ϕ12	ϕ12	30
SJ2225-Z314_9	Z31409	ϕ11	ϕ12	10	SJ2225-Z314_21	Z31421	ϕ14	ϕ12	30
SJ2225-Z314_10	Z31410	ϕ12	ϕ12	10	SJ2225-Z314_22	Z31422	ϕ16	ϕ12	30
SJ2225-Z314_11	Z31411	ϕ14	ϕ12	10	SJ2225-Z314_23	Z31423	ϕ18	ϕ12	30
SJ2225-Z314_12	Z31412	ϕ16	ϕ12	10					

表 3-51　菱形定位销 2（SJ 2225—1982）尺寸　　单位：mm

二维图形	三维图形
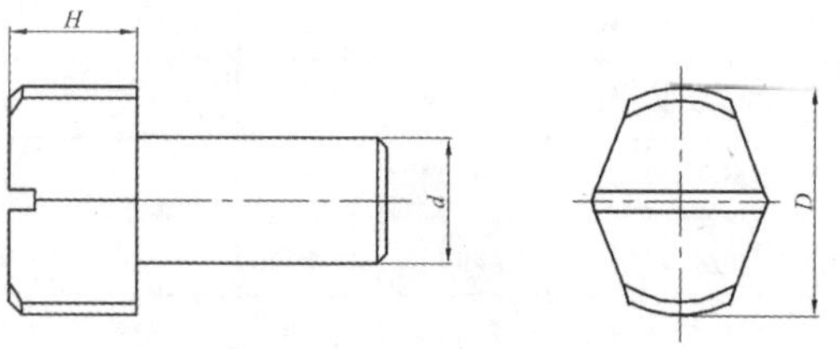	

标准件编号	标记代号	d	D（大径）	H	标准件编号	标记代号	d	D（大径）	H
SJ2225-Z315_1	Z31501	ϕ7	ϕ18	10	SJ2225-Z315_23	Z31523	ϕ18	ϕ18	30
SJ2225-Z315_2	Z31502	ϕ8	ϕ18	10	SJ2225-Z315_24	Z31524	ϕ20	ϕ18	10
SJ2225-Z315_3	Z31503	ϕ9	ϕ18	10	SJ2225-Z315_25	Z31525	ϕ22	ϕ18	10
SJ2225-Z315_4	Z31504	ϕ10	ϕ18	10	SJ2225-Z315_26	Z31526	ϕ25	ϕ18	10
SJ2225-Z315_5	Z31505	ϕ7	ϕ18	20	SJ2225-Z315_27	Z31527	ϕ28	ϕ18	10
SJ2225-Z315_6	Z31506	ϕ8	ϕ18	20	SJ2225-Z315_28	Z31528	ϕ20	ϕ18	20
SJ2225-Z315_7	Z31507	ϕ9	ϕ18	20	SJ2225-Z315_29	Z31529	ϕ22	ϕ18	20
SJ2225-Z315_8	Z31508	ϕ10	ϕ18	20	SJ2225-Z315_30	Z31530	ϕ25	ϕ18	20
SJ2225-Z315_9	Z31509	ϕ11	ϕ18	10	SJ2225-Z315_31	Z31531	ϕ28	ϕ18	20
SJ2225-Z315_10	Z31510	ϕ12	ϕ18	10	SJ2225-Z315_32	Z31532	ϕ20	ϕ18	30
SJ2225-Z315_11	Z31511	ϕ14	ϕ18	10	SJ2225-Z315_33	Z31533	ϕ22	ϕ18	30
SJ2225-Z315_12	Z31512	ϕ16	ϕ18	10	SJ2225-Z315_34	Z31534	ϕ25	ϕ18	30
SJ2225-Z315_13	Z31513	ϕ18	ϕ18	10	SJ2225-Z315_35	Z31535	ϕ28	ϕ18	30
SJ2225-Z315_14	Z31514	ϕ11	ϕ18	20	SJ2225-Z315_36	Z31536	ϕ32	ϕ18	10
SJ2225-Z315_15	Z31515	ϕ12	ϕ18	20	SJ2225-Z315_37	Z31537	ϕ35	ϕ18	10
SJ2225-Z315_16	Z31516	ϕ14	ϕ18	20	SJ2225-Z315_38	Z31538	ϕ40	ϕ18	10
SJ2225-Z315_17	Z31517	ϕ16	ϕ18	20	SJ2225-Z315_39	Z31539	ϕ32	ϕ18	20
SJ2225-Z315_18	Z31518	ϕ18	ϕ18	20	SJ2225-Z315_40	Z31540	ϕ35	ϕ18	20
SJ2225-Z315_19	Z31519	ϕ11	ϕ18	30	SJ2225-Z315_41	Z31541	ϕ40	ϕ18	20
SJ2225-Z315_20	Z31520	ϕ12	ϕ18	30	SJ2225-Z315_42	Z31542	ϕ32	ϕ18	30
SJ2225-Z315_21	Z31521	ϕ14	ϕ18	30	SJ2225-Z315_43	Z31543	ϕ35	ϕ18	30
SJ2225-Z315_22	Z31522	ϕ16	ϕ18	30	SJ2225-Z315_44	Z31544	ϕ40	ϕ18	30

表 3-52　圆形定位盘（SJ 2225—1982）尺寸　　单位：mm

二维图形	三维图形

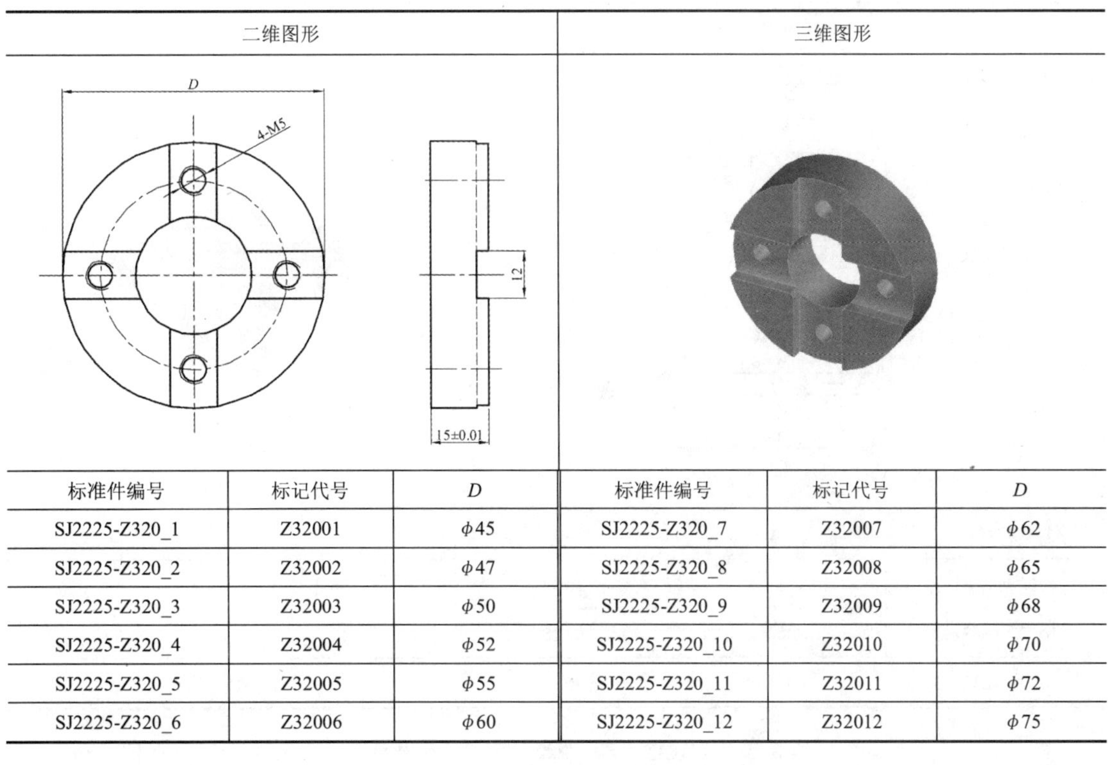

标准件编号	标记代号	D	标准件编号	标记代号	D
SJ2225-Z320_1	Z32001	ϕ45	SJ2225-Z320_7	Z32007	ϕ62
SJ2225-Z320_2	Z32002	ϕ47	SJ2225-Z320_8	Z32008	ϕ65
SJ2225-Z320_3	Z32003	ϕ50	SJ2225-Z320_9	Z32009	ϕ68
SJ2225-Z320_4	Z32004	ϕ52	SJ2225-Z320_10	Z32010	ϕ70
SJ2225-Z320_5	Z32005	ϕ55	SJ2225-Z320_11	Z32011	ϕ72
SJ2225-Z320_6	Z32006	ϕ60	SJ2225-Z320_12	Z32012	ϕ75

表 3-53　菱形定位销 3（SJ 2225—1982）尺寸　　单位：mm

二维图形	三维图形

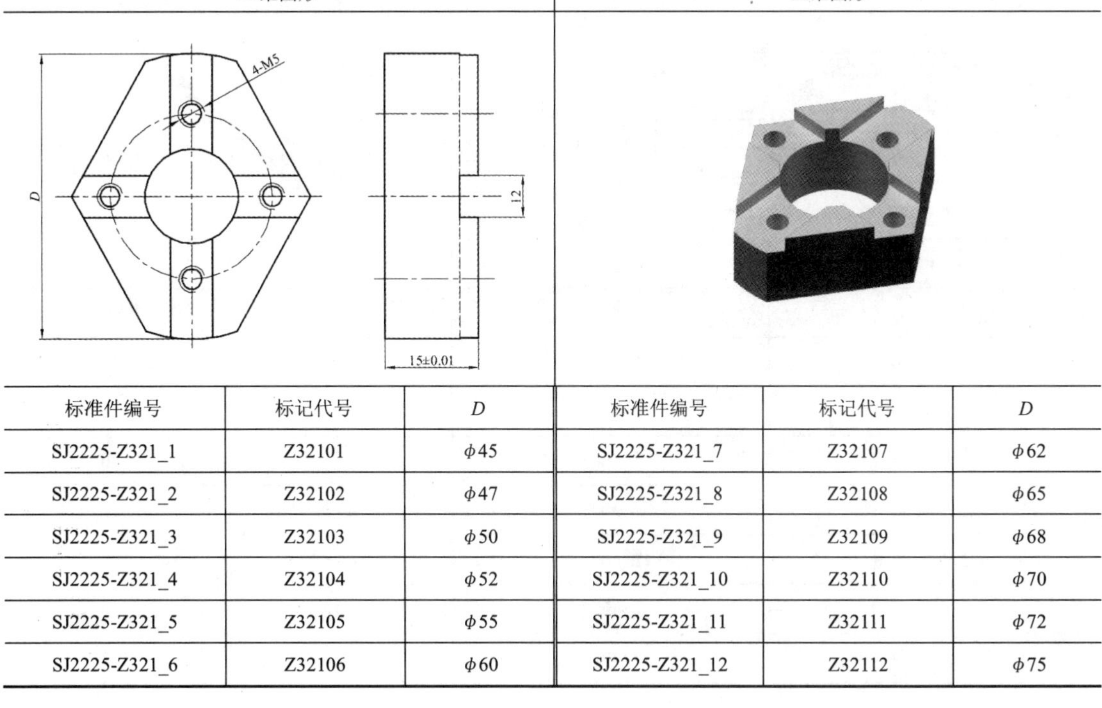

标准件编号	标记代号	D	标准件编号	标记代号	D
SJ2225-Z321_1	Z32101	ϕ45	SJ2225-Z321_7	Z32107	ϕ62
SJ2225-Z321_2	Z32102	ϕ47	SJ2225-Z321_8	Z32108	ϕ65
SJ2225-Z321_3	Z32103	ϕ50	SJ2225-Z321_9	Z32109	ϕ68
SJ2225-Z321_4	Z32104	ϕ52	SJ2225-Z321_10	Z32110	ϕ70
SJ2225-Z321_5	Z32105	ϕ55	SJ2225-Z321_11	Z32111	ϕ72
SJ2225-Z321_6	Z32106	ϕ60	SJ2225-Z321_12	Z32112	ϕ75

表 3-54　定位接头（SJ 2225—1982）尺寸　　单位：mm

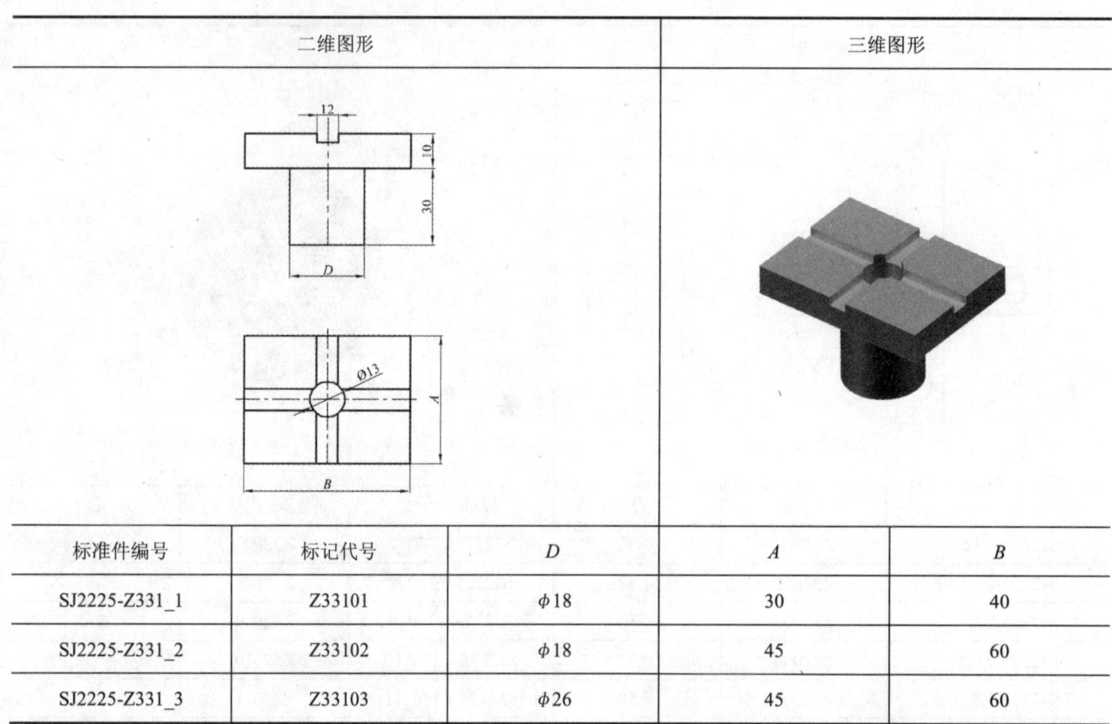

标准件编号	标记代号	D	A	B
SJ2225-Z331_1	Z33101	ϕ18	30	40
SJ2225-Z331_2	Z33102	ϕ18	45	60
SJ2225-Z331_3	Z33103	ϕ26	45	60

表 3-55　对位栓（SJ 2225—1982）尺寸　　单位：mm

二维图形　　三维图形

L　40　9　D　Ø10　滚花

标准件编号	标记代号	D	L
SJ2225-Z340_1	Z34001	ϕ6	85
SJ2225-Z340_2	Z34002	ϕ8	85
SJ2225-Z340_3	Z34003	ϕ10	120
SJ2225-Z340_4	Z34004	ϕ12	120
SJ2225-Z340_5	Z34005	ϕ15	120
SJ2225-Z340_6	Z34006	ϕ16	120
SJ2225-Z340_7	Z34007	ϕ18	120
SJ2225-Z340_8	Z34008	ϕ20	120

表 3-56　空心轴 1（SJ 2225—1982）尺寸　　　　单位：mm

二维图形		三维图形	
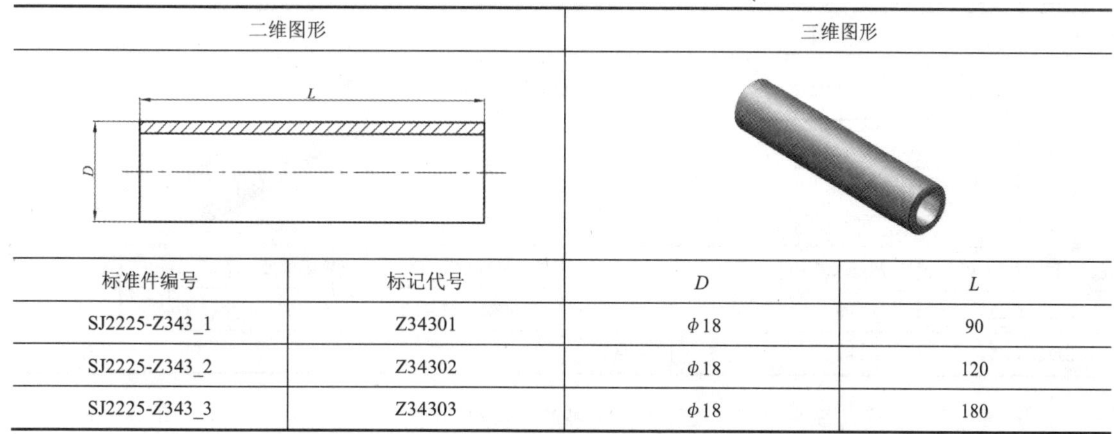			
标准件编号	标记代号	D	L
SJ2225-Z343_1	Z34301	ϕ18	90
SJ2225-Z343_2	Z34302	ϕ18	120
SJ2225-Z343_3	Z34303	ϕ18	180

表 3-57　空心轴 2（SJ 2225—1982）尺寸　　　　单位：mm

二维图形		三维图形	
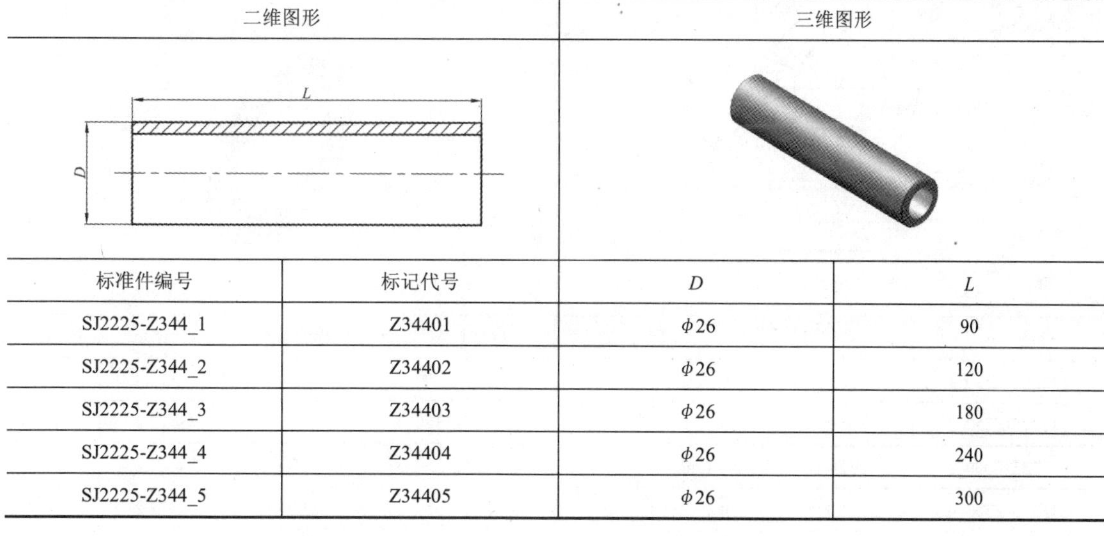			
标准件编号	标记代号	D	L
SJ2225-Z344_1	Z34401	ϕ26	90
SJ2225-Z344_2	Z34402	ϕ26	120
SJ2225-Z344_3	Z34403	ϕ26	180
SJ2225-Z344_4	Z34404	ϕ26	240
SJ2225-Z344_5	Z34405	ϕ26	300

表 3-58　空心轴 3（SJ 2225—1982）尺寸　　　　单位：mm

二维图形		三维图形	
标准件编号	标记代号	D	L
SJ2225-Z345_1	Z34501	ϕ35	180
SJ2225-Z345_2	Z34502	ϕ35	240
SJ2225-Z345_3	Z34503	ϕ35	300

表 3-59　空心轴 4（SJ 2225—1982）尺寸　　单位：mm

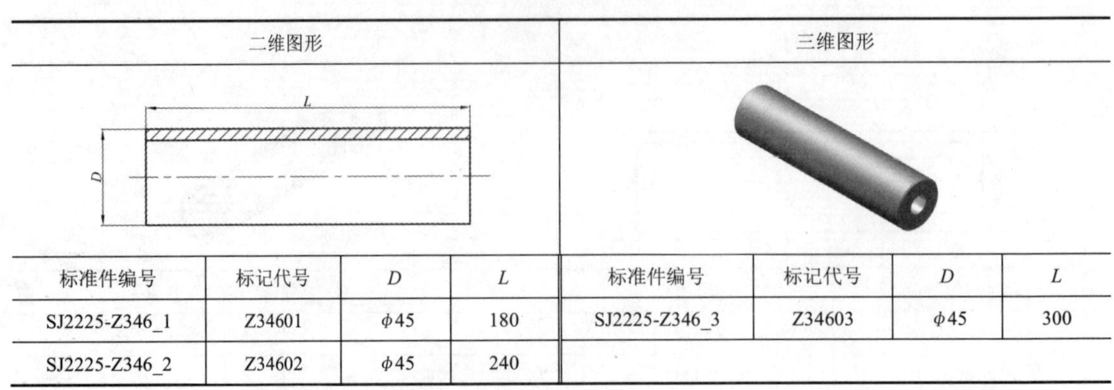

标准件编号	标记代号	D	L	标准件编号	标记代号	D	L
SJ2225-Z346_1	Z34601	ϕ45	180	SJ2225-Z346_3	Z34603	ϕ45	300
SJ2225-Z346_2	Z34602	ϕ45	240				

表 3-60　定位环 1（SJ 2225—1982）尺寸　　单位：mm

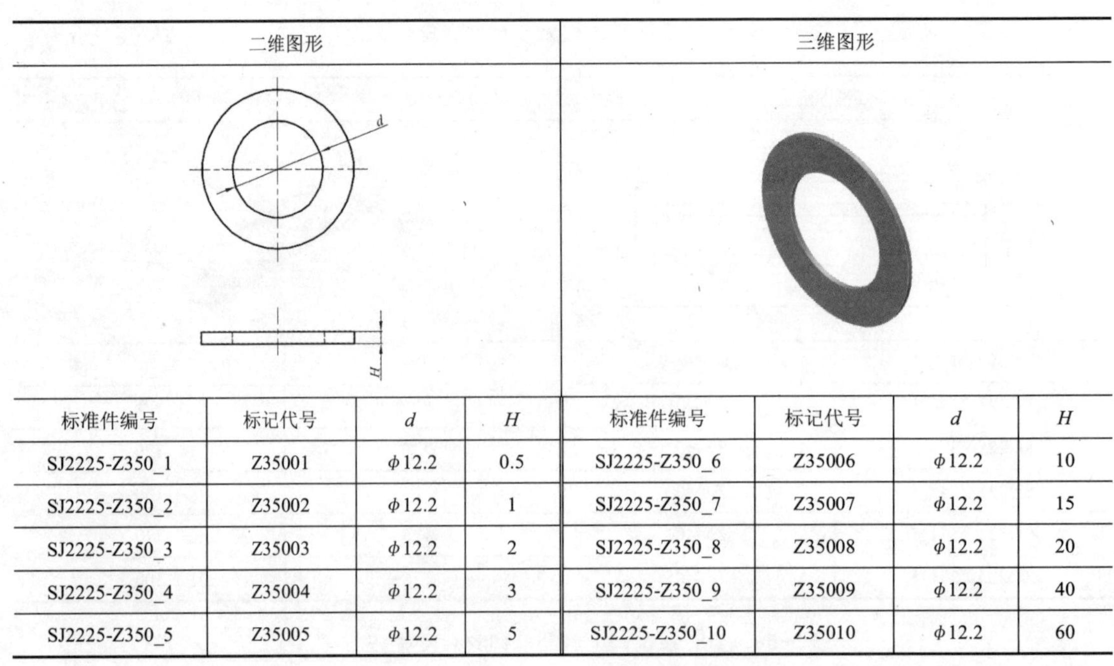

标准件编号	标记代号	d	H	标准件编号	标记代号	d	H
SJ2225-Z350_1	Z35001	ϕ12.2	0.5	SJ2225-Z350_6	Z35006	ϕ12.2	10
SJ2225-Z350_2	Z35002	ϕ12.2	1	SJ2225-Z350_7	Z35007	ϕ12.2	15
SJ2225-Z350_3	Z35003	ϕ12.2	2	SJ2225-Z350_8	Z35008	ϕ12.2	20
SJ2225-Z350_4	Z35004	ϕ12.2	3	SJ2225-Z350_9	Z35009	ϕ12.2	40
SJ2225-Z350_5	Z35005	ϕ12.2	5	SJ2225-Z350_10	Z35010	ϕ12.2	60

表 3-61　定位环 2（SJ 2225—1982）尺寸　　单位：mm

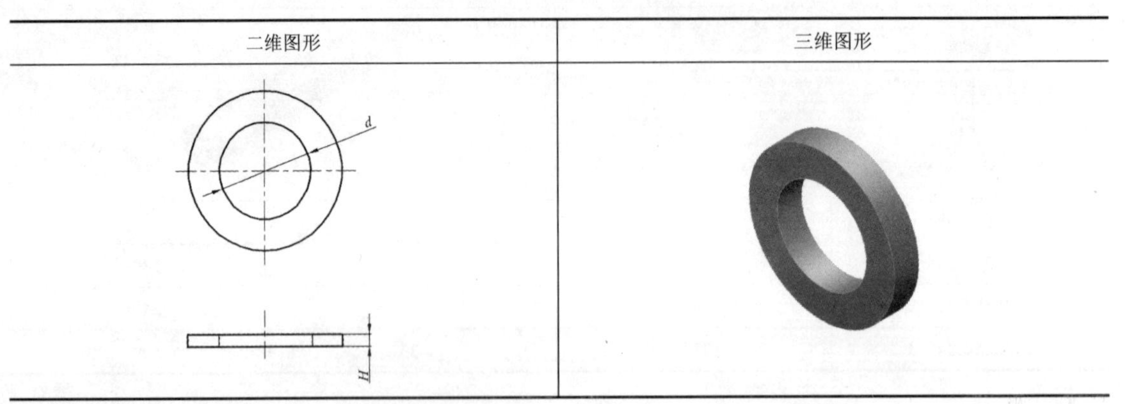

续表

标准件编号	标记代号	d	H	标准件编号	标记代号	d	H
SJ2225-Z351_1	Z35101	ϕ18.3	0.5	SJ2225-Z351_6	Z35106	ϕ18.3	10
SJ2225-Z351_2	Z35102	ϕ18.3	1	SJ2225-Z351_7	Z35107	ϕ18.3	15
SJ2225-Z351_3	Z35103	ϕ18.3	2	SJ2225-Z351_8	Z35108	ϕ18.3	20
SJ2225-Z351_4	Z35104	ϕ18.3	3	SJ2225-Z351_9	Z35109	ϕ18.3	40
SJ2225-Z351_5	Z35105	ϕ18.3	5	SJ2225-Z351_10	Z35110	ϕ18.3	60

表 3-62　定位环 3（SJ 2225—1982）尺寸　　单位：mm

二维图形	三维图形

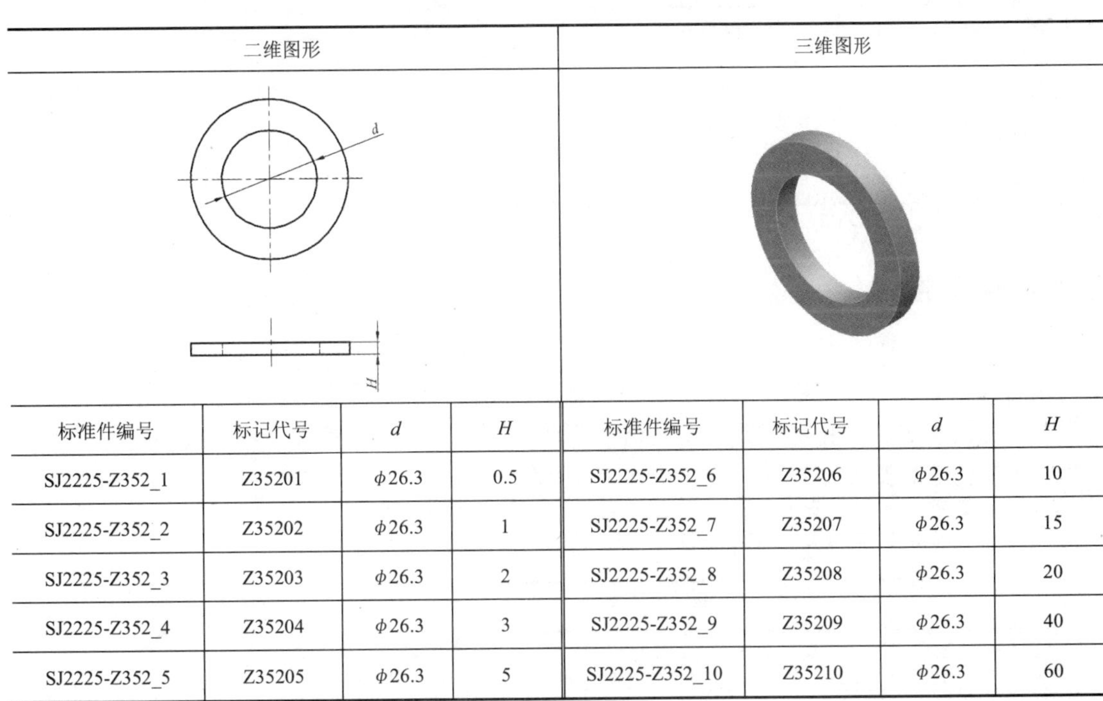

标准件编号	标记代号	d	H	标准件编号	标记代号	d	H
SJ2225-Z352_1	Z35201	ϕ26.3	0.5	SJ2225-Z352_6	Z35206	ϕ26.3	10
SJ2225-Z352_2	Z35202	ϕ26.3	1	SJ2225-Z352_7	Z35207	ϕ26.3	15
SJ2225-Z352_3	Z35203	ϕ26.3	2	SJ2225-Z352_8	Z35208	ϕ26.3	20
SJ2225-Z352_4	Z35204	ϕ26.3	3	SJ2225-Z352_9	Z35209	ϕ26.3	40
SJ2225-Z352_5	Z35205	ϕ26.3	5	SJ2225-Z352_10	Z35210	ϕ26.3	60

表 3-63　定位环 4（SJ 2225—1982）尺寸　　单位：mm

二维图形	三维图形

d

H

续表

标准件编号	标记代号	d	H
SJ2225-Z353_1	Z35301	ϕ35.3	0.5
SJ2225-Z353_2	Z35302	ϕ35.3	1
SJ2225-Z353_3	Z35303	ϕ35.3	2
SJ2225-Z353_4	Z35304	ϕ35.3	3
SJ2225-Z353_5	Z35305	ϕ35.3	5
SJ2225-Z353_6	Z35306	ϕ35.3	10
SJ2225-Z353_7	Z35307	ϕ35.3	15
SJ2225-Z353_8	Z35308	ϕ35.3	20
SJ2225-Z353_9	Z35309	ϕ35.3	40
SJ2225-Z353_10	Z35310	ϕ35.3	60

3.4 导向件

导向件包括偏心钻模板、平钻模板、单面槽钻模板、沉孔钻模板、单面十字槽钻模板、双面十字槽钻模板、中孔钻模板、双面槽中孔钻模板、左立式钻模板、右立式钻模板、固定钻套、快换钻套。其尺寸如表 3-64～表 3-75 所示。

表 3-64 偏心钻模板（SJ 2225—1982）尺寸 单位：mm

二维图形	三维图形
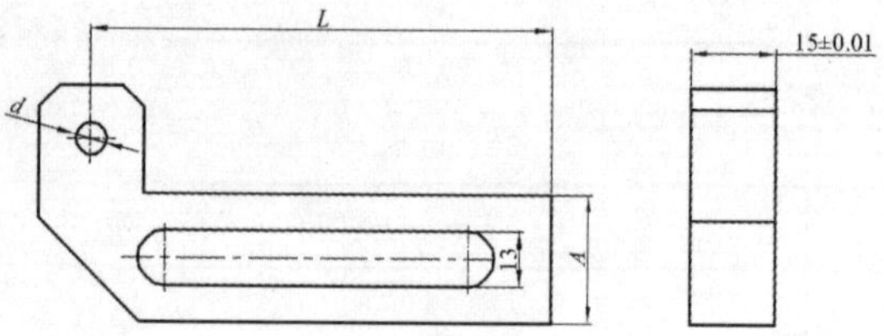 L; d; 13; A; 15±0.01	

标准件编号	标记代号	d	A	L
SJ2225-Z400_1	Z40001	ϕ8	30	110
SJ2225-Z400_2	Z40002	ϕ8	30	140
SJ2225-Z400_3	Z40003	ϕ12	30	110
SJ2225-Z400_4	Z40004	ϕ12	30	140
SJ2225-Z400_5	Z40005	ϕ18	30	110
SJ2225-Z400_6	Z40006	ϕ18	30	140

表 3-65　平钻模板（SJ 2225—1982）尺寸　　单位：mm

二维图形	三维图形
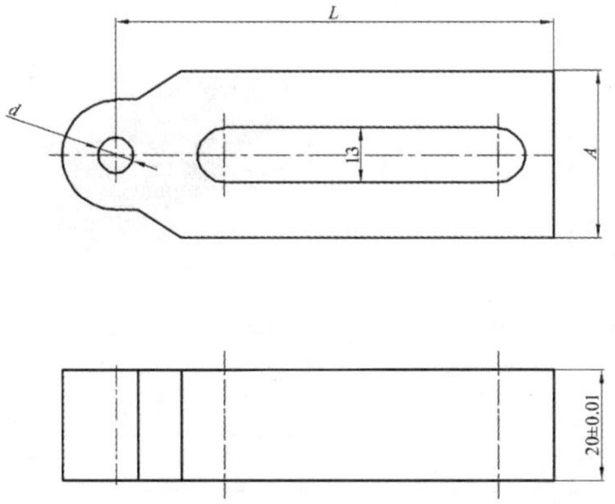	

标准件编号	标记代号	*d*	*A*	*L*
SJ2225-Z410_1	Z41001	ϕ8	30	80
SJ2225-Z410_2	Z41002	ϕ8	30	110
SJ2225-Z410_3	Z41003	ϕ8	30	140

表 3-66　单面槽钻模板（SJ 2225—1982）尺寸　　单位：mm

二维图形	三维图形
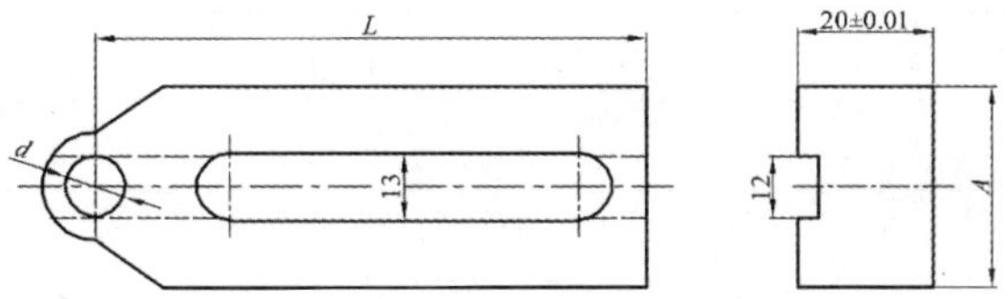	

标准件编号	标记代号	*d*	*A*	*L*
SJ2225-Z411_1	Z41101	ϕ12	30	80
SJ2225-Z411_2	Z41102	ϕ12	30	110
SJ2225-Z411_3	Z41103	ϕ12	30	140
SJ2225-Z411_4	Z41104	ϕ18	30	75
SJ2225-Z411_5	Z41105	ϕ18	30	105
SJ2225-Z411_6	Z41106	ϕ18	30	135

表 3-67　沉孔钻模板（SJ 2225—1982）尺寸　　单位：mm

二维图形	三维图形

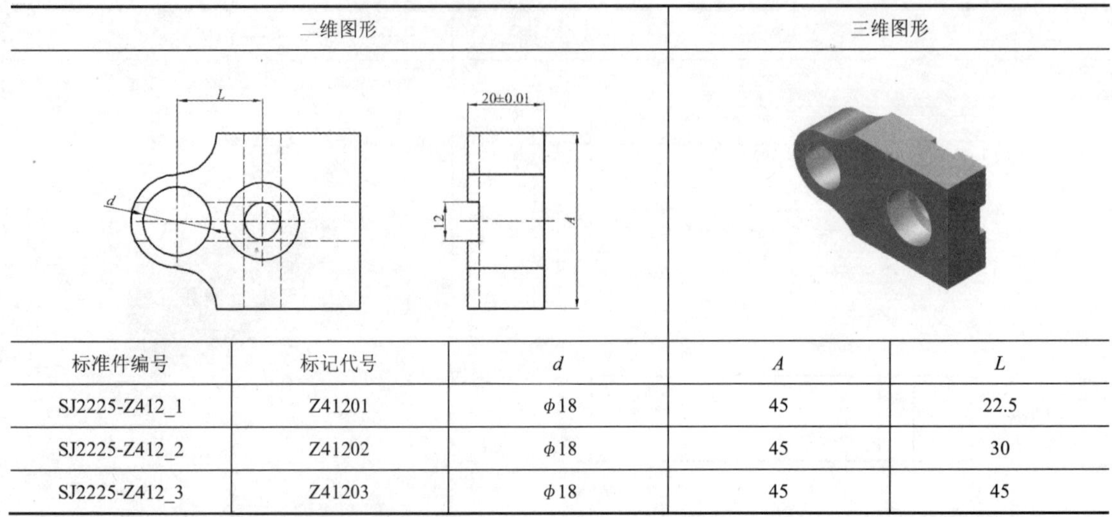

标准件编号	标记代号	d	A	L
SJ2225-Z412_1	Z41201	$\phi 18$	45	22.5
SJ2225-Z412_2	Z41202	$\phi 18$	45	30
SJ2225-Z412_3	Z41203	$\phi 18$	45	45

表 3-68　单面十字槽钻模板（SJ 2225—1982）尺寸　　单位：mm

二维图形	三维图形

标准件编号	标记代号	d	A	L
SJ2225-Z413_1	Z41301	$\phi 18$	45	60
SJ2225-Z413_2	Z41302	$\phi 18$	45	75
SJ2225-Z413_3	Z41303	$\phi 18$	45	90
SJ2225-Z413_4	Z41304	$\phi 18$	45	120
SJ2225-Z413_5	Z41305	$\phi 18$	45	150
SJ2225-Z413_6	Z41306	$\phi 18$	45	180
SJ2225-Z413_7	Z41307	$\phi 26$	45	60
SJ2225-Z413_8	Z41308	$\phi 26$	45	90
SJ2225-Z413_9	Z41309	$\phi 26$	45	120
SJ2225-Z413_10	Z41310	$\phi 26$	45	150
SJ2225-Z413_11	Z41311	$\phi 26$	45	180

表 3-69　双面十字槽钻模板（SJ 2225—1982）尺寸　　单位：mm

二维图形	三维图形
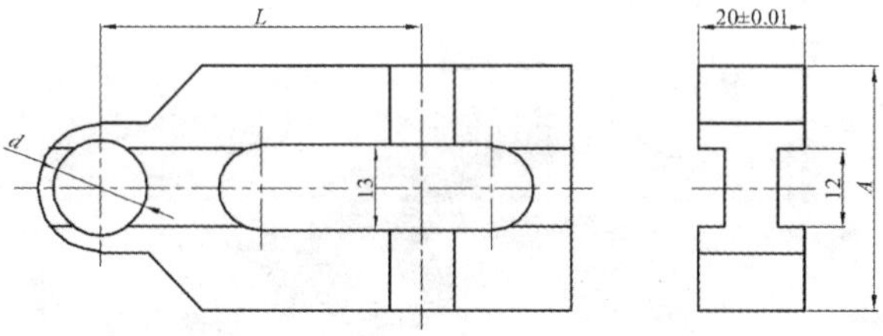	

标准件编号	标记代号	*d*	*A*	*L*
SJ2225-Z414_1	Z41401	ϕ18	45	60
SJ2225-Z414_2	Z41402	ϕ18	45	75
SJ2225-Z414_3	Z41403	ϕ18	45	90
SJ2225-Z414_4	Z41404	ϕ18	45	120
SJ2225-Z414_5	Z41405	ϕ26	45	60
SJ2225-Z414_6	Z41406	ϕ26	45	90
SJ2225-Z414_7	Z41407	ϕ26	45	120
SJ2225-Z414_8	Z41408	ϕ35	60	90
SJ2225-Z414_9	Z41409	ϕ35	60	120

表 3-70　中孔钻模板（SJ 2225—1982）尺寸　　单位：mm

二维图形	三维图形
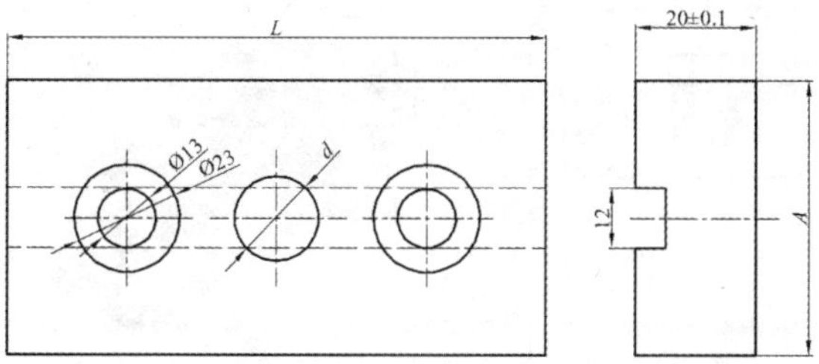	

标准件编号	标记代号	*d*	*A*	*L*
SJ2225-Z420_1	Z42001	ϕ18	45	90
SJ2225-Z420_2	Z42002	ϕ18	45	120
SJ2225-Z420_3	Z42003	ϕ18	45	150
SJ2225-Z420_4	Z42004	ϕ18	45	180
SJ2225-Z420_5	Z42005	ϕ18	45	240
SJ2225-Z420_6	Z42006	ϕ26	60	180
SJ2225-Z420_7	Z42007	ϕ26	60	240

表 3-71　双面槽中孔钻模板（SJ 2225—1982）尺寸　　单位：mm

二维图形	三维图形

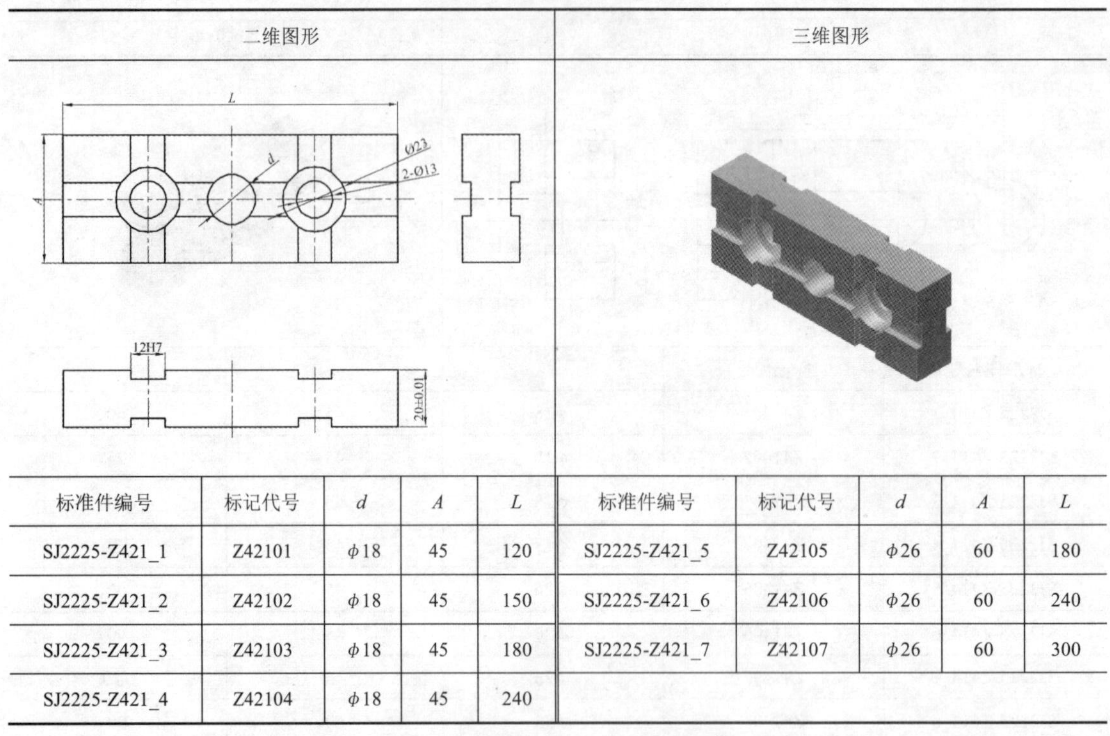

标准件编号	标记代号	d	A	L	标准件编号	标记代号	d	A	L
SJ2225-Z421_1	Z42101	ϕ18	45	120	SJ2225-Z421_5	Z42105	ϕ26	60	180
SJ2225-Z421_2	Z42102	ϕ18	45	150	SJ2225-Z421_6	Z42106	ϕ26	60	240
SJ2225-Z421_3	Z42103	ϕ18	45	180	SJ2225-Z421_7	Z42107	ϕ26	60	300
SJ2225-Z421_4	Z42104	ϕ18	45	240					

表 3-72　左立式钻模板（SJ 2225—1982）尺寸　　单位：mm

二维图形	三维图形

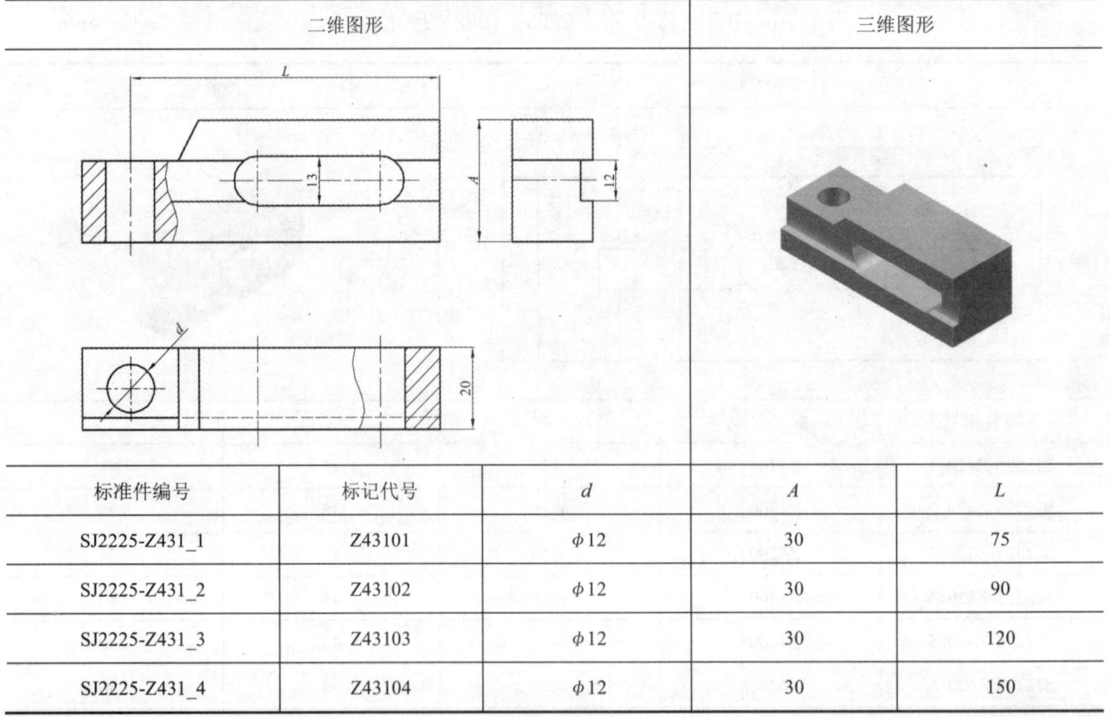

标准件编号	标记代号	d	A	L
SJ2225-Z431_1	Z43101	ϕ12	30	75
SJ2225-Z431_2	Z43102	ϕ12	30	90
SJ2225-Z431_3	Z43103	ϕ12	30	120
SJ2225-Z431_4	Z43104	ϕ12	30	150

表 3-73　右立式钻模板（SJ 2225—1982）尺寸　　单位：mm

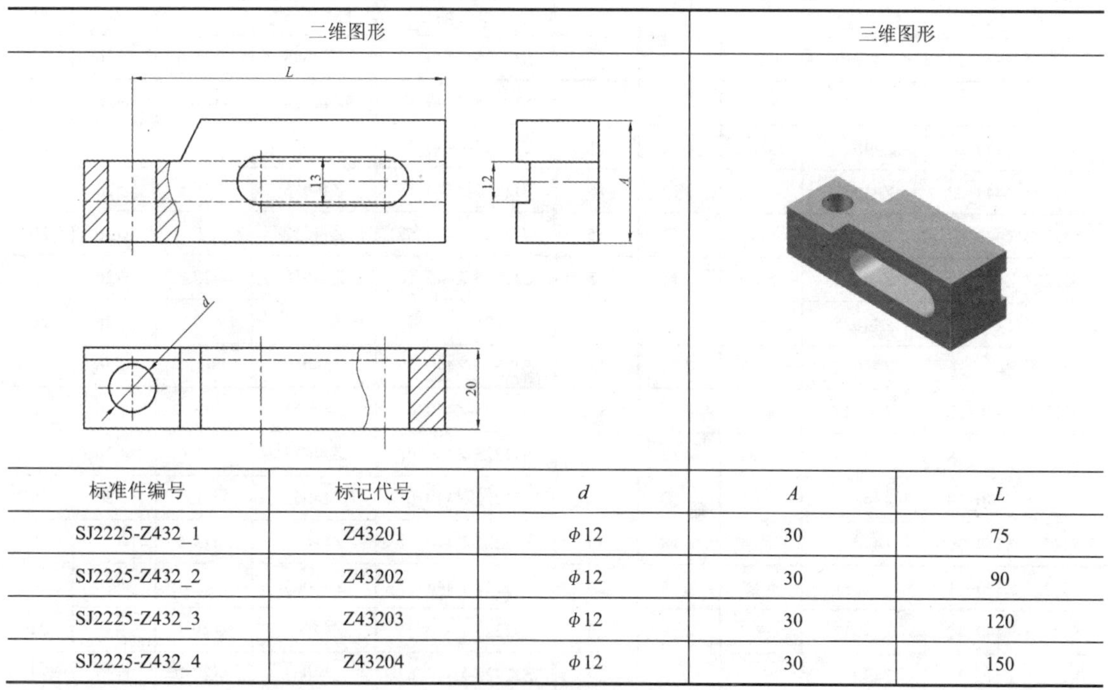

标准件编号	标记代号	*d*	*A*	*L*
SJ2225-Z432_1	Z43201	ϕ12	30	75
SJ2225-Z432_2	Z43202	ϕ12	30	90
SJ2225-Z432_3	Z43203	ϕ12	30	120
SJ2225-Z432_4	Z43204	ϕ12	30	150

表 3-74　固定钻套（SJ 2225—1982）尺寸　　单位：mm

二维图形	三维图形

标准件编号	标记代号	*d*	*D*	*H*	标准件编号	标记代号	*d*	*D*	*H*
SJ2225-Z440_1	Z44001	ϕ3	ϕ8	12	SJ2225-Z440_10	Z44010	ϕ3.3	ϕ12	15
SJ2225-Z440_2	Z44002	ϕ3.3	ϕ8	12	SJ2225-Z440_11	Z44011	ϕ3.5	ϕ12	15
SJ2225-Z440_3	Z44003	ϕ3.5	ϕ8	12	SJ2225-Z440_12	Z44012	ϕ3.9	ϕ12	15
SJ2225-Z440_4	Z44004	ϕ3.9	ϕ8	12	SJ2225-Z440_13	Z44013	ϕ4	ϕ12	15
SJ2225-Z440_5	Z44005	ϕ4	ϕ8	12	SJ2225-Z440_14	Z44014	ϕ4.1	ϕ12	15
SJ2225-Z440_6	Z44006	ϕ4.1	ϕ8	12	SJ2225-Z440_15	Z44015	ϕ4.2	ϕ12	15
SJ2225-Z440_7	Z44007	ϕ4.2	ϕ8	12	SJ2225-Z440_16	Z44016	ϕ4.5	ϕ12	15
SJ2225-Z440_8	Z44008	ϕ4.5	ϕ8	12	SJ2225-Z440_17	Z44017	ϕ5	ϕ12	15
SJ2225-Z440_9	Z44009	ϕ3	ϕ12	15	SJ2225-Z440_18	Z44018	ϕ5.2	ϕ12	15

续表

标准件编号	标记代号	d	D	H	标准件编号	标记代号	d	D	H
SJ2225-Z440_19	Z44019	ϕ5.5	ϕ12	15	SJ2225-Z440_53	Z44053	ϕ15.6	ϕ26	20
SJ2225-Z440_20	Z44020	ϕ5.8	ϕ12	15	SJ2225-Z440_54	Z44054	ϕ16	ϕ26	20
SJ2225-Z440_21	Z44021	ϕ6	ϕ12	15	SJ2225-Z440_55	Z44055	ϕ16.4	ϕ26	20
SJ2225-Z440_22	Z44022	ϕ6.7	ϕ12	15	SJ2225-Z440_56	Z44056	ϕ16.5	ϕ26	20
SJ2225-Z440_23	Z44023	ϕ6.8	ϕ12	15	SJ2225-Z440_57	Z44057	ϕ17	ϕ26	20
SJ2225-Z440_24	Z44024	ϕ6.9	ϕ12	15	SJ2225-Z440_58	Z44058	ϕ17.4	ϕ26	20
SJ2225-Z440_25	Z44025	ϕ7	ϕ12	15	SJ2225-Z440_59	Z44059	ϕ17.6	ϕ26	20
SJ2225-Z440_26	Z44026	ϕ7.7	ϕ12	15	SJ2225-Z440_60	Z44060	ϕ18	ϕ26	20
SJ2225-Z440_27	Z44027	ϕ7.8	ϕ12	15	SJ2225-Z440_61	Z44061	ϕ18.4	ϕ26	20
SJ2225-Z440_28	Z44028	ϕ8	ϕ12	15	SJ2225-Z440_62	Z44062	ϕ18.6	ϕ26	20
SJ2225-Z440_29	Z44029	ϕ8.3	ϕ18	20	SJ2225-Z440_63	Z44063	ϕ19	ϕ26	20
SJ2225-Z440_30	Z44030	ϕ8.4	ϕ18	20	SJ2225-Z440_64	Z44064	ϕ19.6	ϕ26	20
SJ2225-Z440_31	Z44031	ϕ8.5	ϕ18	20	SJ2225-Z440_65	Z44065	ϕ20	ϕ26	20
SJ2225-Z440_32	Z44032	ϕ8.7	ϕ18	20	SJ2225-Z440_66	Z44066	ϕ20.4	ϕ35	24
SJ2225-Z440_33	Z44033	ϕ9	ϕ18	20	SJ2225-Z440_67	Z44067	ϕ20.7	ϕ35	24
SJ2225-Z440_34	Z44034	ϕ9.5	ϕ18	20	SJ2225-Z440_68	Z44068	ϕ21	ϕ35	24
SJ2225-Z440_35	Z44035	ϕ9.8	ϕ18	20	SJ2225-Z440_69	Z44069	ϕ21.8	ϕ35	24
SJ2225-Z440_36	Z44036	ϕ10	ϕ18	20	SJ2225-Z440_70	Z44070	ϕ22	ϕ35	24
SJ2225-Z440_37	Z44037	ϕ10.2	ϕ18	20	SJ2225-Z440_71	Z44071	ϕ22.6	ϕ35	24
SJ2225-Z440_38	Z44038	ϕ10.5	ϕ18	20	SJ2225-Z440_72	Z44072	ϕ23	ϕ35	24
SJ2225-Z440_39	Z44039	ϕ10.7	ϕ18	20	SJ2225-Z440_73	Z44073	ϕ23.7	ϕ35	24
SJ2225-Z440_40	Z44040	ϕ11	ϕ18	20	SJ2225-Z440_74	Z44074	ϕ24	ϕ35	24
SJ2225-Z440_41	Z44041	ϕ11.8	ϕ18	20	SJ2225-Z440_75	Z44075	ϕ24.6	ϕ35	24
SJ2225-Z440_42	Z44042	ϕ12	ϕ18	20	SJ2225-Z440_76	Z44076	ϕ25	ϕ35	24
SJ2225-Z440_43	Z44043	ϕ12.3	ϕ18	20	SJ2225-Z440_77	Z44077	ϕ25.6	ϕ35	24
SJ2225-Z440_44	Z44044	ϕ12.4	ϕ18	20	SJ2225-Z440_78	Z44078	ϕ26	ϕ35	24
SJ2225-Z440_45	Z44045	ϕ12.7	ϕ18	20	SJ2225-Z440_79	Z44079	ϕ26.5	ϕ35	24
SJ2225-Z440_46	Z44046	ϕ13	ϕ18	20	SJ2225-Z440_80	Z44080	ϕ27	ϕ35	24
SJ2225-Z440_47	Z44047	ϕ13.9	ϕ18	20	SJ2225-Z440_81	Z44081	ϕ27.6	ϕ35	24
SJ2225-Z440_48	Z44048	ϕ14	ϕ18	20	SJ2225-Z440_82	Z44082	ϕ28	ϕ35	24
SJ2225-Z440_49	Z44049	ϕ14.4	ϕ26	20	SJ2225-Z440_83	Z44083	ϕ28.6	ϕ35	24
SJ2225-Z440_50	Z44050	ϕ14.7	ϕ26	20	SJ2225-Z440_84	Z44084	ϕ29	ϕ35	24
SJ2225-Z440_51	Z44051	ϕ15	ϕ26	20	SJ2225-Z440_85	Z44085	ϕ30	ϕ35	24
SJ2225-Z440_52	Z44052	ϕ15.3	ϕ26	20					

表 3-75　快换钻套（SJ 2225—1982）尺寸　　单位：mm

二维图形	三维图形
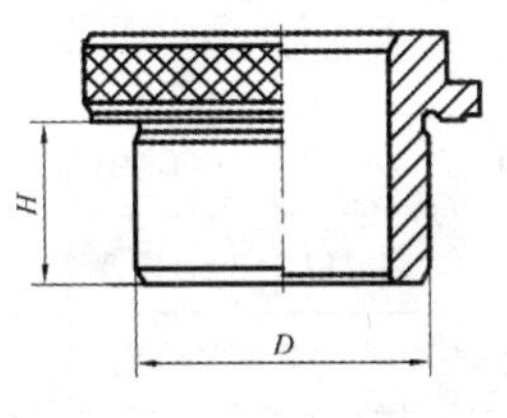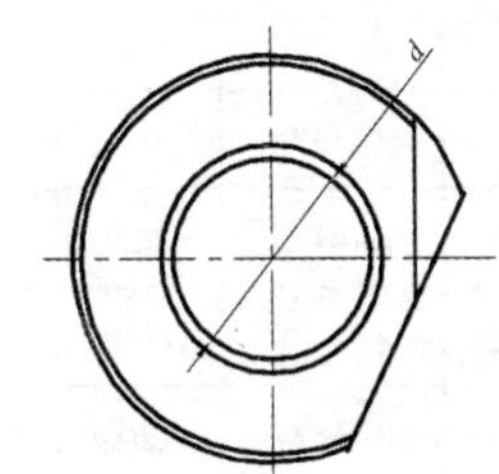	

标准件编号	标记代号	d	D（大径）	H	标准件编号	标记代号	d	D（大径）	H
SJ2225-Z441_1	Z44101	$\phi 3$	$\phi 8$	12	SJ2225-Z441_22	Z44122	$\phi 6.7$	$\phi 12$	22
SJ2225-Z441_2	Z44102	$\phi 3.3$	$\phi 8$	12	SJ2225-Z441_23	Z44123	$\phi 6.8$	$\phi 12$	22
SJ2225-Z441_3	Z44103	$\phi 3.5$	$\phi 8$	12	SJ2225-Z441_24	Z44124	$\phi 6.9$	$\phi 12$	22
SJ2225-Z441_4	Z44104	$\phi 3.9$	$\phi 8$	12	SJ2225-Z441_25	Z44125	$\phi 7$	$\phi 12$	22
SJ2225-Z441_5	Z44105	$\phi 4$	$\phi 8$	12	SJ2225-Z441_26	Z44126	$\phi 7.7$	$\phi 12$	22
SJ2225-Z441_6	Z44106	$\phi 4.1$	$\phi 18$	12	SJ2225-Z441_27	Z44127	$\phi 7.8$	$\phi 12$	28
SJ2225-Z441_7	Z44107	$\phi 4.2$	$\phi 18$	12	SJ2225-Z441_28	Z44128	$\phi 8$	$\phi 12$	28
SJ2225-Z441_8	Z44108	$\phi 4.5$	$\phi 18$	12	SJ2225-Z441_29	Z44129	$\phi 6$	$\phi 18$	20
SJ2225-Z441_9	Z44109	$\phi 3$	$\phi 12$	15	SJ2225-Z441_30	Z44130	$\phi 6.7$	$\phi 18$	20
SJ2225-Z441_10	Z44110	$\phi 3.3$	$\phi 12$	15	SJ2225-Z441_31	Z44131	$\phi 6.8$	$\phi 18$	20
SJ2225-Z441_11	Z44111	$\phi 3.5$	$\phi 12$	15	SJ2225-Z441_32	Z44132	$\phi 6.9$	$\phi 18$	20
SJ2225-Z441_12	Z44112	$\phi 3.9$	$\phi 12$	15	SJ2225-Z441_33	Z44133	$\phi 7$	$\phi 18$	20
SJ2225-Z441_13	Z44113	$\phi 4$	$\phi 12$	15	SJ2225-Z441_34	Z44134	$\phi 7.7$	$\phi 18$	20
SJ2225-Z441_14	Z44114	$\phi 4.1$	$\phi 12$	15	SJ2225-Z441_35	Z44135	$\phi 7.8$	$\phi 18$	20
SJ2225-Z441_15	Z44115	$\phi 4.2$	$\phi 12$	15	SJ2225-Z441_36	Z44136	$\phi 8$	$\phi 18$	20
SJ2225-Z441_16	Z44116	$\phi 4.5$	$\phi 12$	15	SJ2225-Z441_37	Z44137	$\phi 8.3$	$\phi 18$	20
SJ2225-Z441_17	Z44117	$\phi 5$	$\phi 12$	15	SJ2225-Z441_38	Z44138	$\phi 8.4$	$\phi 18$	30
SJ2225-Z441_18	Z44118	$\phi 5.2$	$\phi 12$	22	SJ2225-Z441_39	Z44139	$\phi 8.5$	$\phi 18$	30
SJ2225-Z441_19	Z44119	$\phi 5.5$	$\phi 12$	22	SJ2225-Z441_40	Z44140	$\phi 8.7$	$\phi 18$	30
SJ2225-Z441_20	Z44120	$\phi 5.8$	$\phi 12$	22	SJ2225-Z441_41	Z44141	$\phi 9$	$\phi 18$	30
SJ2225-Z441_21	Z44121	$\phi 6$	$\phi 12$	22	SJ2225-Z441_42	Z44142	$\phi 9.5$	$\phi 18$	30

续表

标准件编号	标记代号	*d*	*D*（大径）	*H*	标准件编号	标记代号	*d*	*D*（大径）	*H*
SJ2225-Z441_43	Z44143	ϕ9.8	ϕ18	30	SJ2225-Z441_68	Z44168	ϕ17.4	ϕ26	30
SJ2225-Z441_44	Z44144	ϕ10	ϕ18	30	SJ2225-Z441_69	Z44169	ϕ17.6	ϕ26	30
SJ2225-Z441_45	Z44145	ϕ10.2	ϕ18	30	SJ2225-Z441_70	Z44170	ϕ18	ϕ26	30
SJ2225-Z441_46	Z44146	ϕ10.5	ϕ18	30	SJ2225-Z441_71	Z44171	ϕ18.4	ϕ26	30
SJ2225-Z441_47	Z44147	ϕ10.7	ϕ18	40	SJ2225-Z441_72	Z44172	ϕ18.6	ϕ26	30
SJ2225-Z441_48	Z44148	ϕ11	ϕ18	40	SJ2225-Z441_73	Z44173	ϕ19	ϕ26	40
SJ2225-Z441_49	Z44149	ϕ11.8	ϕ18	40	SJ2225-Z441_74	Z44174	ϕ19.6	ϕ26	40
SJ2225-Z441_50	Z44150	ϕ12	ϕ18	40	SJ2225-Z441_75	Z44175	ϕ20	ϕ26	40
SJ2225-Z441_51	Z44151	ϕ12.3	ϕ18	40	SJ2225-Z441_76	Z44176	ϕ20	ϕ35	24
SJ2225-Z441_52	Z44152	ϕ12.4	ϕ18	40	SJ2225-Z441_77	Z44177	ϕ20.4	ϕ35	24
SJ2225-Z441_53	Z44153	ϕ12.7	ϕ18	40	SJ2225-Z441_78	Z44178	ϕ20.7	ϕ35	24
SJ2225-Z441_54	Z44154	ϕ13	ϕ18	40	SJ2225-Z441_79	Z44179	ϕ21	ϕ35	24
SJ2225-Z441_55	Z44155	ϕ13	ϕ26	20	SJ2225-Z441_80	Z44180	ϕ21.8	ϕ35	24
SJ2225-Z441_56	Z44156	ϕ13.8	ϕ26	20	SJ2225-Z441_81	Z44181	ϕ22	ϕ35	24
SJ2225-Z441_57	Z44157	ϕ13.9	ϕ26	20	SJ2225-Z441_82	Z44182	ϕ22.6	ϕ35	24
SJ2225-Z441_58	Z44158	ϕ14	ϕ26	20	SJ2225-Z441_83	Z44183	ϕ23	ϕ35	24
SJ2225-Z441_59	Z44159	ϕ14.4	ϕ26	20	SJ2225-Z441_84	Z44184	ϕ23.7	ϕ35	24
SJ2225-Z441_60	Z44160	ϕ14.7	ϕ26	20	SJ2225-Z441_85	Z44185	ϕ24	ϕ35	35
SJ2225-Z441_61	Z44161	ϕ15	ϕ26	20	SJ2225-Z441_86	Z44186	ϕ24.6	ϕ35	35
SJ2225-Z441_62	Z44162	ϕ15.3	ϕ26	20	SJ2225-Z441_87	Z44187	ϕ25	ϕ35	35
SJ2225-Z441_63	Z44163	ϕ15.6	ϕ26	20	SJ2225-Z441_88	Z44188	ϕ25.6	ϕ35	35
SJ2225-Z441_64	Z44164	ϕ16	ϕ26	30	SJ2225-Z441_89	Z44189	ϕ26	ϕ35	35
SJ2225-Z441_65	Z44165	ϕ16.4	ϕ26	30	SJ2225-Z441_90	Z44190	ϕ26.5	ϕ35	35
SJ2225-Z441_66	Z44166	ϕ16.5	ϕ26	30	SJ2225-Z441_91	Z44191	ϕ27	ϕ35	35
SJ2225-Z441_67	Z44167	ϕ17	ϕ26	30	SJ2225-Z441_92	Z44192	ϕ27.6	ϕ35	35

3.5 压紧件

压紧件包括平压板、伸长压板、弯头压板、关节压板、叉形压板、U 形压板、左钳口、右钳口。其尺寸如表 3-76～表 3-83 所示。

表 3-76　平压板（SJ 2225—1982）尺寸　　　　单位：mm

二维图形	三维图形

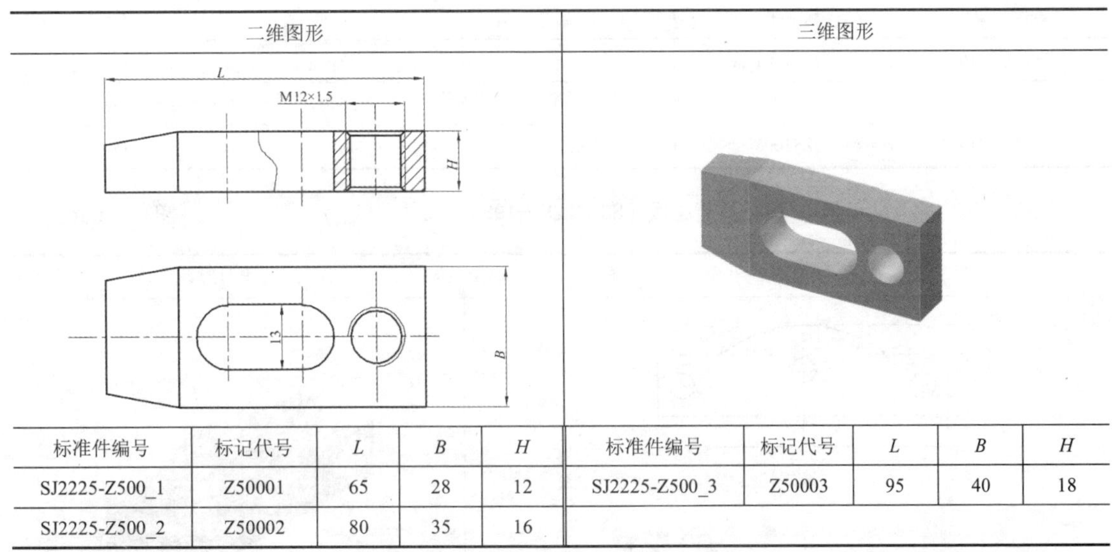

标准件编号	标记代号	*L*	*B*	*H*
SJ2225-Z500_1	Z50001	65	28	12
SJ2225-Z500_2	Z50002	80	35	16
SJ2225-Z500_3	Z50003	95	40	18

表 3-77　伸长压板（SJ 2225—1982）尺寸　　　　单位：mm

二维图形	三维图形

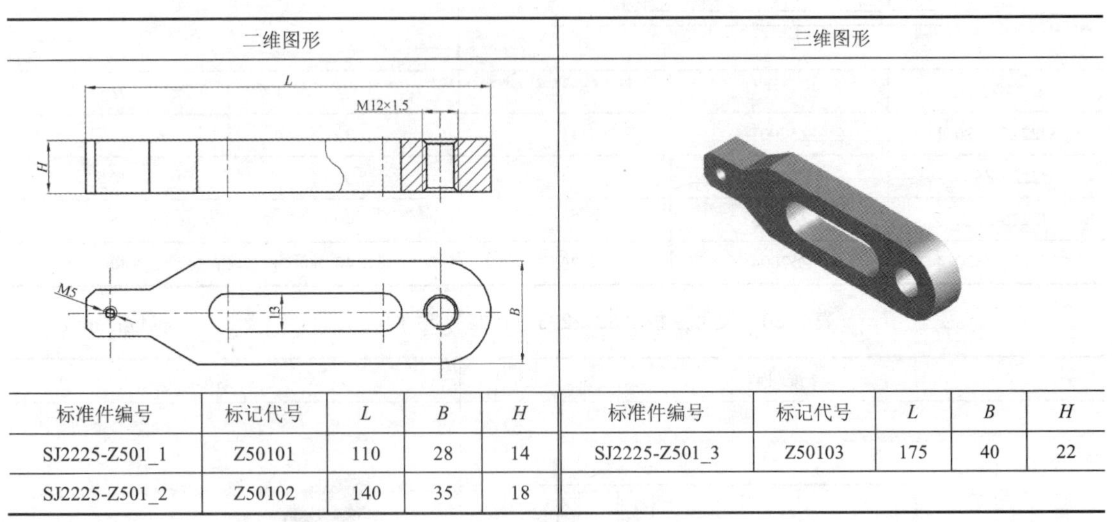

标准件编号	标记代号	*L*	*B*	*H*
SJ2225-Z501_1	Z50101	110	28	14
SJ2225-Z501_2	Z50102	140	35	18
SJ2225-Z501_3	Z50103	175	40	22

表 3-78　弯头压板（SJ 2225—1982）尺寸　　　　单位：mm

二维图形	三维图形

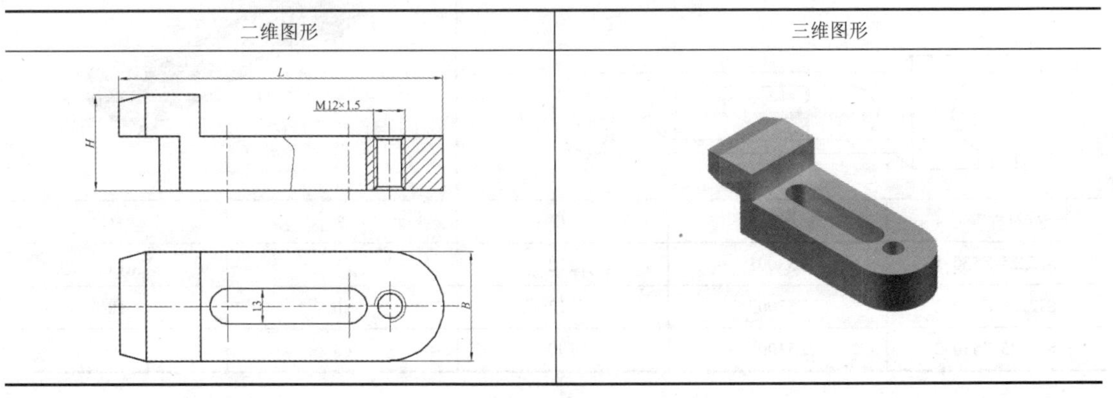

续表

标准件编号	标记代号	*L*	*B*	*H*
SJ2225-Z510_1	Z51001	80	28	20
SJ2225-Z510_2	Z51002	100	35	28
SJ2225-Z510_3	Z51003	120	40	35

表 3-79　关节压板（SJ 2225—1982）尺寸　　单位：mm

二维图形	三维图形

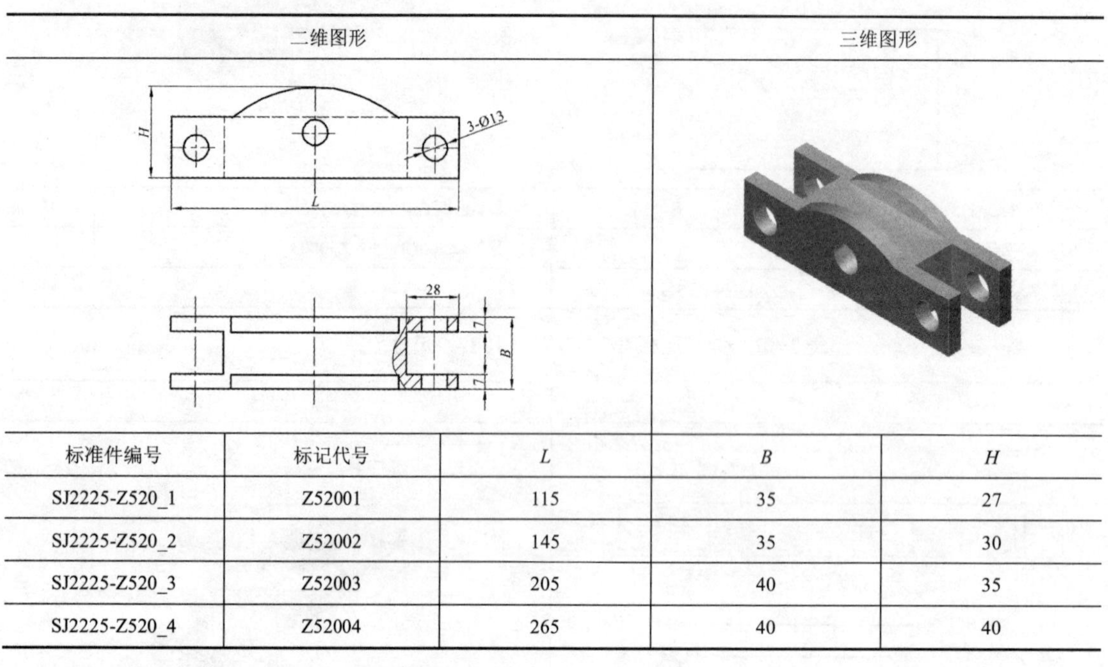

标准件编号	标记代号	*L*	*B*	*H*
SJ2225-Z520_1	Z52001	115	35	27
SJ2225-Z520_2	Z52002	145	35	30
SJ2225-Z520_3	Z52003	205	40	35
SJ2225-Z520_4	Z52004	265	40	40

表 3-80　叉形压板（SJ 2225—1982）尺寸　　单位：mm

二维图形	三维图形

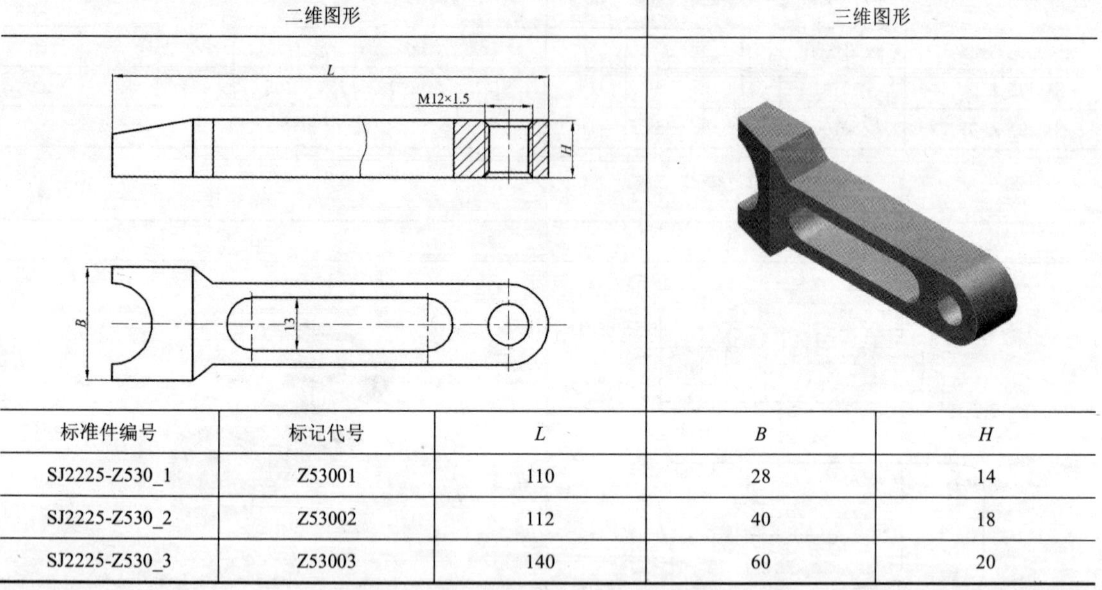

标准件编号	标记代号	*L*	*B*	*H*
SJ2225-Z530_1	Z53001	110	28	14
SJ2225-Z530_2	Z53002	112	40	18
SJ2225-Z530_3	Z53003	140	60	20

表 3-81　U 形压板（SJ 2225—1982）尺寸　　单位：mm

二维图形	三维图形

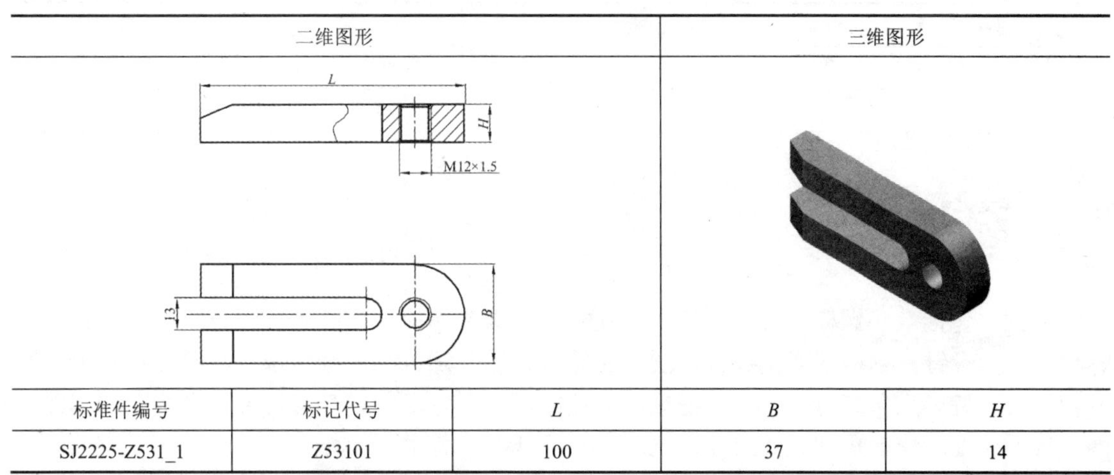

标准件编号	标记代号	L	B	H
SJ2225-Z531_1	Z53101	100	37	14

表 3-82　左钳口（SJ 2225—1982）尺寸　　单位：mm

二维图形	三维图形

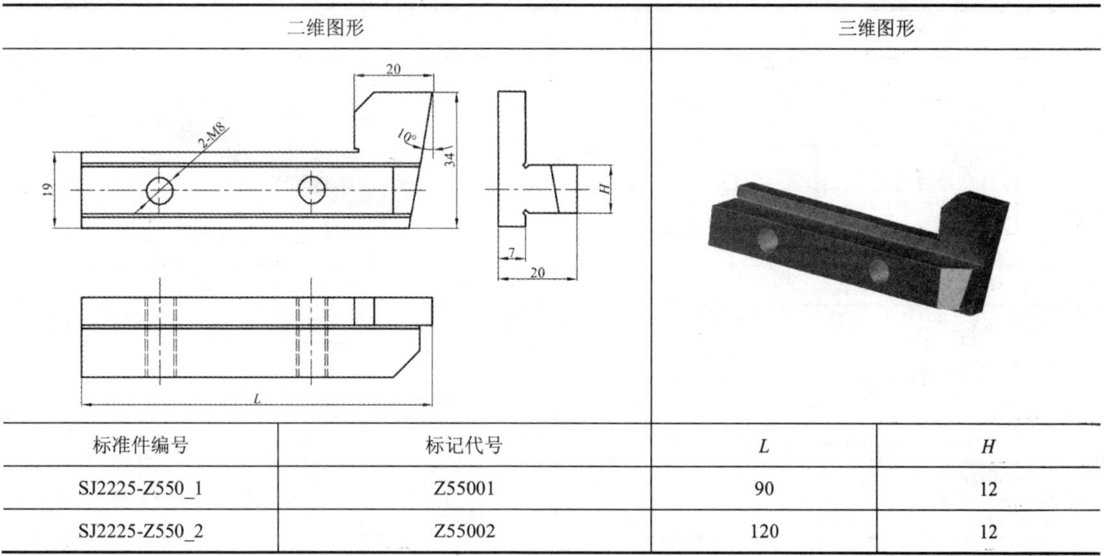

标准件编号	标记代号	L	H
SJ2225-Z550_1	Z55001	90	12
SJ2225-Z550_2	Z55002	120	12

表 3-83　右钳口（SJ 2225—1982）尺寸　　单位：mm

二维图形	三维图形

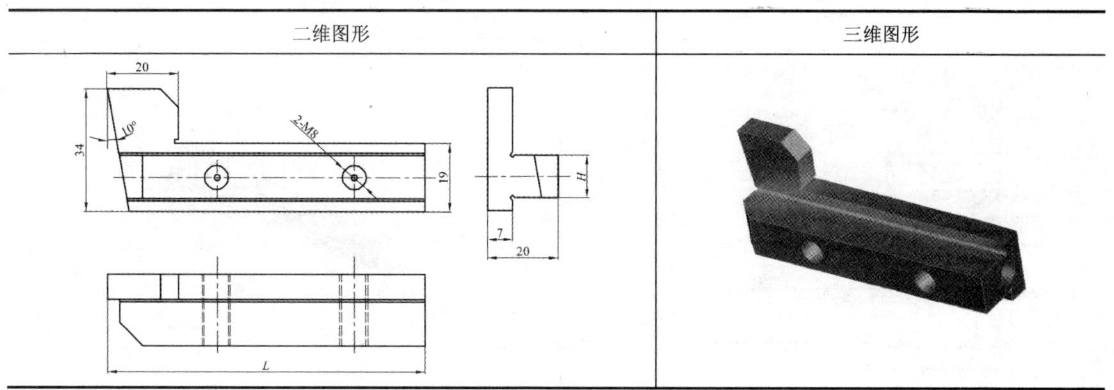

续表

标准件编号	标记代号	L	H
SJ2225-Z551_1	Z55101	90	12
SJ2225-Z551_2	Z55102	120	12

3.6 紧固件

紧固件包括双头螺栓、关节螺栓、螺孔螺栓、球头螺栓、钩头螺栓、方头螺栓、长方头螺栓、压紧螺钉、圆柱端紧定螺钉、圆柱头螺钉、钻套螺钉、内六角螺钉、薄六角螺母、厚六角螺母、特厚六角螺母、小六角螺母、滚花螺母、四方螺母、长方螺母、平垫圈、球面垫圈、锥面垫圈、快换垫圈。其尺寸如表 3-84～表 3-106 所示。

表 3-84 双头螺栓（SJ 2225—1982）尺寸　　单位：mm

二维图形	三维图形

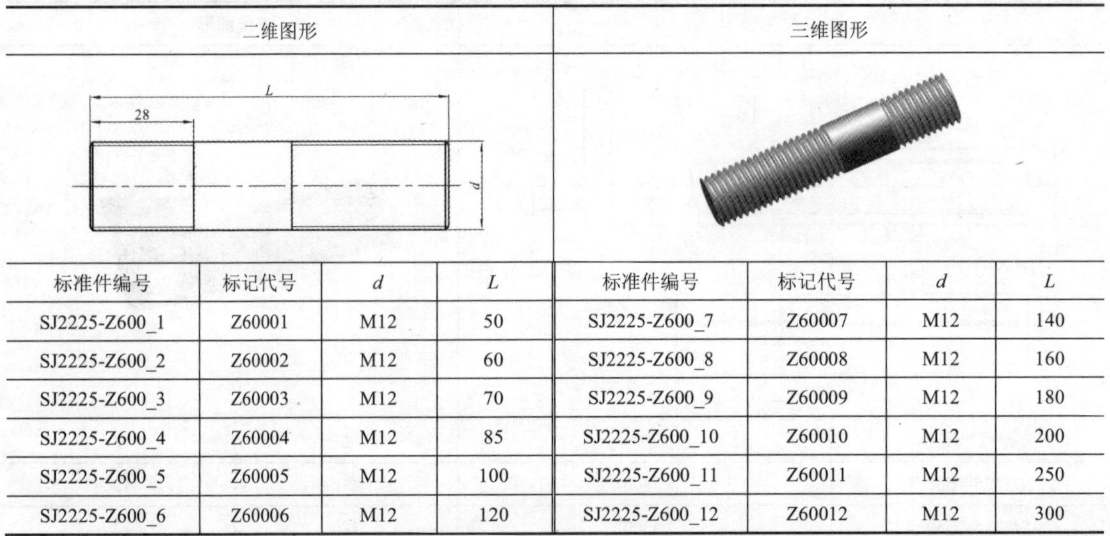

标准件编号	标记代号	d	L	标准件编号	标记代号	d	L
SJ2225-Z600_1	Z60001	M12	50	SJ2225-Z600_7	Z60007	M12	140
SJ2225-Z600_2	Z60002	M12	60	SJ2225-Z600_8	Z60008	M12	160
SJ2225-Z600_3	Z60003	M12	70	SJ2225-Z600_9	Z60009	M12	180
SJ2225-Z600_4	Z60004	M12	85	SJ2225-Z600_10	Z60010	M12	200
SJ2225-Z600_5	Z60005	M12	100	SJ2225-Z600_11	Z60011	M12	250
SJ2225-Z600_6	Z60006	M12	120	SJ2225-Z600_12	Z60012	M12	300

表 3-85 关节螺栓（SJ 2225—1982）尺寸　　单位：mm

二维图形	三维图形

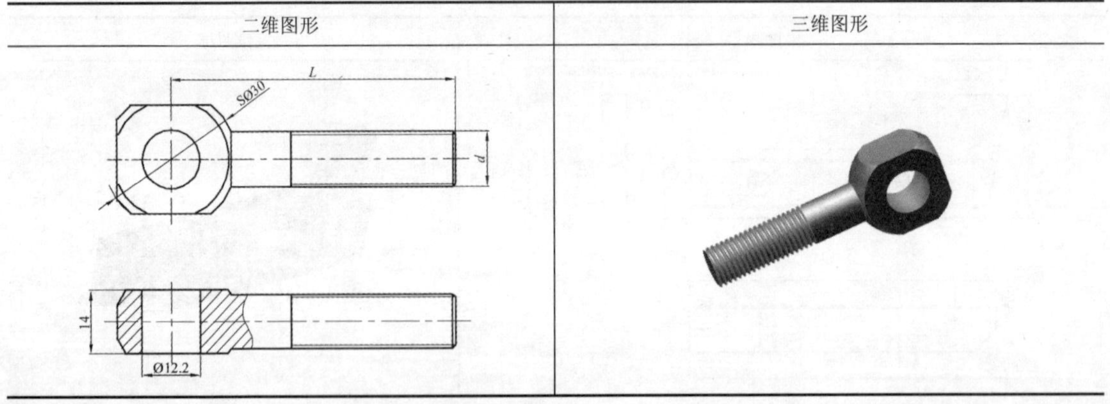

续表

标准件编号	标记代号	*d*	*L*	标准件编号	标记代号	*d*	*L*
SJ2225-Z601_1	Z60101	M12	40	SJ2225-Z601_7	Z60107	M12	120
SJ2225-Z601_2	Z60102	M12	50	SJ2225-Z601_8	Z60108	M12	140
SJ2225-Z601_3	Z60103	M12	60	SJ2225-Z601_9	Z60109	M12	160
SJ2225-Z601_4	Z60104	M12	75	SJ2225-Z601_10	Z60110	M12	180
SJ2225-Z601_5	Z60105	M12	90	SJ2225-Z601_11	Z60111	M12	200
SJ2225-Z601_6	Z60106	M12	105				

表 3-86　螺孔螺栓（SJ 2225—1982）尺寸　　单位：mm

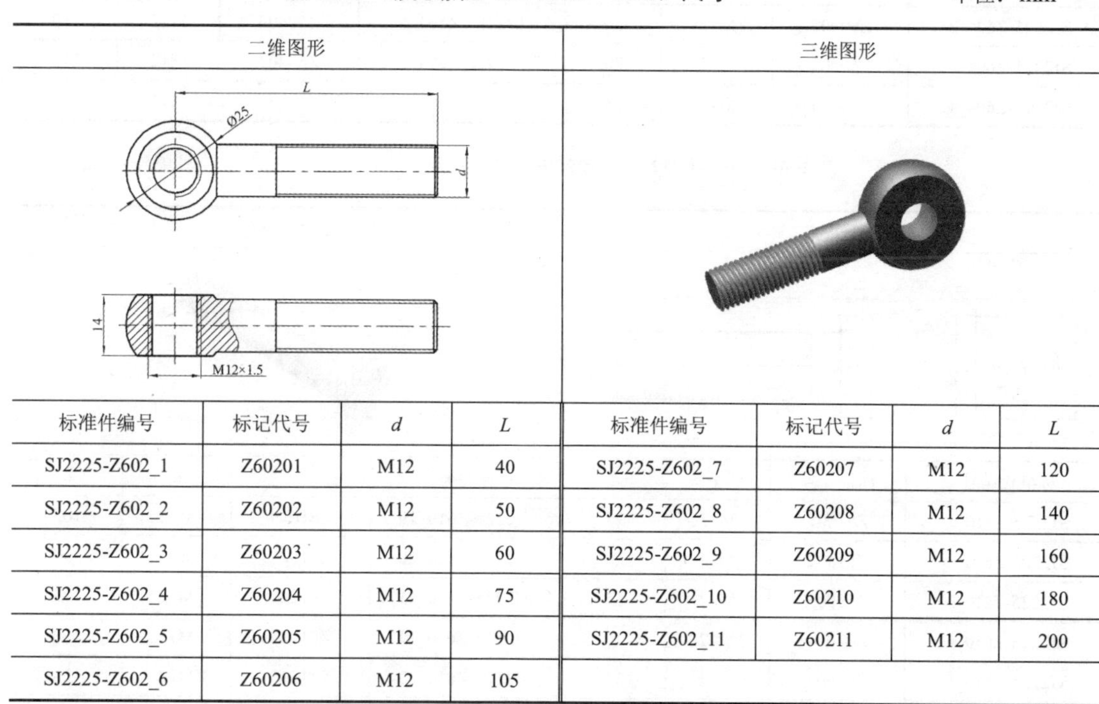

标准件编号	标记代号	*d*	*L*	标准件编号	标记代号	*d*	*L*
SJ2225-Z602_1	Z60201	M12	40	SJ2225-Z602_7	Z60207	M12	120
SJ2225-Z602_2	Z60202	M12	50	SJ2225-Z602_8	Z60208	M12	140
SJ2225-Z602_3	Z60203	M12	60	SJ2225-Z602_9	Z60209	M12	160
SJ2225-Z602_4	Z60204	M12	75	SJ2225-Z602_10	Z60210	M12	180
SJ2225-Z602_5	Z60205	M12	90	SJ2225-Z602_11	Z60211	M12	200
SJ2225-Z602_6	Z60206	M12	105				

表 3-87　球头螺栓（SJ 2225—1982）尺寸　　单位：mm

二维图形	三维图形
L, SØ25, d	

标准件编号	标记代号	*d*	*L*	标准件编号	标记代号	*d*	*L*
SJ2225-Z603_1	Z60301	M12	50	SJ2225-Z603_5	Z60305	M12	90
SJ2225-Z603_2	Z60302	M12	60	SJ2225-Z603_6	Z60306	M12	100
SJ2225-Z603_3	Z60303	M12	70	SJ2225-Z603_7	Z60307	M12	120
SJ2225-Z603_4	Z60304	M12	80	SJ2225-Z603_8	Z60308	M12	140

表 3-88　钩头螺栓（SJ 2225—1982）尺寸　　单位：mm

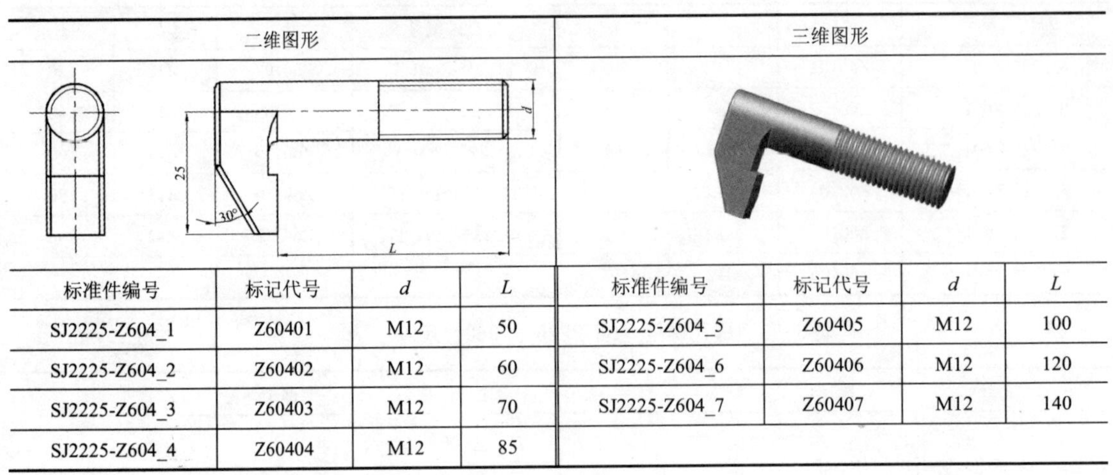

标准件编号	标记代号	d	L	标准件编号	标记代号	d	L
SJ2225-Z604_1	Z60401	M12	50	SJ2225-Z604_5	Z60405	M12	100
SJ2225-Z604_2	Z60402	M12	60	SJ2225-Z604_6	Z60406	M12	120
SJ2225-Z604_3	Z60403	M12	70	SJ2225-Z604_7	Z60407	M12	140
SJ2225-Z604_4	Z60404	M12	85				

表 3-89　方头螺栓（SJ 2225—1982）尺寸　　单位：mm

二维图形	三维图形
19　7　L　19　d	

标准件编号	标记代号	d	L	标准件编号	标记代号	d	L
SJ2225-Z610_1	Z61001	M12	15	SJ2225-Z610_19	Z61019	M12	105
SJ2225-Z610_2	Z61002	M12	20	SJ2225-Z610_20	Z61020	M12	110
SJ2225-Z610_3	Z61003	M12	25	SJ2225-Z610_21	Z61021	M12	115
SJ2225-Z610_4	Z61004	M12	30	SJ2225-Z610_22	Z61022	M12	120
SJ2225-Z610_5	Z61005	M12	35	SJ2225-Z610_23	Z61023	M12	125
SJ2225-Z610_6	Z61006	M12	40	SJ2225-Z610_24	Z61024	M12	130
SJ2225-Z610_7	Z61007	M12	45	SJ2225-Z610_25	Z61025	M12	135
SJ2225-Z610_8	Z61008	M12	50	SJ2225-Z610_26	Z61026	M12	140
SJ2225-Z610_9	Z61009	M12	55	SJ2225-Z610_27	Z61027	M12	150
SJ2225-Z610_10	Z61010	M12	60	SJ2225-Z610_28	Z61028	M12	160
SJ2225-Z610_11	Z61011	M12	65	SJ2225-Z610_29	Z61029	M12	170
SJ2225-Z610_12	Z61012	M12	70	SJ2225-Z610_30	Z61030	M12	180
SJ2225-Z610_13	Z61013	M12	75	SJ2225-Z610_31	Z61031	M12	190
SJ2225-Z610_14	Z61014	M12	80	SJ2225-Z610_32	Z61032	M12	200
SJ2225-Z610_15	Z61015	M12	85	SJ2225-Z610_33	Z61033	M12	225
SJ2225-Z610_16	Z61016	M12	90	SJ2225-Z610_34	Z61034	M12	250
SJ2225-Z610_17	Z61017	M12	95	SJ2225-Z610_35	Z61035	M12	275
SJ2225-Z610_18	Z61018	M12	100	SJ2225-Z610_36	Z61036	M12	300

表 3-90　长方头螺栓（SJ 2225—1982）尺寸　　单位：mm

二维图形	三维图形
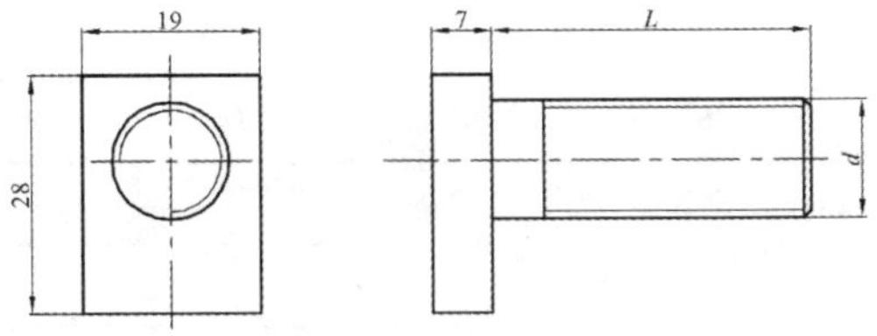	

标准件编号	标记代号	d	L	标准件编号	标记代号	d	L
SJ2225-Z611_1	Z61101	M12	15	SJ2225-Z611_19	Z61119	M12	105
SJ2225-Z611_2	Z61102	M12	20	SJ2225-Z611_20	Z61120	M12	110
SJ2225-Z611_3	Z61103	M12	25	SJ2225-Z611_21	Z61121	M12	115
SJ2225-Z611_4	Z61104	M12	30	SJ2225-Z611_22	Z61122	M12	120
SJ2225-Z611_5	Z61105	M12	35	SJ2225-Z611_23	Z61123	M12	125
SJ2225-Z611_6	Z61106	M12	40	SJ2225-Z611_24	Z61124	M12	130
SJ2225-Z611_7	Z61107	M12	45	SJ2225-Z611_25	Z61125	M12	135
SJ2225-Z611_8	Z61108	M12	50	SJ2225-Z611_26	Z61126	M12	140
SJ2225-Z611_9	Z61109	M12	55	SJ2225-Z611_27	Z61127	M12	150
SJ2225-Z611_10	Z61110	M12	60	SJ2225-Z611_28	Z61128	M12	160
SJ2225-Z611_11	Z61111	M12	65	SJ2225-Z611_29	Z61129	M12	170
SJ2225-Z611_12	Z61112	M12	70	SJ2225-Z611_30	Z61130	M12	180
SJ2225-Z611_13	Z61113	M12	75	SJ2225-Z611_31	Z61131	M12	190
SJ2225-Z611_14	Z61114	M12	80	SJ2225-Z611_32	Z61132	M12	200
SJ2225-Z611_15	Z61115	M12	85	SJ2225-Z611_33	Z61133	M12	225
SJ2225-Z611_16	Z61116	M12	90	SJ2225-Z611_34	Z61134	M12	250
SJ2225-Z611_17	Z61117	M12	95	SJ2225-Z611_35	Z61135	M12	275
SJ2225-Z611_18	Z61118	M12	100	SJ2225-Z611_36	Z61136	M12	300

表 3-91　压紧螺钉（SJ 2225—1982）尺寸　　单位：mm

二维图形	三维图形
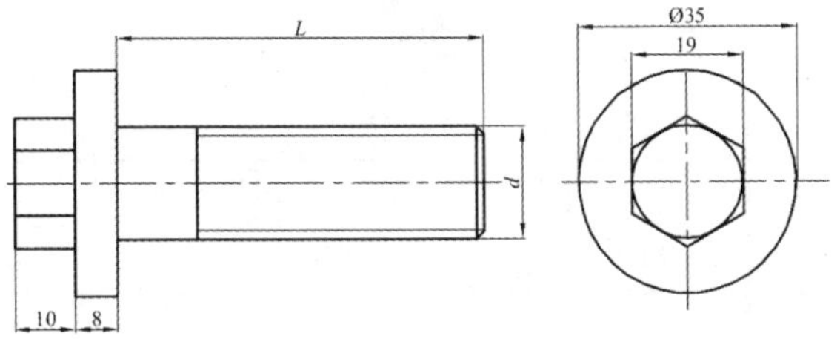	

续表

标准件编号	标记代号	*d*	*L*	标准件编号	标记代号	*d*	*L*
SJ2225-Z620_1	Z62001	M12	50	SJ2225-Z620_6	Z62006	M12	120
SJ2225-Z620_2	Z62002	M12	60	SJ2225-Z620_7	Z62007	M12	140
SJ2225-Z620_3	Z62003	M12	75	SJ2225-Z620_8	Z62008	M12	160
SJ2225-Z620_4	Z62004	M12	90	SJ2225-Z620_9	Z62009	M12	180
SJ2225-Z620_5	Z62005	M12	105				

表 3-92　圆柱端紧定螺钉（SJ 2225—1982）尺寸　　单位：mm

标准件编号	标记代号	*d*	*L*	标准件编号	标记代号	*d*	*L*
SJ2225-Z621_1	Z62101	M6	10	SJ2225-Z621_9	Z62109	M12	20
SJ2225-Z621_2	Z62102	M6	15	SJ2225-Z621_10	Z621010	M12	30
SJ2225-Z621_3	Z62103	M8	18	SJ2225-Z621_11	Z621011	M12	40
SJ2225-Z621_4	Z62104	M8	25	SJ2225-Z621_12	Z621012	M12	50
SJ2225-Z621_5	Z62105	M8	35	SJ2225-Z621_13	Z621013	M12	60
SJ2225-Z621_6	Z62106	M8	45	SJ2225-Z621_14	Z621014	M12	70
SJ2225-Z621_7	Z62107	M8	55	SJ2225-Z621_15	Z621015	M12	80
SJ2225-Z621_8	Z62108	M12	15				

表 3-93　圆柱头螺钉（SJ 2225—1982）尺寸　　单位：mm

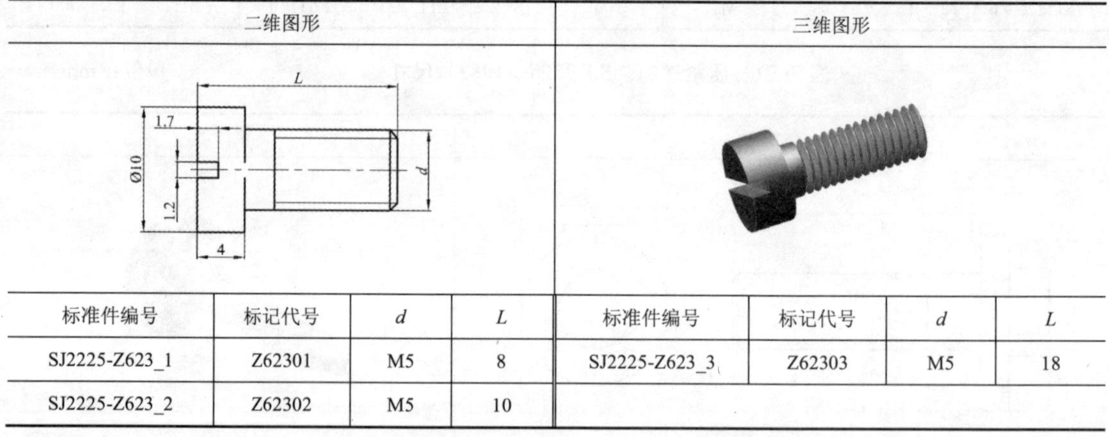

标准件编号	标记代号	*d*	*L*	标准件编号	标记代号	*d*	*L*
SJ2225-Z623_1	Z62301	M5	8	SJ2225-Z623_3	Z62303	M5	18
SJ2225-Z623_2	Z62302	M5	10				

表 3-94　钻套螺钉（SJ 2225—1982）尺寸

单位：mm

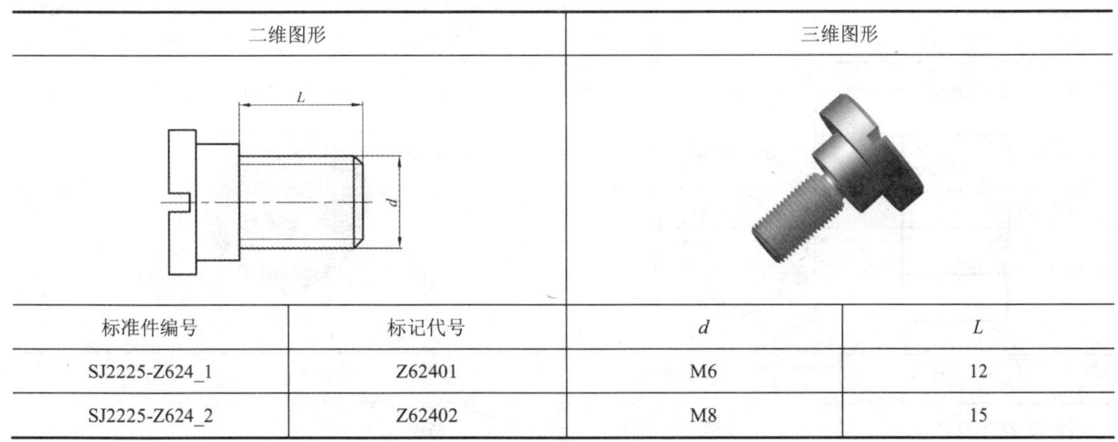

标准件编号	标记代号	*d*	*L*
SJ2225-Z624_1	Z62401	M6	12
SJ2225-Z624_2	Z62402	M8	15

表 3-95　内六角螺钉（SJ 2225—1982）尺寸

单位：mm

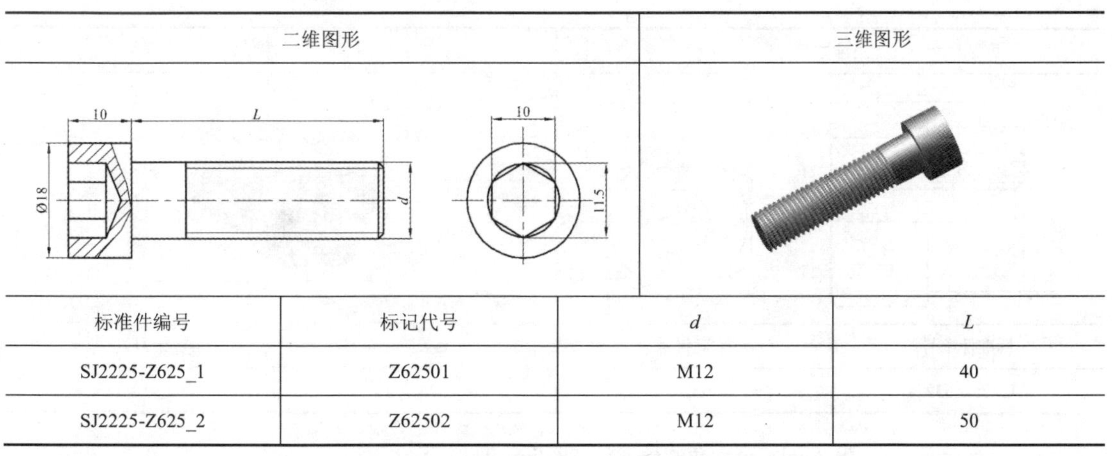

标准件编号	标记代号	*d*	*L*
SJ2225-Z625_1	Z62501	M12	40
SJ2225-Z625_2	Z62502	M12	50

表 3-96　薄六角螺母（SJ 2225—1982）尺寸

单位：mm

二维图形		三维图形	
标准件编号	标记代号	*d*	*H*
SJ2225-Z630_1	Z63001	M12	6

表 3-97　厚六角螺母（SJ 2225—1982）尺寸　　单位：mm

二维图形		三维图形	
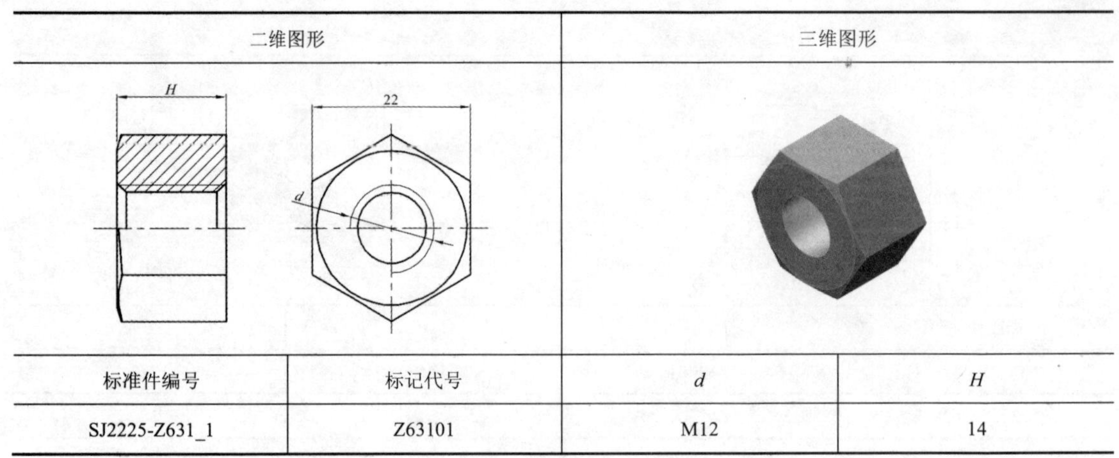			
标准件编号	标记代号	*d*	*H*
SJ2225-Z631_1	Z63101	M12	14

表 3-98　特厚六角螺母（SJ 2225—1982）尺寸　　单位：mm

二维图形		三维图形	
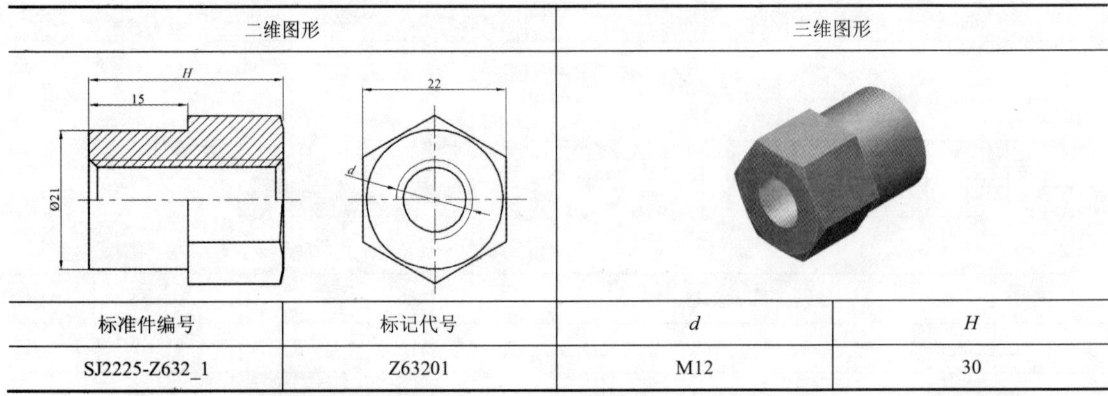			
标准件编号	标记代号	*d*	*H*
SJ2225-Z632_1	Z63201	M12	30

表 3-99　小六角螺母（SJ 2225—1982）尺寸　　单位：mm

二维图形		三维图形	
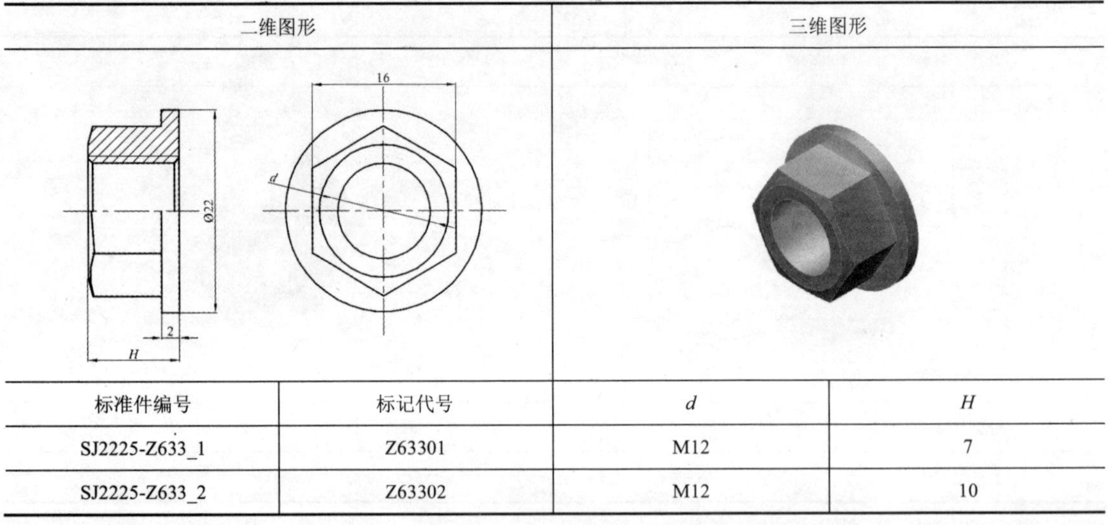			
标准件编号	标记代号	*d*	*H*
SJ2225-Z633_1	Z63301	M12	7
SJ2225-Z633_2	Z63302	M12	10

表 3-100　滚花螺母（SJ 2225—1982）尺寸　　　　单位：mm

二维图形	三维图形

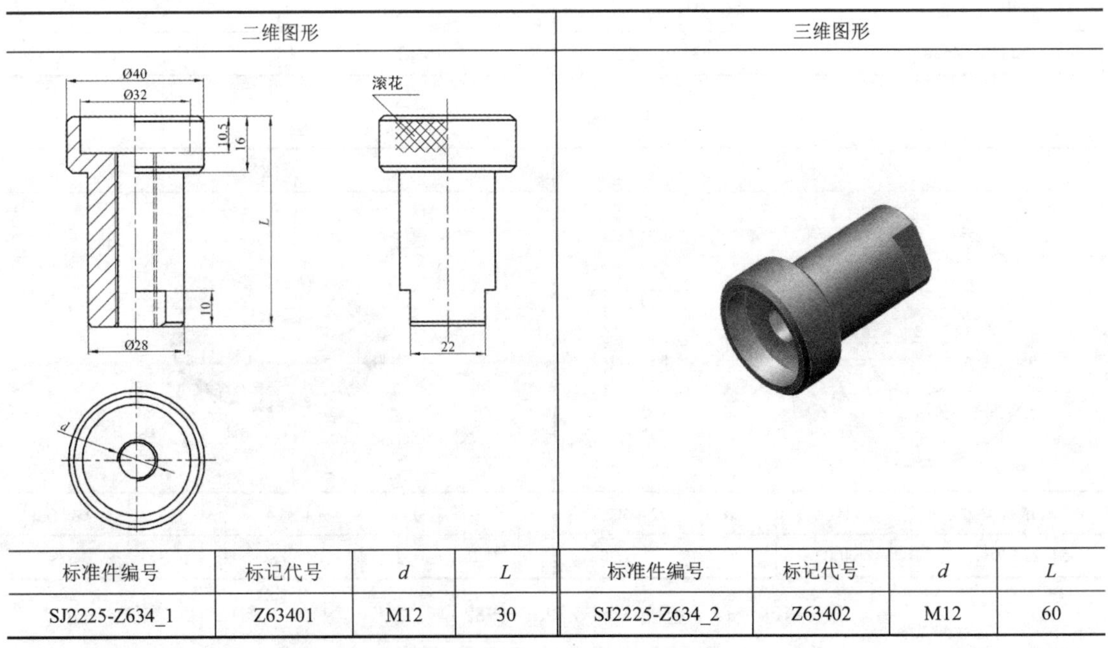

标准件编号	标记代号	*d*	*L*	标准件编号	标记代号	*d*	*L*
SJ2225-Z634_1	Z63401	M12	30	SJ2225-Z634_2	Z63402	M12	60

表 3-101　四方螺母（SJ 2225—1982）尺寸　　　　单位：mm

二维图形	三维图形

标准件编号	标记代号	*d*	*L*
SJ2225-Z635_1	Z63501	M12	19

表 3-102　长方螺母（SJ 2225—1982）尺寸　　　　单位：mm

二维图形	三维图形

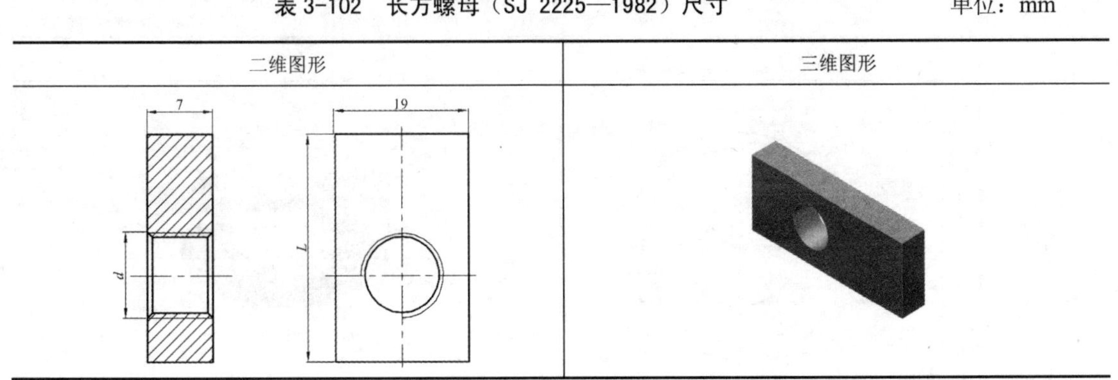

续表

标准件编号	标记代号	*d*	*L*
SJ2225-Z636_1	Z63601	M12	45

表 3-103　平垫圈（SJ 2225—1982）尺寸　　单位：mm

二维图形	三维图形

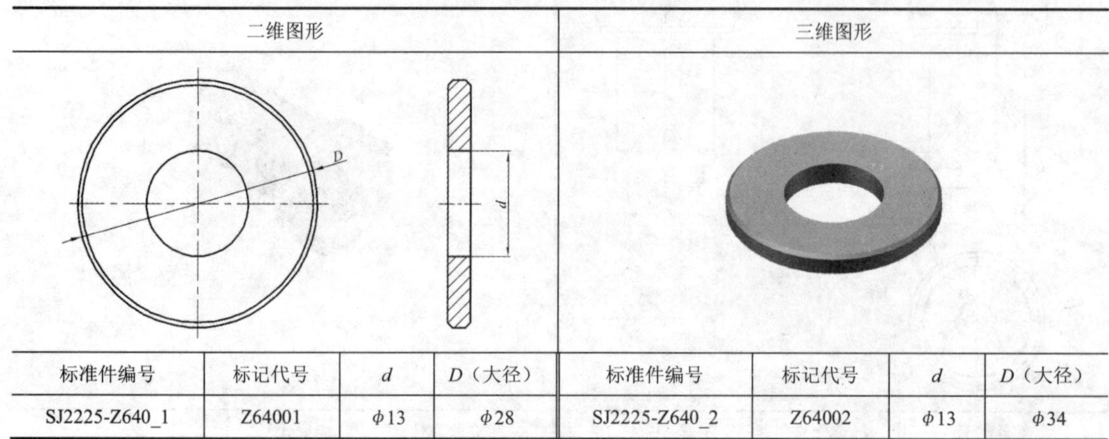

标准件编号	标记代号	*d*	*D*（大径）	标准件编号	标记代号	*d*	*D*（大径）
SJ2225-Z640_1	Z64001	$\phi 13$	$\phi 28$	SJ2225-Z640_2	Z64002	$\phi 13$	$\phi 34$

表 3-104　球面垫圈（SJ 2225—1982）尺寸　　单位：mm

二维图形	三维图形

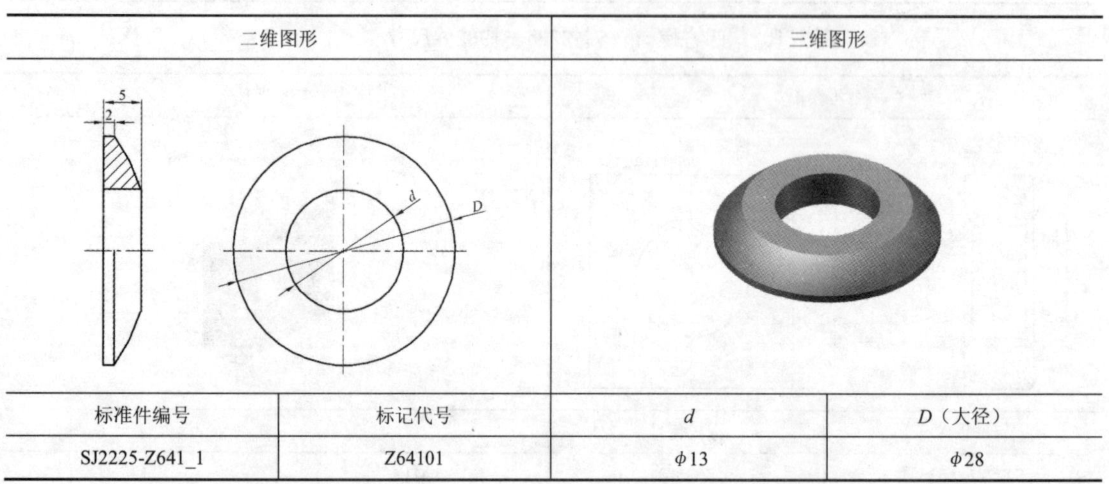

标准件编号	标记代号	*d*	*D*（大径）
SJ2225-Z641_1	Z64101	$\phi 13$	$\phi 28$

表 3-105　锥面垫圈（SJ 2225—1982）尺寸　　单位：mm

二维图形	三维图形

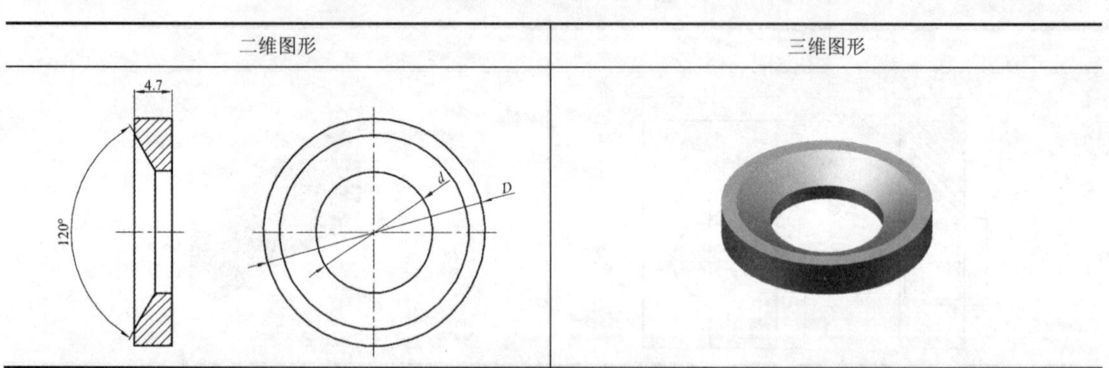

续表

标准件编号	标记代号	*d*	*D*（大径）
SJ2225-Z642_1	Z64201	ϕ15	ϕ28

表 3-106　快换垫圈（SJ 2225—1982）尺寸　　单位：mm

二维图形	三维图形

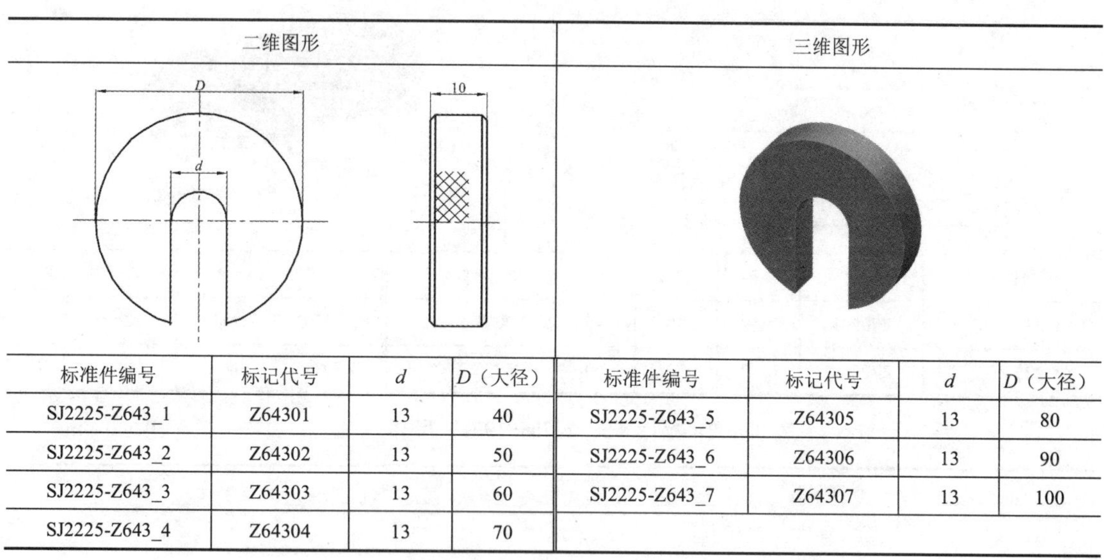

标准件编号	标记代号	*d*	*D*（大径）	标准件编号	标记代号	*d*	*D*（大径）
SJ2225-Z643_1	Z64301	13	40	SJ2225-Z643_5	Z64305	13	80
SJ2225-Z643_2	Z64302	13	50	SJ2225-Z643_6	Z64306	13	90
SJ2225-Z643_3	Z64303	13	60	SJ2225-Z643_7	Z64307	13	100
SJ2225-Z643_4	Z64304	13	70				

3.7　其他件

其他件包括连接板、回转板、摇板、平面支钉、球面支钉、鳞齿支钉、二爪支钉、三爪支钉、平面支承帽、球面支承帽、鳞齿支承帽、轴销、关节叉头、手柄、滚花手柄、平衡块、弹簧。其尺寸如表 3-107～表 3-123 所示。

表 3-107　连接板（SJ 2225—1982）尺寸　　单位：mm

二维图形	三维图形

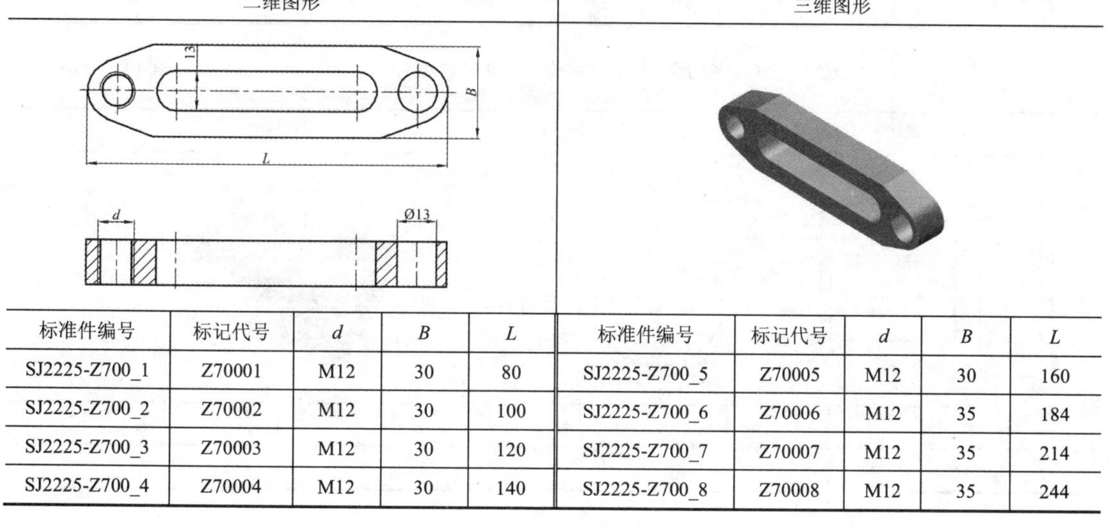

标准件编号	标记代号	*d*	*B*	*L*	标准件编号	标记代号	*d*	*B*	*L*
SJ2225-Z700_1	Z70001	M12	30	80	SJ2225-Z700_5	Z70005	M12	30	160
SJ2225-Z700_2	Z70002	M12	30	100	SJ2225-Z700_6	Z70006	M12	35	184
SJ2225-Z700_3	Z70003	M12	30	120	SJ2225-Z700_7	Z70007	M12	35	214
SJ2225-Z700_4	Z70004	M12	30	140	SJ2225-Z700_8	Z70008	M12	35	244

表 3-108　回转板（SJ 2225—1982）尺寸

单位：mm

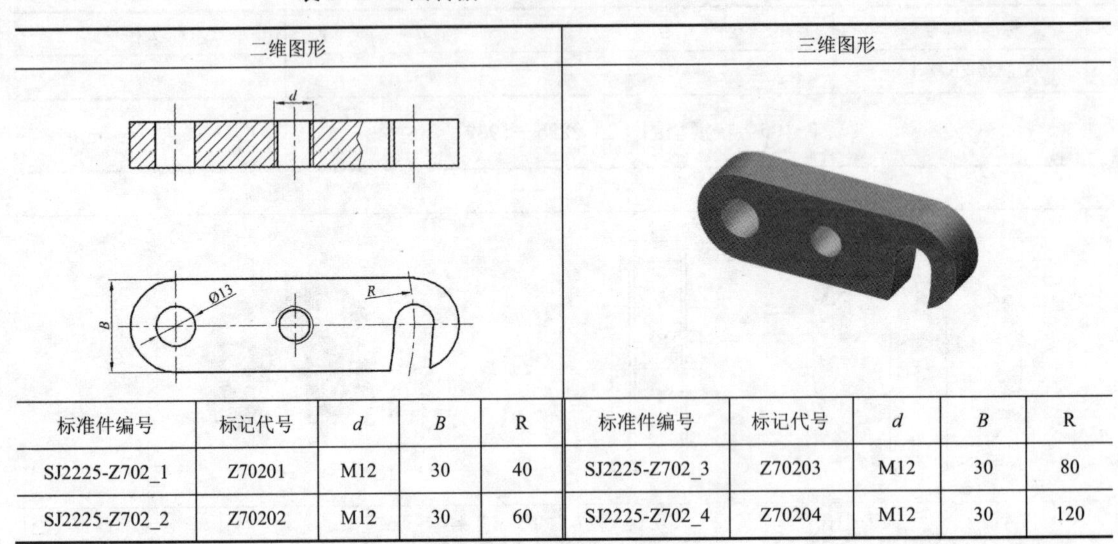

标准件编号	标记代号	*d*	*B*	R	标准件编号	标记代号	*d*	*B*	R
SJ2225-Z702_1	Z70201	M12	30	40	SJ2225-Z702_3	Z70203	M12	30	80
SJ2225-Z702_2	Z70202	M12	30	60	SJ2225-Z702_4	Z70204	M12	30	120

表 3-109　摇板（SJ 2225—1982）尺寸

单位：mm

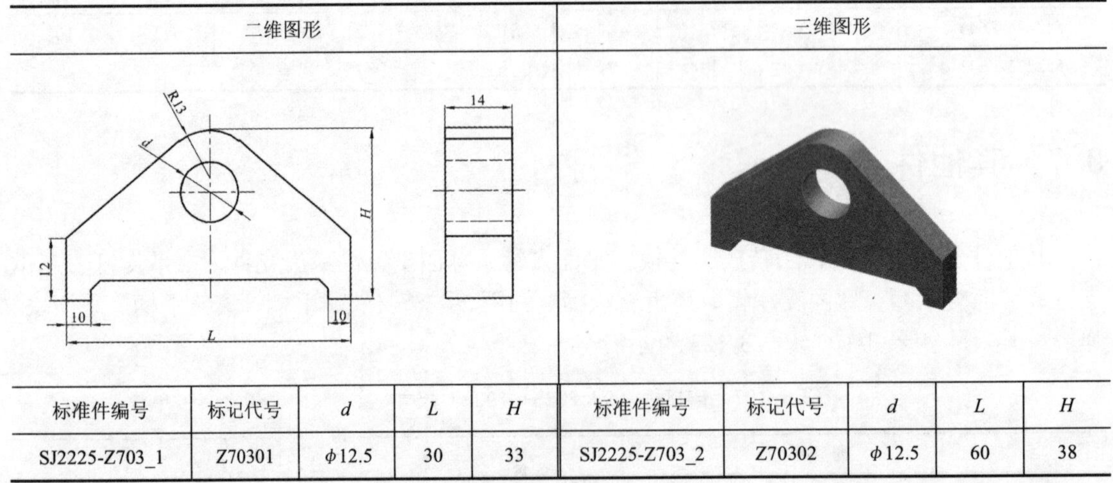

标准件编号	标记代号	*d*	*L*	*H*	标准件编号	标记代号	*d*	*L*	*H*
SJ2225-Z703_1	Z70301	ϕ12.5	30	33	SJ2225-Z703_2	Z70302	ϕ12.5	60	38

表 3-110　平面支钉（SJ 2225—1982）尺寸

单位：mm

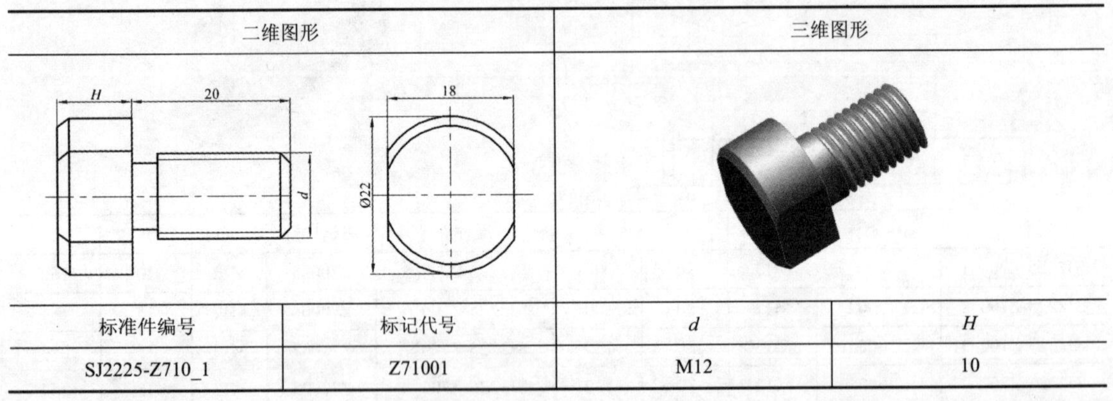

标准件编号	标记代号	*d*	*H*
SJ2225-Z710_1	Z71001	M12	10

表 3-111　球面支钉（SJ 2225—1982）尺寸　　单位：mm

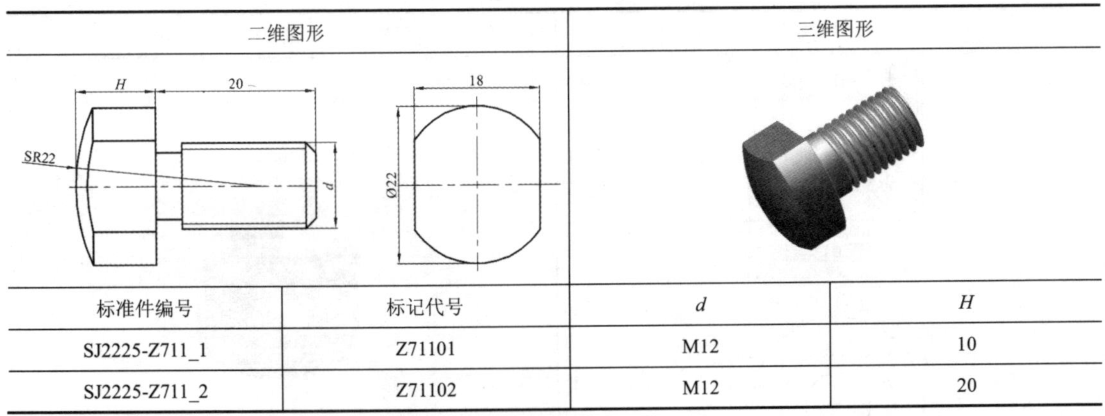

标准件编号	标记代号	d	H
SJ2225-Z711_1	Z71101	M12	10
SJ2225-Z711_2	Z71102	M12	20

表 3-112　鳞齿支钉（SJ 2225—1982）尺寸　　单位：mm

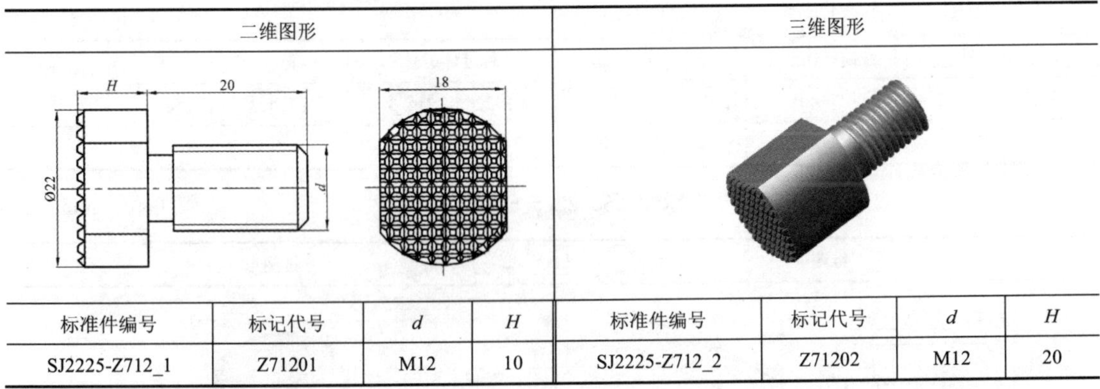

标准件编号	标记代号	d	H	标准件编号	标记代号	d	H
SJ2225-Z712_1	Z71201	M12	10	SJ2225-Z712_2	Z71202	M12	20

表 3-113　二爪支钉（SJ 2225—1982）尺寸　　单位：mm

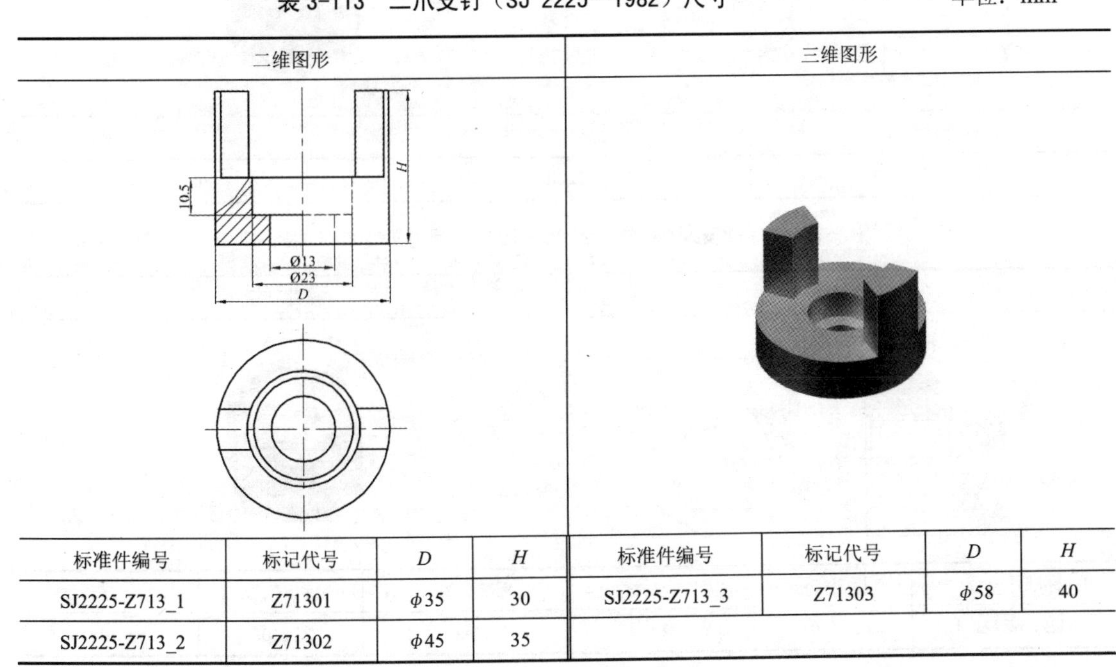

标准件编号	标记代号	D	H	标准件编号	标记代号	D	H
SJ2225-Z713_1	Z71301	ϕ35	30	SJ2225-Z713_3	Z71303	ϕ58	40
SJ2225-Z713_2	Z71302	ϕ45	35				

表 3-114　三爪支钉（SJ 2225—1982）尺寸　　单位：mm

二维图形	三维图形

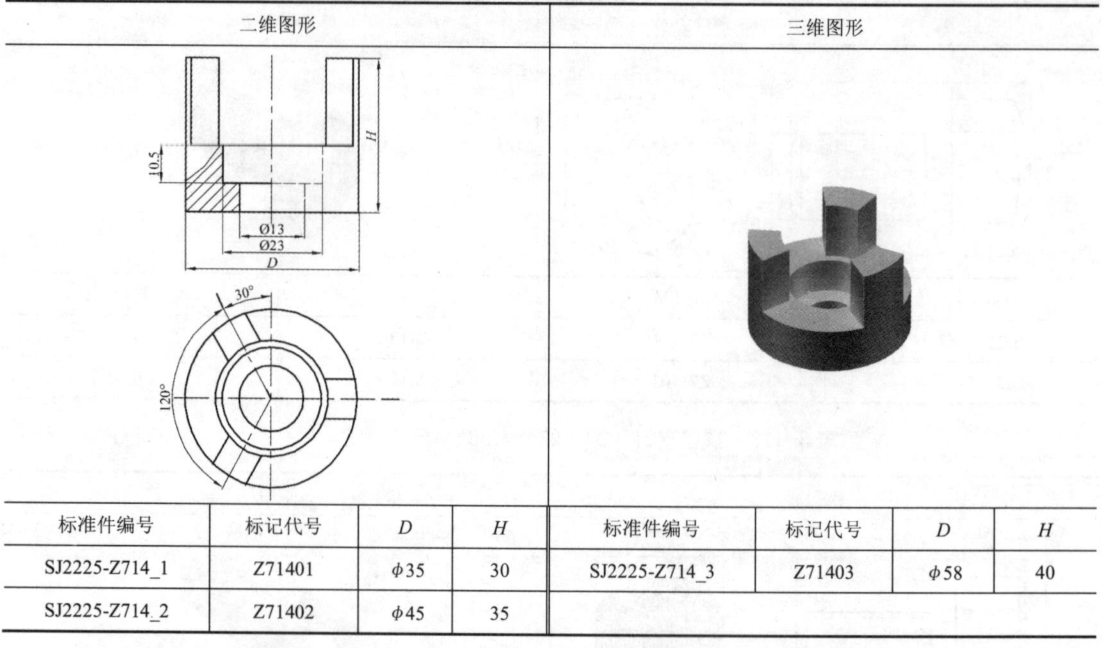

标准件编号	标记代号	D	H	标准件编号	标记代号	D	H
SJ2225-Z714_1	Z71401	ϕ35	30	SJ2225-Z714_3	Z71403	ϕ58	40
SJ2225-Z714_2	Z71402	ϕ45	35				

表 3-115　平面支承帽（SJ 2225—1982）尺寸　　单位：mm

二维图形	三维图形

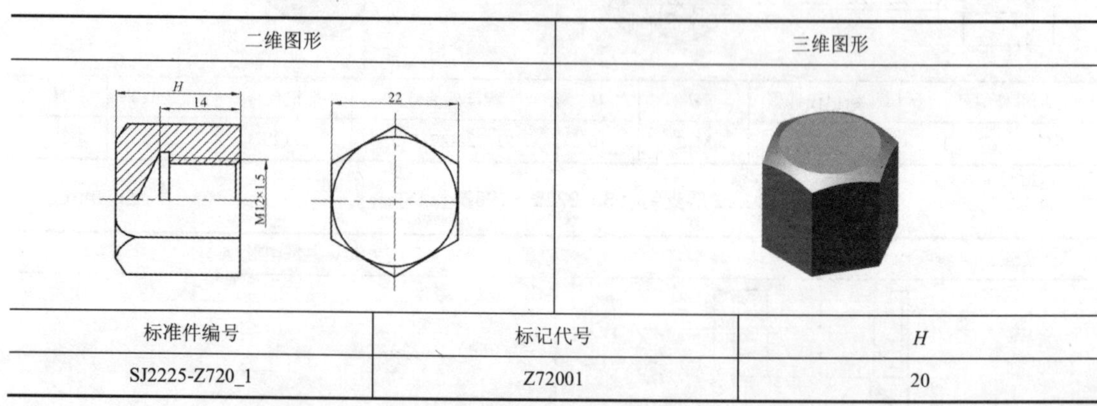

标准件编号	标记代号	H
SJ2225-Z720_1	Z72001	20

表 3-116　球面支承帽（SJ 2225—1982）尺寸　　单位：mm

二维图形	三维图形

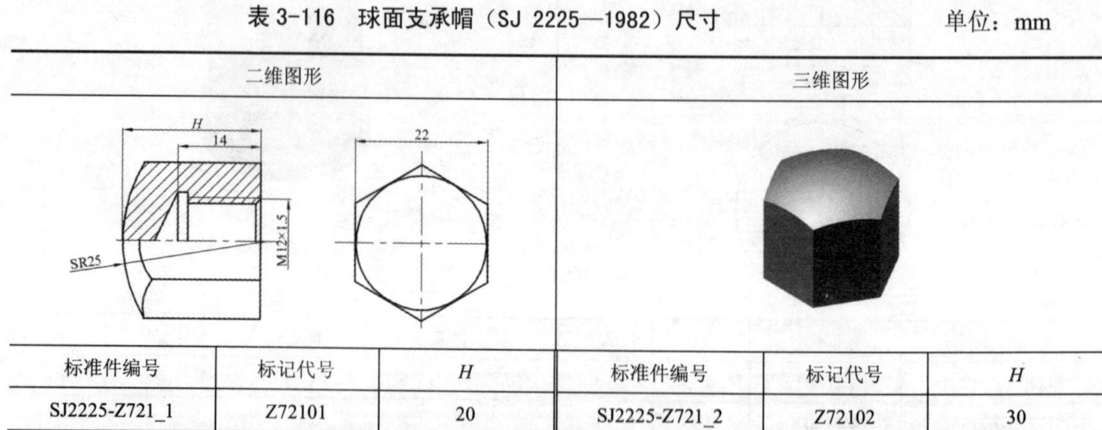

标准件编号	标记代号	H	标准件编号	标记代号	H
SJ2225-Z721_1	Z72101	20	SJ2225-Z721_2	Z72102	30

表 3-117 鳞齿支承帽（SJ 2225—1982）尺寸 单位：mm

二维图形			三维图形		

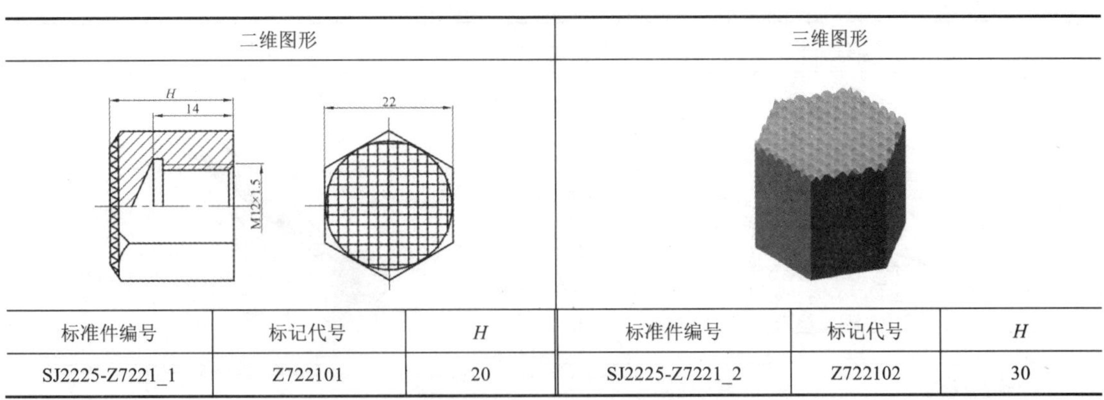

标准件编号	标记代号	H	标准件编号	标记代号	H
SJ2225-Z7221_1	Z722101	20	SJ2225-Z7221_2	Z722102	30

表 3-118 轴销（SJ 2225—1982）尺寸 单位：mm

二维图形	三维图形

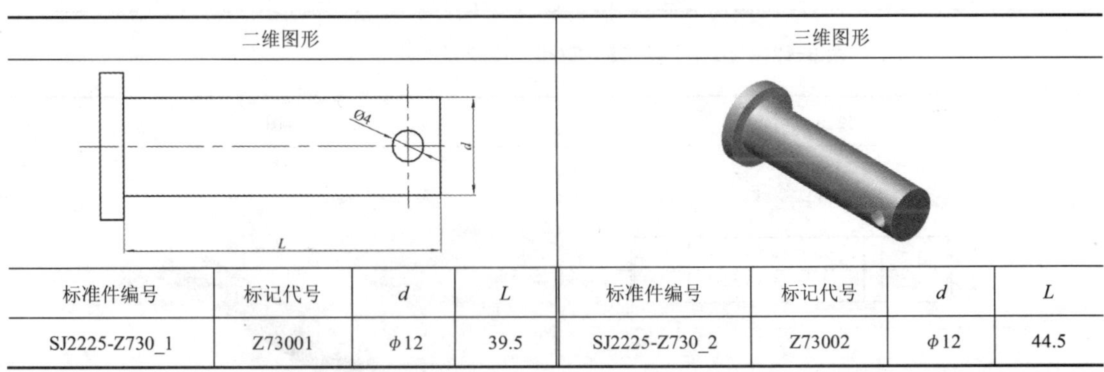

标准件编号	标记代号	d	L	标准件编号	标记代号	d	L
SJ2225-Z730_1	Z73001	ϕ12	39.5	SJ2225-Z730_2	Z73002	ϕ12	44.5

表 3-119 关节叉头（SJ 2225—1982）尺寸 单位：mm

二维图形	三维图形

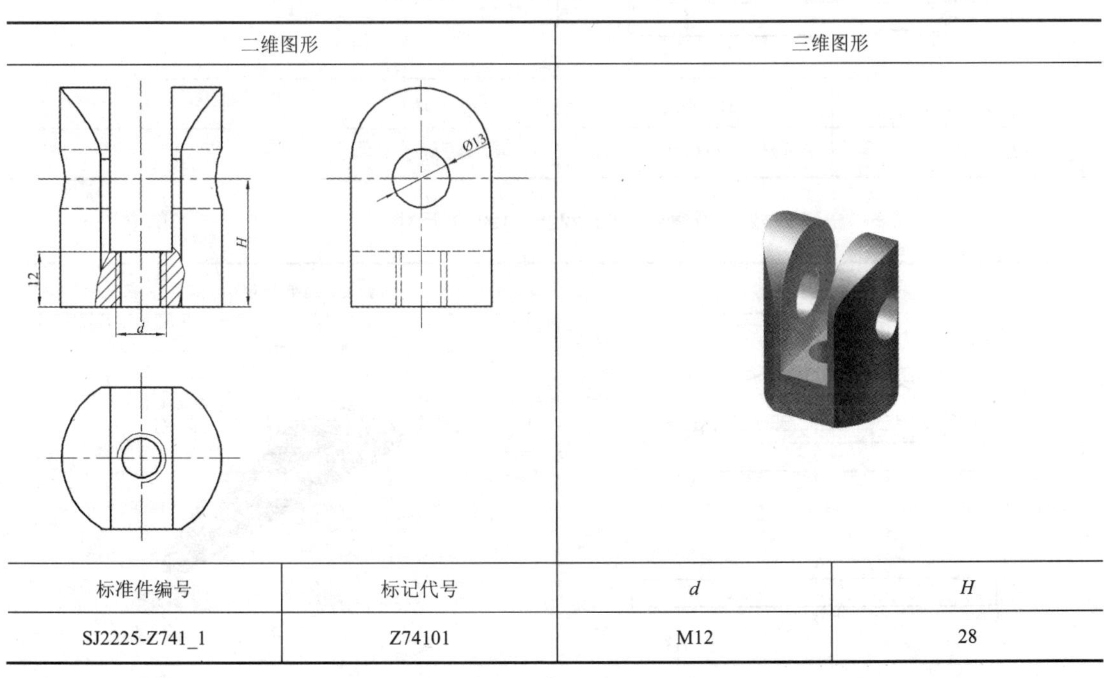

标准件编号	标记代号	d	H
SJ2225-Z741_1	Z74101	M12	28

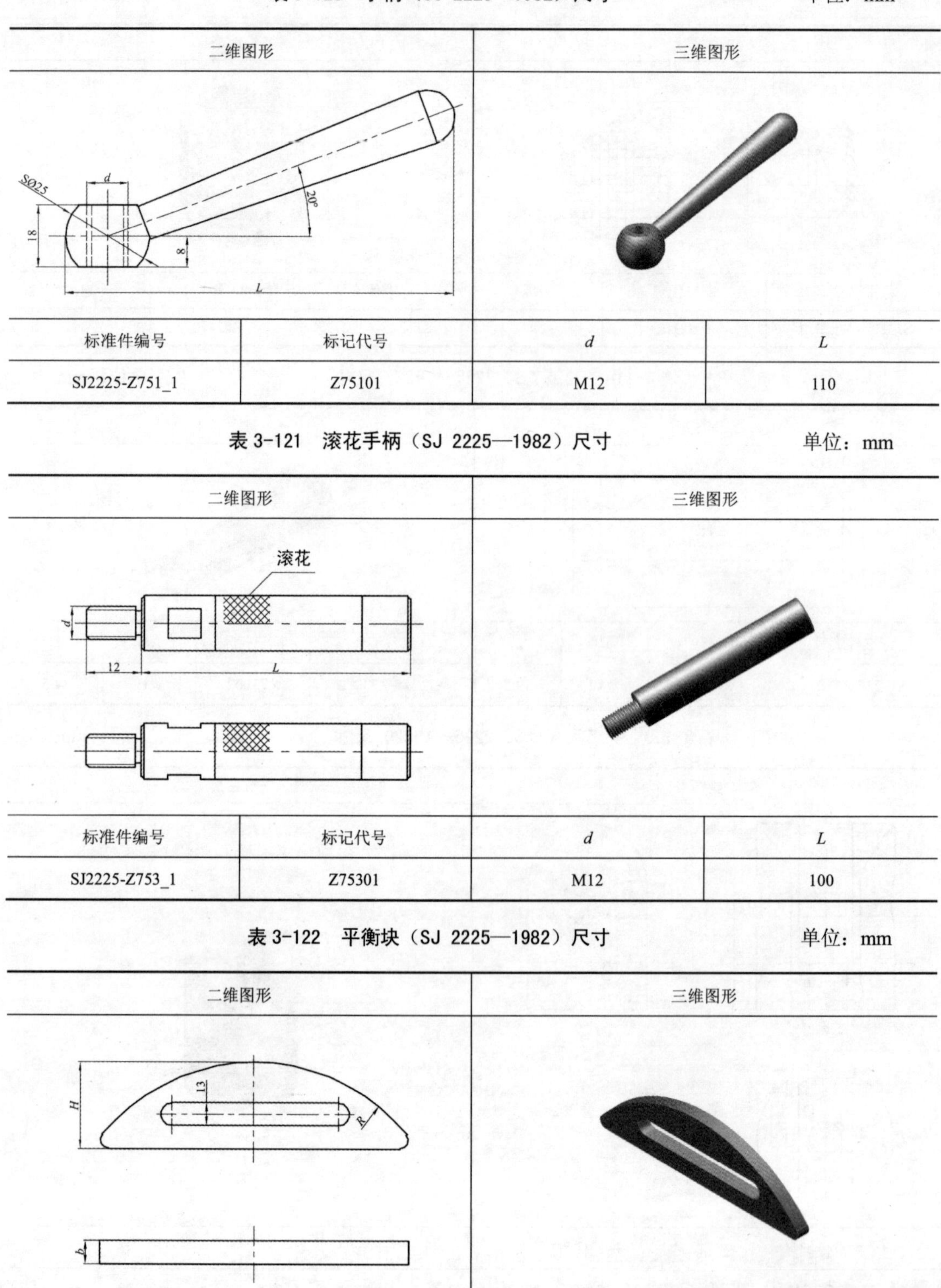

表 3-120　手柄（SJ 2225—1982）尺寸　　单位：mm

二维图形	三维图形
SØ25 d 20° 18 8 L	

标准件编号	标记代号	d	L
SJ2225-Z751_1	Z75101	M12	110

表 3-121　滚花手柄（SJ 2225—1982）尺寸　　单位：mm

二维图形	三维图形
滚花 d 12 L	

标准件编号	标记代号	d	L
SJ2225-Z753_1	Z75301	M12	100

表 3-122　平衡块（SJ 2225—1982）尺寸　　单位：mm

二维图形	三维图形
H 13 R b	

续表

标准件编号	标记代号	*R*	*b*	*H*
SJ2225-Z770_1	Z77001	R120	5	50
SJ2225-Z770_2	Z77002	R120	10	50
SJ2225-Z770_3	Z77003	R120	20	50
SJ2225-Z770_4	Z77004	R150	5	60
SJ2225-Z770_5	Z77005	R150	10	60
SJ2225-Z770_6	Z77006	R150	20	60
SJ2225-Z770_7	Z77007	R150	5	70
SJ2225-Z770_8	Z77008	R180	10	70
SJ2225-Z770_9	Z77009	R180	20	70

表 3-123　弹簧（SJ 2225—1982）尺寸　　　　单位：mm

二维图形	三维图形

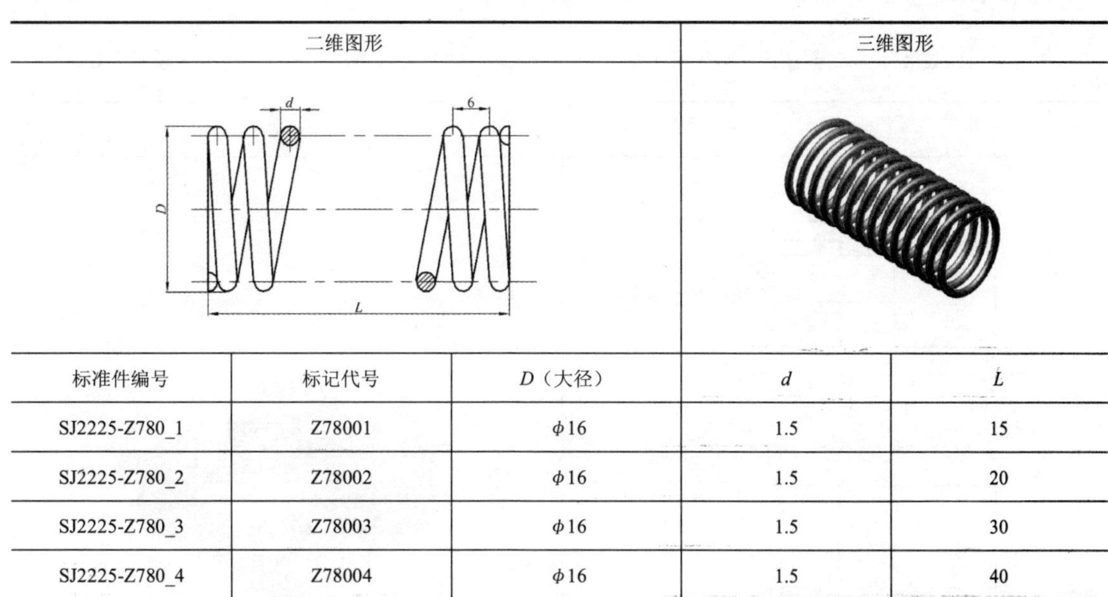

标准件编号	标记代号	*D*（大径）	*d*	*L*
SJ2225-Z780_1	Z78001	$\phi16$	1.5	15
SJ2225-Z780_2	Z78002	$\phi16$	1.5	20
SJ2225-Z780_3	Z78003	$\phi16$	1.5	30
SJ2225-Z780_4	Z78004	$\phi16$	1.5	40

第 4 章　大型系列组合夹具标准件技术设计参数

4.1　支承件

支承件包括二竖槽正方形支承（Ⅰ型、Ⅱ型、Ⅲ型和Ⅳ型）、四竖槽正方形垫片、四竖槽正方形垫板、空心正方形支承、三竖槽长方形支承（Ⅰ型、Ⅱ型、Ⅲ型和Ⅳ型）、四竖槽长方形垫片、四竖槽长方形垫板、偏心长方形垫板、空心长方形支承、右角铁、左角铁、加肋角铁（Ⅰ型、Ⅱ型）、转角支承、角度支承、V形垫板、筒式V形支承（Ⅰ型、Ⅱ型）、V形角铁、右角形角铁、左角形角铁、伸长板（Ⅰ型、Ⅱ型）、双面槽伸长板、二阶定位支承。其尺寸如表 4-1～表 4-31 所示。

表 4-1　二竖槽正方形支承Ⅰ型（HB 7144.1—1995）尺寸　　单位：mm

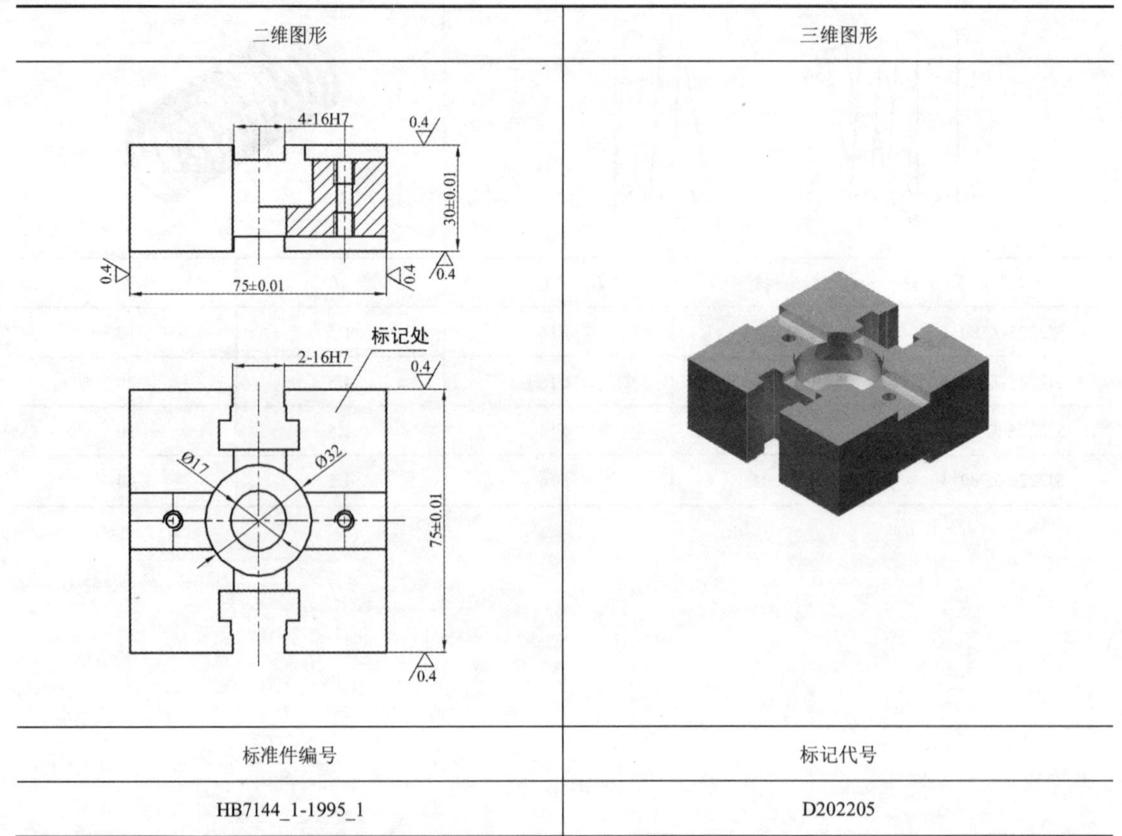

二维图形	三维图形
标准件编号	标记代号
HB7144_1-1995_1	D202205

表 4-2　二竖槽正方形支承Ⅱ型（HB 7144.1—1995）尺寸　单位：mm

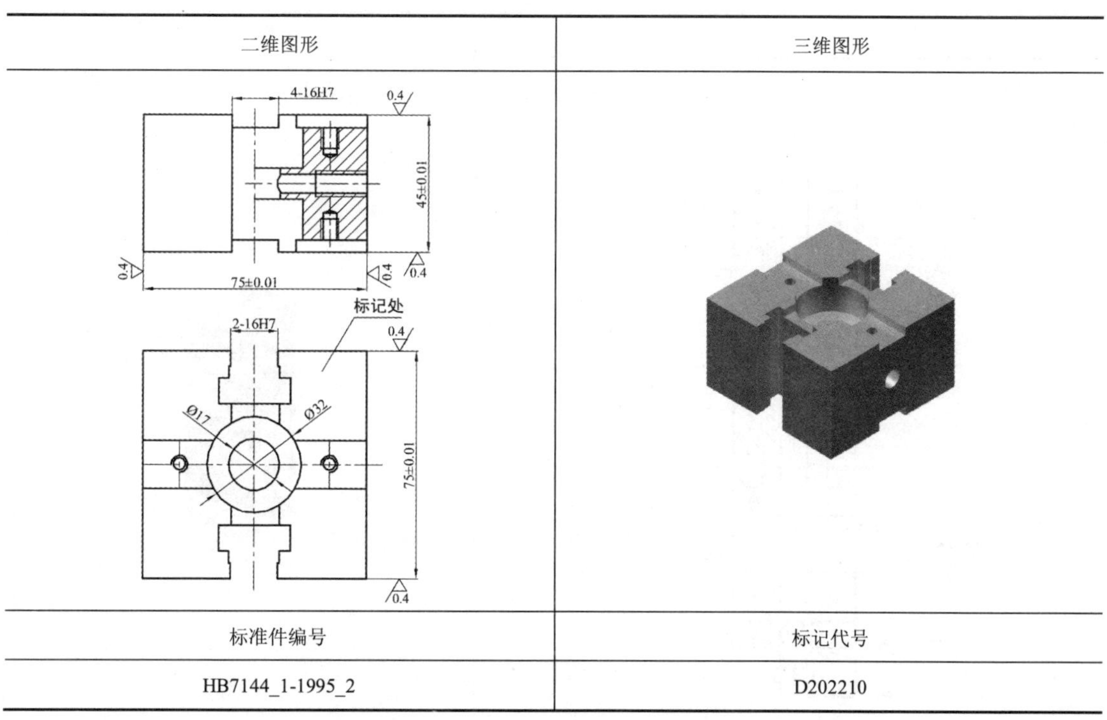

二维图形	三维图形
标准件编号	标记代号
HB7144_1-1995_2	D202210

表 4-3　二竖槽正方形支承Ⅲ型（HB 7144.1—1995）尺寸　单位：mm

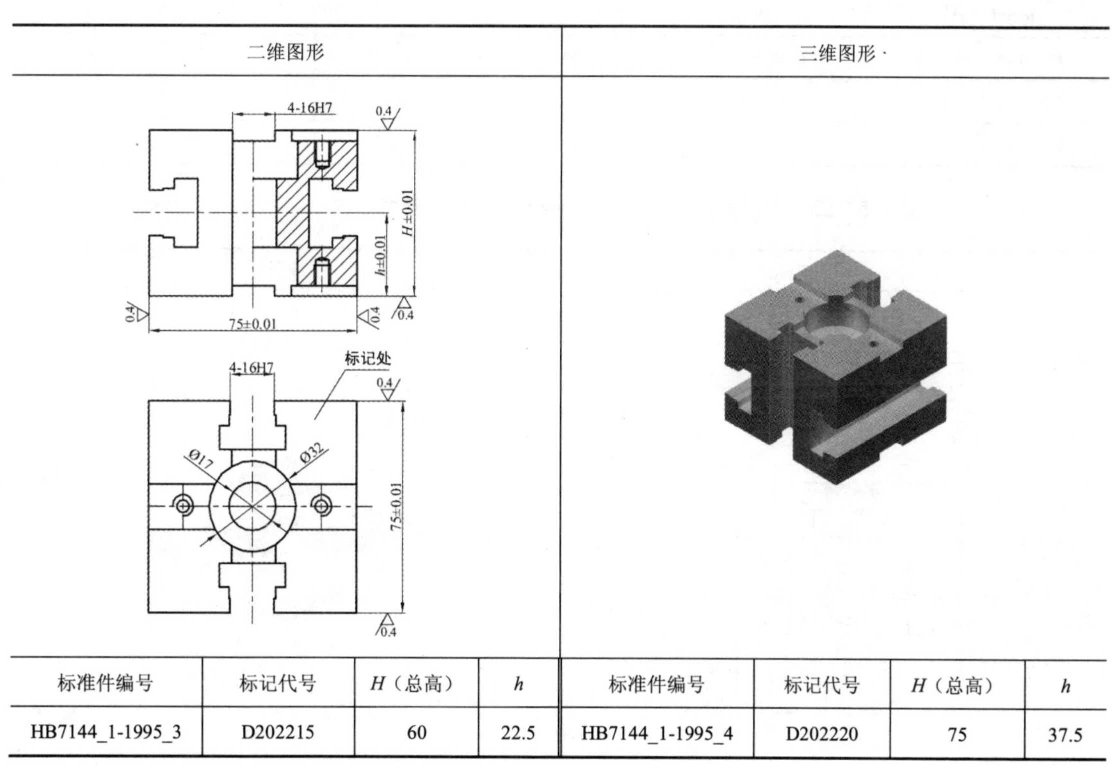

标准件编号	标记代号	*H*（总高）	*h*	标准件编号	标记代号	*H*（总高）	*h*
HB7144_1-1995_3	D202215	60	22.5	HB7144_1-1995_4	D202220	75	37.5

表 4-4 二竖槽正方形支承Ⅳ型（HB 7144.1—1995）尺寸　　单位：mm

二维图形 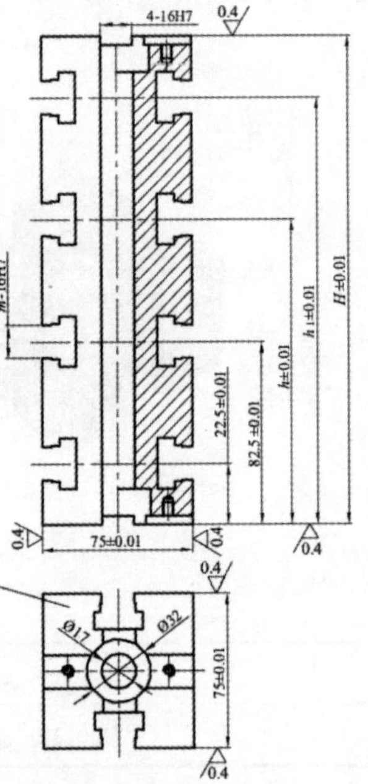	三维图形 

标准件编号	标记代号	H（总高）	h	h_1	m
HB7144_1-1995_5	D202225	120	—	—	6
HB7144_1-1995_6	D202230	180	142.5	—	8
HB7144_1-1995_7	D202235	240	142.5	202.5	10

表 4-5 四竖槽正方形垫片（HB 7144.2—1995）尺寸　　单位：mm

二维图形	三维图形

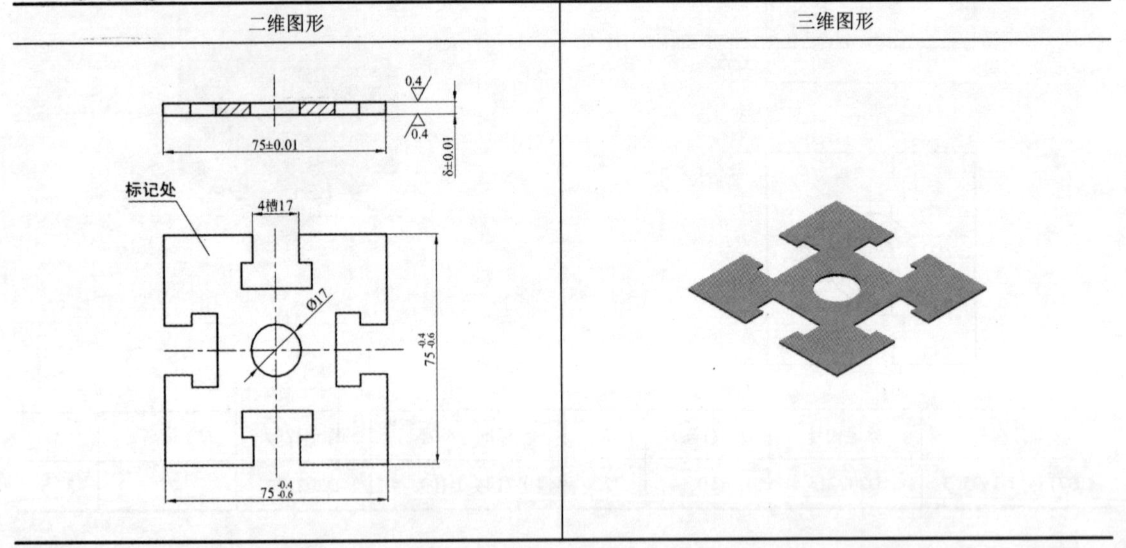

续表

标准件编号	标记代号	δ	标准件编号	标记代号	δ
HB7144_2-1995_1	D204001	1.00	HB7144_2-1995_13	D204013	1.60
HB7144_2-1995_2	D204002	1.05	HB7144_2-1995_14	D204014	1.65
HB7144_2-1995_3	D204003	1.10	HB7144_2-1995_15	D204015	1.70
HB7144_2-1995_4	D204004	1.15	HB7144_2-1995_16	D204016	1.75
HB7144_2-1995_5	D204005	1.20	HB7144_2-1995_17	D204017	1.80
HB7144_2-1995_6	D204006	1.25	HB7144_2-1995_18	D204018	1.85
HB7144_2-1995_7	D204007	1.30	HB7144_2-1995_19	D204019	1.90
HB7144_2-1995_8	D204008	1.35	HB7144_2-1995_20	D204020	1.95
HB7144_2-1995_9	D204009	1.40	HB7144_2-1995_21	D204021	2.00
HB7144_2-1995_10	D204010	1.45	HB7144_2-1995_21	D204022	2.50
HB7144_2-1995_11	D204011	1.50	HB7144_2-1995_23	D204023	3.00
HB7144_2-1995_12	D204012	1.55	HB7144_2-1995_24	D204024	5.00

表 4-6　四竖槽正方形垫板（HB 7144.3—1995）尺寸　　单位：mm

二维图形	三维图形

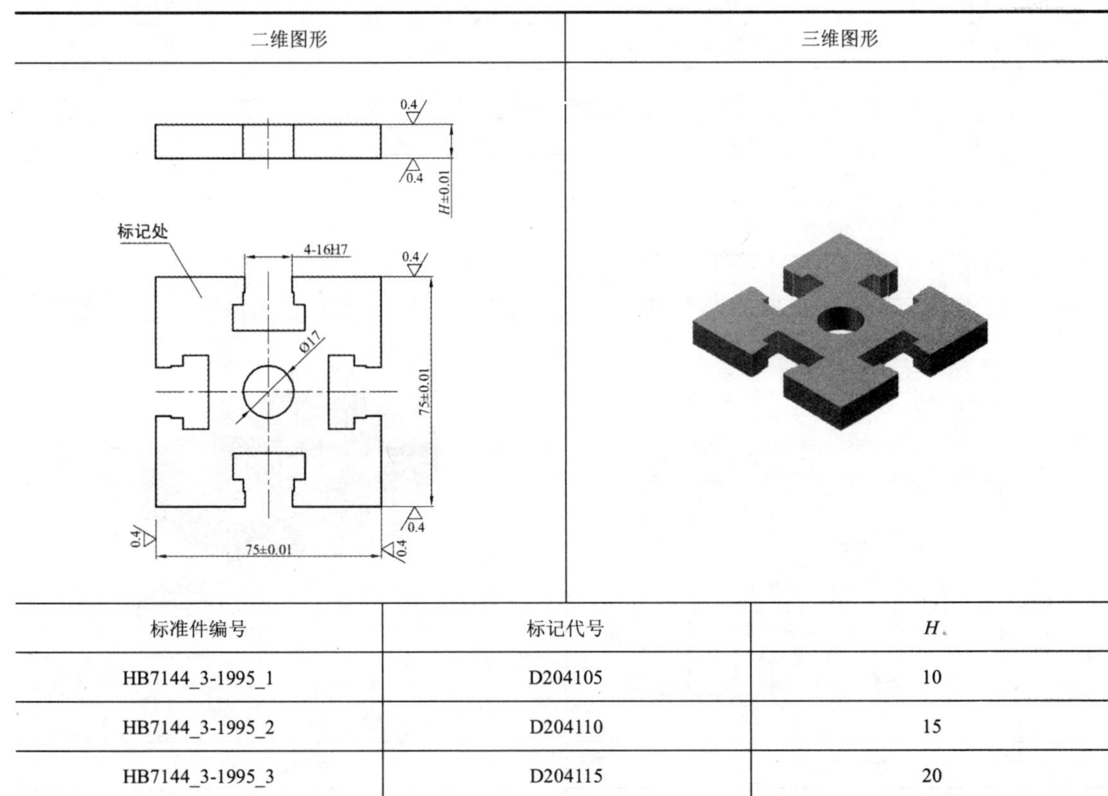

标准件编号	标记代号	H
HB7144_3-1995_1	D204105	10
HB7144_3-1995_2	D204110	15
HB7144_3-1995_3	D204115	20

表 4-7　空心正方形支承（HB 7144.4—1995）尺寸　　单位：mm

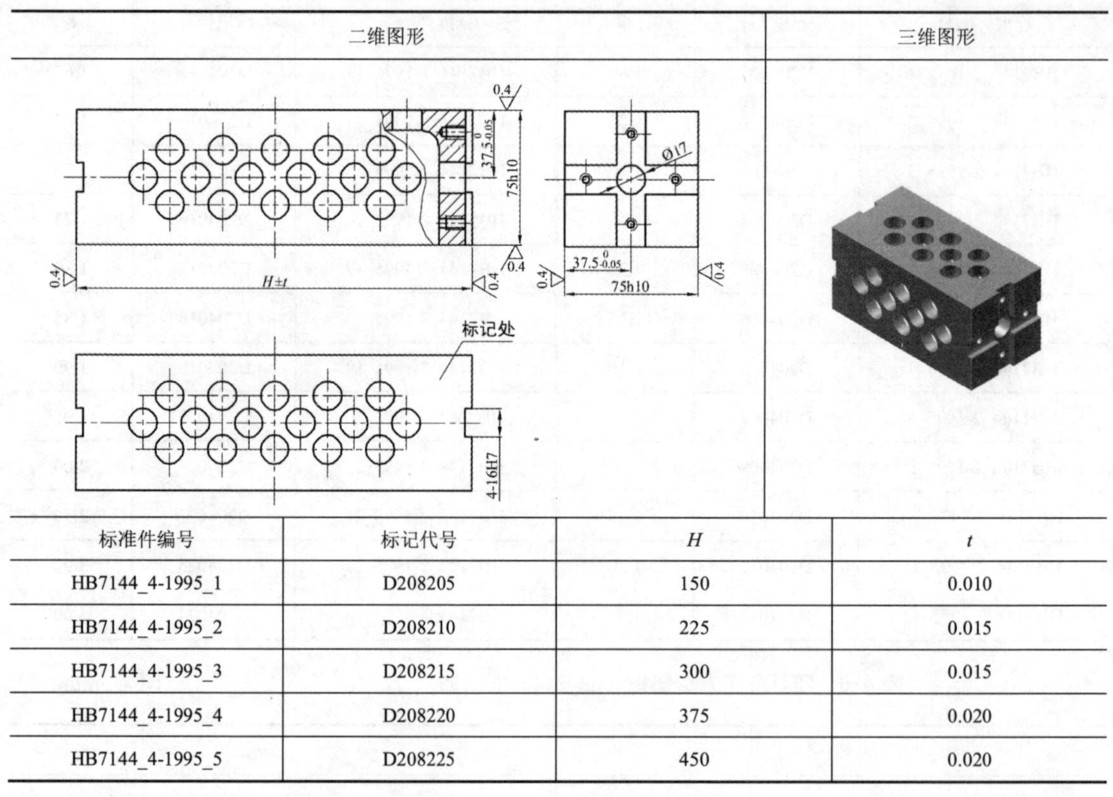

标准件编号	标记代号	H	t
HB7144_4-1995_1	D208205	150	0.010
HB7144_4-1995_2	D208210	225	0.015
HB7144_4-1995_3	D208215	300	0.015
HB7144_4-1995_4	D208220	375	0.020
HB7144_4-1995_5	D208225	450	0.020

表 4-8　三竖槽长方形支承Ⅰ型（HB 7144.5—1995）尺寸　　单位：mm

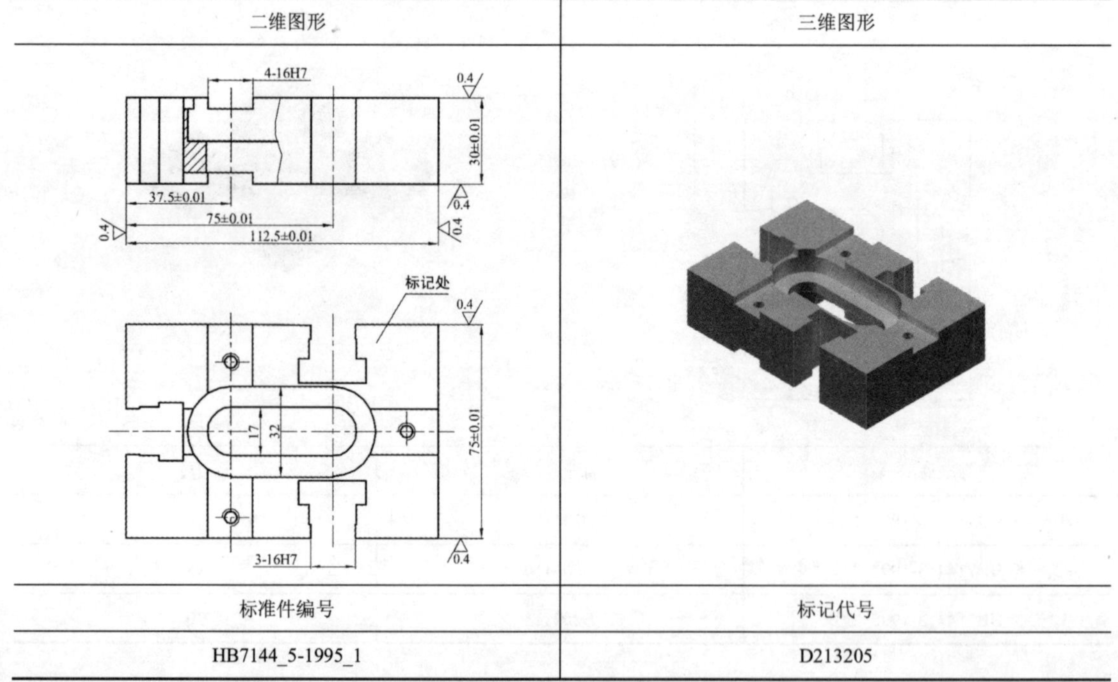

标准件编号	标记代号
HB7144_5-1995_1	D213205

表 4-9　三竖槽长方形支承Ⅱ型（HB 7144.5-1995）尺寸　　单位：mm

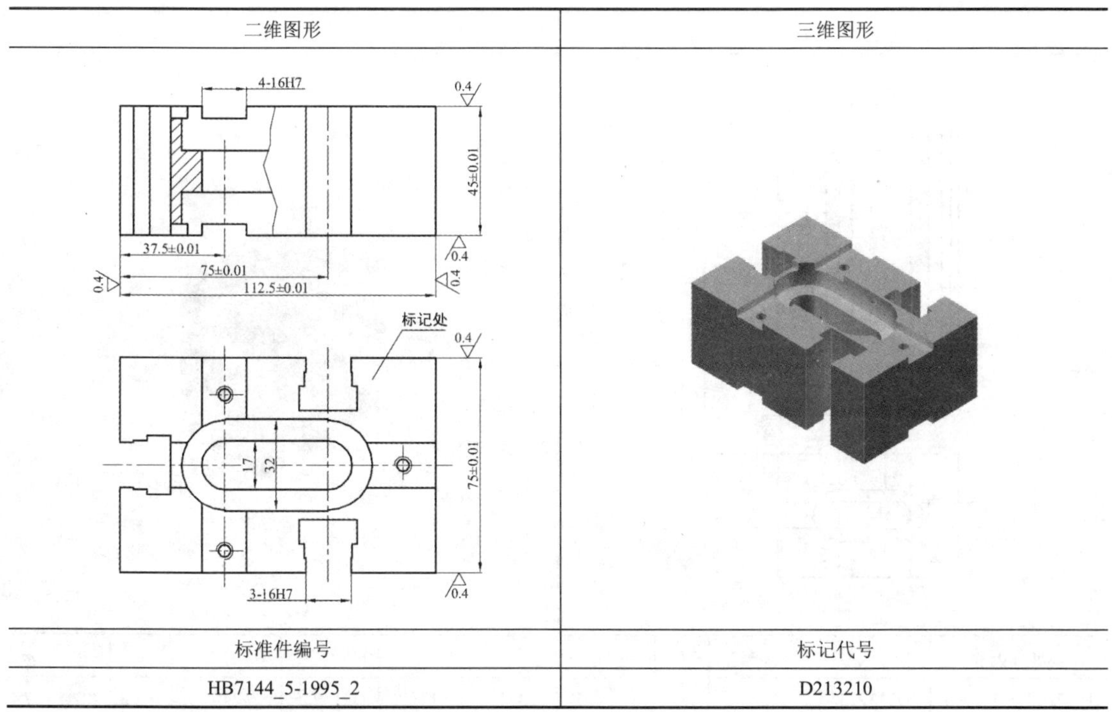

标准件编号	标记代号
HB7144_5-1995_2	D213210

表 4-10　三竖槽长方形支承Ⅲ型（HB 7144.5-1995）尺寸　　单位：mm

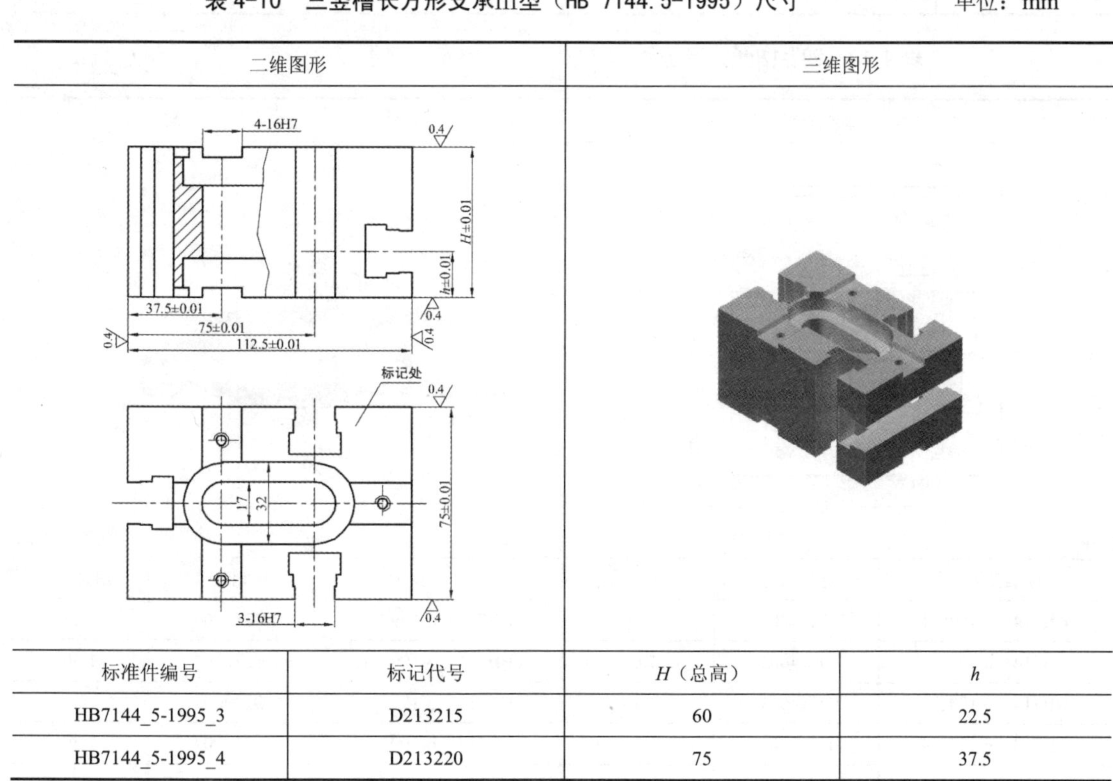

标准件编号	标记代号	H（总高）	h
HB7144_5-1995_3	D213215	60	22.5
HB7144_5-1995_4	D213220	75	37.5

表 4-11　三竖槽长方形支承Ⅳ型（HB 7144.5—1995）尺寸　　单位：mm

二维图形	三维图形

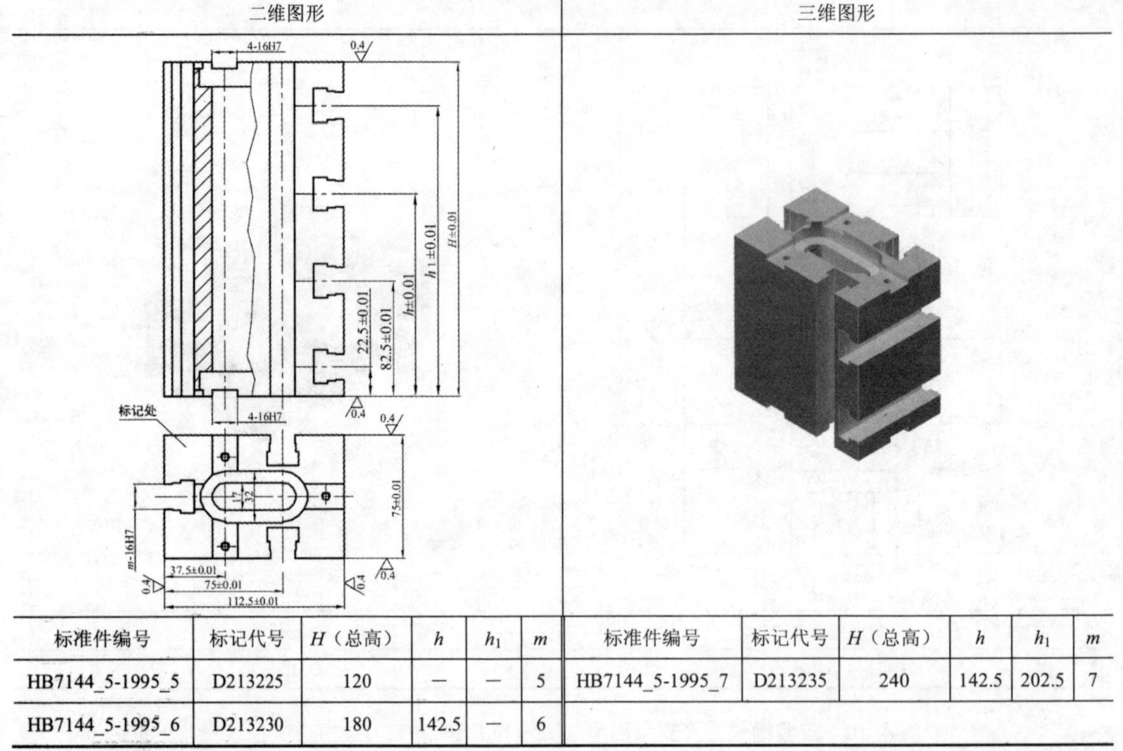

标准件编号	标记代号	H（总高）	h	h_1	m
HB7144_5-1995_5	D213225	120	—	—	5
HB7144_5-1995_6	D213230	180	142.5	—	6
HB7144_5-1995_7	D213235	240	142.5	202.5	7

表 4-12　四竖槽长方形垫片（HB 7144.6—1995）尺寸　　单位：mm

二维图形	三维图形

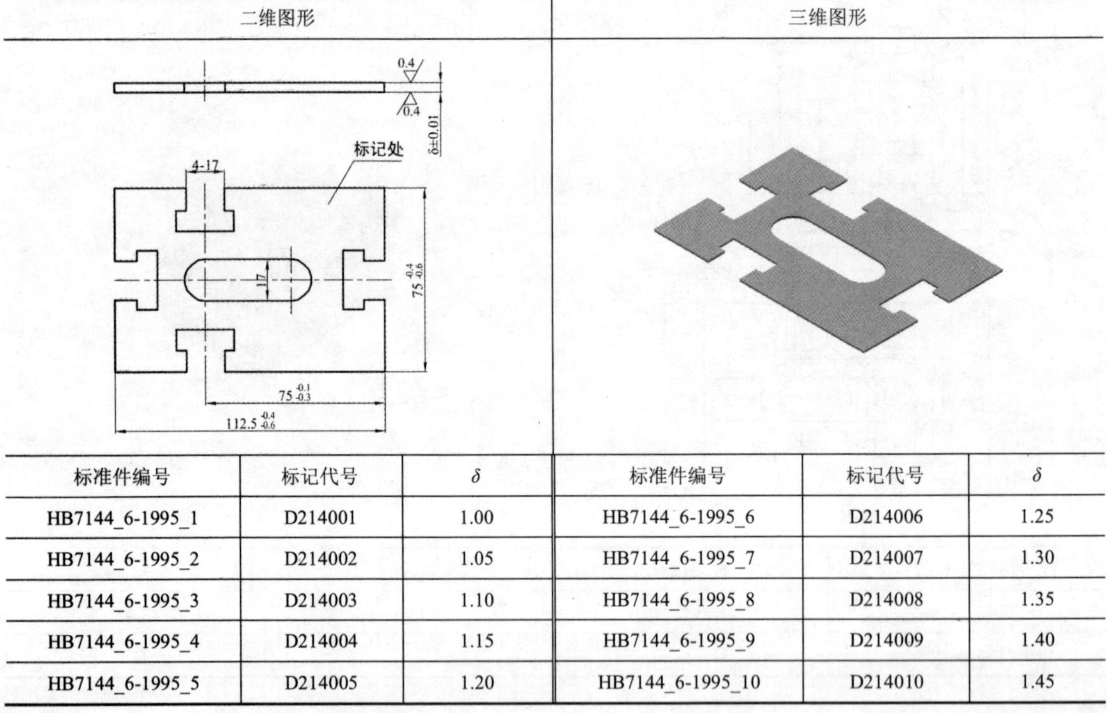

标准件编号	标记代号	δ	标准件编号	标记代号	δ
HB7144_6-1995_1	D214001	1.00	HB7144_6-1995_6	D214006	1.25
HB7144_6-1995_2	D214002	1.05	HB7144_6-1995_7	D214007	1.30
HB7144_6-1995_3	D214003	1.10	HB7144_6-1995_8	D214008	1.35
HB7144_6-1995_4	D214004	1.15	HB7144_6-1995_9	D214009	1.40
HB7144_6-1995_5	D214005	1.20	HB7144_6-1995_10	D214010	1.45

续表

标准件编号	标记代号	δ	标准件编号	标记代号	δ
HB7144_6-1995_11	D214011	1.50	HB7144_6-1995_18	D214018	1.85
HB7144_6-1995_12	D214012	1.55	HB7144_6-1995_19	D214019	1.90
HB7144_6-1995_13	D214013	1.60	HB7144_6-1995_20	D214020	1.95
HB7144_6-1995_14	D214014	1.65	HB7144_6-1995_21	D214021	2.00
HB7144_6-1995_15	D214015	1.70	HB7144_6-1995_22	D214022	2.50
HB7144_6-1995_16	D214016	1.75	HB7144_6-1995_23	D214023	3.00
HB7144_6-1995_17	D214017	1.80	HB7144_6-1995_24	D214024	5.00

表 4-13　四竖槽长方形垫板（HB 7144.7—1995）尺寸　　单位：mm

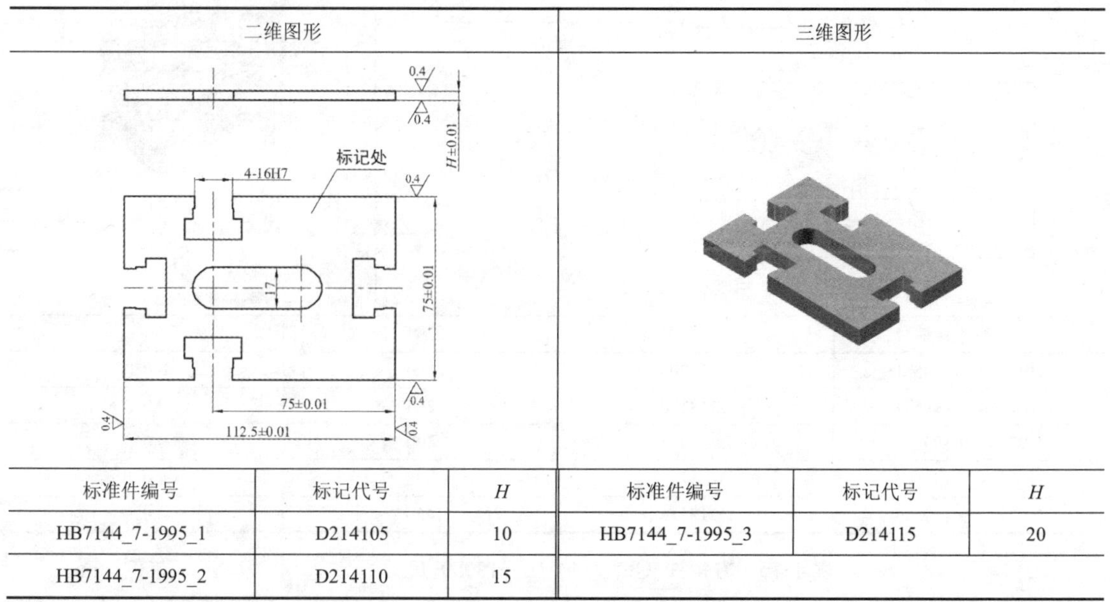

标准件编号	标记代号	H	标准件编号	标记代号	H
HB7144_7-1995_1	D214105	10	HB7144_7-1995_3	D214115	20
HB7144_7-1995_2	D214110	15			

表 4-14　偏心长方形垫板（HB 7144.8—1995）尺寸　　单位：mm

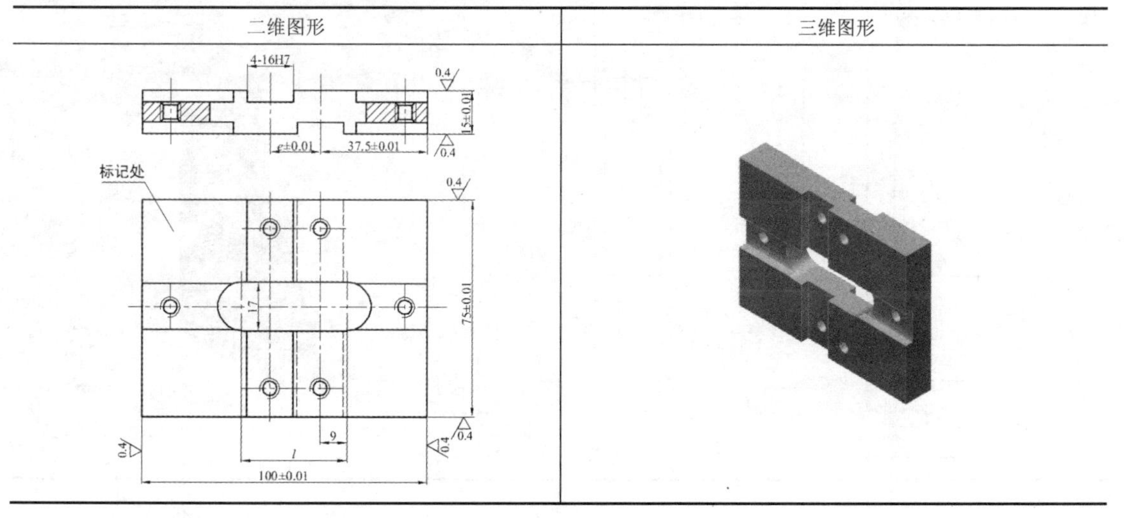

续表

标准件编号	标记代号	*e*	*l*
HB7144_8-1995_1	D217105	17.5	35.5
HB7144_8-1995_2	D217110	20.0	38.0

表 4-15　空心长方形支承（HB 7144.9—1995）尺寸　　单位：mm

二维图形	三维图形

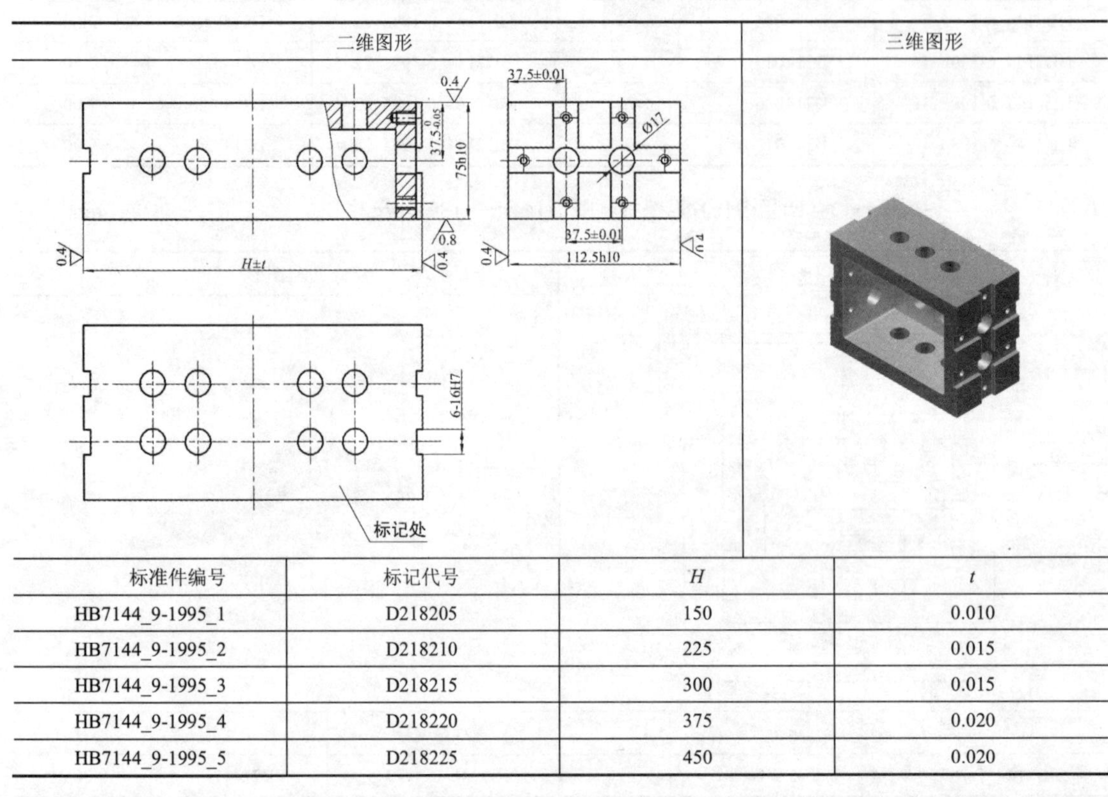

标准件编号	标记代号	*H*	*t*
HB7144_9-1995_1	D218205	150	0.010
HB7144_9-1995_2	D218210	225	0.015
HB7144_9-1995_3	D218215	300	0.015
HB7144_9-1995_4	D218220	375	0.020
HB7144_9-1995_5	D218225	450	0.020

表 4-16　右角铁（HB 7144.10—1995）尺寸　　单位：mm

二维图形	三维图形

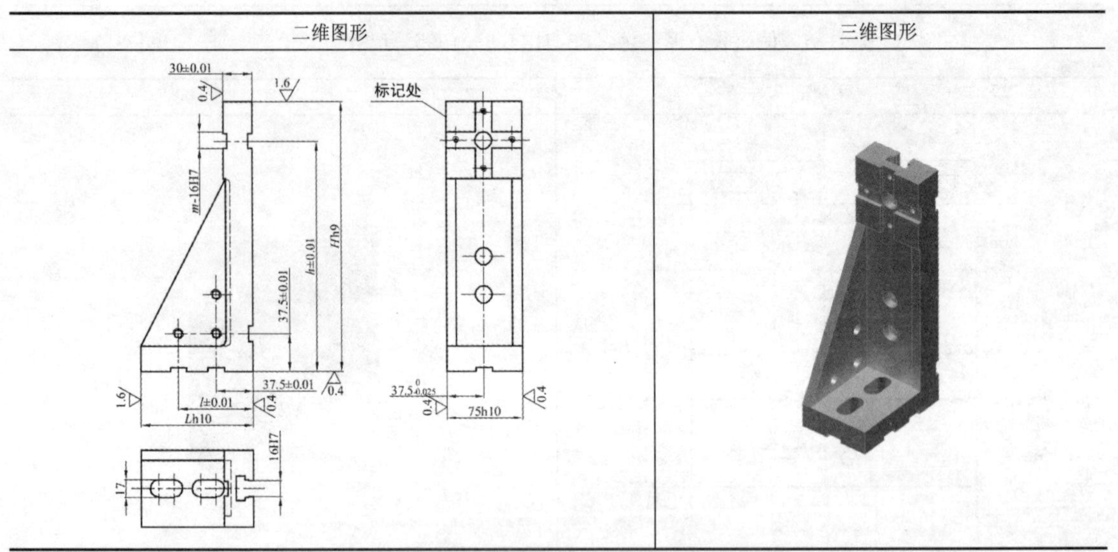

续表

标准件编号	标记代号	L（总宽）	l	m	H（总高）	h
HB7144_10-1995_1	D235205	75.0	—	6	150.0	112.5
HB7144_10-1995_2	D235210	112.5	75	7	262.5	225.0

表 4-17　左角铁（HB 7144.11—1995）尺寸　　单位：mm

二维图形	三维图形

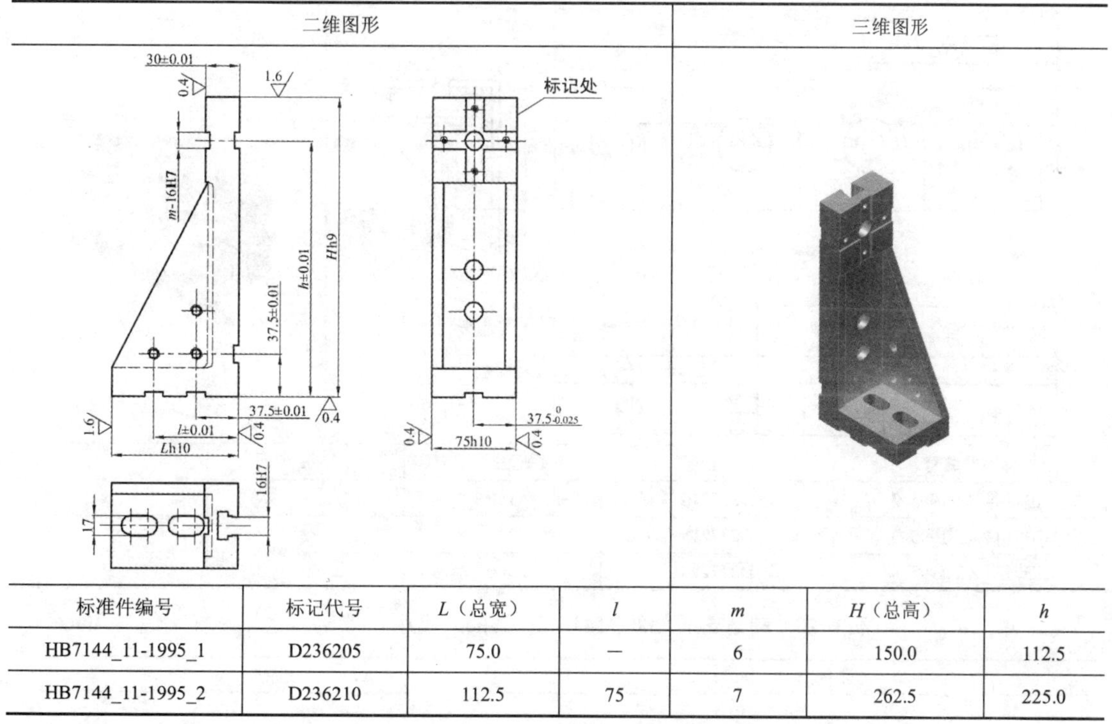

标准件编号	标记代号	L（总宽）	l	m	H（总高）	h
HB7144_11-1995_1	D236205	75.0	—	6	150.0	112.5
HB7144_11-1995_2	D236210	112.5	75	7	262.5	225.0

表 4-18　加肋角铁Ⅰ型（HB 7144.12—1995）尺寸　　单位：mm

二维图形	三维图形

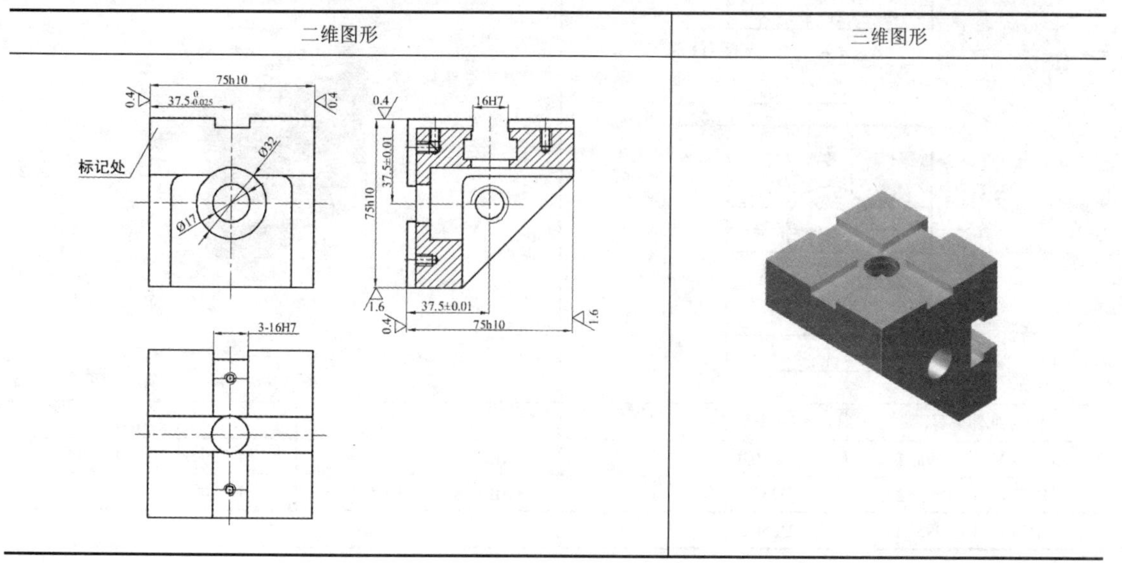

续表

标准件编号	标记代号
HB7144_12-1995_1	D237205

表 4-19　加肋角铁Ⅱ型（HB 7144.12—1995）尺寸　　单位：mm

二维图形	三维图形

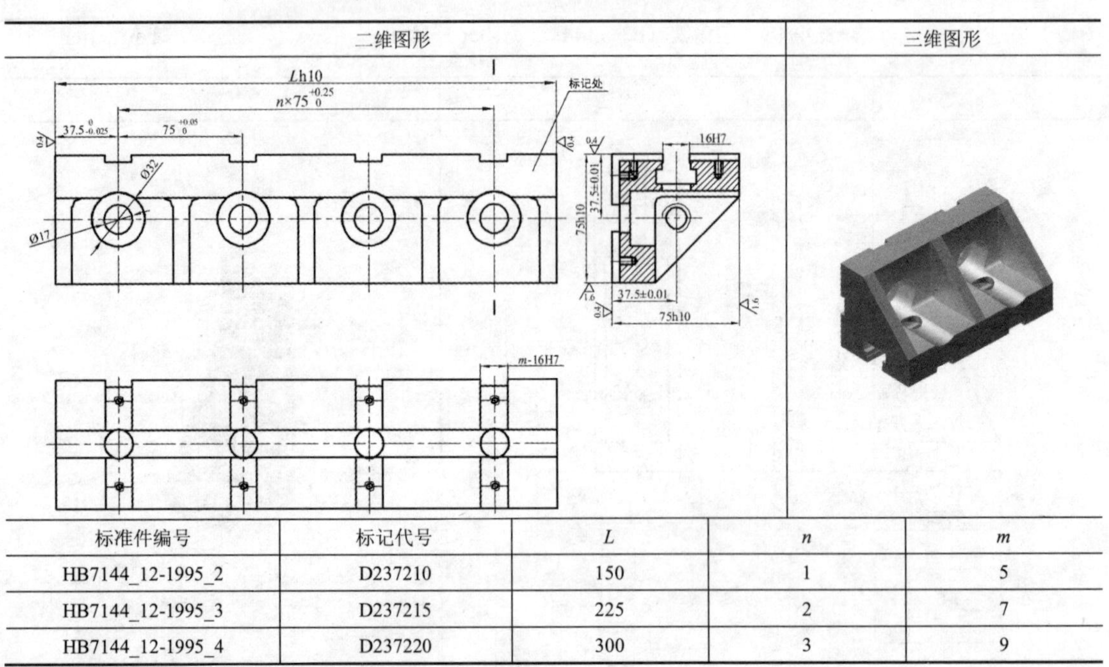

标准件编号	标记代号	L	n	m
HB7144_12-1995_2	D237210	150	1	5
HB7144_12-1995_3	D237215	225	2	7
HB7144_12-1995_4	D237220	300	3	9

表 4-20　转角支承（HB 7144.13—1995）尺寸　　单位：mm

二维图形	三维图形

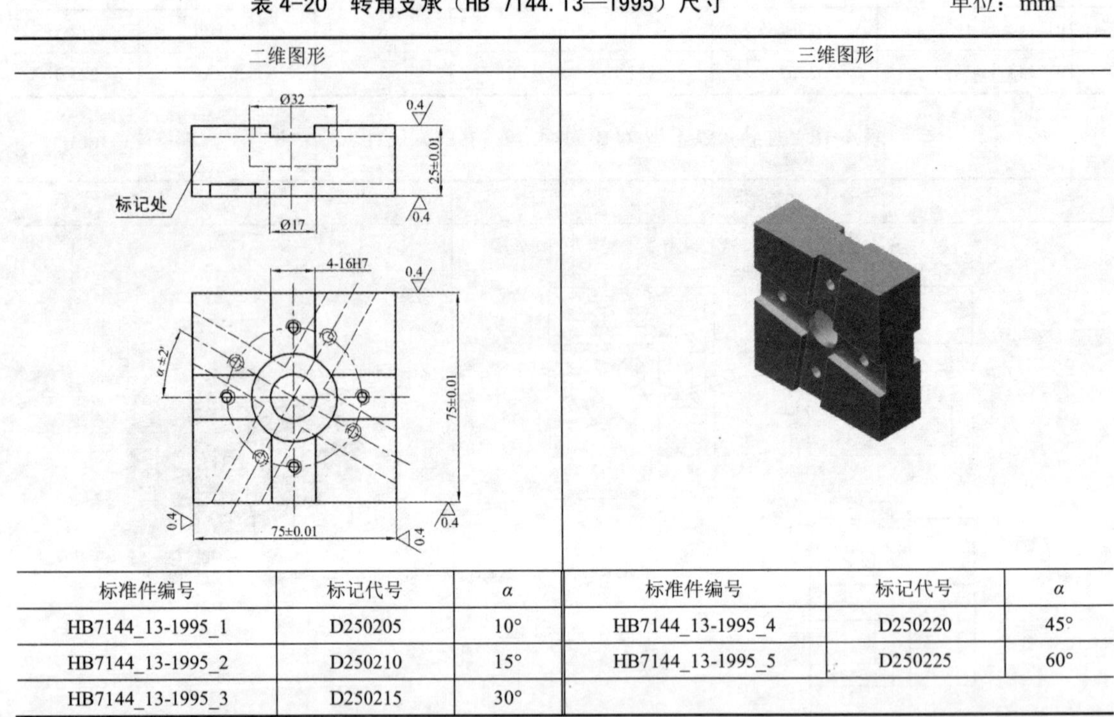

标准件编号	标记代号	α	标准件编号	标记代号	α
HB7144_13-1995_1	D250205	10°	HB7144_13-1995_4	D250220	45°
HB7144_13-1995_2	D250210	15°	HB7144_13-1995_5	D250225	60°
HB7144_13-1995_3	D250215	30°			

表 4-21　角度支承（HB 7144.14—1995）尺寸

单位：mm

二维图形 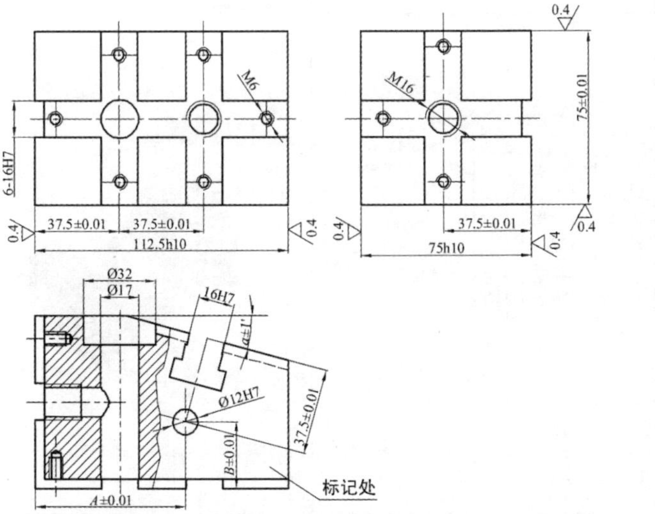	三维图形 

标准件编号	标记代号	α	A	B
HB7144_14-1995_1	D252205	5°	71.87	34.37
HB7144_14-1995_2	D252210	10°	69.06	31.56
HB7144_14-1995_3	D252215	15°	66.57	29.07
HB7144_14-1995_4	D252220	30°	61.27	23.77
HB7144_14-1995_5	D252225	45°	59.47	21.97

表 4-22　V形垫板（HB 7144.15—1995）尺寸

单位：mm

二维图形	三维图形

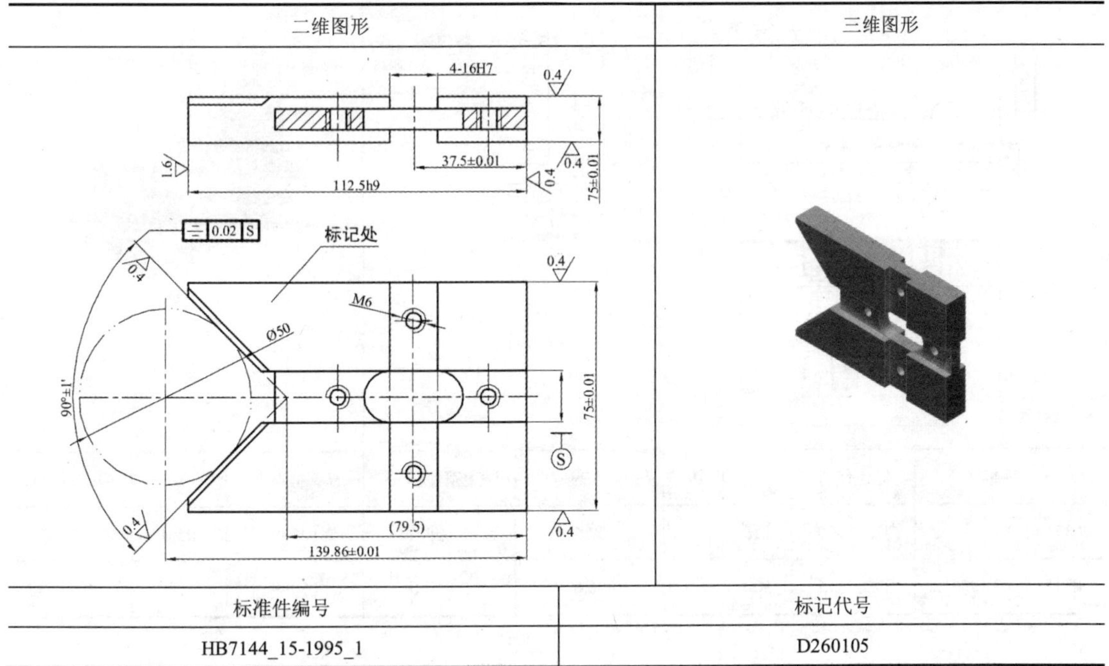

标准件编号	标记代号
HB7144_15-1995_1	D260105

表 4-23　简式V形支承Ⅰ型（HB 7144.16—1995）尺寸　　单位：mm

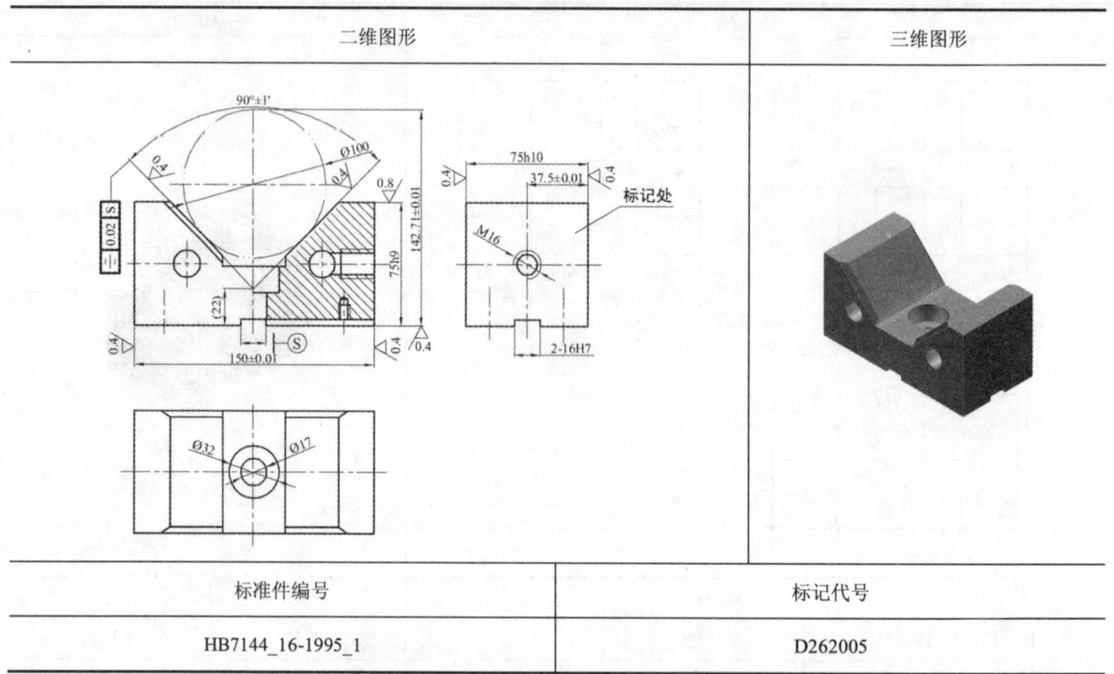

标准件编号	标记代号
HB7144_16-1995_1	D262005

表 4-24　简式V形支承Ⅱ型（HB 7144.16—1995）尺寸　　单位：mm

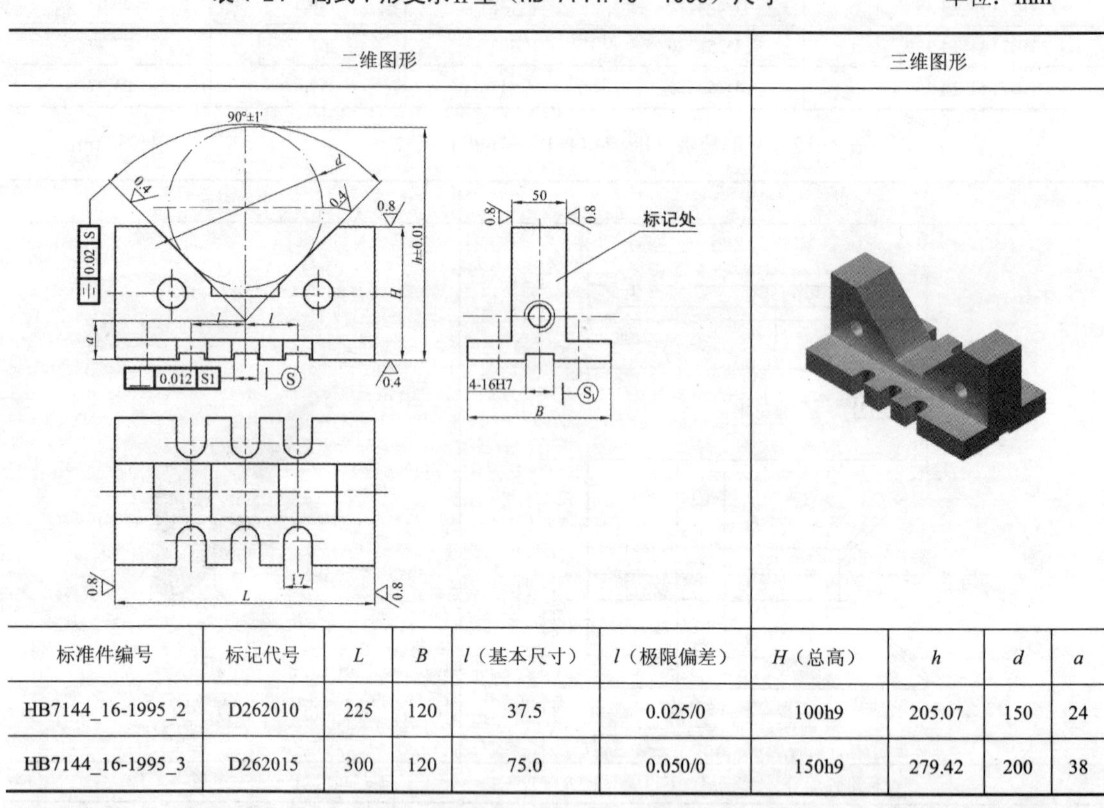

标准件编号	标记代号	L	B	l（基本尺寸）	l（极限偏差）	H（总高）	h	d	a
HB7144_16-1995_2	D262010	225	120	37.5	0.025/0	100h9	205.07	150	24
HB7144_16-1995_3	D262015	300	120	75.0	0.050/0	150h9	279.42	200	38

表 4-25　V形角铁（HB 7144.17—1995）尺寸

单位：mm

二维图形	三维图形

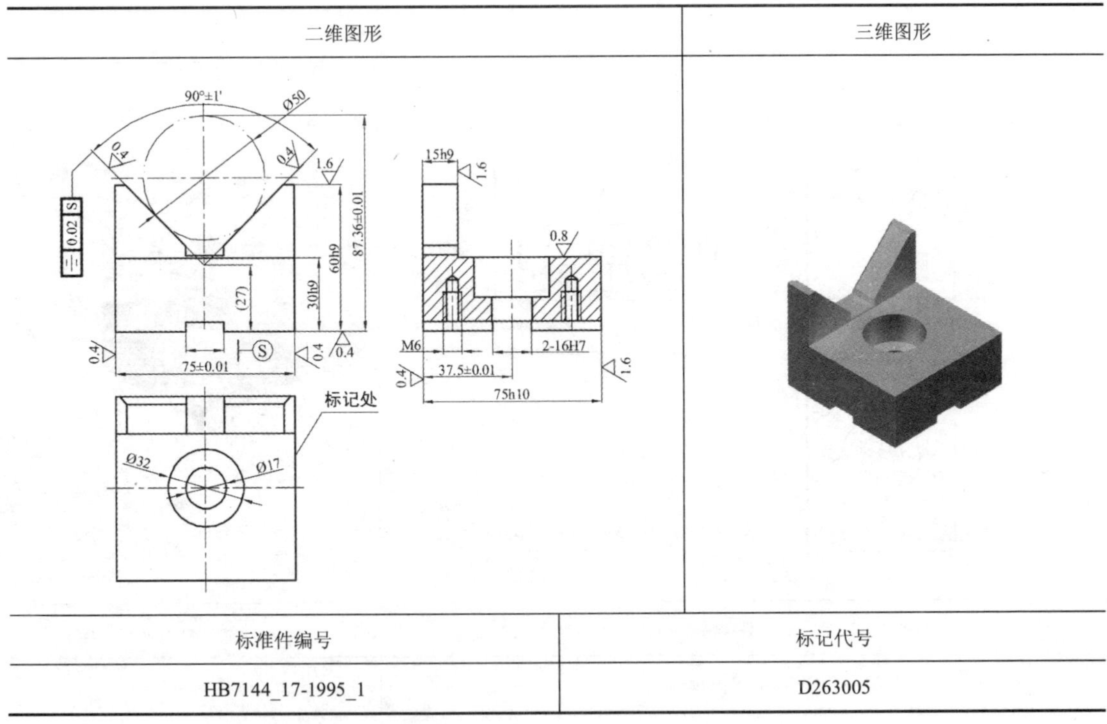

标准件编号	标记代号
HB7144_17-1995_1	D263005

表 4-26　右角形角铁（HB 7144.18—1995）尺寸

单位：mm

二维图形	三维图形

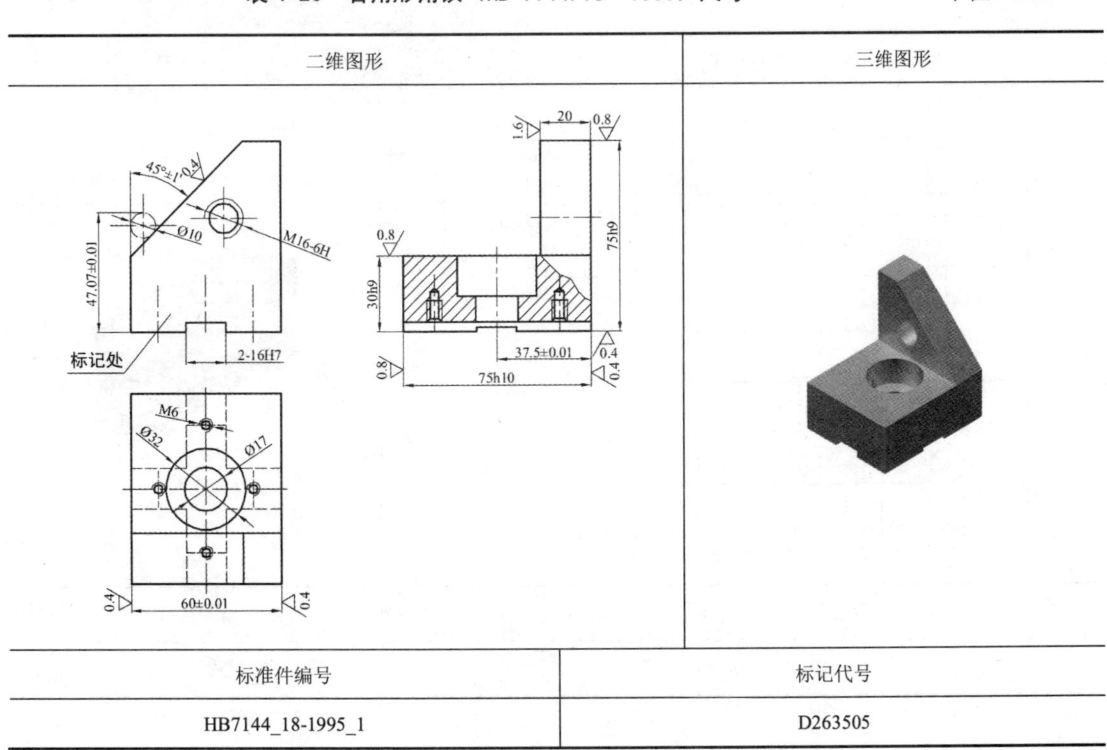

标准件编号	标记代号
HB7144_18-1995_1	D263505

表 4-27　左角形角铁（HB 7144.19—1995）尺寸　　单位：mm

二维图形	三维图形
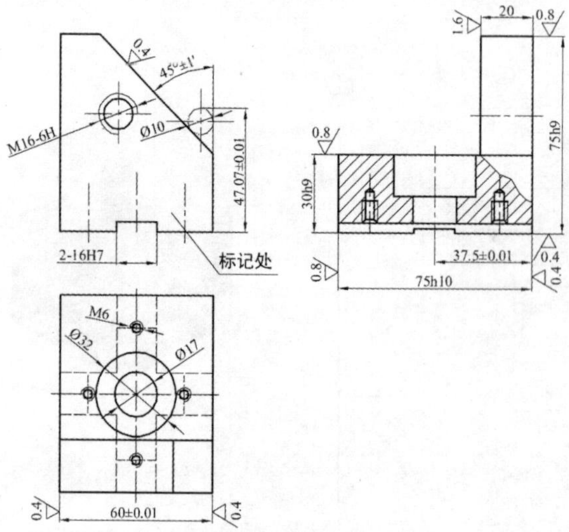	
标准件编号	标记代号
HB7144_19-1995_1	D263605

表 4-28　伸长板Ⅰ型（HB 7144.20—1995）尺寸　　单位：mm

二维图形	三维图形
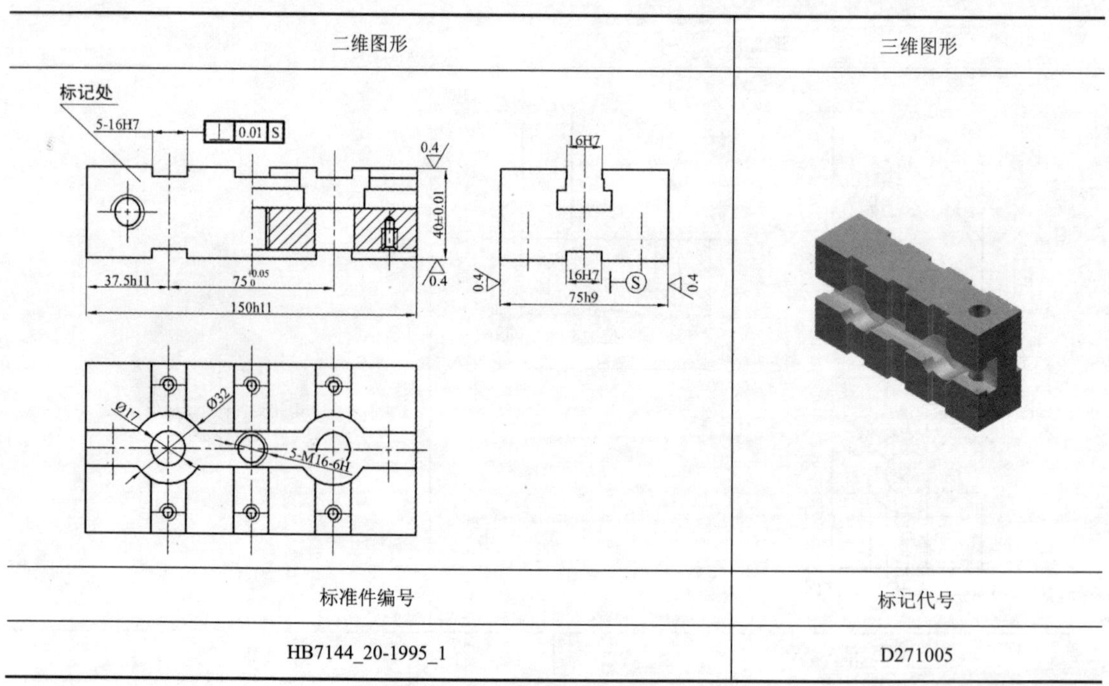	
标准件编号	标记代号
HB7144_20-1995_1	D271005

表 4-29 伸长板Ⅱ型（HB 7144.20—1995）尺寸

单位：mm

二维图形	三维图形

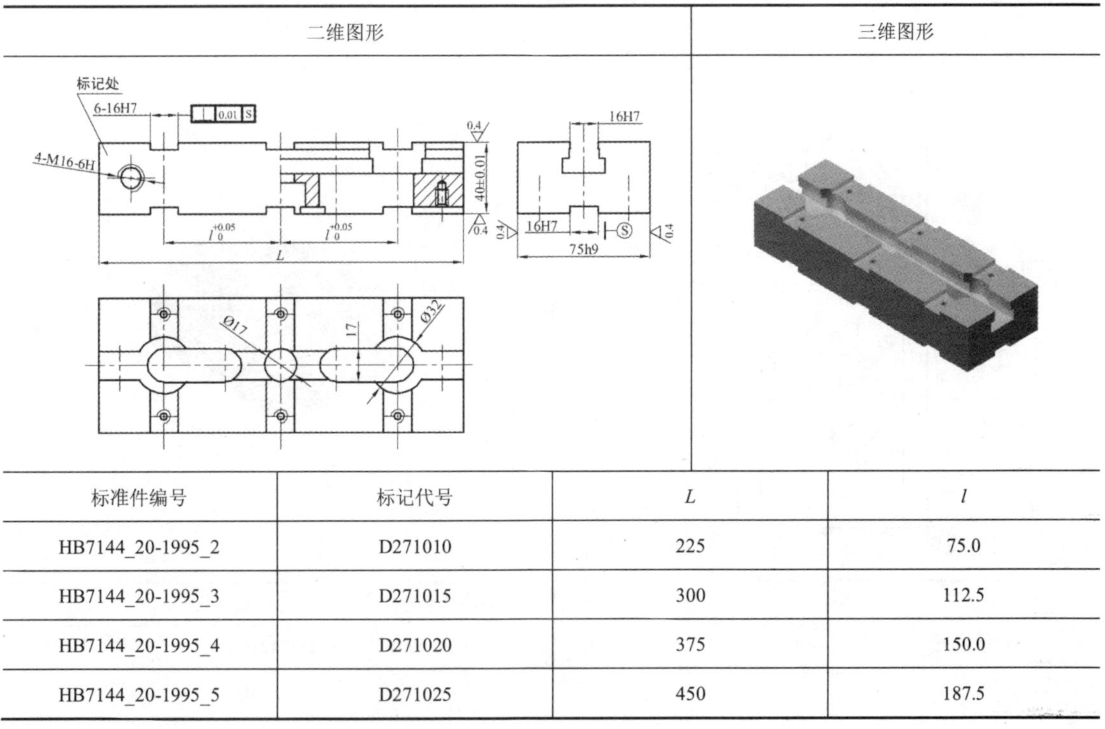

标准件编号	标记代号	L	l
HB7144_20-1995_2	D271010	225	75.0
HB7144_20-1995_3	D271015	300	112.5
HB7144_20-1995_4	D271020	375	150.0
HB7144_20-1995_5	D271025	450	187.5

表 4-30 双面槽伸长板（HB 7144.21—1995）尺寸

单位：mm

二维图形	三维图形

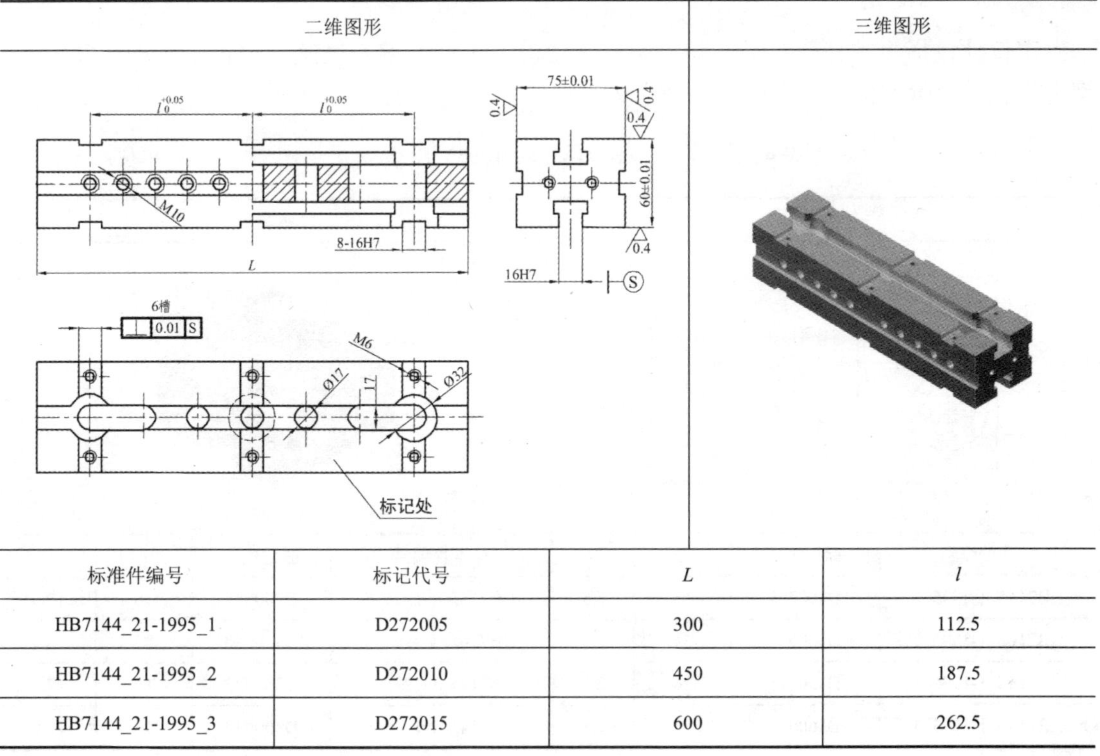

标准件编号	标记代号	L	l
HB7144_21-1995_1	D272005	300	112.5
HB7144_21-1995_2	D272010	450	187.5
HB7144_21-1995_3	D272015	600	262.5

表 4-31　二阶定位支承（HB 7144.22—1995）尺寸　　　　单位：mm

二维图形	三维图形

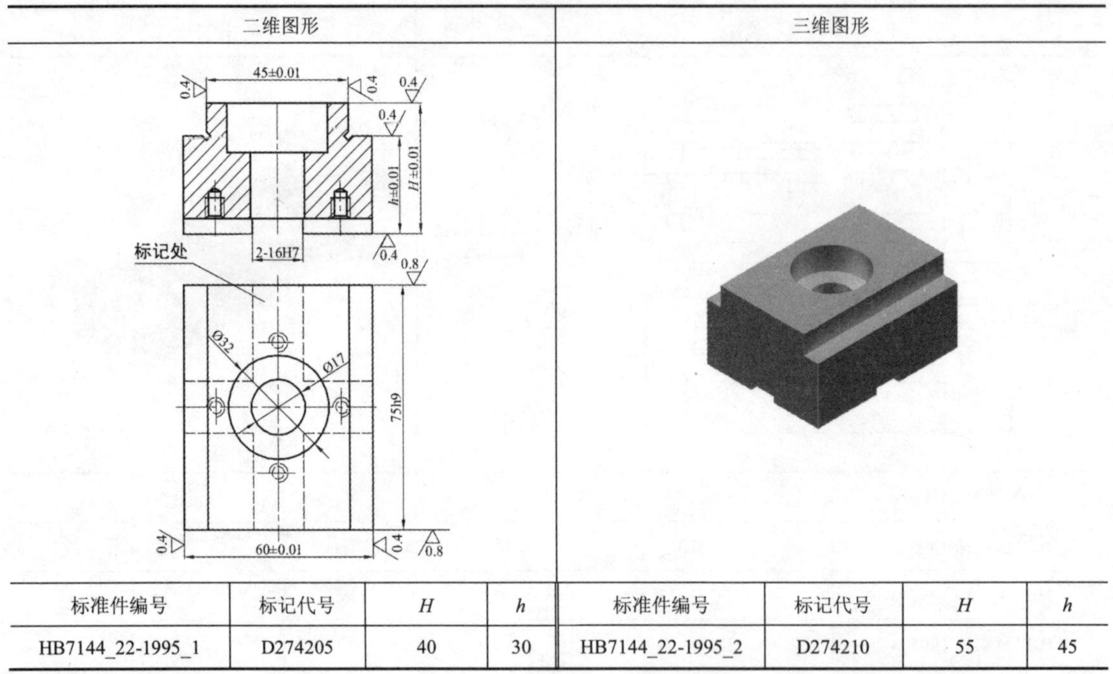

标准件编号	标记代号	*H*	*h*	标准件编号	标记代号	*H*	*h*
HB7144_22-1995_1	D274205	40	30	HB7144_22-1995_2	D274210	55	45

4.2　定位件

定位件包括平键、凸头T形键、切头T形键、平偏心键、过渡定位销（Ⅰ型、Ⅱ型）、键定位轴、台阶定位轴、圆柱定位销。其尺寸如表4-32～表4-40所示。

表 4-32　平键（HB 7145.1—1995）尺寸　　　　单位：mm

二维图形	三维图形

标准件编号	标记代号	*L*	*H*	标准件编号	标记代号	*L*	*H*
HB7145_1-1995_1	D300005	16	7.5	HB7145_1-1995_5	D300025	16	10.0
HB7145_1-1995_2	D300010	24	7.5	HB7145_1-1995_6	D300030	26	10.0
HB7145_1-1995_3	D300015	26	7.5	HB7145_1-1995_7	D300035	16	12.5
HB7145_1-1995_4	D300020	28	7.5	HB7145_1-1995_8	D300040	16	15.0

表 4-33　凸头T形键（HB 7145.2—1995）尺寸　　单位：mm

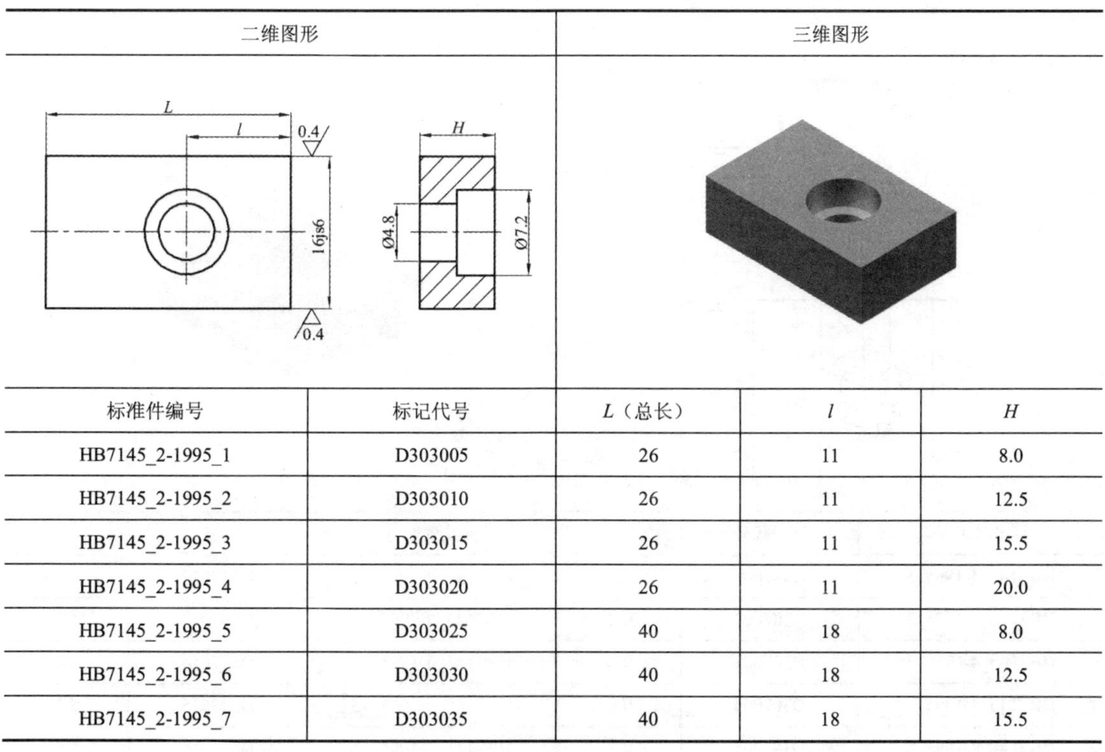

标准件编号	标记代号	*L*（总长）	*l*	*H*
HB7145_2-1995_1	D303005	26	11	8.0
HB7145_2-1995_2	D303010	26	11	12.5
HB7145_2-1995_3	D303015	26	11	15.5
HB7145_2-1995_4	D303020	26	11	20.0
HB7145_2-1995_5	D303025	40	18	8.0
HB7145_2-1995_6	D303030	40	18	12.5
HB7145_2-1995_7	D303035	40	18	15.5

表 4-34　切头T形键（HB 7145.3—1995）尺寸　　单位：mm

二维图形	三维图形
M12×1.5-6H　23　0.4　16js6　0.4　4　l　L　8　H	

标准件编号	标记代号	*L*	*l*	*H*
HB7145_3-1995_1	D303305	26	11	8.0
HB7145_3-1995_2	D303310	26	11	12.5
HB7145_3-1995_3	D303315	26	11	15.5
HB7145_3-1995_4	D303320	26	11	20.0
HB7145_3-1995_5	D303325	40	18	8.0
HB7145_3-1995_6	D303330	40	18	12.5
HB7145_3-1995_7	D303325	40	18	15.5

表 4-35　平偏心键（HB 7145.4—1995）尺寸　　单位：mm

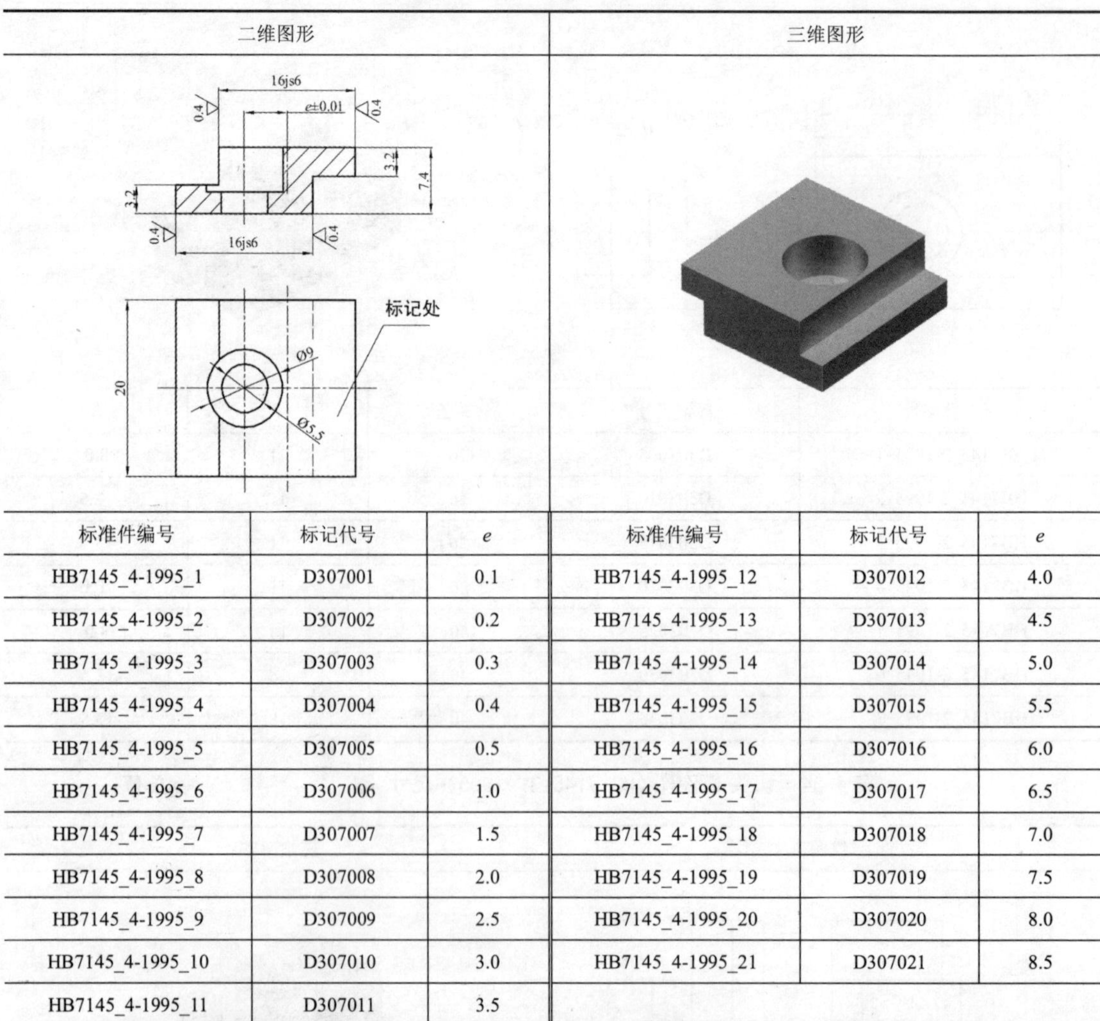

标准件编号	标记代号	*e*	标准件编号	标记代号	*e*
HB7145_4-1995_1	D307001	0.1	HB7145_4-1995_12	D307012	4.0
HB7145_4-1995_2	D307002	0.2	HB7145_4-1995_13	D307013	4.5
HB7145_4-1995_3	D307003	0.3	HB7145_4-1995_14	D307014	5.0
HB7145_4-1995_4	D307004	0.4	HB7145_4-1995_15	D307015	5.5
HB7145_4-1995_5	D307005	0.5	HB7145_4-1995_16	D307016	6.0
HB7145_4-1995_6	D307006	1.0	HB7145_4-1995_17	D307017	6.5
HB7145_4-1995_7	D307007	1.5	HB7145_4-1995_18	D307018	7.0
HB7145_4-1995_8	D307008	2.0	HB7145_4-1995_19	D307019	7.5
HB7145_4-1995_9	D307009	2.5	HB7145_4-1995_20	D307020	8.0
HB7145_4-1995_10	D307010	3.0	HB7145_4-1995_21	D307021	8.5
HB7145_4-1995_11	D307011	3.5			

表 4-36　过渡定位销Ⅰ型（HB 7145.5—1995）尺寸　　单位：mm

二维图形	三维图形
Ø0.005 18js6 Ø16h6 0.4 4 23.5 标记处	

标准件编号	标记代号
HB7145_5-1995_1	D318105

表 4-37　过渡定位销Ⅱ型（HB 7145.5—1995）尺寸　　单位：mm

二维图形	三维图形

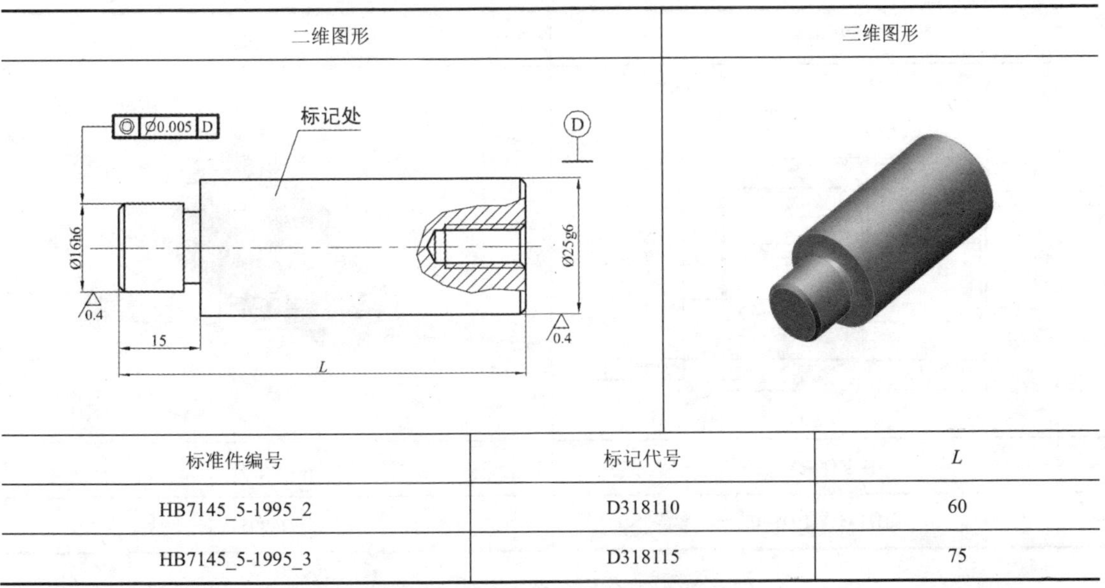

标准件编号	标记代号	*L*
HB7145_5-1995_2	D318110	60
HB7145_5-1995_3	D318115	75

表 4-38　键定位轴（HB 7145.6—1995）尺寸　　单位：mm

二维图形	三维图形

标准件编号	标记代号	*H*
HB7145_6-1995_1	D375005	45
HB7145_6-1995_2	D375010	60
HB7145_6-1995_3	D375015	75

表 4-39　台阶定位轴（HB 7145.7—1995）尺寸　　单位：mm

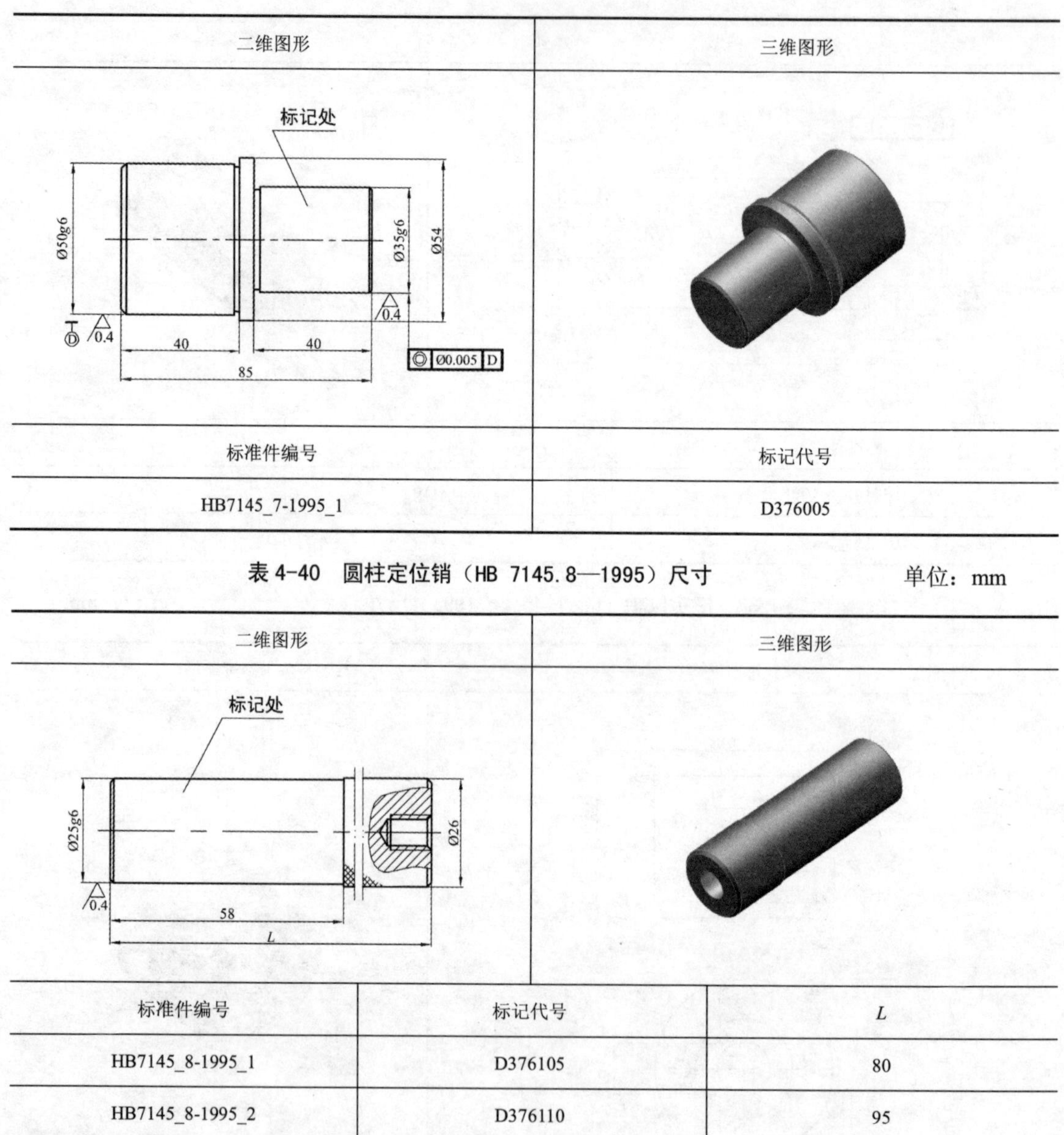

二维图形	三维图形
标准件编号	标记代号
HB7145_7-1995_1	D376005

表 4-40　圆柱定位销（HB 7145.8—1995）尺寸　　单位：mm

二维图形	三维图形	
标准件编号	标记代号	L
HB7145_8-1995_1	D376105	80
HB7145_8-1995_2	D376110	95

4.3　导向件

导向件包括两面槽沉孔钻模板（Ⅰ型、Ⅱ型）、两面槽沉孔中孔钻模板、角铁形镗孔支承、侧中孔镗孔支承。其尺寸如表 4-41～表 4-45 所示。

表 4-41　两面槽沉孔钻模板Ⅰ型（HB 7146.1—1995）尺寸　　单位：mm

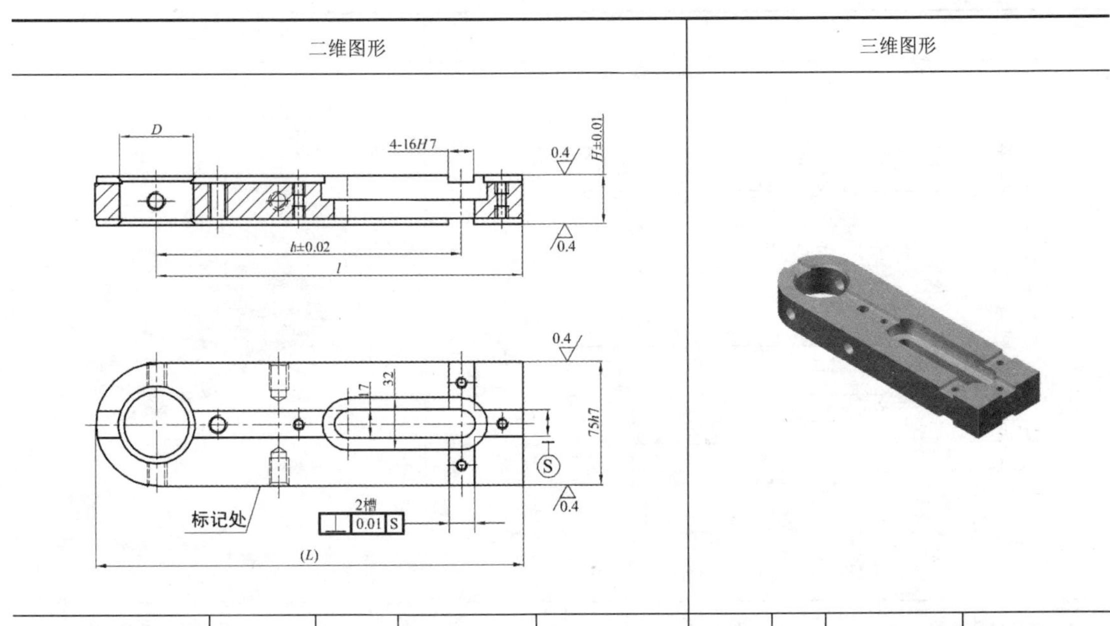

标准件编号	标记代号	(L)	l（基本尺寸）	l（公差带代号）	l_1	H	D（基本尺寸）	D（公差带代号）
HB7146_1-1995_1	D438305	262.5	225.0	h11	187.5	30	45	H6
HB7146_1-1995_2	D438310	262.5	225.0	h11	187.5	30	58	H6
HB7146_1-1995_3	D438315	300.0	262.5	h11	225.0	30	45	H6
HB7146_1-1995_4	D438320	300.0	262.5	h11	225.0	30	58	H6
HB7146_1-1995_5	D438325	337.5	300.0	h11	262.5	30	45	H6
HB7146_1-1995_6	D438330	337.5	300.0	h11	262.5	30	58	H6
HB7146_1-1995_7	D438335	412.5	375.0	h11	337.5	30	45	H6
HB7146_1-1995_8	D438340	412.5	375.0	h11	337.5	40	45	H6
HB7146_1-1995_9	D438345	412.5	375.0	h11	337.5	30	58	H6
HB7146_1-1995_10	D438350	412.5	375.0	h11	337.5	40	58	H6
HB7146_1-1995_11	D438355	487.5	450.0	h11	412.5	30	45	H6
HB7146_1-1995_12	D438360	487.5	450.0	h11	412.5	40	45	H6
HB7146_1-1995_13	D438365	487.5	450.0	h11	412.5	30	58	H6
HB7146_1-1995_14	D438370	487.5	450.0	h11	412.5	40	58	H6

表 4-42 两面槽沉孔钻模板Ⅱ型（HB 7146.1—1995）尺寸　　单位：mm

二维图形	三维图形

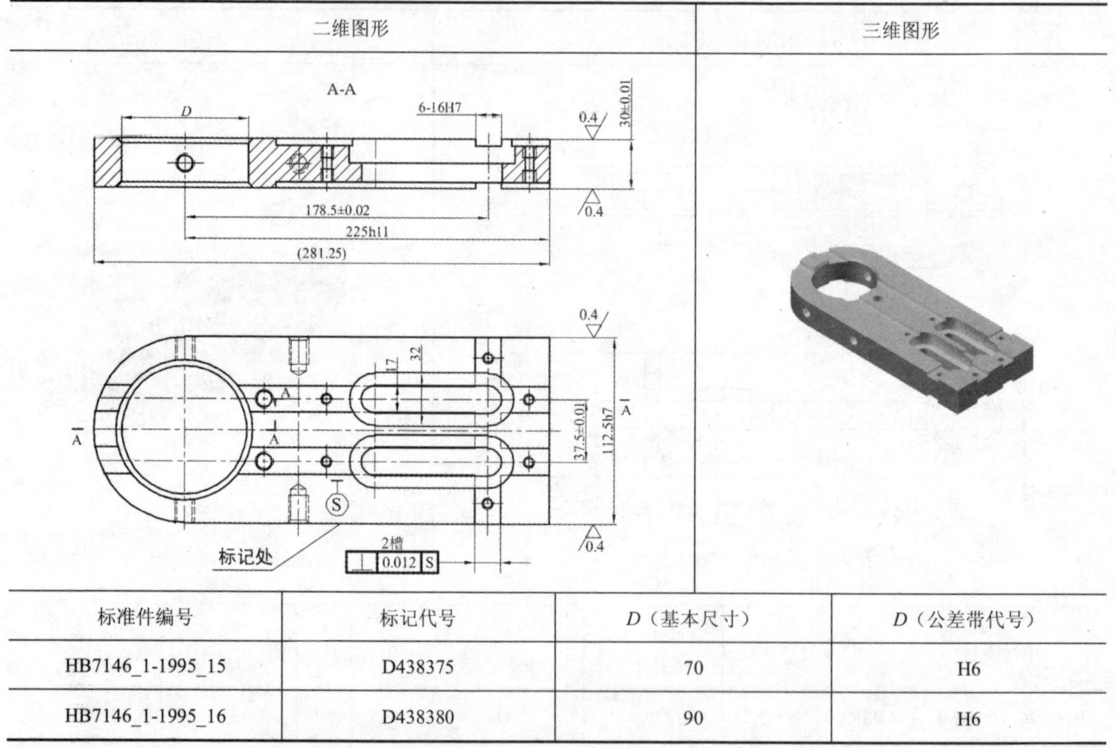

标准件编号	标记代号	D（基本尺寸）	D（公差带代号）
HB7146_1-1995_15	D438375	70	H6
HB7146_1-1995_16	D438380	90	H6

表 4-43 两面槽沉孔中孔钻模板（HB 7146.2—1995）尺寸　　单位：mm

二维图形	三维图形

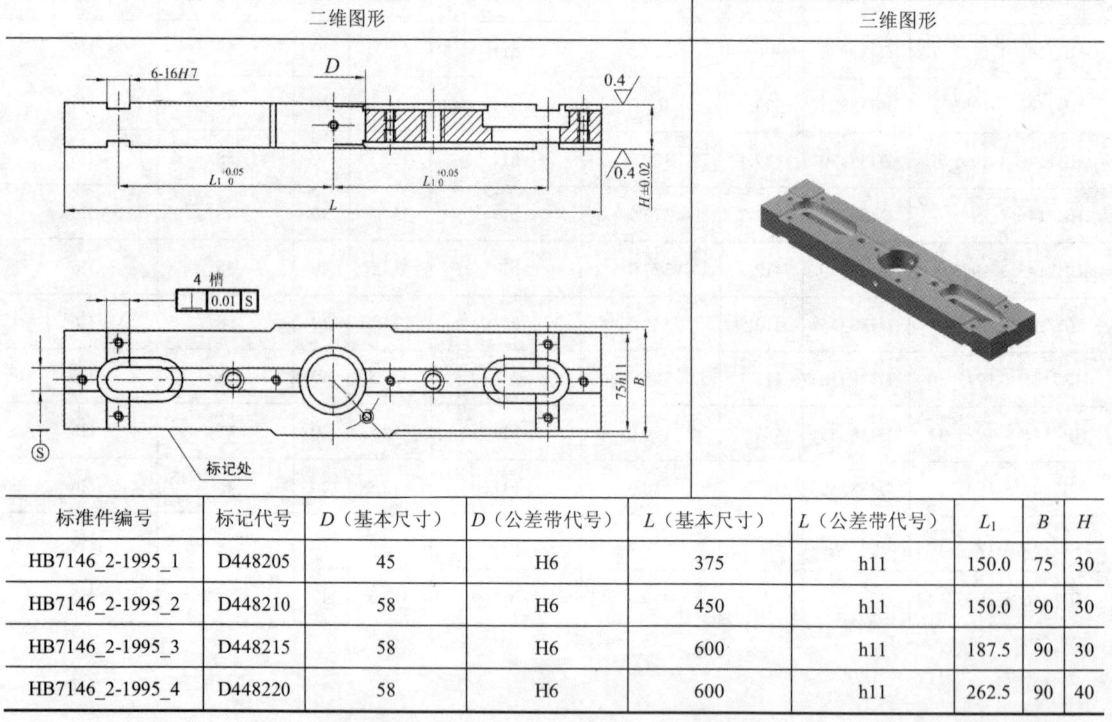

标准件编号	标记代号	D（基本尺寸）	D（公差带代号）	L（基本尺寸）	L（公差带代号）	L_1	B	H
HB7146_2-1995_1	D448205	45	H6	375	h11	150.0	75	30
HB7146_2-1995_2	D448210	58	H6	450	h11	150.0	90	30
HB7146_2-1995_3	D448215	58	H6	600	h11	187.5	90	30
HB7146_2-1995_4	D448220	58	H6	600	h11	262.5	90	40

表 4-44　角铁形镗孔支承（HB 7146.3—1995）尺寸　　单位：mm

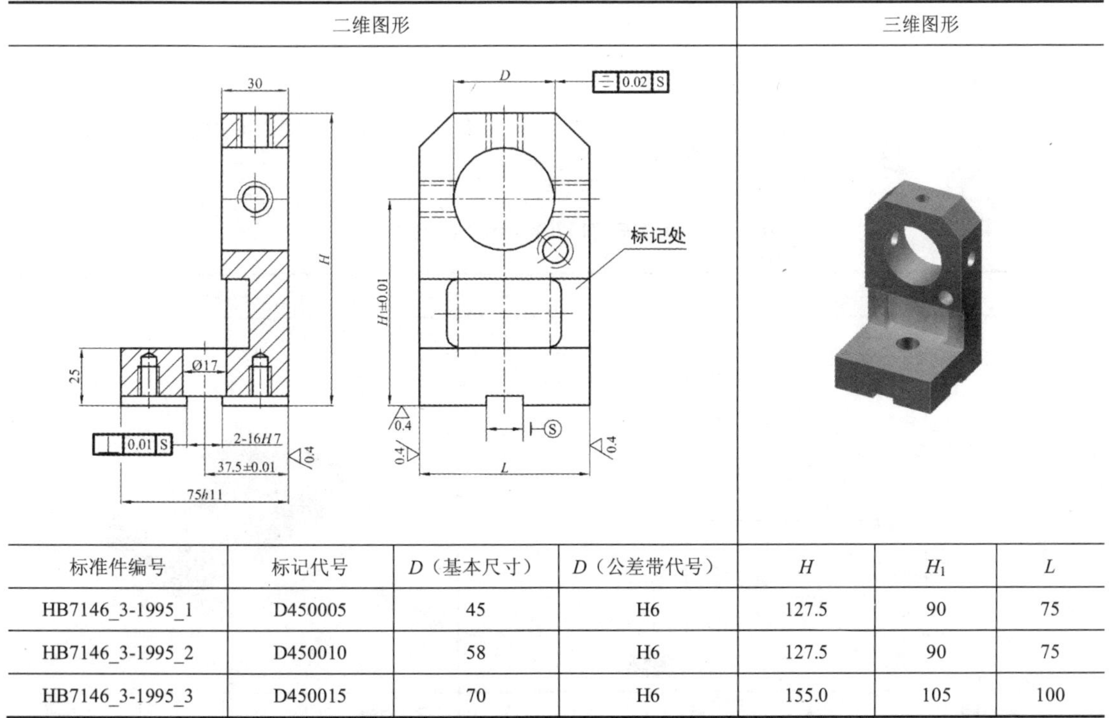

标准件编号	标记代号	D（基本尺寸）	D（公差带代号）	H	H_1	L
HB7146_3-1995_1	D450005	45	H6	127.5	90	75
HB7146_3-1995_2	D450010	58	H6	127.5	90	75
HB7146_3-1995_3	D450015	70	H6	155.0	105	100

表 4-45　侧中孔镗孔支承（HB 7146.4—1995）尺寸　　单位：mm

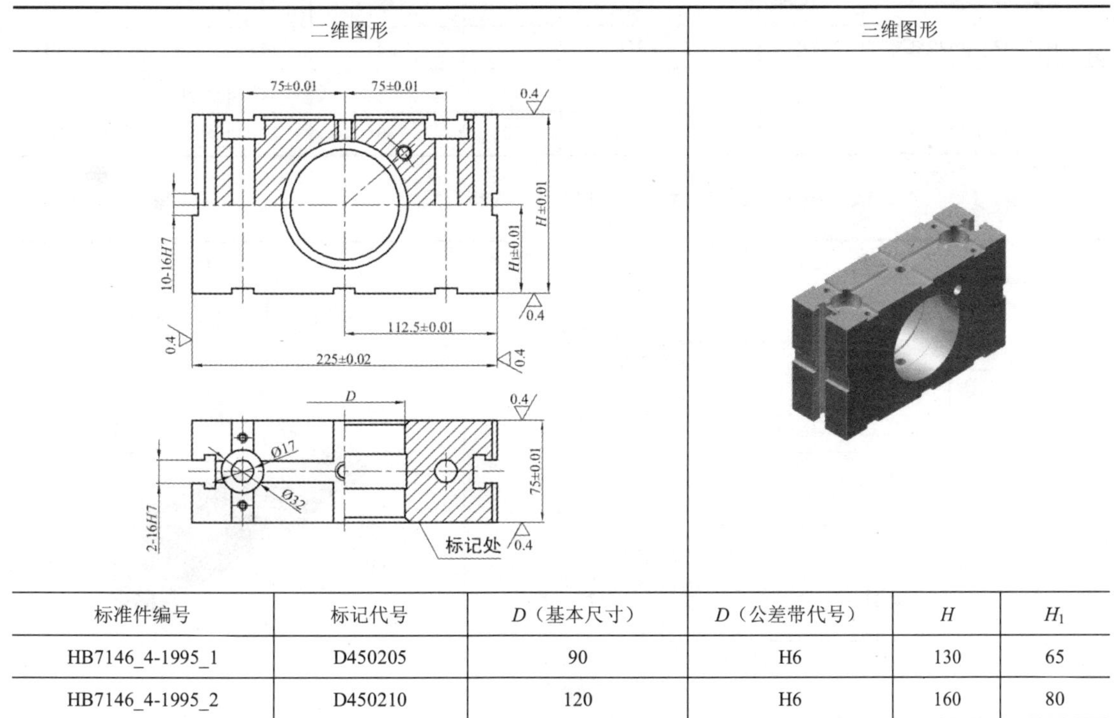

标准件编号	标记代号	D（基本尺寸）	D（公差带代号）	H	H_1
HB7146_4-1995_1	D450205	90	H6	130	65
HB7146_4-1995_2	D450210	120	H6	160	80

4.4 压紧件

压紧件包括平压板、伸长压板、回转压板、摆动压板、弯头压板、齿纹弯头压板、基础板用弯头压板（Ⅰ型、Ⅱ型）、大头叉形压板、宽头叉形压板。其尺寸如表 4-46～表 4-55 所示。

表 4-46　平压板（HB 7147.1—1995）尺寸　　单位：mm

二维图形	三维图形

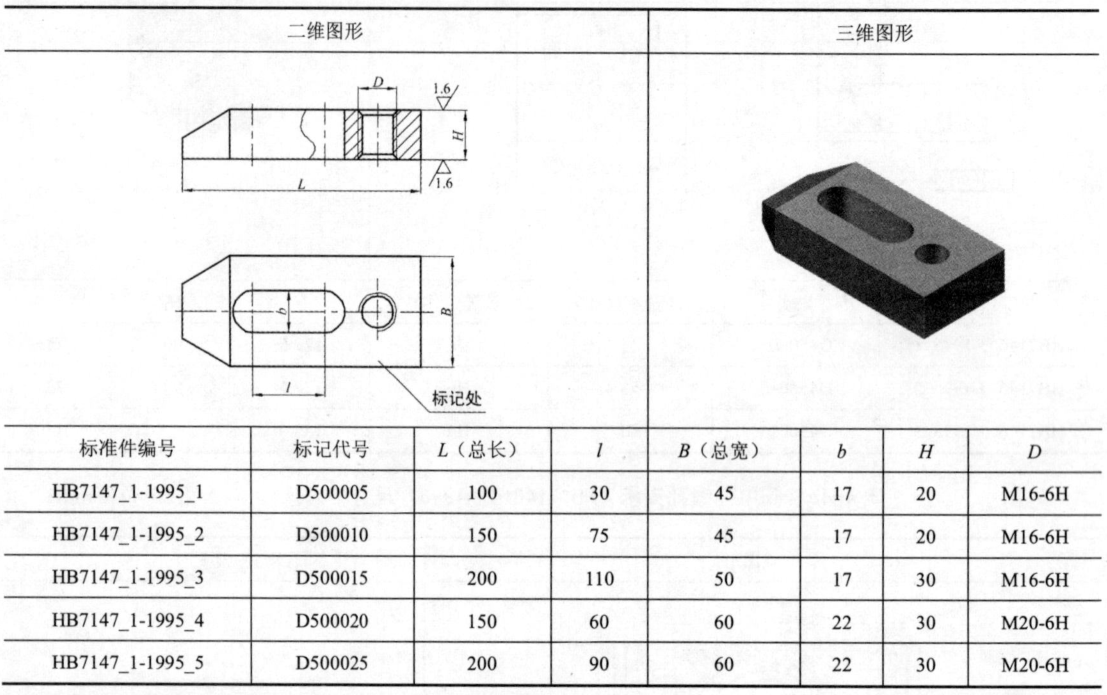

标准件编号	标记代号	L（总长）	l	B（总宽）	b	H	D
HB7147_1-1995_1	D500005	100	30	45	17	20	M16-6H
HB7147_1-1995_2	D500010	150	75	45	17	20	M16-6H
HB7147_1-1995_3	D500015	200	110	50	17	30	M16-6H
HB7147_1-1995_4	D500020	150	60	60	22	30	M20-6H
HB7147_1-1995_5	D500025	200	90	60	22	30	M20-6H

表 4-47　伸长压板（HB 7147.2—1995）尺寸　　单位：mm

二维图形	三维图形

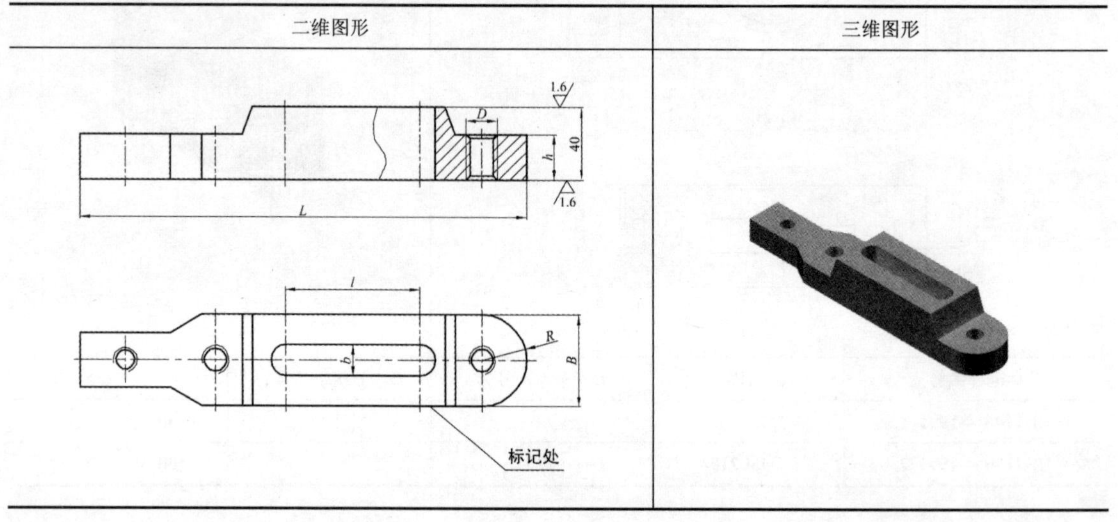

续表

标准件编号	标记代号	*L*（总长）	*l*	*B*（总宽）	*b*	*h*	*D*
HB7147_2-1995_1	D501005	250	75	50	17	25	M16-6H
HB7147_2-1995_2	D501010	300	120	50	17	25	M16-6H
HB7147_2-1995_3	D501015	250	60	60	22	30	M20-6H
HB7147_2-1995_4	D501020	300	100	60	22	30	M20-6H

表 4-48　回转压板（HB 7147.3—1995）尺寸　　单位：mm

二维图形	三维图形

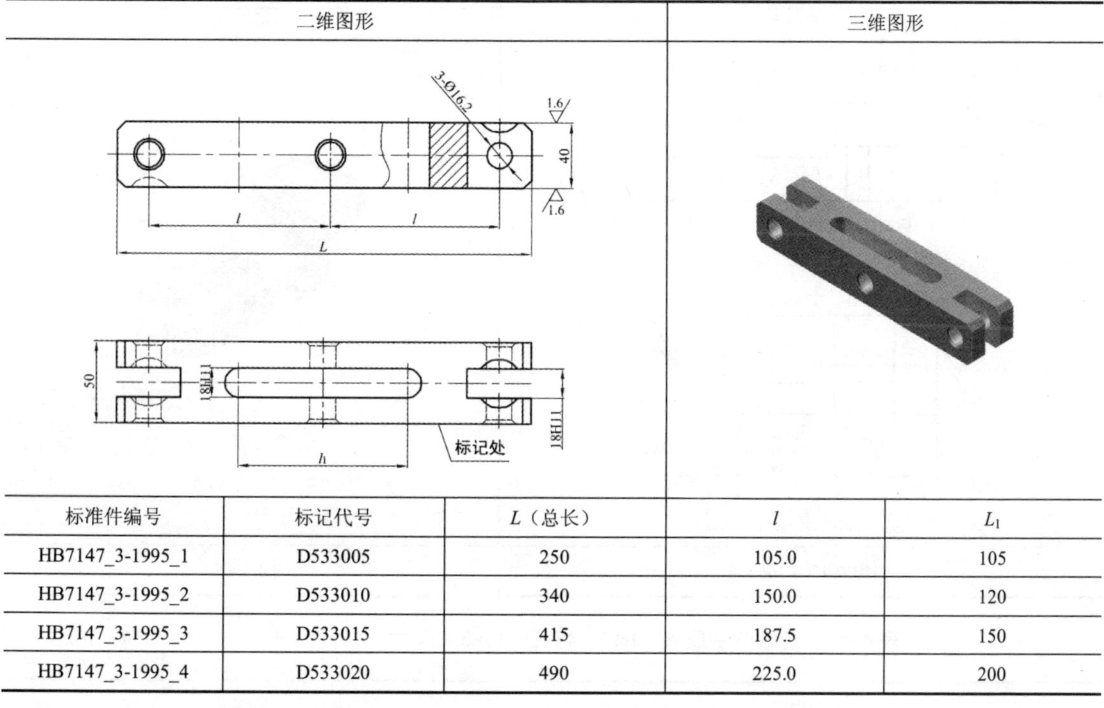

标准件编号	标记代号	*L*（总长）	*l*	L_1
HB7147_3-1995_1	D533005	250	105.0	105
HB7147_3-1995_2	D533010	340	150.0	120
HB7147_3-1995_3	D533015	415	187.5	150
HB7147_3-1995_4	D533020	490	225.0	200

表 4-49　摆动压板（HB 7147.4—1995）尺寸　　单位：mm

二维图形	三维图形

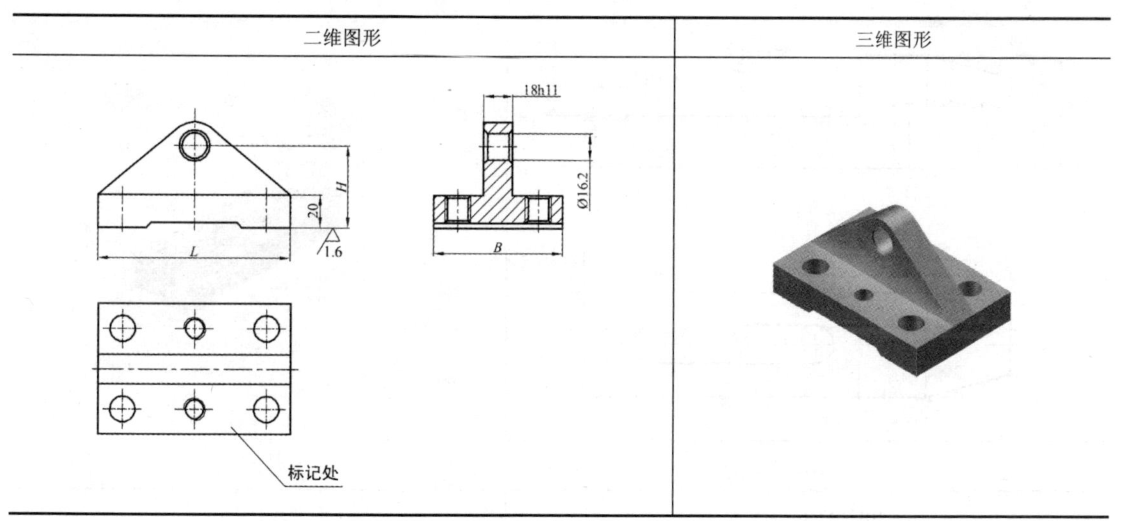

续表

标准件编号	标记代号	*L*	*B*	*H*
HB7147_4-1995_1	D535005	120	80	50
HB7147_4-1995_2	D535010	150	90	50
HB7147_4-1995_3	D535015	200	90	55

表 4-50　弯头压板（HB 7147.5—1995）尺寸　　单位：mm

二维图形	三维图形

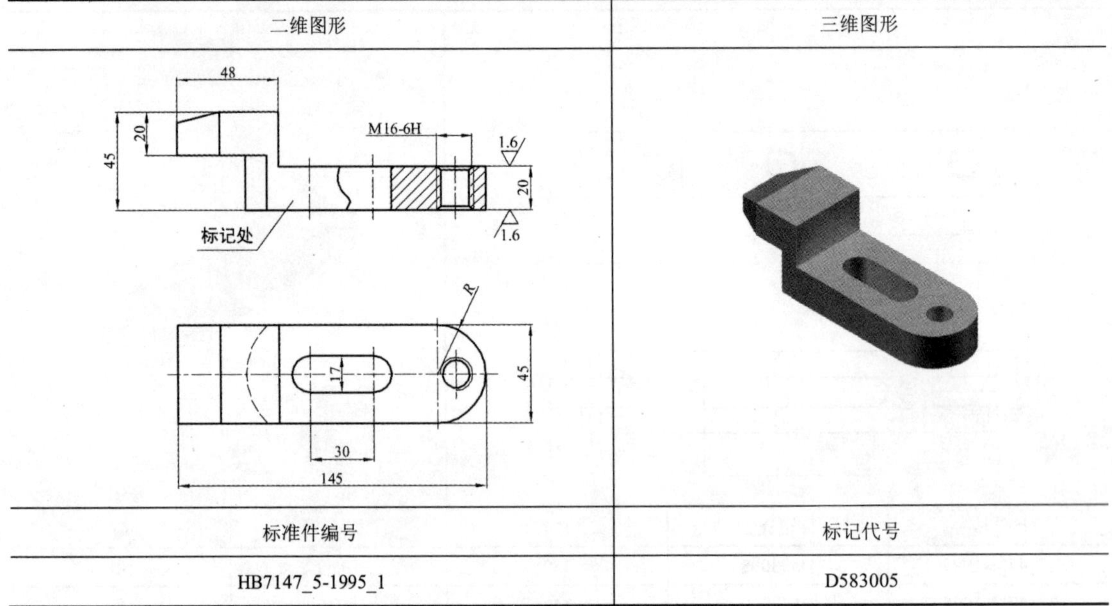

标准件编号	标记代号
HB7147_5-1995_1	D583005

表 4-51　齿纹弯头压板（HB 7147.6—1995）尺寸　　单位：mm

二维图形	三维图形

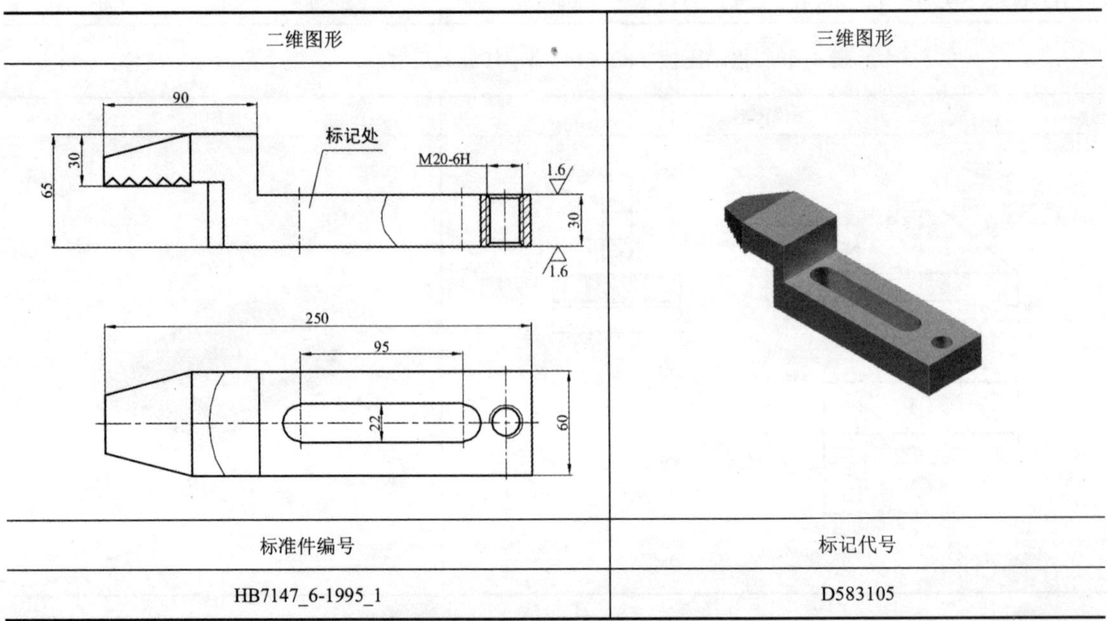

标准件编号	标记代号
HB7147_6-1995_1	D583105

表 4-52 基础板用弯头压板Ⅰ型（HB 7147.7—1995）尺寸　　　　单位：mm

二维图形	三维图形

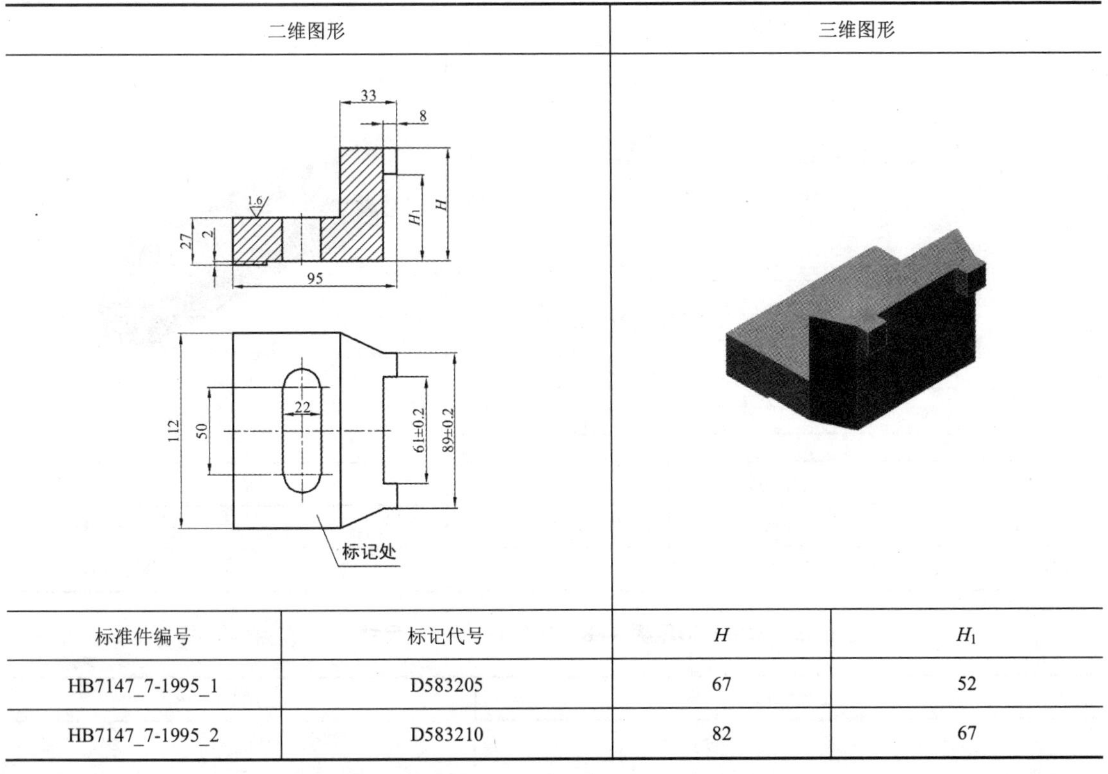

标准件编号	标记代号	H	H_1
HB7147_7-1995_1	D583205	67	52
HB7147_7-1995_2	D583210	82	67

表 4-53 基础板用弯头压板Ⅱ型（HB 7147.7—1995）尺寸　　　　单位：mm

二维图形	三维图形

标准件编号	标记代号
HB7147_7-1995_3	D583215

表 4-54 大头叉形压板（HB 7147.8—1995）尺寸　　单位：mm

二维图形	三维图形

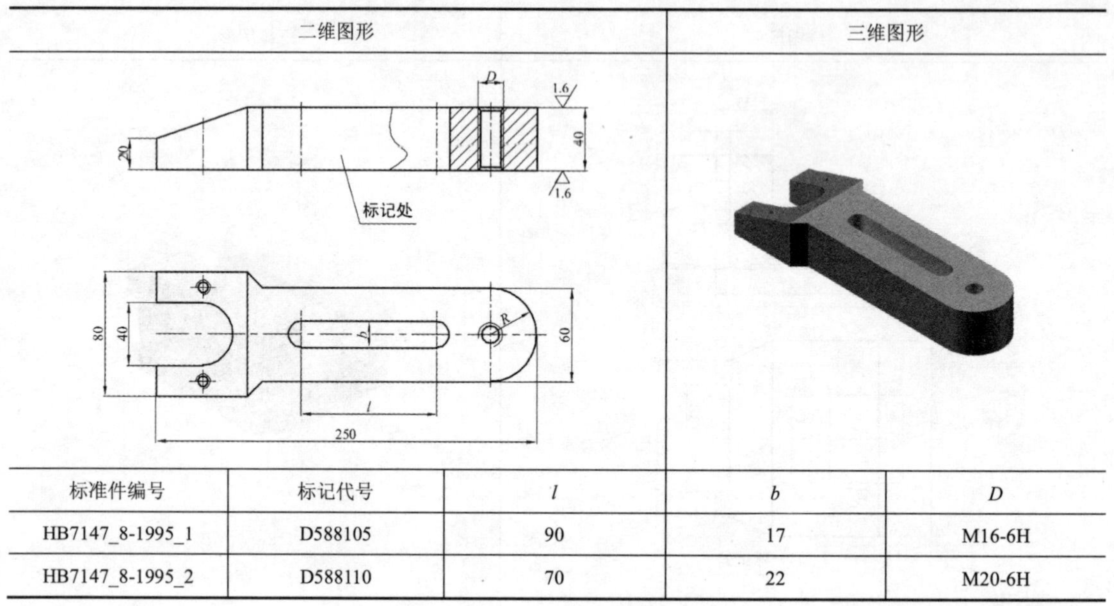

标准件编号	标记代号	l	b	D
HB7147_8-1995_1	D588105	90	17	M16-6H
HB7147_8-1995_2	D588110	70	22	M20-6H

表 4-55 宽头叉形压板（HB 7147.9—1995）尺寸　　单位：mm

二维图形	三维图形

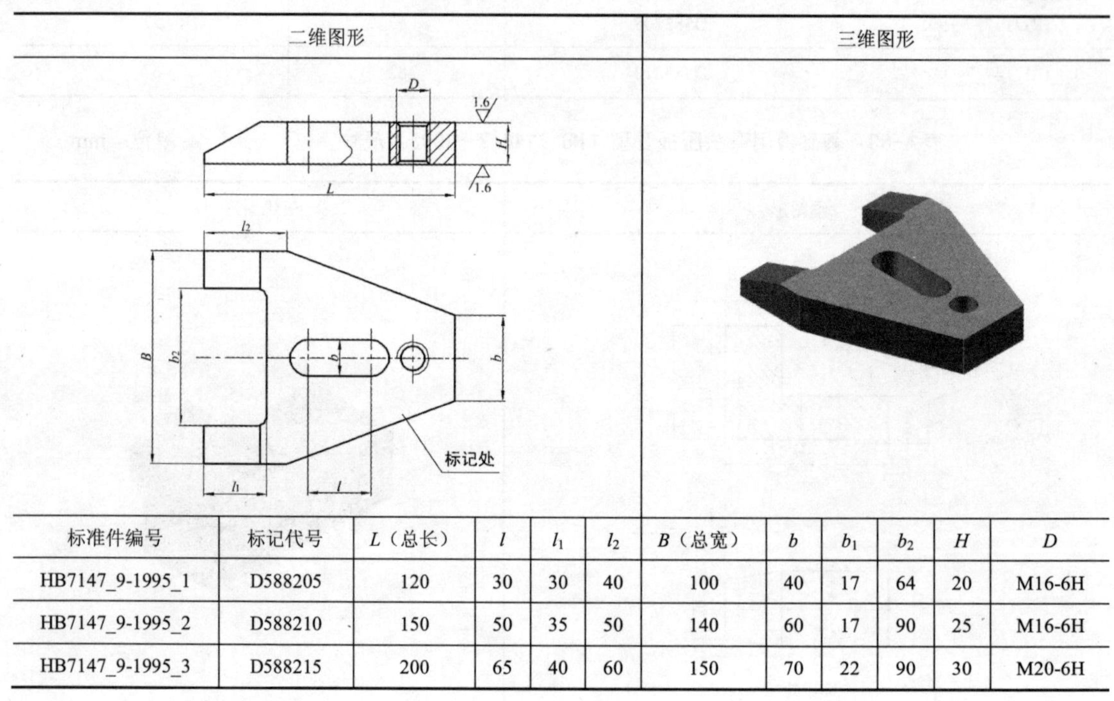

标准件编号	标记代号	L（总长）	l	l_1	l_2	B（总宽）	b	b_1	b_2	H	D
HB7147_9-1995_1	D588205	120	30	30	40	100	40	17	64	20	M16-6H
HB7147_9-1995_2	D588210	150	50	35	50	140	60	17	90	25	M16-6H
HB7147_9-1995_3	D588215	200	65	40	60	150	70	22	90	30	M20-6H

4.5 紧固件

紧固件包括双头螺栓、正方头槽用螺栓、长方头槽用螺栓、关节螺栓、螺孔螺栓、紧定螺栓、滚花内六角螺钉、球头螺钉、压紧螺钉、平垫圈、加大垫圈、四叶快卸垫圈、长方形螺母、带肩螺母、厚螺母、六角螺母、T 形螺母。其尺寸如表 4-56～表 4-72 所示。

表 4-56　双头螺栓（HB 7148.1—1995）尺寸　　单位：mm

二维图形	三维图形
标记处；d；l_2；l_1；L	

标准件编号	标记代号	L	l_1	l_2	d	标准件编号	标记代号	L	l_1	l_2	d
HB7148_1-1995_1	D600001	45	45	—	M16-6g	HB7148_1-1995_7	D600007	105	60	30	M16-6g
HB7148_1-1995_2	D600002	55	55	—	M16-6g	HB7148_1-1995_8	D600008	115	60	30	M16-6g
HB7148_1-1995_3	D600003	65	65	—	M16-6g	HB7148_1-1995_9	D600009	125	60	30	M16-6g
HB7148_1-1995_4	D600004	75	75	—	M16-6g	HB7148_1-1995_10	D600010	140	70	30	M16-6g
HB7148_1-1995_5	D600005	85	85	—	M16-6g	HB7148_1-1995_11	D600011	160	70	30	M16-6g
HB7148_1-1995_6	D600006	95	60	30	M16-6g	HB7148_1-1995_12	D600012	180	70	30	M16-6g

表 4-57　正方头槽用螺栓（HB 7148.2—1995）尺寸　　单位：mm

二维图形　　三维图形

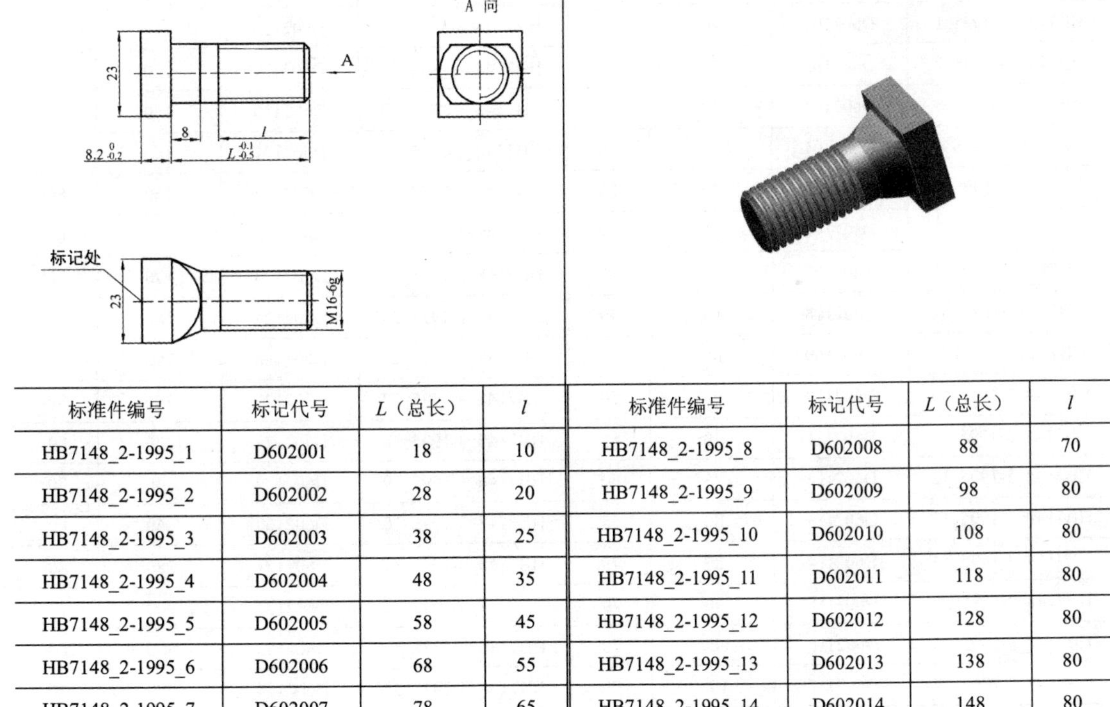

标准件编号	标记代号	L（总长）	l	标准件编号	标记代号	L（总长）	l
HB7148_2-1995_1	D602001	18	10	HB7148_2-1995_8	D602008	88	70
HB7148_2-1995_2	D602002	28	20	HB7148_2-1995_9	D602009	98	80
HB7148_2-1995_3	D602003	38	25	HB7148_2-1995_10	D602010	108	80
HB7148_2-1995_4	D602004	48	35	HB7148_2-1995_11	D602011	118	80
HB7148_2-1995_5	D602005	58	45	HB7148_2-1995_12	D602012	128	80
HB7148_2-1995_6	D602006	68	55	HB7148_2-1995_13	D602013	138	80
HB7148_2-1995_7	D602007	78	65	HB7148_2-1995_14	D602014	148	80

续表

标准件编号	标记代号	L（总长）	l	标准件编号	标记代号	L（总长）	l
HB7148_2-1995_15	D602015	158	80	HB7148_2-1995_20	D602020	260	80
HB7148_2-1995_16	D602016	178	80	HB7148_2-1995_21	D602021	280	80
HB7148_2-1995_17	D602017	198	80	HB7148_2-1995_22	D602022	300	80
HB7148_2-1995_18	D602018	220	80	HB7148_2-1995_23	D602023	350	80
HB7148_2-1995_19	D602019	240	80	HB7148_2-1995_24	D602024	400	80

表 4-58　长方头槽用螺栓（HB 7148.3—1995）尺寸　　单位：mm

二维图形	三维图形

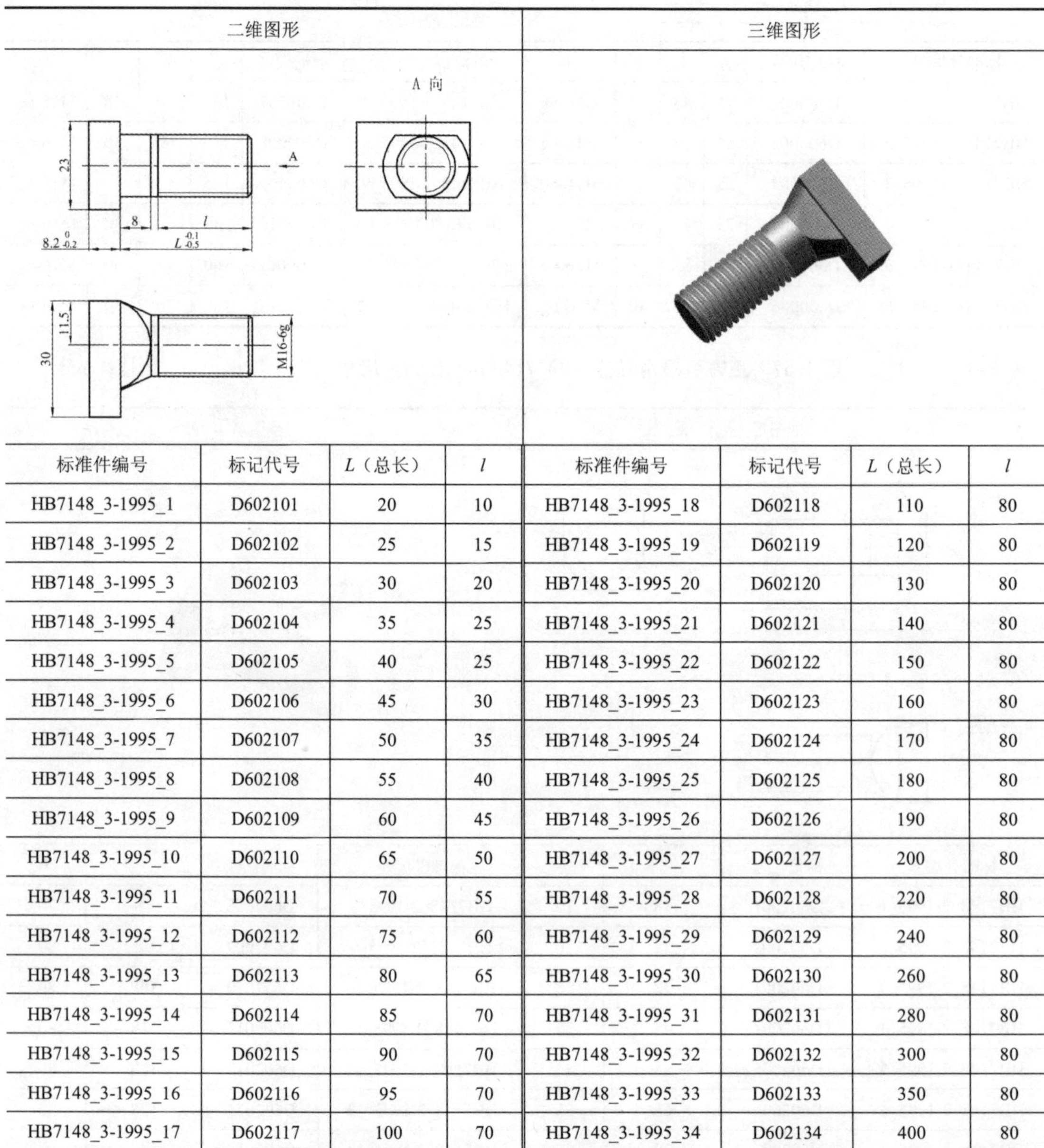

标准件编号	标记代号	L（总长）	l	标准件编号	标记代号	L（总长）	l
HB7148_3-1995_1	D602101	20	10	HB7148_3-1995_18	D602118	110	80
HB7148_3-1995_2	D602102	25	15	HB7148_3-1995_19	D602119	120	80
HB7148_3-1995_3	D602103	30	20	HB7148_3-1995_20	D602120	130	80
HB7148_3-1995_4	D602104	35	25	HB7148_3-1995_21	D602121	140	80
HB7148_3-1995_5	D602105	40	25	HB7148_3-1995_22	D602122	150	80
HB7148_3-1995_6	D602106	45	30	HB7148_3-1995_23	D602123	160	80
HB7148_3-1995_7	D602107	50	35	HB7148_3-1995_24	D602124	170	80
HB7148_3-1995_8	D602108	55	40	HB7148_3-1995_25	D602125	180	80
HB7148_3-1995_9	D602109	60	45	HB7148_3-1995_26	D602126	190	80
HB7148_3-1995_10	D602110	65	50	HB7148_3-1995_27	D602127	200	80
HB7148_3-1995_11	D602111	70	55	HB7148_3-1995_28	D602128	220	80
HB7148_3-1995_12	D602112	75	60	HB7148_3-1995_29	D602129	240	80
HB7148_3-1995_13	D602113	80	65	HB7148_3-1995_30	D602130	260	80
HB7148_3-1995_14	D602114	85	70	HB7148_3-1995_31	D602131	280	80
HB7148_3-1995_15	D602115	90	70	HB7148_3-1995_32	D602132	300	80
HB7148_3-1995_16	D602116	95	70	HB7148_3-1995_33	D602133	350	80
HB7148_3-1995_17	D602117	100	70	HB7148_3-1995_34	D602134	400	80

表 4-59　关节螺栓（HB 7148.4—1995）尺寸　　单位：mm

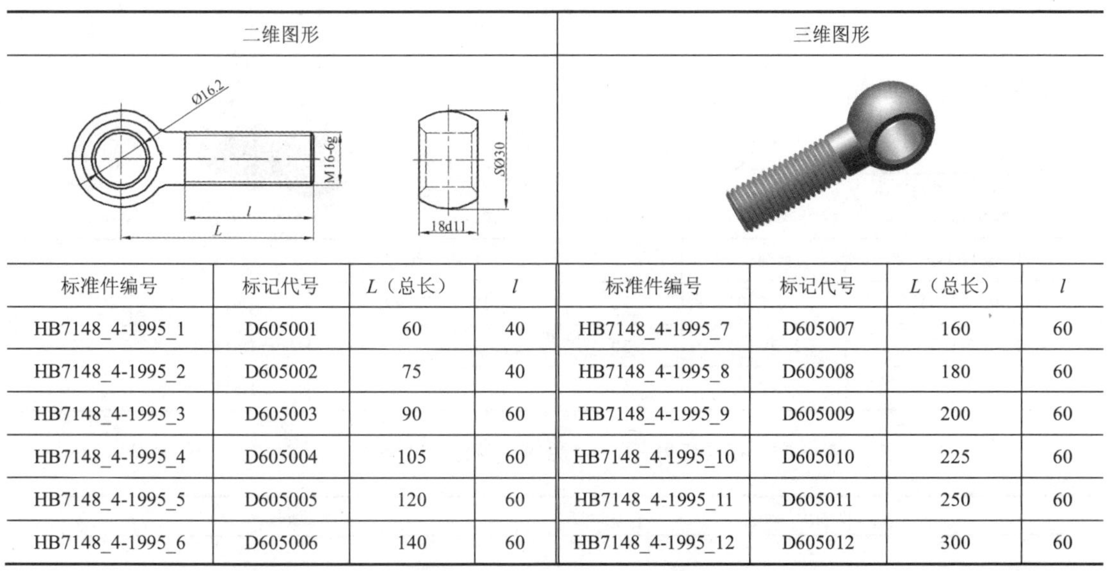

标准件编号	标记代号	L（总长）	l	标准件编号	标记代号	L（总长）	l
HB7148_4-1995_1	D605001	60	40	HB7148_4-1995_7	D605007	160	60
HB7148_4-1995_2	D605002	75	40	HB7148_4-1995_8	D605008	180	60
HB7148_4-1995_3	D605003	90	60	HB7148_4-1995_9	D605009	200	60
HB7148_4-1995_4	D605004	105	60	HB7148_4-1995_10	D605010	225	60
HB7148_4-1995_5	D605005	120	60	HB7148_4-1995_11	D605011	250	60
HB7148_4-1995_6	D605006	140	60	HB7148_4-1995_12	D605012	300	60

表 4-60　螺孔螺栓（HB 7148.5—1995）尺寸　　单位：mm

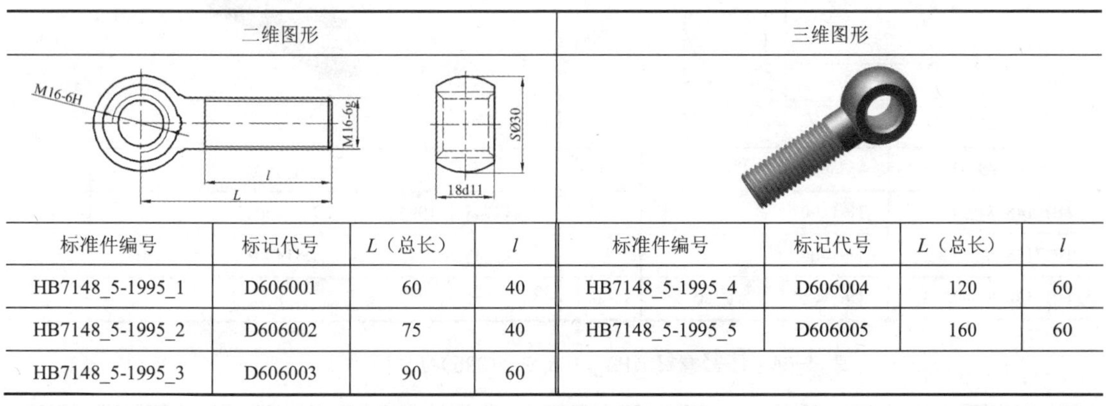

标准件编号	标记代号	L（总长）	l	标准件编号	标记代号	L（总长）	l
HB7148_5-1995_1	D606001	60	40	HB7148_5-1995_4	D606004	120	60
HB7148_5-1995_2	D606002	75	40	HB7148_5-1995_5	D606005	160	60
HB7148_5-1995_3	D606003	90	60				

表 4-61　紧定螺栓（HB 7148.6—1995）尺寸　　单位：mm

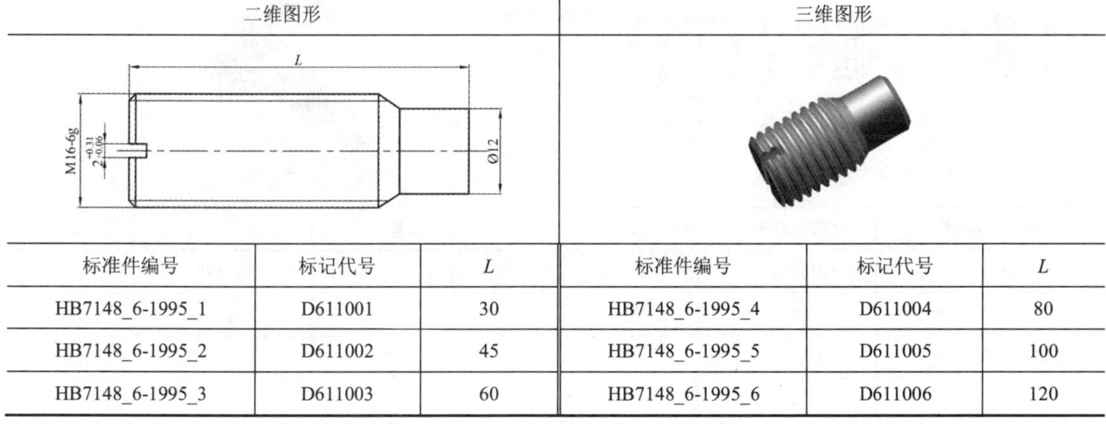

标准件编号	标记代号	L	标准件编号	标记代号	L
HB7148_6-1995_1	D611001	30	HB7148_6-1995_4	D611004	80
HB7148_6-1995_2	D611002	45	HB7148_6-1995_5	D611005	100
HB7148_6-1995_3	D611003	60	HB7148_6-1995_6	D611006	120

表 4-62　滚花内六角螺钉（HB 7148.7—1995）尺寸　　单位：mm

标准件编号	标记代号	L	标准件编号	标记代号	L
HB7148_7-1995_1	D613101	20	HB7148_7-1995_4	D613104	60
HB7148_7-1995_2	D613102	30	HB7148_7-1995_5	D613105	75
HB7148_7-1995_3	D613103	45	HB7148-7-1995_6	D613106	90

表 4-63　球头螺钉（HB 7148.8—1995）尺寸　　单位：mm

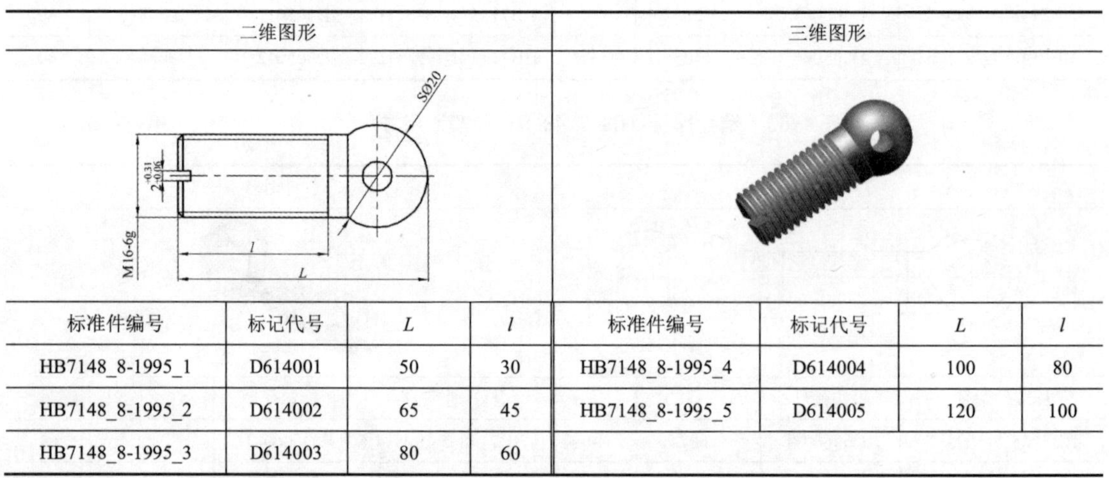

标准件编号	标记代号	L	l	标准件编号	标记代号	L	l
HB7148_8-1995_1	D614001	50	30	HB7148_8-1995_4	D614004	100	80
HB7148_8-1995_2	D614002	65	45	HB7148_8-1995_5	D614005	120	100
HB7148_8-1995_3	D614003	80	60				

表 4-64　压紧螺钉（HB 7148.9—1995）尺寸　　单位：mm

标准件编号	标记代号	L	标准件编号	标记代号	L
HB7148_9-1995_1	D615101	50	HB7148_9-1995_5	D615105	120
HB7148_9-1995_2	D615102	65	HB7148_9-1995_6	D615106	150
HB7148_9-1995_3	D615103	80	HB7148_9-1995_7	D615107	180
HB7148_9-1995_4	D615104	100			

表 4-65　平垫圈（HB 7148.10—1995）尺寸　　单位：mm

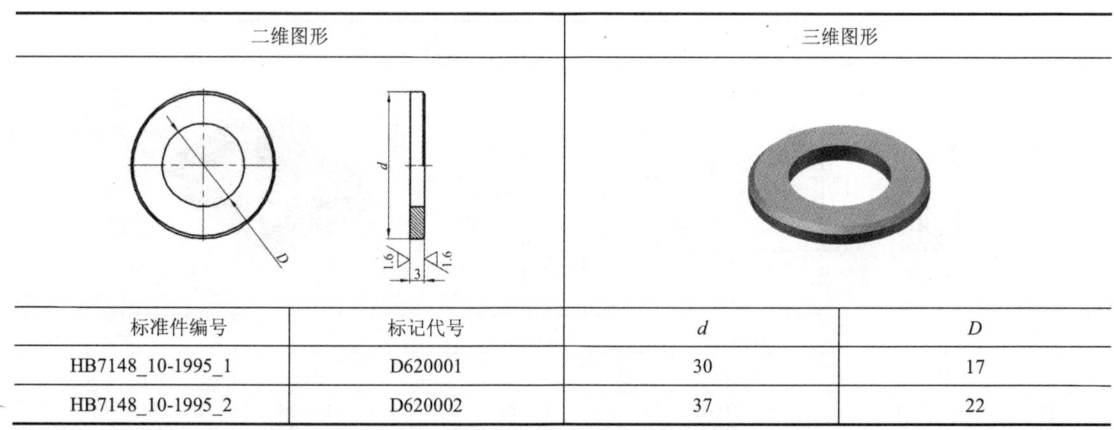

标准件编号	标记代号	d	D
HB7148_10-1995_1	D620001	30	17
HB7148_10-1995_2	D620002	37	22

表 4-66　加大垫圈（HB 7148.11—1995）尺寸　　单位：mm

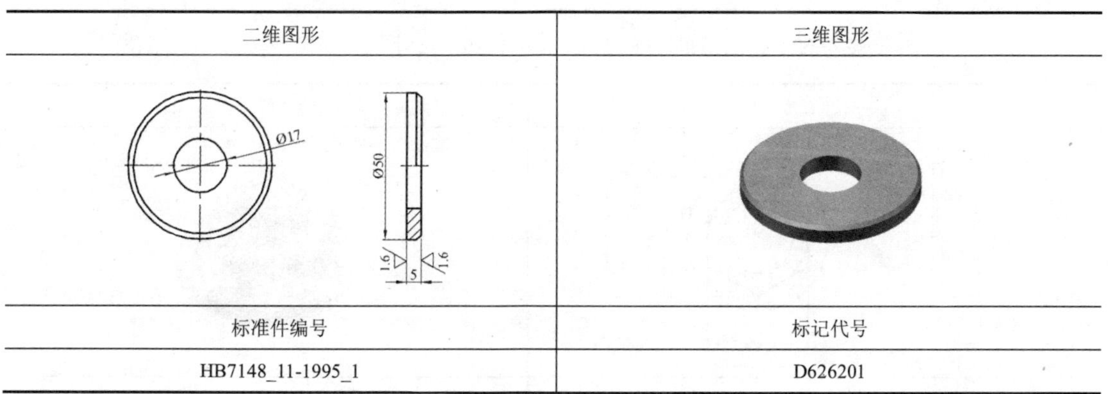

标准件编号	标记代号
HB7148_11-1995_1	D626201

表 4-67　四叶快卸垫圈（HB 7148.12—1995）尺寸　　单位：mm

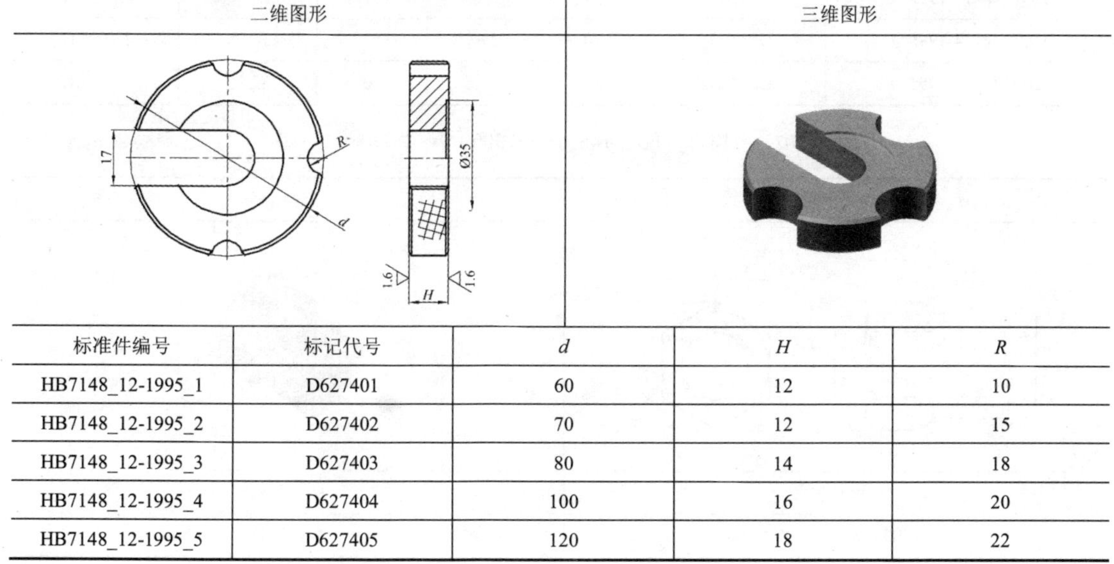

标准件编号	标记代号	d	H	R
HB7148_12-1995_1	D627401	60	12	10
HB7148_12-1995_2	D627402	70	12	15
HB7148_12-1995_3	D627403	80	14	18
HB7148_12-1995_4	D627404	100	16	20
HB7148_12-1995_5	D627405	120	18	22

表 4-68　长方形螺母（HB 7148.13—1995）尺寸　　单位：mm

二维图形	三维图形

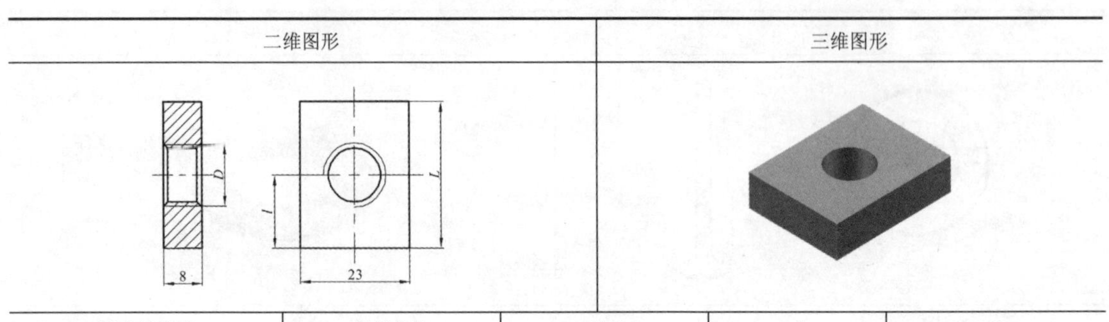

标准件编号	标记代号	*L*（总长）	*l*	*D*
HB7148_13-1995_1	D631001	30	15	M12×1.5-6H
HB7148_13-1995_2	D631002	30	15	M16-6H
HB7148_13-1995_3	D631003	40	20	M16-6H
HB7148_13-1995_4	D631004	50	25	M16-6H

表 4-69　带肩螺母（HB 7148.14—1995）尺寸　　单位：mm

二维图形	三维图形

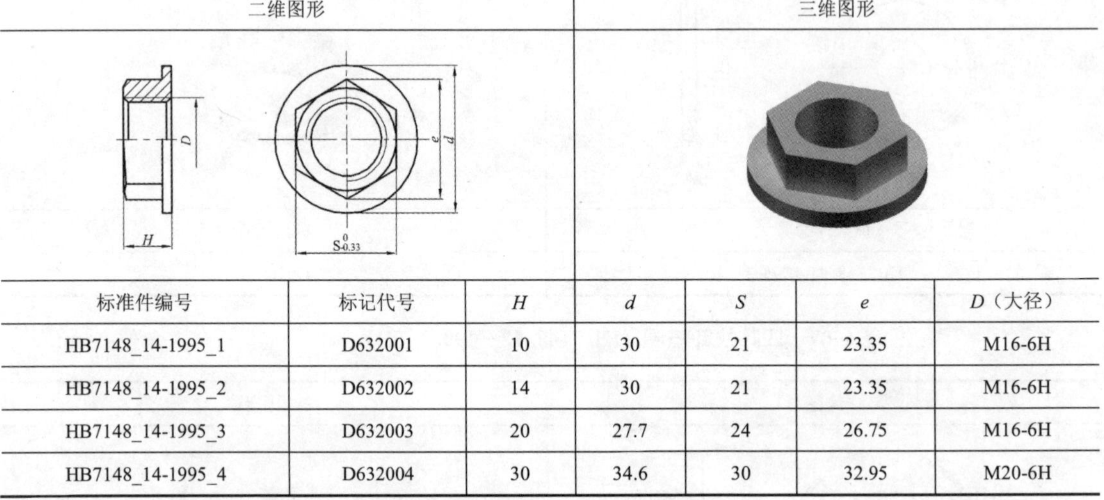

标准件编号	标记代号	*H*	*d*	*S*	*e*	*D*（大径）
HB7148_14-1995_1	D632001	10	30	21	23.35	M16-6H
HB7148_14-1995_2	D632002	14	30	21	23.35	M16-6H
HB7148_14-1995_3	D632003	20	27.7	24	26.75	M16-6H
HB7148_14-1995_4	D632004	30	34.6	30	32.95	M20-6H

表 4-70　厚螺母（HB 7148.15—1995）尺寸　　单位：mm

二维图形	三维图形

标准件编号	标记代号
HB7148_15-1995_1	D632301

表 4-71　六角螺母（HB 7148.16—1995）尺寸　　单位：mm

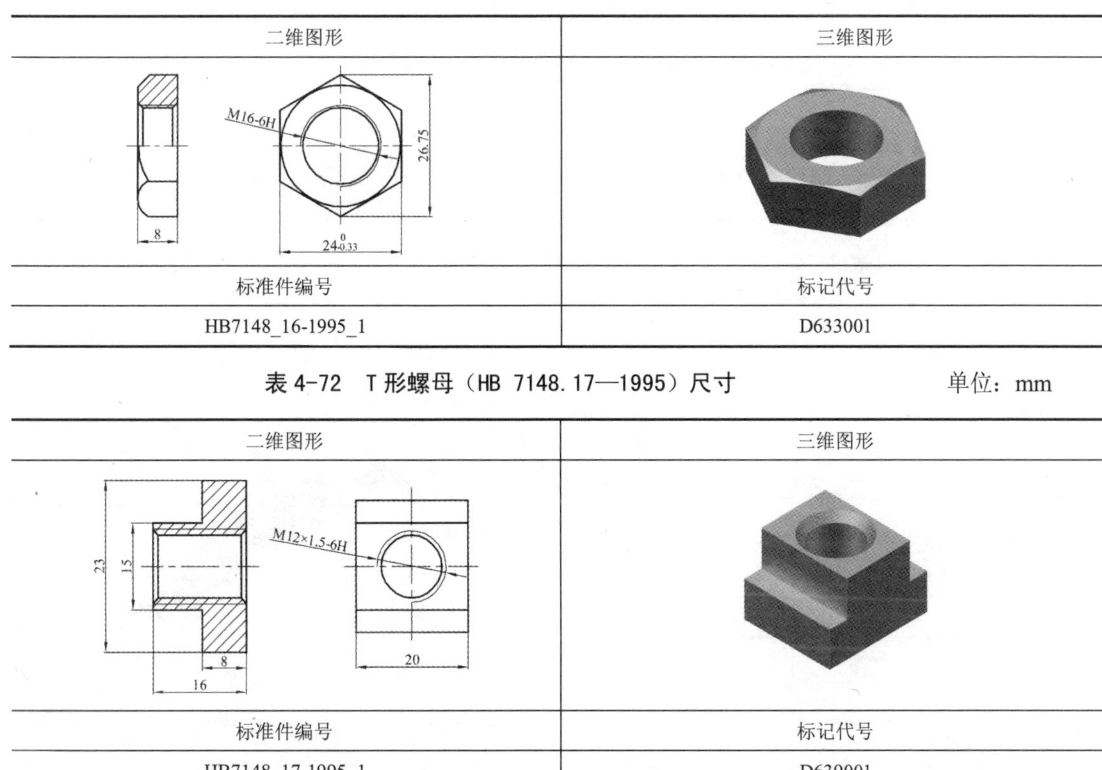

二维图形	三维图形
标准件编号	标记代号
HB7148_16-1995_1	D633001

表 4-72　T 形螺母（HB 7148.17—1995）尺寸　　单位：mm

二维图形	三维图形
标准件编号	标记代号
HB7148_17-1995_1	D639001

4.6　其他件

其他件包括连接板、加长连接板、过渡螺孔板、三爪支承、支承环、沉孔支承环、连接杆（Ⅰ型、Ⅱ型）、平面支承钉、齿面支承钉、球面支承钉、平面支承帽、齿面支承帽、球面支承帽、直手柄。其尺寸如表 4-73～表 4-87 所示。

表 4-73　连接板（HB 7150.1—1995）尺寸　　单位：mm

二维图形	三维图形

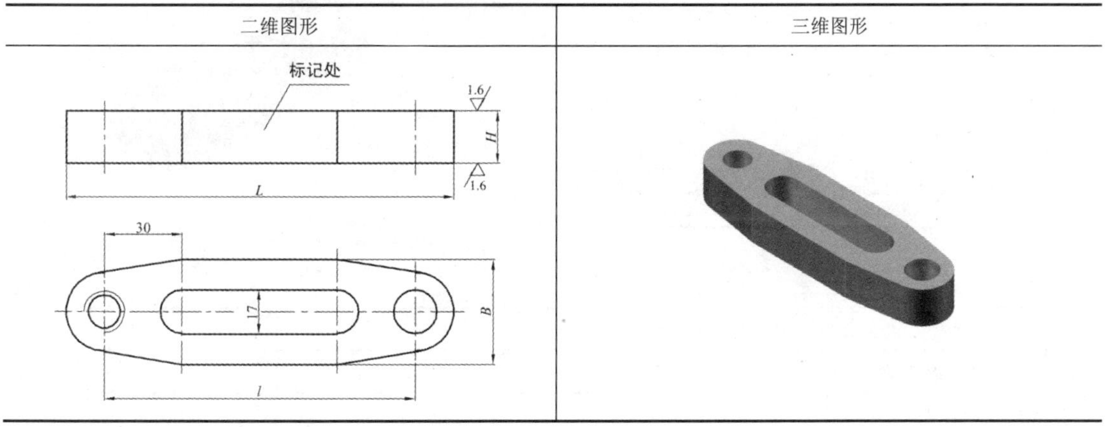

续表

标准件编号	标记代号	*L*	*l*	*B*	*H*
HB7150_1-1995_1	D900005	150	120	40	20
HB7150_1-1995_2	D900010	200	170	40	30
HB7150_1-1995_3	D900015	250	220	40	30
HB7150_1-1995_4	D900020	300	270	45	35

表 4-74 加长连接板（HB 7150.2—1995）尺寸　　单位：mm

二维图形	三维图形

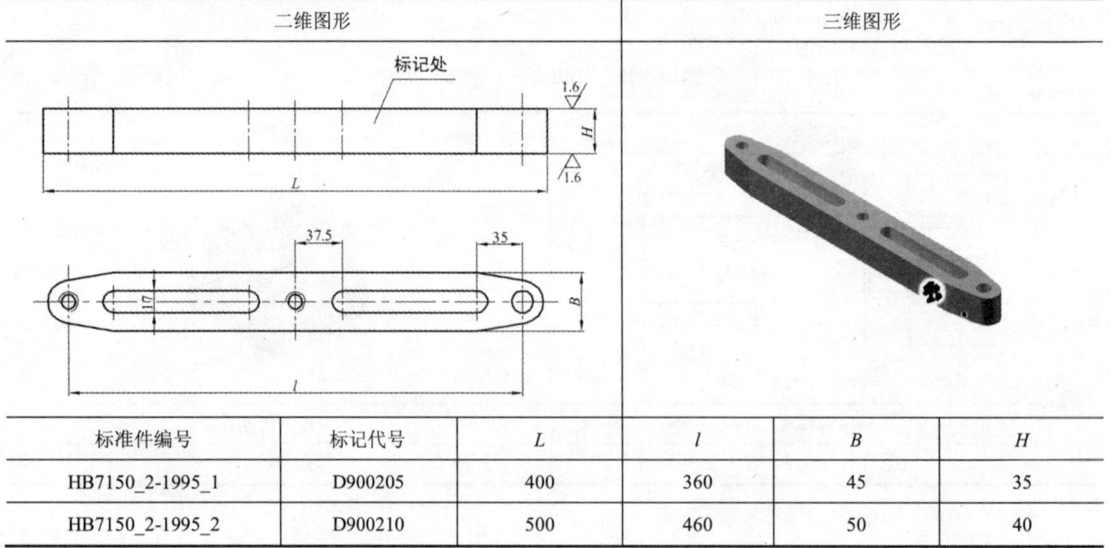

标准件编号	标记代号	*L*	*l*	*B*	*H*
HB7150_2-1995_1	D900205	400	360	45	35
HB7150_2-1995_2	D900210	500	460	50	40

表 4-75 过渡螺孔板（HB 7150.3—1995）尺寸　　单位：mm

二维图形	三维图形

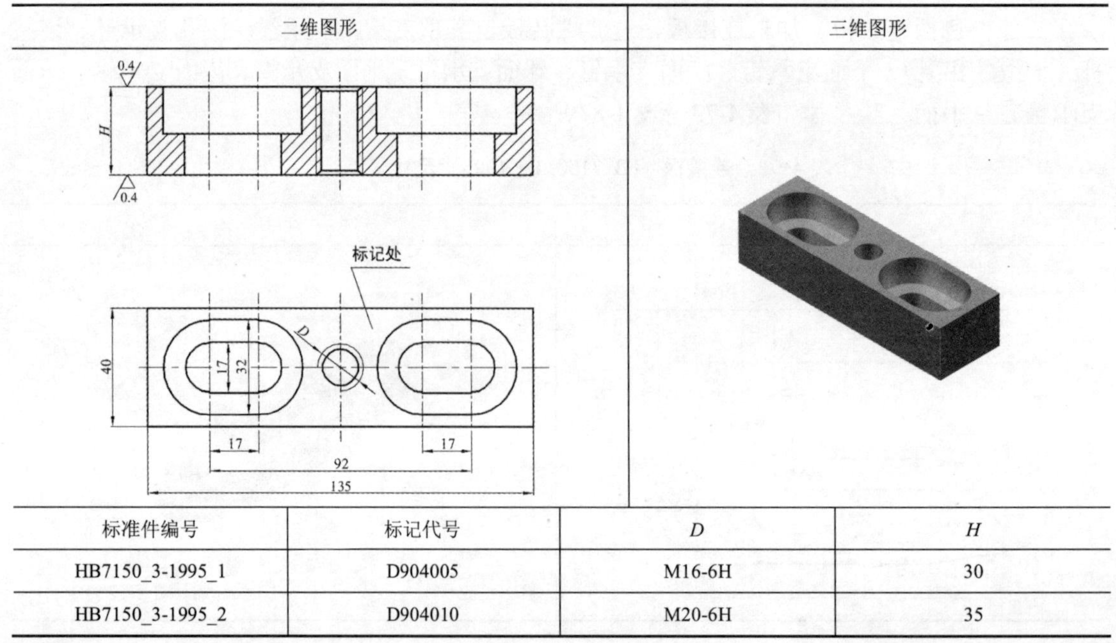

标准件编号	标记代号	*D*	*H*
HB7150_3-1995_1	D904005	M16-6H	30
HB7150_3-1995_2	D904010	M20-6H	35

表 4-76　三爪支承（HB 7150.4—1995）尺寸　　单位：mm

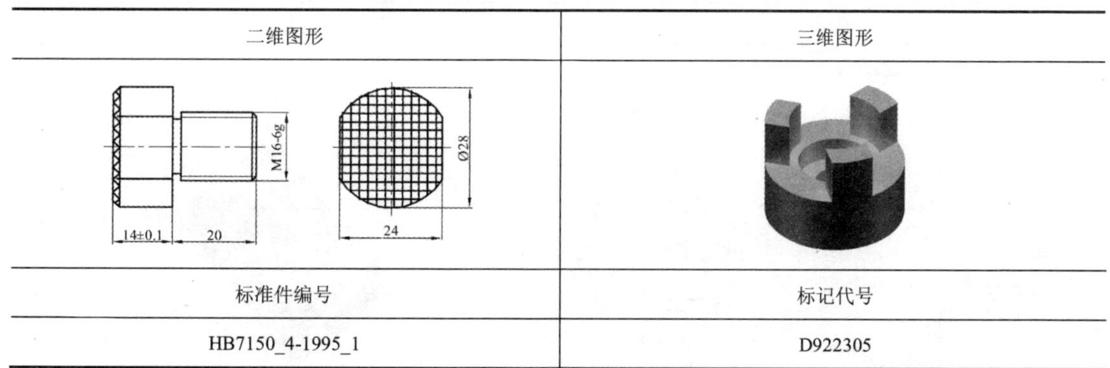

二维图形	三维图形
标准件编号	标记代号
HB7150_4-1995_1	D922305

表 4-77　支承环（HB 7150.5—1995）尺寸　　单位：mm

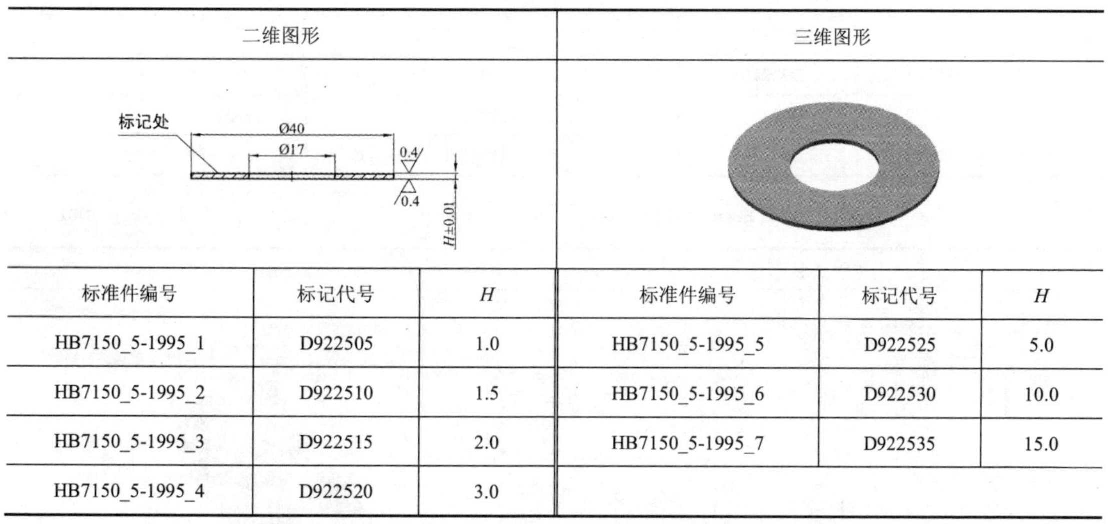

标准件编号	标记代号	H	标准件编号	标记代号	H
HB7150_5-1995_1	D922505	1.0	HB7150_5-1995_5	D922525	5.0
HB7150_5-1995_2	D922510	1.5	HB7150_5-1995_6	D922530	10.0
HB7150_5-1995_3	D922515	2.0	HB7150_5-1995_7	D922535	15.0
HB7150_5-1995_4	D922520	3.0			

表 4-78　沉孔支承环（HB 7150.6—1995）尺寸　　单位：mm

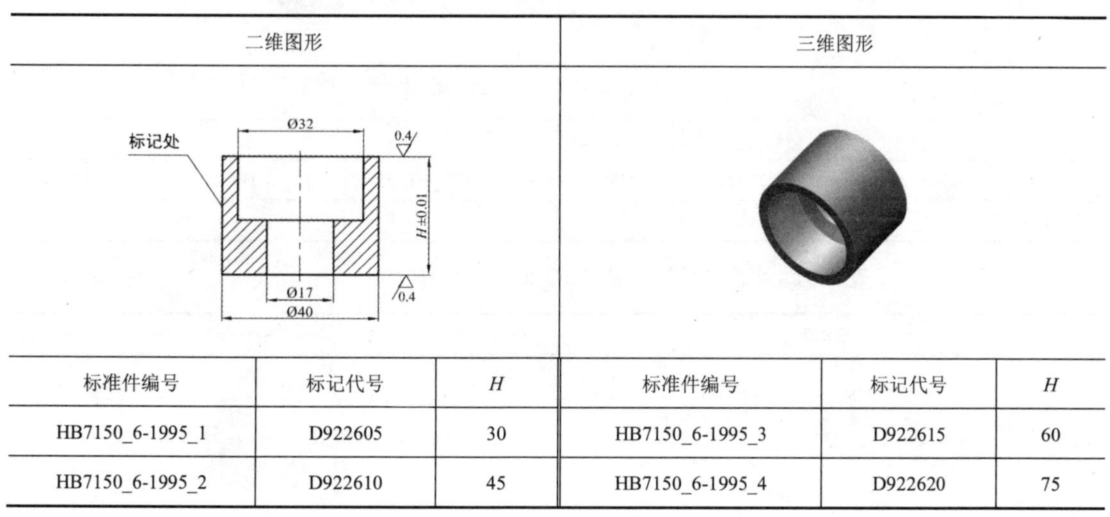

标准件编号	标记代号	H	标准件编号	标记代号	H
HB7150_6-1995_1	D922605	30	HB7150_6-1995_3	D922615	60
HB7150_6-1995_2	D922610	45	HB7150_6-1995_4	D922620	75

表 4-79　连接杆Ⅰ型（HB 7150.7—1995）尺寸　　单位：mm

标准件编号	标记代号	H	标准件编号	标记代号	H
HB7150_7-1995_1	D922705	45	HB7150_7-1995_4	D922720	90
HB7150_7-1995_2	D922710	60	HB7150_7-1995_5	D922725	120
HB7150_7-1995_3	D922715	75	HB7150_7-1995_6	D922730	150

表 4-80　连接杆Ⅱ型（HB 7150.7—1995）尺寸　　单位：mm

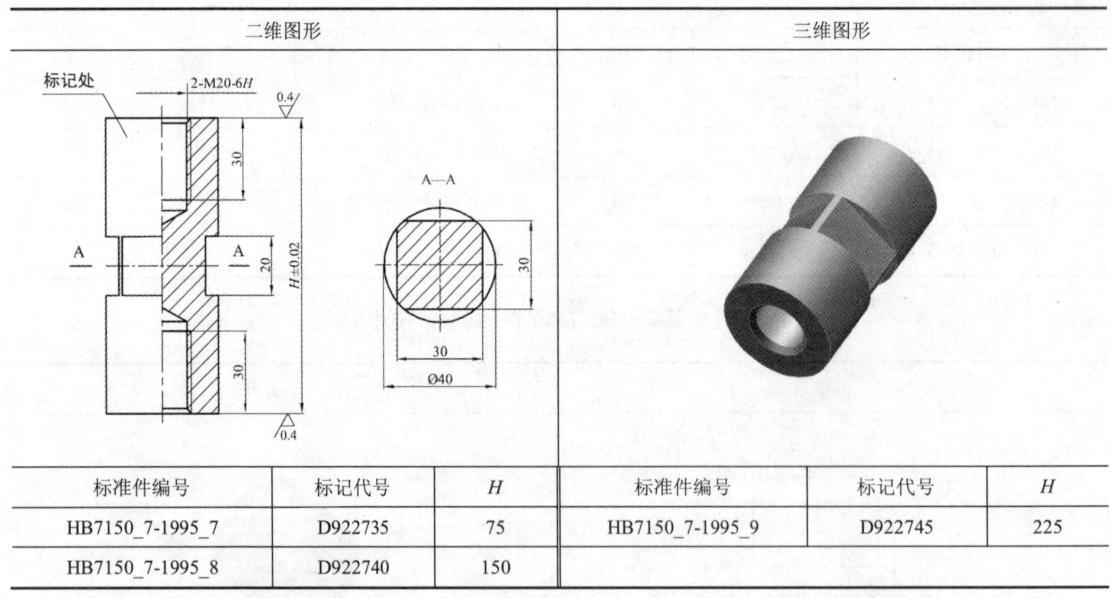

标准件编号	标记代号	H	标准件编号	标记代号	H
HB7150_7-1995_7	D922735	75	HB7150_7-1995_9	D922745	225
HB7150_7-1995_8	D922740	150			

表 4-81　平面支承钉（HB 7150.8—1995）尺寸　　单位：mm

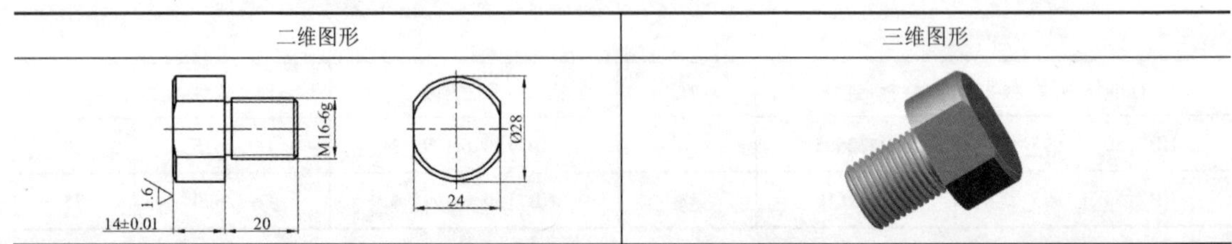

续表

标准件编号	标记代号
HB7150_8-1995_1	D923005

表 4-82 齿面支承钉（HB 7150.9—1995）尺寸 单位：mm

二维图形	三维图形
14±0.1　20　M16-6g　Ø28　24	
标准件编号	标记代号
HB7150_9-1995_1	D923105

表 4-83 球面支承钉（HB 7150.10—1995）尺寸 单位：mm

二维图形	三维图形
SR28　1.6　M16-6g　14±0.1　20　Ø28　24	
标准件编号	标记代号
HB7150_10-1995_1	D923205

表 4-84 平面支承帽（HB 7150.11—1995）尺寸 单位：mm

二维图形	三维图形
M16-6H　Ø27.7　1.6　30±0.01　1.6　24	
标准件编号	标记代号
HB7150_11-1995_1	D923305

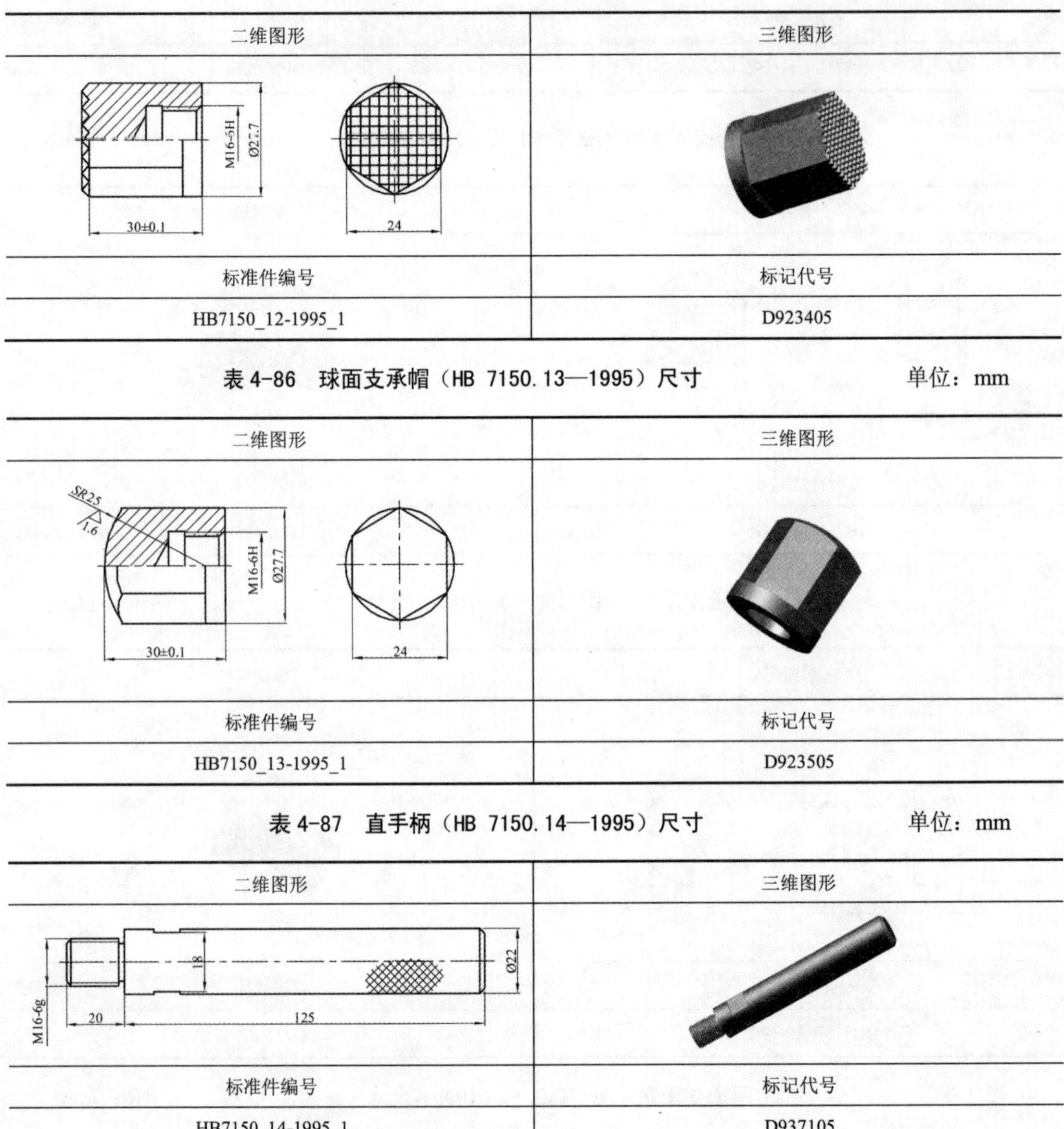

表 4-85　齿面支承帽（HB 7150.12—1995）尺寸　　单位：mm

二维图形	三维图形
标准件编号	标记代号
HB7150_12-1995_1	D923405

表 4-86　球面支承帽（HB 7150.13—1995）尺寸　　单位：mm

二维图形	三维图形
标准件编号	标记代号
HB7150_13-1995_1	D923505

表 4-87　直手柄（HB 7150.14—1995）尺寸　　单位：mm

二维图形	三维图形
标准件编号	标记代号
HB7150_14-1995_1	D937105

第 5 章　H 型孔系组合夹具标准件技术设计参数

5.1　多夹具基础件

多夹具基础件包括平托板、平副托板、T 形过渡板、立方过渡板、窄角度板 1（Ⅰ型、Ⅱ型）、窄角度板 2（Ⅰ型、Ⅱ型、Ⅲ型）。其尺寸如表 5-1～表 5-12 所示。

表 5-1　平托板（HB 4527.1—1991）尺寸　　单位：mm

二维图形	三维图形

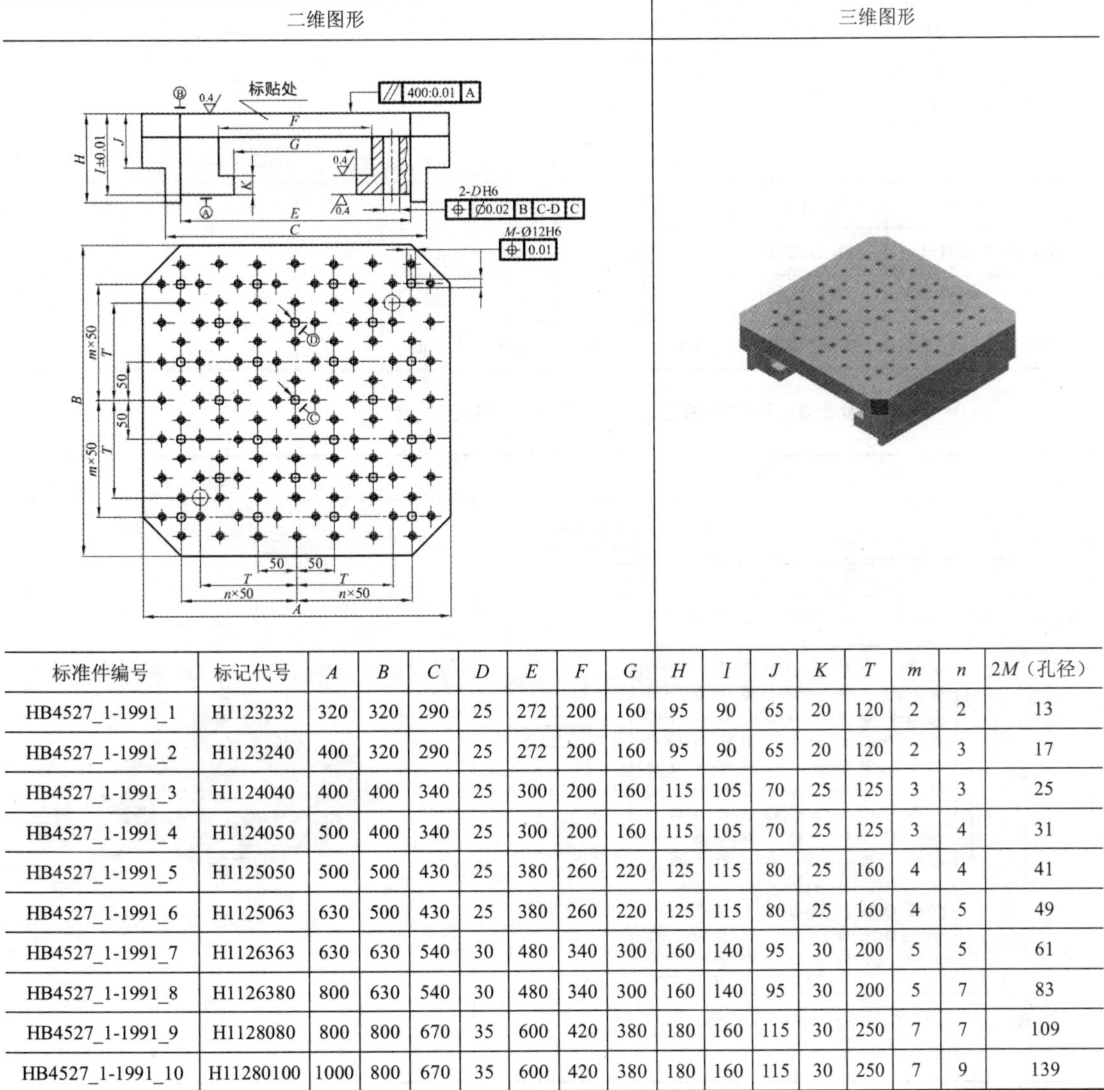

标准件编号	标记代号	A	B	C	D	E	F	G	H	I	J	K	T	m	n	$2M$（孔径）
HB4527_1-1991_1	H1123232	320	320	290	25	272	200	160	95	90	65	20	120	2	2	13
HB4527_1-1991_2	H1123240	400	320	290	25	272	200	160	95	90	65	20	120	2	3	17
HB4527_1-1991_3	H1124040	400	400	340	25	300	200	160	115	105	70	25	125	3	3	25
HB4527_1-1991_4	H1124050	500	400	340	25	300	200	160	115	105	70	25	125	3	4	31
HB4527_1-1991_5	H1125050	500	500	430	25	380	260	220	125	115	80	25	160	4	4	41
HB4527_1-1991_6	H1125063	630	500	430	25	380	260	220	125	115	80	25	160	4	5	49
HB4527_1-1991_7	H1126363	630	630	540	30	480	340	300	160	140	95	30	200	5	5	61
HB4527_1-1991_8	H1126380	800	630	540	30	480	340	300	160	140	95	30	200	5	7	83
HB4527_1-1991_9	H1128080	800	800	670	35	600	420	380	180	160	115	30	250	7	7	109
HB4527_1-1991_10	H11280100	1000	800	670	35	600	420	380	180	160	115	30	250	7	9	139

表 5-2　平副托板 1（HB 4527.2—1991）尺寸　　单位：mm

二维图形	三维图形

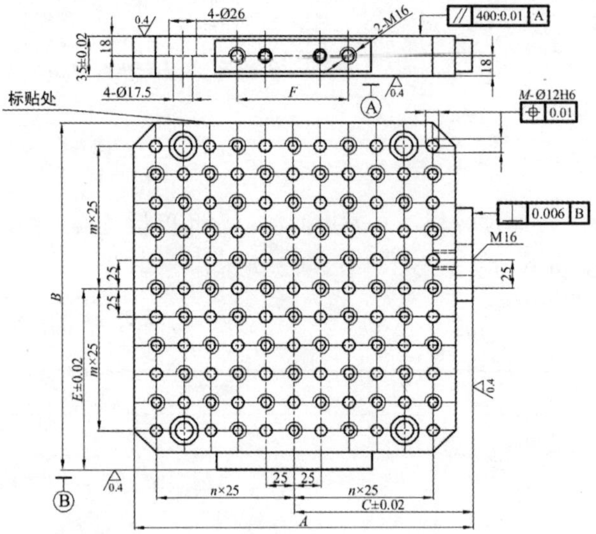

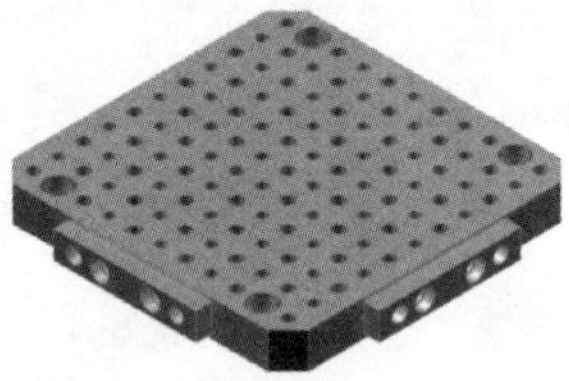

标准件编号	标记代号	*A*	*B*	*C*	*E*	*F*	*n*	*m*	*M*（孔径）
HB4527_2-1991_1	H1413232	305	305	160	160	100	5	5	61
HB4527_2-1991_2	H1413240	305	380	200	200	100	5	6	75
HB4527_2-1991_3	H1414040	380	380	200	200	110	6	6	82

表 5-3　平副托板 2（HB 4527.3—1991）尺寸　　单位：mm

二维图形	三维图形

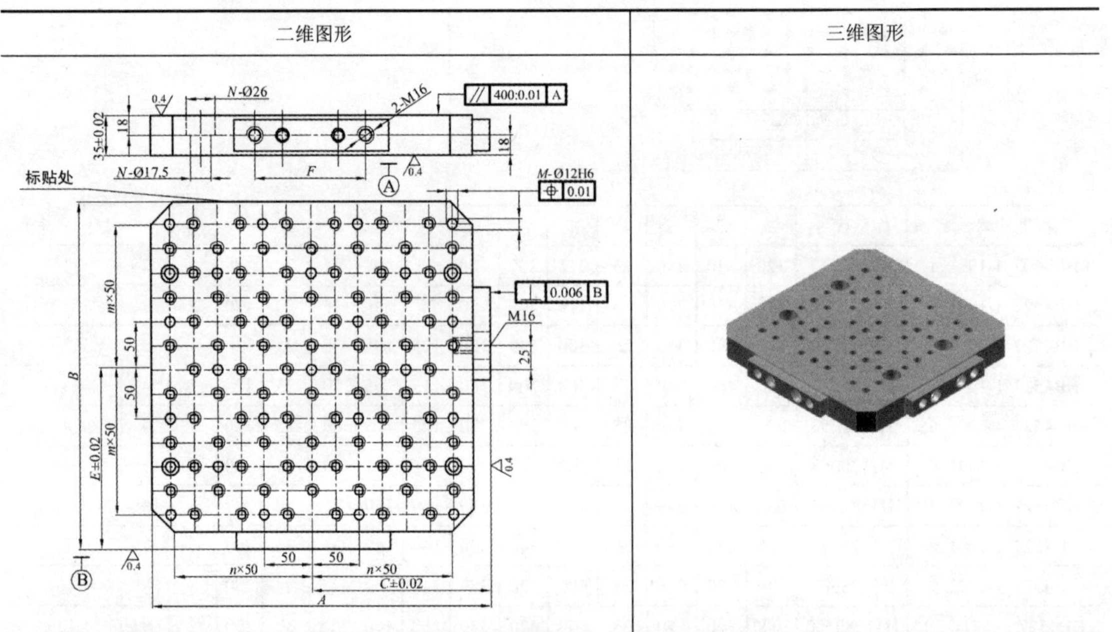

续表

标准件编号	标记代号	*A*	*B*	*C*	*E*	*F*	*n*	*m*	*M*（孔径）	*N*（孔数）
HB4527_3-1991_1	H1423232	305	305	160	160	100	2	2	13	4
HB4527_3-1991_2	H1423240	305	380	160	200	100	2	3	17	4
HB4527_3-1991_3	H1424040	380	380	200	200	110	3	3	25	4
HB4527_3-1991_4	H1424050	380	475	200	250	110	3	4	31	6
HB4527_3-1991_5	H1425050	475	475	250	250	150	4	4	41	6
HB4527_3-1991_6	H1425063	475	605	250	315	150	4	5	50	8
HB4527_3-1991_7	H1426363	605	605	315	315	200	5	5	61	8
HB4527_3-1991_8	H1426380	605	775	315	400	200	5	7	83	8
HB4527_3-1991_9	H1428080	775	775	400	400	270	7	7	113	8
HB4527_3-1991_10	H14280100	775	975	400	500	270	7	9	143	10

表 5-4　T 形过渡板 1（HB 4527.4—1991）尺寸　　单位：mm

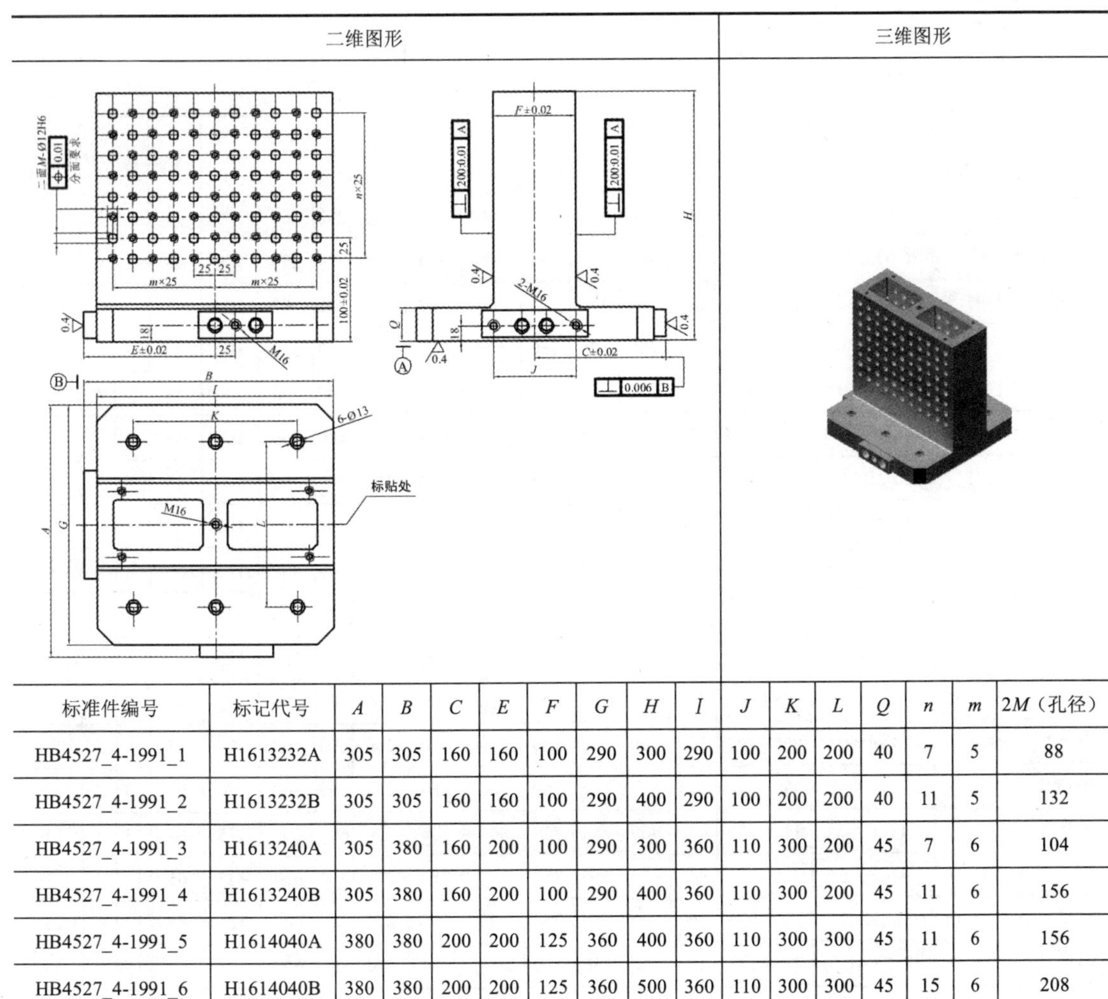

标准件编号	标记代号	*A*	*B*	*C*	*E*	*F*	*G*	*H*	*I*	*J*	*K*	*L*	*Q*	*n*	*m*	2*M*（孔径）
HB4527_4-1991_1	H1613232A	305	305	160	160	100	290	300	290	100	200	200	40	7	5	88
HB4527_4-1991_2	H1613232B	305	305	160	160	100	290	400	290	100	200	200	40	11	5	132
HB4527_4-1991_3	H1613240A	305	380	160	200	100	290	300	360	110	300	200	45	7	6	104
HB4527_4-1991_4	H1613240B	305	380	160	200	100	290	400	360	110	300	200	45	11	6	156
HB4527_4-1991_5	H1614040A	380	380	200	200	125	360	400	360	110	300	300	45	11	6	156
HB4527_4-1991_6	H1614040B	380	380	200	200	125	360	500	360	110	300	300	45	15	6	208

表 5-5　T 形过渡板 2（HB 4527.5—1991）尺寸　　单位：mm

二维图形	三维图形

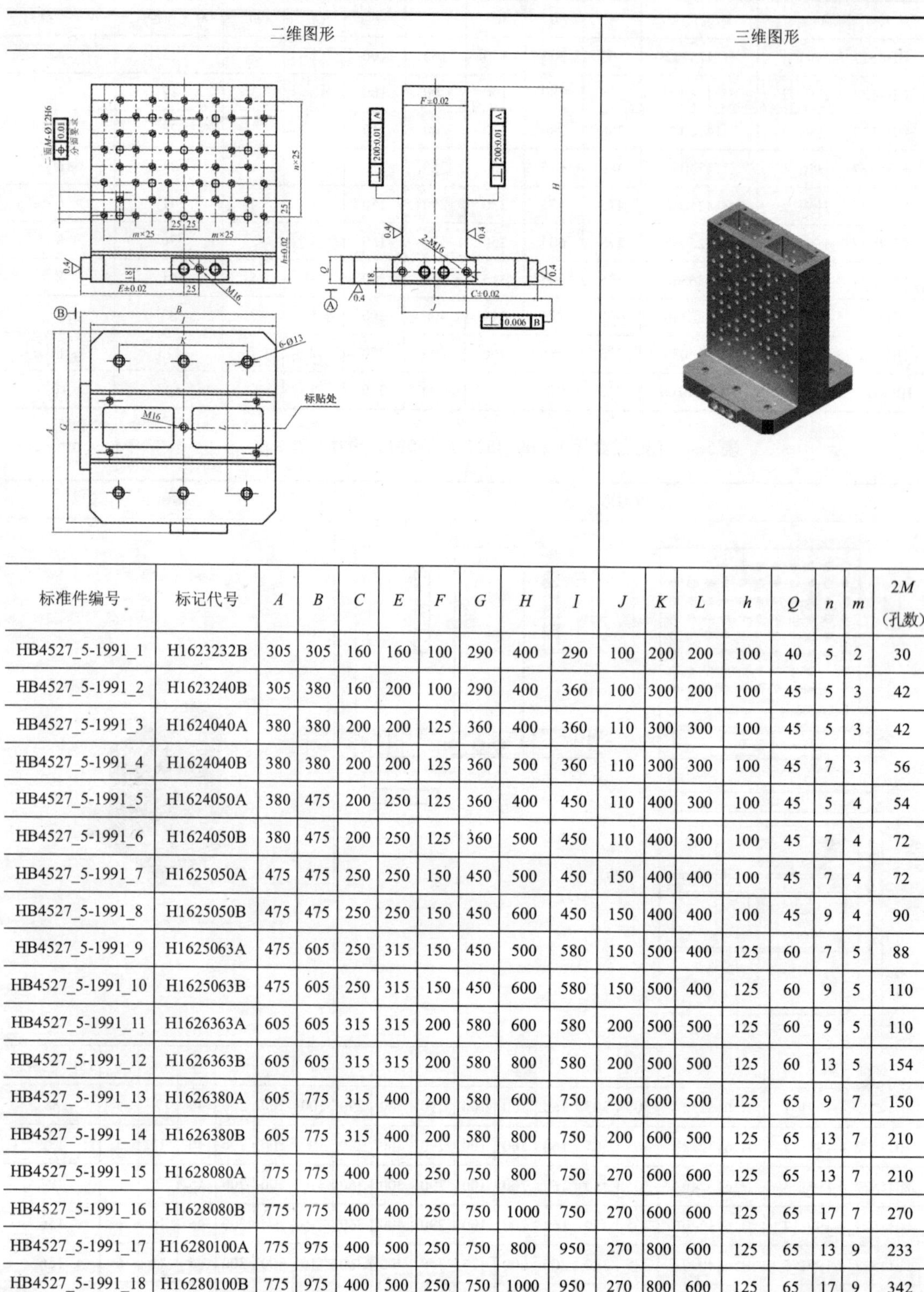

标准件编号	标记代号	*A*	*B*	*C*	*E*	*F*	*G*	*H*	*I*	*J*	*K*	*L*	*h*	*Q*	*n*	*m*	2*M*（孔数）
HB4527_5-1991_1	H1623232B	305	305	160	160	100	290	400	290	100	200	200	100	40	5	2	30
HB4527_5-1991_2	H1623240B	305	380	160	200	100	290	400	360	100	300	200	100	45	5	3	42
HB4527_5-1991_3	H1624040A	380	380	200	200	125	360	400	360	110	300	300	100	45	5	3	42
HB4527_5-1991_4	H1624040B	380	380	200	200	125	360	500	360	110	300	300	100	45	7	3	56
HB4527_5-1991_5	H1624050A	380	475	200	250	125	360	400	450	110	400	300	100	45	5	4	54
HB4527_5-1991_6	H1624050B	380	475	200	250	125	360	500	450	110	400	300	100	45	7	4	72
HB4527_5-1991_7	H1625050A	475	475	250	250	150	450	500	450	150	400	400	100	45	7	4	72
HB4527_5-1991_8	H1625050B	475	475	250	250	150	450	600	450	150	400	400	100	45	9	4	90
HB4527_5-1991_9	H1625063A	475	605	250	315	150	450	500	580	150	500	400	125	60	7	5	88
HB4527_5-1991_10	H1625063B	475	605	250	315	150	450	600	580	150	500	400	125	60	9	5	110
HB4527_5-1991_11	H1626363A	605	605	315	315	200	580	600	580	200	500	500	125	60	9	5	110
HB4527_5-1991_12	H1626363B	605	605	315	315	200	580	800	580	200	500	500	125	60	13	5	154
HB4527_5-1991_13	H1626380A	605	775	315	400	200	580	600	750	200	600	500	125	65	9	7	150
HB4527_5-1991_14	H1626380B	605	775	315	400	200	580	800	750	200	600	500	125	65	13	7	210
HB4527_5-1991_15	H1628080A	775	775	400	400	250	750	800	750	270	600	600	125	65	13	7	210
HB4527_5-1991_16	H1628080B	775	775	400	400	250	750	1000	750	270	600	600	125	65	17	7	270
HB4527_5-1991_17	H16280100A	775	975	400	500	250	750	800	950	270	800	600	125	65	13	9	233
HB4527_5-1991_18	H16280100B	775	975	400	500	250	750	1000	950	270	800	600	125	65	17	9	342

表 5-6　立方过渡板 1（HB 4527.6—1991）尺寸　　单位：mm

二维图形 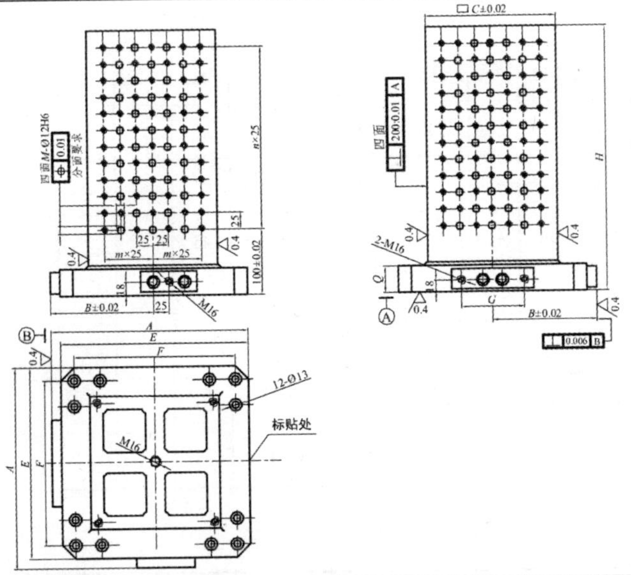	三维图形 

标准件编号	标记代号	A	B	C	E	F	G	H	Q	n	m	4M（孔数）
HB4527_6-1991_1	H1713232A	305	160	200	290	250	100	300	40	7	2	80
HB4527_6-1991_2	H1713232B	305	160	200	290	250	100	400	40	11	2	120
HB4527_6-1991_3	H1714040A	380	200	250	360	300	110	400	45	11	3	168
HB4527_6-1991_4	H1714040B	380	200	250	360	300	110	500	45	15	3	224

表 5-7　立方过渡板 2（HB 4527.7—1991）尺寸　　单位：mm

二维图形	三维图形

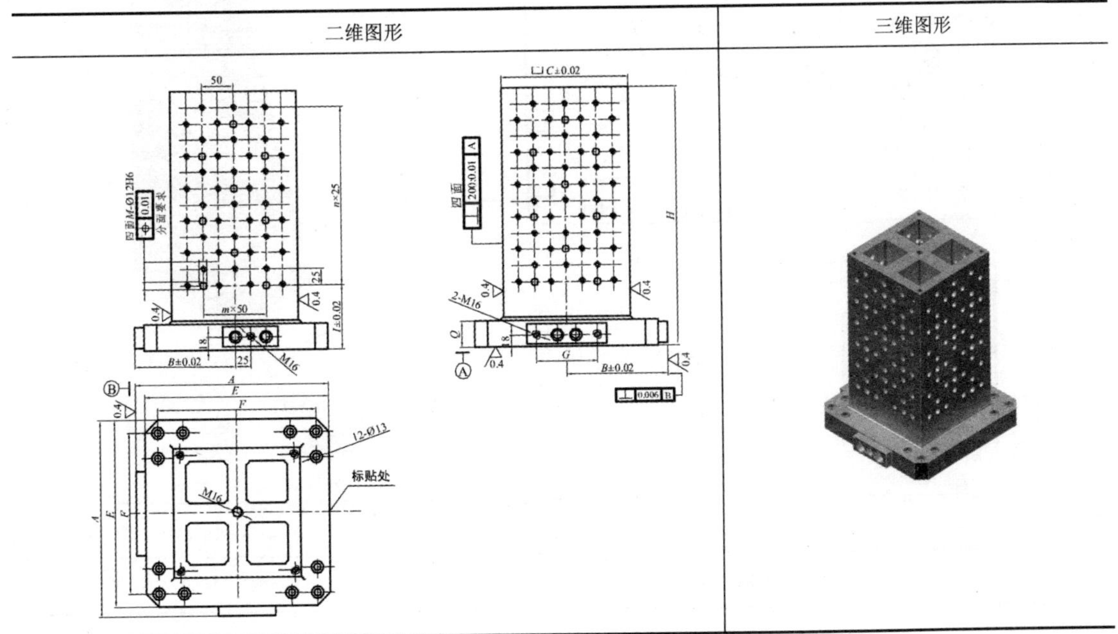

续表

标准件编号	标记代号	*A*	*B*	*C*	*E*	*F*	*G*	*H*	*I*	*Q*	*n*	*m*	4*M*（孔数）
HB4527_7-1991_1	H1723232B	305	160	200	290	250	100	400	100	40	5	2	36
HB4527_7-1991_2	H1724040A	380	200	250	360	300	110	400	100	45	5	2	60
HB4527_7-1991_3	H1724040B	380	200	250	360	300	110	500	100	45	7	2	80
HB4527_7-1991_4	H1725050A	475	250	300	450	400	150	500	100	45	7	2	80
HB4527_7-1991_5	H1725050B	475	250	300	450	400	150	600	100	45	9	2	100
HB4527_7-1991_6	H1726363A	605	315	400	580	500	200	600	125	60	9	3	140
HB4527_7-1991_7	H1726363B	605	315	400	580	500	200	800	125	60	13	3	190
HB4527_7-1991_8	H1728080A	775	400	500	750	600	270	1000	125	65	13	4	252
HB4527_7-1991_9	H1728080B	775	400	500	750	600	270	1000	125	65	17	4	324

表 5-8 窄角度板 1（Ⅰ型）（HB 4527.8—1991）尺寸 单位：mm

二维图形	三维图形
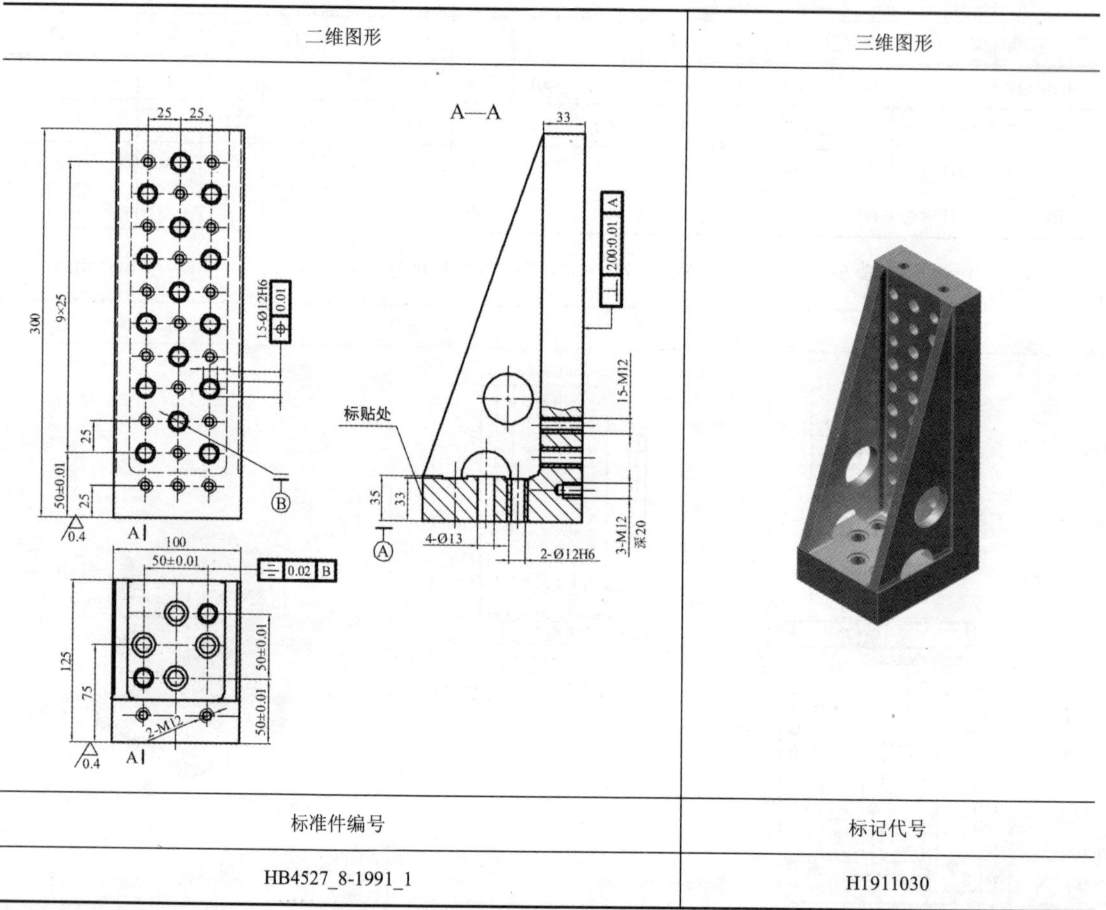	
标准件编号	标记代号
HB4527_8-1991_1	H1911030

表 5-9　窄角度板 1（Ⅱ型）（HB 4527.8—1991）尺寸　　单位：mm

二维图形	三维图形
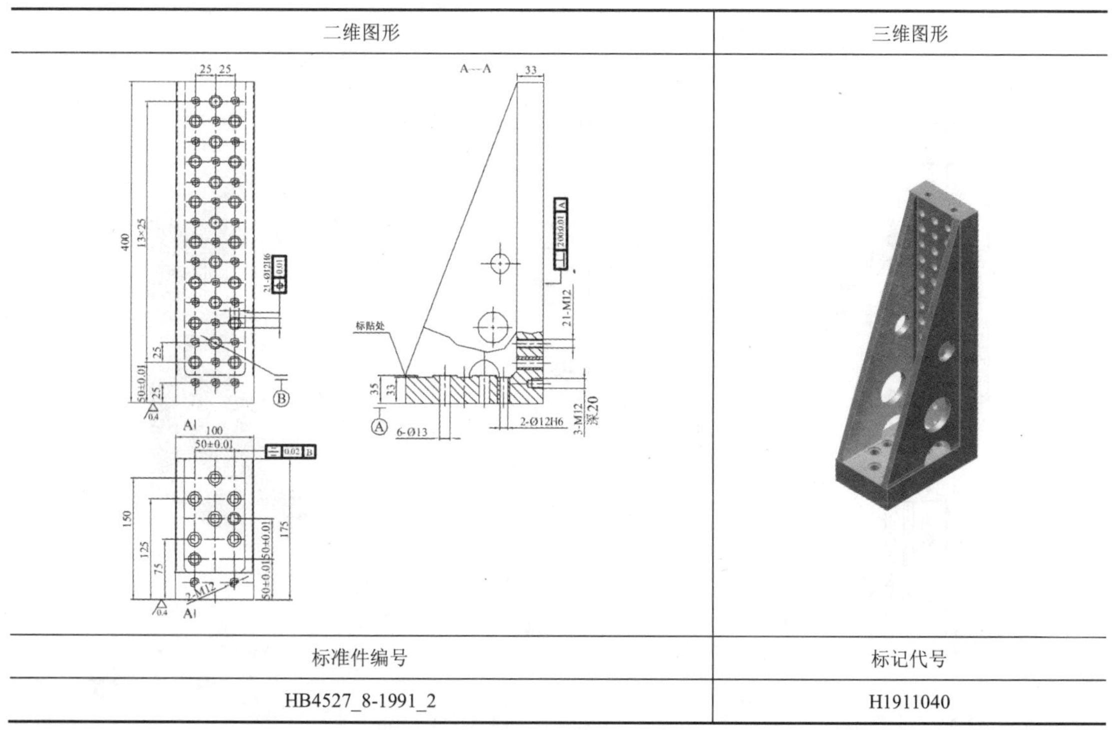	
标准件编号	标记代号
HB4527_8-1991_2	H1911040

表 5-10　窄角度板 2（Ⅰ型）（HB 4527.9—1991）尺寸　　单位：mm

二维图形	三维图形
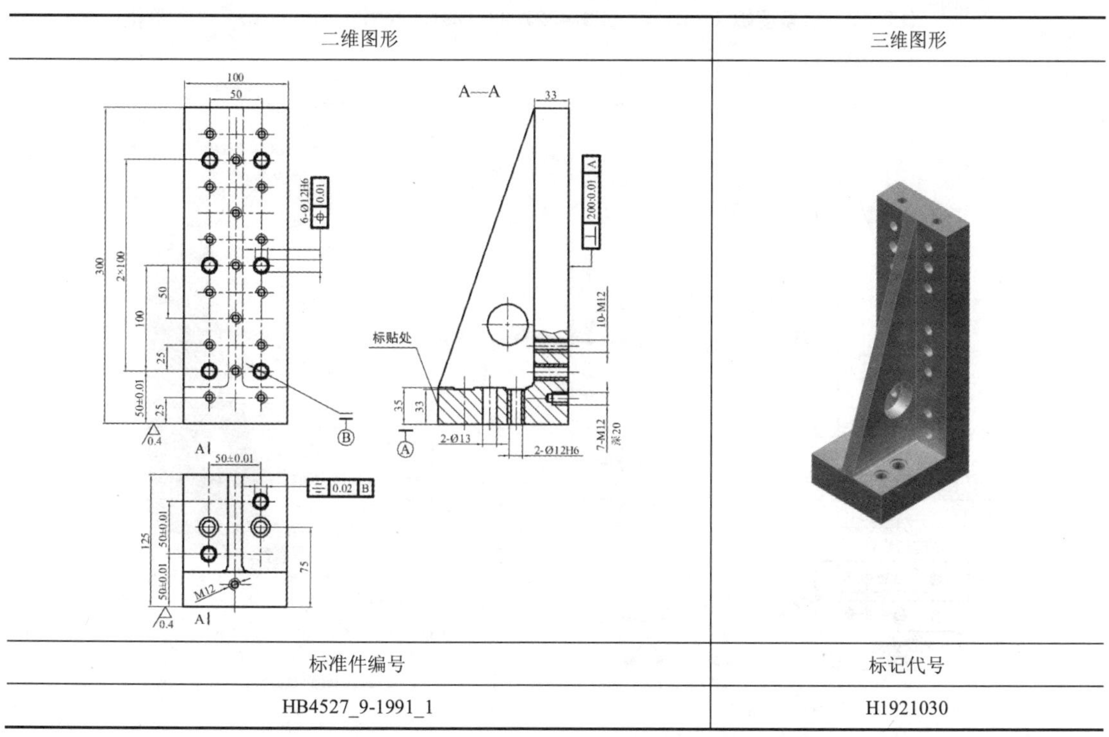	
标准件编号	标记代号
HB4527_9-1991_1	H1921030

表 5-11 窄角度板 2（Ⅱ型）（HB 4527.9—1991）尺寸 单位：mm

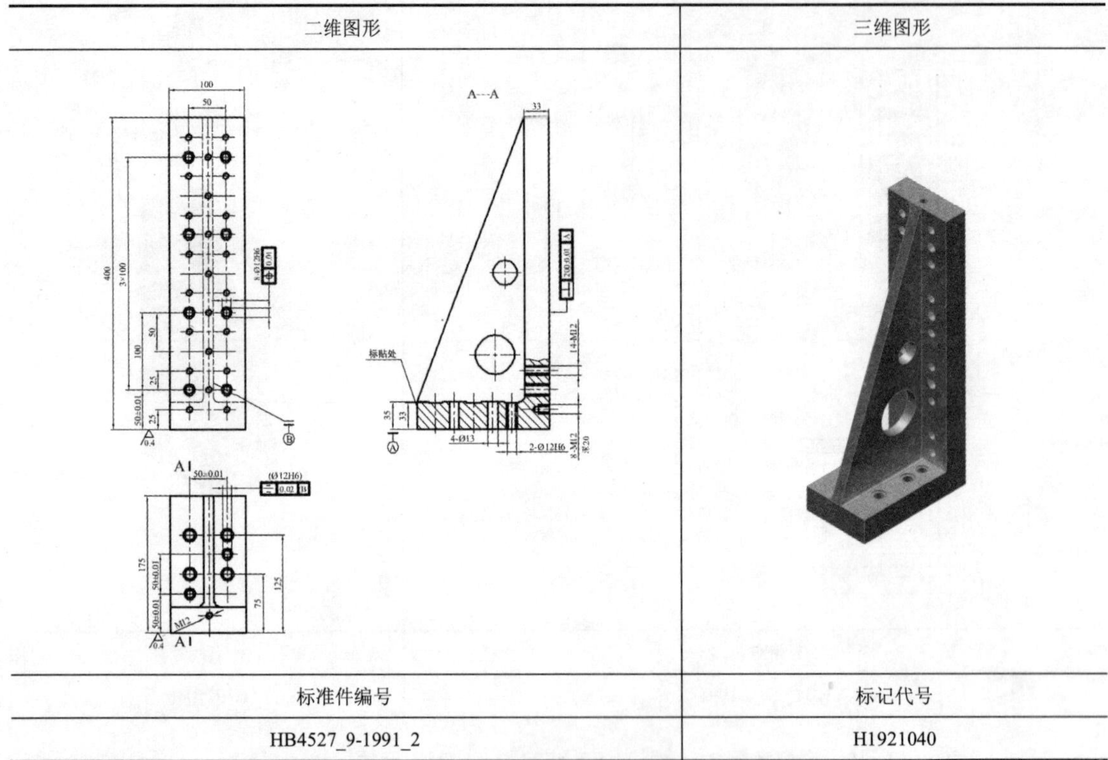

二维图形	三维图形
标准件编号	标记代号
HB4527_9-1991_2	H1921040

表 5-12 窄角度板 2（Ⅲ型）（HB 4527.9—1991）尺寸 单位：mm

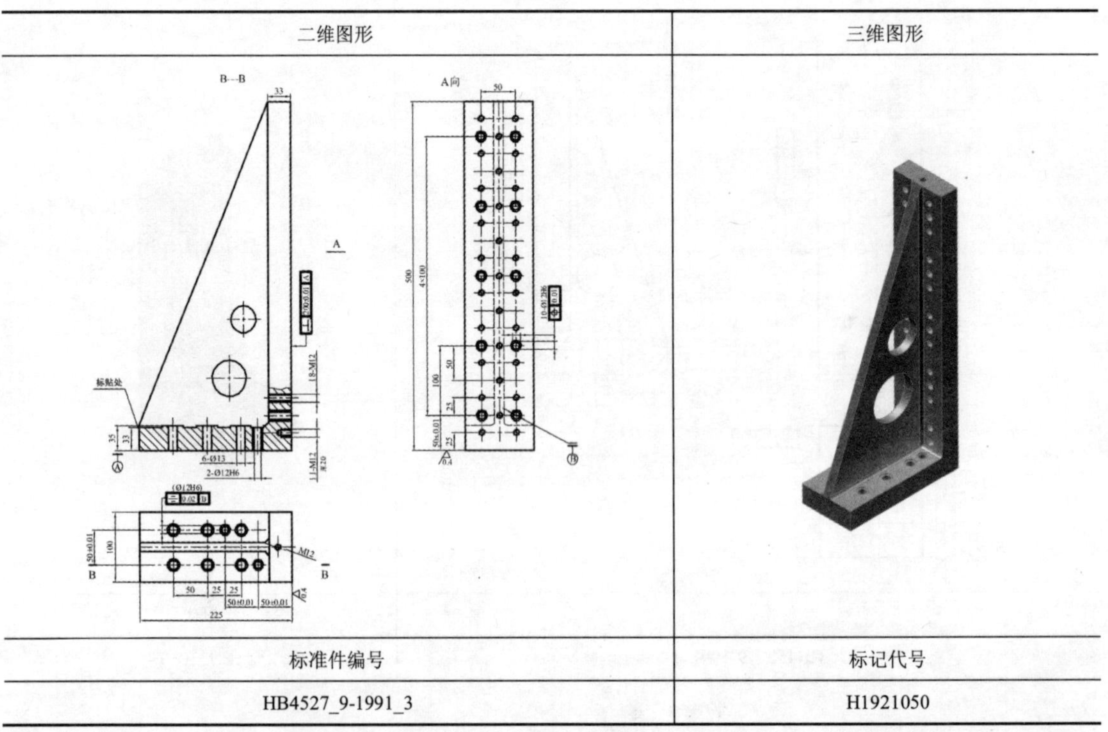

二维图形	三维图形
标准件编号	标记代号
HB4527_9-1991_3	H1921050

5.2 基础件

基础件包括矩形基础板 1（Ⅰ型、Ⅱ型、Ⅲ型）、矩形基础板 2（Ⅰ型、Ⅱ型、Ⅲ型、Ⅳ型、Ⅴ型、Ⅵ型）、圆形基础板 1（Ⅰ型、Ⅱ型、Ⅲ型）、圆形基础板 2（Ⅰ型、Ⅱ型、Ⅲ型）、莫氏锥尾体、通用支承 1（Ⅰ型、Ⅱ型、Ⅲ型、Ⅳ型）、通用支承 2、通用角铁（Ⅰ型、Ⅱ型、Ⅲ型）、单螺孔变换板、单孔变换板、三孔变换板、单半组孔变换板、双半组孔变换板、整组孔变换板、节矩变换板（Ⅰ型、Ⅱ型、Ⅲ型、Ⅳ型、Ⅴ型、Ⅵ型）。其尺寸如表 5-13～表 5-48 所示。

表 5-13 矩形基础板 1（Ⅰ型）（HB 4528.1—1991）尺寸 单位：mm

二维图形	三维图形
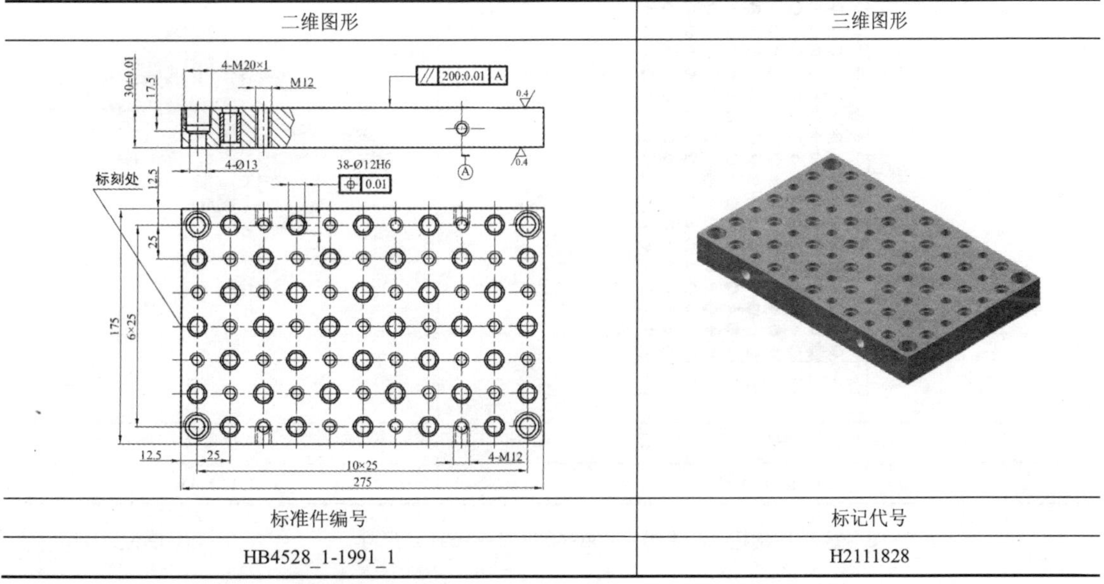	
标准件编号	标记代号
HB4528_1-1991_1	H2111828

表 5-14 矩形基础板 1（Ⅱ型）（HB 4528.1—1991）尺寸 单位：mm

二维图形	三维图形
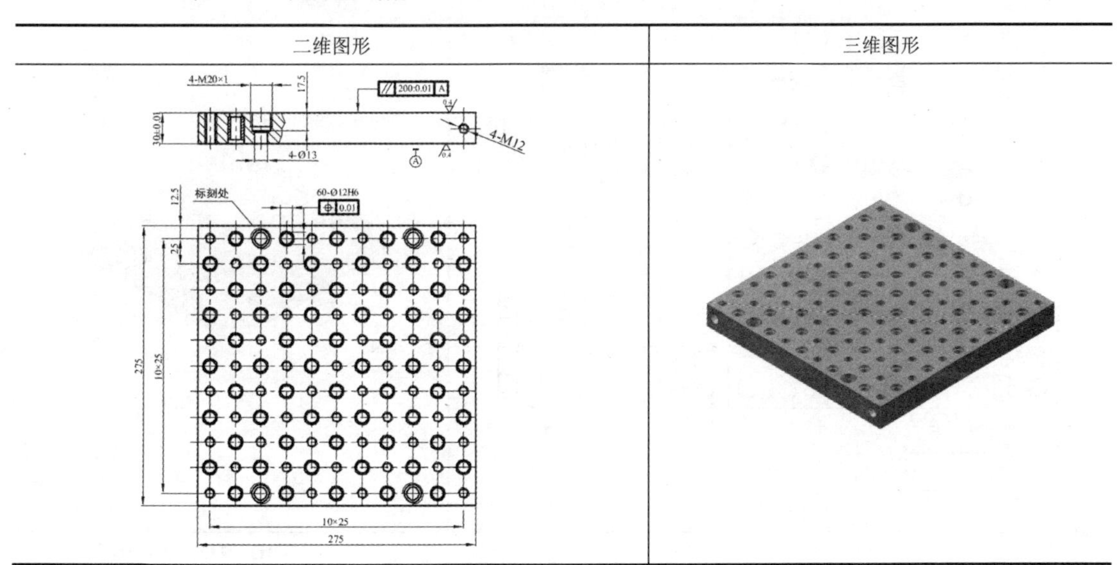	

续表

标准件编号	标记代号
HB4528_1-1991_2	H2112828

表 5-15　矩形基础板 1（Ⅲ型）（HB 4528.1—1991）尺寸　　单位：mm

二维图形	三维图形

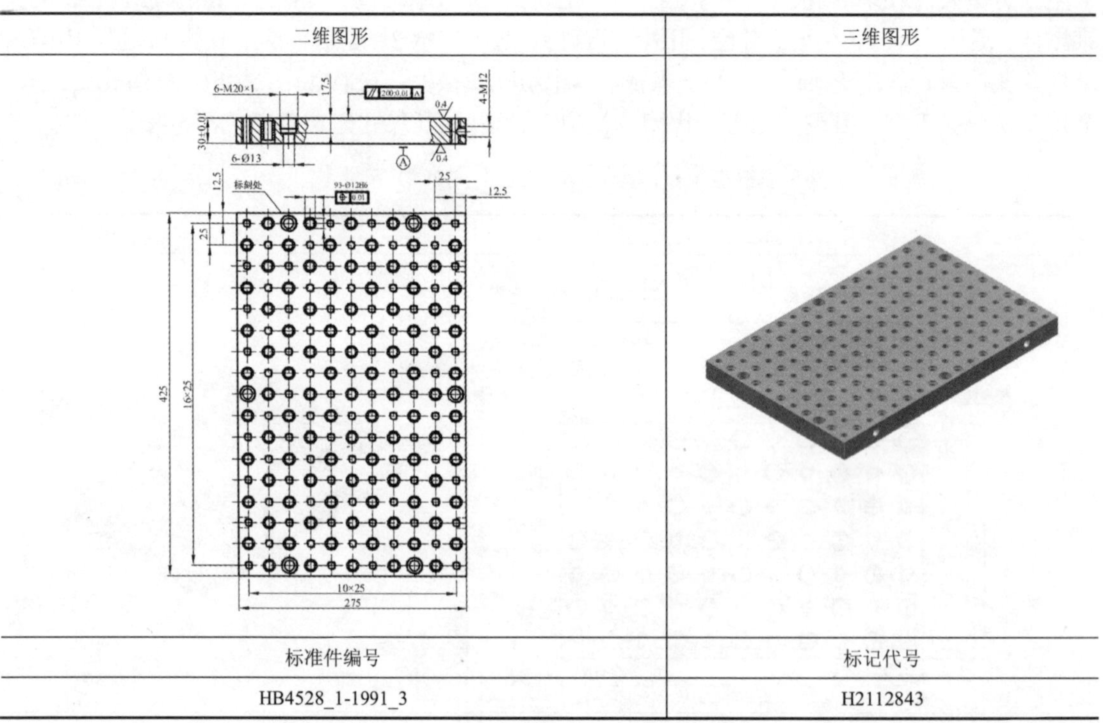

标准件编号	标记代号
HB4528_1-1991_3	H2112843

表 5-16　矩形基础板 2（Ⅰ型）（HB 4528.2—1991）尺寸　　单位：mm

二维图形	三维图形

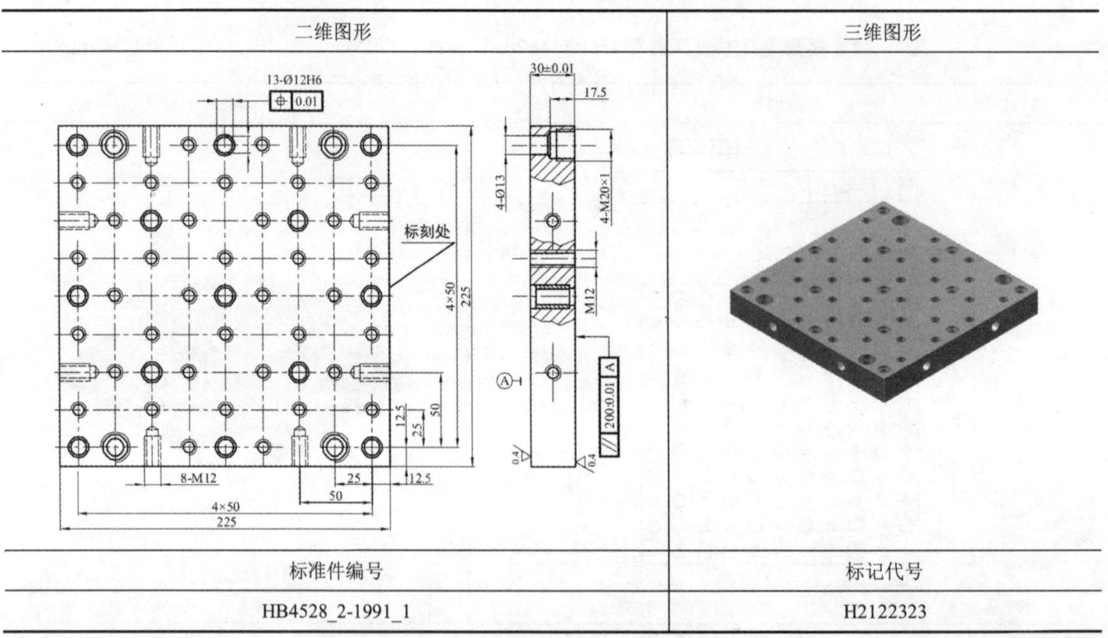

标准件编号	标记代号
HB4528_2-1991_1	H2122323

表 5-17 矩形基础板 2（Ⅱ型）（HB 4528.2—1991）尺寸

单位：mm

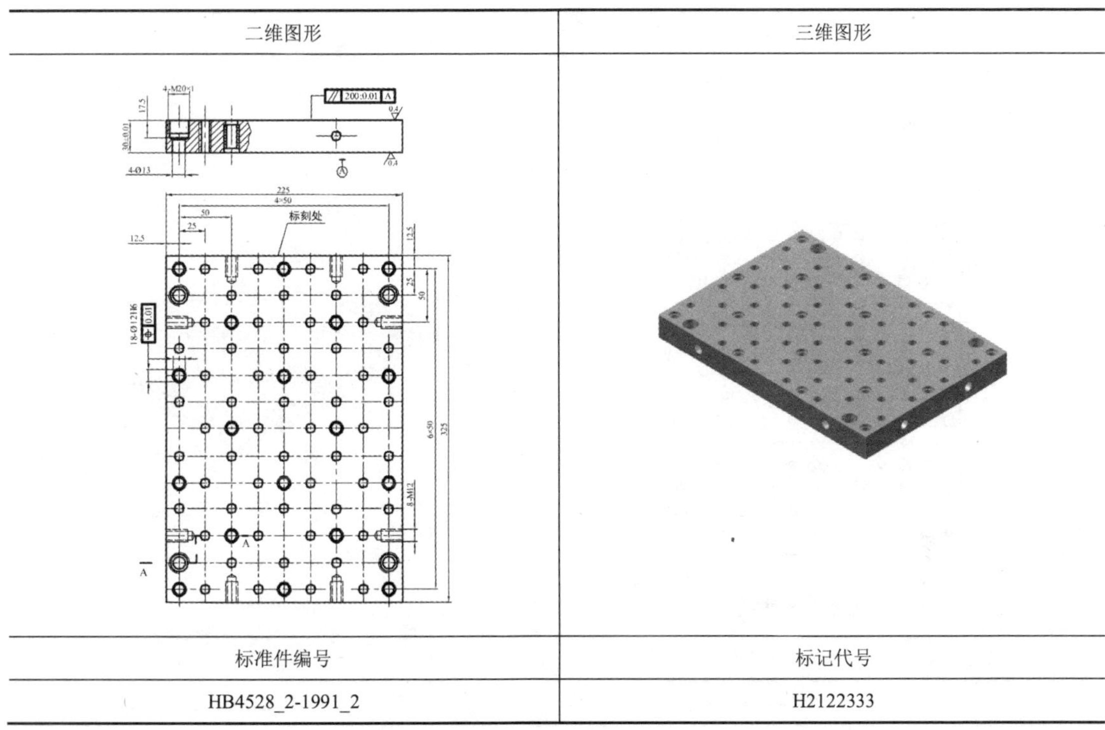

二维图形	三维图形
标准件编号	标记代号
HB4528_2-1991_2	H2122333

表 5-18 矩形基础板 2（Ⅲ型）（HB 4528.2—1991）尺寸

单位：mm

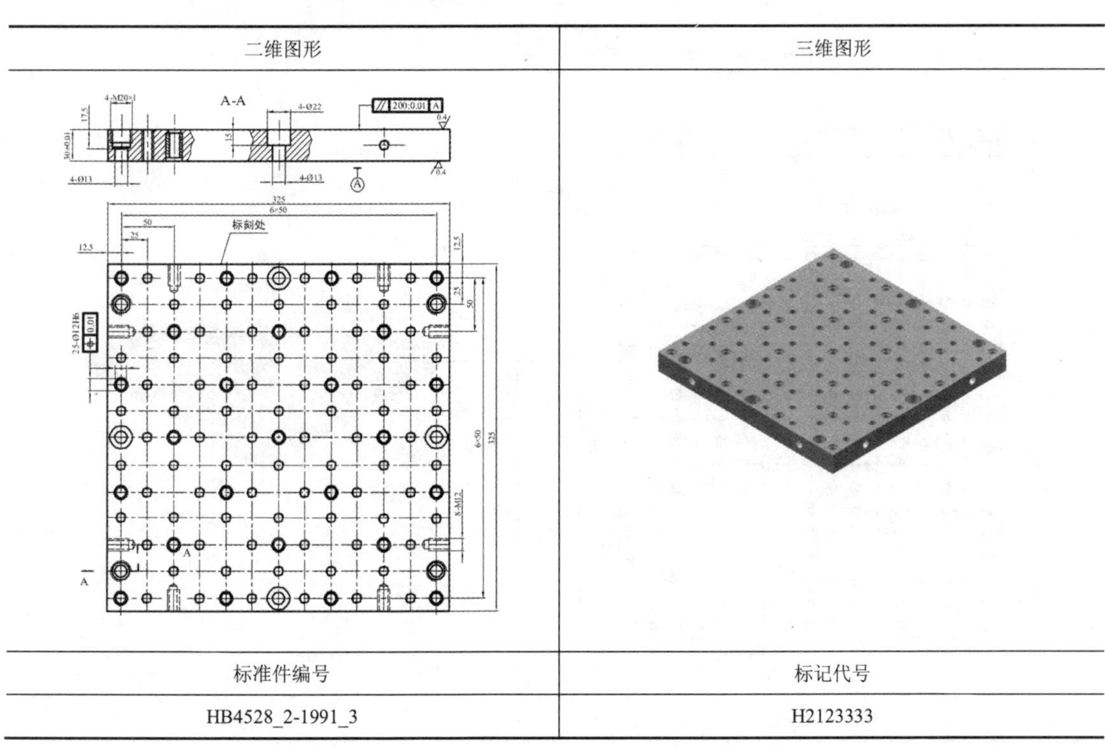

二维图形	三维图形
标准件编号	标记代号
HB4528_2-1991_3	H2123333

表 5-19　矩形基础板 2（Ⅳ型）（HB 4528.2—1991）尺寸　　单位：mm

二维图形	三维图形
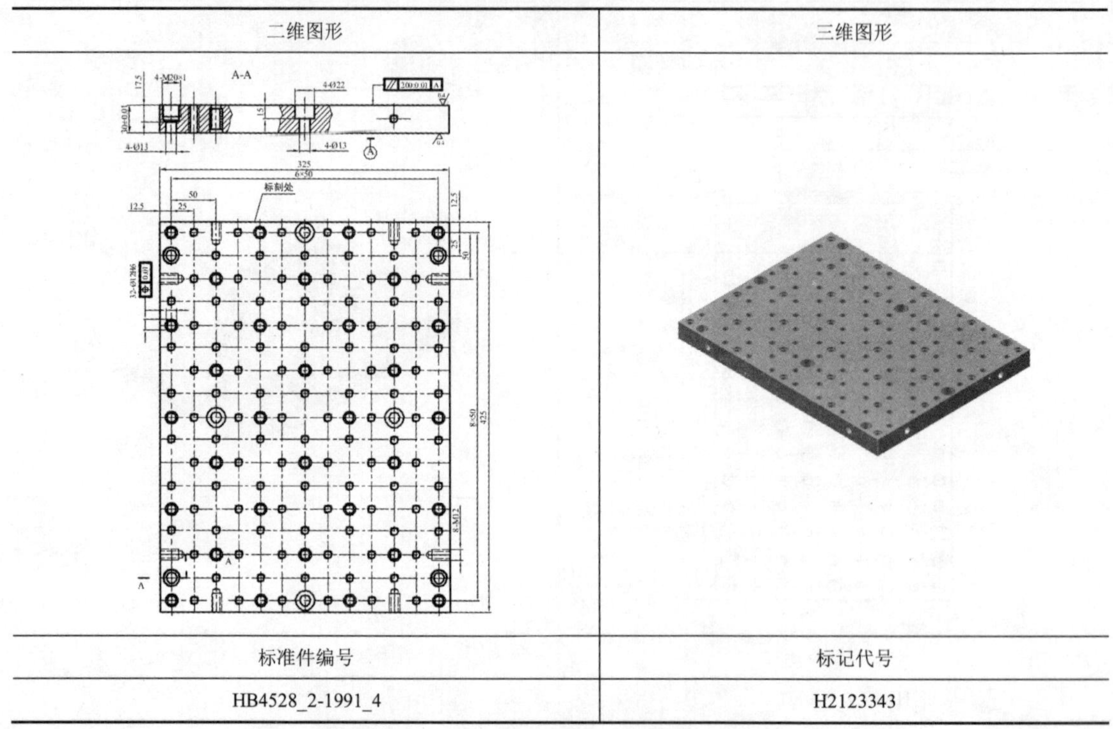	
标准件编号	标记代号
HB4528_2-1991_4	H2123343

表 5-20　矩形基础板 2（Ⅴ型）（HB 4528.2—1991）尺寸　　单位：mm

二维图形	三维图形
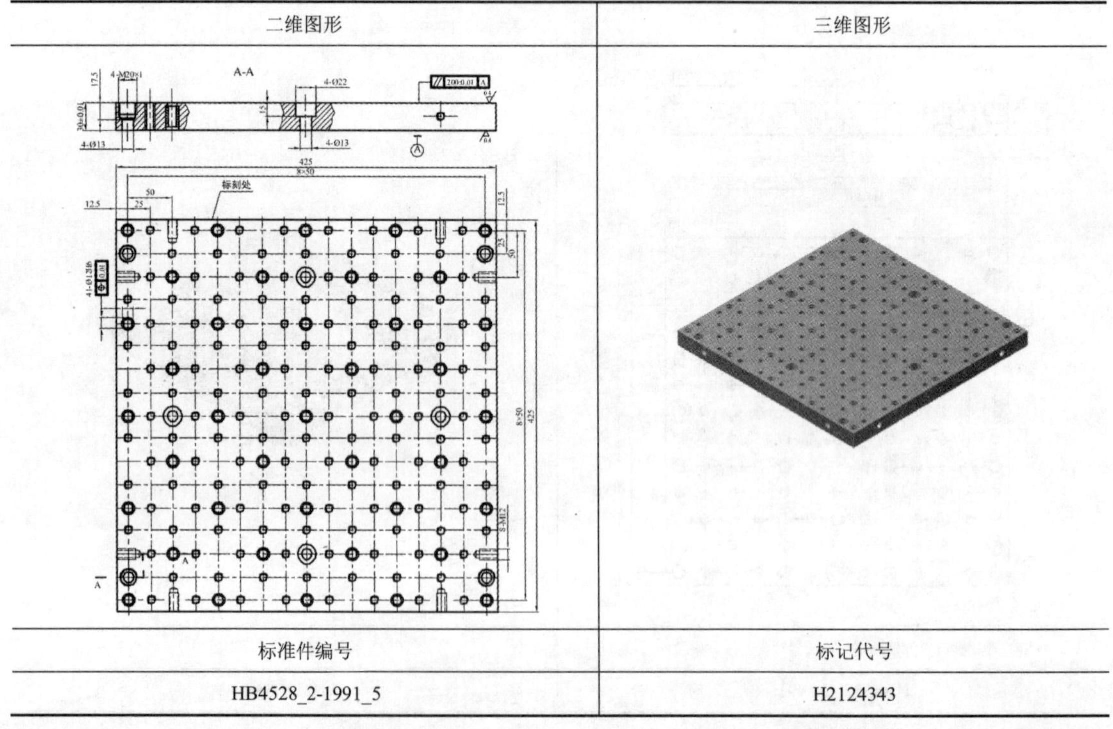	
标准件编号	标记代号
HB4528_2-1991_5	H2124343

表 5-21　矩形基础板 2（Ⅵ型）（HB 4528.2—1991）尺寸　　单位：mm

二维图形	三维图形
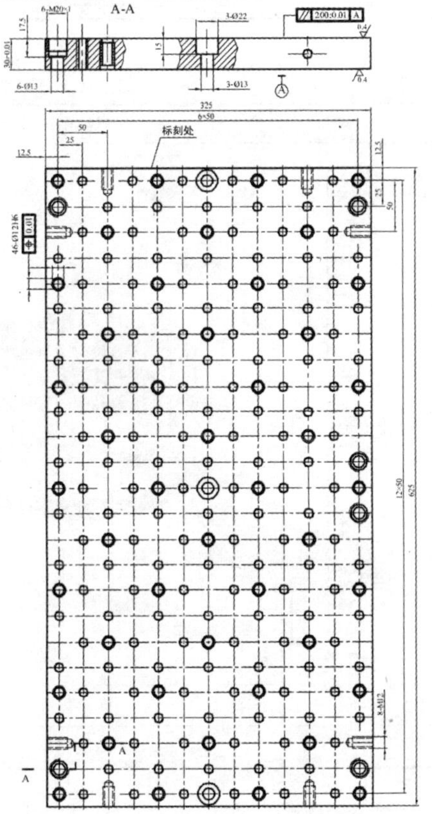	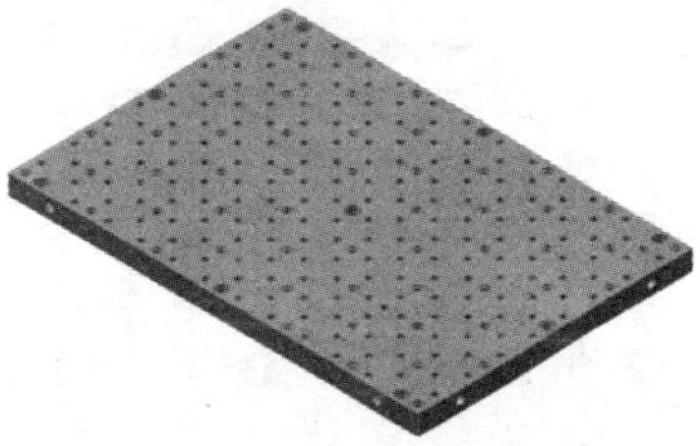
标准件编号	标记代号
HB4528_2-1991_6	H2123363

表 5-22　圆形基础板 1（Ⅰ型）（HB 4528.3—1991）尺寸　　单位：mm

二维图形	三维图形
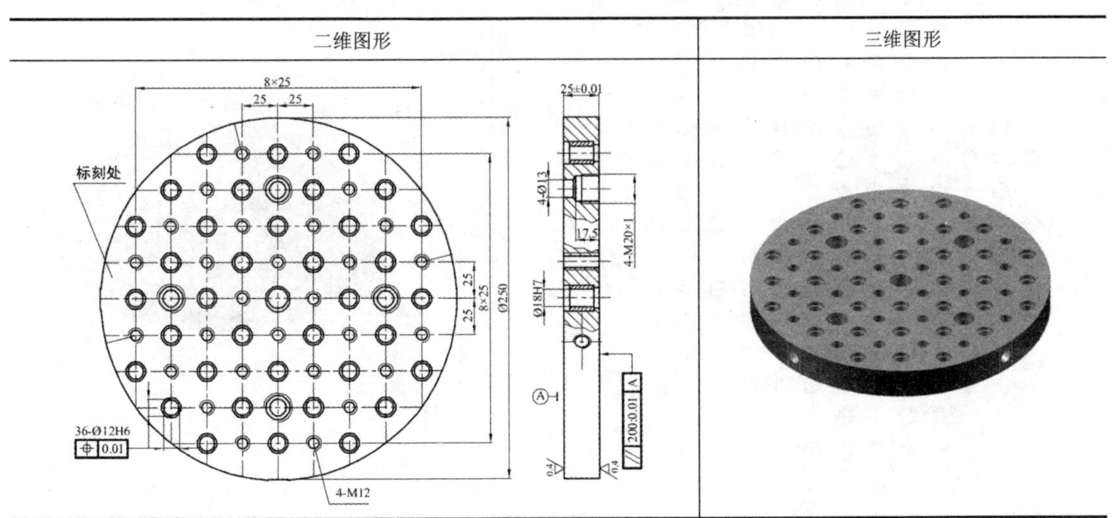	

续表

标准件编号	标记代号
HB4528_3-1991_1	H22125

表 5-23　圆形基础板 1（Ⅱ型）（HB 4528.3—1991）尺寸　　单位：mm

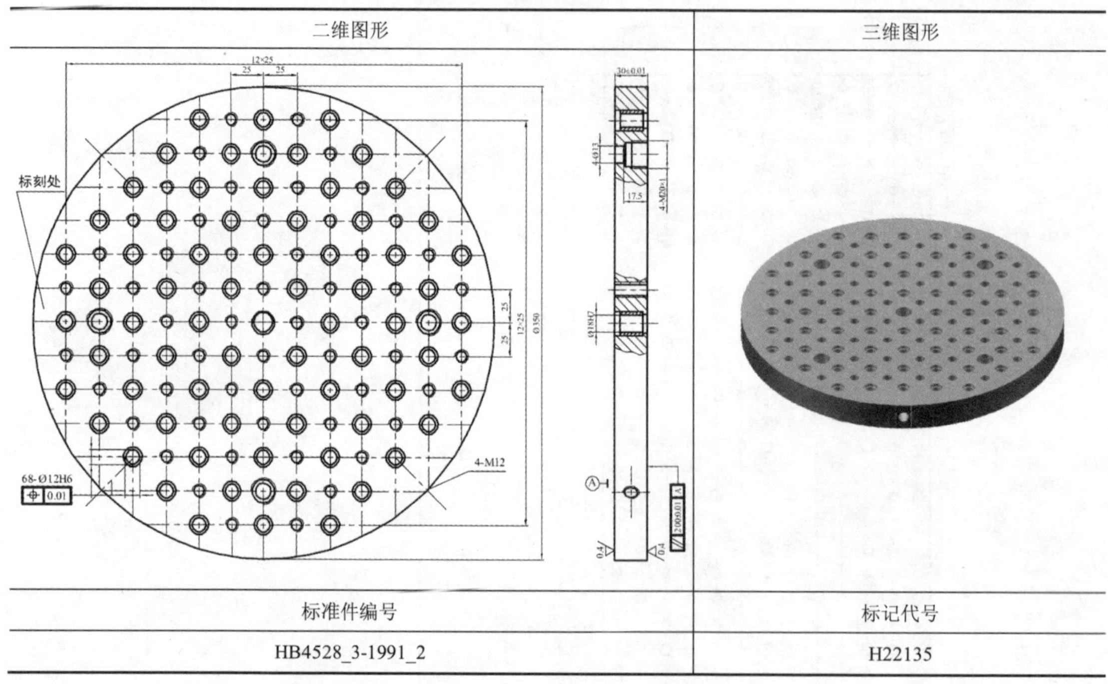

标准件编号	标记代号
HB4528_3-1991_2	H22135

表 5-24　圆形基础板 1（Ⅲ型）（HB 4528.3—1991）尺寸　　单位：mm

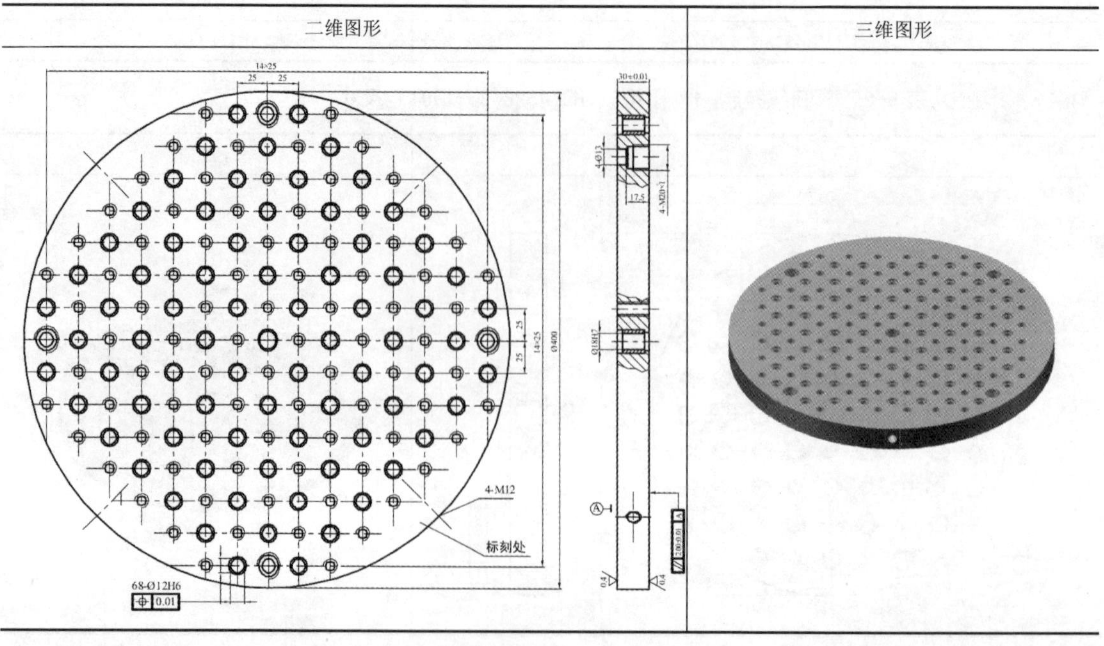

续表

标准件编号	标记代号
HB4528_3-1991_3	H22140

表 5-25 圆形基础板 2（Ⅰ型）（HB 4528.4—1991）尺寸 单位：mm

二维图形	三维图形

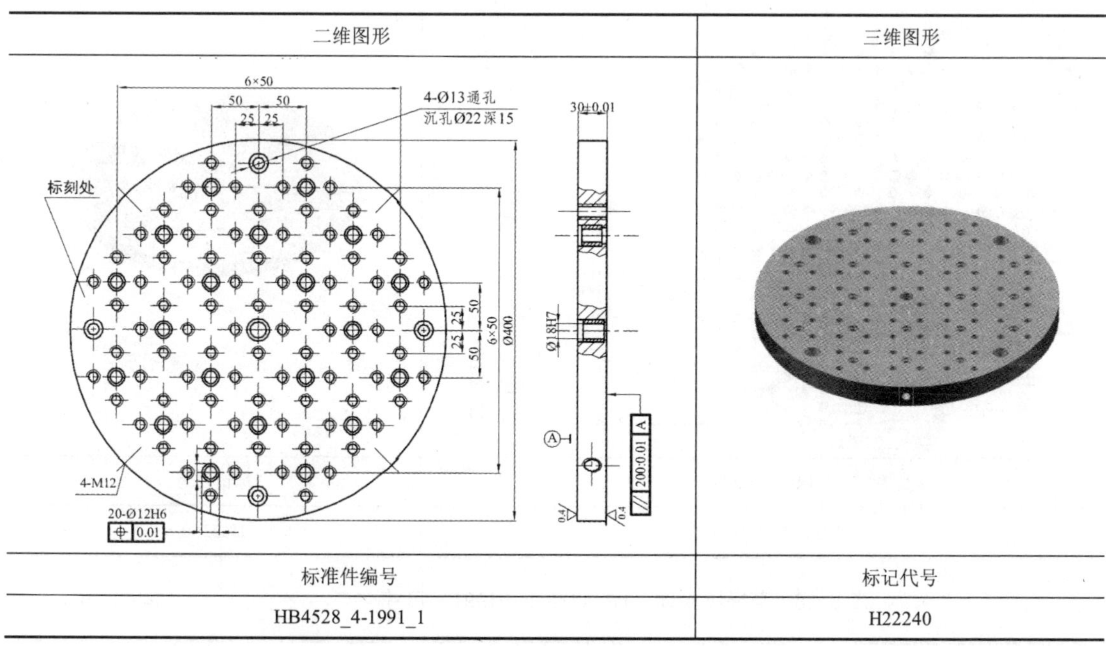

标准件编号	标记代号
HB4528_4-1991_1	H22240

表 5-26 圆形基础板 2（Ⅱ型）（HB 4528.4—1991）尺寸 单位：mm

二维图形	三维图形

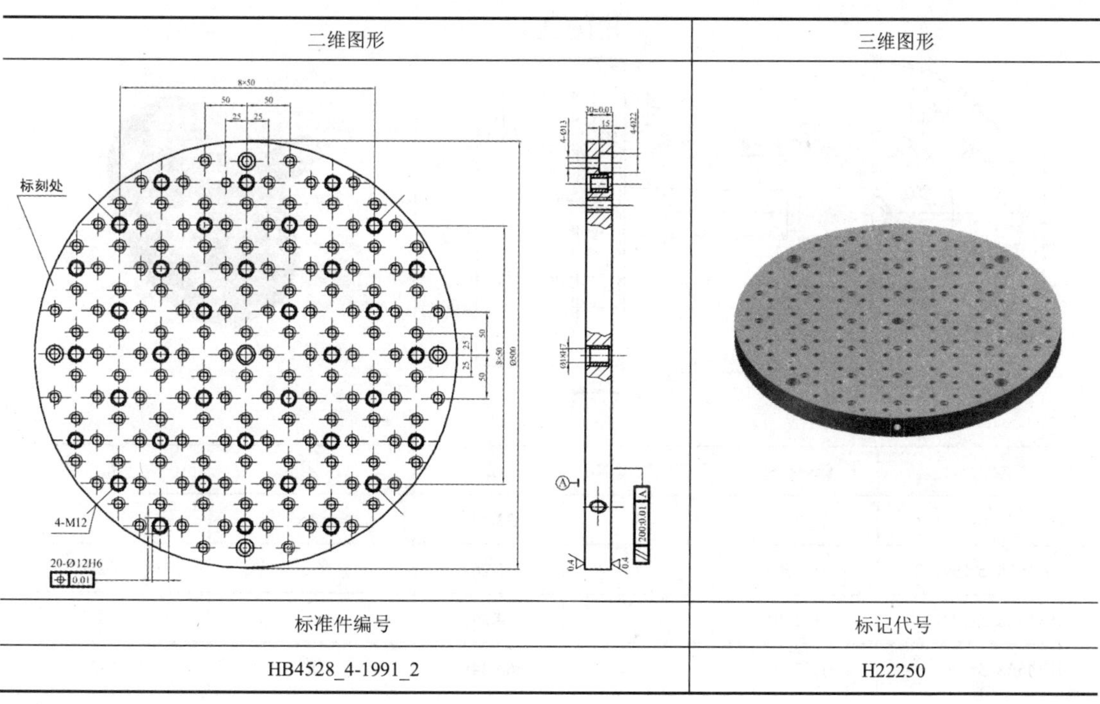

标准件编号	标记代号
HB4528_4-1991_2	H22250

表 5-27 圆形基础板 2（Ⅲ型）（HB 4528.4—1991）尺寸　　单位：mm

二维图形	三维图形
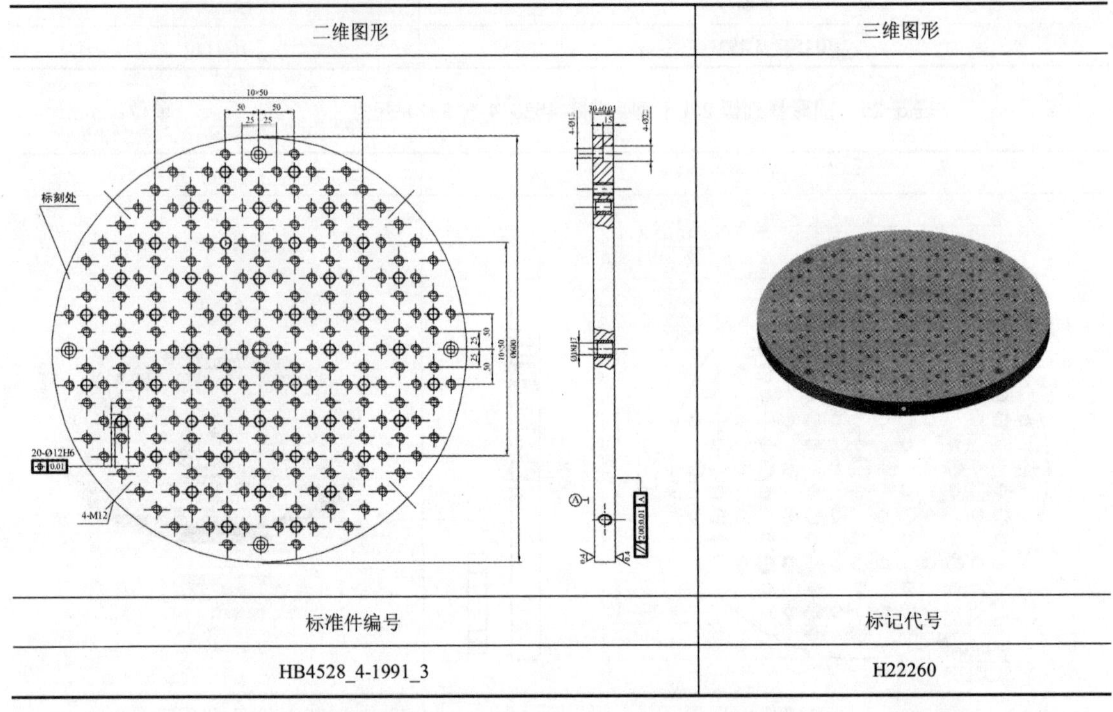	
标准件编号	标记代号
HB4528_4-1991_3	H22260

表 5-28 莫氏锥尾体（HB 4528.5—1991）尺寸　　单位：mm

二维图形	三维图形
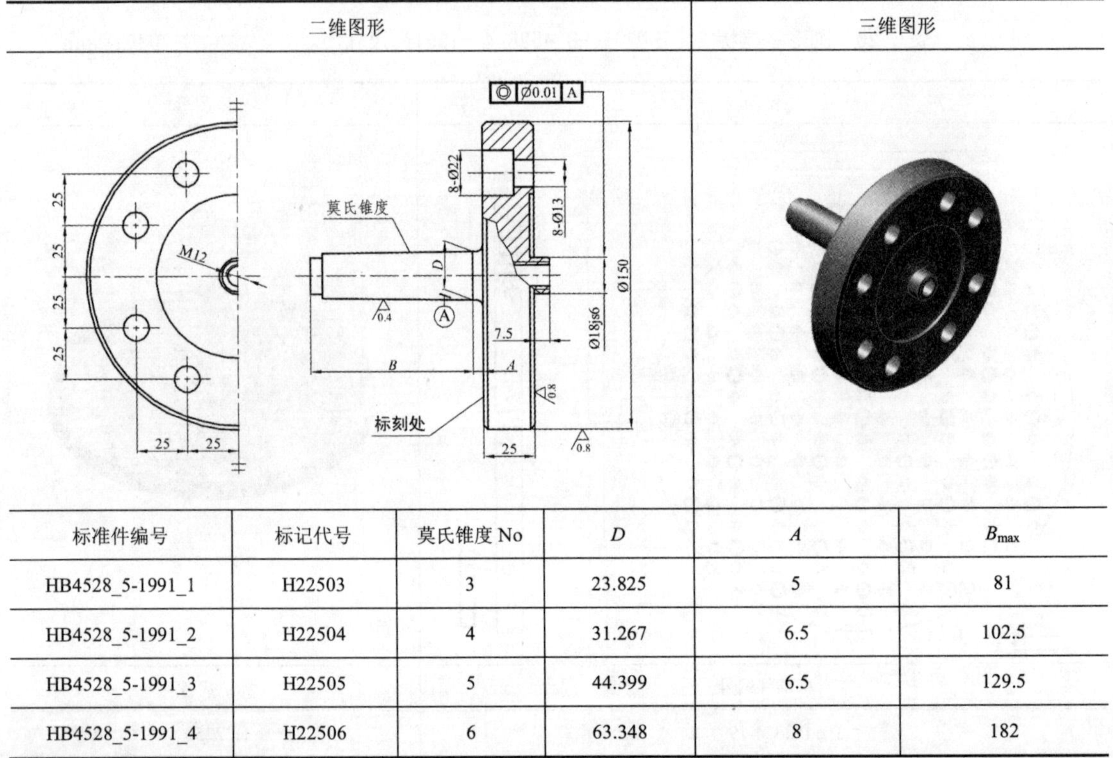	

标准件编号	标记代号	莫氏锥度 No	D	A	B_{max}
HB4528_5-1991_1	H22503	3	23.825	5	81
HB4528_5-1991_2	H22504	4	31.267	6.5	102.5
HB4528_5-1991_3	H22505	5	44.399	6.5	129.5
HB4528_5-1991_4	H22506	6	63.348	8	182

表 5-29　通用支承 1（Ⅰ型）（HB 4528.6—1991）尺寸　　单位：mm

二维图形	三维图形
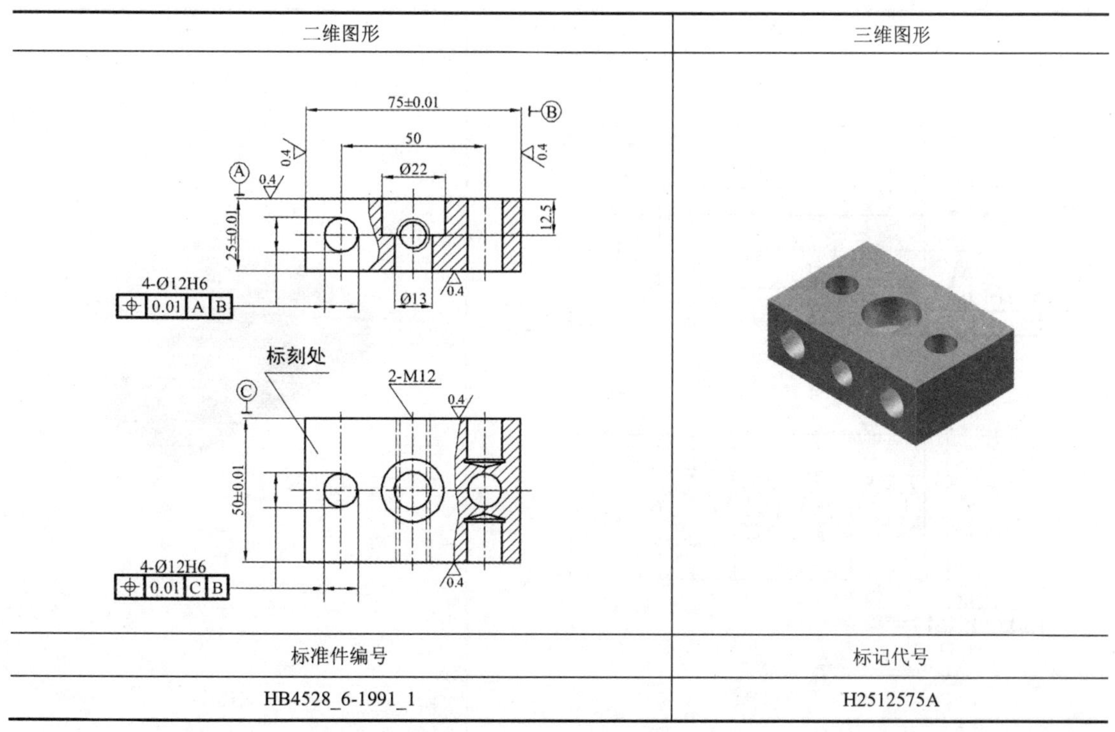	
标准件编号	标记代号
HB4528_6-1991_1	H2512575A

表 5-30　通用支承 1（Ⅱ型）（HB 4528.6—1991）尺寸　　单位：mm

二维图形	三维图形
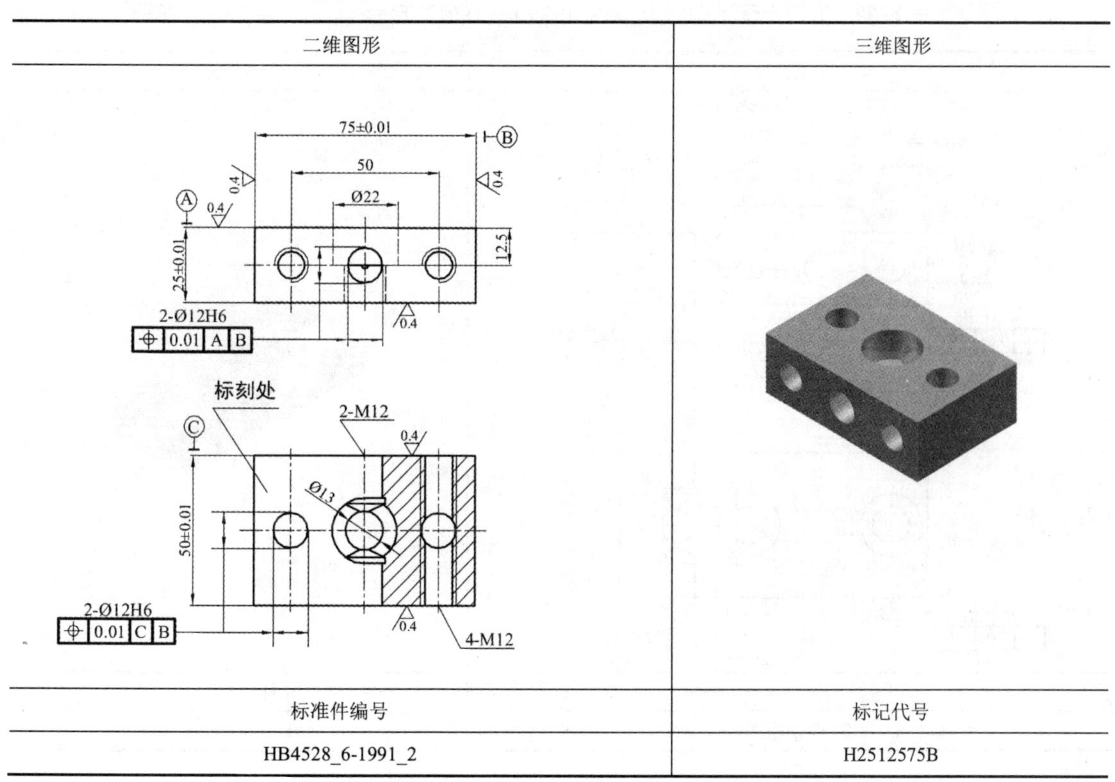	
标准件编号	标记代号
HB4528_6-1991_2	H2512575B

表 5-31 通用支承 1（Ⅲ型）（HB 4528.6—1991）尺寸　　单位：mm

二维图形	三维图形

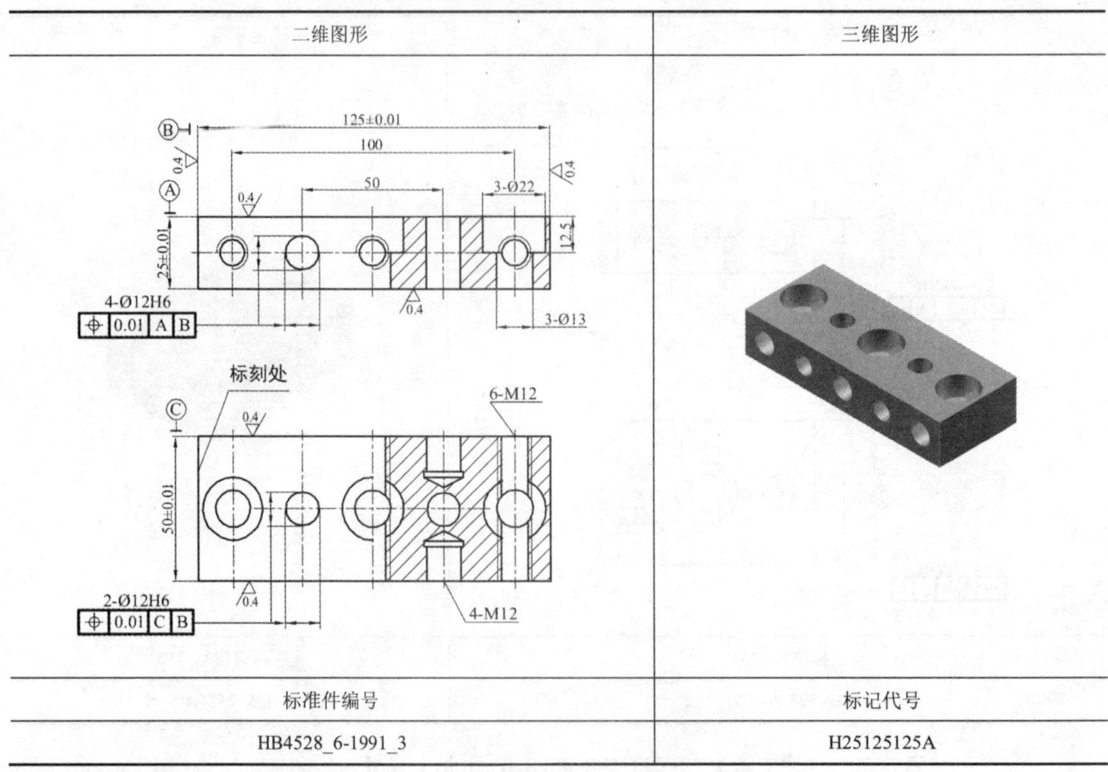

标准件编号	标记代号
HB4528_6-1991_3	H25125125A

表 5-32 通用支承 1（Ⅳ型）（HB 4528.6—1991）尺寸　　单位：mm

二维图形	三维图形

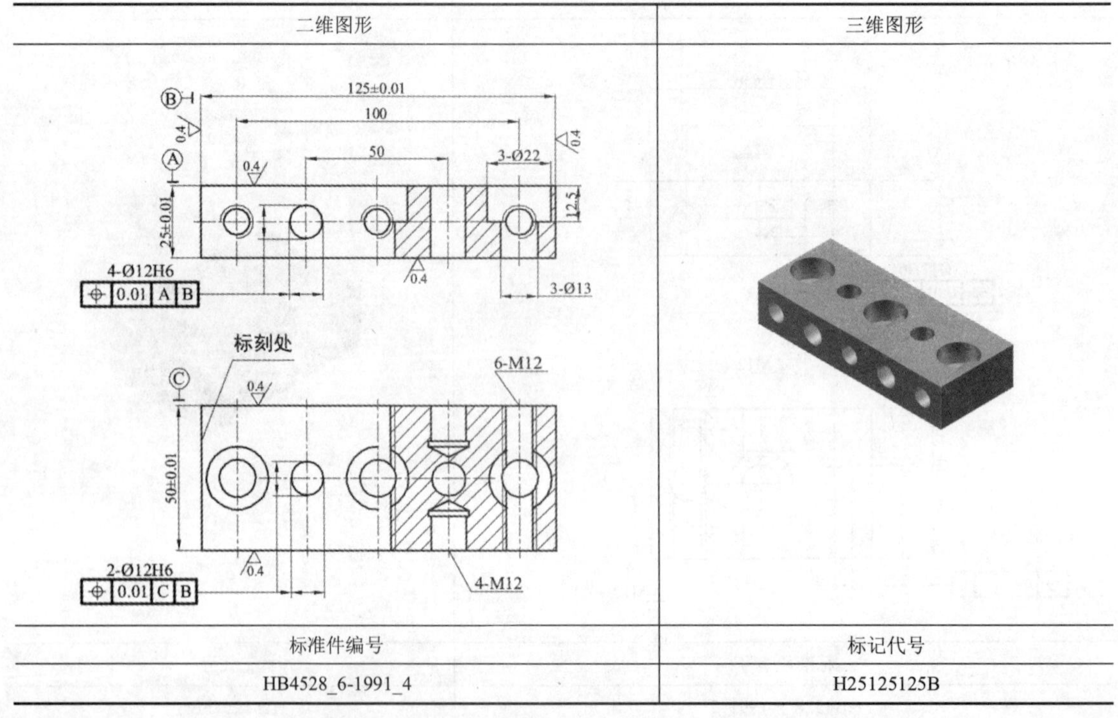

标准件编号	标记代号
HB4528_6-1991_4	H25125125B

表 5-33　通用支承 2（HB 4528.7—1991）尺寸　　单位：mm

二维图形	三维图形
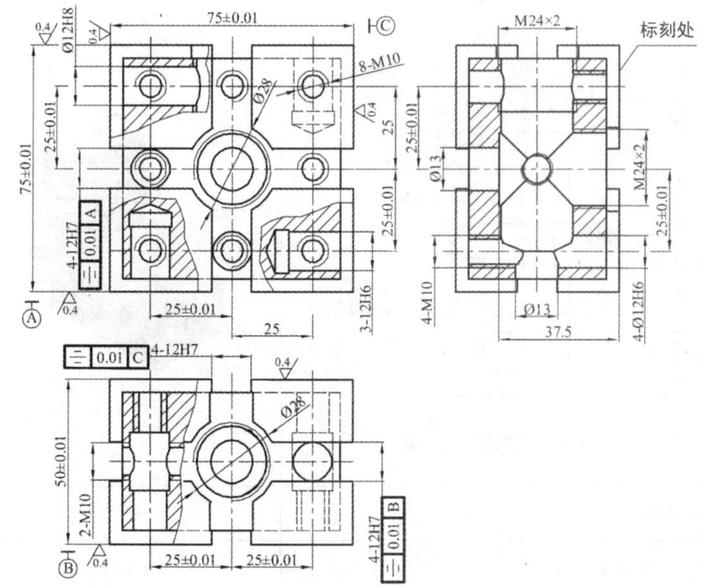	
标准件编号	标记代号
HB4528_7-1991_1	H2527575

表 5-34　通用角铁Ⅰ型（HB 4528.8—1991）尺寸　　单位：mm

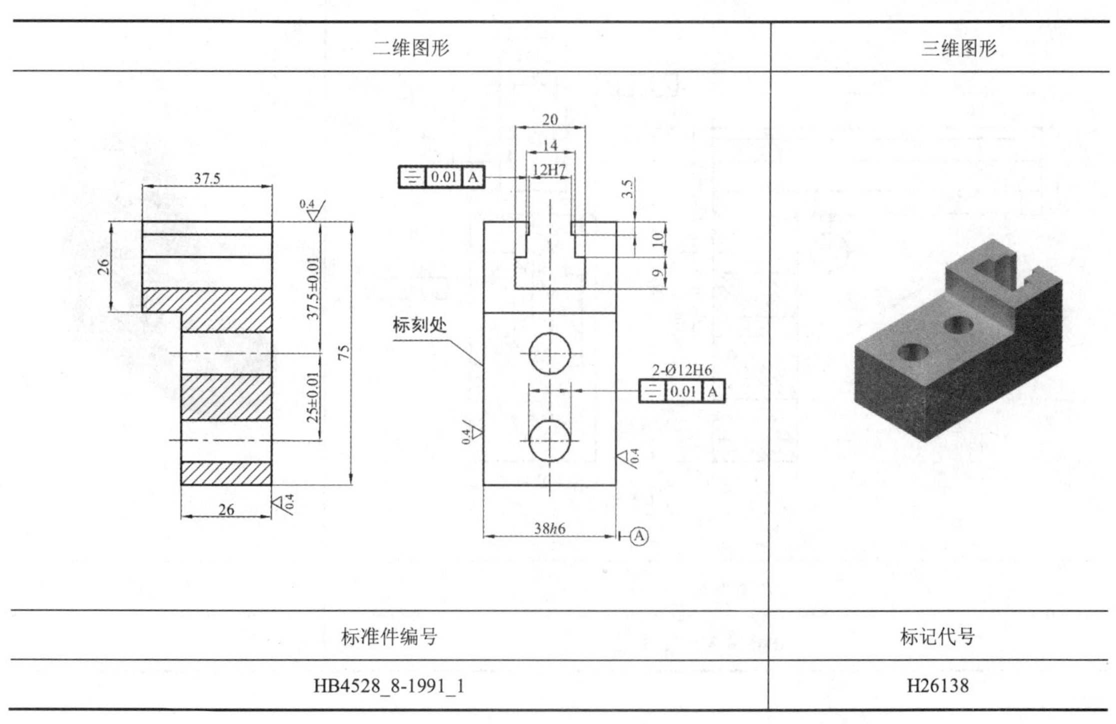

二维图形	三维图形
标准件编号	标记代号
HB4528_8-1991_1	H26138

表 5-35　通用角铁Ⅱ型（HB 4528.8—1991）尺寸　　单位：mm

二维图形	三维图形
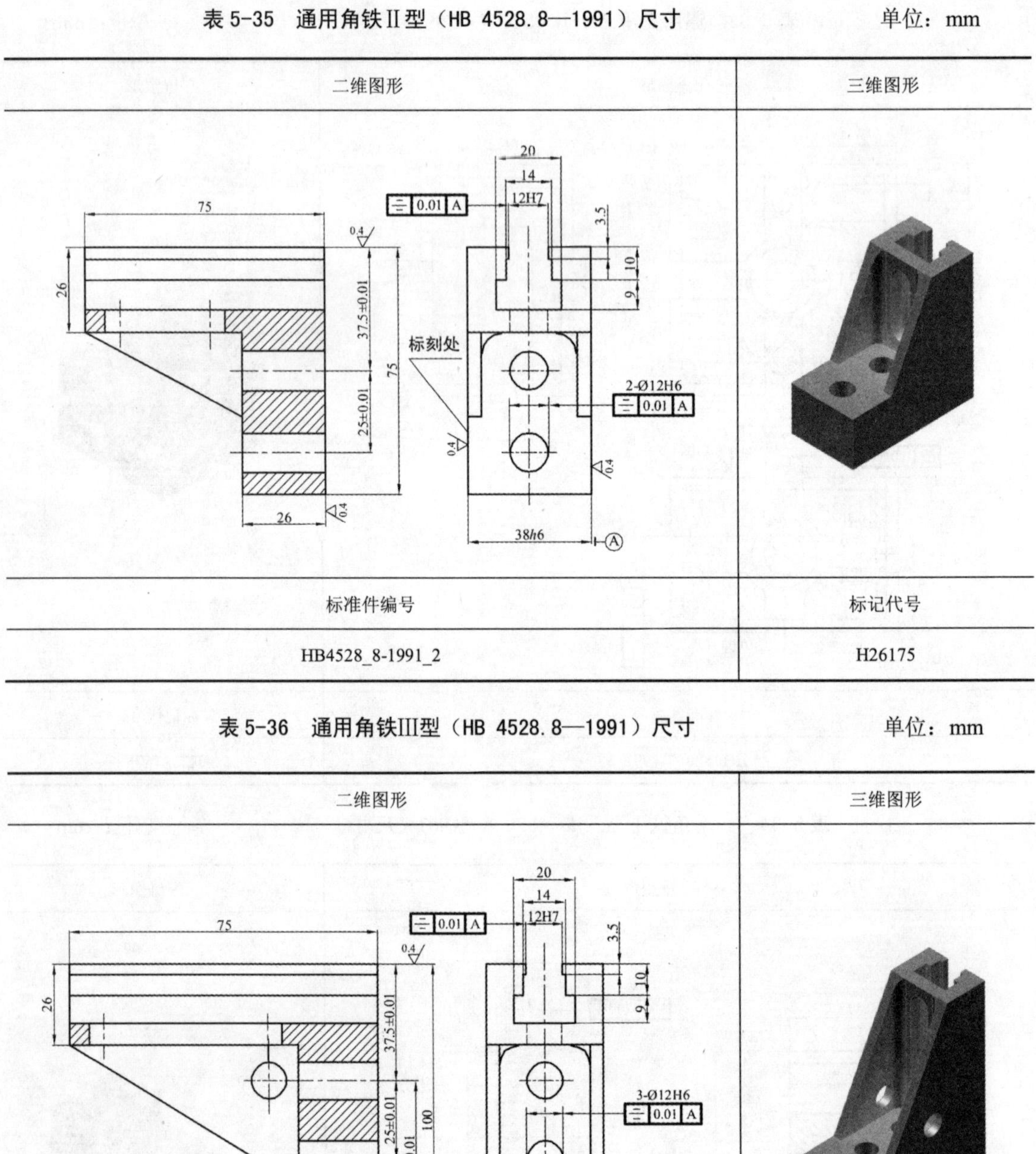	
标准件编号	标记代号
HB4528_8-1991_2	H26175

表 5-36　通用角铁Ⅲ型（HB 4528.8—1991）尺寸　　单位：mm

二维图形	三维图形
标准件编号	标记代号
HB4528_8-1991_3	H261100

表 5-37　单螺孔变换板（HB 4528.9—1991）尺寸　　单位：mm

二维图形	三维图形
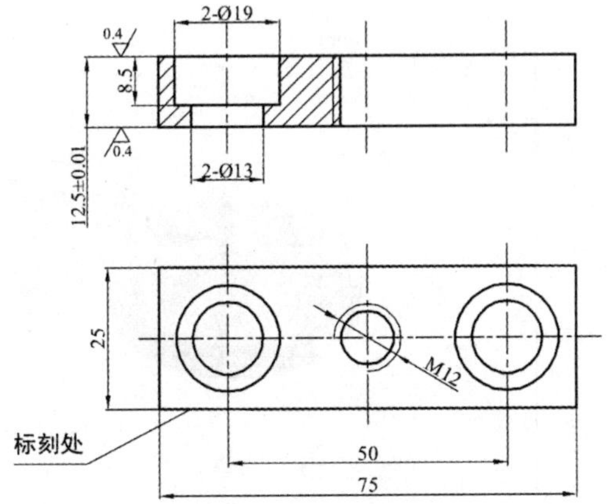 2-Ø19 0.4 8.5 0.4 12.5±0.01 2-Ø13 25 M12 标刻处 50 75	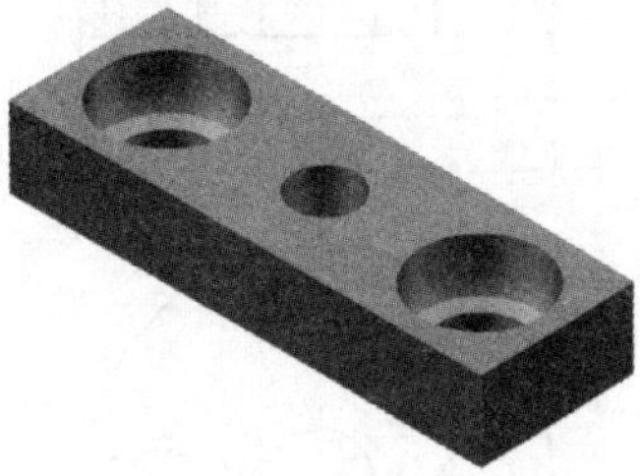
标准件编号	标记代号
HB4528_9-1991_1	H27101

表 5-38　单孔变换板（HB 4528.10—1991）尺寸　　单位：mm

二维图形	三维图形
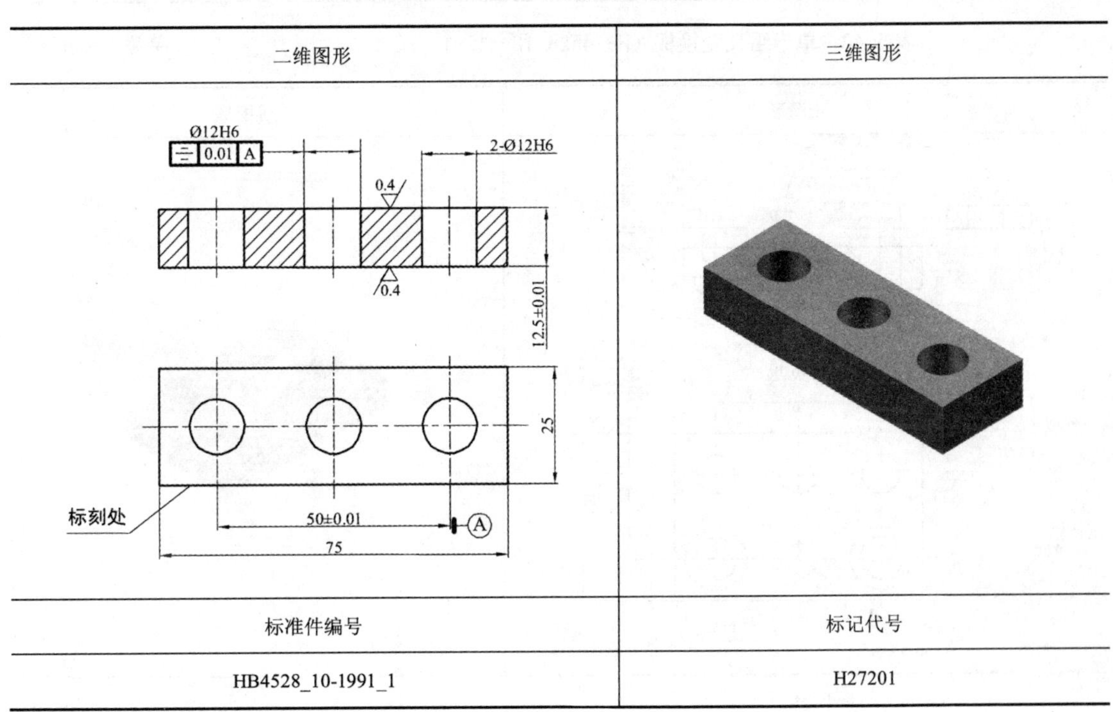	
标准件编号	标记代号
HB4528_10-1991_1	H27201

表 5-39 三孔变换板（HB 4528.11—1991）尺寸　　单位：mm

二维图形	三维图形

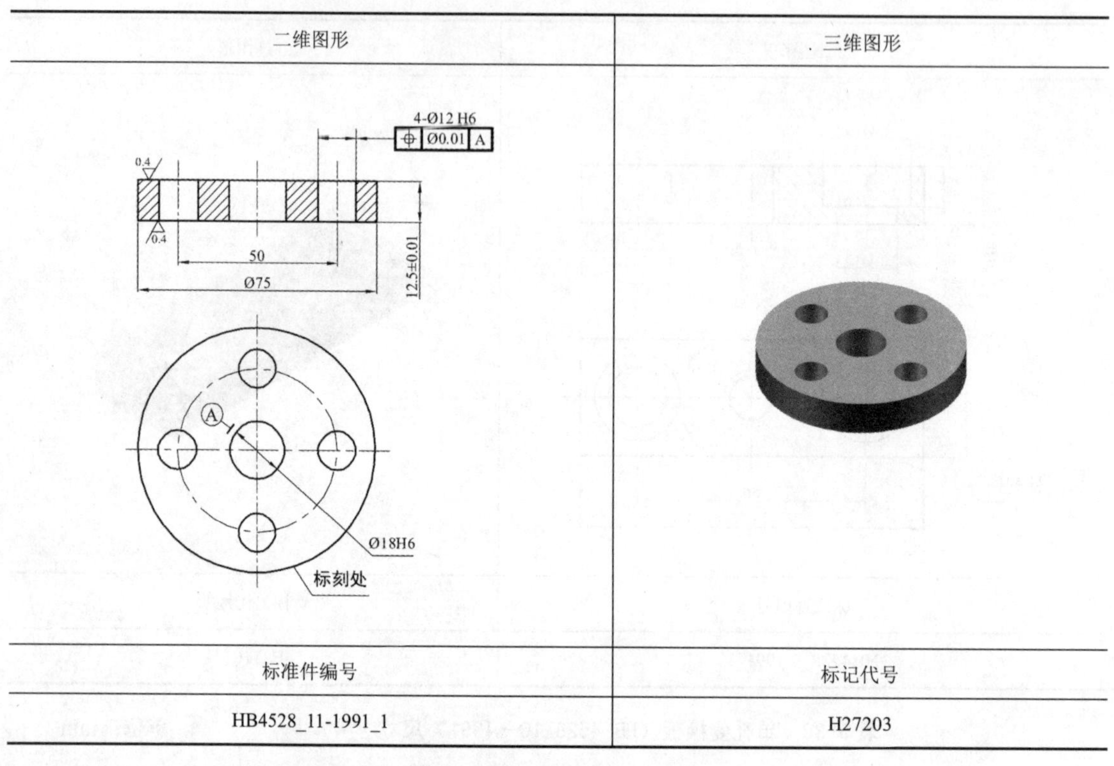

标准件编号	标记代号
HB4528_11-1991_1	H27203

表 5-40 单半组孔变换板（HB 4528.12—1991）尺寸　　单位：mm

二维图形	三维图形

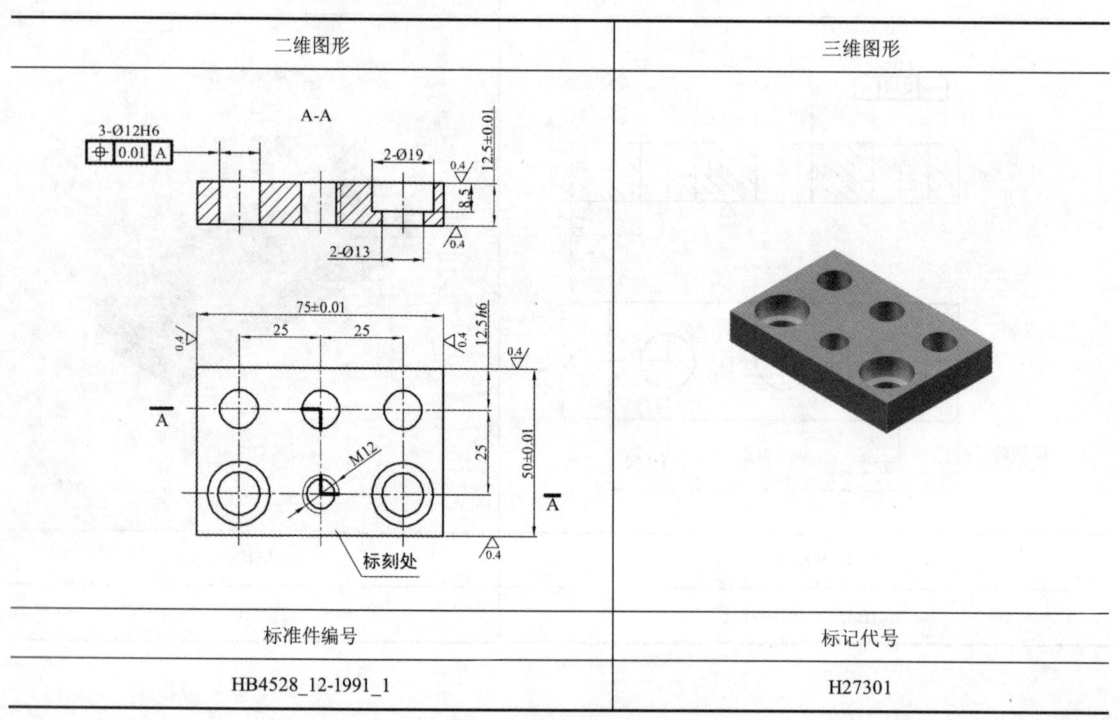

标准件编号	标记代号
HB4528_12-1991_1	H27301

表 5-41　双半组孔变换板（HB 4528.13—1991）尺寸　　单位：mm

二维图形	三维图形
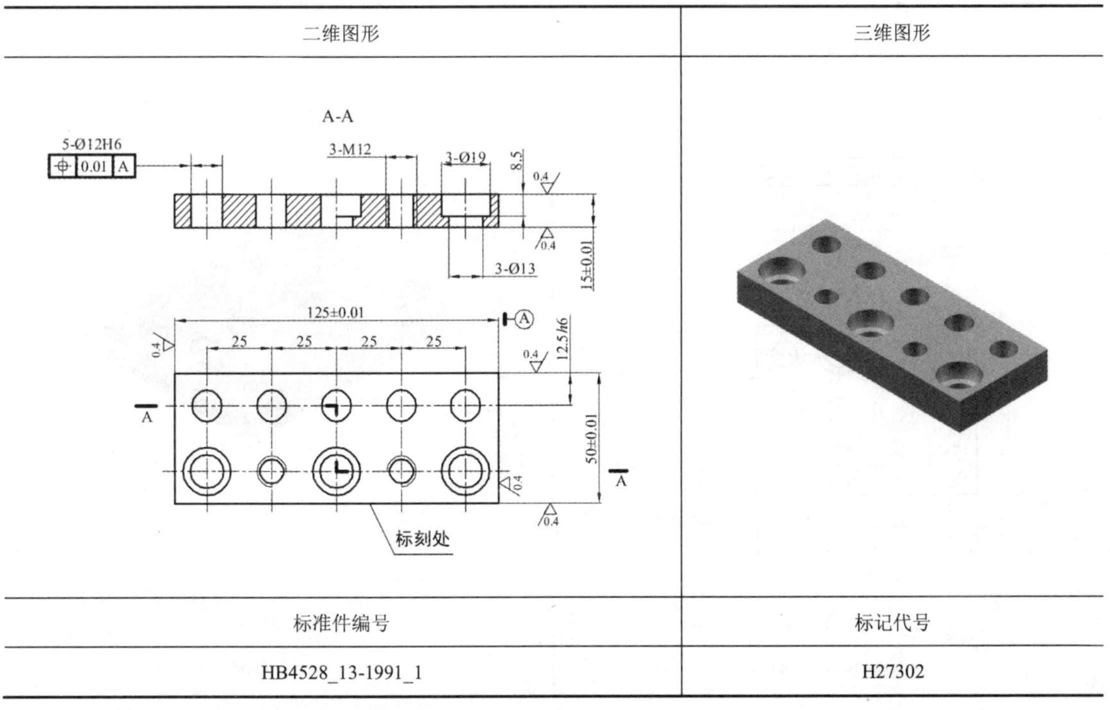	
标准件编号	标记代号
HB4528_13-1991_1	H27302

表 5-42　整组孔变换板（HB 4528.14—1991）尺寸　　单位：mm

二维图形	三维图形
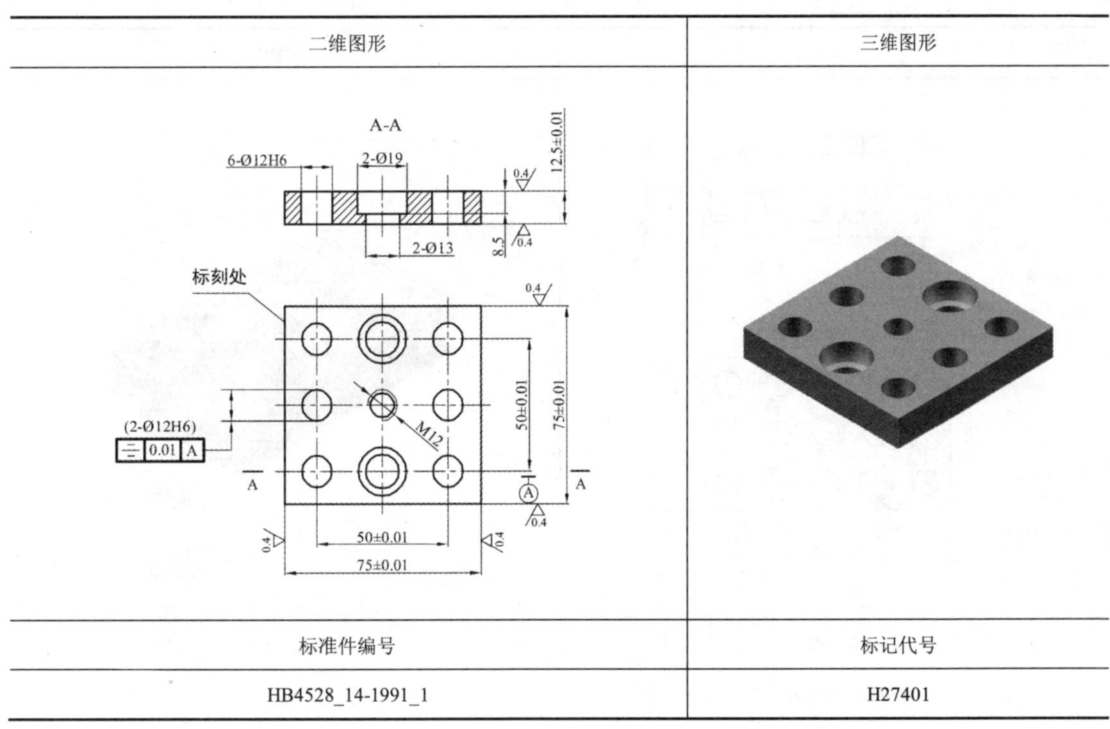	
标准件编号	标记代号
HB4528_14-1991_1	H27401

表 5-43　节矩变换板Ⅰ型（HB 4528.15—1991）尺寸　　单位：mm

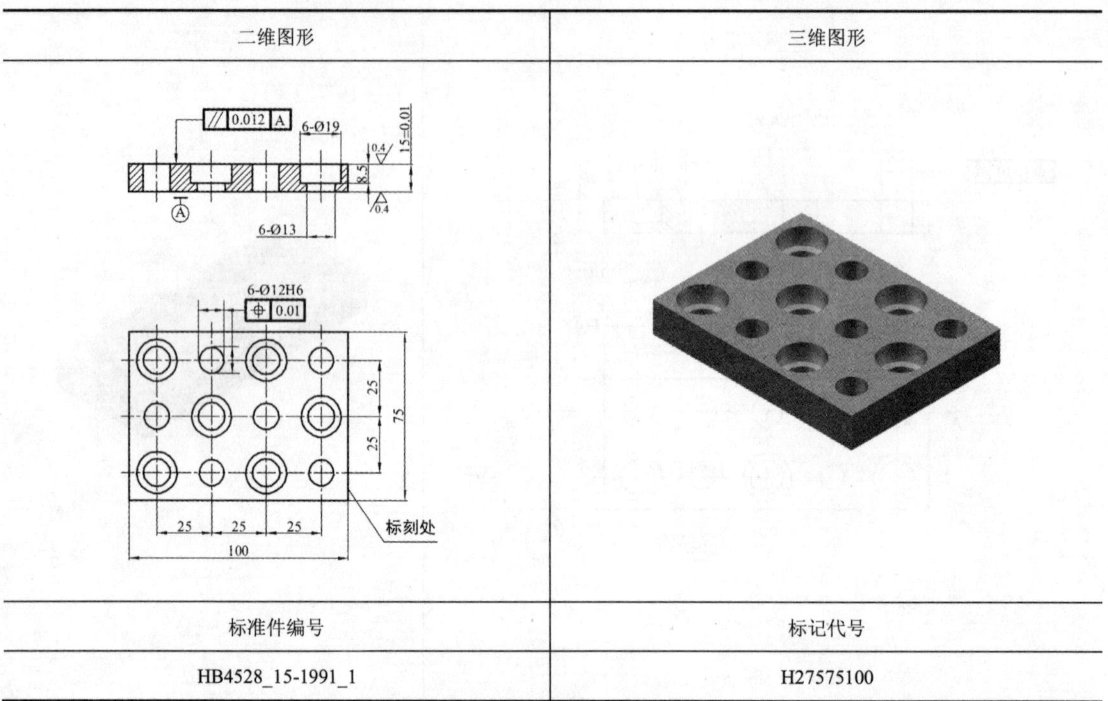

二维图形	三维图形
标准件编号	标记代号
HB4528_15-1991_1	H27575100

表 5-44　节矩变换板Ⅱ型（HB 4528.15—1991）尺寸　　单位：mm

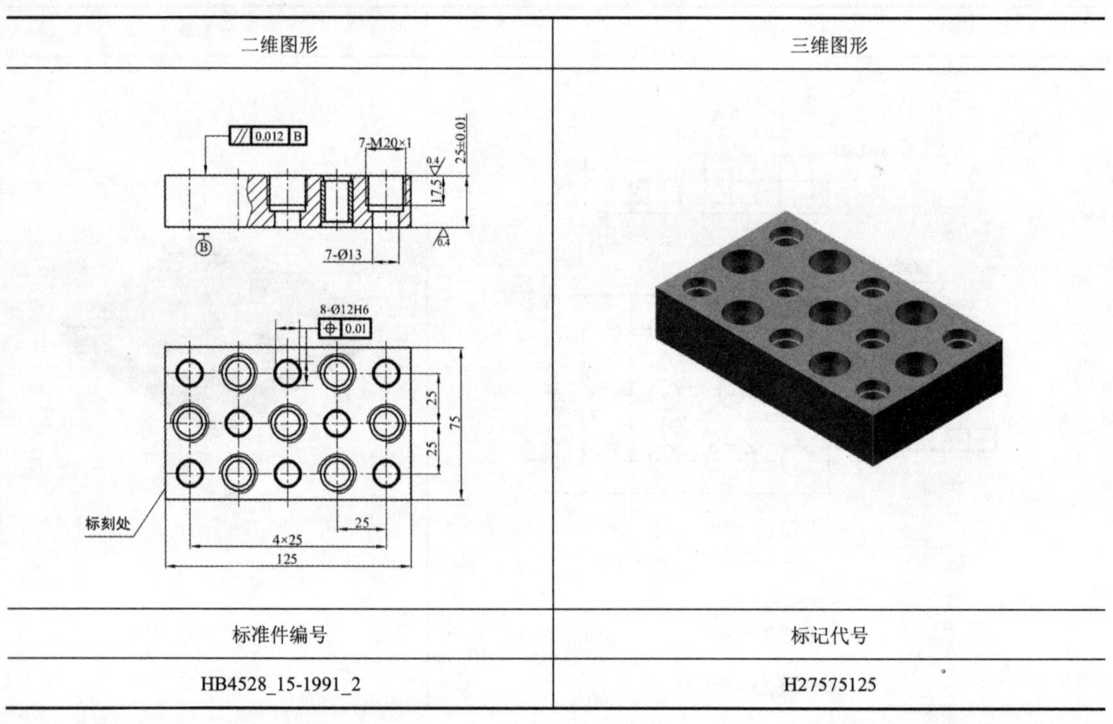

二维图形	三维图形
标准件编号	标记代号
HB4528_15-1991_2	H27575125

表 5-45 节矩变换板Ⅲ型（HB 4528.15—1991）尺寸 单位：mm

二维图形	三维图形
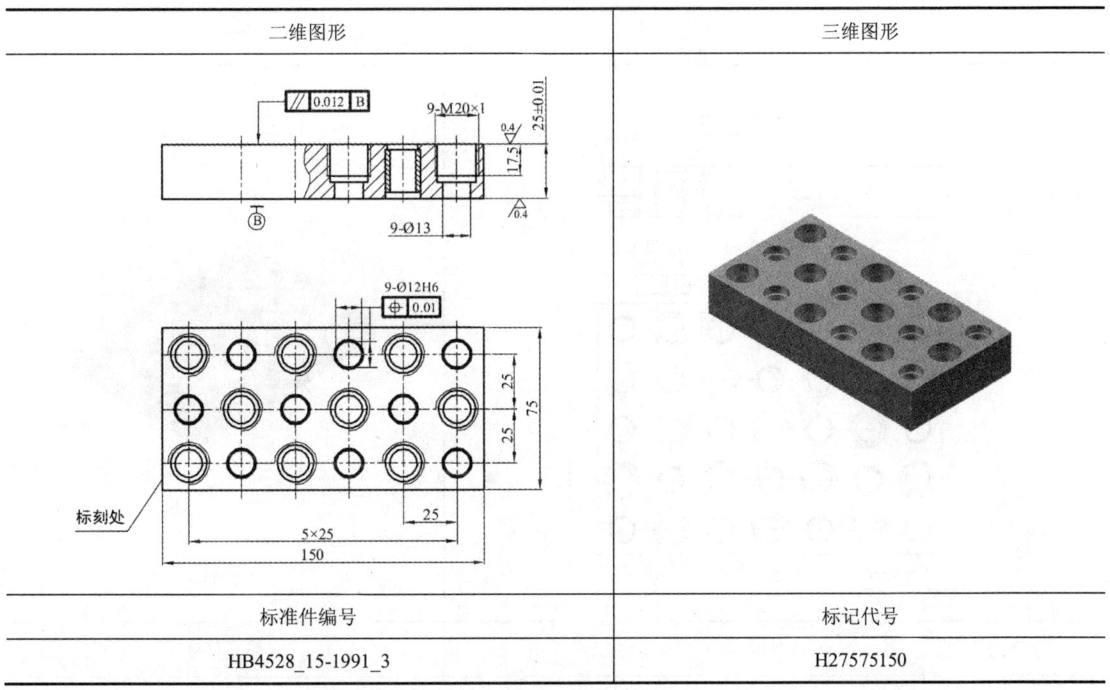	
标准件编号	标记代号
HB4528_15-1991_3	H27575150

表 5-46 节矩变换板Ⅳ型（HB 4528.15—1991）尺寸 单位：mm

二维图形	三维图形
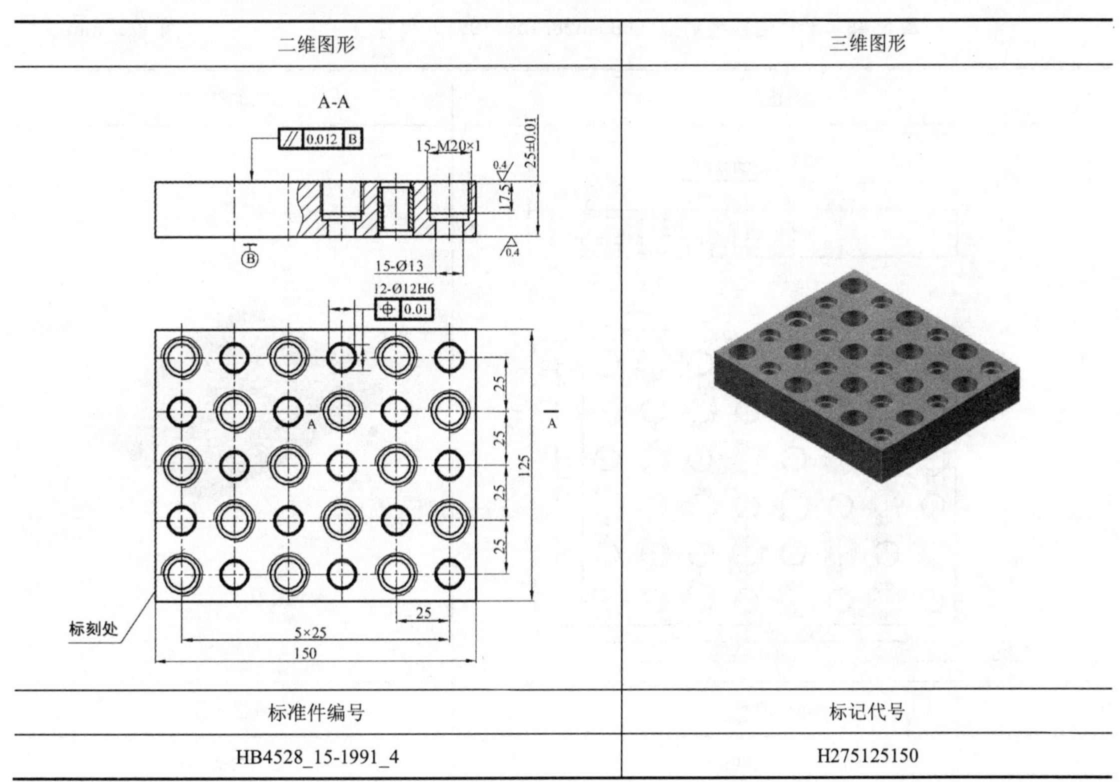	
标准件编号	标记代号
HB4528_15-1991_4	H275125150

表 5-47　节矩变换板Ⅴ型（HB 4528.15—1991）尺寸　　　　单位：mm

二维图形	三维图形
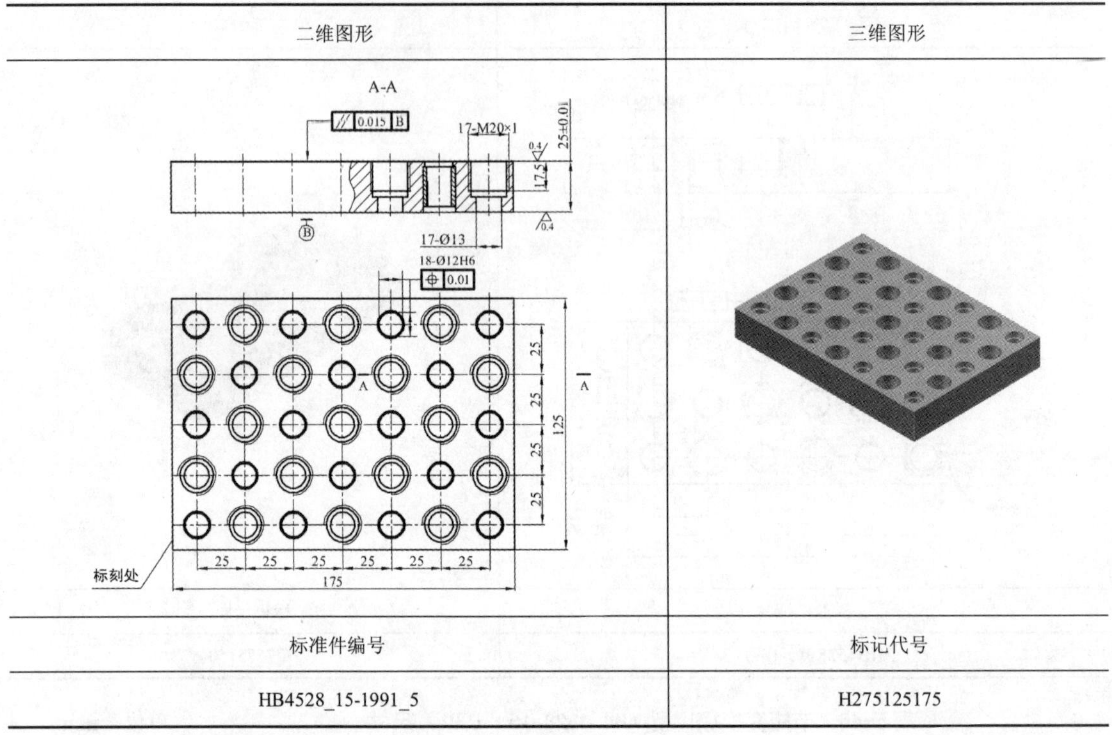	
标准件编号	标记代号
HB4528_15-1991_5	H275125175

表 5-48　节矩变换板Ⅵ型（HB 4528.15—1991）尺寸　　　　单位：mm

二维图形	三维图形
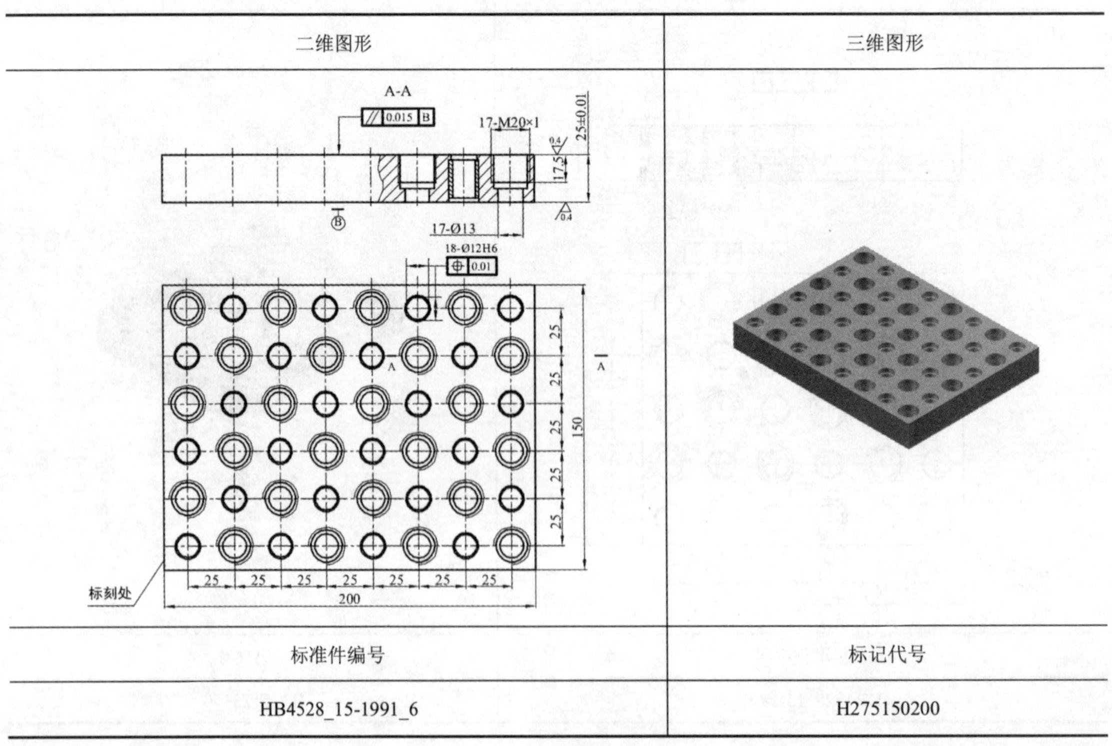	
标准件编号	标记代号
HB4528_15-1991_6	H275150200

5.3 定位件

定位件包括卧式单点坐标调整板（Ⅰ型、Ⅱ型、Ⅲ型）、立式单点坐标调整板（Ⅰ型、Ⅱ型）、单组孔坐标调整板（Ⅰ型、Ⅱ型）、T形槽板（Ⅰ型、Ⅱ型）、半T形槽板（Ⅰ型、Ⅱ型、Ⅲ型）、双半T形槽板（Ⅰ型、Ⅱ型）、扳度基准支承、角度再生垫板（Ⅰ型、Ⅱ型、Ⅲ型）、0° 角度支承（Ⅰ型、Ⅱ型）、折合板、定位销座（Ⅰ型、Ⅱ型、Ⅲ型）、小头定位销（Ⅰ型、Ⅱ型）、大头定位销、定位销（Ⅰ型、Ⅱ型）、定位圆环、V形板、扁V形块（Ⅰ型、Ⅱ型、Ⅲ型）、V形块（Ⅰ型、Ⅱ型、Ⅲ型）、半V形块（Ⅰ型、Ⅱ型）、球面支承钉、平面支承钉、支承圆垫、支承圆柱（Ⅰ型、Ⅱ型）、可调支承座、辅助支承钉、辅助支承帽、辅助支承、浮动锥销（Ⅰ型、Ⅱ型、Ⅲ型）、浮动V形（Ⅰ型、Ⅱ型）、活动V形座、固定顶尖（Ⅰ型、Ⅱ型）、活动顶尖（Ⅰ型、Ⅱ型）。其尺寸如表 5-49～5-111 所示。

表 5-49　卧式单点坐标调整板Ⅰ型（HB 4529.1—1991）尺寸　　单位：mm

二维图形	三维图形
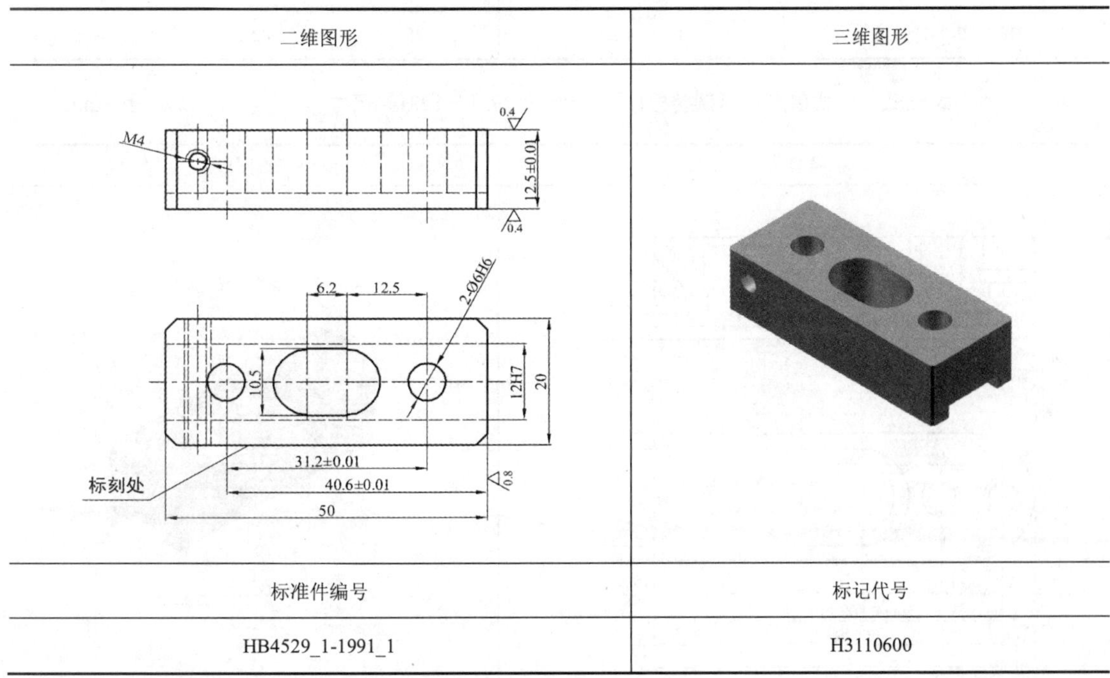	
标准件编号	标记代号
HB4529_1-1991_1	H3110600

表 5-50　卧式单点坐标调整板Ⅱ型（HB 4529.1—1991）尺寸　　单位：mm

二维图形	三维图形

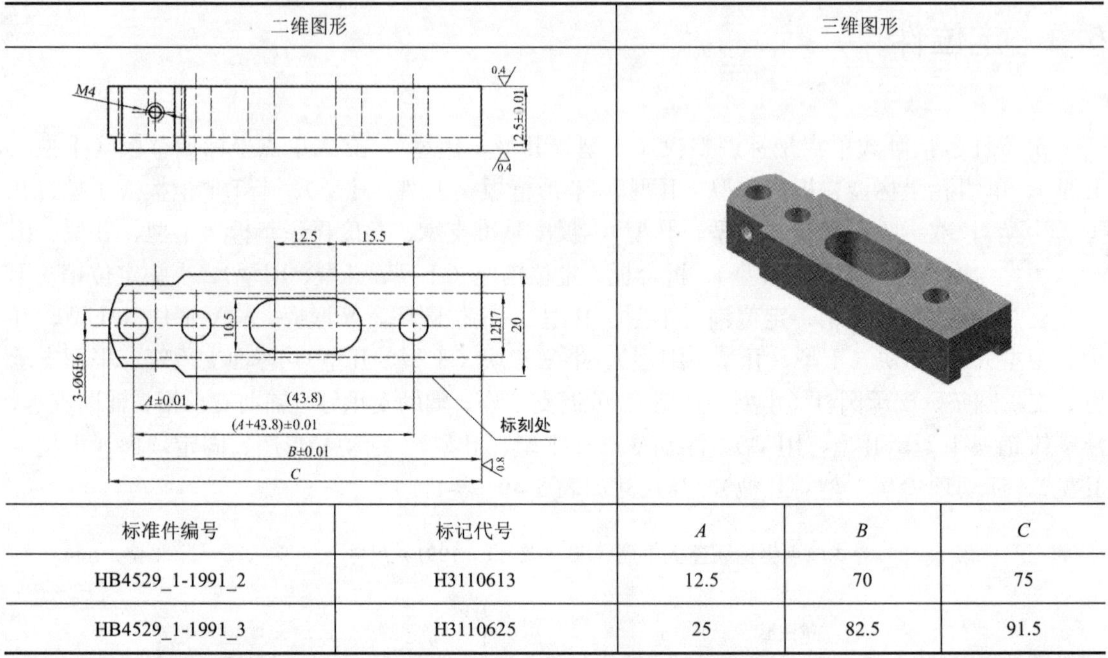

标准件编号	标记代号	*A*	*B*	*C*
HB4529_1-1991_2	H3110613	12.5	70	75
HB4529_1-1991_3	H3110625	25	82.5	91.5

表 5-51　卧式单点坐标调整板Ⅲ型（HB 4529.1—1991）尺寸　　单位：mm

二维图形	三维图形

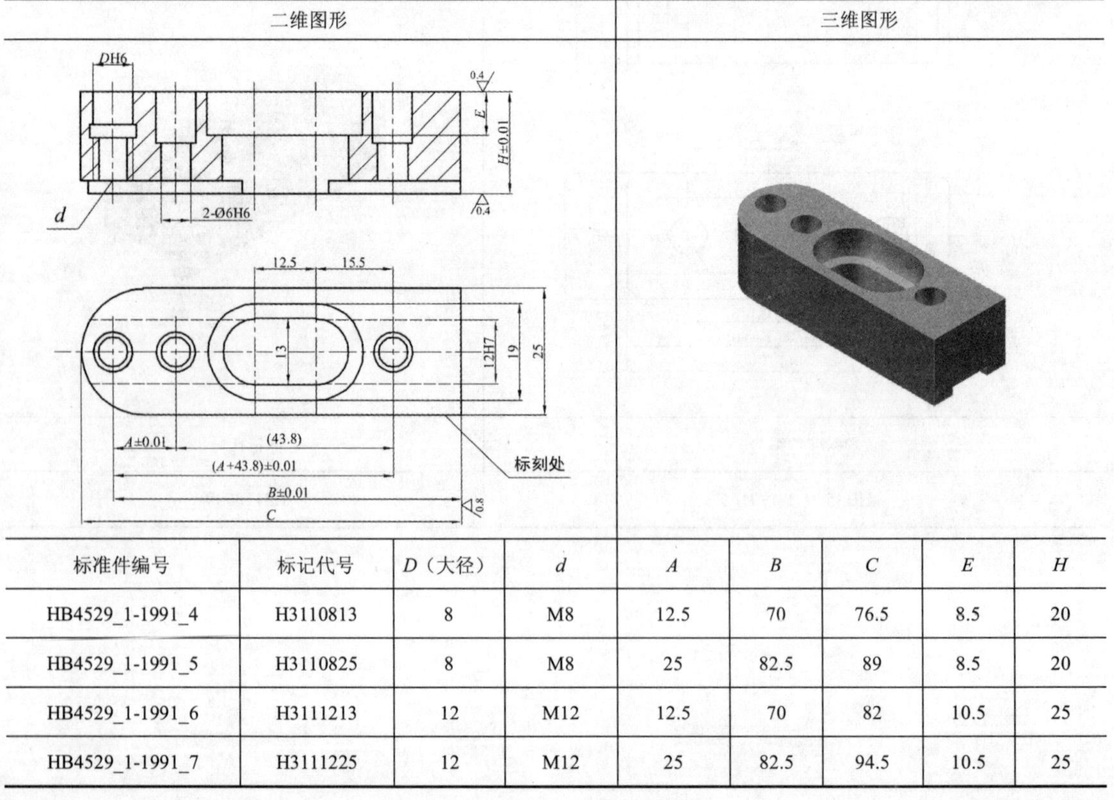

标准件编号	标记代号	*D*（大径）	*d*	*A*	*B*	*C*	*E*	*H*
HB4529_1-1991_4	H3110813	8	M8	12.5	70	76.5	8.5	20
HB4529_1-1991_5	H3110825	8	M8	25	82.5	89	8.5	20
HB4529_1-1991_6	H3111213	12	M12	12.5	70	82	10.5	25
HB4529_1-1991_7	H3111225	12	M12	25	82.5	94.5	10.5	25

表 5-52　立式单点坐标调整板Ⅰ型（HB 4529.2—1991）尺寸　　单位：mm

二维图形	三维图形

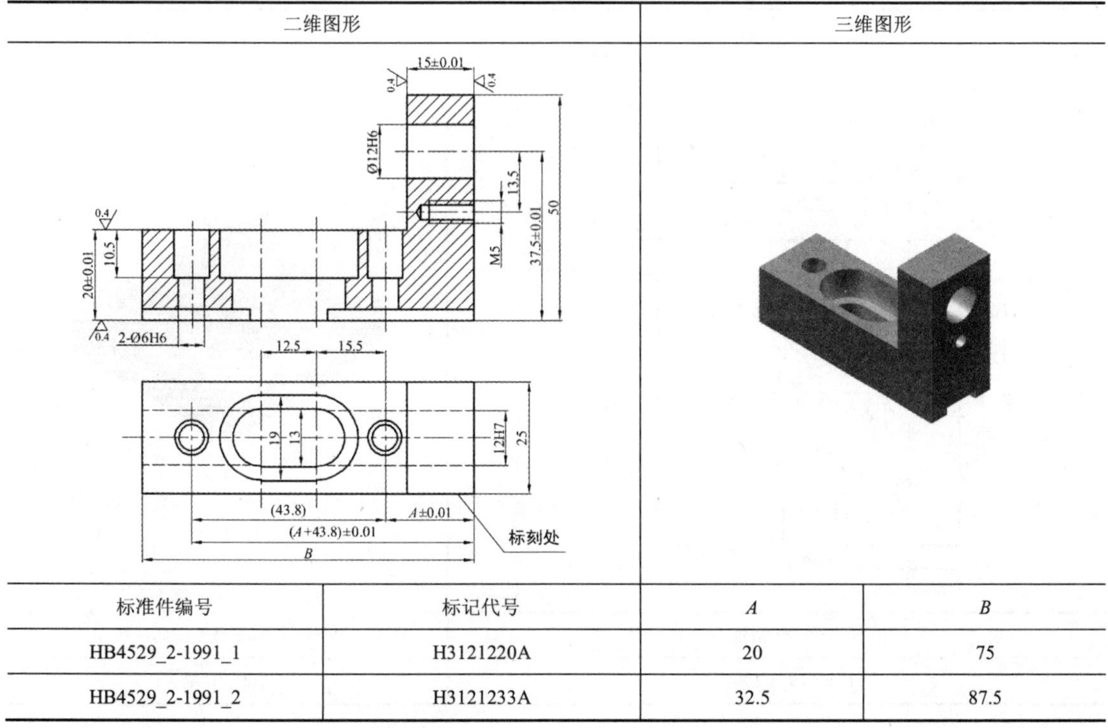

标准件编号	标记代号	*A*	*B*
HB4529_2-1991_1	H3121220A	20	75
HB4529_2-1991_2	H3121233A	32.5	87.5

表 5-53　立式单点坐标调整板Ⅱ型（HB 4529.2—1991）尺寸　　单位：mm

二维图形	三维图形

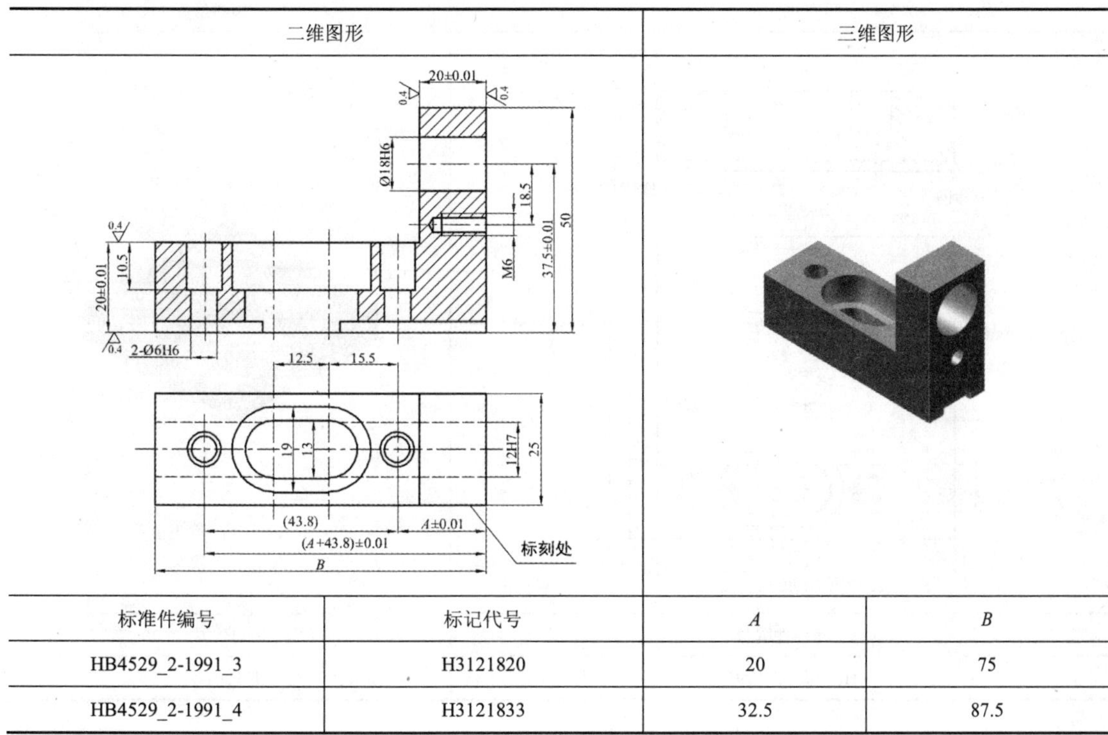

标准件编号	标记代号	*A*	*B*
HB4529_2-1991_3	H3121820	20	75
HB4529_2-1991_4	H3121833	32.5	87.5

表 5-54　单组孔坐标调整板Ⅰ型（HB 4529.3—1991）尺寸　　　单位：mm

二维图形	三维图形

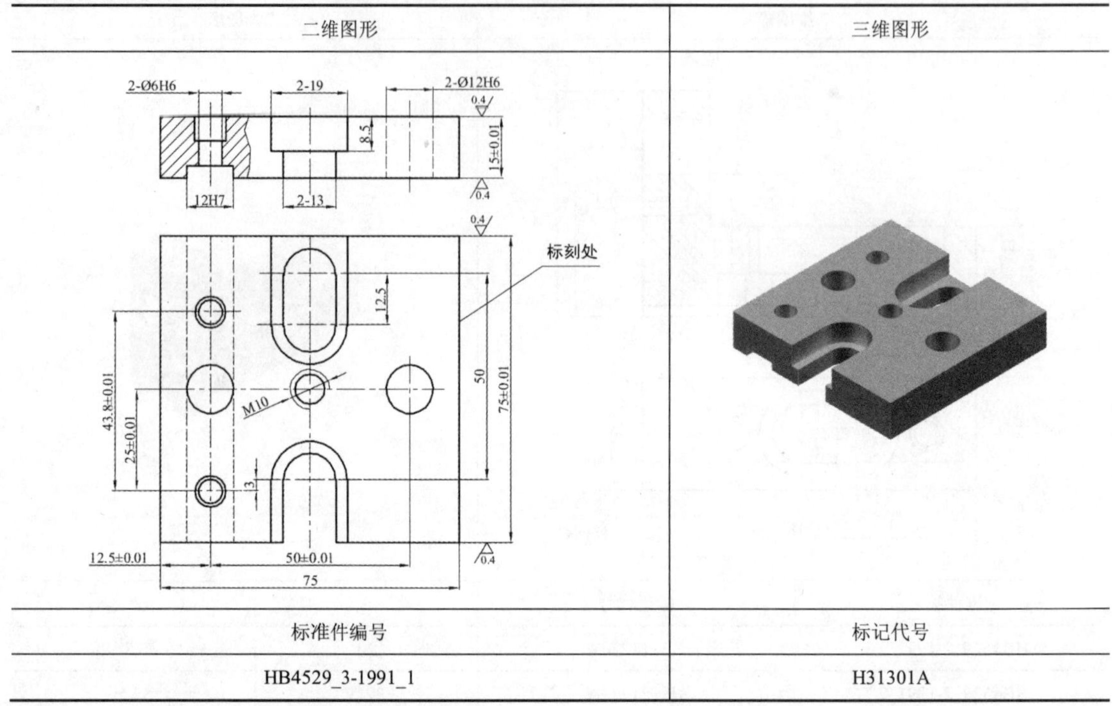

标准件编号	标记代号
HB4529_3-1991_1	H31301A

表 5-55　单组孔坐标调整板Ⅱ型（HB 4529.3-1991）尺寸　　　单位：mm

二维图形	三维图形

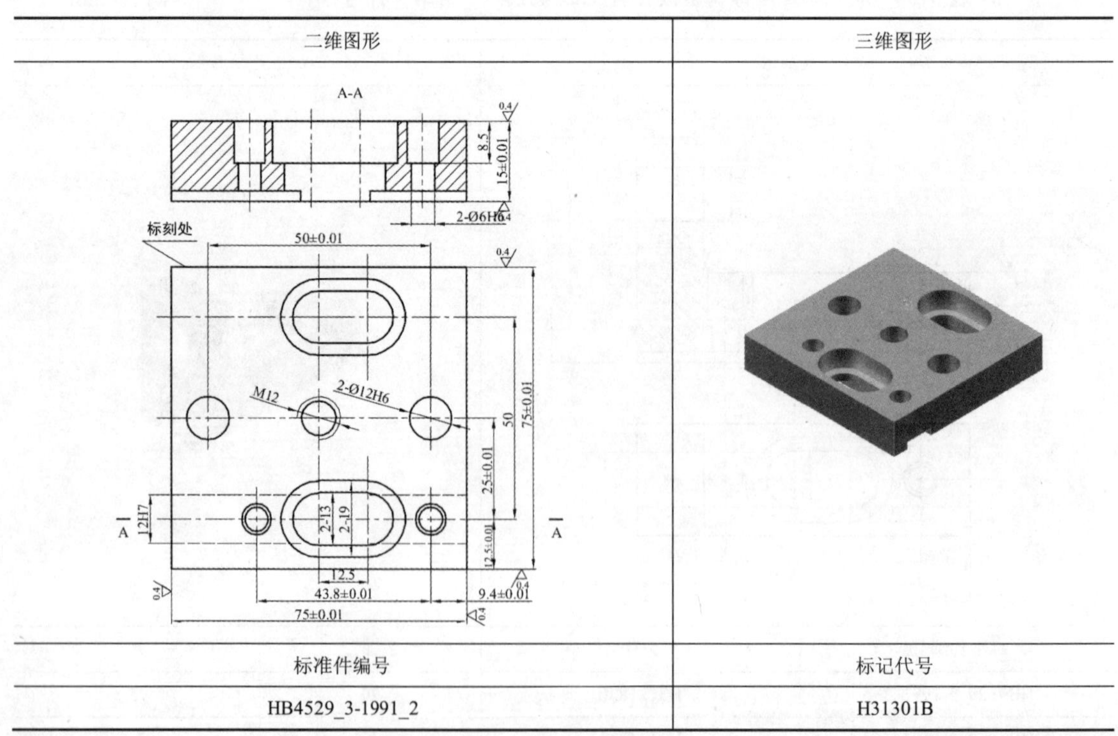

标准件编号	标记代号
HB4529_3-1991_2	H31301B

表 5-56 T 形槽板Ⅰ型（HB 4529.4-1991）尺寸 单位：mm

二维图形	三维图形

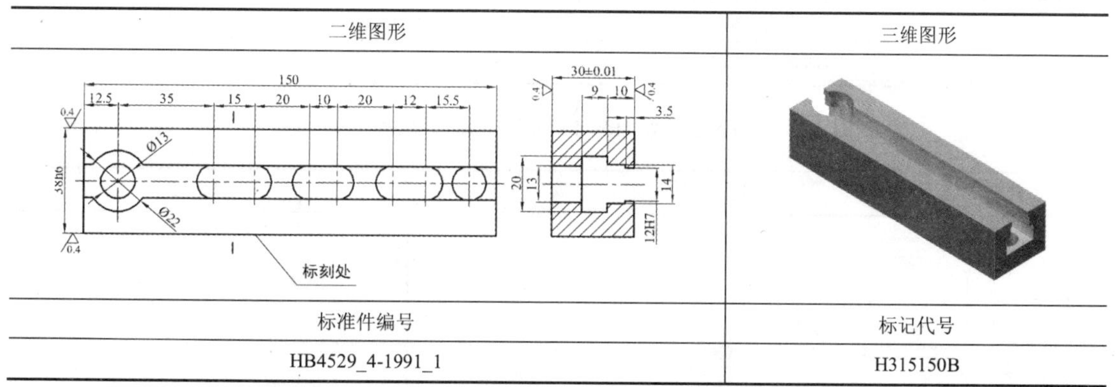

标准件编号	标记代号
HB4529_4-1991_1	H315150B

表 5-57 T 形槽板Ⅱ型（HB 4529.4—1991）尺寸 单位：mm

二维图形	三维图形

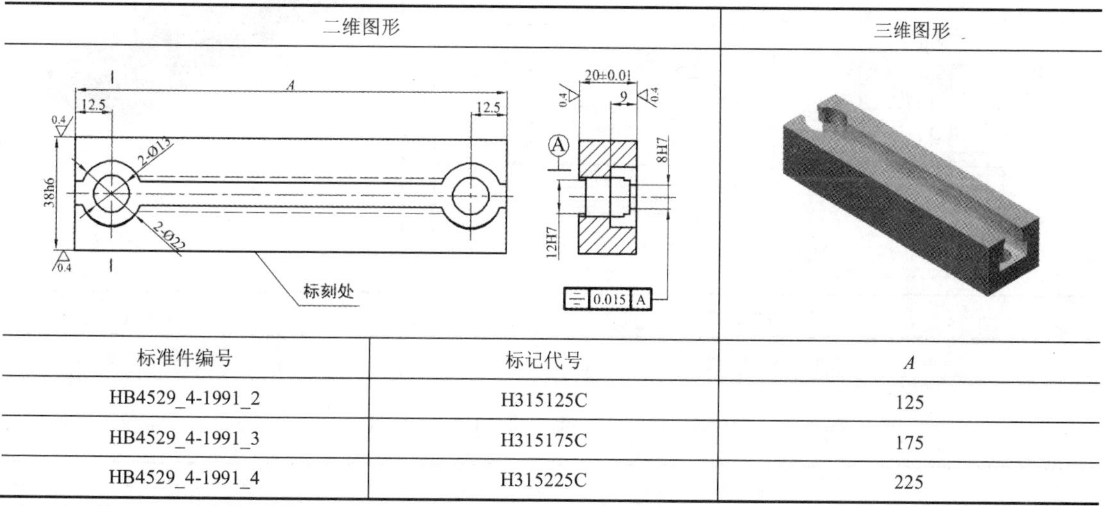

标准件编号	标记代号	*A*
HB4529_4-1991_2	H315125C	125
HB4529_4-1991_3	H315175C	175
HB4529_4-1991_4	H315225C	225

表 5-58 半 T 形槽板Ⅰ型（HB 4529.5—1991）尺寸 单位：mm

二维图形	三维图形

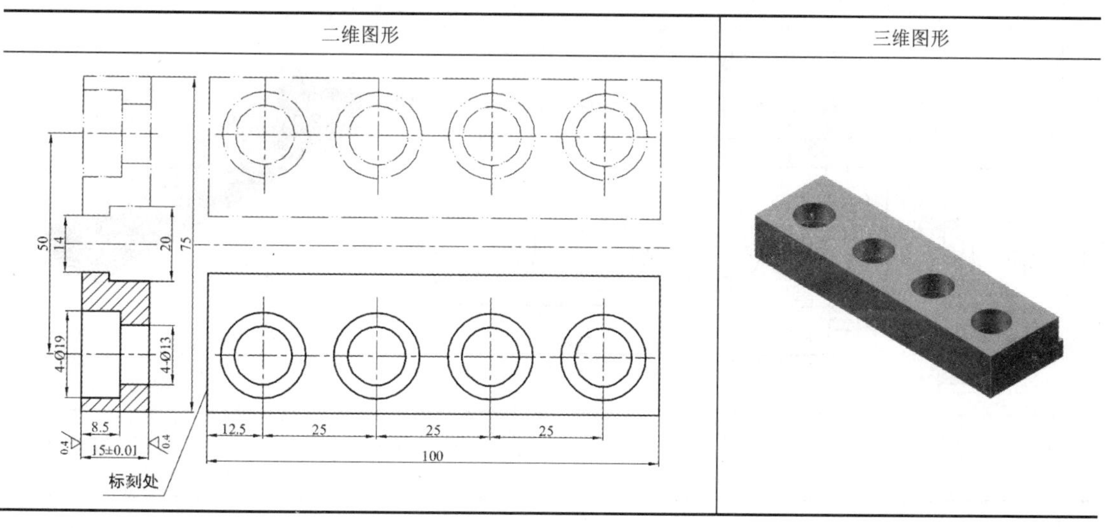

续表

标准件编号	标记代号
HB4529_5-1991_1	H31615

表 5-59 半T形槽板Ⅱ型（HB 4529.5—1991）尺寸　　单位：mm

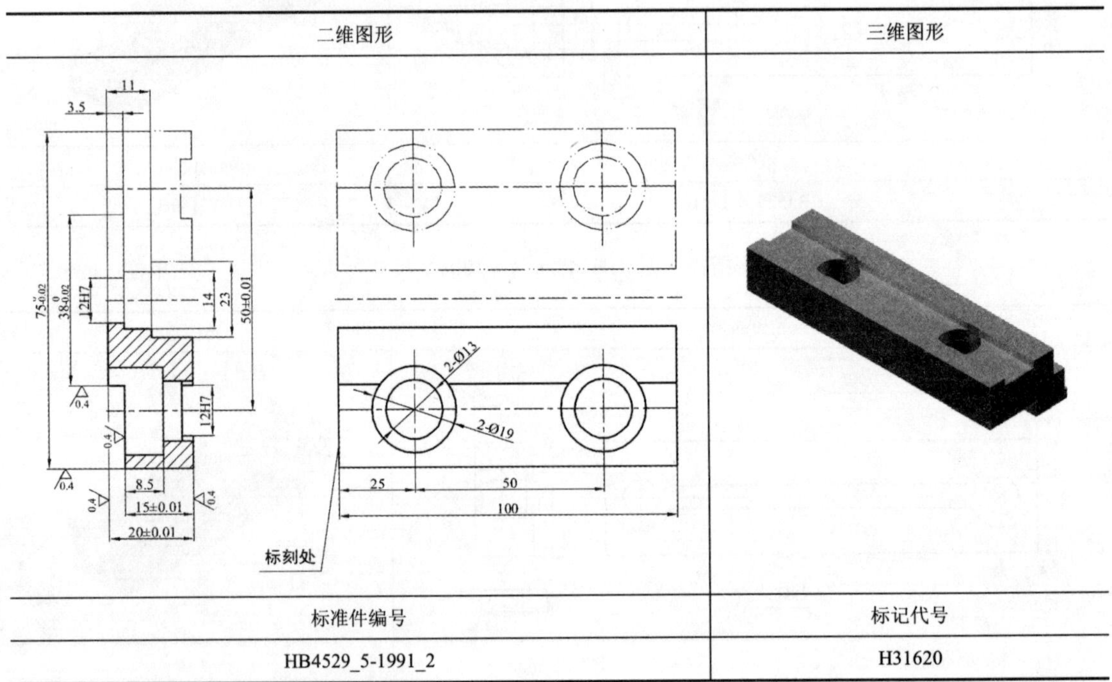

标准件编号	标记代号
HB4529_5-1991_2	H31620

表 5-60 半T形槽板Ⅲ型（HB 4529.5—1991）尺寸　　单位：mm

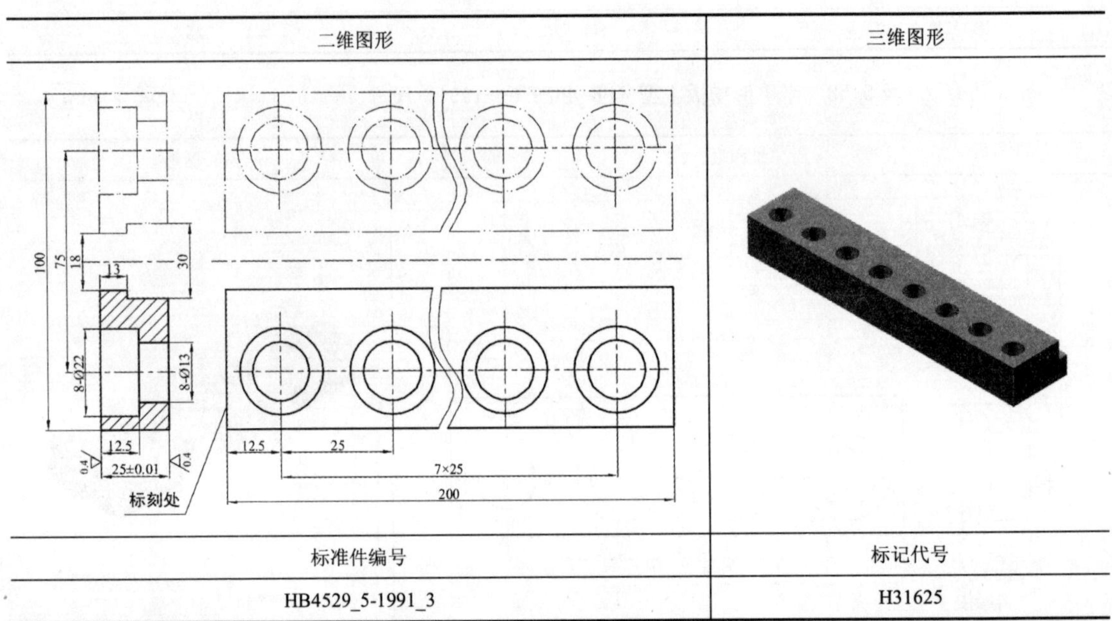

标准件编号	标记代号
HB4529_5-1991_3	H31625

表 5-61　双半T形槽板Ⅰ型（HB 4529.6—1991）尺寸　　　　单位：mm

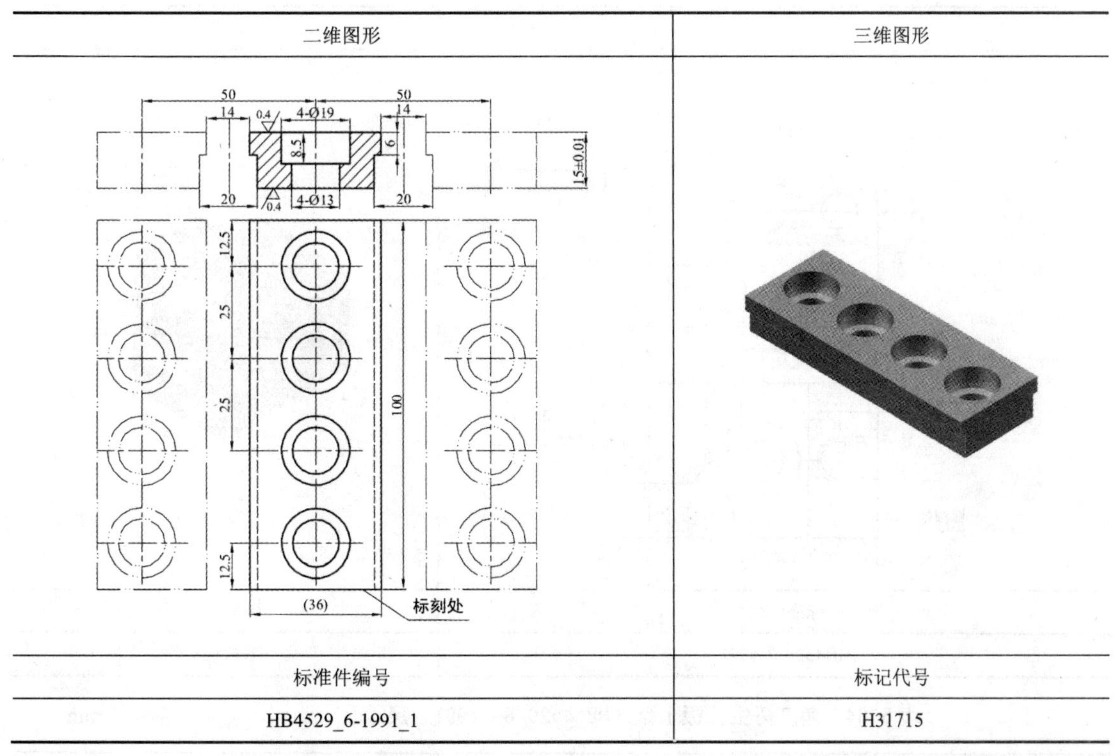

二维图形	三维图形
标准件编号	标记代号
HB4529_6-1991_1	H31715

表 5-62　双半T形槽板Ⅱ型（HB 4529.6—1991）尺寸　　　　单位：mm

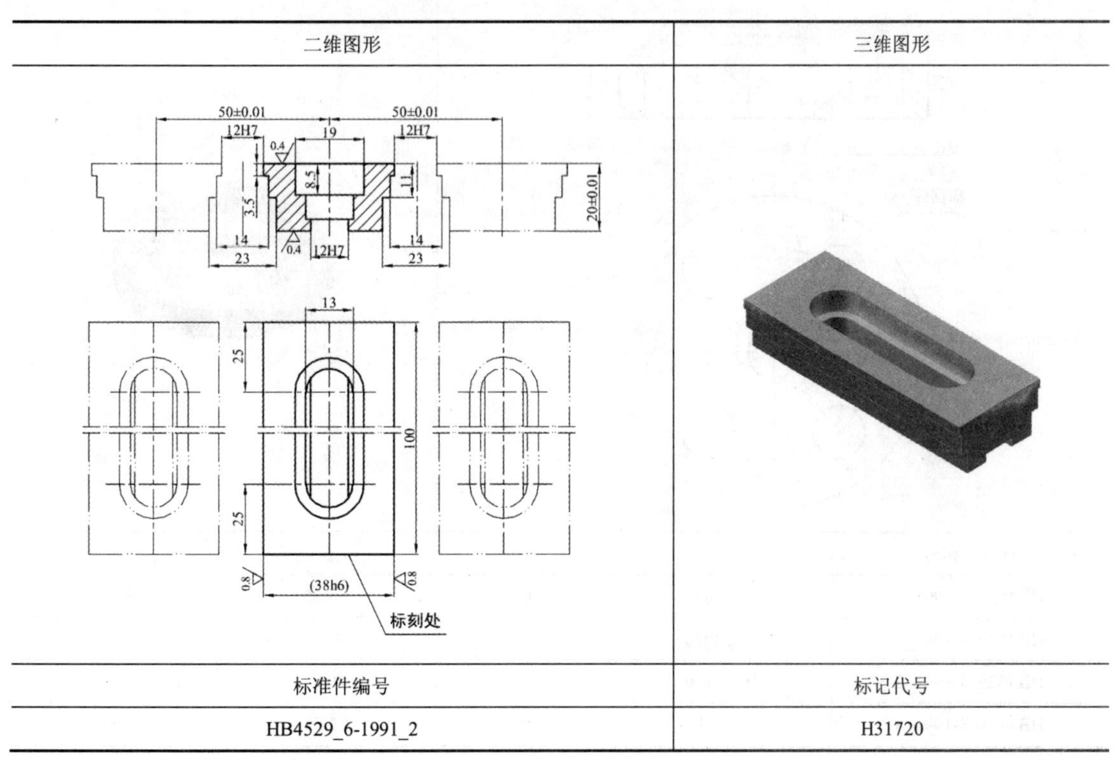

二维图形	三维图形
标准件编号	标记代号
HB4529_6-1991_2	H31720

表 5-63　扳度基准支承（HB 4529.7—1991）尺寸　　单位：mm

二维图形	三维图形

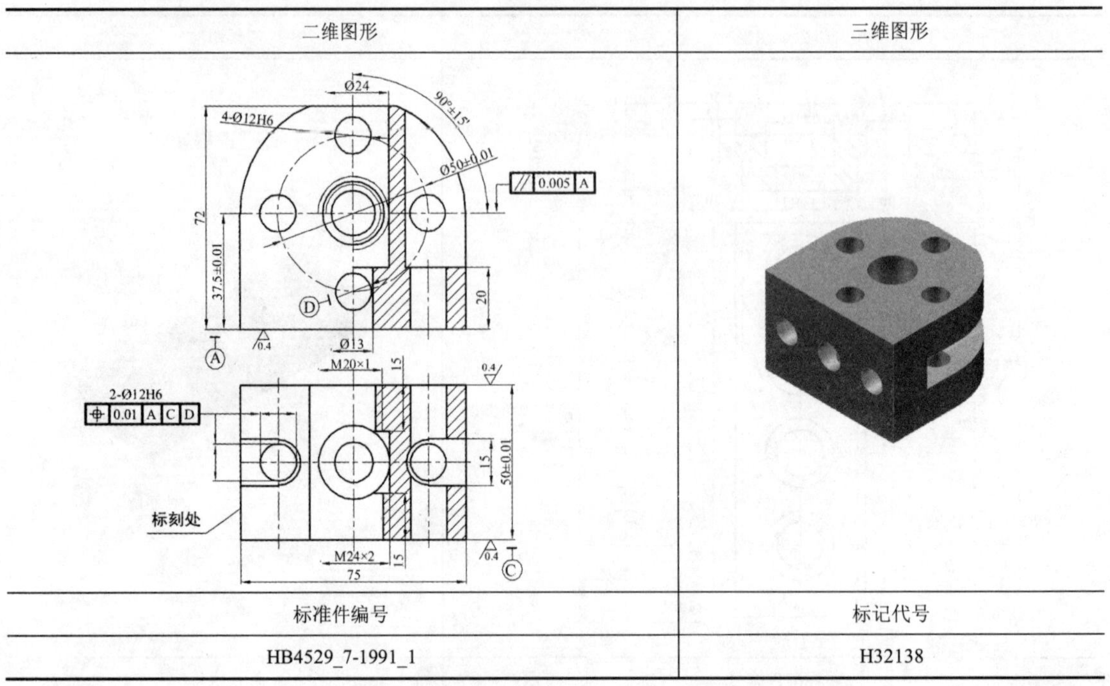

标准件编号	标记代号
HB4529_7-1991_1	H32138

表 5-64　角度再生垫板Ⅰ型（HB 4529.8—1991）尺寸　　单位：mm

二维图形	三维图形

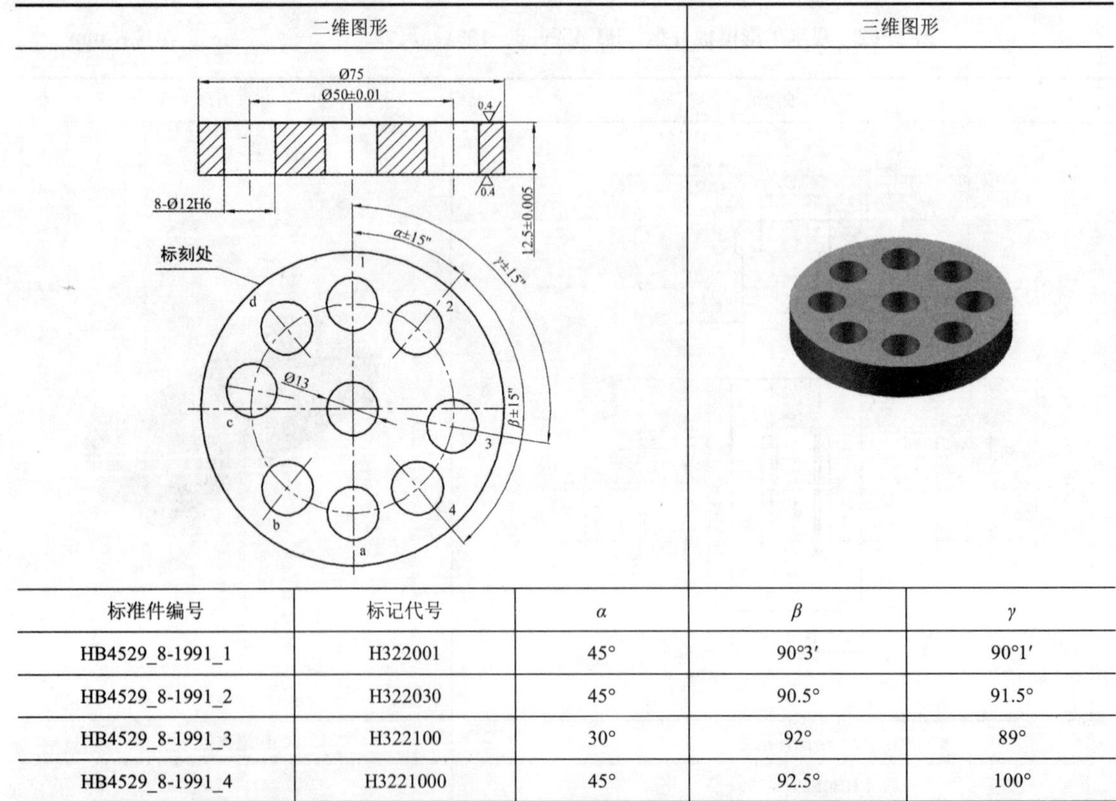

标准件编号	标记代号	α	β	γ
HB4529_8-1991_1	H322001	45°	90°3′	90°1′
HB4529_8-1991_2	H322030	45°	90.5°	91.5°
HB4529_8-1991_3	H322100	30°	92°	89°
HB4529_8-1991_4	H3221000	45°	92.5°	100°

表 5-65　角度再生垫板Ⅱ型（HB 4529.8—1991）尺寸　　　　单位：mm

二维图形	三维图形

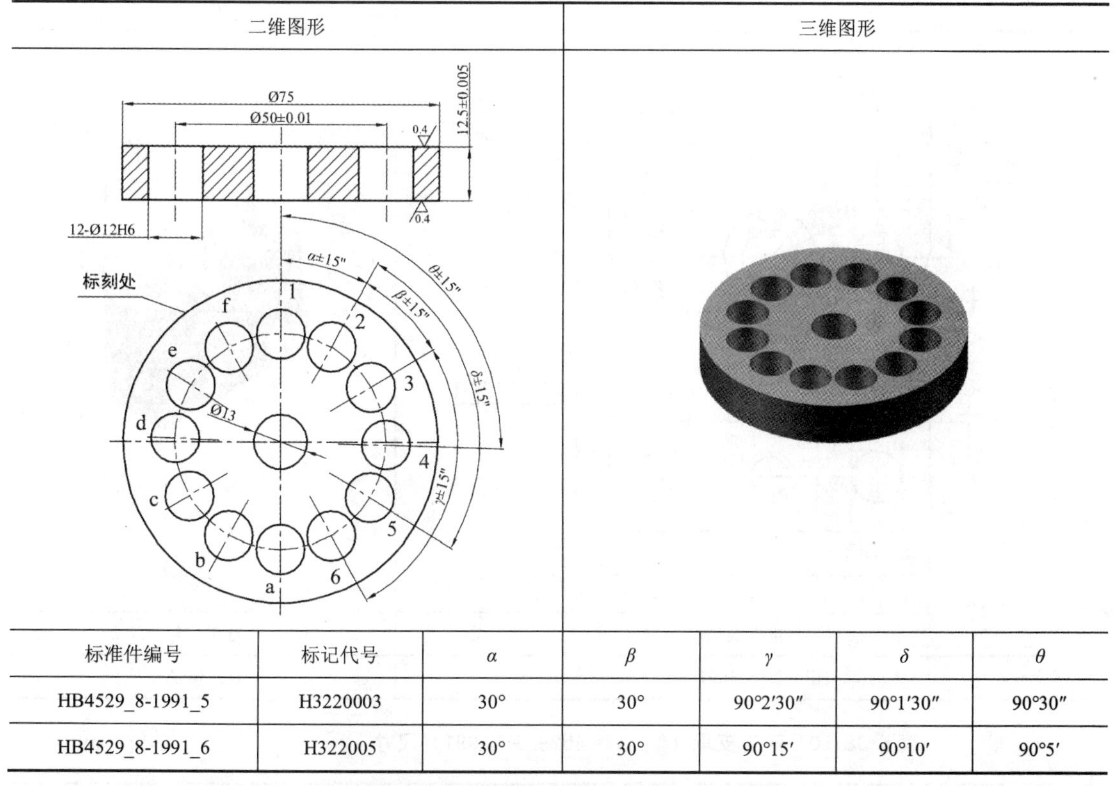

标准件编号	标记代号	α	β	γ	δ	θ
HB4529_8-1991_5	H3220003	30°	30°	90°2′30″	90°1′30″	90°30″
HB4529_8-1991_6	H322005	30°	30°	90°15′	90°10′	90°5′

表 5-66　角度再生垫板Ⅲ型（HB 4529.8-1991）尺寸　　　　单位：mm

二维图形	三维图形

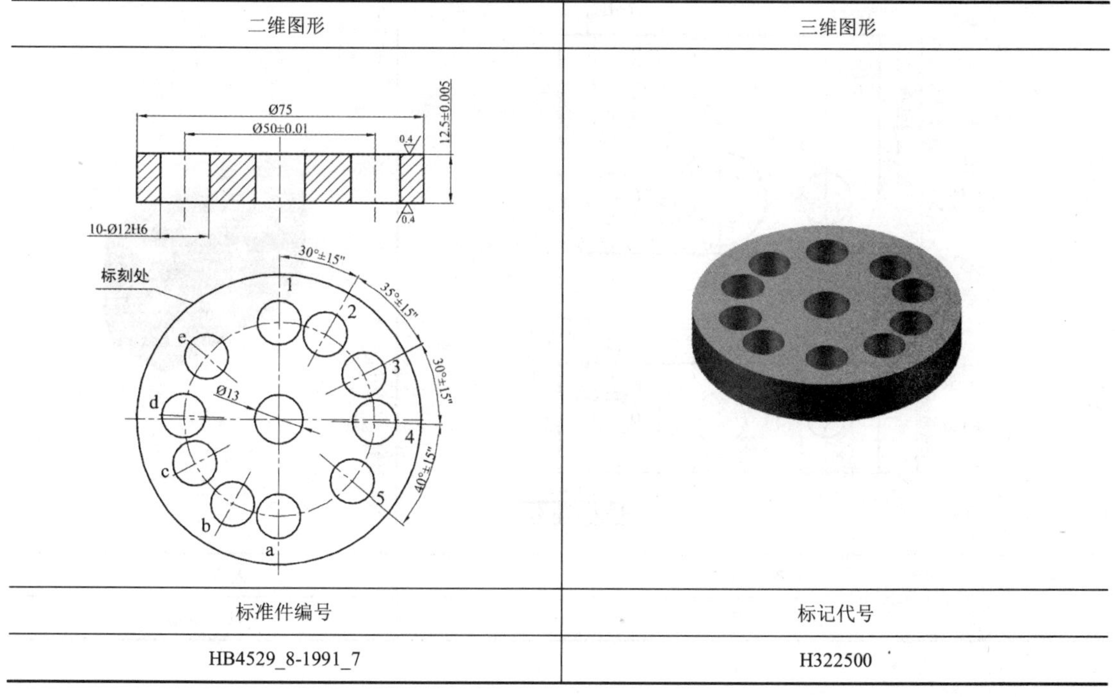

标准件编号	标记代号
HB4529_8-1991_7	H322500

表 5-67　0° 角度支承Ⅰ型（HB 4529.9—1991）尺寸　　单位：mm

二维图形	三维图形
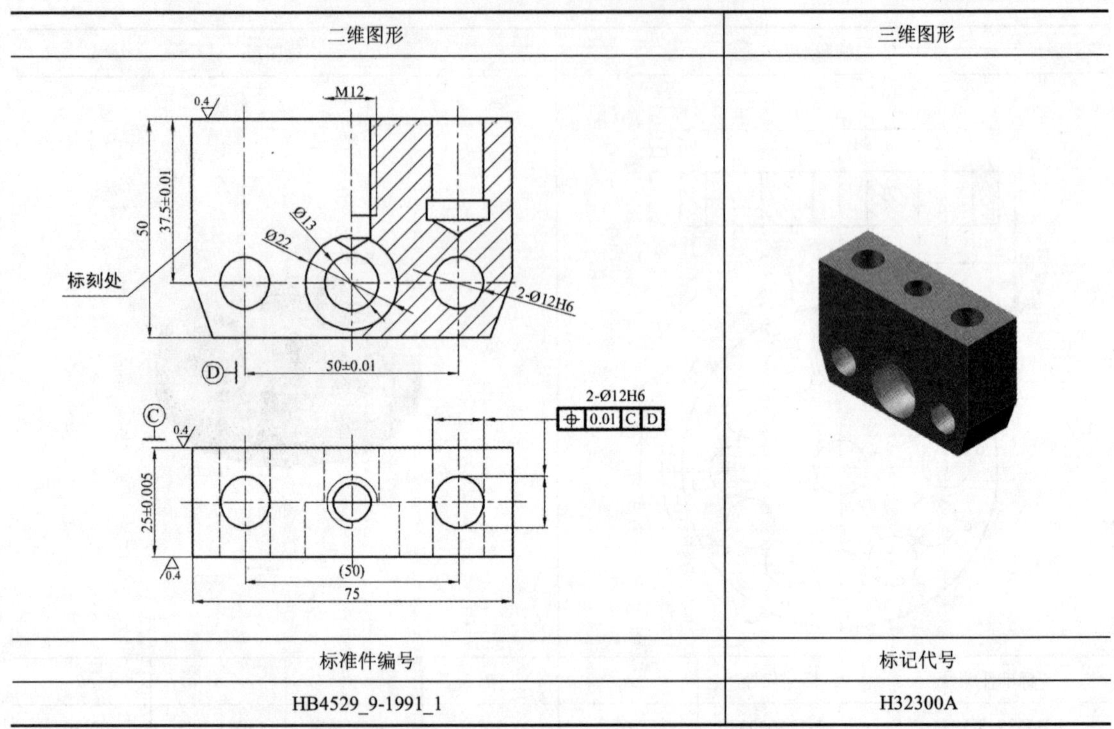	
标准件编号	标记代号
HB4529_9-1991_1	H32300A

表 5-68　0° 角度支承Ⅱ型（HB 4529.9—1991）尺寸　　单位：mm

二维图形	三维图形
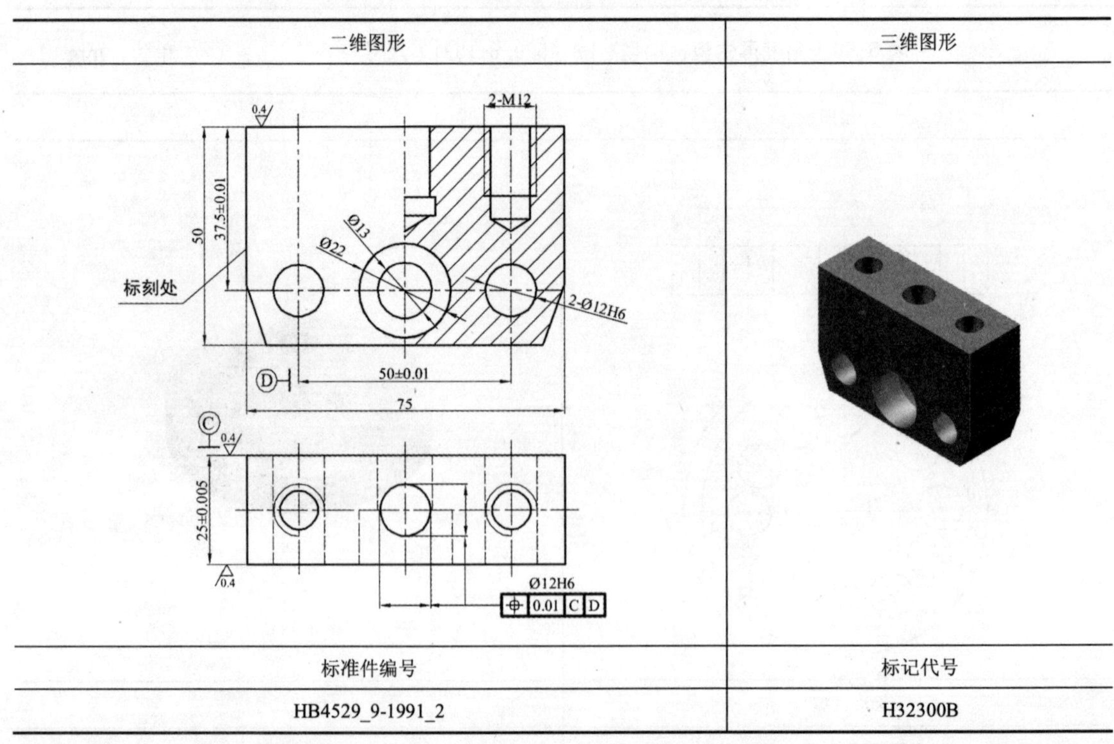	
标准件编号	标记代号
HB4529_9-1991_2	H32300B

表 5-69 折合板（HB 4529.10—1991）尺寸

单位：mm

二维图形	三维图形

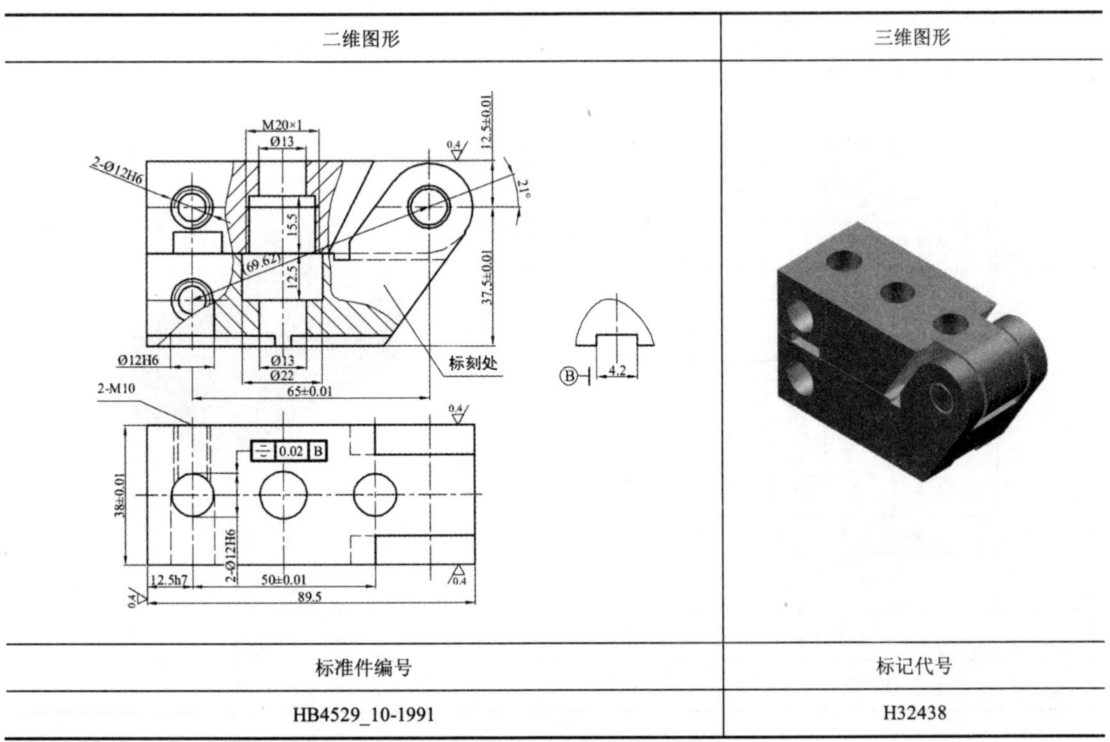

标准件编号	标记代号
HB4529_10-1991	H32438

表 5-70 定位销座Ⅰ型（HB 4529.11—1991）尺寸

单位：mm

二维图形	三维图形

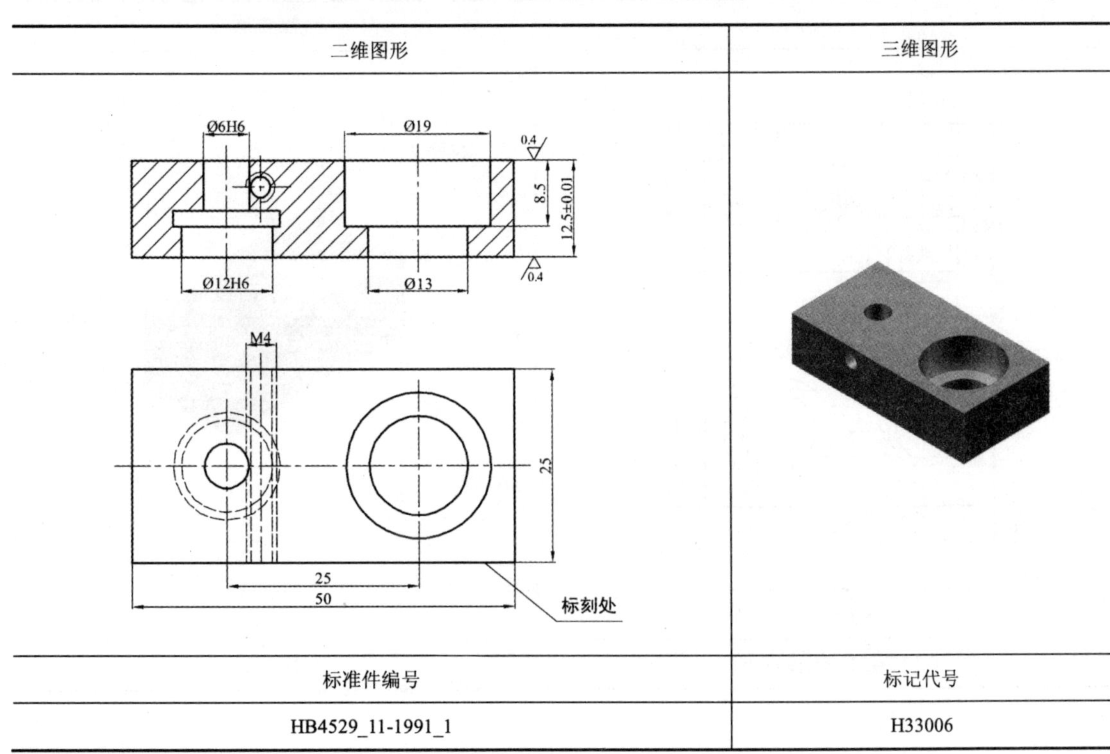

标准件编号	标记代号
HB4529_11-1991_1	H33006

表 5-71　定位销座Ⅱ型（HB 4529.11—1991）尺寸　　单位：mm

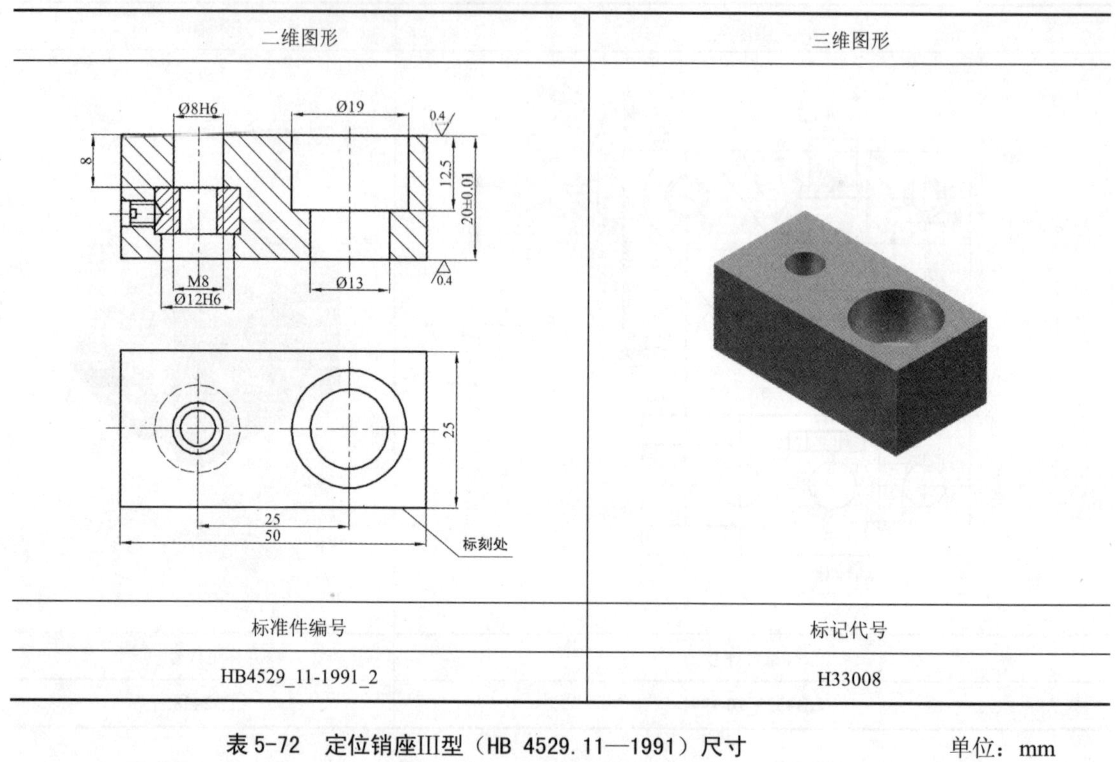

二维图形	三维图形
标准件编号	标记代号
HB4529_11-1991_2	H33008

表 5-72　定位销座Ⅲ型（HB 4529.11—1991）尺寸　　单位：mm

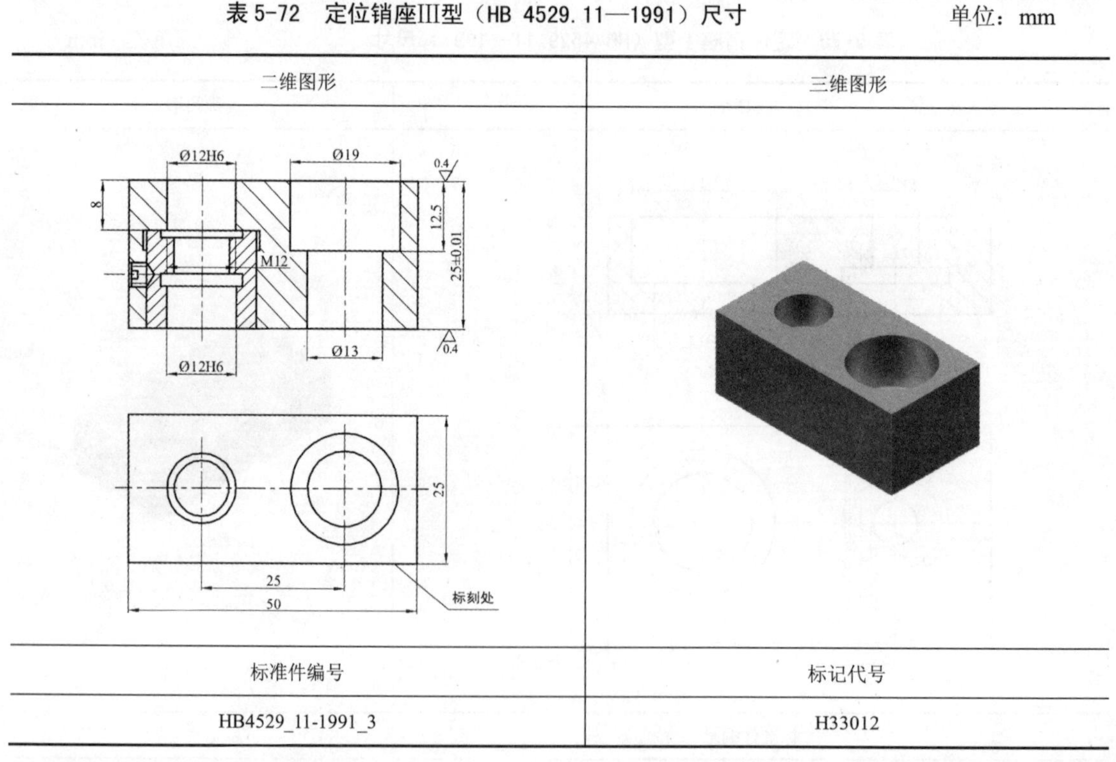

二维图形	三维图形
标准件编号	标记代号
HB4529_11-1991_3	H33012

表 5-73　小头定位销Ⅰ型（HB 4529.12—1991）尺寸　　单位：mm

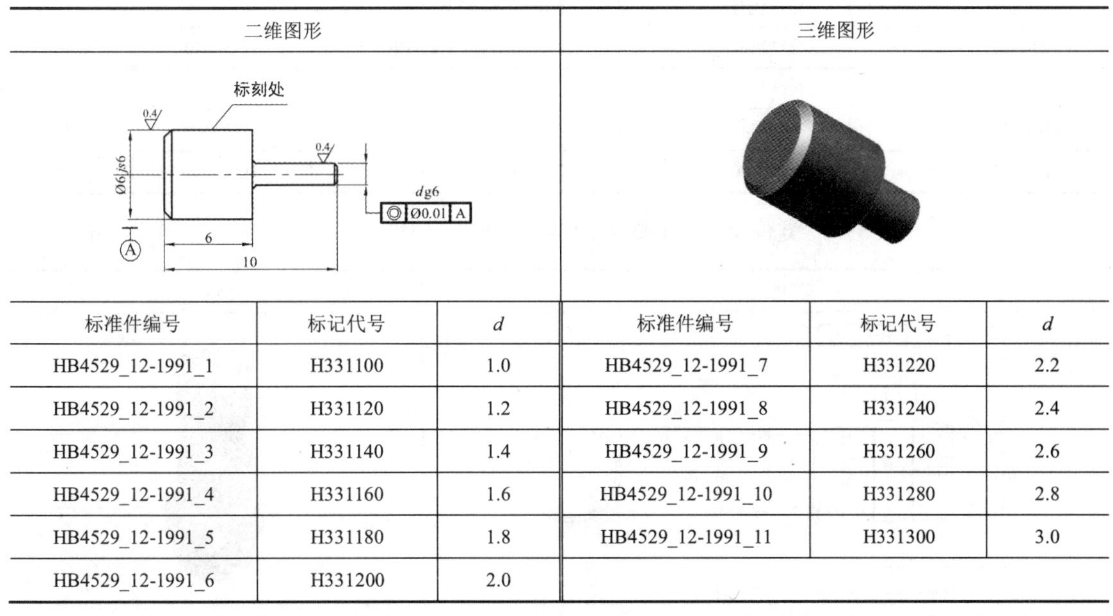

标准件编号	标记代号	*d*	标准件编号	标记代号	*d*
HB4529_12-1991_1	H331100	1.0	HB4529_12-1991_7	H331220	2.2
HB4529_12-1991_2	H331120	1.2	HB4529_12-1991_8	H331240	2.4
HB4529_12-1991_3	H331140	1.4	HB4529_12-1991_9	H331260	2.6
HB4529_12-1991_4	H331160	1.6	HB4529_12-1991_10	H331280	2.8
HB4529_12-1991_5	H331180	1.8	HB4529_12-1991_11	H331300	3.0
HB4529_12-1991_6	H331200	2.0			

表 5-74　小头定位销Ⅱ型（HB 4529.12—1991）尺寸　　单位：mm

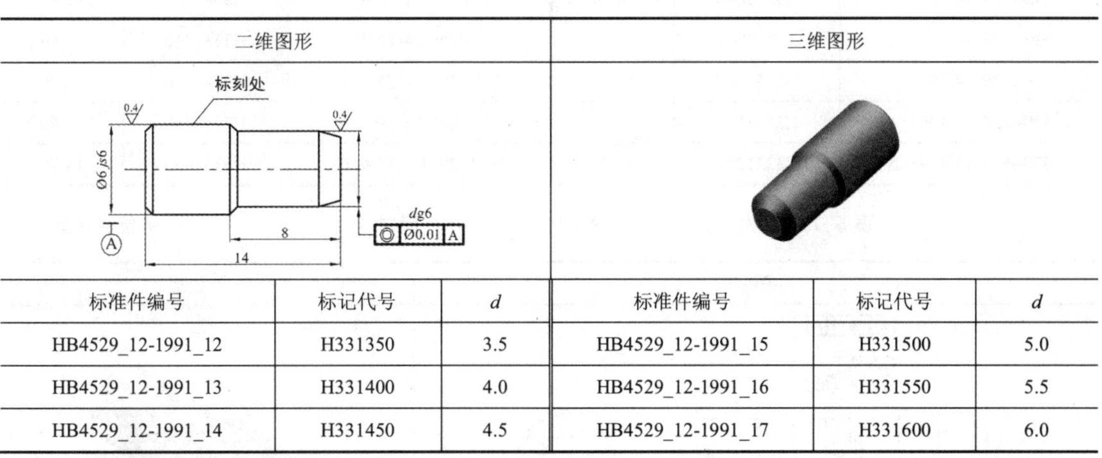

标准件编号	标记代号	*d*	标准件编号	标记代号	*d*
HB4529_12-1991_12	H331350	3.5	HB4529_12-1991_15	H331500	5.0
HB4529_12-1991_13	H331400	4.0	HB4529_12-1991_16	H331550	5.5
HB4529_12-1991_14	H331450	4.5	HB4529_12-1991_17	H331600	6.0

表 5-75　大头定位销（HB 4529.13—1991）尺寸　　单位：mm

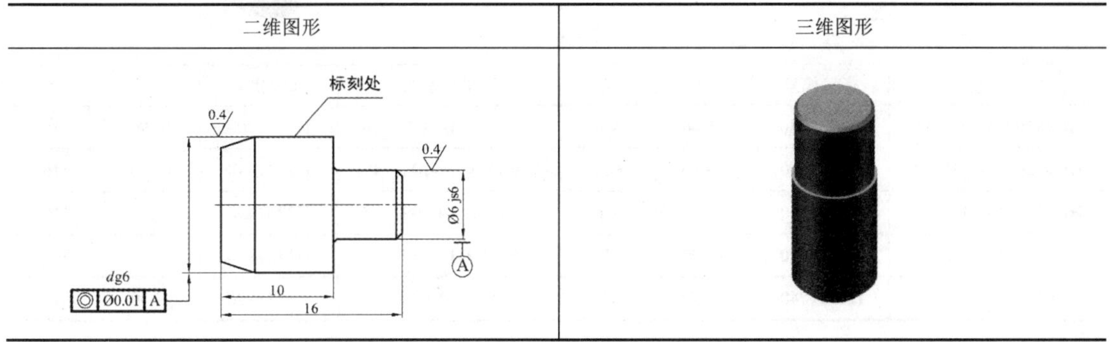

续表

标准件编号	标记代号	d	标准件编号	标记代号	d
HB4529_13-1991_1	H332640	6.40	HB4529_13-1991_5	H332840	8.40
HB4529_13-1991_2	H332690	6.90	HB4529_13-1991_6	H332890	8.90
HB4529_13-1991_3	H332740	7.40	HB4529_13-1991_7	H332940	9.40
HB4529_13-1991_4	H332790	7.90	HB4529_13-1991_8	H332990	9.90

表 5-76 定位销Ⅰ型（HB 4529.14—1991）尺寸 单位：mm

二维图形	三维图形

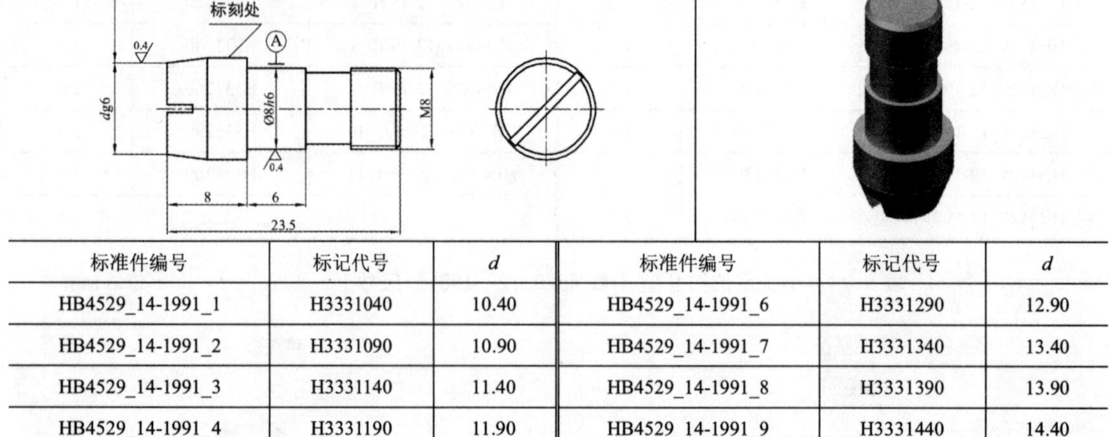

标准件编号	标记代号	d	标准件编号	标记代号	d
HB4529_14-1991_1	H3331040	10.40	HB4529_14-1991_6	H3331290	12.90
HB4529_14-1991_2	H3331090	10.90	HB4529_14-1991_7	H3331340	13.40
HB4529_14-1991_3	H3331140	11.40	HB4529_14-1991_8	H3331390	13.90
HB4529_14-1991_4	H3331190	11.90	HB4529_14-1991_9	H3331440	14.40
HB4529_14-1991_5	H3331240	12.40	HB4529_14-1991_10	H3331490	14.90

表 5-77 定位销Ⅱ型（HB 4529.14—1991）尺寸 单位：mm

二维图形	三维图形

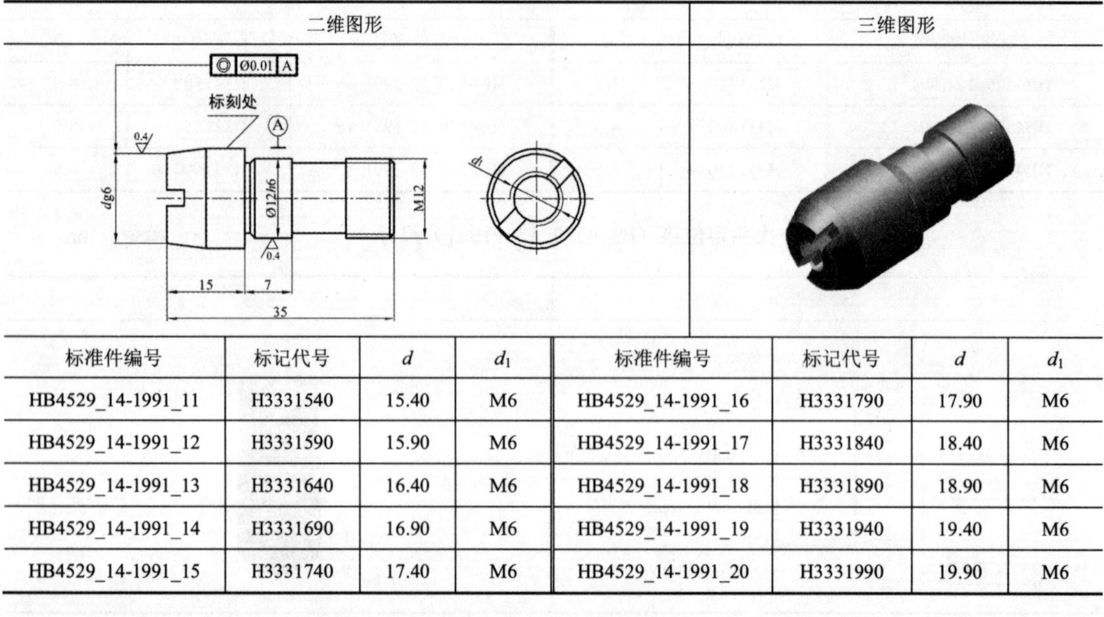

标准件编号	标记代号	d	d_1	标准件编号	标记代号	d	d_1
HB4529_14-1991_11	H3331540	15.40	M6	HB4529_14-1991_16	H3331790	17.90	M6
HB4529_14-1991_12	H3331590	15.90	M6	HB4529_14-1991_17	H3331840	18.40	M6
HB4529_14-1991_13	H3331640	16.40	M6	HB4529_14-1991_18	H3331890	18.90	M6
HB4529_14-1991_14	H3331690	16.90	M6	HB4529_14-1991_19	H3331940	19.40	M6
HB4529_14-1991_15	H3331740	17.40	M6	HB4529_14-1991_20	H3331990	19.90	M6

续表

标准件编号	标记代号	d	d_1	标准件编号	标记代号	d	d_1
HB4529_14-1991_21	H3332040	20.40	M10	HB4529_14-1991_31	H3332540	25.40	M10
HB4529_14-1991_22	H3332090	20.90	M10	HB4529_14-1991_32	H3332590	25.90	M10
HB4529_14-1991_23	H3332140	21.40	M10	HB4529_14-1991_33	H3332640	26.40	M10
HB4529_14-1991_24	H3332190	21.90	M10	HB4529_14-1991_34	H3332690	26.90	M10
HB4529_14-1991_25	H3332240	22.40	M10	HB4529_14-1991_35	H3332740	27.40	M10
HB4529_14-1991_26	H3332290	22.90	M10	HB4529_14-1991_36	H3332790	27.90	M10
HB4529_14-1991_27	H3332340	23.40	M10	HB4529_14-1991_37	H3332840	28.40	M10
HB4529_14-1991_28	H3332390	23.90	M10	HB4529_14-1991_38	H3332890	28.90	M10
HB4529_14-1991_29	H3332440	24.40	M10	HB4529_14-1991_39	H3332940	29.40	M10
HB4529_14-1991_30	H3332490	24.90	M10	HB4529_14-1991_40	H3332990	29.90	M10

表 5-78　定位圆环（HB 4529.15—1991）尺寸　　单位：mm

二维图形	三维图形

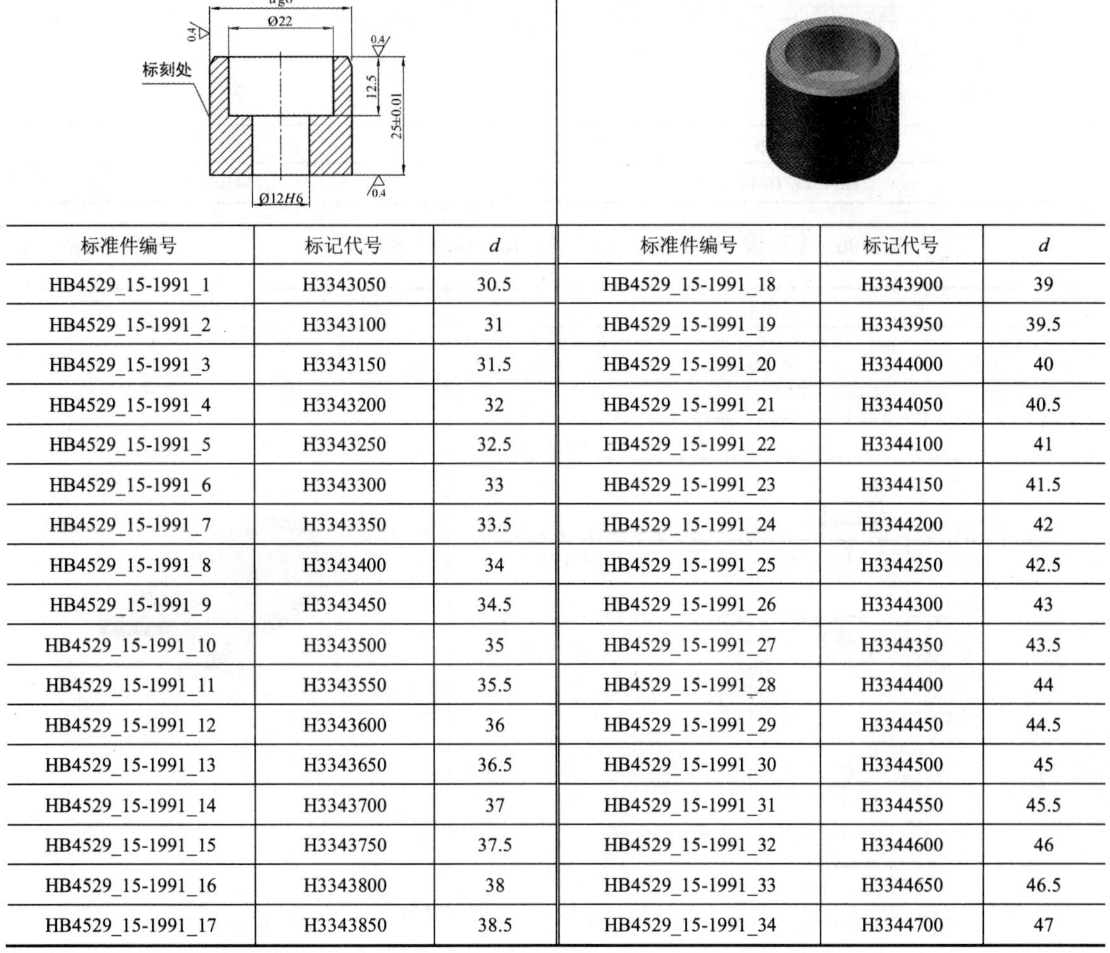

标准件编号	标记代号	d	标准件编号	标记代号	d
HB4529_15-1991_1	H3343050	30.5	HB4529_15-1991_18	H3343900	39
HB4529_15-1991_2	H3343100	31	HB4529_15-1991_19	H3343950	39.5
HB4529_15-1991_3	H3343150	31.5	HB4529_15-1991_20	H3344000	40
HB4529_15-1991_4	H3343200	32	HB4529_15-1991_21	H3344050	40.5
HB4529_15-1991_5	H3343250	32.5	HB4529_15-1991_22	H3344100	41
HB4529_15-1991_6	H3343300	33	HB4529_15-1991_23	H3344150	41.5
HB4529_15-1991_7	H3343350	33.5	HB4529_15-1991_24	H3344200	42
HB4529_15-1991_8	H3343400	34	HB4529_15-1991_25	H3344250	42.5
HB4529_15-1991_9	H3343450	34.5	HB4529_15-1991_26	H3344300	43
HB4529_15-1991_10	H3343500	35	HB4529_15-1991_27	H3344350	43.5
HB4529_15-1991_11	H3343550	35.5	HB4529_15-1991_28	H3344400	44
HB4529_15-1991_12	H3343600	36	HB4529_15-1991_29	H3344450	44.5
HB4529_15-1991_13	H3343650	36.5	HB4529_15-1991_30	H3344500	45
HB4529_15-1991_14	H3343700	37	HB4529_15-1991_31	H3344550	45.5
HB4529_15-1991_15	H3343750	37.5	HB4529_15-1991_32	H3344600	46
HB4529_15-1991_16	H3343800	38	HB4529_15-1991_33	H3344650	46.5
HB4529_15-1991_17	H3343850	38.5	HB4529_15-1991_34	H3344700	47

续表

标准件编号	标记代号	*d*	标准件编号	标记代号	*d*
HB4529_15-1991_35	H3344750	47.5	HB4529_15-1991_38	H3344900	49
HB4529_15-1991_36	H3344800	48	HB4529_15-1991_39	H3344950	49.5
IID4529_15-1991_37	H3344850	48.5	HB4529_15-1991_40	H3345000	50

表 5-79　V形板 1（Ⅰ型）（HB 4529.16—1991）尺寸　　单位：mm

二维图形	三维图形

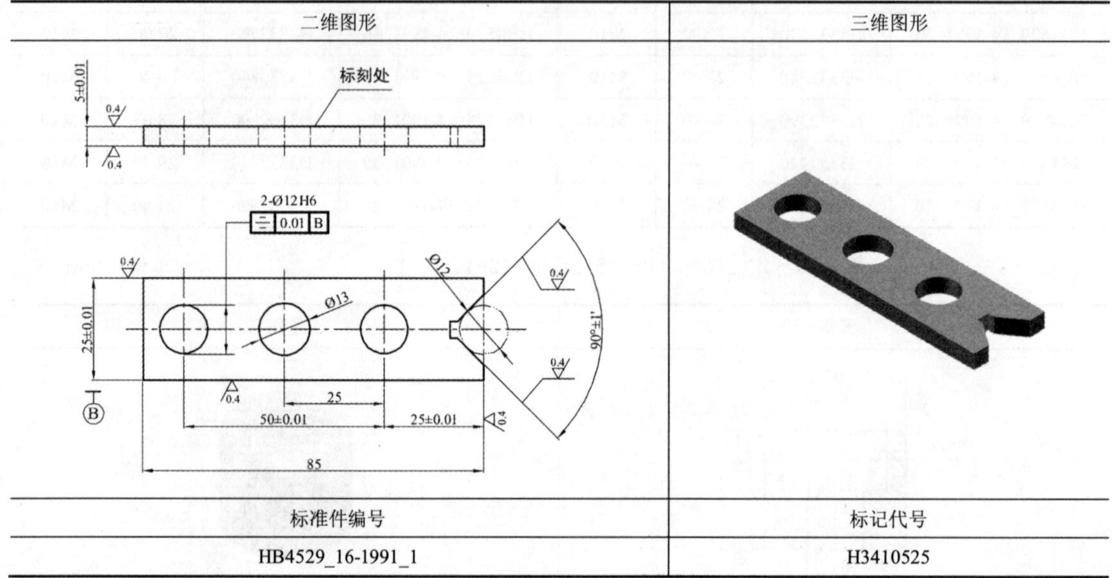

标准件编号	标记代号
HB4529_16-1991_1	H3410525

表 5-80　V形板 1（Ⅱ型）（HB 4529.16—1991）尺寸　　单位：mm

二维图形	三维图形

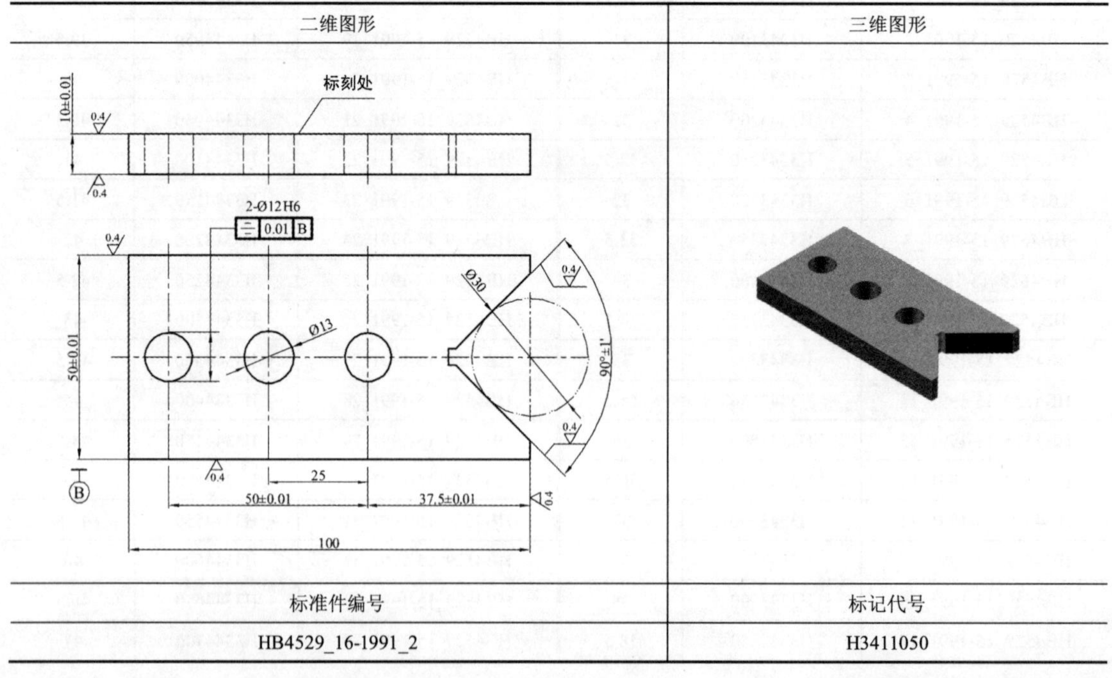

标准件编号	标记代号
HB4529_16-1991_2	H3411050

表 5-81　V形板 2（Ⅰ型）（HB 4529.17—1991）尺寸　　单位：mm

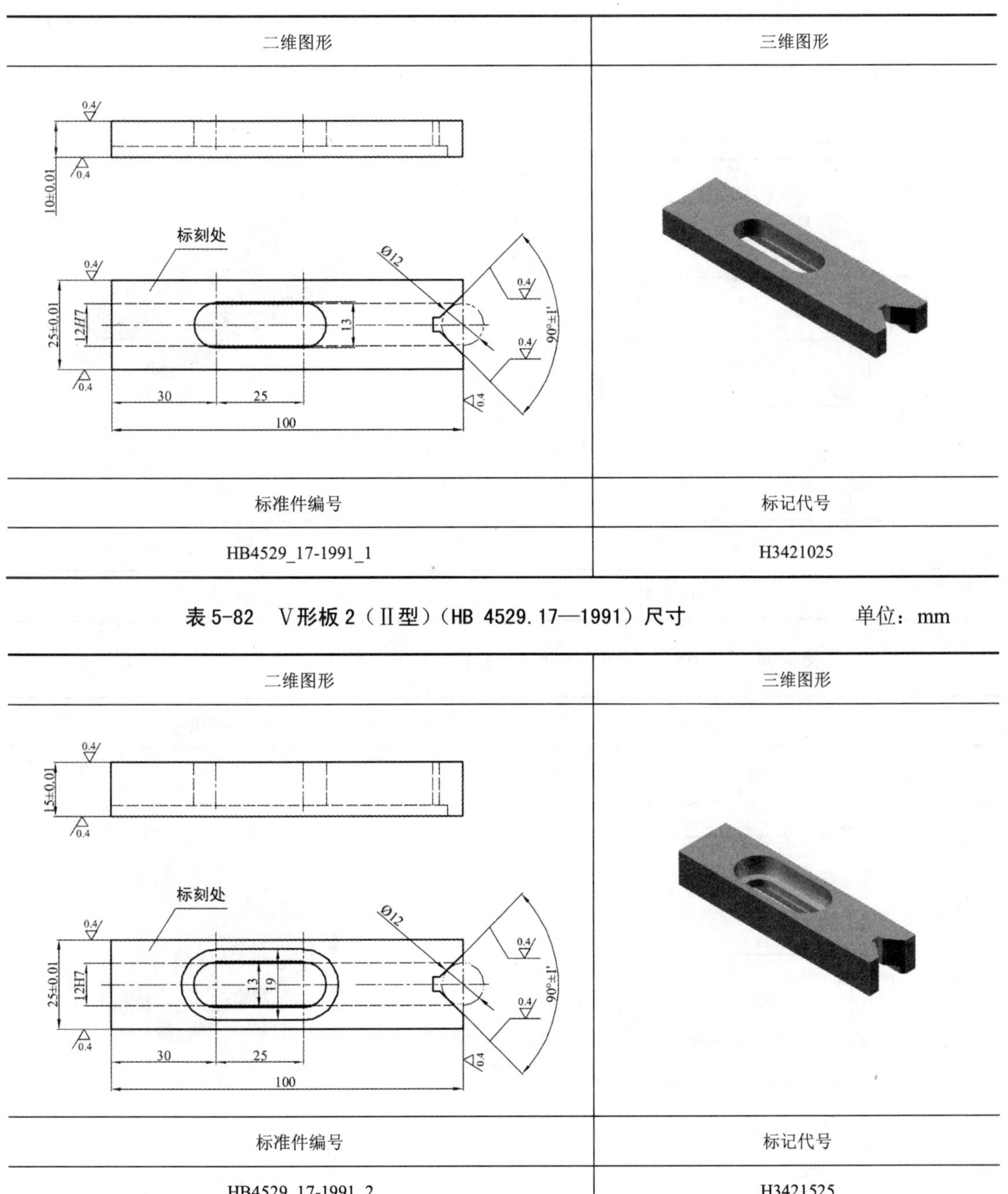

二维图形	三维图形
标准件编号	标记代号
HB4529_17-1991_1	H3421025

表 5-82　V形板 2（Ⅱ型）（HB 4529.17—1991）尺寸　　单位：mm

二维图形	三维图形
标准件编号	标记代号
HB4529_17-1991_2	H3421525

表 5-83　V形板 3（Ⅰ型）（HB 4529.18—1991）尺寸　　　　单位：mm

二维图形	三维图形
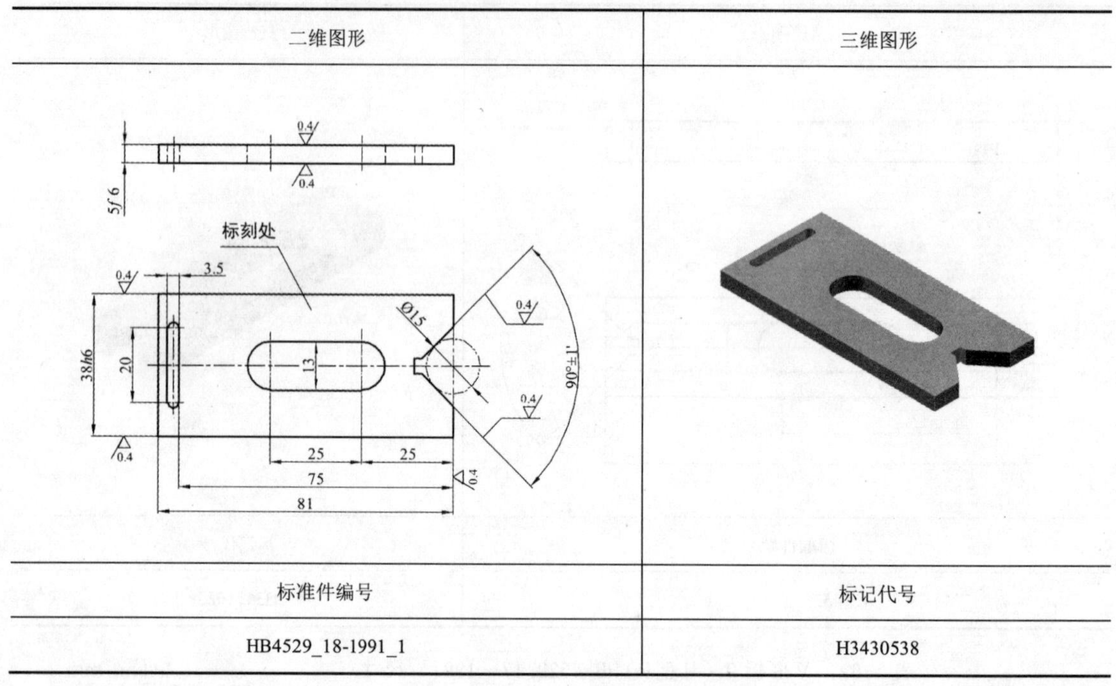	
标准件编号	标记代号
HB4529_18-1991_1	H3430538

表 5-84　V形板 3（Ⅱ型）（HB 4529.18—1991）尺寸　　　　单位：mm

二维图形	三维图形
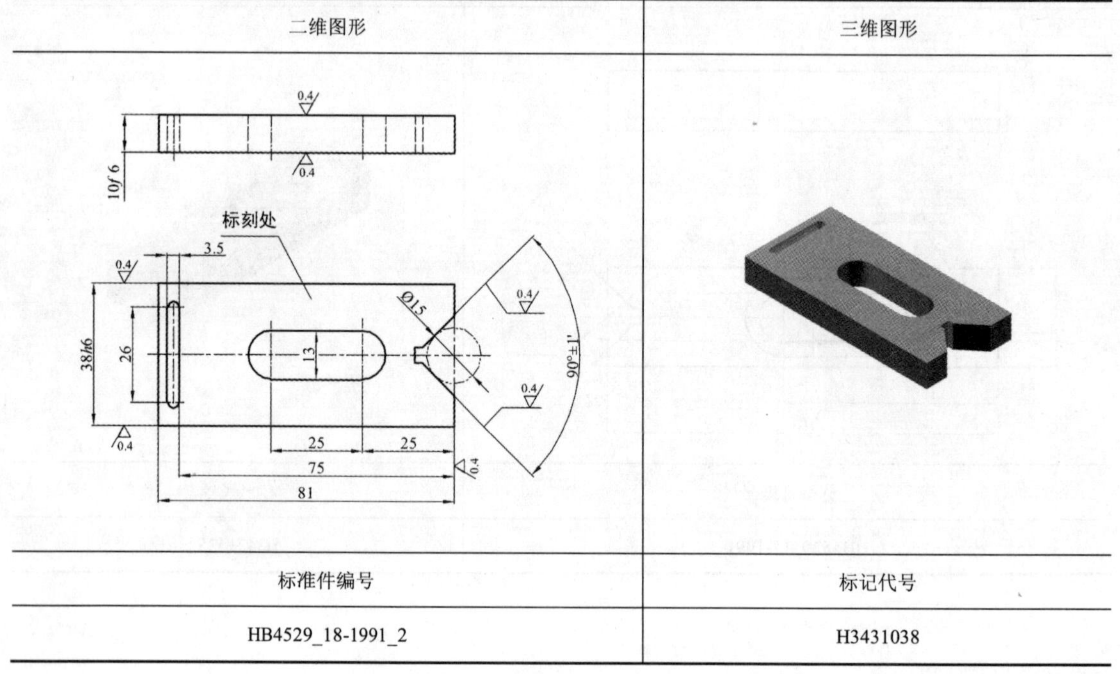	
标准件编号	标记代号
HB4529_18-1991_2	H3431038

表 5-85　扁V形块Ⅰ型（HB 4529.19—1991）尺寸　　　　单位：mm

二维图形	三维图形

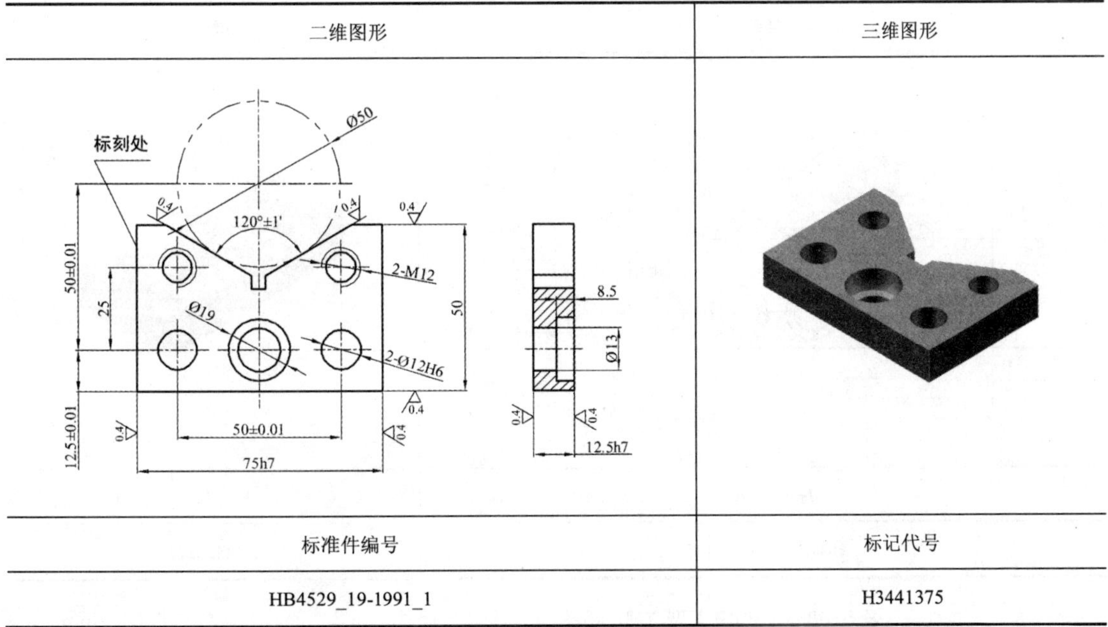

标准件编号	标记代号
HB4529_19-1991_1	H3441375

表 5-86　扁V形块Ⅱ型（HB 4529.19—1991）尺寸　　　　单位：mm

二维图形	三维图形

标准件编号	标记代号	*A*	*B*
HB4529_19-1991_2	H3441575	15	8.5
HB4529_19-1991_3	H3442075	20	10.5
HB4529_19-1991_4	H3442575	25	12.5

表 5-87 扁Ⅴ形块Ⅲ型（HB 4529.19—1991）尺寸 单位：mm

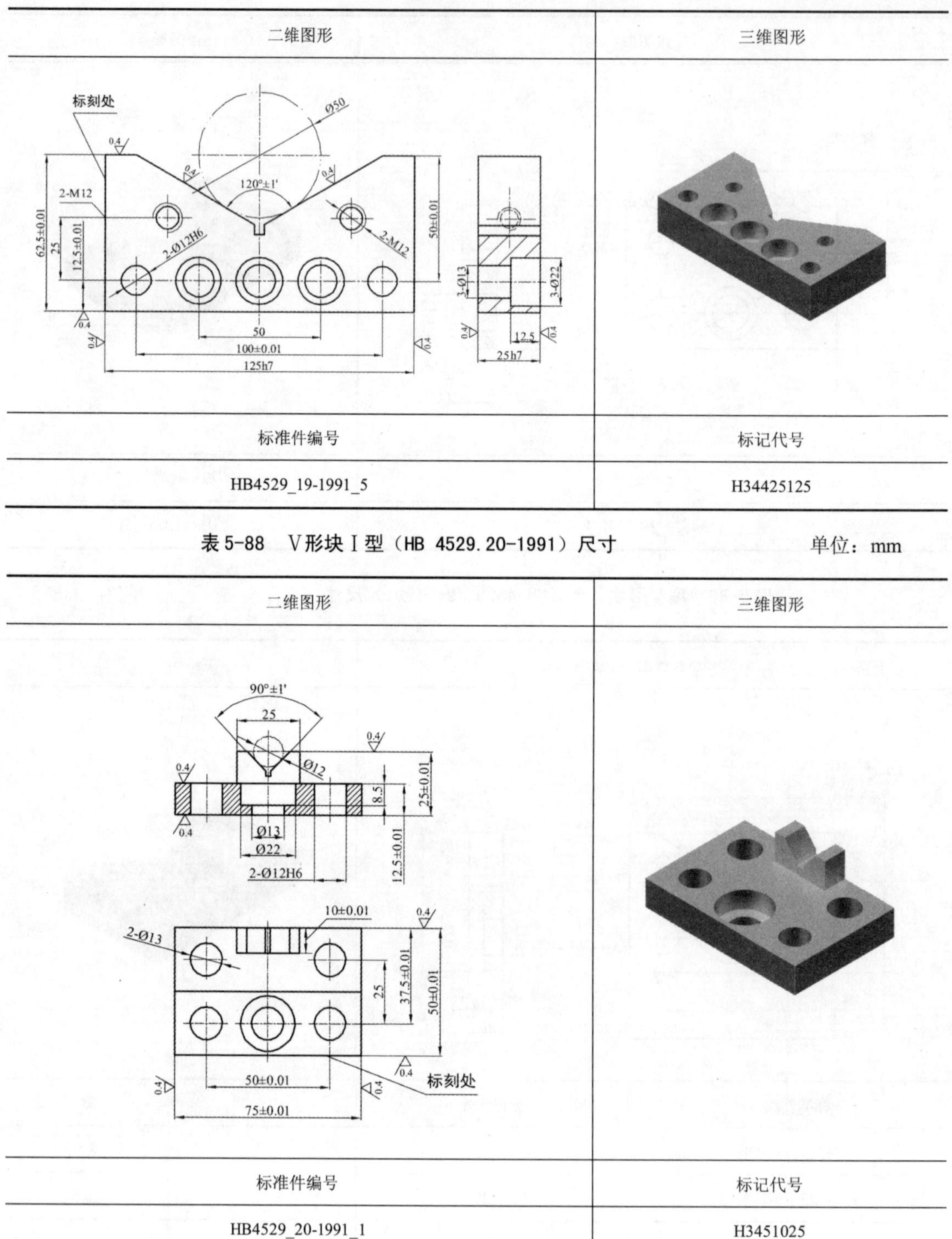

二维图形	三维图形
标准件编号	标记代号
HB4529_19-1991_5	H34425125

表 5-88 Ⅴ形块Ⅰ型（HB 4529.20-1991）尺寸 单位：mm

二维图形	三维图形
标准件编号	标记代号
HB4529_20-1991_1	H3451025

表 5-89　V形块Ⅱ型（HB 4529.20—1991）尺寸　　单位：mm

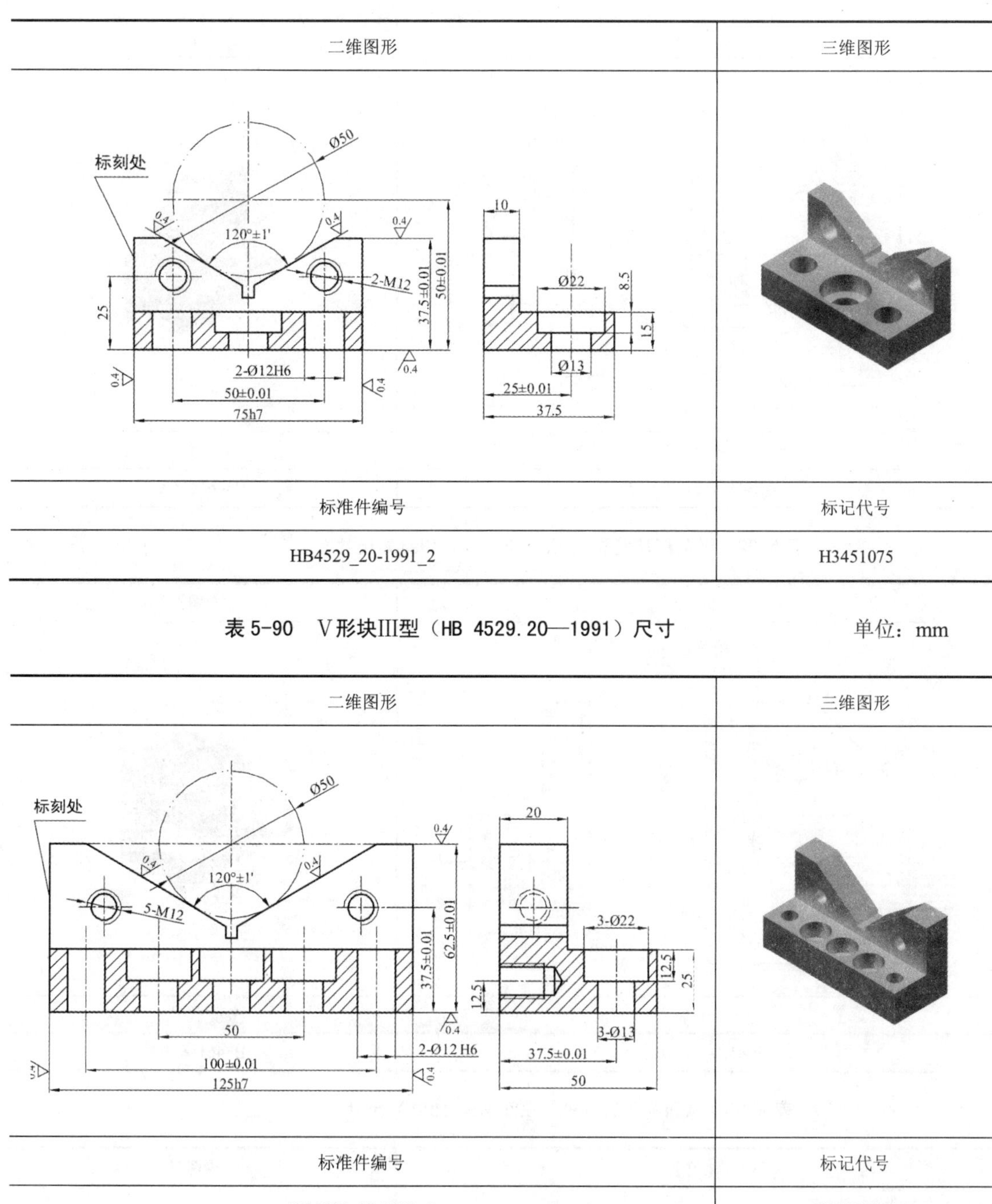

二维图形	三维图形
标准件编号	标记代号
HB4529_20-1991_2	H3451075

表 5-90　V形块Ⅲ型（HB 4529.20—1991）尺寸　　单位：mm

二维图形	三维图形
标准件编号	标记代号
HB4529_20-1991_3	H34520125

表 5-91 半V形块Ⅰ型（HB 4529.21—1991）尺寸　　单位：mm

二维图形	三维图形

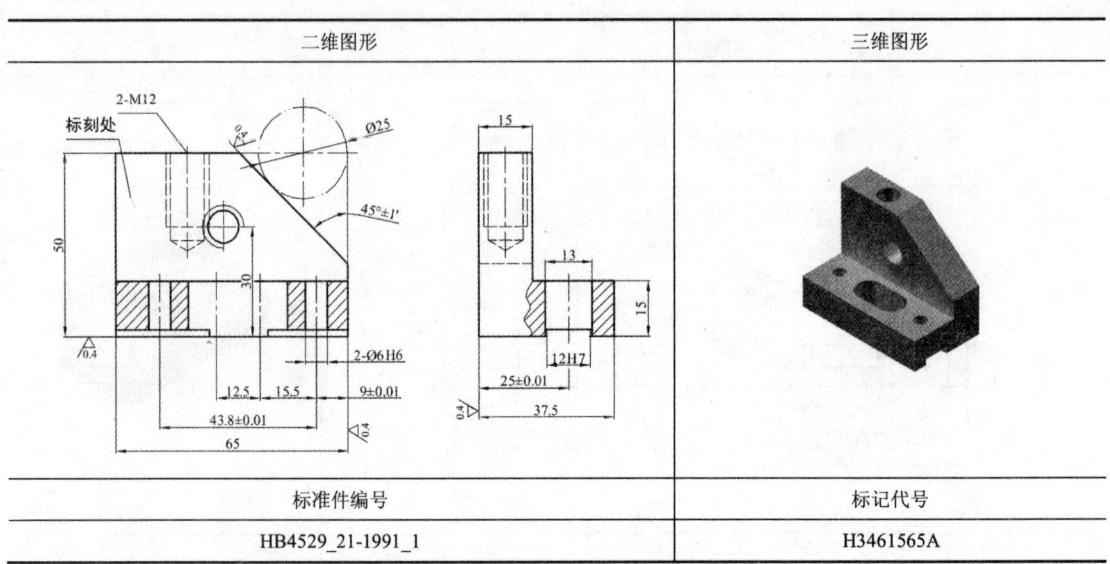

标准件编号	标记代号
HB4529_21-1991_1	H3461565A

表 5-92 半V形块Ⅱ型（HB 4529.21—1991）尺寸　　单位：mm

二维图形	三维图形

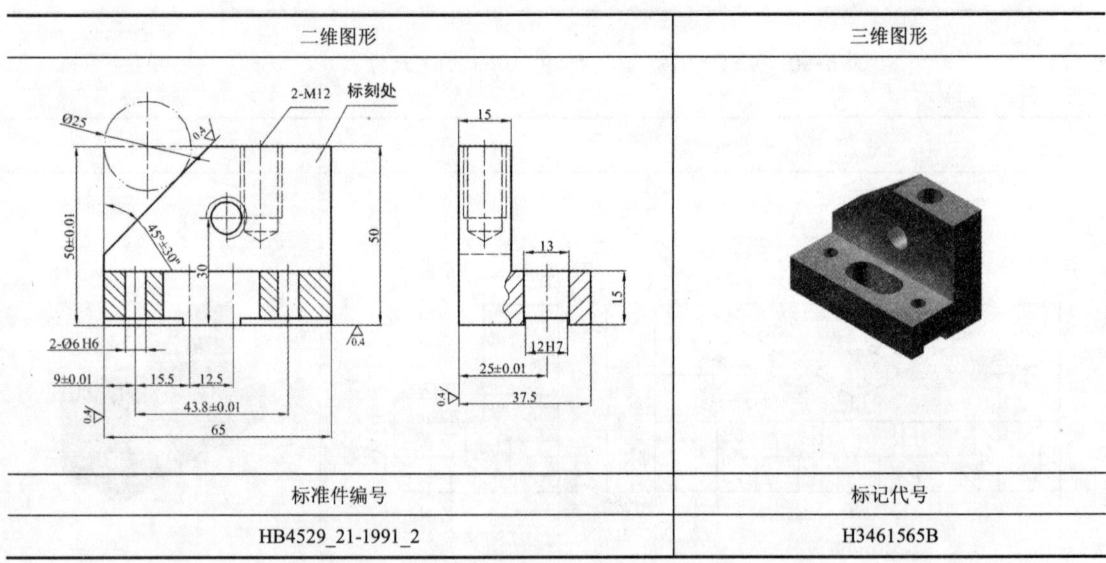

标准件编号	标记代号
HB4529_21-1991_2	H3461565B

表 5-93 球面支承钉（HB 4529.22—1991）尺寸　　单位：mm

二维图形	三维图形

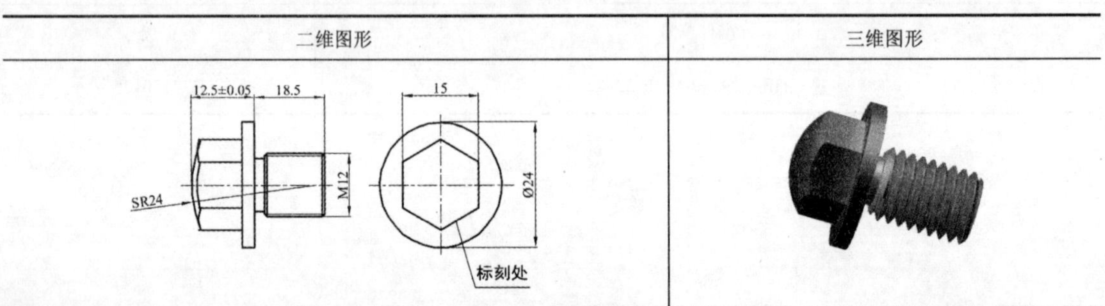

续表

标准件编号	标记代号
HB4529_22-1991_1	H35213

表 5-94　平面支承钉（HB 4529.23—1991）尺寸　　　　单位：mm

二维图形	三维图形

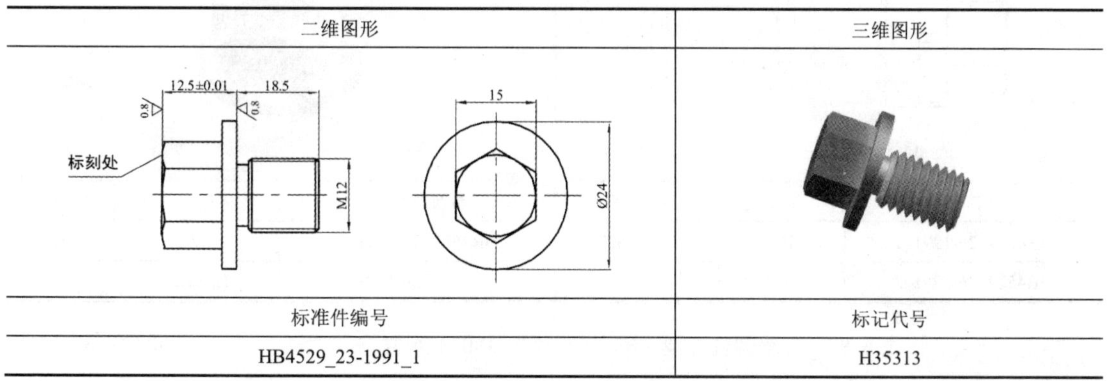

标准件编号	标记代号
HB4529_23-1991_1	H35313

表 5-95　支承圆垫（HB 4529.25—1991）尺寸　　　　单位：mm

二维图形	三维图形

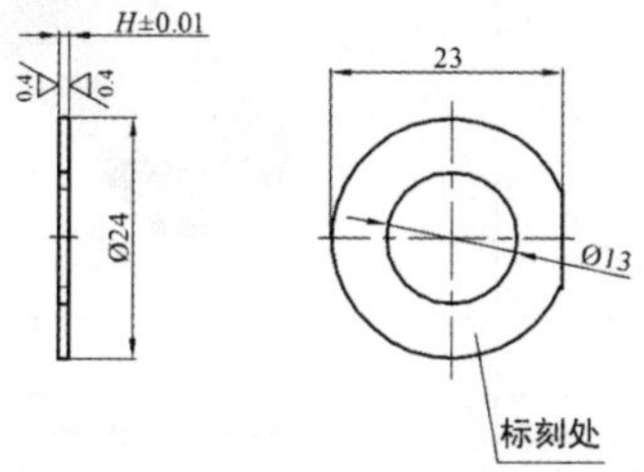

标刻处

标准件编号	标记代号	H	标准件编号	标记代号	H
HB4529_25-1991_1	H361100	1	HB4529_25-1991_13	H361160	1.6
HB4529_25-1991_2	H361105	1.05	HB4529_25-1991_14	H361165	1.65
HB4529_25-1991_3	H361110	1.1	HB4529_25-1991_15	H361170	1.7
HB4529_25-1991_4	H361115	1.15	HB4529_25-1991_16	H361175	1.75
HB4529_25-1991_5	H361120	1.2	HB4529_25-1991_17	H361180	1.8
HB4529_25-1991_6	H361125	1.25	HB4529_25-1991_18	H361185	1.85
HB4529_25-1991_7	H361130	1.3	HB4529_25-1991_19	H361190	1.9
HB4529_25-1991_8	H361135	1.35	HB4529_25-1991_20	H361195	1.95
HB4529_25-1991_9	H361140	1.4	HB4529_25-1991_21	H361200	2
HB4529_25-1991_10	H361145	1.45	HB4529_25-1991_22	H361300	3
HB4529_25-1991_11	H361150	1.5	HB4529_25-1991_23	H361500	5
HB4529_25-1991_12	H361155	1.55			

表 5-96　支承圆柱Ⅰ型（HB 4529.26—1991）尺寸　　　　单位：mm

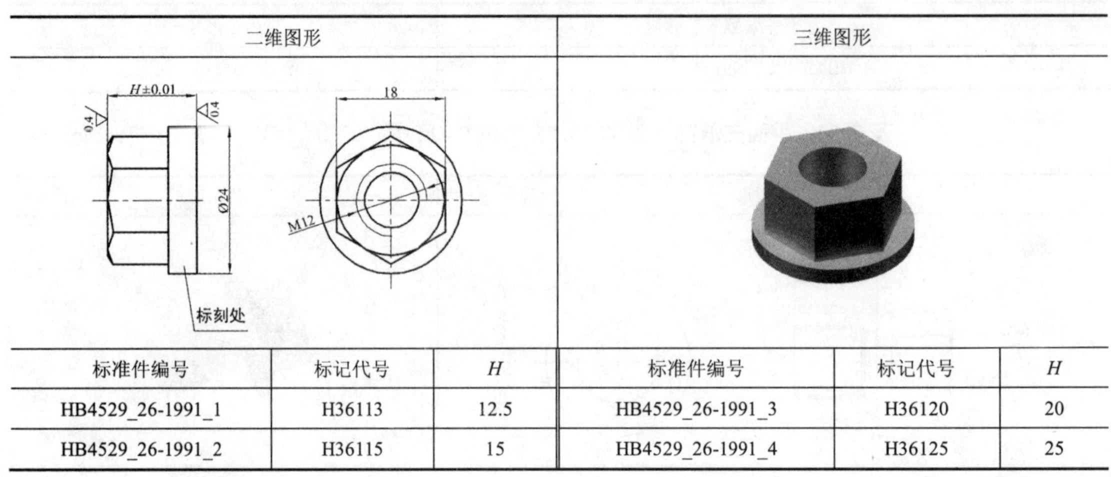

标准件编号	标记代号	*H*	标准件编号	标记代号	*H*
HB4529_26-1991_1	H36113	12.5	HB4529_26-1991_3	H36120	20
HB4529_26-1991_2	H36115	15	HB4529_26-1991_4	H36125	25

表 5-97　支承圆柱Ⅱ型（HB 4529.26—1991）尺寸　　　　单位：mm

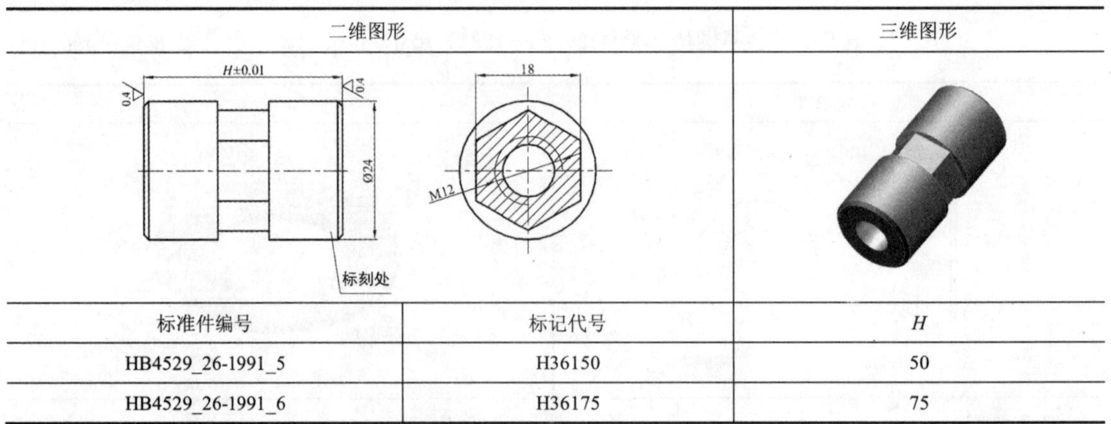

标准件编号	标记代号	*H*
HB4529_26-1991_5	H36150	50
HB4529_26-1991_6	H36175	75

表 5-98　可调支承座（HB 4529.27—1991）尺寸　　　　单位：mm

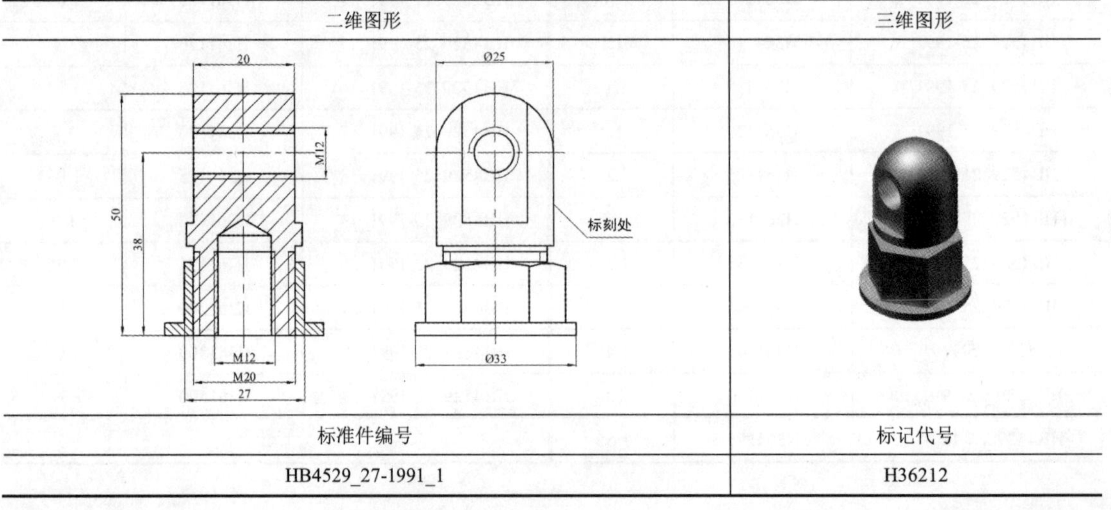

标准件编号	标记代号
HB4529_27-1991_1	H36212

表 5-99　辅助支承钉（HB 4529.28—1991）尺寸　　　　单位：mm

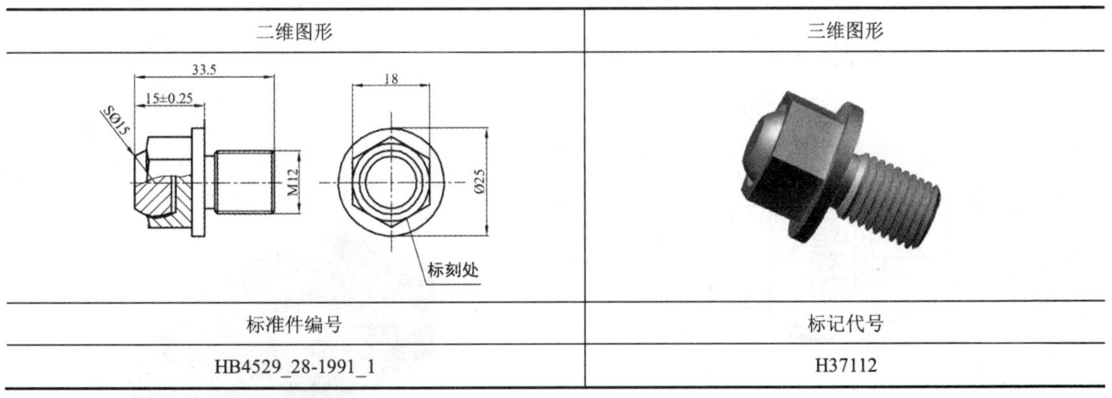

二维图形	三维图形
标准件编号	标记代号
HB4529_28-1991_1	H37112

表 5-100　辅助支承帽（HB 4529.29—1991）尺寸　　　　单位：mm

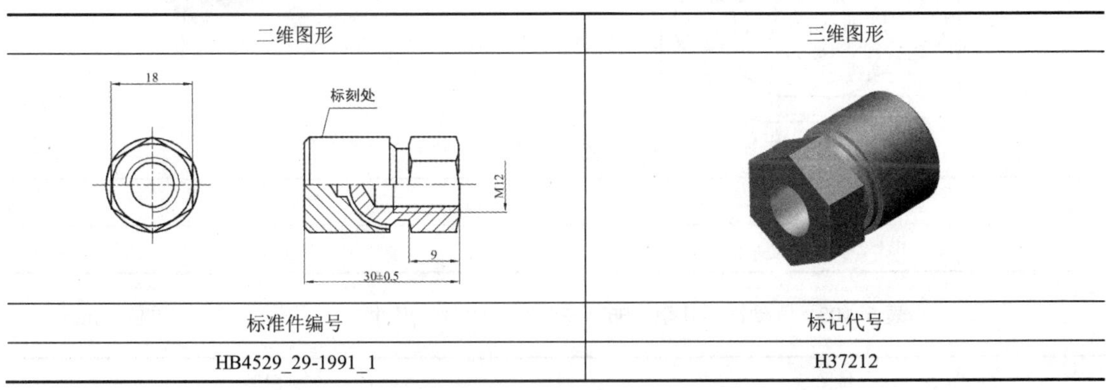

二维图形	三维图形
标准件编号	标记代号
HB4529_29-1991_1	H37212

表 5-101　辅助支承（HB 4529.30—1991）尺寸　　　　单位：mm

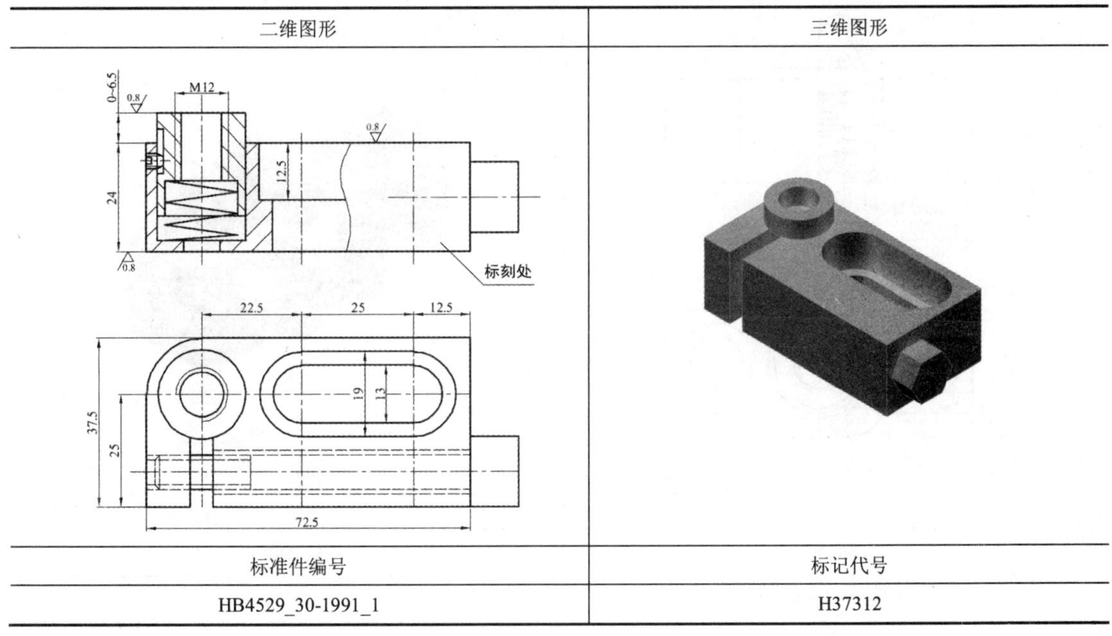

二维图形	三维图形
标准件编号	标记代号
HB4529_30-1991_1	H37312

表 5-102　浮动锥销Ⅰ型（HB 4529.31—1991）尺寸　　　　单位：mm

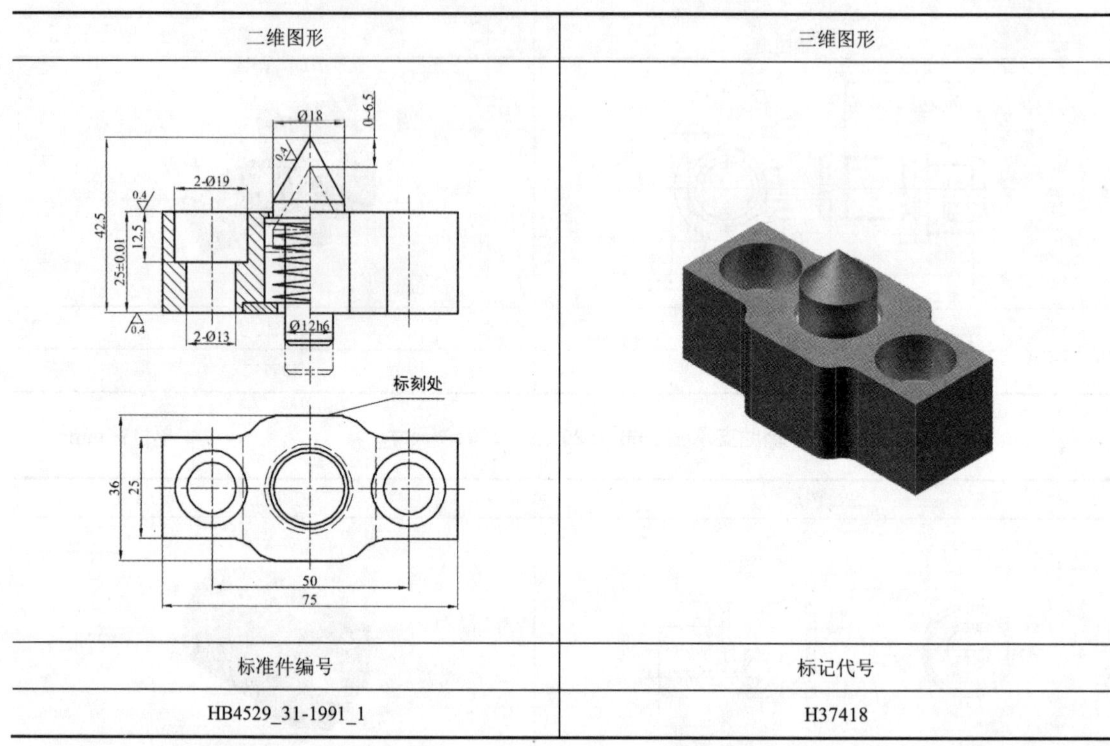

二维图形	三维图形
标准件编号	标记代号
HB4529_31-1991_1	H37418

表 5-103　浮动锥销Ⅱ型（HB 4529.31—1991）尺寸　　　　单位：mm

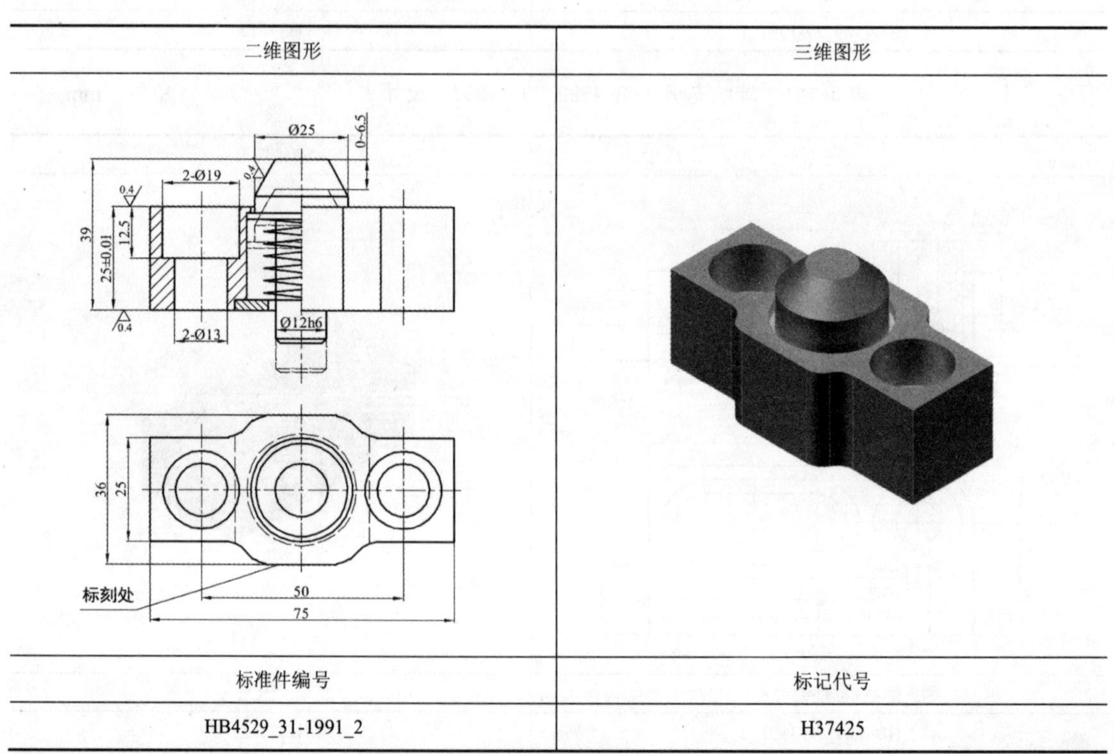

二维图形	三维图形
标准件编号	标记代号
HB4529_31-1991_2	H37425

表 5-104 浮动锥销Ⅲ型（HB 4529.31—1991）尺寸　　单位：mm

二维图形	三维图形

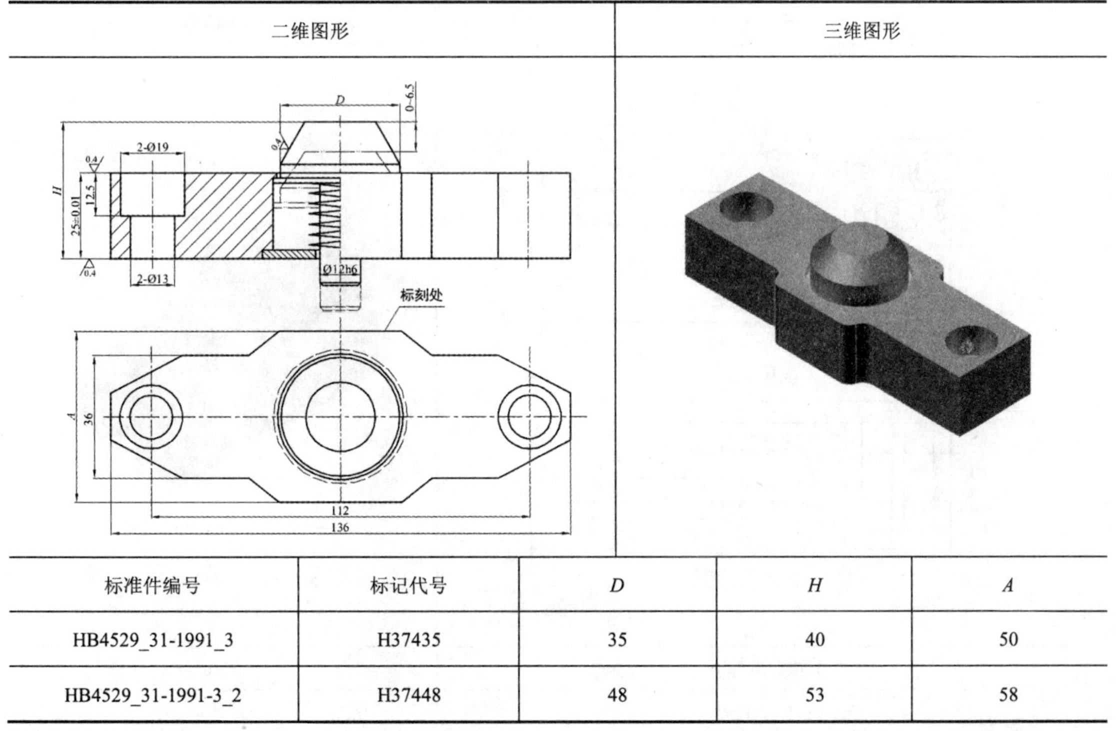

标准件编号	标记代号	*D*	*H*	*A*
HB4529_31-1991_3	H37435	35	40	50
HB4529_31-1991-3_2	H37448	48	53	58

表 5-105 浮动Ⅴ形Ⅰ型（HB 4529.32—1991）尺寸　　单位：mm

二维图形	三维图形

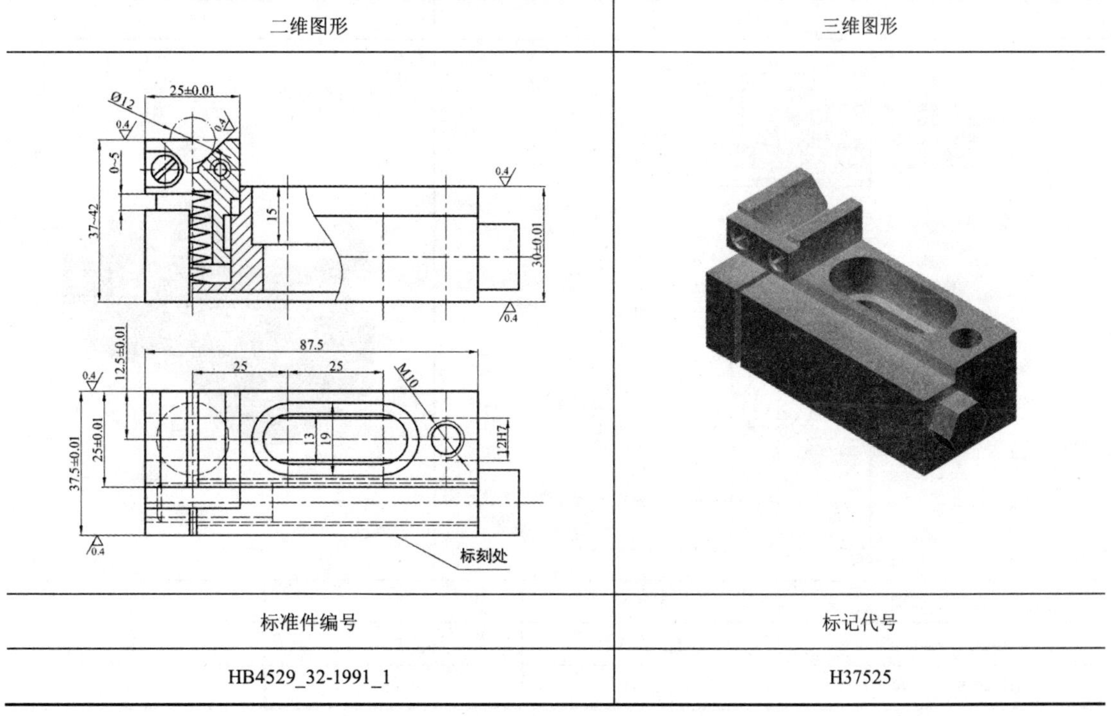

标准件编号	标记代号
HB4529_32-1991_1	H37525

表 5-106　浮动Ⅴ形Ⅱ型（HB 4529.32—1991）尺寸　　单位：mm

二维图形	三维图形

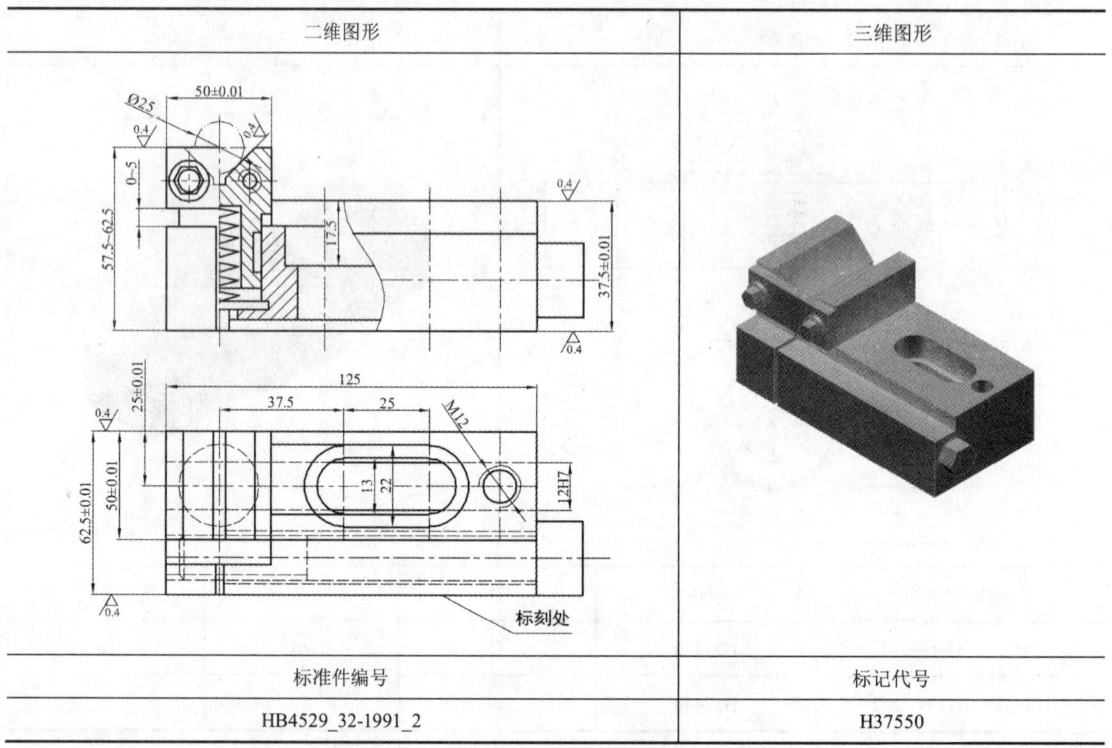

标准件编号	标记代号
HB4529_32-1991_2	H37550

表 5-107　活动Ⅴ形座（HB 4529.33—1991）尺寸　　单位：mm

二维图形	三维图形

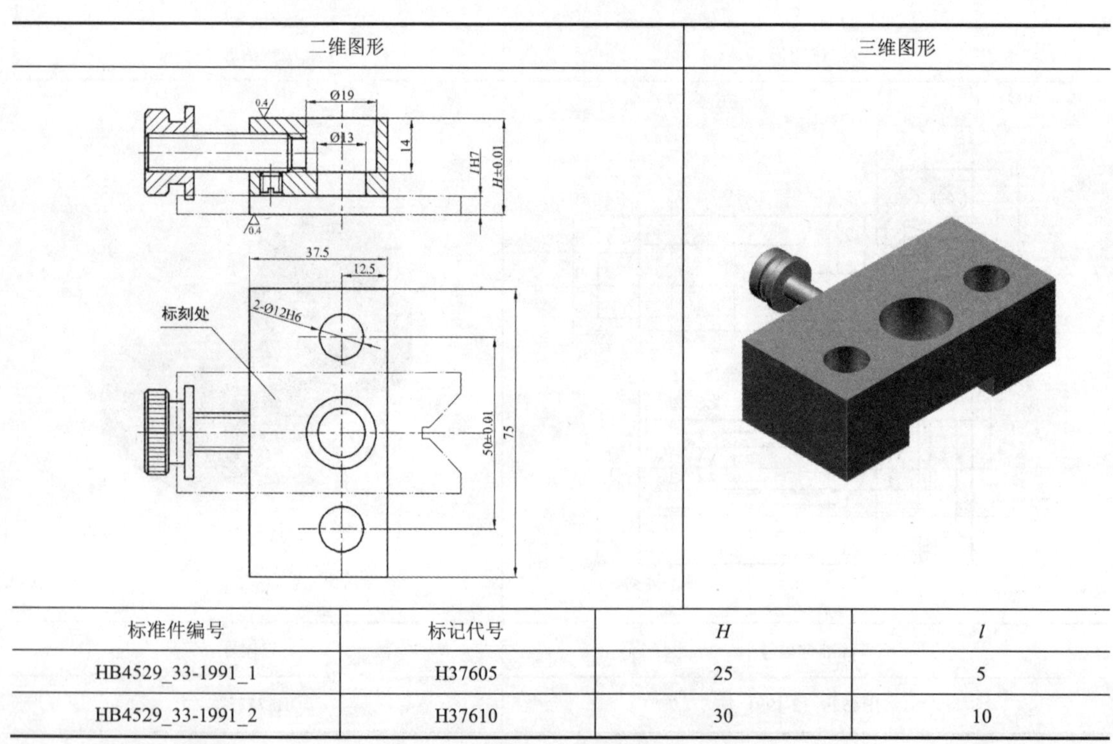

标准件编号	标记代号	H	l
HB4529_33-1991_1	H37605	25	5
HB4529_33-1991_2	H37610	30	10

表 5-108　固定顶尖Ⅰ型（HB 4529.34—1991）尺寸　　　单位：mm

二维图形	三维图形

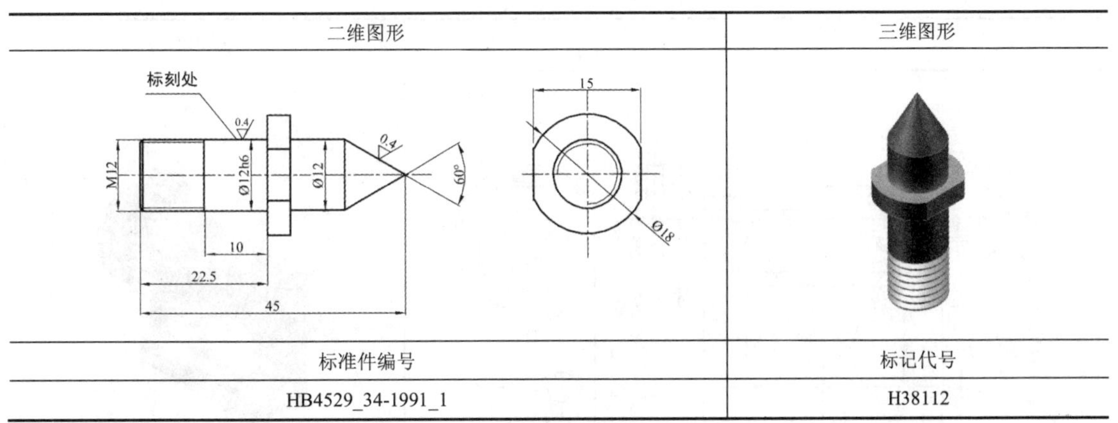

标准件编号	标记代号
HB4529_34-1991_1	H38112

表 5-109　固定顶尖Ⅱ型（HB 4529.34—1991）尺寸　　　单位：mm

二维图形	三维图形

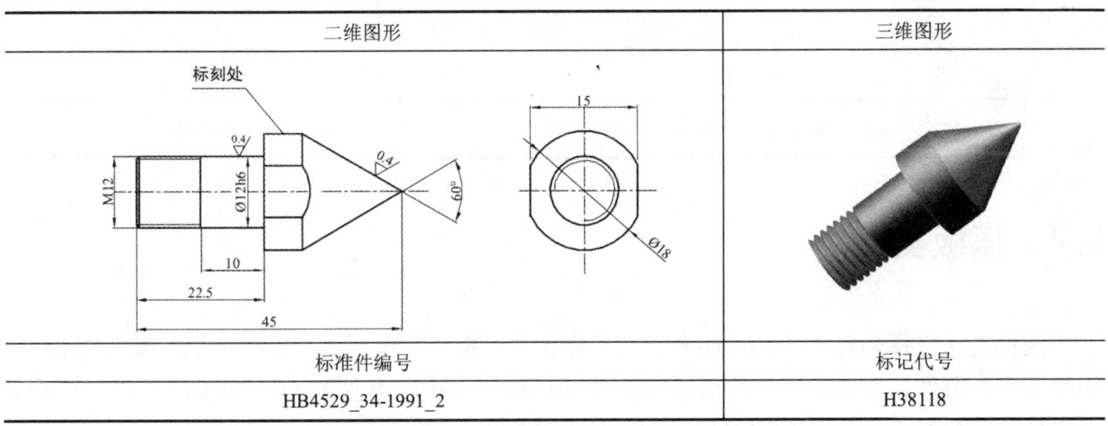

标准件编号	标记代号
HB4529_34-1991_2	H38118

表 5-110　活动顶尖Ⅰ型（HB 4529.35—1991）尺寸　　　单位：mm

二维图形	三维图形

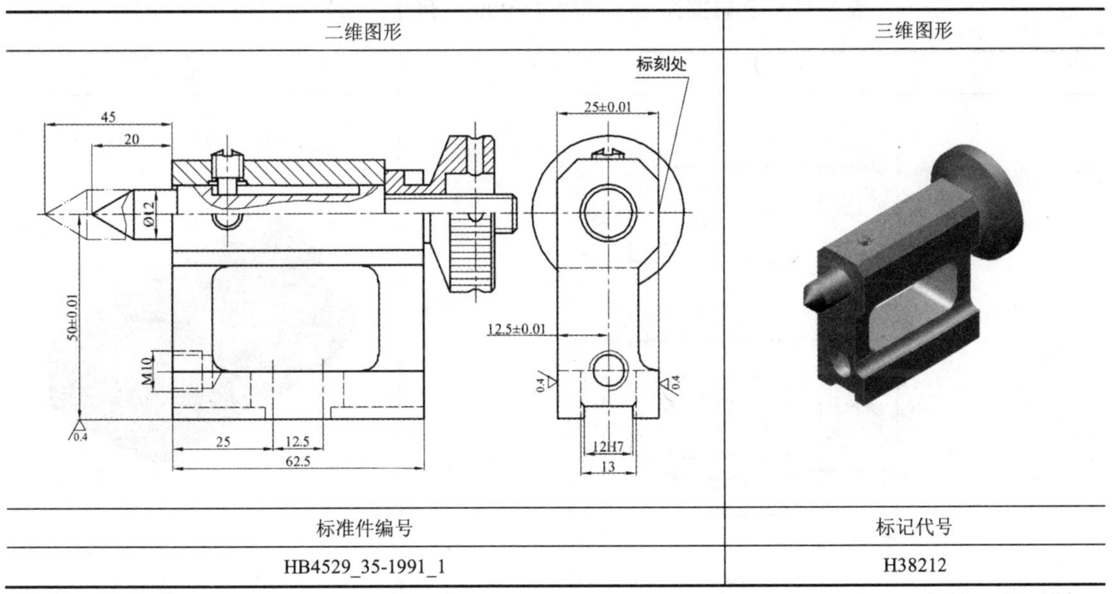

标准件编号	标记代号
HB4529_35-1991_1	H38212

表 5-111　活动顶尖Ⅱ型（HB 4529.35—1991）尺寸　　单位：mm

二维图形	三维图形
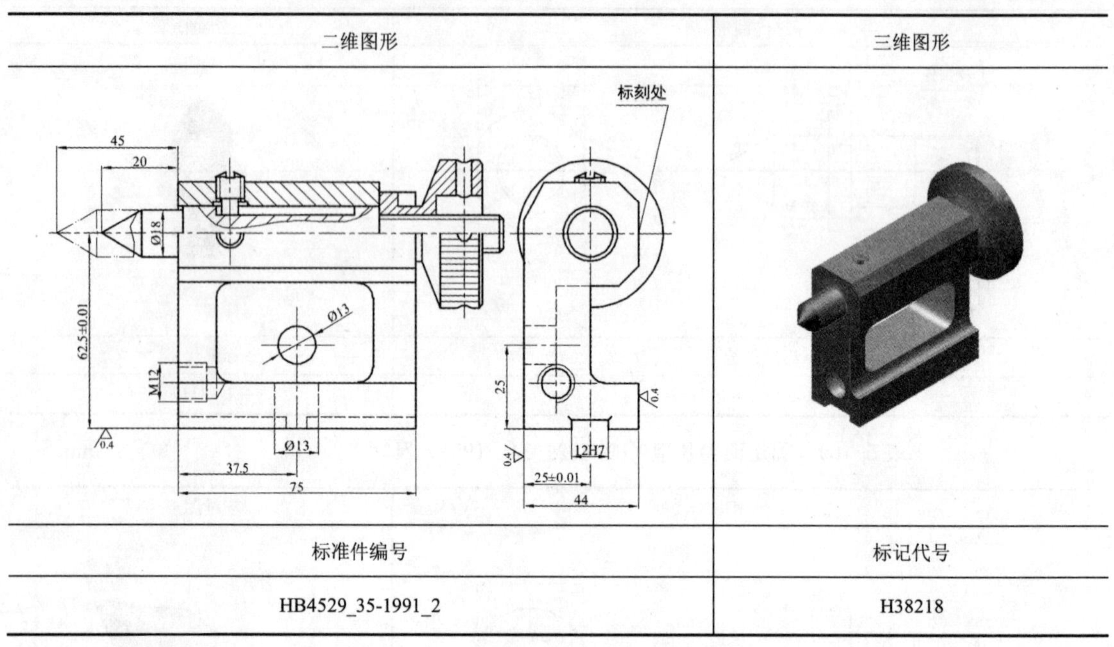	
标准件编号	标记代号
HB4529_35-1991_2	H38218

5.4　压板类件

压板类件包括回转接头、耳环座、叉环座、平压板、弯头压板、U 形压板、叉形偏心轮、偏心轮夹紧组件、压板支座、铰链压板、摆动压板（Ⅰ型、Ⅱ型）、叉形压板 1、叉形压板 2（Ⅰ型、Ⅱ型）。其尺寸如表 5-112～表 5-133 所示。

表 5-112　回转接头（HB 4530.1—1991）尺寸　　单位：mm

二维图形	三维图形
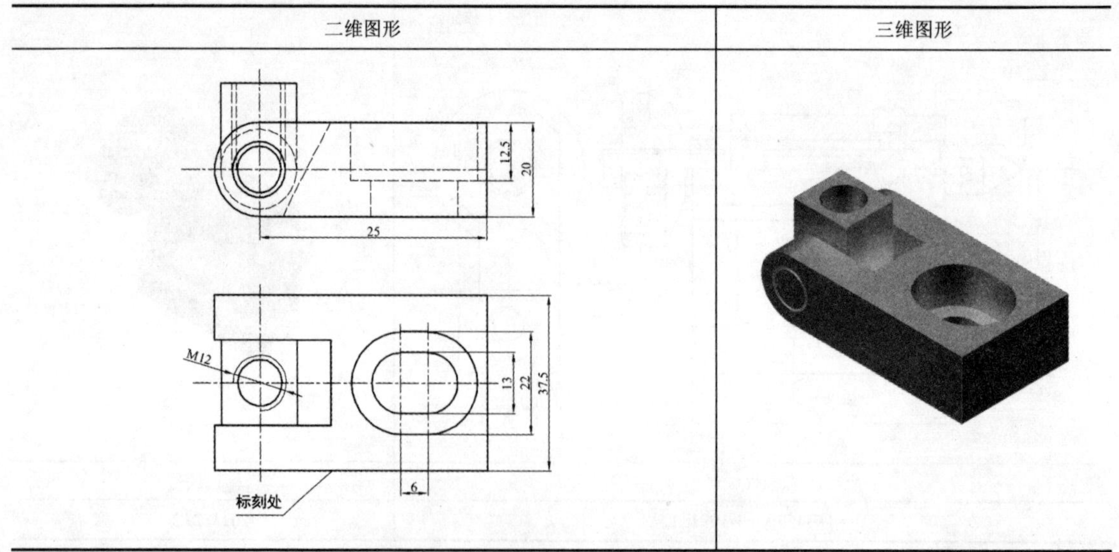	

续表

标准件编号	标记代号
HB4530_1-1991_1	H40112

表 5-113 耳环座（HB 4530.2—1991）尺寸 单位：mm

二维图形	三维图形
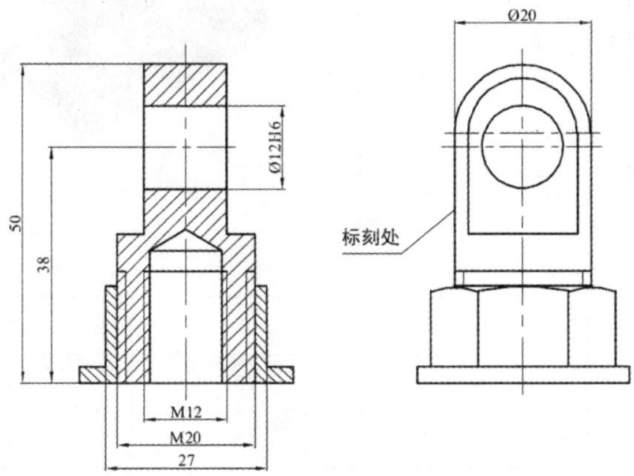 Ø20 Ø12H6 50 38 标刻处 M12 M20 27	
标准件编号	标记代号
HB4530_2-1991_1	H40212

表 5-114 叉环座（HB 4530.3—1991）尺寸 单位：mm

二维图形	三维图形
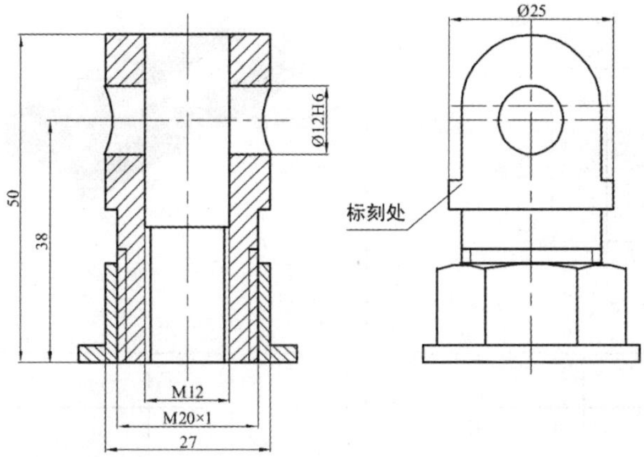 Ø25 Ø12H6 50 38 标刻处 M12 M20×1 27	
标准件编号	标记代号
HB4530_3-1991_1	H40212

表 5-115　平压板 1（HB 4530.4—1991）尺寸　　　单位：mm

二维图形	三维图形

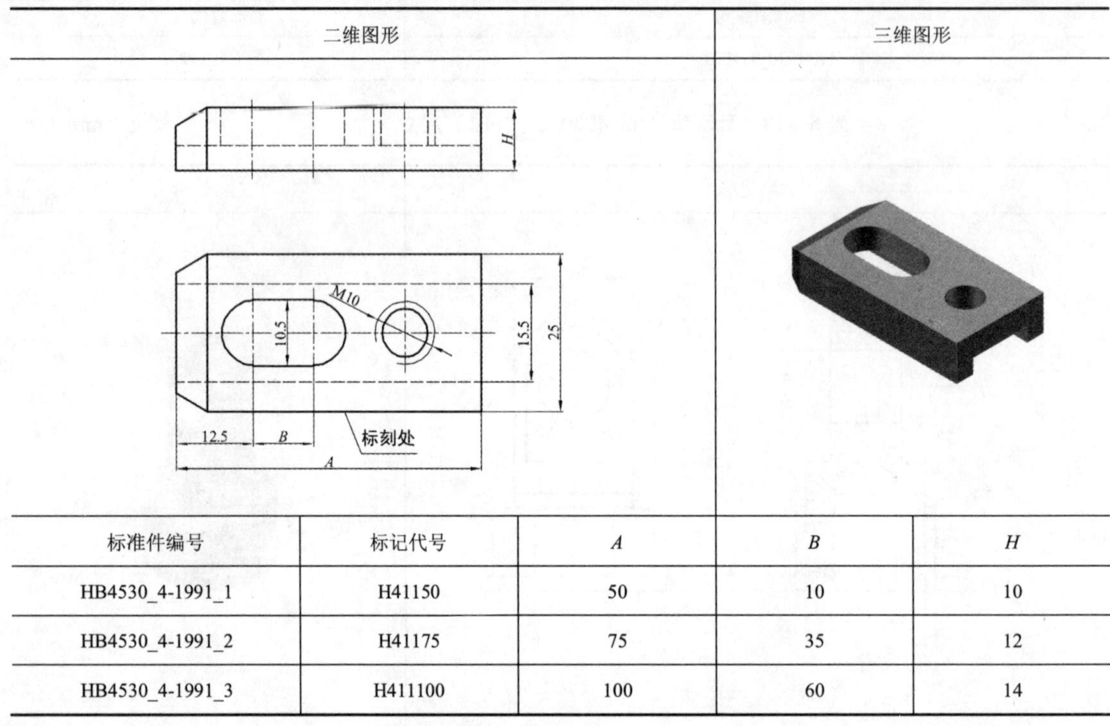

标准件编号	标记代号	A	B	H
HB4530_4-1991_1	H41150	50	10	10
HB4530_4-1991_2	H41175	75	35	12
HB4530_4-1991_3	H411100	100	60	14

表 5-116　平压板 2（HB 4530.5—1991）尺寸　　　单位：mm

二维图形	三维图形

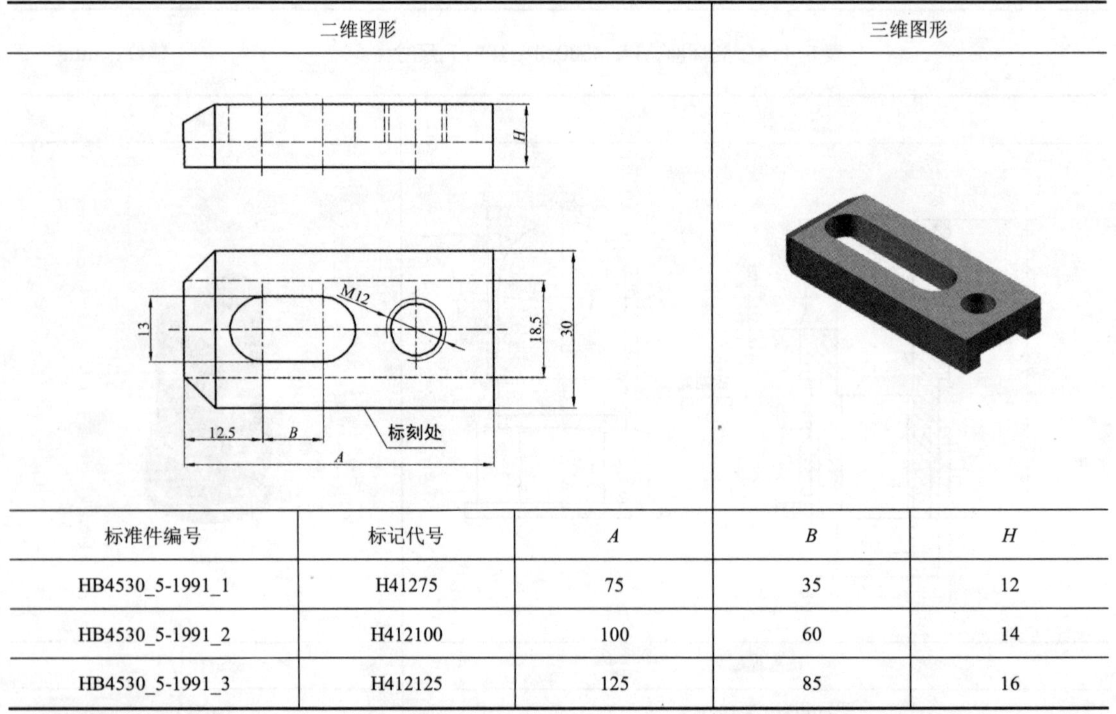

标准件编号	标记代号	A	B	H
HB4530_5-1991_1	H41275	75	35	12
HB4530_5-1991_2	H412100	100	60	14
HB4530_5-1991_3	H412125	125	85	16

表 5-117　弯头压板 1（HB 4530.6—1991）尺寸

单位：mm

二维图形	三维图形

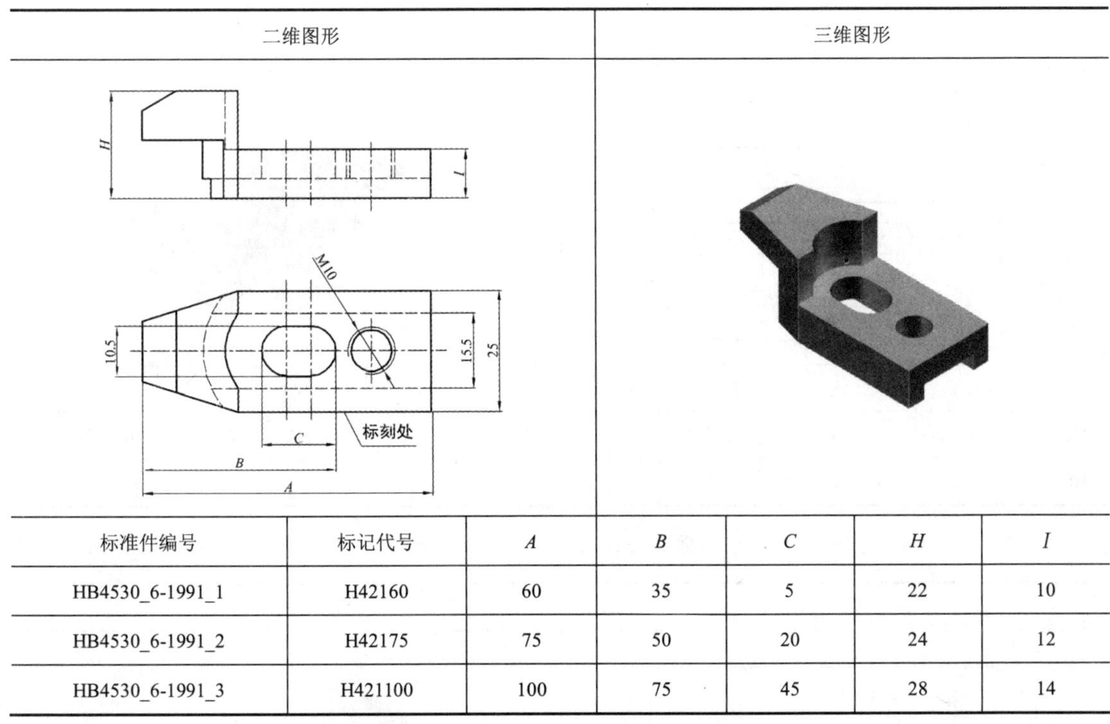

标准件编号	标记代号	*A*	*B*	*C*	*H*	*I*
HB4530_6-1991_1	H42160	60	35	5	22	10
HB4530_6-1991_2	H42175	75	50	20	24	12
HB4530_6-1991_3	H421100	100	75	45	28	14

表 5-118　弯头压板 2（HB 4530.7—1991）尺寸

单位：mm

二维图形	三维图形

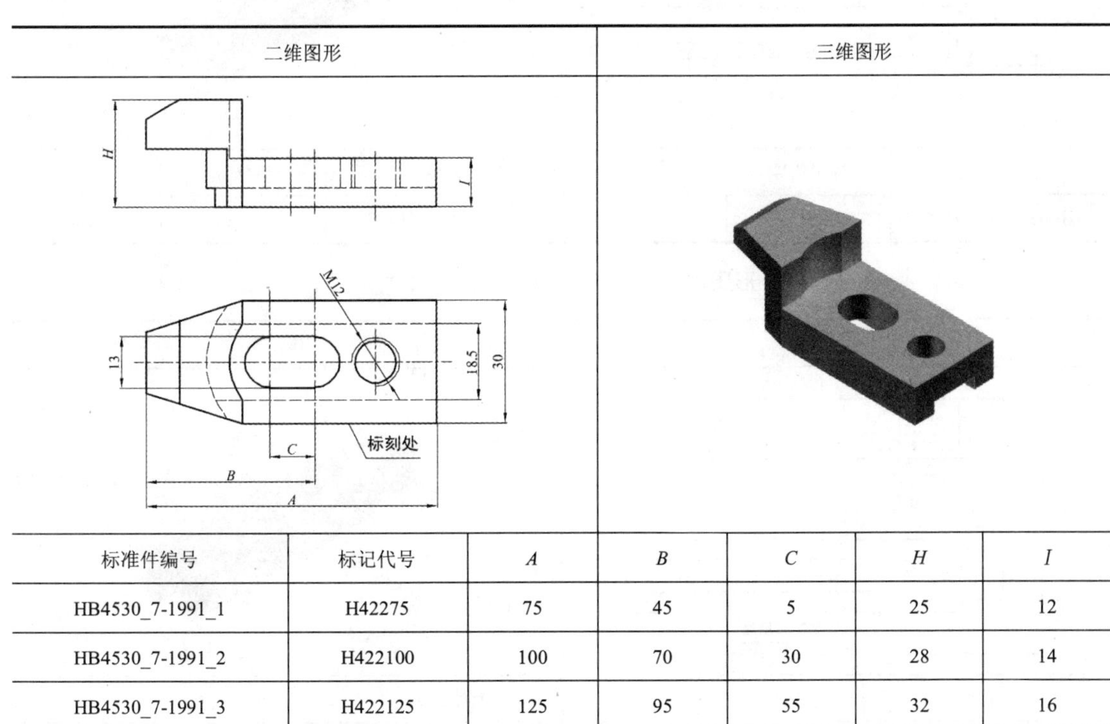

标准件编号	标记代号	*A*	*B*	*C*	*H*	*I*
HB4530_7-1991_1	H42275	75	45	5	25	12
HB4530_7-1991_2	H422100	100	70	30	28	14
HB4530_7-1991_3	H422125	125	95	55	32	16

表 5-119　U 形压板 1（HB 4530.8—1991）尺寸　　单位：mm

二维图形	三维图形

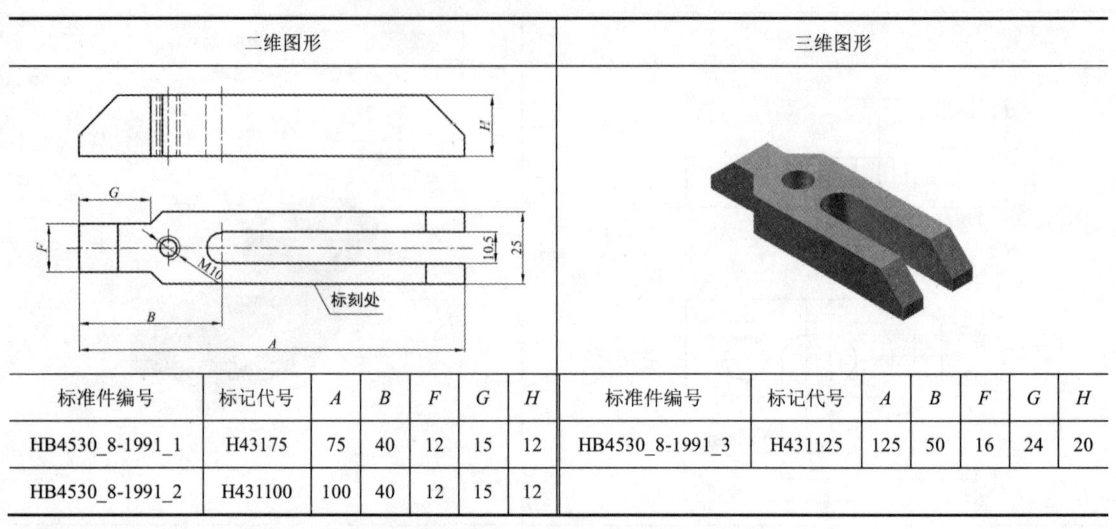

标准件编号	标记代号	*A*	*B*	*F*	*G*	*H*	标准件编号	标记代号	*A*	*B*	*F*	*G*	*H*
HB4530_8-1991_1	H43175	75	40	12	15	12	HB4530_8-1991_3	H431125	125	50	16	24	20
HB4530_8-1991_2	H431100	100	40	12	15	12							

表 5-120　U 形压板 2（HB 4530.9—1991）尺寸　　单位：mm

二维图形	三维图形

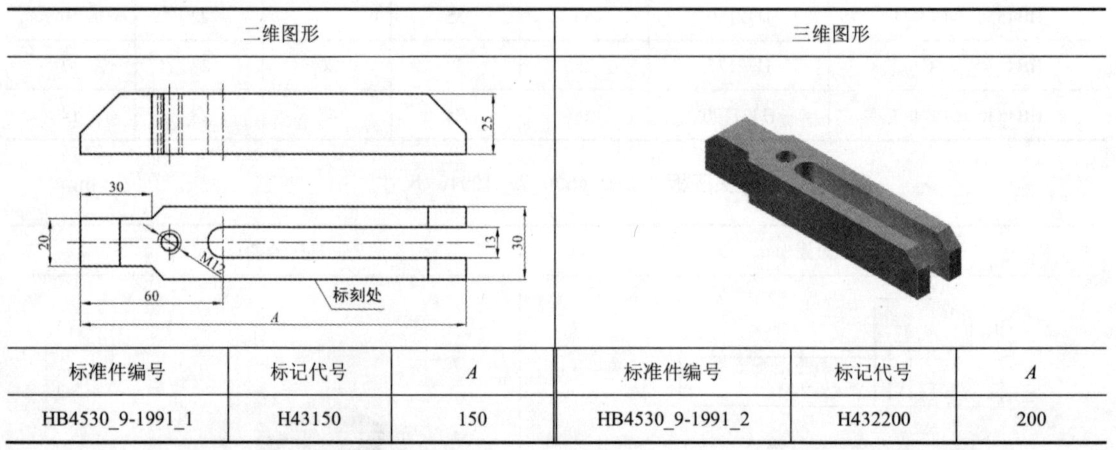

标准件编号	标记代号	*A*	标准件编号	标记代号	*A*
HB4530_9-1991_1	H43150	150	HB4530_9-1991_2	H432200	200

表 5-121　U 形压板 3（HB 4530.10—1991）尺寸　　单位：mm

二维图形	三维图形

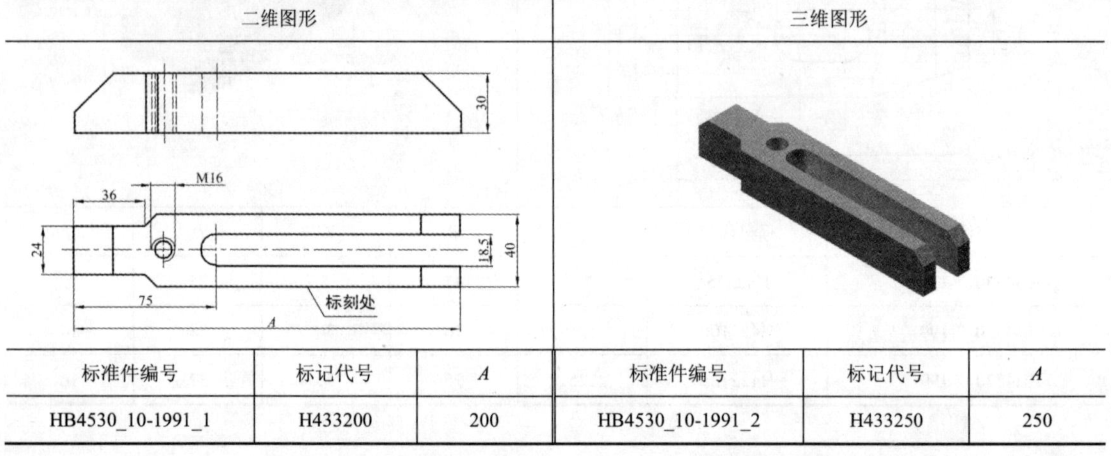

标准件编号	标记代号	*A*	标准件编号	标记代号	*A*
HB4530_10-1991_1	H433200	200	HB4530_10-1991_2	H433250	250

表 5-122 叉形偏心轮 1（HB 4530.11—1991）尺寸 单位：mm

二维图形	三维图形

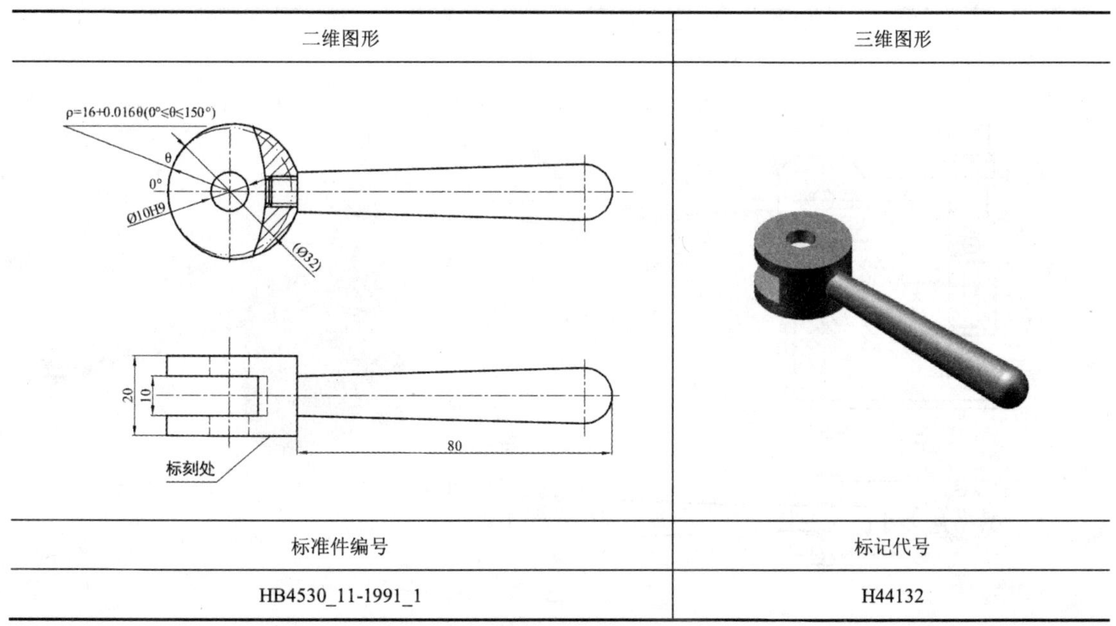

标准件编号	标记代号
HB4530_11-1991_1	H44132

表 5-123 叉形偏心轮 2（HB 4530.12—1991）尺寸 单位：mm

二维图形	三维图形

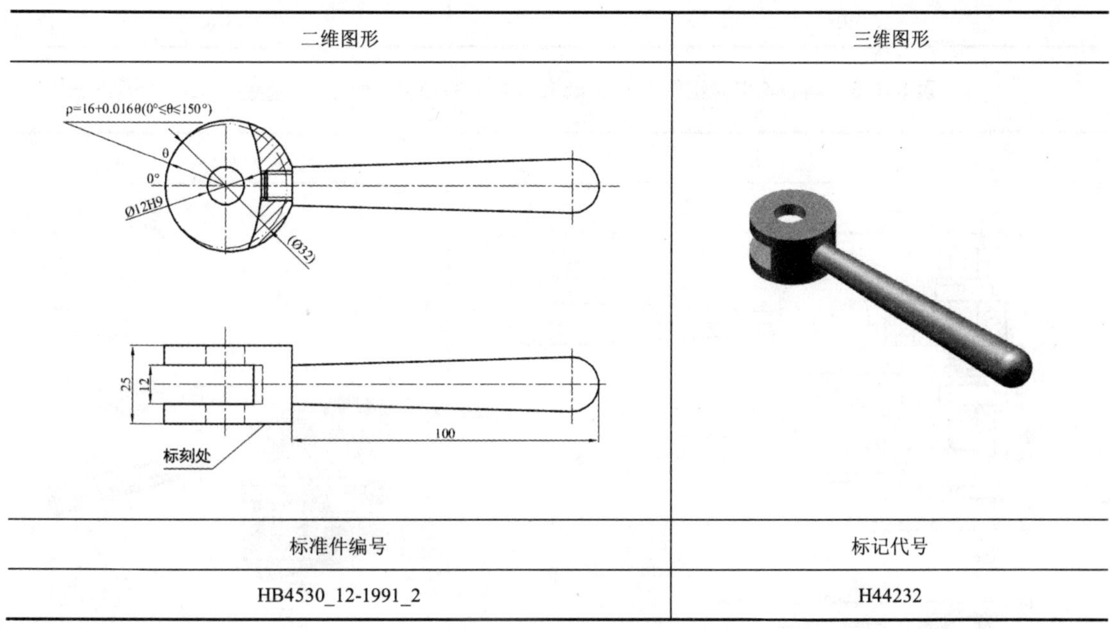

标准件编号	标记代号
HB4530_12-1991_2	H44232

表 5-124　偏心轮夹紧组件 1（HB 4530.13—1991）尺寸　　单位：mm

二维图形	三维图形
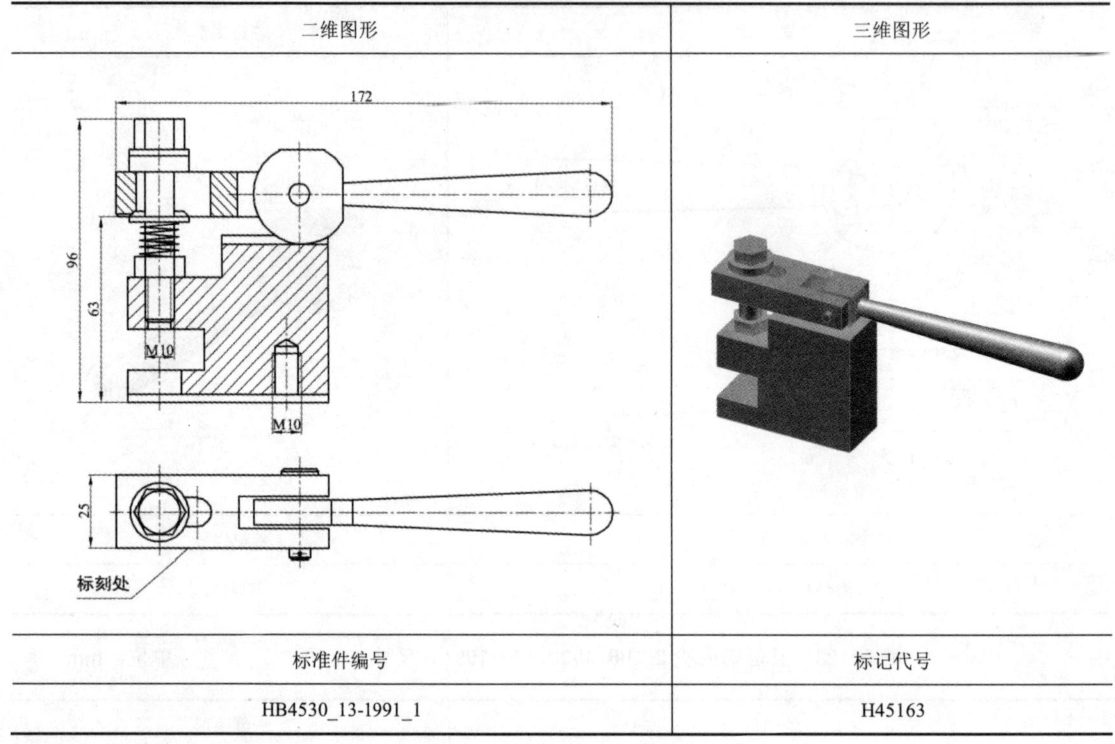	
标准件编号	标记代号
HB4530_13-1991_1	H45163

表 5-125　偏心轮夹紧组件 2（HB 4530.14—1991）尺寸　　单位：mm

二维图形	三维图形
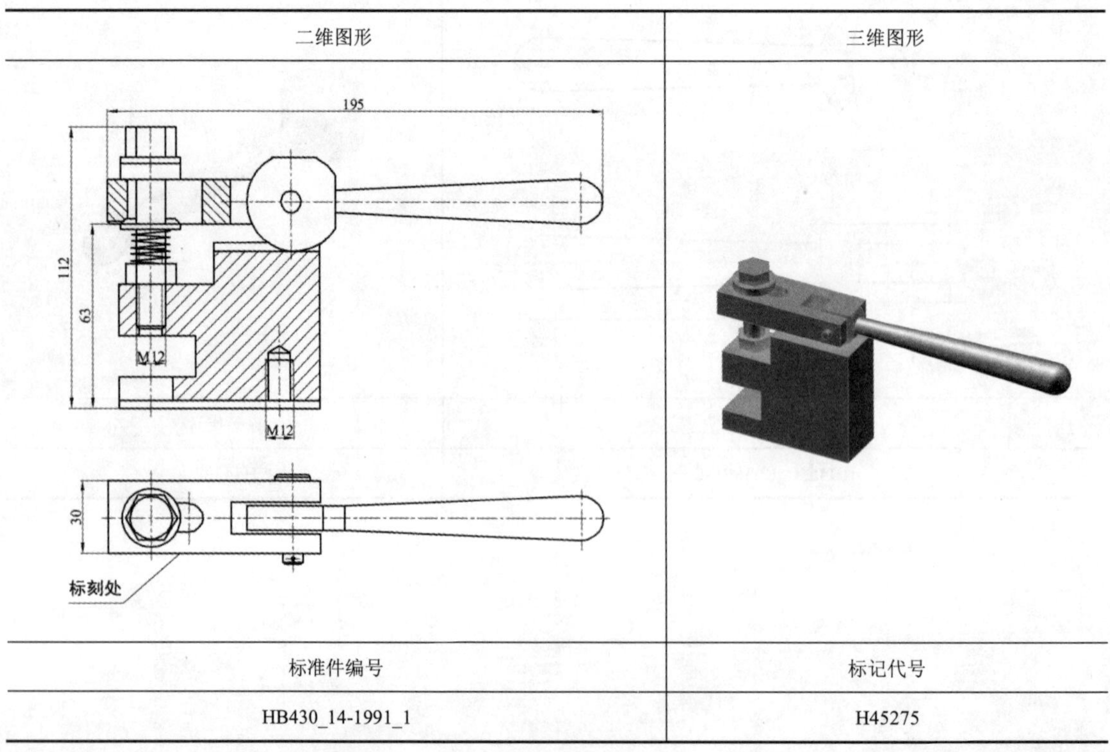	
标准件编号	标记代号
HB430_14-1991_1	H45275

表 5-126　压板支座 1（HB 4530.15—1991）尺寸　　单位：mm

二维图形	三维图形

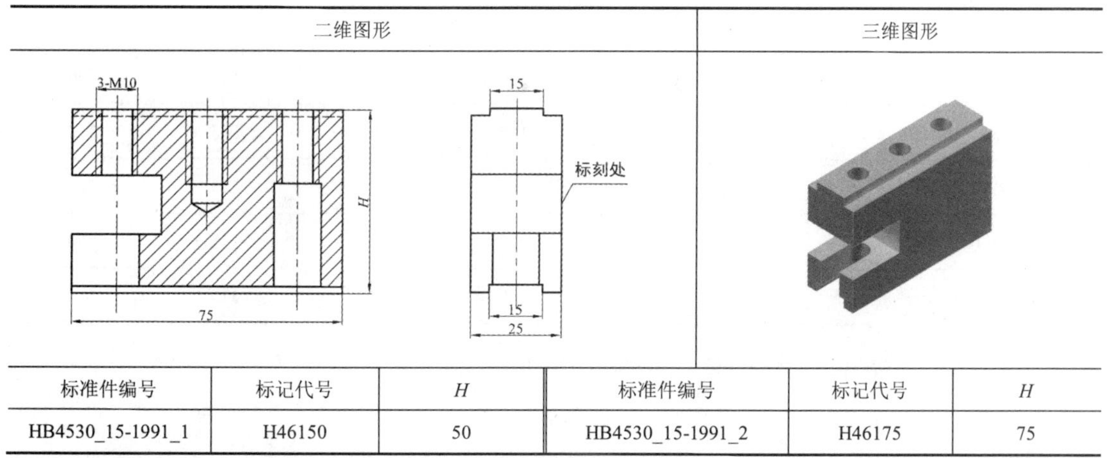

标准件编号	标记代号	H	标准件编号	标记代号	H
HB4530_15-1991_1	H46150	50	HB4530_15-1991_2	H46175	75

表 5-127　压板支座 2（HB 4530.16—1991）尺寸　　单位：mm

二维图形	三维图形

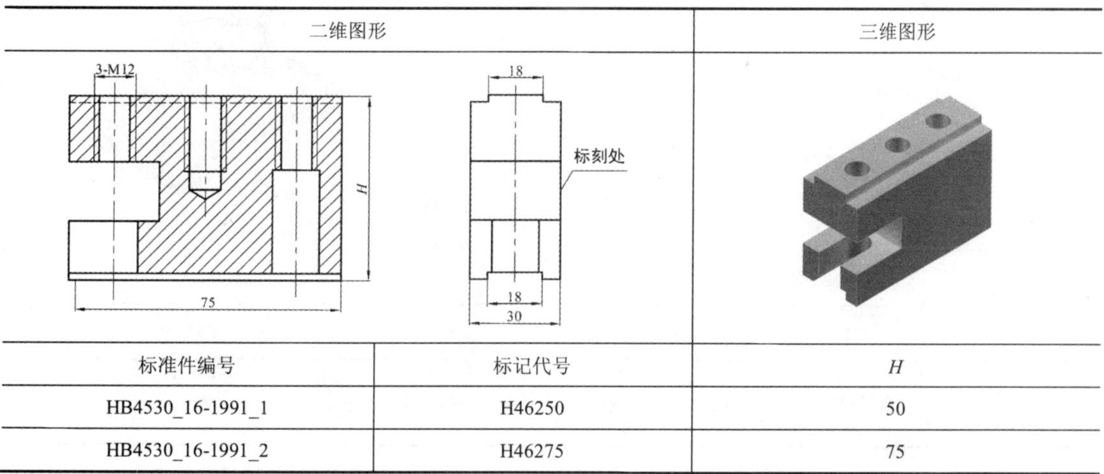

标准件编号	标记代号	H
HB4530_16-1991_1	H46250	50
HB4530_16-1991_2	H46275	75

表 5-128　铰链压板（HB 4530.17—1991）尺寸　　单位：mm

二维图形	三维图形

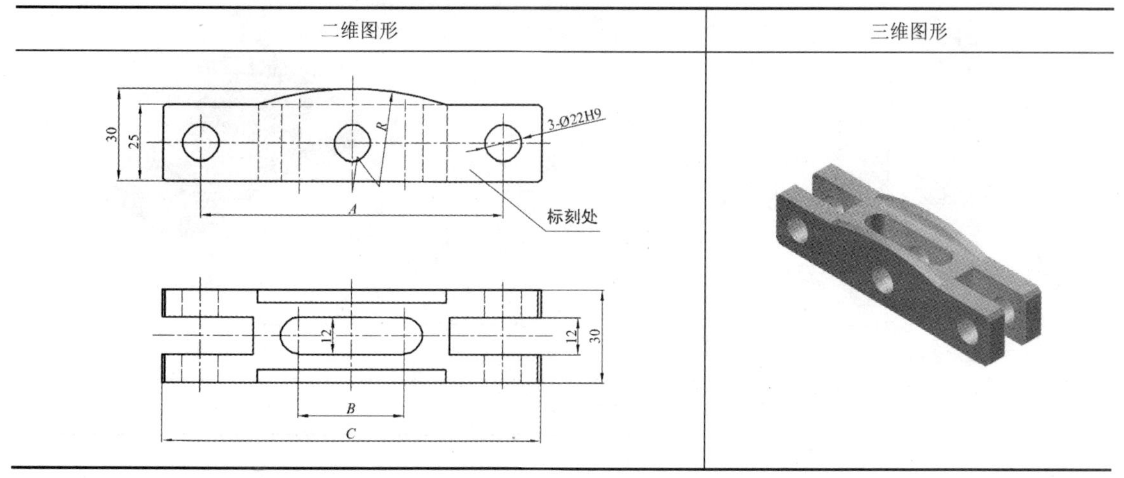

续表

标准件编号	标记代号	*A*	*B*	*C*	*R*
HB4530_17-1991_1	H472100	100	35	125	100
HB4530_17-1991_2	H472150	150	60	175	150
HB4530_17-1991_3	H472200	200	75	225	200
HB4530_17-1991_4	H472250	250	90	275	250
HB4530_17-1991_5	H472300	300	105	325	300

表 5-129 摆动压板Ⅰ型（HB 4530.18—1991）尺寸 单位：mm

二维图形	三维图形

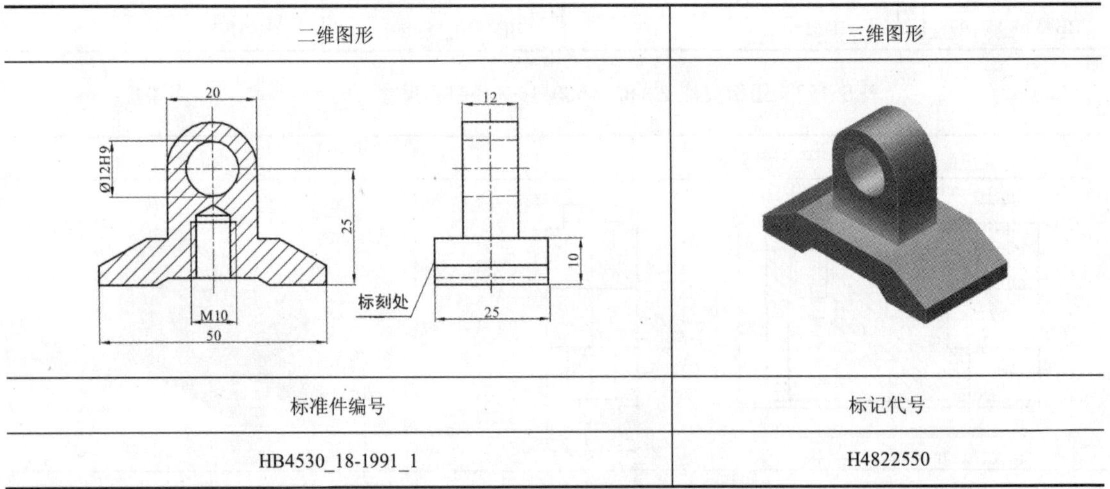

标准件编号	标记代号
HB4530_18-1991_1	H4822550

表 5-130 摆动压板Ⅱ型（HB 4530.18—1991）尺寸 单位：mm

二维图形	三维图形

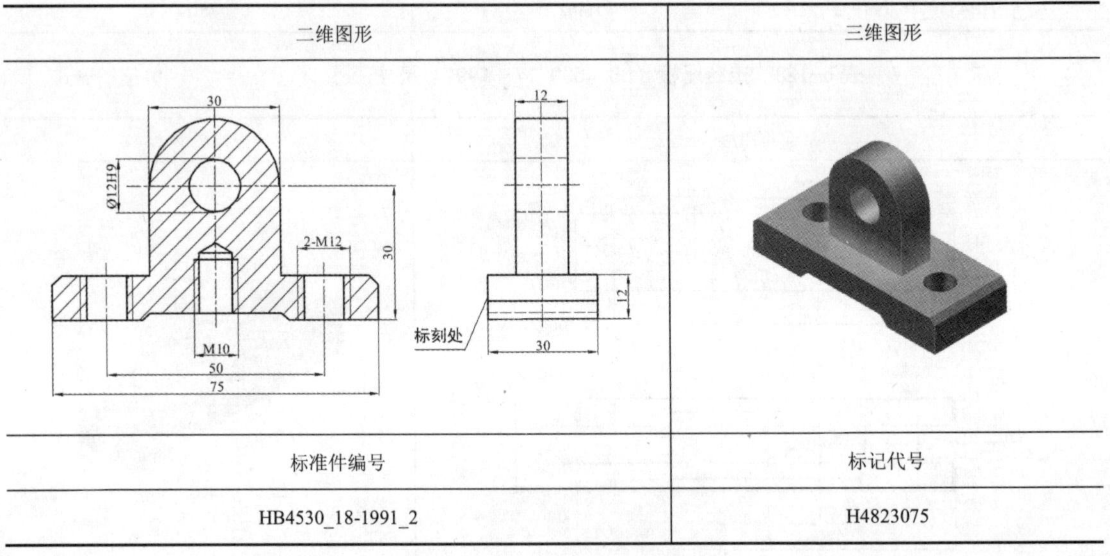

标准件编号	标记代号
HB4530_18-1991_2	H4823075

表 5-131　叉形压板 1（HB 4530.19—1991）尺寸 单位：mm

二维图形	三维图形
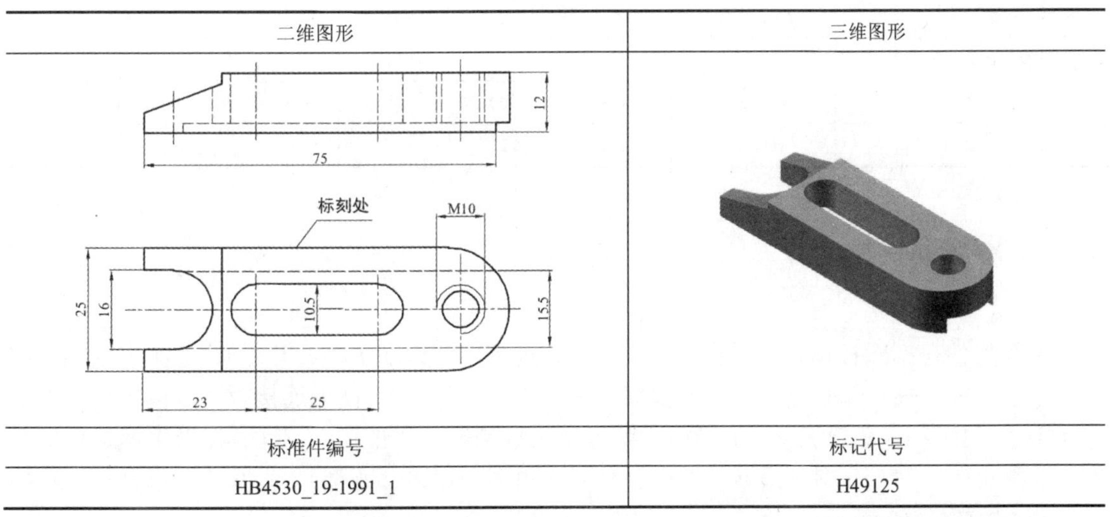	
标准件编号	标记代号
HB4530_19-1991_1	H49125

表 5-132　叉形压板 2（Ⅰ型）（HB 4530.20—1991）尺寸 单位：mm

二维图形	三维图形
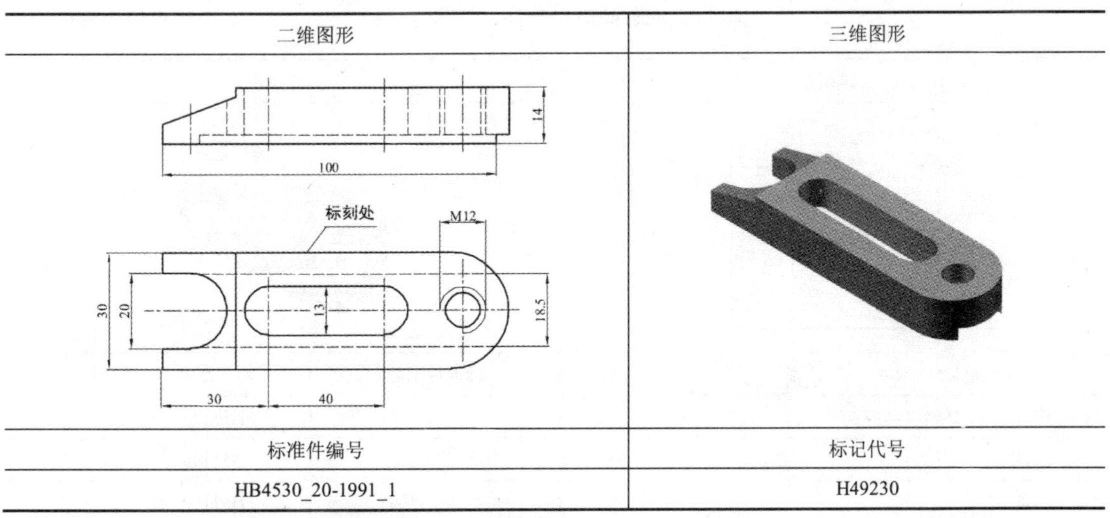	
标准件编号	标记代号
HB4530_20-1991_1	H49230

表 5-133　叉形压板 2（Ⅱ型）（HB 4530.20—1991）尺寸 单位：mm

二维图形	三维图形
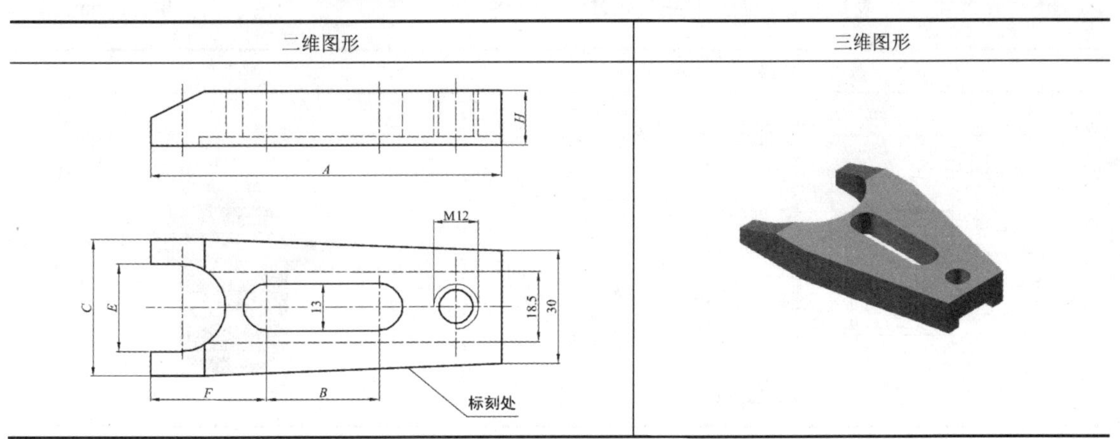	

续表

标准件编号	标记代号	*C*	*A*	*B*	*E*	*F*	*H*
HB4530_20-1991_2	H49240	40	100	35	28	35	14
HB4530_20-1991_3	H49260	60	100	30	45	40	14
HB4530_20-1991_4	H49280	80	125	35	65	60	16

5.5 系统附件

系统附件包括圆柱销、偏心销、L 形键销、过渡定位键（Ⅰ型、Ⅱ型）、过渡定位销、过渡定位盘、螺纹轴、偏心键销、基础板联接板（Ⅰ型、Ⅱ型）、U 形连接板、定位插销、顶尖棒（Ⅰ型、Ⅱ型）、套筒扳手、T 形内六角扳手、拔销器、丝锥杠、铜锤、棒形手柄、耳形手柄、平衡块（Ⅰ型、Ⅱ型、Ⅲ型、Ⅳ型、Ⅴ型、Ⅵ型、Ⅶ型、Ⅷ型）、光塞、螺塞。其尺寸如表 5-134～表 5-165 所示。

表 5-134 圆柱销（HB 4531.1—1991）尺寸 单位：mm

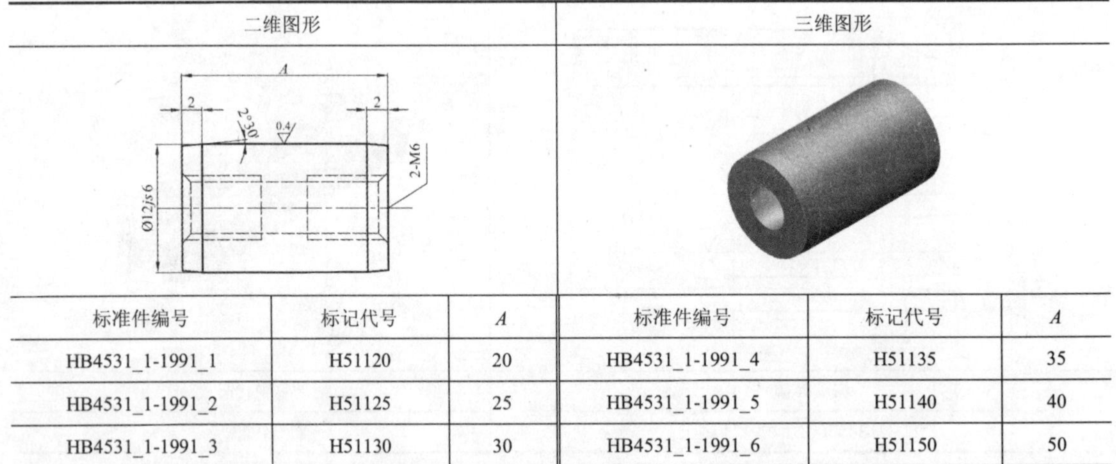

标准件编号	标记代号	*A*	标准件编号	标记代号	*A*
HB4531_1-1991_1	H51120	20	HB4531_1-1991_4	H51135	35
HB4531_1-1991_2	H51125	25	HB4531_1-1991_5	H51140	40
HB4531_1-1991_3	H51130	30	HB4531_1-1991_6	H51150	50

表 5-135 偏心销（HB 4531.2—1991）尺寸 单位：mm

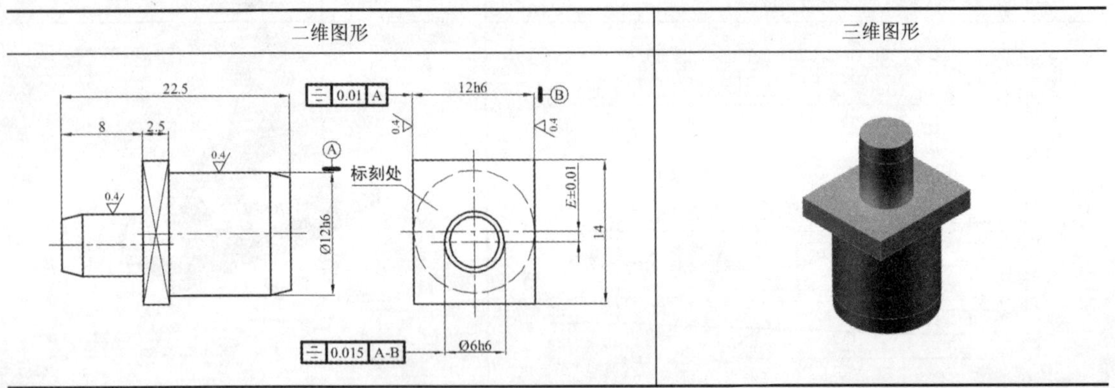

续表

标准件编号	标记代号	E	标准件编号	标记代号	E
HB4531_2-1991_1	H512000	0	HB4531_2-1991_33	H512160	1.60
HB4531_2-1991_2	H512005	0.05	HB4531_2-1991_34	H512165	1.65
HB4531_2-1991_3	H512010	0.10	HB4531_2-1991_35	H512170	1.70
HB4531_2-1991_4	H512015	0.15	HB4531_2-1991_36	H512175	1.75
HB4531_2-1991_5	H512020	0.20	HB4531_2-1991_37	H512180	1.80
HB4531_2-1991_6	H512025	0.25	HB4531_2-1991_38	H512185	1.85
HB4531_2-1991_7	H512030	0.30	HB4531_2-1991_39	H512190	1.90
HB4531_2-1991_8	H512035	0.35	HB4531_2-1991_40	H512195	1.95
HB4531_2-1991_9	H512040	0.40	HB4531_2-1991_41	H512200	2.00
HB4531_2-1991_10	H512045	0.45	HB4531_2-1991_42	H512205	2.05
HB4531_2-1991_11	H512050	0.50	HB4531_2-1991_43	H512210	2.10
HB4531_2-1991_12	H512055	0.55	HB4531_2-1991_44	H512215	2.15
HB4531_2-1991_13	H512060	0.60	HB4531_2-1991_45	H512220	2.20
HB4531_2-1991_14	H512065	0.65	HB4531_2-1991_46	H512225	2.25
HB4531_2-1991_15	H512070	0.70	HB4531_2-1991_47	H512230	2.30
HB4531_2-1991_16	H512075	0.75	HB4531_2-1991_48	H512235	2.35
HB4531_2-1991_17	H512080	0.80	HB4531_2-1991_49	H512240	2.40
HB4531_2-1991_18	H512085	0.85	HB4531_2-1991_50	H512245	2.45
HB4531_2-1991_19	H512090	0.90	HB4531_2-1991_51	H512250	2.50
HB4531_2-1991_20	H512095	0.95	HB4531_2-1991_52	H512255	2.55
HB4531_2-1991_21	H512100	1.00	HB4531_2-1991_53	H512260	2.60
HB4531_2-1991_22	H512105	1.05	HB4531_2-1991_54	H512265	2.65
HB4531_2-1991_23	H512110	1.10	HB4531_2-1991_55	H512270	2.70
HB4531_2-1991_24	H512115	1.15	HB4531_2-1991_56	H512275	2.75
HB4531_2-1991_25	H512120	1.20	HB4531_2-1991_57	H512280	2.80
HB4531_2-1991_26	H512125	1.25	HB4531_2-1991_58	H512285	2.85
HB4531_2-1991_27	H512130	1.30	HB4531_2-1991_59	H512290	2.90
HB4531_2-1991_28	H512135	1.35	HB4531_2-1991_60	H512295	2.95
HB4531_2-1991_29	H512140	1.40	HB4531_2-1991_61	H512300	3.00
HB4531_2-1991_30	H512145	1.45	HB4531_2-1991_62	H512305	3.05
HB4531_2-1991_31	H512150	1.50	HB4531_2-1991_63	H512310	3.10
HB4531_2-1991_32	H512155	1.55	HB4531_2-1991_64	H512315	3.15

表 5-136　L 形键销（HB 4531.3—1991）尺寸　　单位：mm

二维图形	三维图形
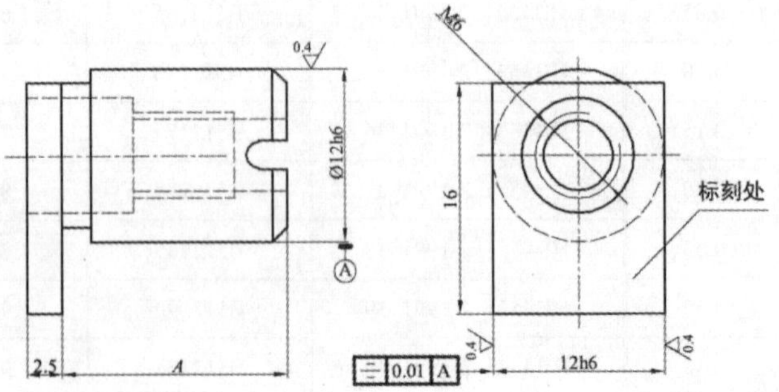	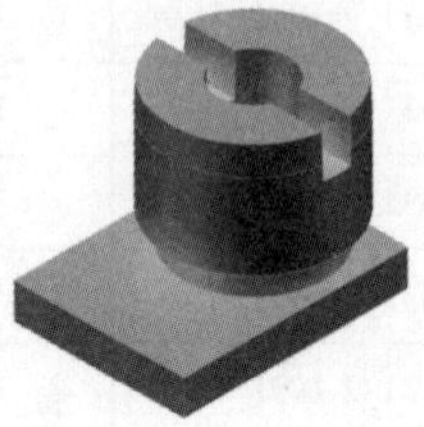

标准件编号	标记代号	A
HB4531_3-1991_1	H51310	10
HB4531_3-1991_2	H51315	15
HB4531_3-1991_3	H51320	20
HB4531_3-1991_4	H51325	25
HB4531_3-1991_5	H51330	30

表 5-137　过渡定位键 I 型（HB 4531.4—1991）尺寸　　单位：mm

二维图形	三维图形
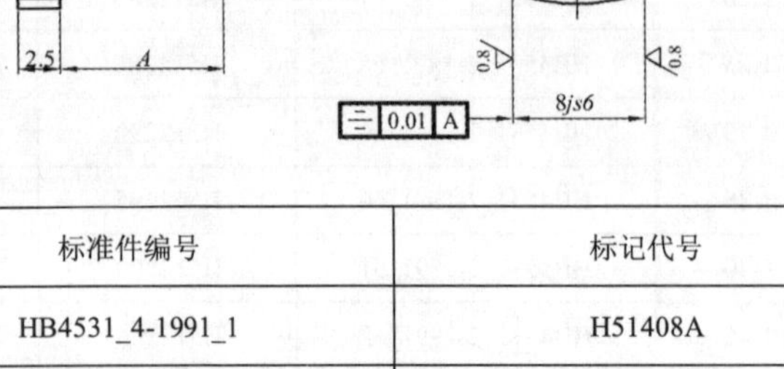	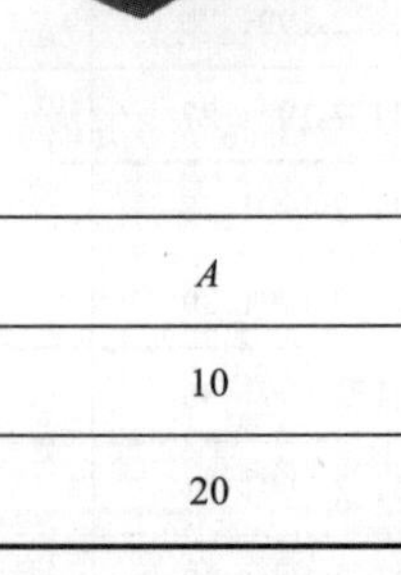

标准件编号	标记代号	A
HB4531_4-1991_1	H51408A	10
HB4531_4-1991_2	H51408B	20

表 5-138　过渡定位键Ⅱ型（HB 4531.4—1991）尺寸

单位：mm

二维图形		三维图形

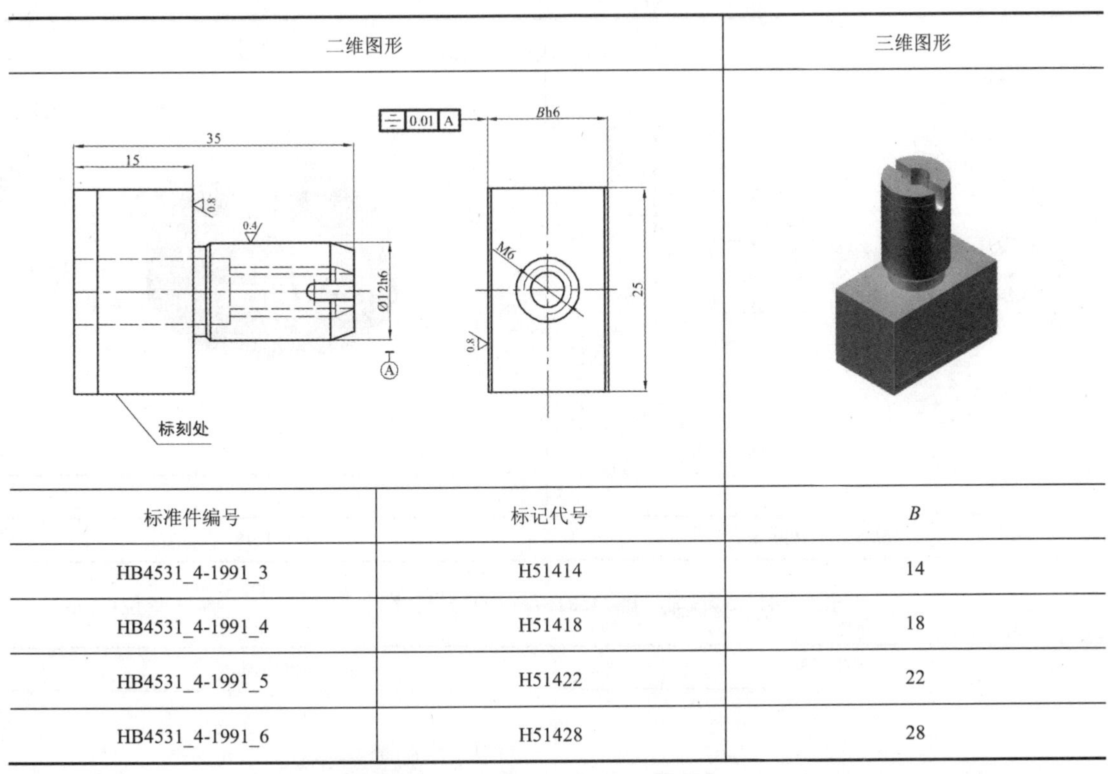

标准件编号	标记代号	*B*
HB4531_4-1991_3	H51414	14
HB4531_4-1991_4	H51418	18
HB4531_4-1991_5	H51422	22
HB4531_4-1991_6	H51428	28

表 5-139　过渡定位销（HB 4531.5—1991）尺寸

单位：mm

二维图形			三维图形	
标准件编号	标记代号	*D*	*A*	*B*
HB4531_5-1991_1	H51520	20	35	15
HB4531_5-1991_2	H51525	25	35	15
HB4531_5-1991_3	H51550	50	55	30

表 5-140　过渡定位盘（HB 4531.6—1991）尺寸　　　　单位：mm

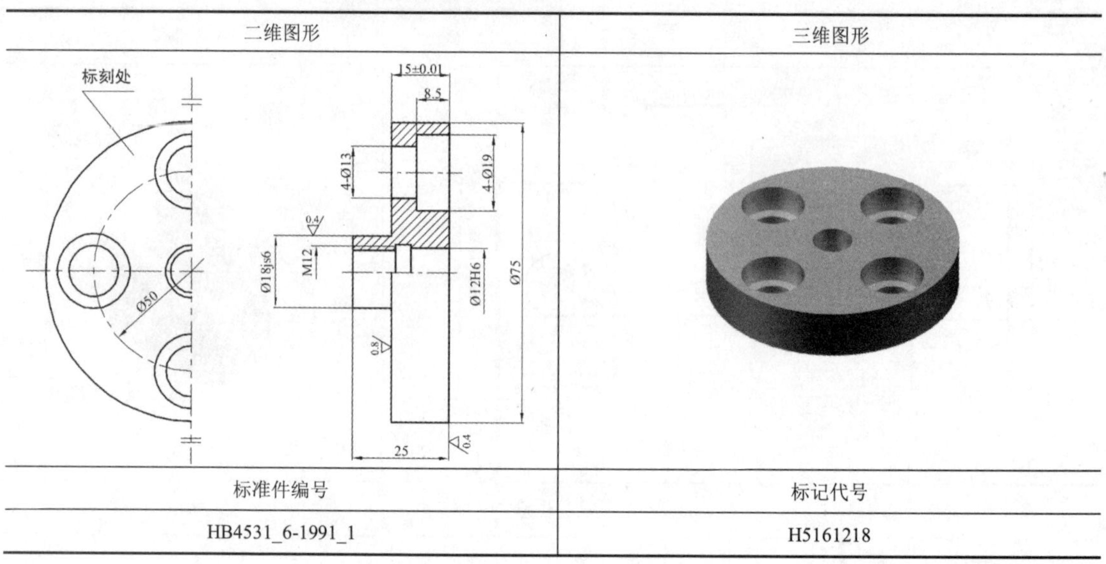

二维图形	三维图形
标准件编号	标记代号
HB4531_6-1991_1	H5161218

表 5-141　螺纹轴（HB 4531.7—1991）尺寸　　　　单位：mm

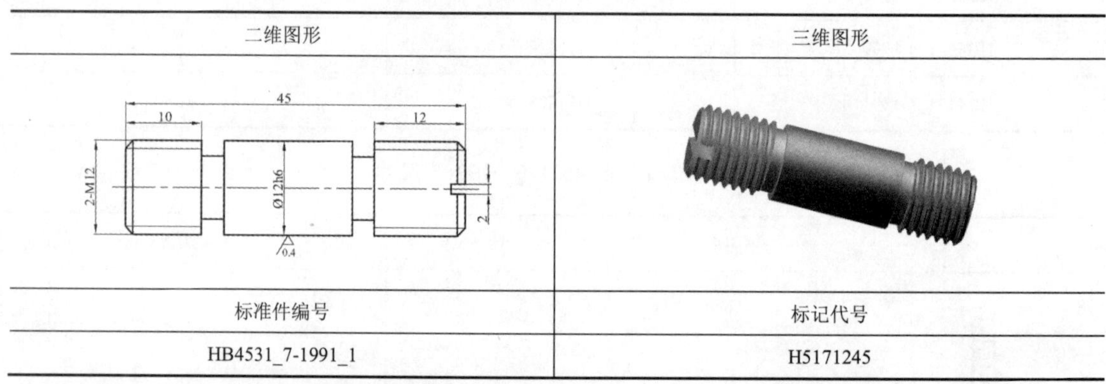

二维图形	三维图形
标准件编号	标记代号
HB4531_7-1991_1	H5171245

表 5-142　偏心键销（HB 4531.8—1991）尺寸　　　　单位：mm

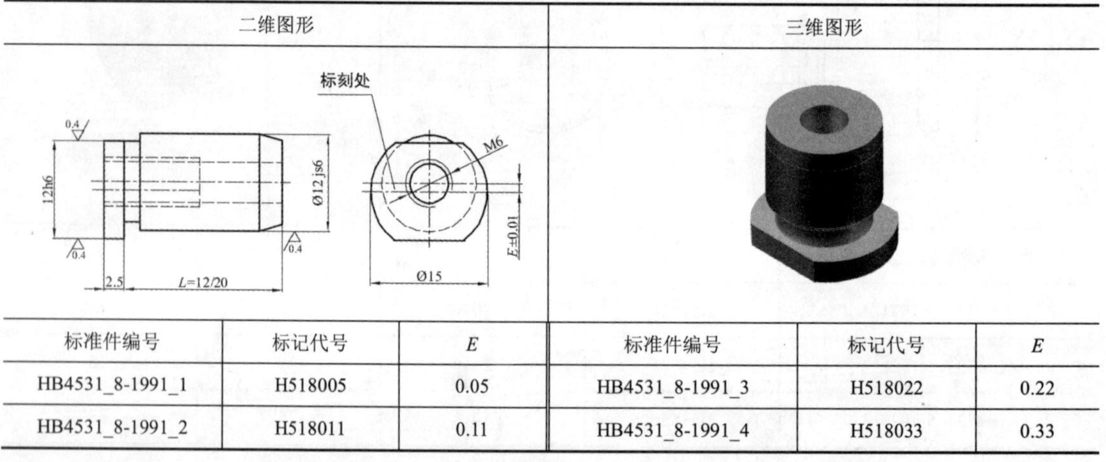

标准件编号	标记代号	E	标准件编号	标记代号	E
HB4531_8-1991_1	H518005	0.05	HB4531_8-1991_3	H518022	0.22
HB4531_8-1991_2	H518011	0.11	HB4531_8-1991_4	H518033	0.33

续表

标准件编号	标记代号	E	标准件编号	标记代号	E
HB4531_8-1991_5	H518044	0.44	HB4531_8-1991_9	H518087	0.87
HB4531_8-1991_6	H518055	0.55	HB4531_8-1991_10	H518098	0.98
HB4531_8-1991_7	H518065	0.65	HB4531_8-1991_11	H518109	1.09
HB4531_8-1991_8	H518076	0.76			

表 5-143　基础板联接板Ⅰ型（HB 4531.9—1991）尺寸　　单位：mm

二维图形	三维图形

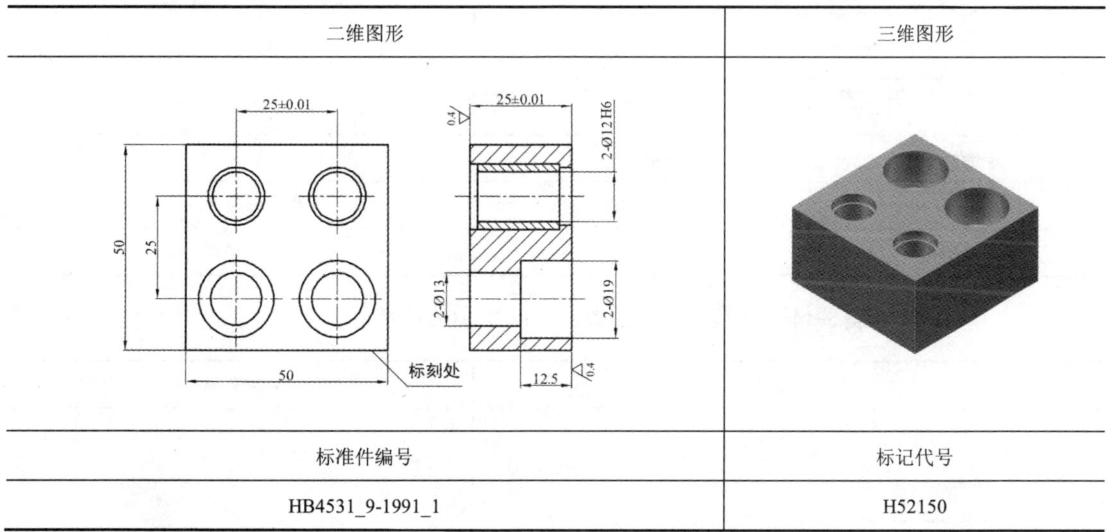

标准件编号	标记代号
HB4531_9-1991_1	H52150

表 5-144　基础板联接板Ⅱ型（HB 4531.9—1991）尺寸　　单位：mm

二维图形	三维图形

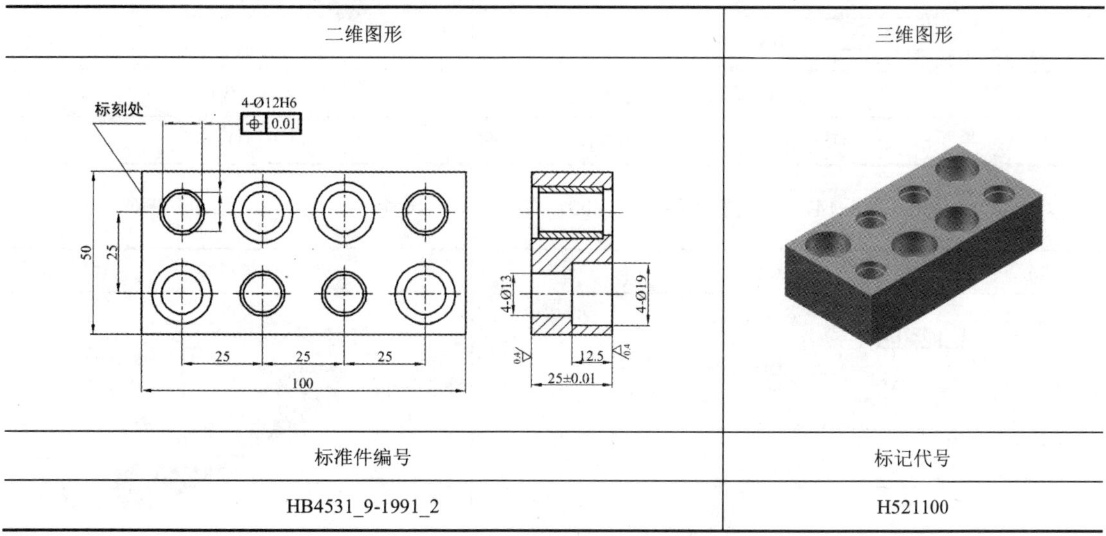

标准件编号	标记代号
HB4531_9-1991_2	H521100

表 5-145　U 形连接板（HB 4531.10—1991）尺寸　　单位：mm

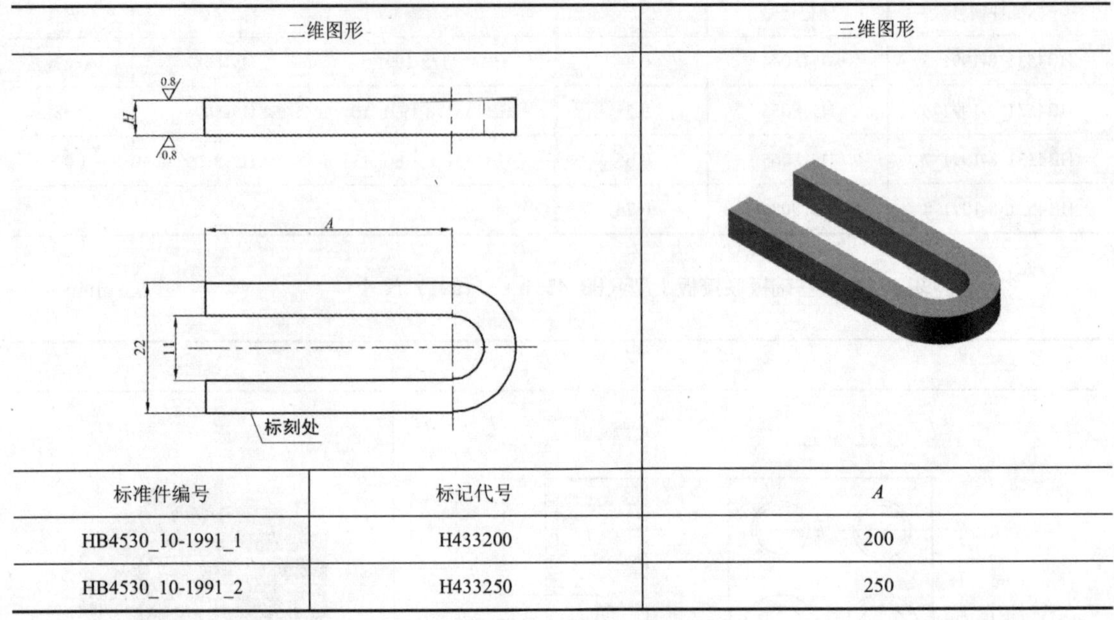

标准件编号	标记代号	A
HB4530_10-1991_1	H433200	200
HB4530_10-1991_2	H433250	250

表 5-146　定位插销（HB 4531.11—1991）尺寸　　单位：mm

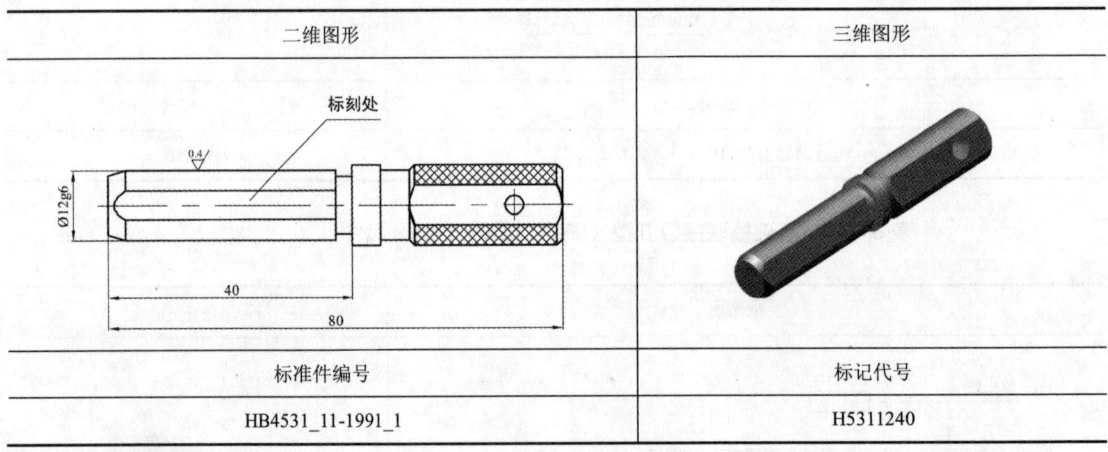

标准件编号	标记代号
HB4531_11-1991_1	H5311240

表 5-147　顶尖棒Ⅰ型（HB 4531.12—1991）尺寸　　单位：mm

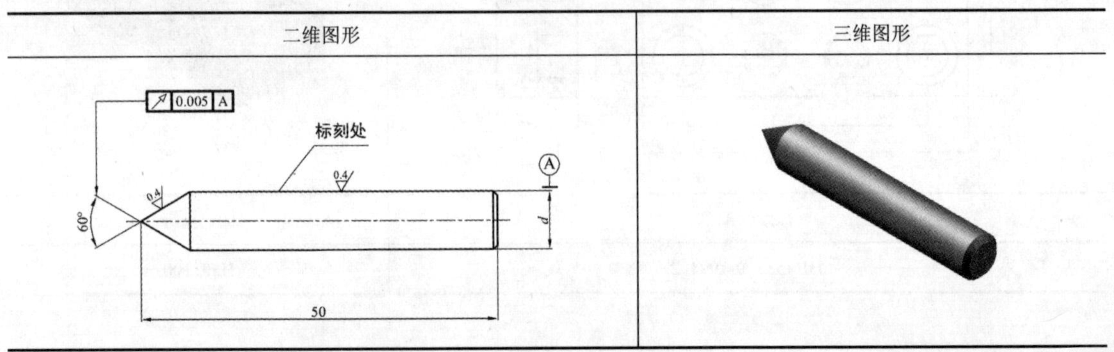

续表

标准件编号	标记代号	d
HB4531_12-1991_1	H5320850A	8h5
HB4531_12-1991_2	H5320850B	8js5
HB4531_12-1991_3	H5320850C	8k5

表 5-148 顶尖棒Ⅱ型（HB 4531.12—1991）尺寸

单位：mm

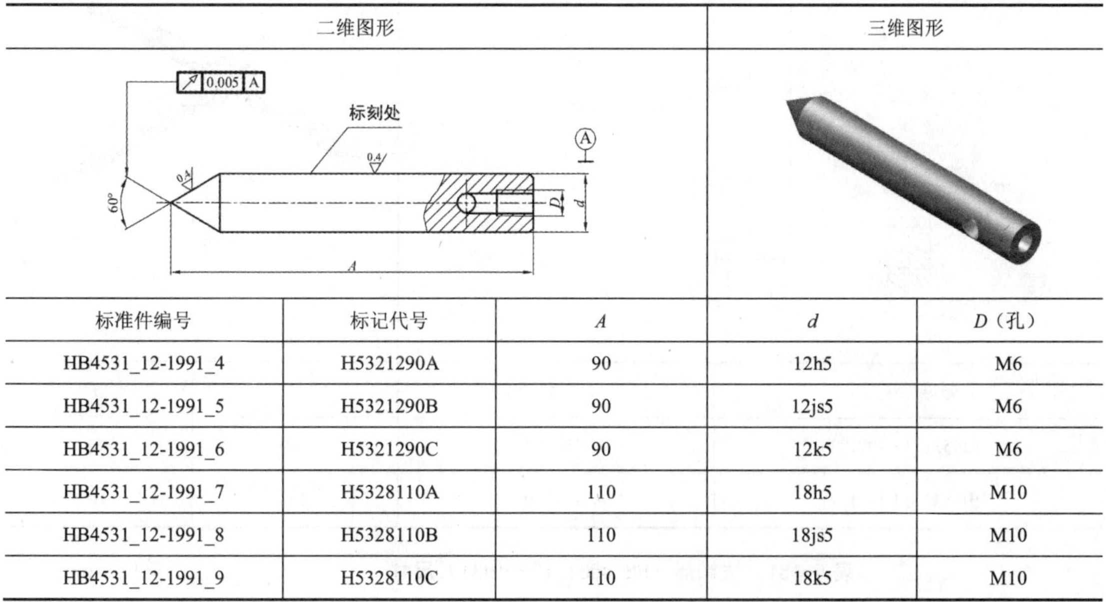

标准件编号	标记代号	A	d	D（孔）
HB4531_12-1991_4	H5321290A	90	12h5	M6
HB4531_12-1991_5	H5321290B	90	12js5	M6
HB4531_12-1991_6	H5321290C	90	12k5	M6
HB4531_12-1991_7	H5328110A	110	18h5	M10
HB4531_12-1991_8	H5328110B	110	18js5	M10
HB4531_12-1991_9	H5328110C	110	18k5	M10

表 5-149 套筒扳手（HB 4531.13—1991）尺寸

单位：mm

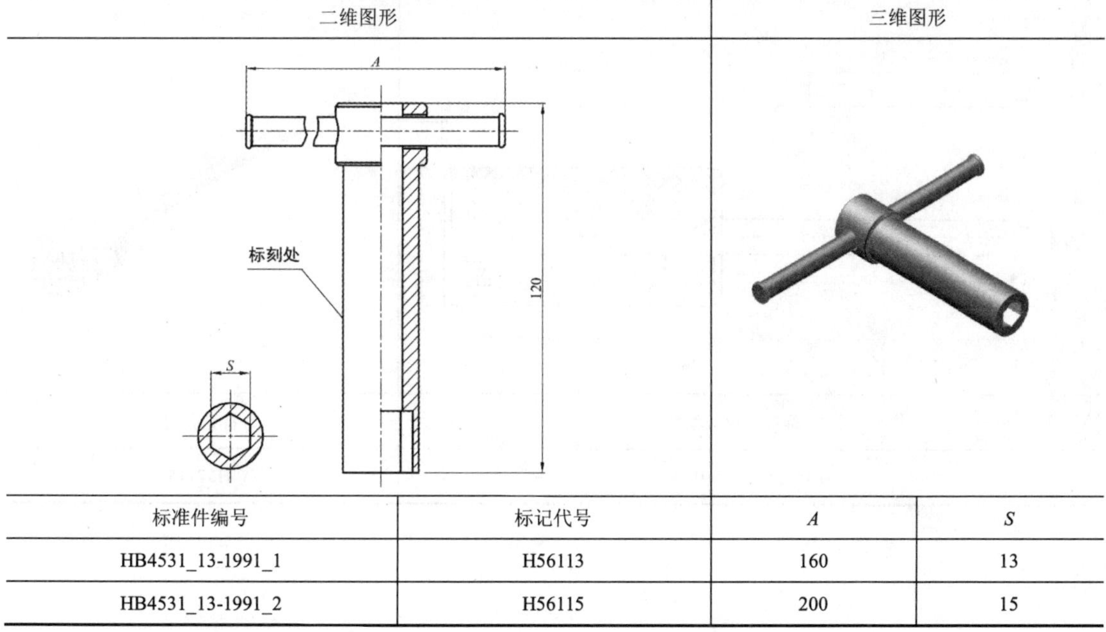

标准件编号	标记代号	A	S
HB4531_13-1991_1	H56113	160	13
HB4531_13-1991_2	H56115	200	15

表 5-150　T 形内六角扳手（HB 4531.14—1991）尺寸　　单位：mm

二维图形	三维图形

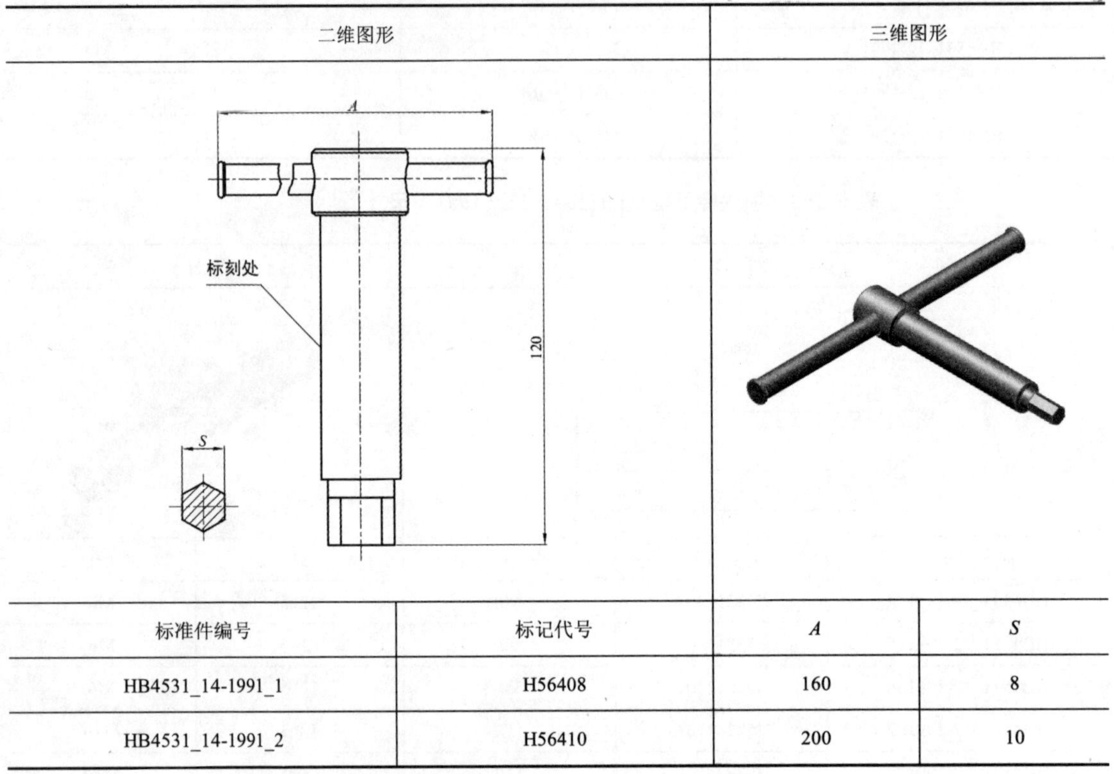

标准件编号	标记代号	A	S
HB4531_14-1991_1	H56408	160	8
HB4531_14-1991_2	H56410	200	10

表 5-151　拔销器（HB 4531.15—1991）尺寸　　单位：mm

二维图形	三维图形

M6
100
标刻处
Ø40
280

标准件编号	标记代号
HB4531_15-1991_1	H57115

表 5-152　丝锥杠（HB 4531.16—1991）尺寸　　单位：mm

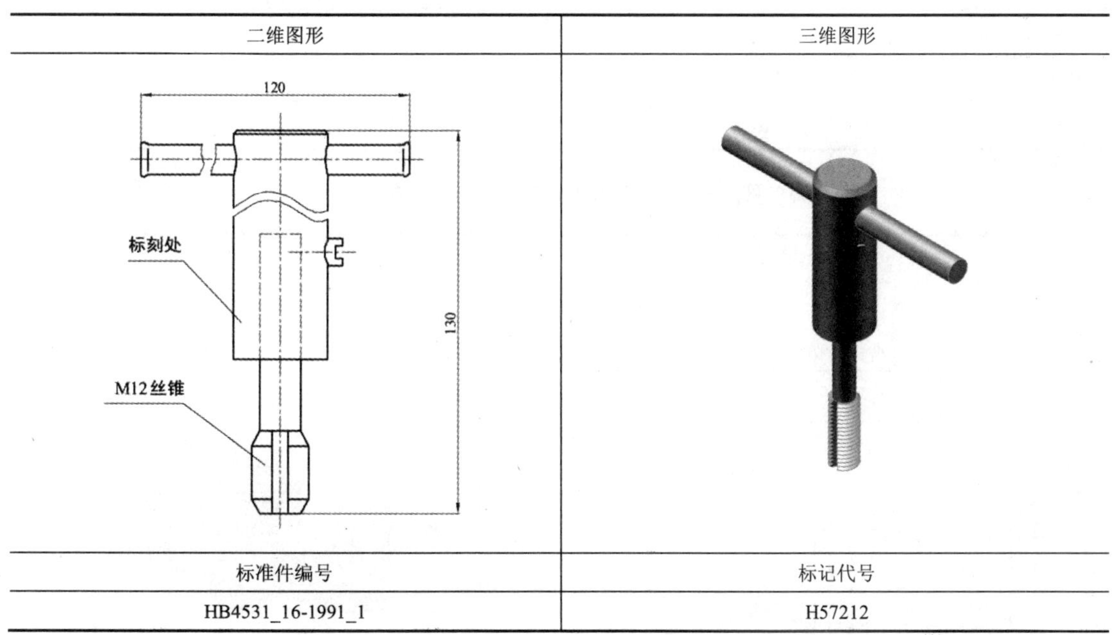

二维图形	三维图形
标准件编号	标记代号
HB4531_16-1991_1	H57212

表 5-153　铜锤（HB 4531.17—1991）尺寸　　单位：mm

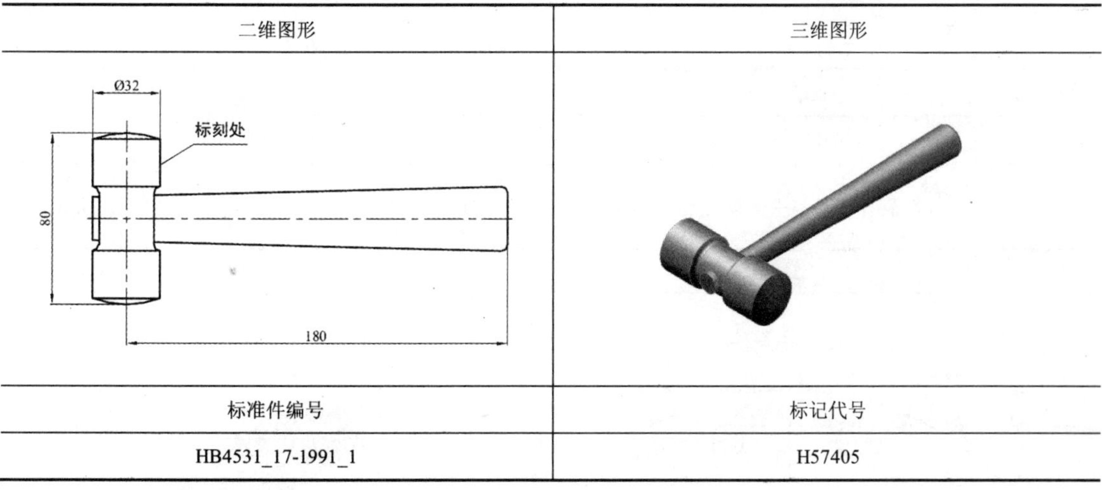

二维图形	三维图形
标准件编号	标记代号
HB4531_17-1991_1	H57405

表 5-154　棒形手柄（HB 4531.18—1991）尺寸　　单位：mm

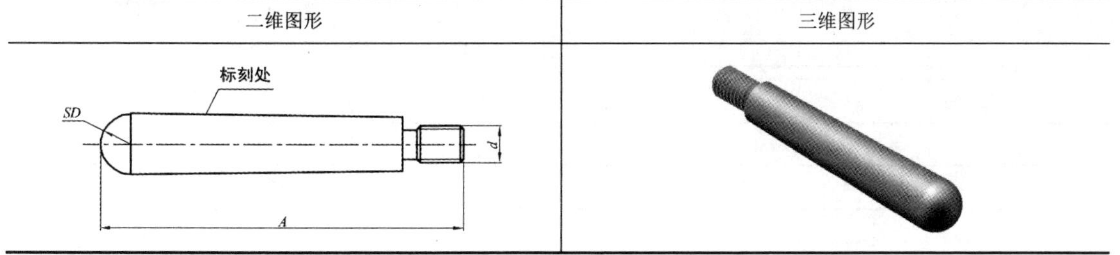

二维图形	三维图形

续表

标准件编号	标记代号	d	A	SD
HB4531_18-1991_1	H57512	M12	120	20
HB4531_18-1991_2	H57516	M16	125	25

表 5-155　耳形手柄（HB 4531.19—1991）尺寸　　单位：mm

二维图形	三维图形

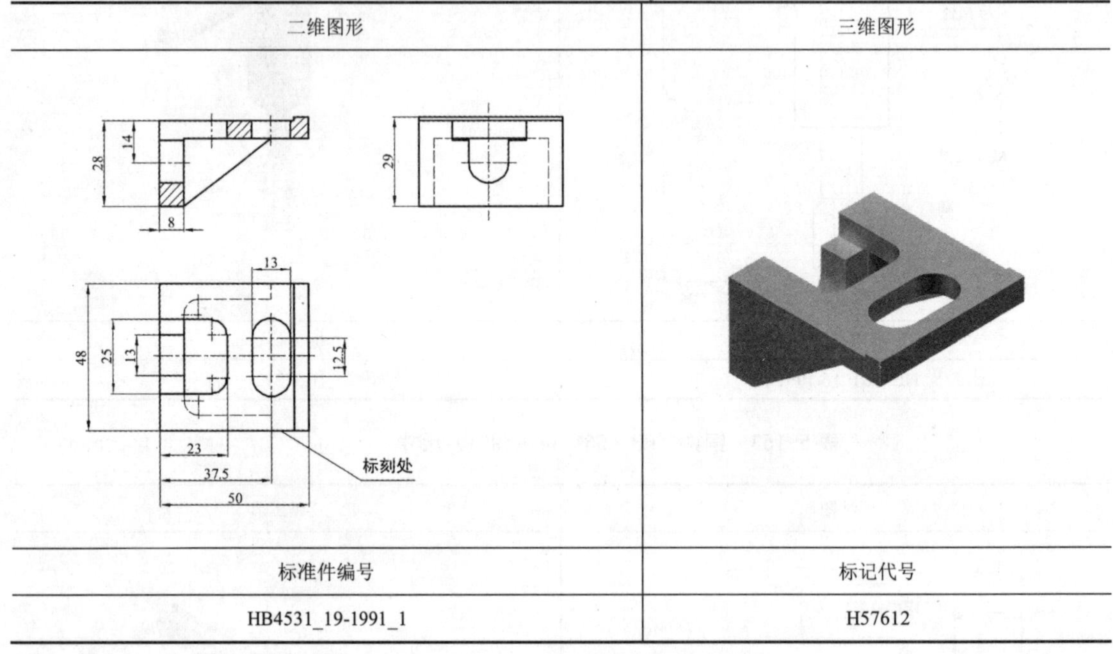

标准件编号	标记代号
HB4531_19-1991_1	H57612

表 5-156　平衡块Ⅰ型（HB 4531.20—1991）尺寸　　单位：mm

二维图形	三维图形

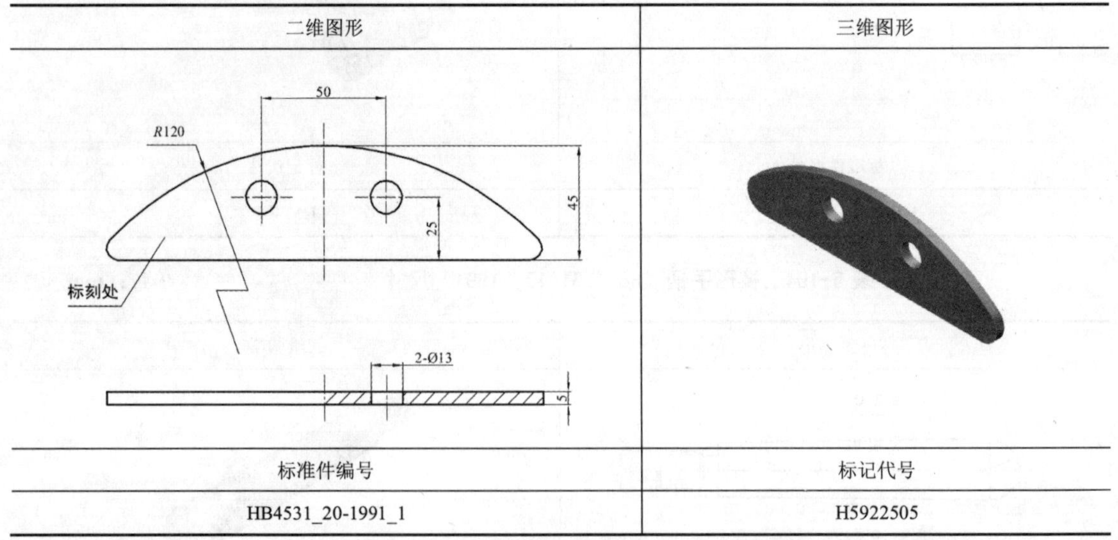

标准件编号	标记代号
HB4531_20-1991_1	H5922505

表 5-157 平衡块Ⅱ型（HB 4531.20—1991）尺寸　　单位：mm

二维图形	三维图形
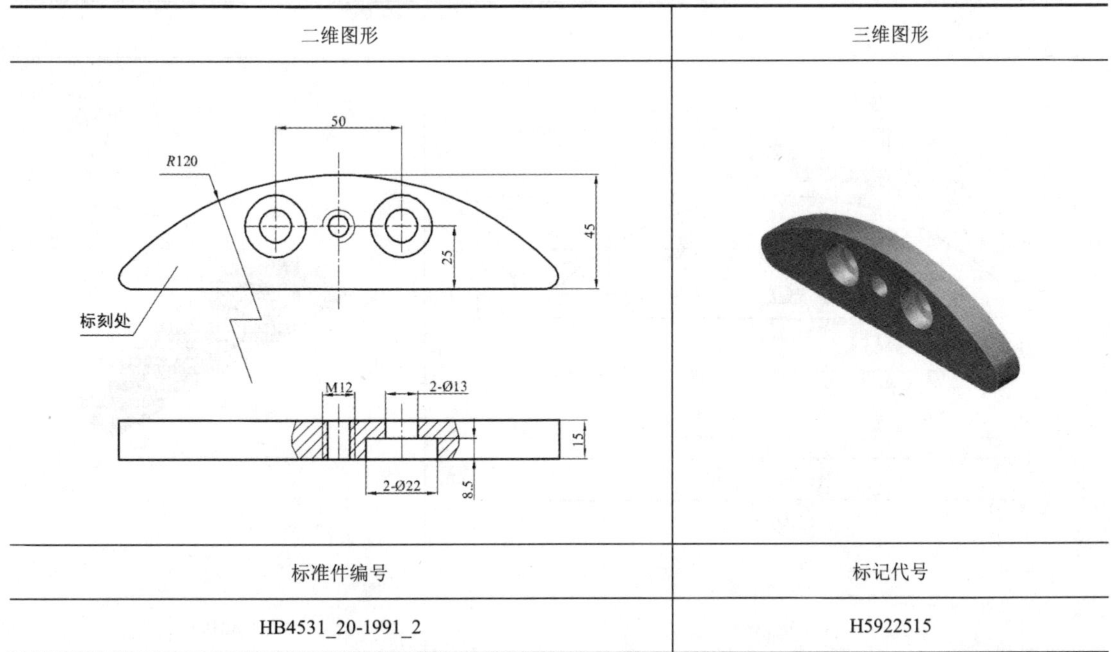	
标准件编号	标记代号
HB4531_20-1991_2	H5922515

表 5-158 平衡块Ⅲ型（HB 4531.20—1991）尺寸　　单位：mm

二维图形	三维图形
标准件编号	标记代号
HB4531_20-1991_3	H5923005

表 5-159　平衡块Ⅳ型（HB 4531.20—1991）尺寸　　单位：mm

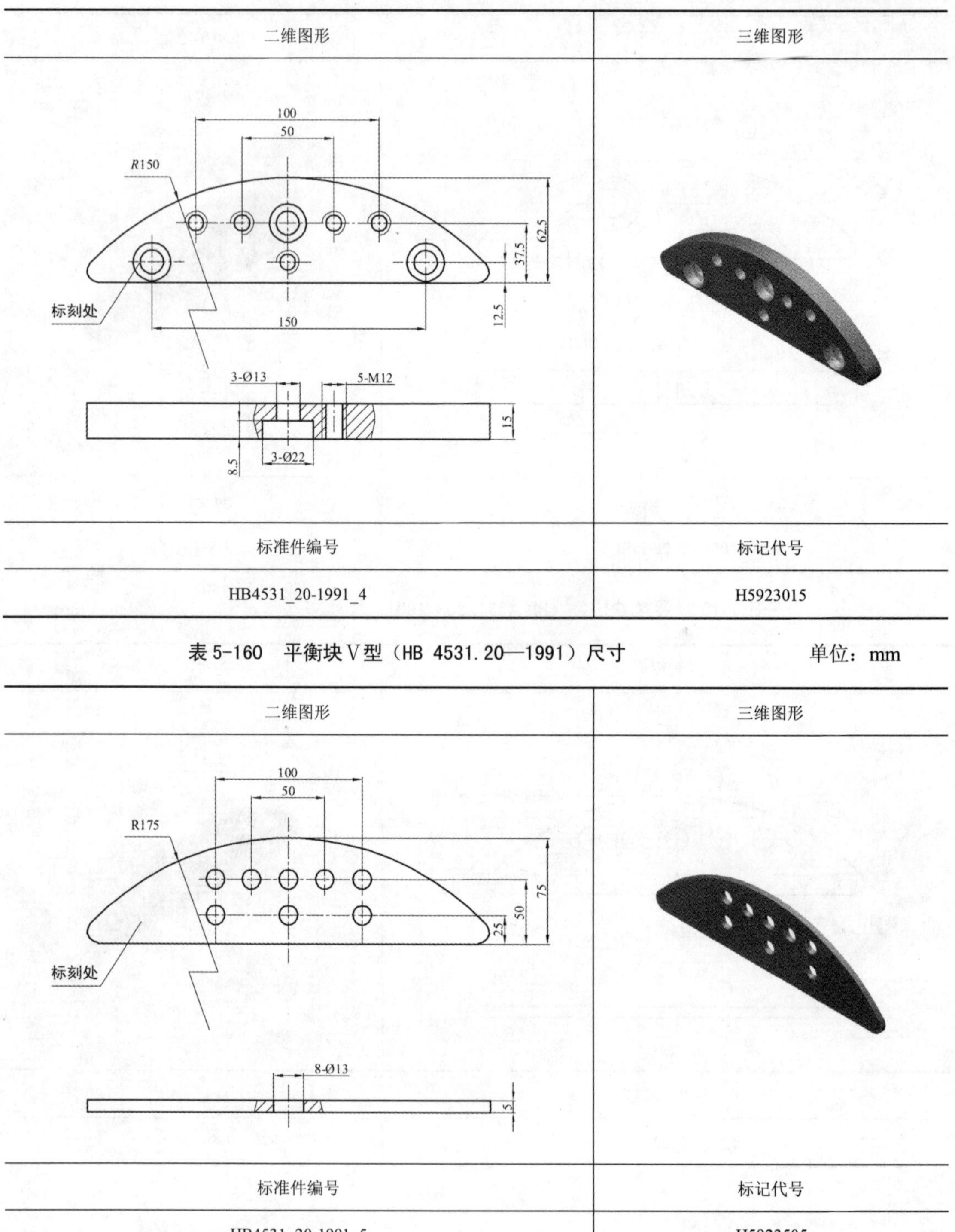

二维图形	三维图形
标准件编号	标记代号
HB4531_20-1991_4	H5923015

表 5-160　平衡块Ⅴ型（HB 4531.20—1991）尺寸　　单位：mm

二维图形	三维图形
标准件编号	标记代号
HB4531_20-1991_5	H5923505

表 5-161　平衡块Ⅵ型（HB 4531.20—1991）尺寸　　单位：mm

二维图形	三维图形
标准件编号	标记代号
HB4531_20-1991_6	H5923515

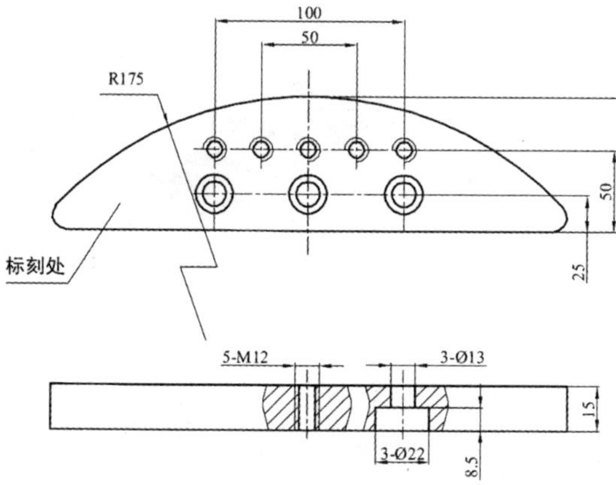

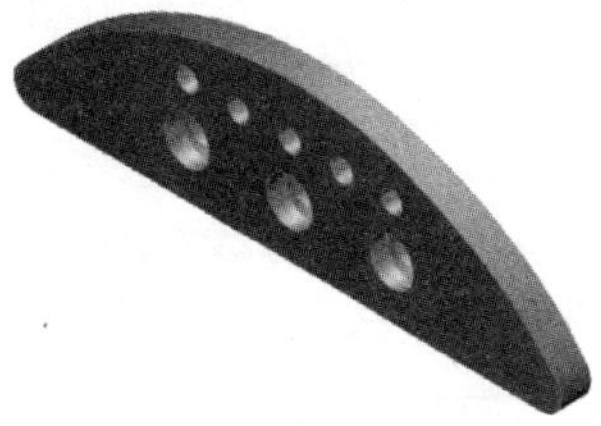

表 5-162　平衡块Ⅶ型（HB 4531.20—1991）尺寸　　单位：mm

二维图形	三维图形

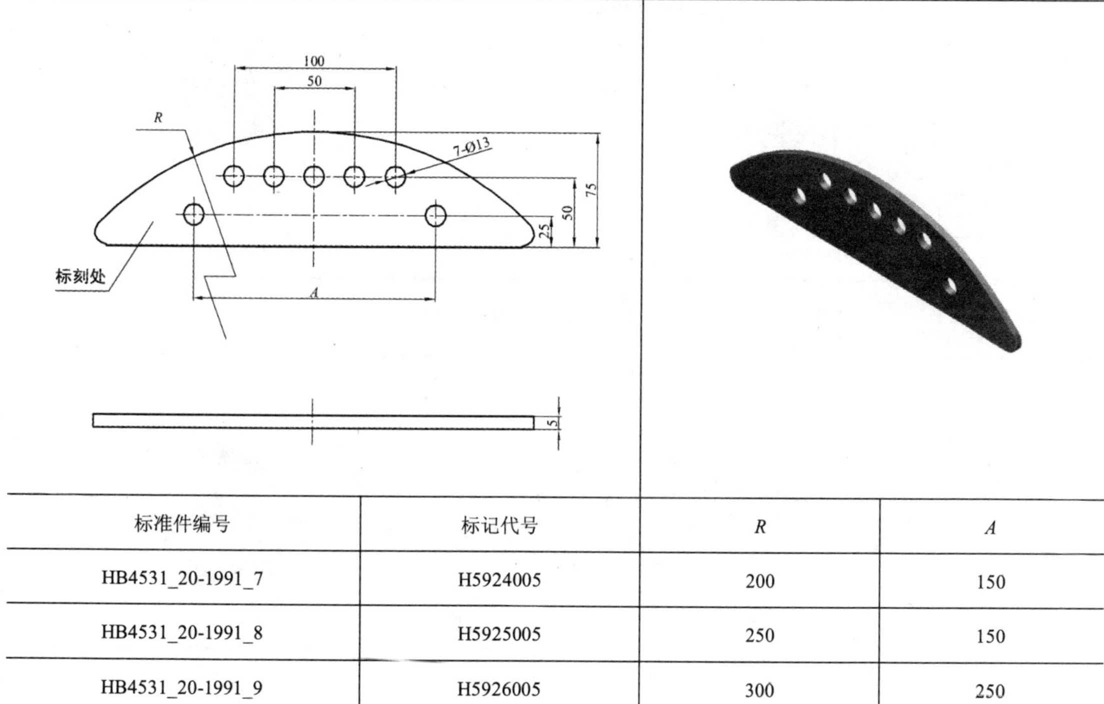

标准件编号	标记代号	*R*	*A*
HB4531_20-1991_7	H5924005	200	150
HB4531_20-1991_8	H5925005	250	150
HB4531_20-1991_9	H5926005	300	250

表 5-163　平衡块Ⅷ型（HB 4531.20—1991）尺寸　　单位：mm

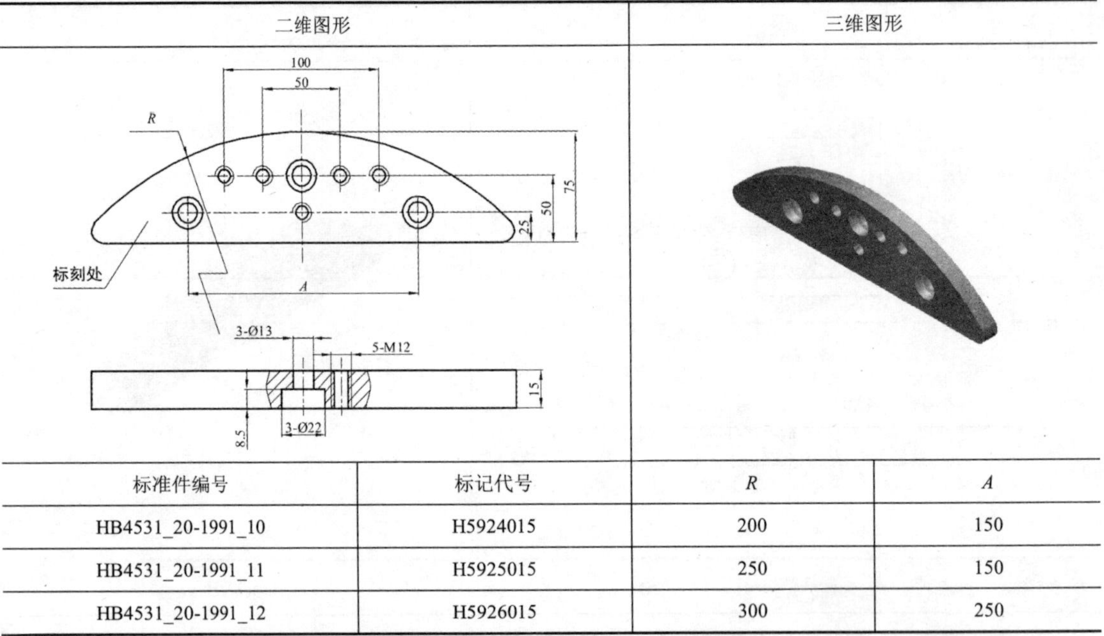

标准件编号	标记代号	*R*	*A*
HB4531_20-1991_10	H5924015	200	150
HB4531_20-1991_11	H5925015	250	150
HB4531_20-1991_12	H5926015	300	250

表 5-164　光塞（HB 4531.21—1991）尺寸　　单位：mm

二维图形	三维图形
Ø12 $^{+0.10}_{+0.02}$　M6　1:30　15	
标准件编号	标记代号
HB4531_21-1991_1	H59315

表 5-165　螺塞（HB 4531.22—1991）尺寸　　单位：mm

二维图形	三维图形
M12　2　10	
标准件编号	标记代号
HB4531_22-1991_1	H59410

5.6 紧固件

紧固件包括带肩六角螺母、螺套、T 形螺母（Ⅰ型、Ⅱ型、Ⅲ型）、滚花螺母、过渡螺母、带肩六角螺栓、球面带肩螺钉、过渡螺栓、活节螺栓。其尺寸如表 5-166～表 5-176 所示。

表 5-166 带肩六角螺母（HB 4532.1—1991）尺寸 单位：mm

二维图形	三维图形

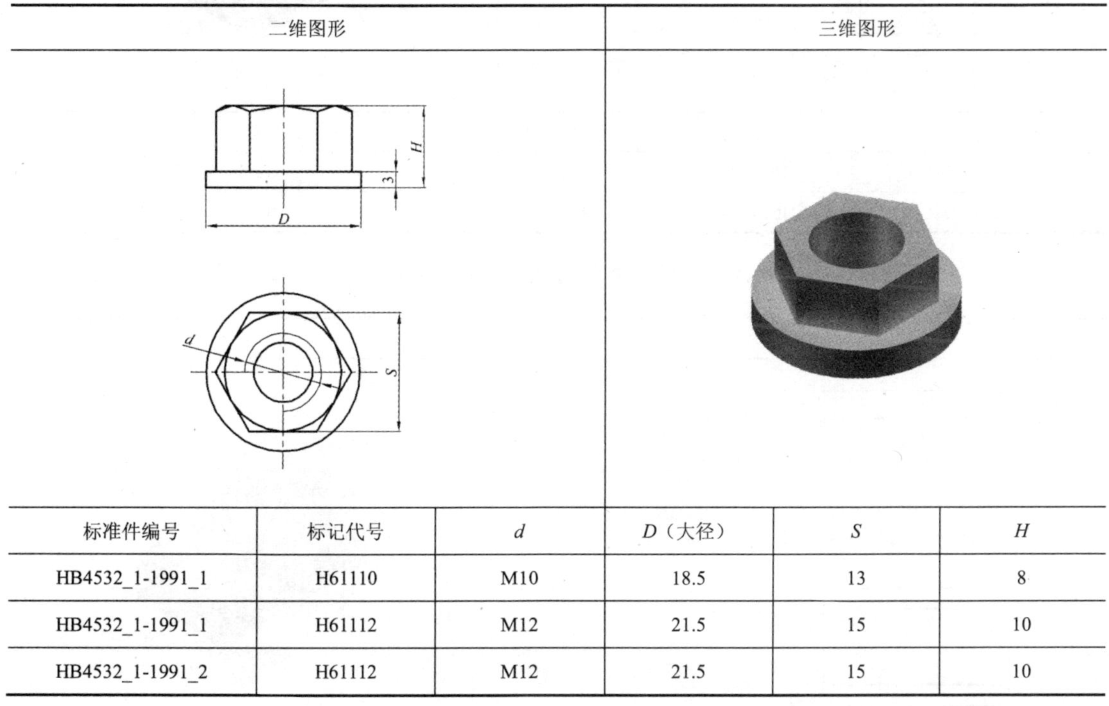

标准件编号	标记代号	d	D（大径）	S	H
HB4532_1-1991_1	H61110	M10	18.5	13	8
HB4532_1-1991_1	H61112	M12	21.5	15	10
HB4532_1-1991_2	H61112	M12	21.5	15	10

表 5-167 螺套（HB 4532.2—1991）尺寸 单位：mm

二维图形	三维图形

标准件编号	标记代号	D（大径）	d	H
HB4532_2-1991_1	H61410	M20×1	M10	12
HB4532_2-1991_2	H61412A	M20×1	M12	12
HB4532_2-1991_3	H61412B	M24×2	M12	14.5

表 5-168　T 形螺母Ⅰ型（HB 4532.3—1991）尺寸　　单位：mm

二维图形	三维图形

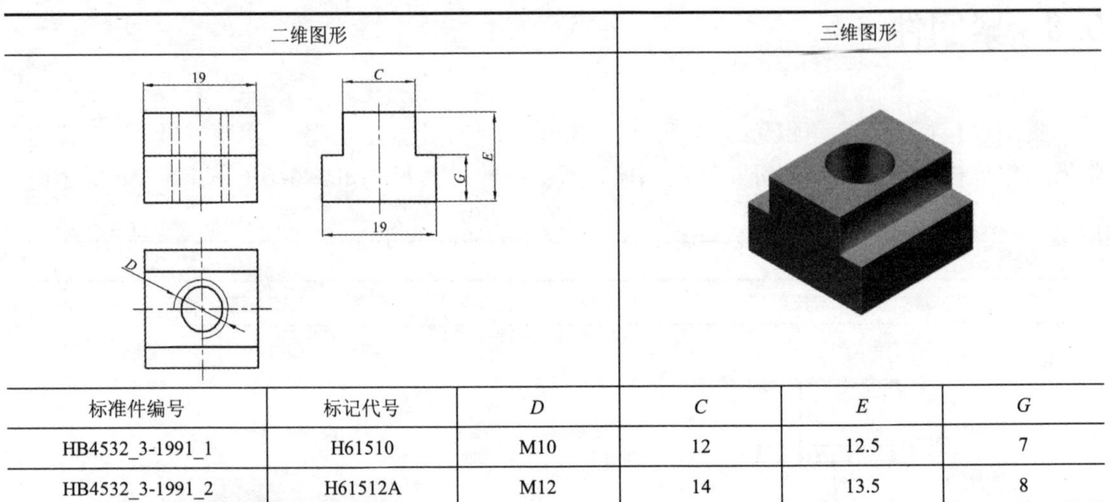

标准件编号	标记代号	*D*	*C*	*E*	*G*
HB4532_3-1991_1	H61510	M10	12	12.5	7
HB4532_3-1991_2	H61512A	M12	14	13.5	8

表 5-169　T 形螺母Ⅱ型（HB 4532.3—1991）尺寸　　单位：mm

二维图形	三维图形

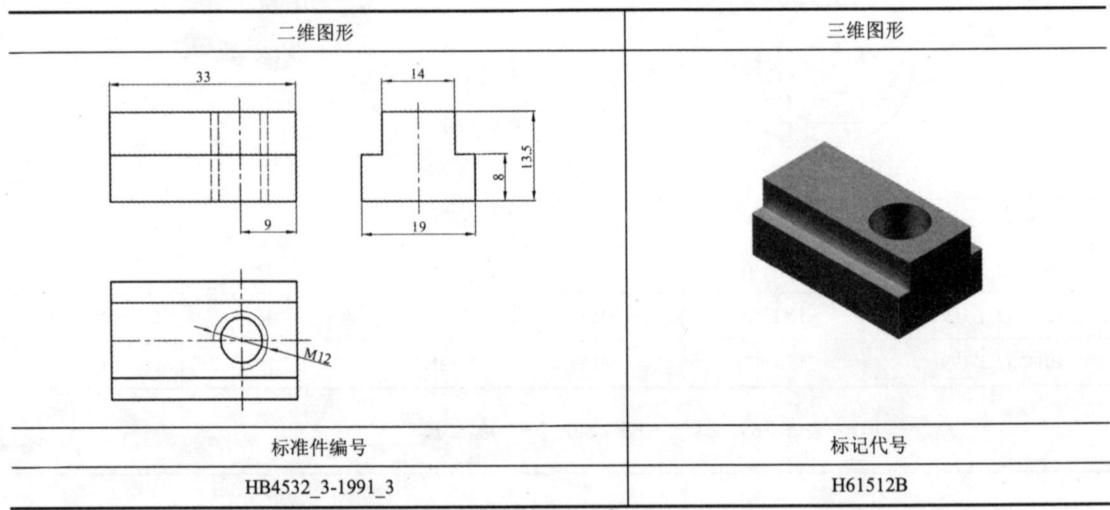

标准件编号	标记代号
HB4532_3-1991_3	H61512B

表 5-170　T 形螺母Ⅲ型（HB 4532.3—1991）尺寸　　单位：mm

二维图形	三维图形

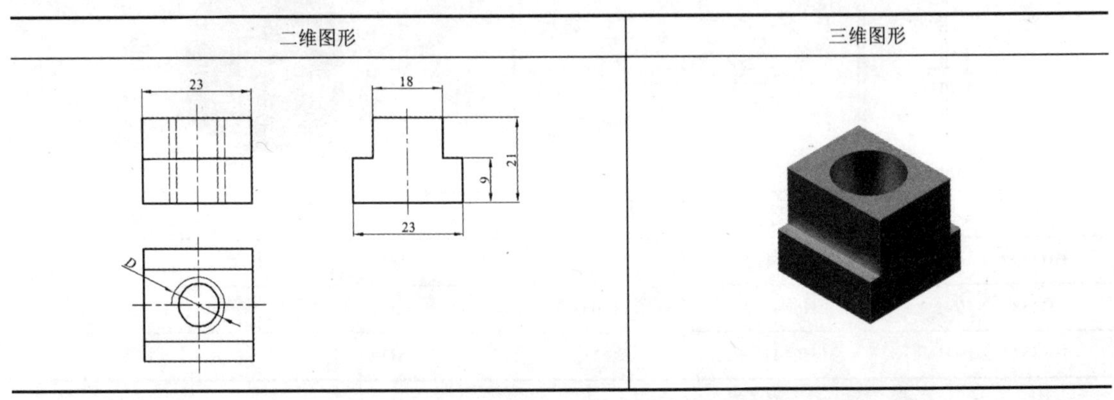

续表

标准件编号	标记代号	D
HB4532_3-1991_4	H61512C	M12
HB4532_3-1991_5	H61516	M16

表 5-171　滚花螺母（HB 4532.4—1991）尺寸　　单位：mm

二维图形	三维图形

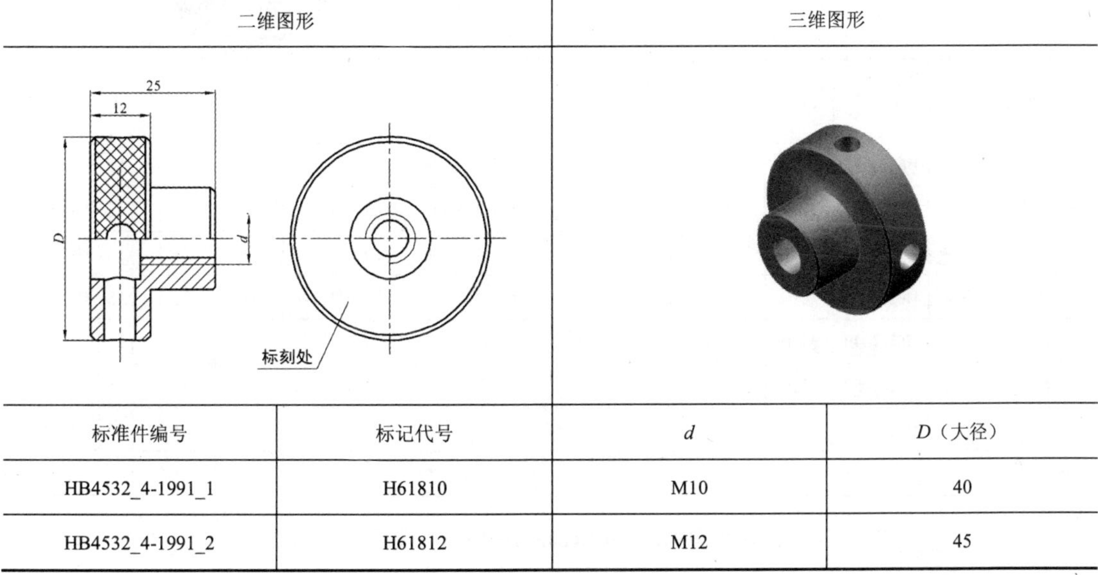

标准件编号	标记代号	d	D（大径）
HB4532_4-1991_1	H61810	M10	40
HB4532_4-1991_2	H61812	M12	45

表 5-172　过渡螺母（HB 4532.5—1991）尺寸　　单位：mm

二维图形	三维图形

标准件编号	标记代号
HB4532_5-1991_1	H61916

表 5-173　带肩六角螺栓（HB 4532.6—1991）尺寸　　单位：mm

二维图形	三维图形

标准件编号	标记代号	d	D（大径）	S	H	A	B	标准件编号	标记代号	d	D（大径）	S	H	A	B
HB4532_6-1991_1	H6211020	M10	1.85	13	8	20	20	HB4532_6-1991_9	H6211225	M12	21.5	15	10	25	20
HB4532_6-1991_2	H6221025	M10	1.85	13	8	25	20	HB4532_6-1991_10	H6211230	M12	21.5	15	10	30	25
HB4532_6-1991_3	H6211030	M10	1.85	13	8	30	25	HB4532_6-1991_11	H6211235	M12	21.5	15	10	35	30
HB4532_6-1991_4	H6211035	M10	1.85	13	8	35	30	HB4532_6-1991_12	H6211240	M12	21.5	15	10	40	35
HB4532_6-1991_5	H6211040	M10	1.85	13	8	40	35	HB4532_6-1991_13	H6211250	M12	21.5	15	10	50	40
HB4532_6-1991_6	H6211050	M10	1.85	13	8	50	45	HB4532_6-1991_14	H6211260	M12	21.5	15	10	60	40
HB4532_6-1991_7	H6211060	M10	1.85	13	8	60	45	HB4532_6-1991_15	H6211270	M12	21.5	15	10	70	40
HB4532_6-1991_8	H6211075	M10	1.85	13	8	75	45	HB4532_6-1991_16	H6211280	M12	21.5	15	10	80	40

表 5-174　球面带肩螺钉（HB 4532.7—1991）尺寸　　单位：mm

二维图形	三维图形

标准件编号	标记代号	d	S	H	D（大径）	SR	A	B
HB4532_7-1991_1	H6221040	M10	13	10	21	16	40	26
HB4532_7-1991_2	H6221050	M10	13	10	21	16	50	30
HB4532_7-1991_3	H6221065	M10	13	10	21	16	65	45
HB4532_7-1991_4	H6221090	M10	13	10	21	16	90	45
HB4532_7-1991_5	H6221250	M12	15	12	24	20	50	30
HB4532_7-1991_6	H6221260	M12	15	12	24	20	60	35
HB4532_7-1991_7	H6221275	M12	15	12	24	20	75	50
HB4532_7-1991_8	H62212100	M12	15	12	24	20	100	50

表 5-175　过渡螺栓（HB 4532.8—1991）尺寸　　　　单位：mm

二维图形		三维图形
标准件编号	标记代号	*A*
HB4532_8-1991_1	H6321040	40
HB4532_8-1991_2	H6321045	45
HB4532_8-1991_3	H6321050	50
HB4532_8-1991_4	H6321055	55
HB4532_8-1991_5	H6321260	60
HB4532_8-1991_6	H6321065	65
HB4532_8-1991_7	H6321270	70
HB4532_8-1991_8	H6321275	75

表 5-176　活节螺栓（HB 4532.9—1991）尺寸　　　　单位：mm

二维图形				三维图形			
标准件编号	标记代号	*d*	*D*（大径）	*A*	*B*	*C*	SD_1
HB4532_9-1991_1	H6331035	M10	10	35	18	10	18
HB4532_9-1991_2	H6331050	M10	10	50	30	10	18
HB4532_9-1991_3	H6331075	M10	10	75	50	10	18
HB4532_9-1991_4	H6331235	M12	12	35	18	12	20
HB4532_9-1991_5	H6331250	M12	12	50	30	12	20
HB4532_9-1991_6	H6331275	M12	12	75	50	12	20
HB4532_9-1991_7	H63312100	M12	12	100	50	12	20

5.7　钻模类件

钻模类件包括钻套螺钉、衬套、固定钻套、快换钻套、钻模板、钻模支承垫片 1、钻模支承 1（Ⅰ型、Ⅱ型、Ⅲ型）、钻模支承垫片 2（Ⅰ型、Ⅱ型）、钻模支承 2（Ⅰ型、Ⅱ型）、钻模支承垫片 3、钻模支承 3（Ⅰ型、Ⅱ型、Ⅲ型）、过渡鞍板。其尺寸如表 5-177～表 5-200 所示。

表 5-177　钻套螺钉（HB 4533.1—1991）尺寸　　单位：mm

二维图形	三维图形
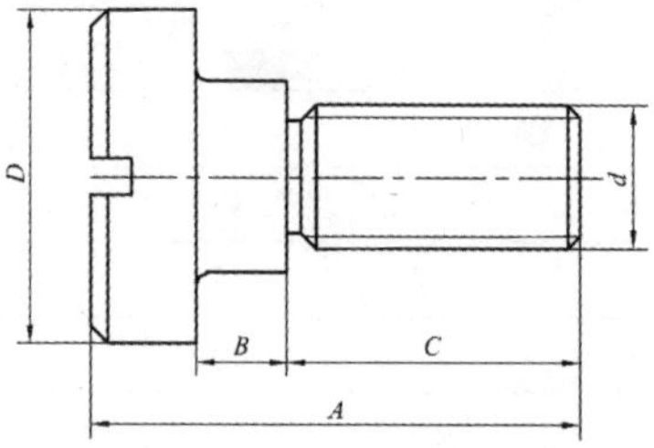	

标准件编号	标记代号	d	D（大径）	A	B	C
HB4533_1-1991_1	H71008	M5	17	18	6	9
HB4533_1-1991_2	H71012	M6	22	21	7	10
HB4533_1-1991_3	H71018	M7	29	24	8.5	11

表 5-178　衬套（HB 4533.2—1991）尺寸　　单位：mm

二维图形	三维图形
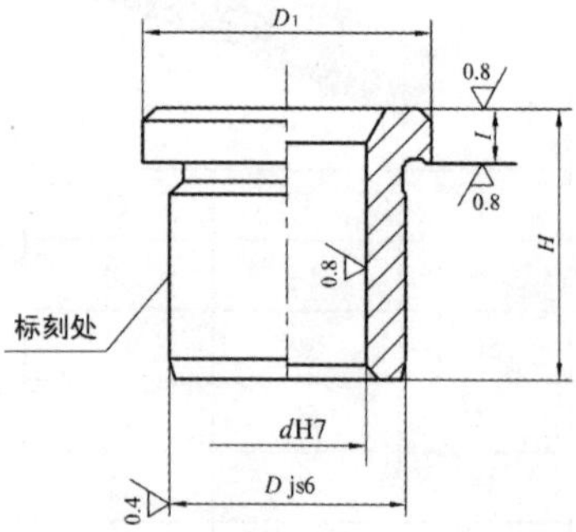	

标准件编号	标记代号	d	D（大径）	D_1	H	l
HB4533_2-1991_1	H7110812	8	12	15	15	3
HB4533_2-1991_2	H7111218	12	18	22	20	4
HB4533_2-1991_3	H7111826	18	26	30	26	4.5
HB4533_2-1991_4	H7112635	26	35	39	26	3
HB4533_2-1991_5	H7113548	35	48	52	32	3

表 5-179　固定钻套（HB 4533.3—1991）尺寸　　单位：mm

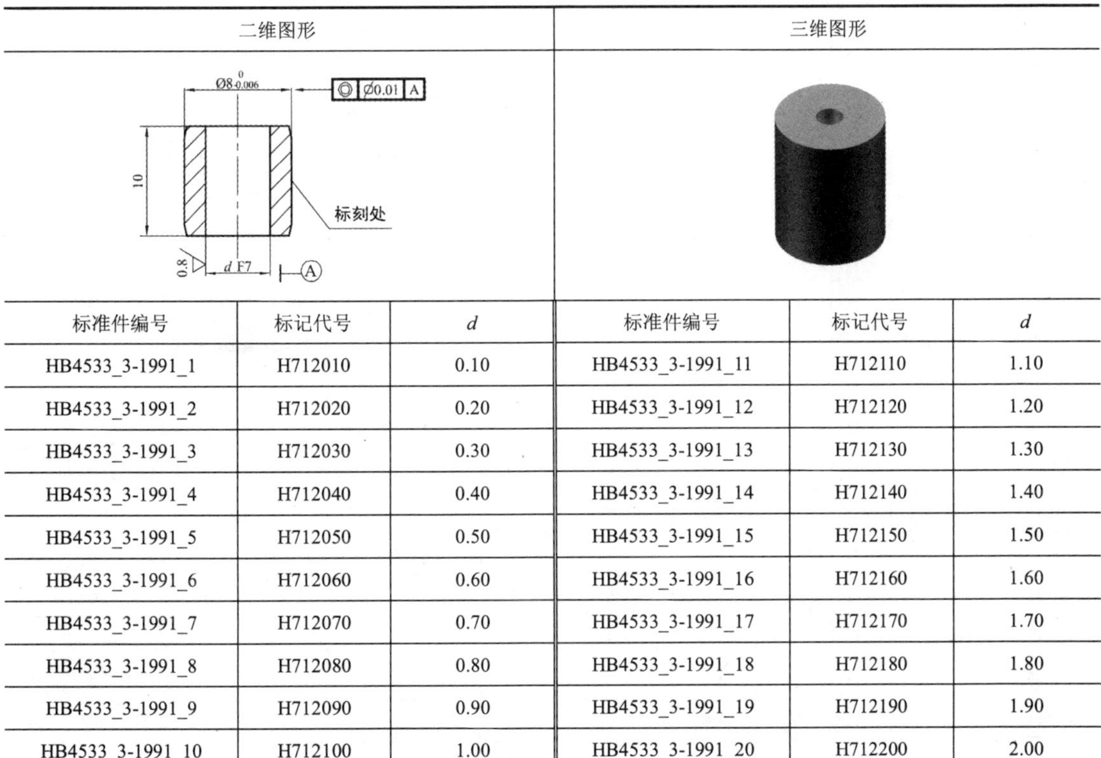

标准件编号	标记代号	d	标准件编号	标记代号	d
HB4533_3-1991_1	H712010	0.10	HB4533_3-1991_11	H712110	1.10
HB4533_3-1991_2	H712020	0.20	HB4533_3-1991_12	H712120	1.20
HB4533_3-1991_3	H712030	0.30	HB4533_3-1991_13	H712130	1.30
HB4533_3-1991_4	H712040	0.40	HB4533_3-1991_14	H712140	1.40
HB4533_3-1991_5	H712050	0.50	HB4533_3-1991_15	H712150	1.50
HB4533_3-1991_6	H712060	0.60	HB4533_3-1991_16	H712160	1.60
HB4533_3-1991_7	H712070	0.70	HB4533_3-1991_17	H712170	1.70
HB4533_3-1991_8	H712080	0.80	HB4533_3-1991_18	H712180	1.80
HB4533_3-1991_9	H712090	0.90	HB4533_3-1991_19	H712190	1.90
HB4533_3-1991_10	H712100	1.00	HB4533_3-1991_20	H712200	2.00

表 5-180　快换钻套（HB 4533.4—1991）尺寸　　单位：mm

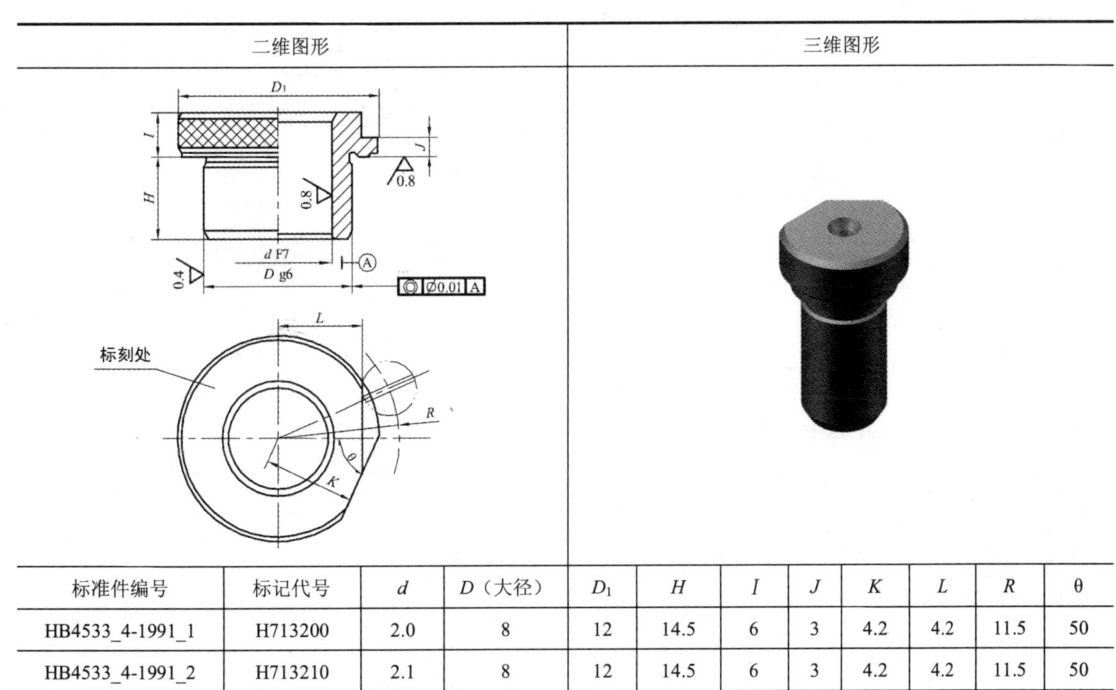

标准件编号	标记代号	d	D（大径）	D_1	H	I	J	K	L	R	θ
HB4533_4-1991_1	H713200	2.0	8	12	14.5	6	3	4.2	4.2	11.5	50
HB4533_4-1991_2	H713210	2.1	8	12	14.5	6	3	4.2	4.2	11.5	50

续表

标准件编号	标记代号	d	D（大径）	D_1	H	I	J	K	L	R	θ
HB4533_4-1991_3	H713220	2.2	8	12	14.5	6	3	4.2	4.2	11.5	50
HB4533_4-1991_4	H713230	2.3	8	12	14.5	6	3	4.2	4.2	11.5	50
HB4533_4-1991_5	H713240	2.4	8	12	14.5	6	3	4.2	4.2	11.5	50
HB4533_4-1991_6	H713250	2.5	8	12	14.5	6	3	4.2	4.2	11.5	50
HB4533_4-1991_7	H713260	2.6	8	12	14.5	6	3	4.2	4.2	11.5	50
HB4533_4-1991_8	H713270	2.7	8	12	14.5	6	3	4.2	4.2	11.5	50
HB4533_4-1991_9	H713280	2.8	8	12	14.5	6	3	4.2	4.2	11.5	50
HB4533_4-1991_10	H713290	2.9	8	12	14.5	6	3	4.2	4.2	11.5	50
HB4533_4-1991_11	H713300	3.0	8	12	14.5	6	3	4.2	4.2	11.5	50
HB4533_4-1991_12	H713310	3.1	8	12	14.5	6	3	4.2	4.2	11.5	50
HB4533_4-1991_13	H713320	3.2	8	12	14.5	6	3	4.2	4.2	11.5	50
HB4533_4-1991_14	H713330	3.3	8	12	14.5	6	3	4.2	4.2	11.5	50
HB4533_4-1991_15	H713340	3.4	8	12	14.5	6	3	4.2	4.2	11.5	50
HB4533_4-1991_16	H713350	3.5	8	12	14.5	6	3	4.2	4.2	11.5	50
HB4533_4-1991_17	H713360	3.6	8	12	14.5	6	3	4.2	4.2	11.5	50
HB4533_4-1991_18	H713370	3.7	8	12	14.5	6	3	4.2	4.2	11.5	50
HB4533_4-1991_19	H713380	3.8	8	12	14.5	6	3	4.2	4.2	11.5	50
HB4533_4-1991_20	H713390	3.9	8	12	14.5	6	3	4.2	4.2	11.5	50
HB4533_4-1991_21	H713400	4.0	8	12	14.5	6	3	4.2	4.2	11.5	50
HB4533_4-1991_22	H713410	4.1	12	18	14.5	8	3	6.5	6.2	13.5	50
HB4533_4-1991_23	H713420	4.2	12	18	14.5	8	3	6.5	6.2	13.5	50
HB4533_4-1991_24	H713430	4.3	12	18	14.5	8	3	6.5	6.2	13.5	50
HB4533_4-1991_25	H713440	4.4	12	18	14.5	8	3	6.5	6.2	13.5	50
HB4533_4-1991_26	H713450	4.5	12	18	14.5	8	3	6.5	6.2	13.5	50
HB4533_4-1991_27	H713460	4.6	12	18	14.5	8	3	6.5	6.2	13.5	50
HB4533_4-1991_28	H713470	4.7	12	18	14.5	8	3	6.5	6.2	13.5	50
HB4533_4-1991_29	H713480	4.8	12	18	14.5	8	3	6.5	6.2	13.5	50
HB4533_4-1991_30	H713490	4.9	12	18	14.5	8	3	6.5	6.2	13.5	50
HB4533_4-1991_31	H713500	5.0	12	18	14.5	8	3	6.5	6.2	13.5	50
HB4533_4-1991_32	H713510	5.1	12	18	14.5	8	3	6.5	6.2	13.5	50
HB4533_4-1991_33	H713520	5.2	12	18	14.5	8	3	6.5	6.2	13.5	50
HB4533_4-1991_34	H713530	5.3	12	18	14.5	8	3	6.5	6.2	13.5	50
HB4533_4-1991_35	H713540	5.4	12	18	14.5	8	3	6.5	6.2	13.5	50
HB4533_4-1991_36	H713550	5.5	12	18	14.5	8	3	6.5	6.2	13.5	50
HB4533_4-1991_37	H713560	5.6	12	18	14.5	8	3	6.5	6.2	13.5	50
HB4533_4-1991_38	H713570	5.7	12	18	14.5	8	3	6.5	6.2	13.5	50

续表

标准件编号	标记代号	d	D（大径）	D_1	H	I	J	K	L	R	θ
HB4533_4-1991_39	H713580	5.8	12	18	14.5	8	3	6.5	6.2	13.5	50
HB4533_4-1991_40	H713590	5.9	12	18	14.5	8	3	6.5	6.2	13.5	50
HB4533_4-1991_41	H713600	6.0	12	18	14.5	8	3	6.5	6.2	13.5	50
HB4533_4-1991_42	H713610	6.1	12	18	14.5	8	3	6.5	6.2	13.5	50
HB4533_4-1991_43	H713620	6.2	12	18	14.5	8	3	6.5	6.2	13.5	50
HB4533_4-1991_44	H713630	6.3	12	18	14.5	8	3	6.5	6.2	13.5	50
HB4533_4-1991_45	H713640	6.4	12	18	14.5	8	3	6.5	6.2	13.5	50
HB4533_4-1991_46	H713650	6.5	12	18	14.5	8	3	6.5	6.2	13.5	50
HB4533_4-1991_47	H713660	6.6	12	18	14.5	8	3	6.5	6.2	13.5	50
HB4533_4-1991_48	H713670	6.7	12	18	14.5	8	3	6.5	6.2	13.5	50
HB4533_4-1991_49	H713680	6.8	12	18	14.5	8	3	6.5	6.2	13.5	50
HB4533_4-1991_50	H713690	6.9	12	18	14.5	8	3	6.5	6.2	13.5	50
HB4533_4-1991_51	H713700	7.0	12	18	14.5	8	3	6.5	6.2	13.5	50
HB4533_4-1991_52	H713710	7.1	12	18	14.5	8	3	6.5	6.2	13.5	50
HB4533_4-1991_53	H713720	7.2	12	18	14.5	8	3	6.5	6.2	13.5	50
HB4533_4-1991_54	H713730	7.3	12	18	14.5	8	3	6.5	6.2	13.5	50
HB4533_4-1991_55	H713740	7.4	12	18	14.5	8	3	6.5	6.2	13.5	50
HB4533_4-1991_56	H713750	7.5	12	18	14.5	8	3	6.5	6.2	13.5	50
HB4533_4-1991_57	H713760	7.6	12	18	14.5	8	3	6.5	6.2	13.5	50
HB4533_4-1991_58	H713770	7.7	12	18	14.5	8	3	6.5	6.2	13.5	50
HB4533_4-1991_59	H713780	7.8	12	18	14.5	8	3	6.5	6.2	13.5	50
HB4533_4-1991_60	H713790	7.9	12	18	14.5	8	3	6.5	6.2	13.5	50
HB4533_4-1991_61	H713800	8.0	12	18	14.5	8	3	6.5	6.2	13.5	50
HB4533_4-1991_62	H713820	8.2	18	25	19.5	10	4	9.5	9.2	18.5	55
HB4533_4-1991_63	H713840	8.4	18	25	19.5	10	4	9.5	9.2	18.5	55
HB4533_4-1991_64	H713860	8.6	18	25	19.5	10	4	9.5	9.2	18.5	55
HB4533_4-1991_65	H713880	8.8	18	25	19.5	10	4	9.5	9.2	18.5	55
HB4533_4-1991_66	H713900	9.0	18	25	19.5	10	4	9.5	9.2	18.5	55
HB4533_4-1991_67	H713920	9.2	18	25	19.5	10	4	9.5	9.2	18.5	55
HB4533_4-1991_68	H713940	9.4	18	25	19.5	10	4	9.5	9.2	18.5	55
HB4533_4-1991_69	H713960	9.6	18	25	19.5	10	4	9.5	9.2	18.5	55
HB4533_4-1991_70	H713980	9.8	18	25	19.5	10	4	9.5	9.2	18.5	55
HB4533_4-1991_71	H7131000	10.0	18	25	19.5	10	4	9.5	9.2	18.5	55
HB4533_4-1991_72	H7131020	10.2	18	25	19.5	10	4	9.5	9.2	18.5	55
HB4533_4-1991_73	H7131040	10.4	18	25	19.5	10	4	9.5	9.2	18.5	55
HB4533_4-1991_74	H7131060	10.6	18	25	19.5	10	4	9.5	9.2	18.5	55

续表

标准件编号	标记代号	*d*	*D*（大径）	D_1	*H*	*I*	*J*	*K*	*L*	*R*	θ
HB4533_4-1991_75	H7131080	10.8	18	25	19.5	10	4	9.5	9.2	18.5	55
HB4533_4-1991_76	H7131100	11.0	18	25	19.5	10	4	9.5	9.2	18.5	55
HB4533_4-1991_77	H7131120	11.2	18	25	19.5	10	4	9.5	9.2	18.5	55
HB4533_4-1991_78	H7131140	11.4	18	25	19.5	10	4	9.5	9.2	18.5	55
HB4533_4-1991_79	H7131160	11.6	18	25	19.5	10	4	9.5	9.2	18.5	55
HB4533_4-1991_80	H7131180	11.8	18	25	19.5	10	4	9.5	9.2	18.5	55
HB4533_4-1991_81	H7131200	12.0	18	25	19.5	10	4	9.5	9.2	18.5	55
HB4533_4-1991_82	H7131250	12.5	26	34	24.5	12	5.5	13.5	13.5	25	55
HB4533_4-1991_83	H7131300	13.0	26	34	24.5	12	5.5	13.5	13.5	25	55
HB4533_4-1991_84	H7131350	13.5	26	34	24.5	12	5.5	13.5	13.5	25	55
HB4533_4-1991_85	H7131400	14.0	26	34	24.5	12	5.5	13.5	13.5	25	55
HB4533_4-1991_86	H7131450	14.5	26	34	24.5	12	5.5	13.5	13.5	25	55
HB4533_4-1991_87	H7131500	15.0	26	34	24.5	12	5.5	13.5	13.5	25	55
HB4533_4-1991_88	H7131550	15.5	26	34	24.5	12	5.5	13.5	13.5	25	55
HB4533_4-1991_89	H7131600	16.0	26	34	24.5	12	5.5	13.5	13.5	25	55
HB4533_4-1991_90	H7131650	16.5	26	34	24.5	12	5.5	13.5	13.5	25	55
HB4533_4-1991_91	H7131700	17.0	26	34	24.5	12	5.5	13.5	13.5	25	55
HB4533_4-1991_92	H7131750	17.5	26	34	24.5	12	5.5	13.5	13.5	25	55
HB4533_4-1991_93	H7131800	18.0	26	34	24.5	12	5.5	13.5	13.5	25	55
HB4533_4-1991_94	H7131900	19.0	35	46	24.5	12	5.5	18.2	18	29.5	55
HB4533_4-1991_95	H7132000	20.0	35	46	24.5	12	5.5	18.2	18	29.5	55
HB4533_4-1991_96	H7132100	21.0	35	46	24.5	12	5.5	18.2	18	29.5	55
HB4533_4-1991_97	H7132200	22.0	35	46	24.5	12	5.5	18.2	18	29.5	55
HB4533_4-1991_98	H7132300	23.0	35	46	24.5	12	5.5	18.2	18	29.5	55
HB4533_4-1991_99	H7132400	24.0	35	46	24.5	12	5.5	18.2	18	29.5	55
HB4533_4-1991_100	H7132500	25.0	35	46	24.5	12	5.5	18.2	18	29.5	55
HB4533_4-1991_101	H7132600	26.0	35	46	24.5	12	5.5	18.2	18	29.5	55
HB4533_4-1991_102	H7132700	27.0	48	59	29	12	5.5	24.5	24.5	36	65
HB4533_4-1991_103	H7132800	28.0	48	59	29	12	5.5	24.5	24.5	36	65
HB4533_4-1991_104	H7132900	29.0	48	59	29	12	5.5	24.5	24.5	36	65
HB4533_4-1991_105	H7133000	30.0	48	59	29	12	5.5	24.5	24.5	36	65
HB4533_4-1991_106	H7133100	31.0	48	59	29	12	5.5	24.5	24.5	36	65
HB4533_4-1991_107	H7133200	32.0	48	59	29	12	5.5	24.5	24.5	36	65
HB4533_4-1991_108	H7133300	33.0	48	59	29	12	5.5	24.5	24.5	36	65
HB4533_4-1991_109	H7133400	34.0	48	59	29	12	5.5	24.5	24.5	36	65
HB4533_4-1991_110	H7133500	35.0	48	59	29	12	5.5	24.5	24.5	36	65

表 5-181　钻模板 1（HB 4533.5—1991）尺寸

单位：mm

二维图形		三维图形
标准件编号	标记代号	*A*
HB4533_5-1991_1	H72165	65
HB4533_5-1991_2	H72178	77.5
HB4533_5-1991_3	H72190	90
HB4533_5-1991_4	H721103	102.5
HB4533_5-1991_5	H721115	115
HB4533_5-1991_6	H721128	127.5
HB4533_5-1991_7	H721140	140

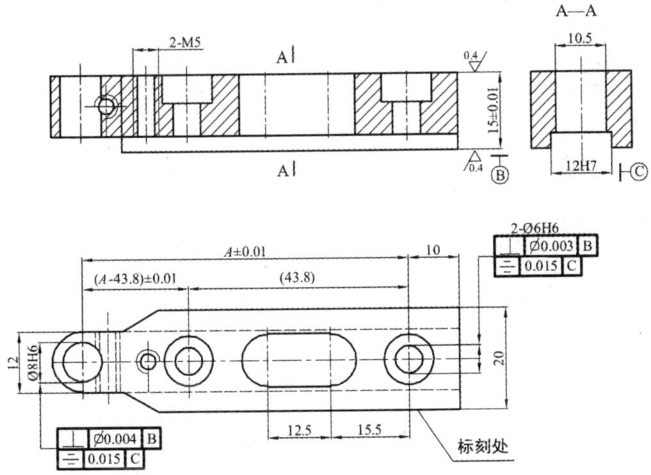

表 5-182　钻模板 2（HB 4533.6—1991）尺寸

单位：mm

二维图形	三维图形

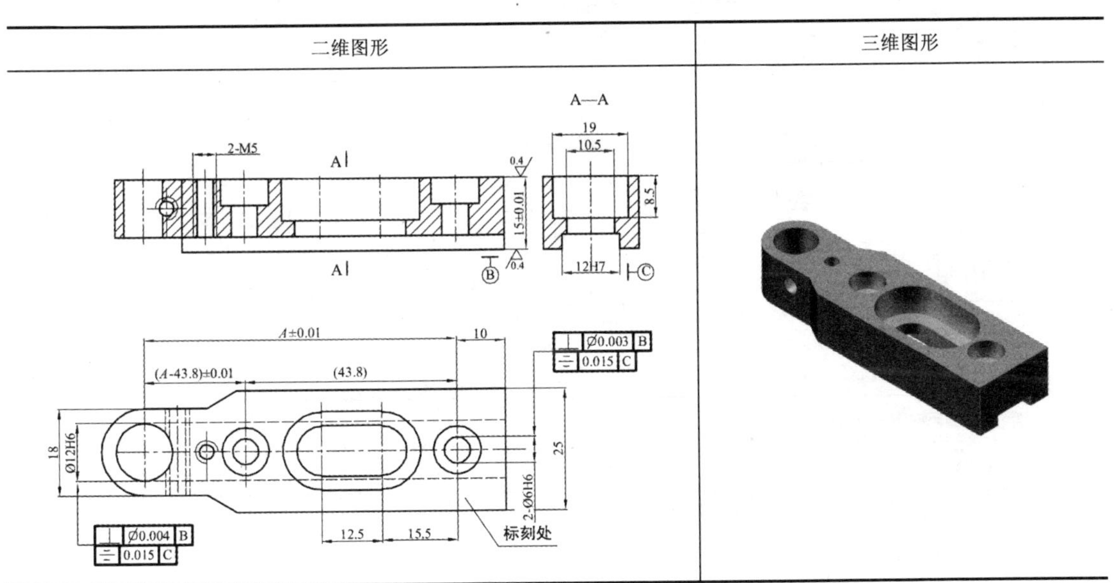

续表

标准件编号	标记代号	A
HB4533_6-1991_1	H72270	70
HB4533_6-1991_2	H72283	82.5
HB4533_6-1991_3	H72295	95
HB4533_6-1991_4	H722108	107.5
HB4533_6-1991_5	H722120	120
HB4533_6-1991_6	H722133	132.5
HB4533_6-1991_7	H722145	145

表 5-183 钻模板 3（HB 4533.7—1991）尺寸 单位：mm

二维图形	三维图形

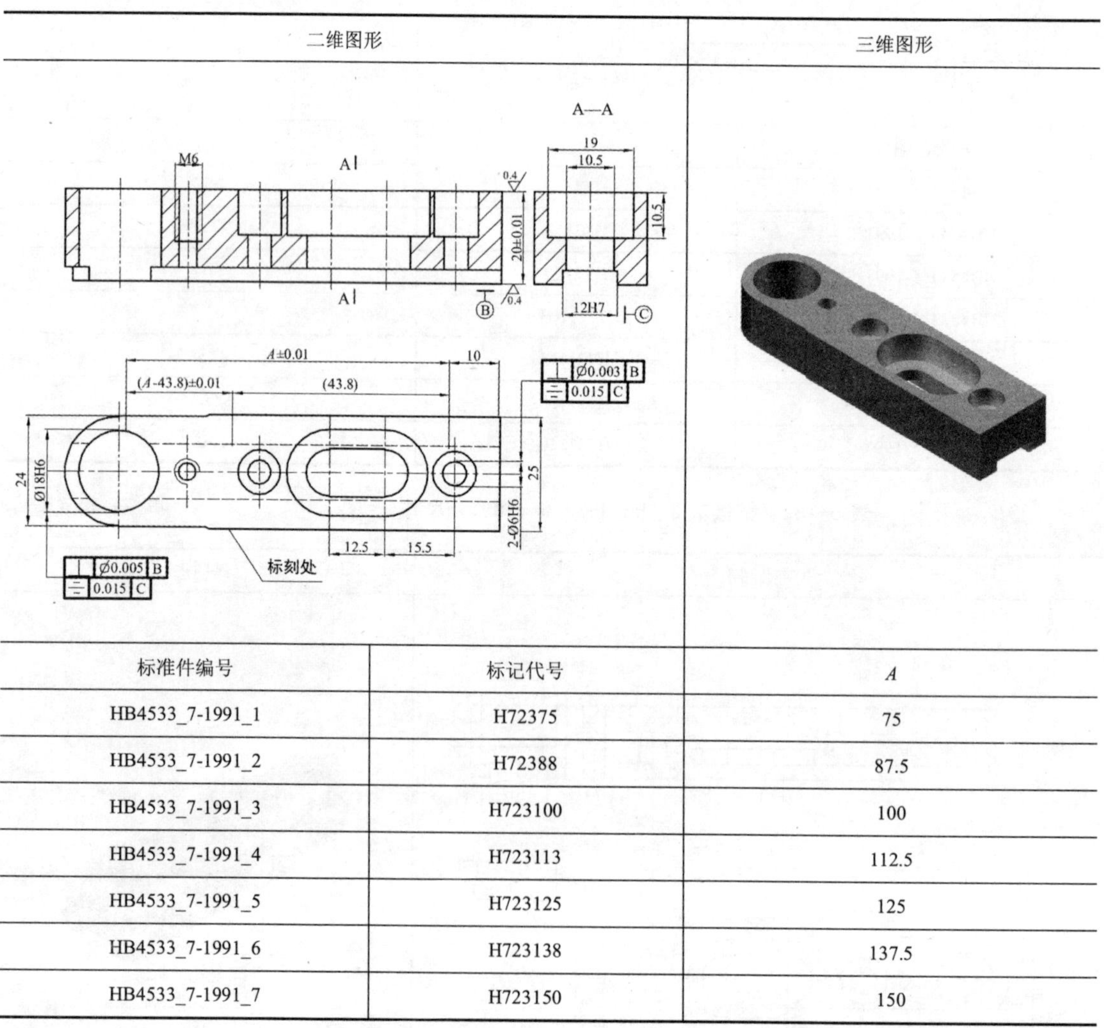

标准件编号	标记代号	A
HB4533_7-1991_1	H72375	75
HB4533_7-1991_2	H72388	87.5
HB4533_7-1991_3	H723100	100
HB4533_7-1991_4	H723113	112.5
HB4533_7-1991_5	H723125	125
HB4533_7-1991_6	H723138	137.5
HB4533_7-1991_7	H723150	150

表 5-184　钻模板 4（HB 4533.8—1991）尺寸　　单位：mm

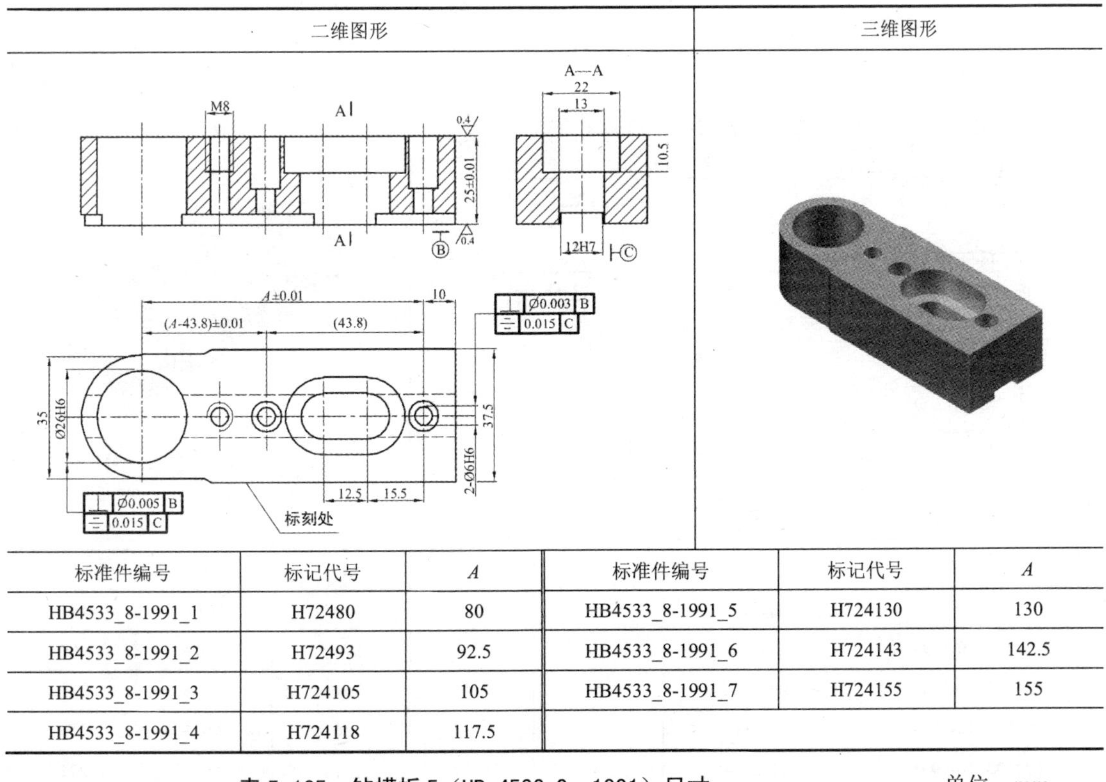

标准件编号	标记代号	A	标准件编号	标记代号	A
HB4533_8-1991_1	H72480	80	HB4533_8-1991_5	H724130	130
HB4533_8-1991_2	H72493	92.5	HB4533_8-1991_6	H724143	142.5
HB4533_8-1991_3	H724105	105	HB4533_8-1991_7	H724155	155
HB4533_8-1991_4	H724118	117.5			

表 5-185　钻模板 5（HB 4533.9—1991）尺寸　　单位：mm

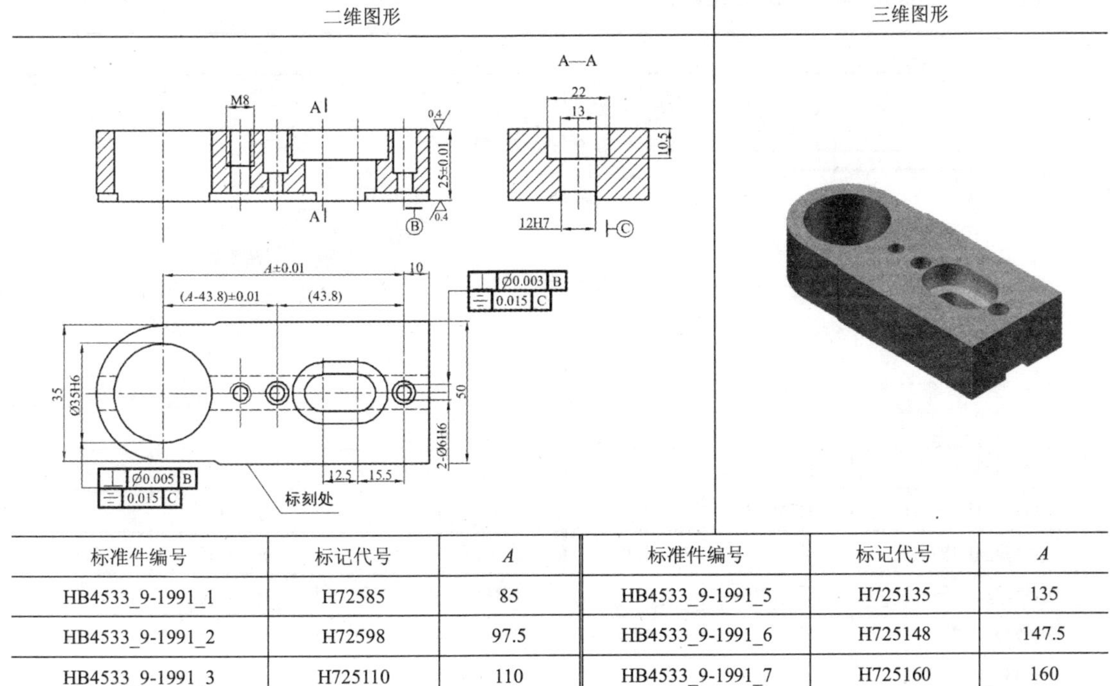

标准件编号	标记代号	A	标准件编号	标记代号	A
HB4533_9-1991_1	H72585	85	HB4533_9-1991_5	H725135	135
HB4533_9-1991_2	H72598	97.5	HB4533_9-1991_6	H725148	147.5
HB4533_9-1991_3	H725110	110	HB4533_9-1991_7	H725160	160
HB4533_9-1991_4	H725123	122.5			

表 5-186　钻模板 6（HB 4533.10—1991）尺寸　　单位：mm

二维图形	三维图形

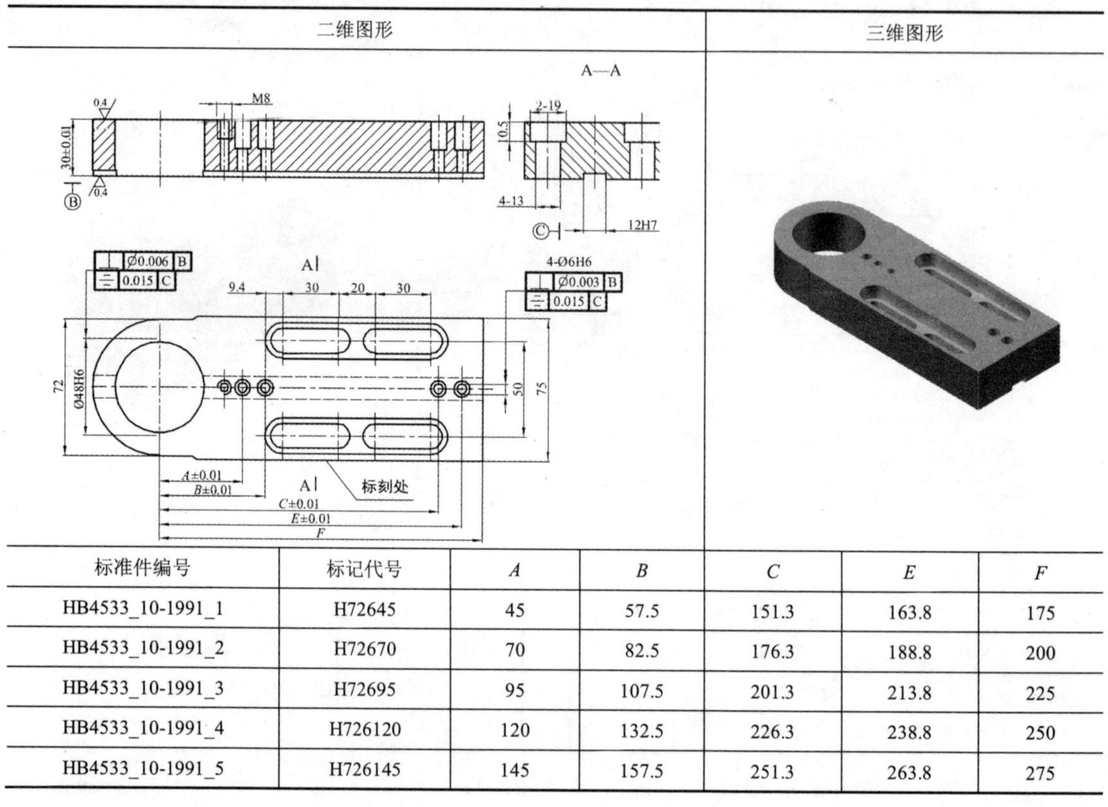

标准件编号	标记代号	*A*	*B*	*C*	*E*	*F*
HB4533_10-1991_1	H72645	45	57.5	151.3	163.8	175
HB4533_10-1991_2	H72670	70	82.5	176.3	188.8	200
HB4533_10-1991_3	H72695	95	107.5	201.3	213.8	225
HB4533_10-1991_4	H726120	120	132.5	226.3	238.8	250
HB4533_10-1991_5	H726145	145	157.5	251.3	263.8	275

表 5-187　钻模支承垫片 1（HB 4533.11—1991）尺寸　　单位：mm

二维图形	三维图形

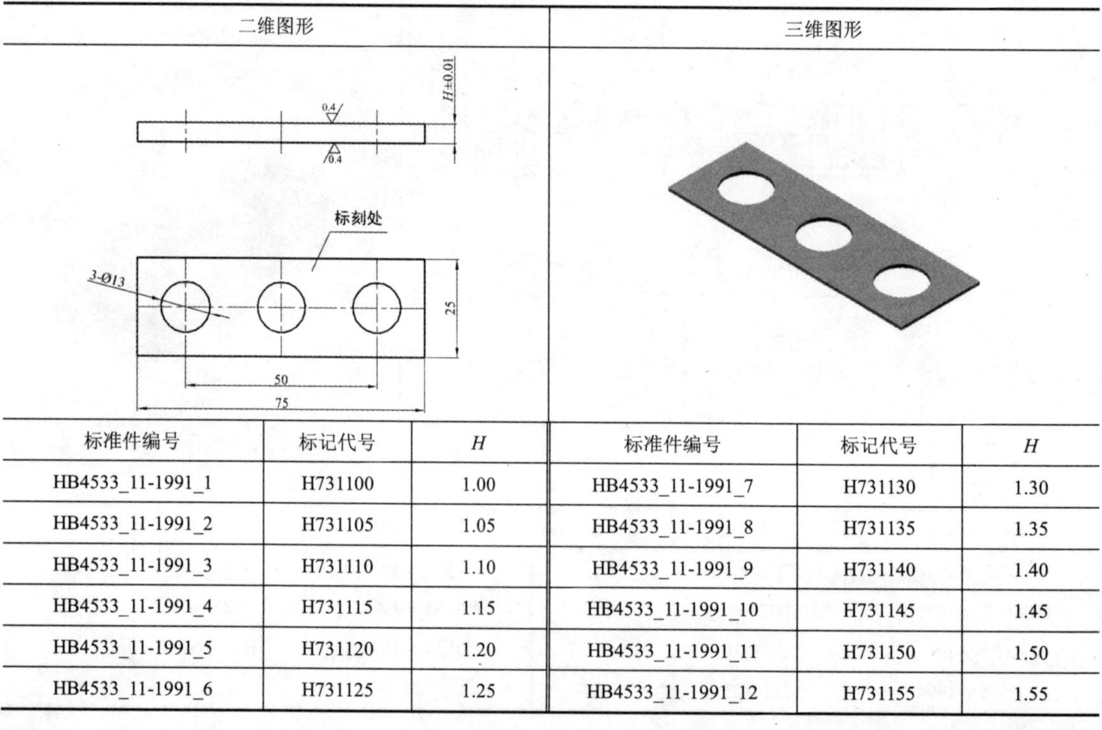

标准件编号	标记代号	*H*	标准件编号	标记代号	*H*
HB4533_11-1991_1	H731100	1.00	HB4533_11-1991_7	H731130	1.30
HB4533_11-1991_2	H731105	1.05	HB4533_11-1991_8	H731135	1.35
HB4533_11-1991_3	H731110	1.10	HB4533_11-1991_9	H731140	1.40
HB4533_11-1991_4	H731115	1.15	HB4533_11-1991_10	H731145	1.45
HB4533_11-1991_5	H731120	1.20	HB4533_11-1991_11	H731150	1.50
HB4533_11-1991_6	H731125	1.25	HB4533_11-1991_12	H731155	1.55

续表

标准件编号	标记代号	*H*	标准件编号	标记代号	*H*
HB4533_11-1991_13	H731160	1.60	HB4533_11-1991_19	H731190	1.90
HB4533_11-1991_14	H731165	1.65	HB4533_11-1991_20	H731195	1.95
HB4533_11-1991_15	H731170	1.70	HB4533_11-1991_21	H731200	2.00
HB4533_11-1991_16	H731175	1.75	HB4533_11-1991_22	H731300	3.00
HB4533_11-1991_17	H731180	1.80	HB4533_11-1991_23	H731500	5.00
HB4533_11-1991_18	H731185	1.85			

表 5-188　钻模支承 1（Ⅰ型）（HB 4533.12—1991）尺寸　　单位：mm

二维图形	三维图形

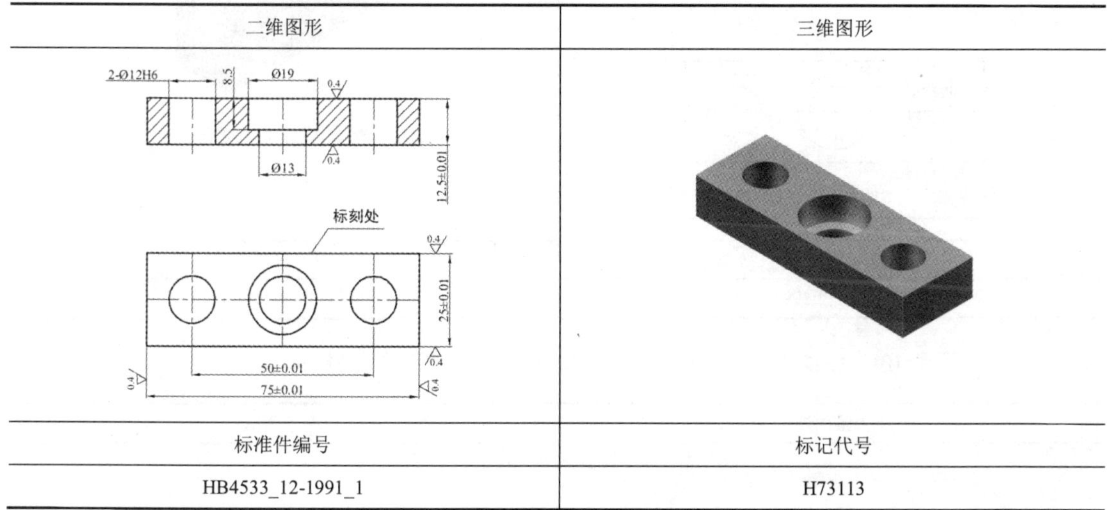

标准件编号	标记代号
HB4533_12-1991_1	H73113

表 5-189　钻模支承 1（Ⅱ型）（HB 4533.12—1991）尺寸　　单位：mm

二维图形	三维图形

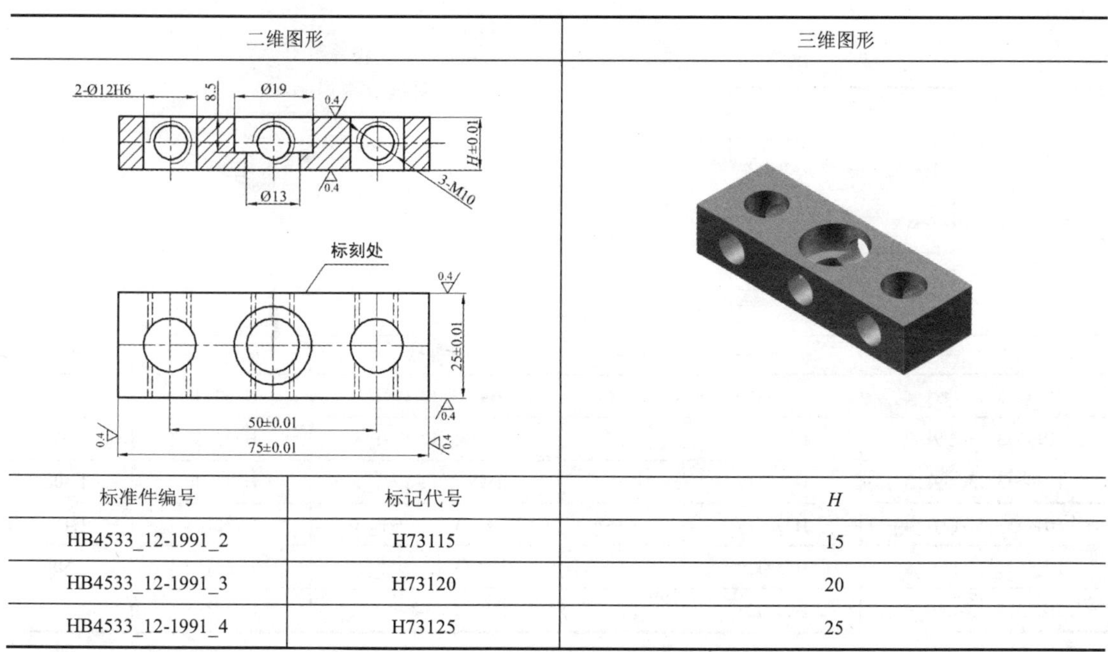

标准件编号	标记代号	*H*
HB4533_12-1991_2	H73115	15
HB4533_12-1991_3	H73120	20
HB4533_12-1991_4	H73125	25

表 5-190　钻模支承 1（Ⅲ型）（HB 4533.12—1991）尺寸　　单位：mm

二维图形	三维图形

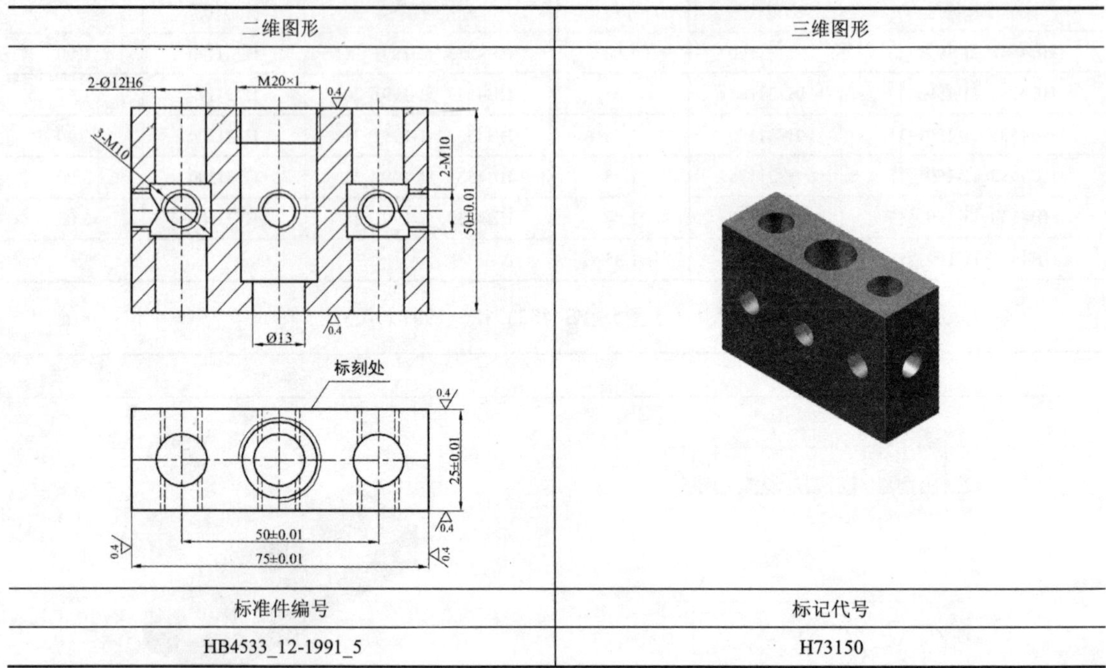

标准件编号	标记代号
HB4533_12-1991_5	H73150

表 5-191　钻模支承垫片 2（Ⅰ型）（HB 4533.13—1991）尺寸　　单位：mm

二维图形	三维图形

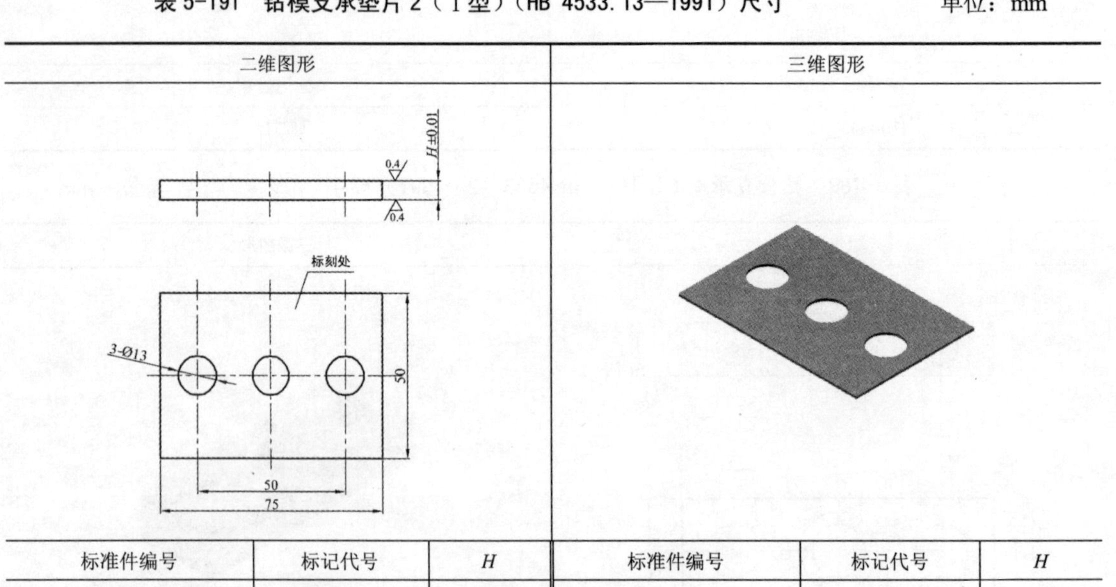

标准件编号	标记代号	H	标准件编号	标记代号	H
HB4533_13-1991_1	H732100	1.00	HB4533_13-1991_7	H732130	1.30
HB4533_13-1991_2	H732105	1.05	HB4533_13-1991_8	H732135	1.35
HB4533_13-1991_3	H732110	1.10	HB4533_13-1991_9	H732140	1.40
HB4533_13-1991_4	H732115	1.15	HB4533_13-1991_10	H732145	1.45
HB4533_13-1991_5	H732120	1.20	HB4533_13-1991_11	H732150	1.50
HB4533_13-1991_6	H732125	1.25	HB4533_13-1991_12	H732155	1.55

续表

标准件编号	标记代号	*H*	标准件编号	标记代号	*H*
HB4533_13-1991_13	H732160	1.60	HB4533_13-1991_19	H732190	1.90
HB4533_13-1991_14	H732165	1.65	HB4533_13-1991_20	H732195	1.95
HB4533_13-1991_15	H732170	1.70	HB4533_13-1991_21	H732200	2.00
HB4533_13-1991_16	H732175	1.75	HB4533_13-1991_22	H732300	3.00
HB4533_13-1991_17	H732180	1.80	HB4533_13-1991_23	H732500	5.00
HB4533_13-1991_18	H732185	1.85			

表 5-192　钻模支承垫片 2（Ⅱ型）（HB 4533.13—1991）尺寸　　单位：mm

二维图形	三维图形

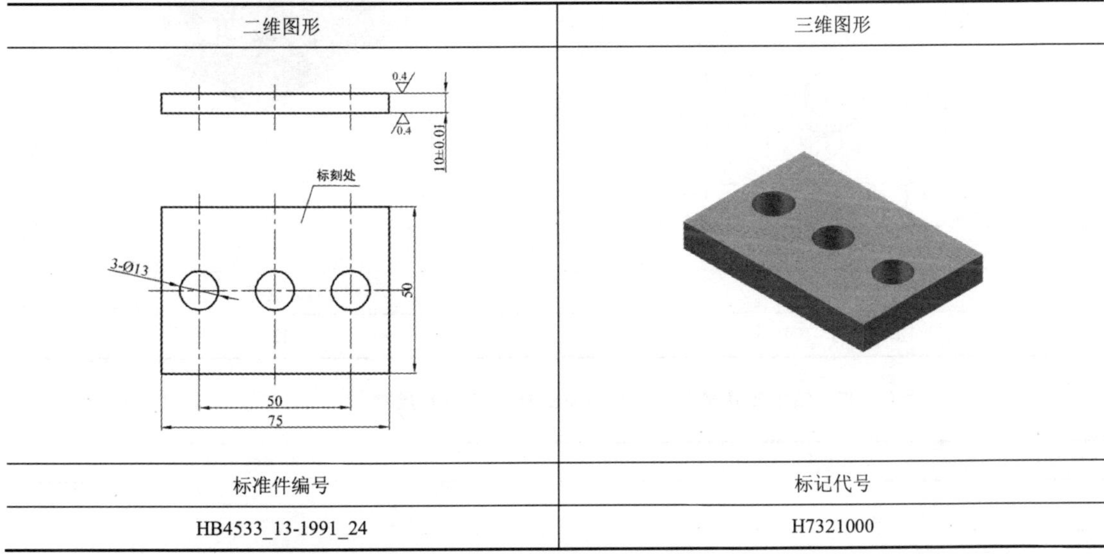

标准件编号	标记代号
HB4533_13-1991_24	H7321000

表 5-193　钻模支承 2（Ⅰ型）（HB 4533.14—1991）尺寸　　单位：mm

二维图形	三维图形

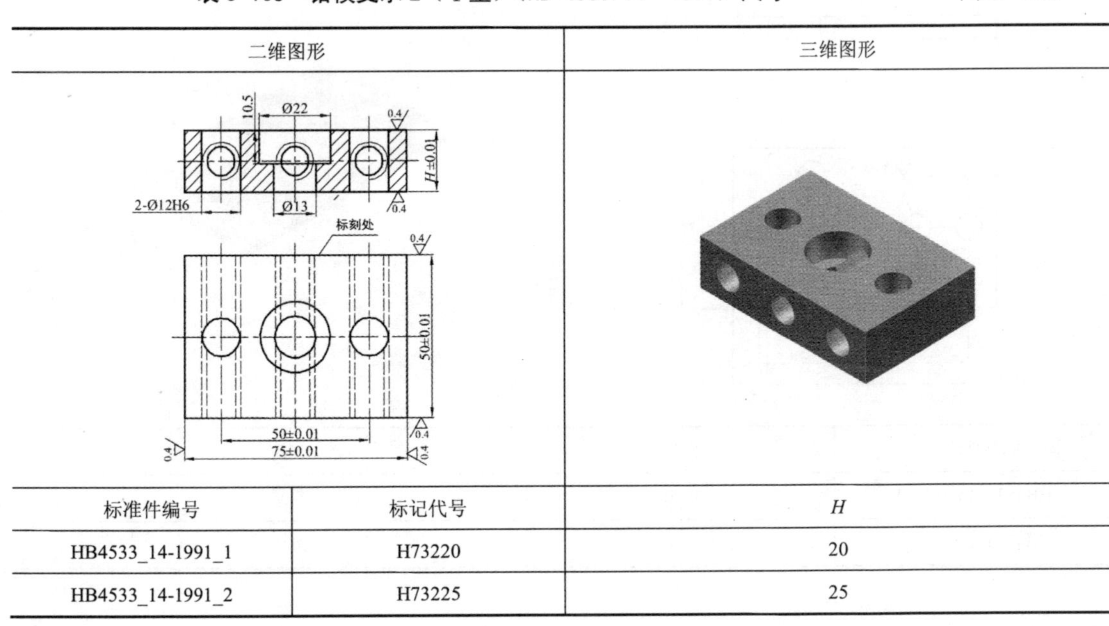

标准件编号	标记代号	*H*
HB4533_14-1991_1	H73220	20
HB4533_14-1991_2	H73225	25

表 5-194　钻模支承 2（Ⅱ型）（HB 4533.14—1991）尺寸　　　　单位：mm

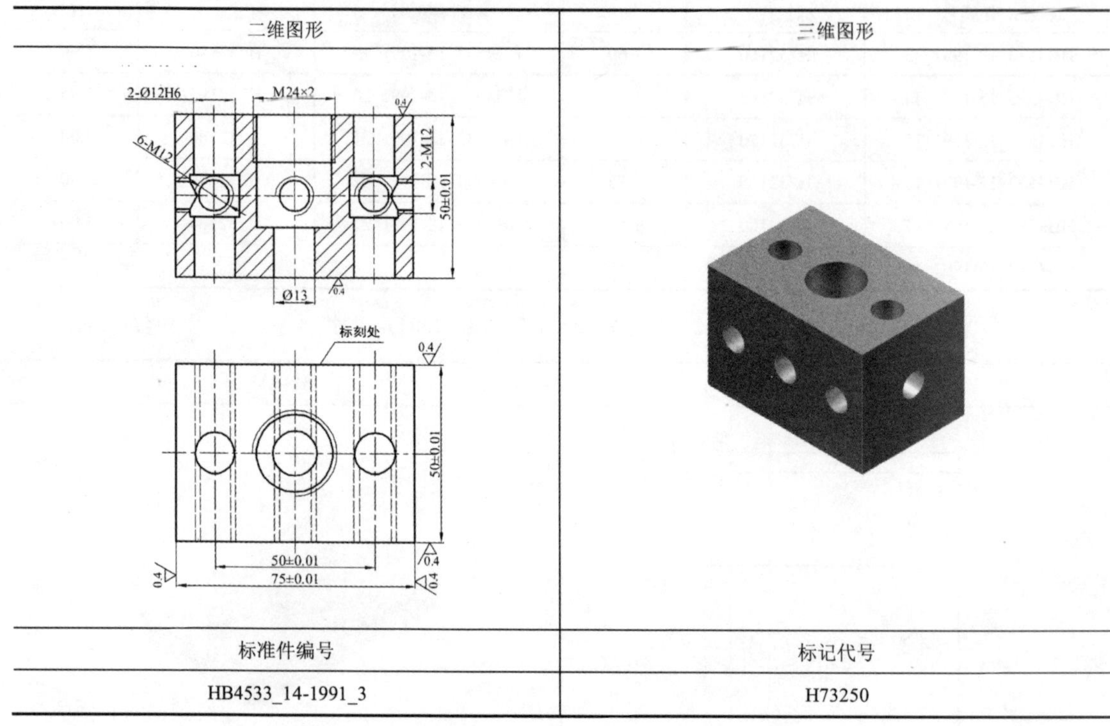

二维图形	三维图形
标准件编号	标记代号
HB4533_14-1991_3	H73250

表 5-195　钻模支承垫片 3（HB 4533.15—1991）尺寸　　　　单位：mm

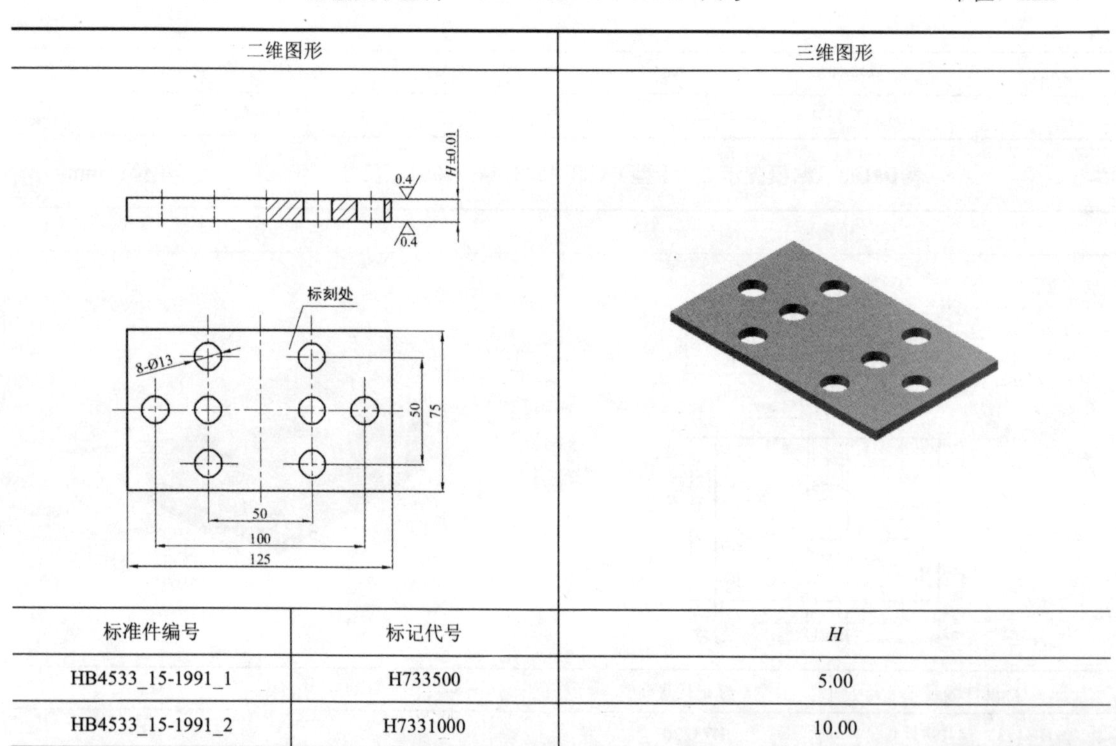

标准件编号	标记代号	H
HB4533_15-1991_1	H733500	5.00
HB4533_15-1991_2	H7331000	10.00

表 5-196 钻模支承 3（Ⅰ型）（HB 4533.16—1991）尺寸　　　单位：mm

二维图形	三维图形
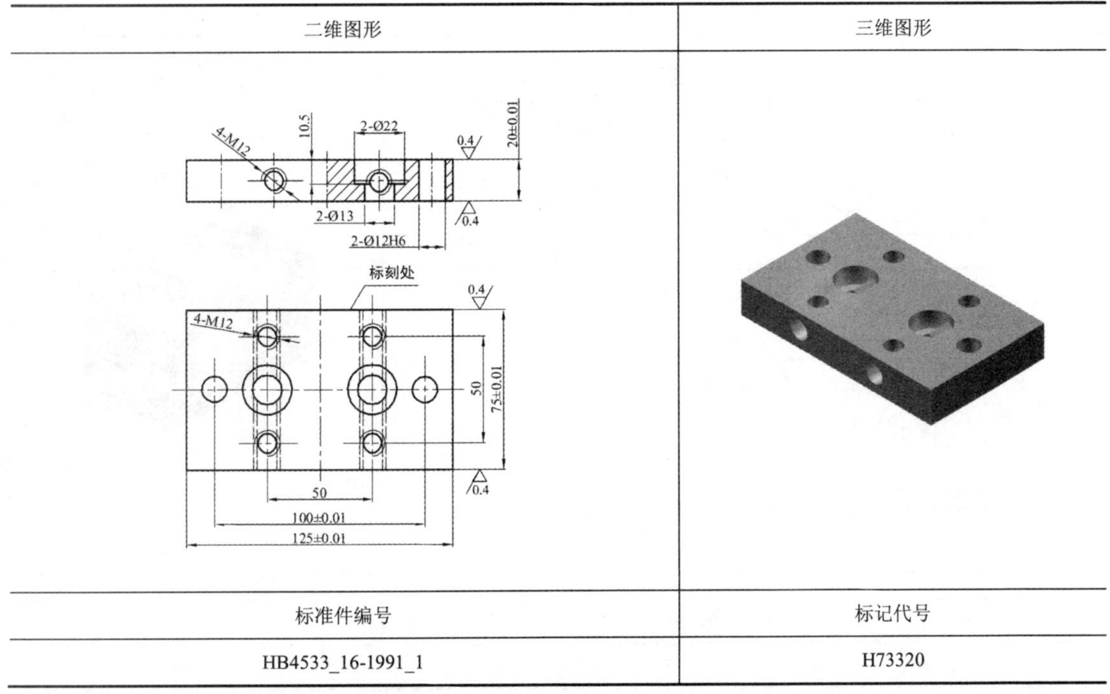	
标准件编号	标记代号
HB4533_16-1991_1	H73320

表 5-197 钻模支承 3（Ⅱ型）（HB 4533.16—1991）尺寸　　　单位：mm

二维图形	三维图形
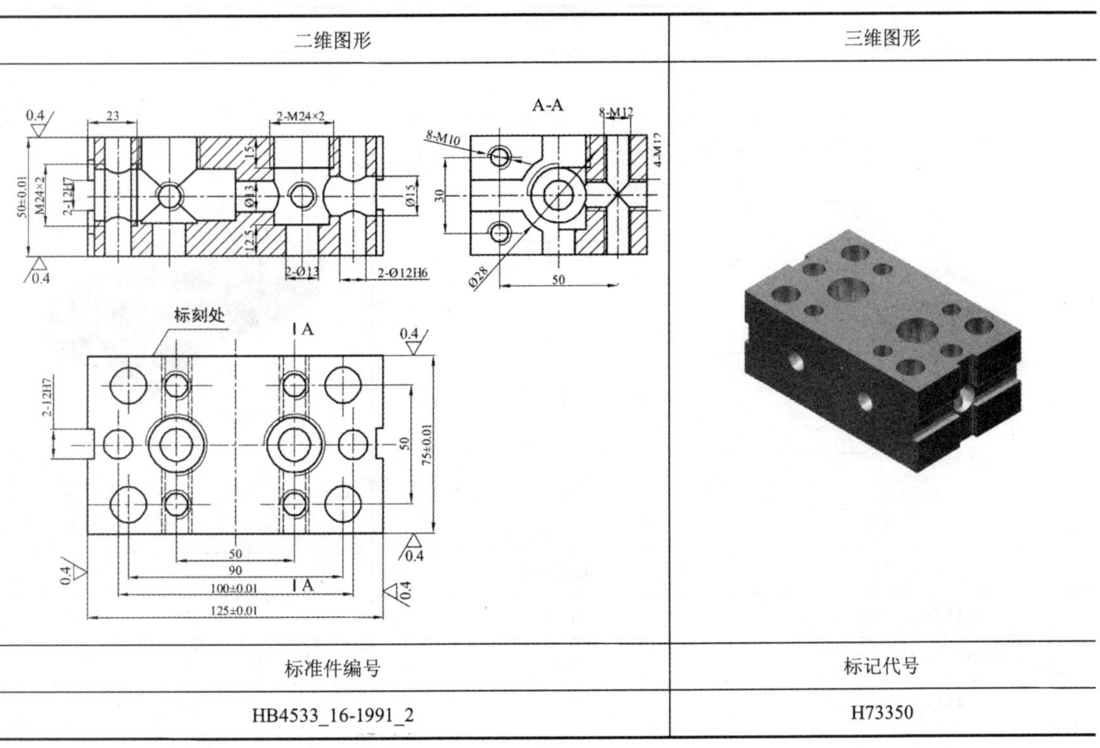	
标准件编号	标记代号
HB4533_16-1991_2	H73350

表 5-198 钻模支承 3（Ⅲ型）（HB 4533.16—1991）尺寸　　单位：mm

二维图形	三维图形

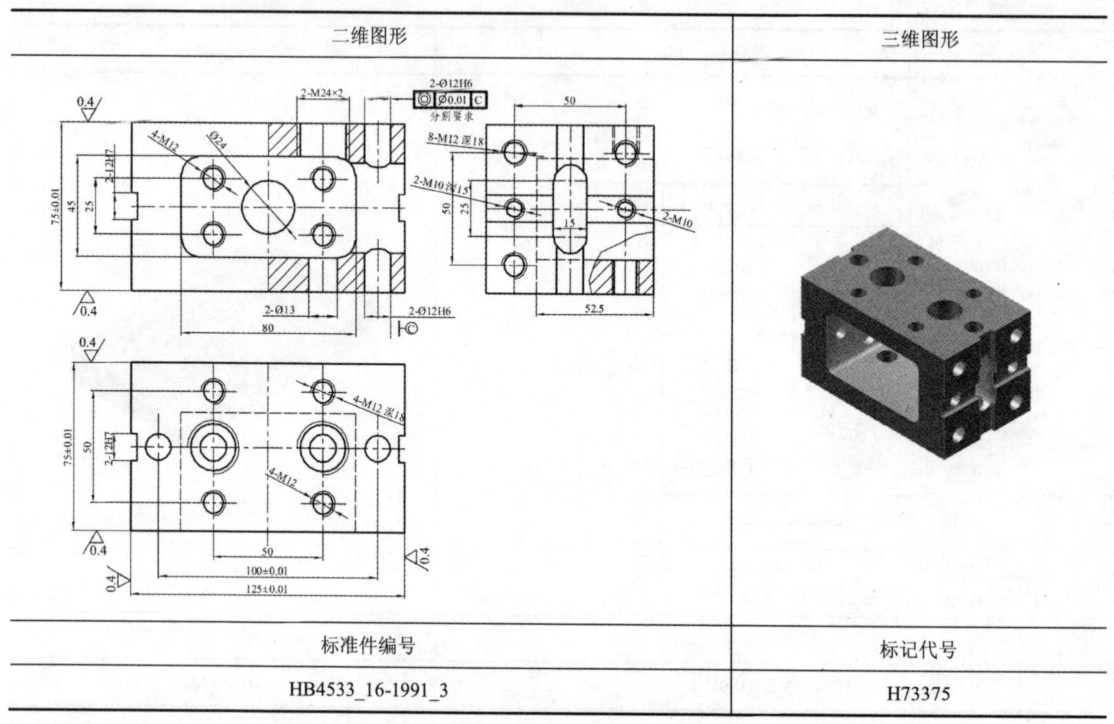

标准件编号	标记代号
HB4533_16-1991_3	H73375

表 5-199 过渡鞍板 1（HB 4533.17—1991）尺寸　　单位：mm

二维图形	三维图形

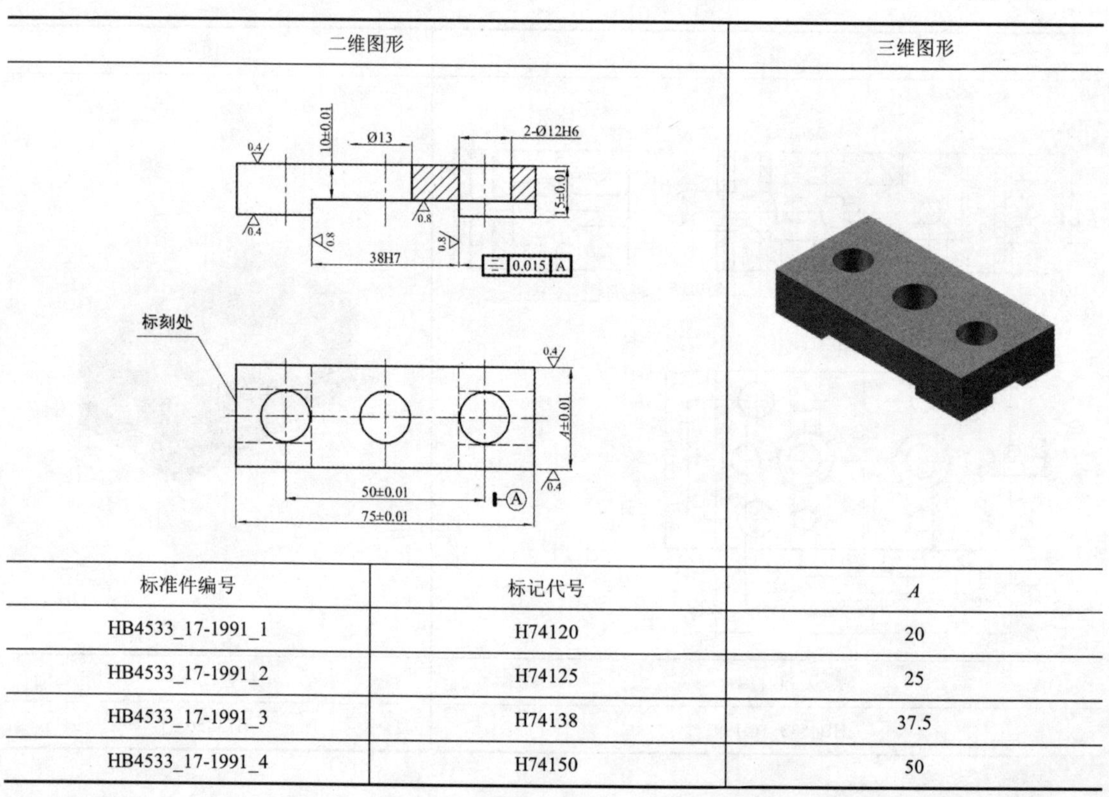

标准件编号	标记代号	*A*
HB4533_17-1991_1	H74120	20
HB4533_17-1991_2	H74125	25
HB4533_17-1991_3	H74138	37.5
HB4533_17-1991_4	H74150	50

表 5-200　过渡鞍板 2（HB 4533.18—1991）尺寸　　　　单位：mm

二维图形	三维图形
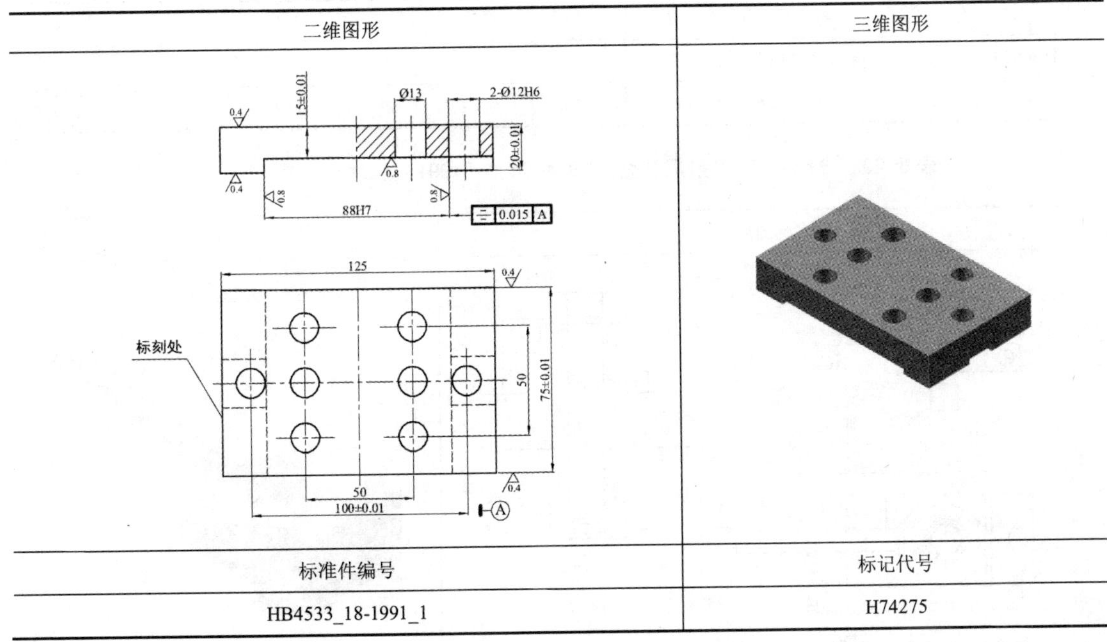	
标准件编号	标记代号
HB4533_18-1991_1	H74275

5.8　成组定位夹紧件

成组定位夹紧件包括螺旋凸轮卡紧爪（Ⅰ型、Ⅱ型、Ⅲ型）、斜楔卡紧爪（Ⅰ型、Ⅱ型）、槽用斜楔卡紧爪、双楔浮动卡紧爪、齿面钳口、平固定钳爪、平活动钳爪、指形固定钳爪（Ⅰ型、Ⅱ型）、指形活动钳爪、单 L 形定位器、双 L 形定位器、L 形夹紧器、L 形夹紧定位器和高位压紧支承等。其尺寸如表 5-201～表 5-218 所示。

表 5-201　螺旋凸轮卡紧爪Ⅰ型（HB 4534.1—1991）尺寸　　　　单位：mm

二维图形	三维图形
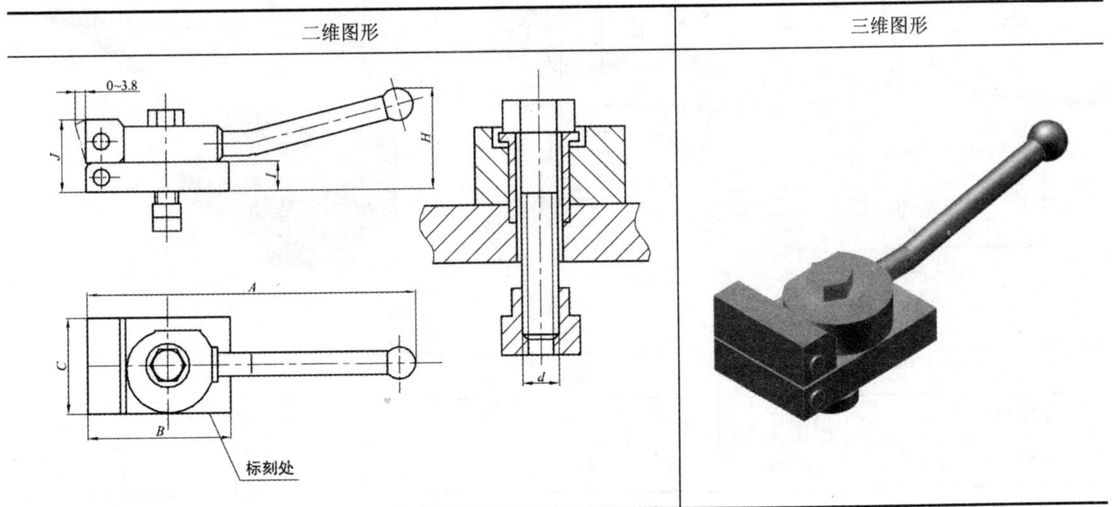	

续表

标准件编号	标记代号	*d*	*A*	*B*	*C*	*H*	*I*	*J*
HB4534_1-1991_1	H81110A	M10	138	60	40	42	12	30
HB4534_1-1991_2	H81112A	M12	140	70	50	47	16	36

表 5-202　螺旋凸轮卡紧爪Ⅱ型（HB 4534.1—1991）尺寸　　单位：mm

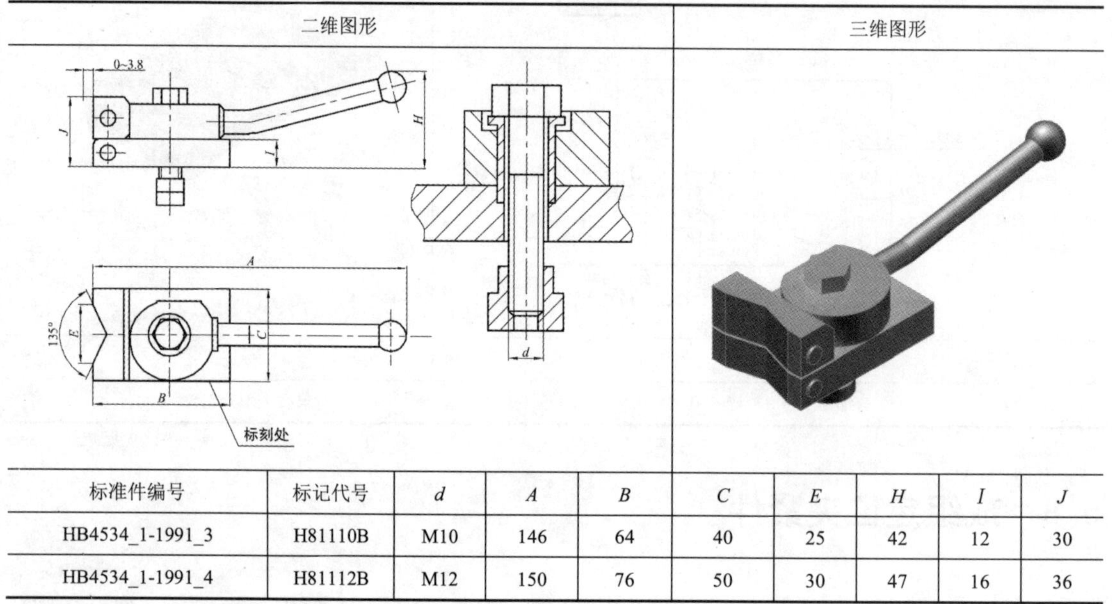

标准件编号	标记代号	*d*	*A*	*B*	*C*	*E*	*H*	*I*	*J*
HB4534_1-1991_3	H81110B	M10	146	64	40	25	42	12	30
HB4534_1-1991_4	H81112B	M12	150	76	50	30	47	16	36

表 5-203　螺旋凸轮卡紧爪Ⅲ型（HB 4534.1—1991）尺寸　　单位：mm

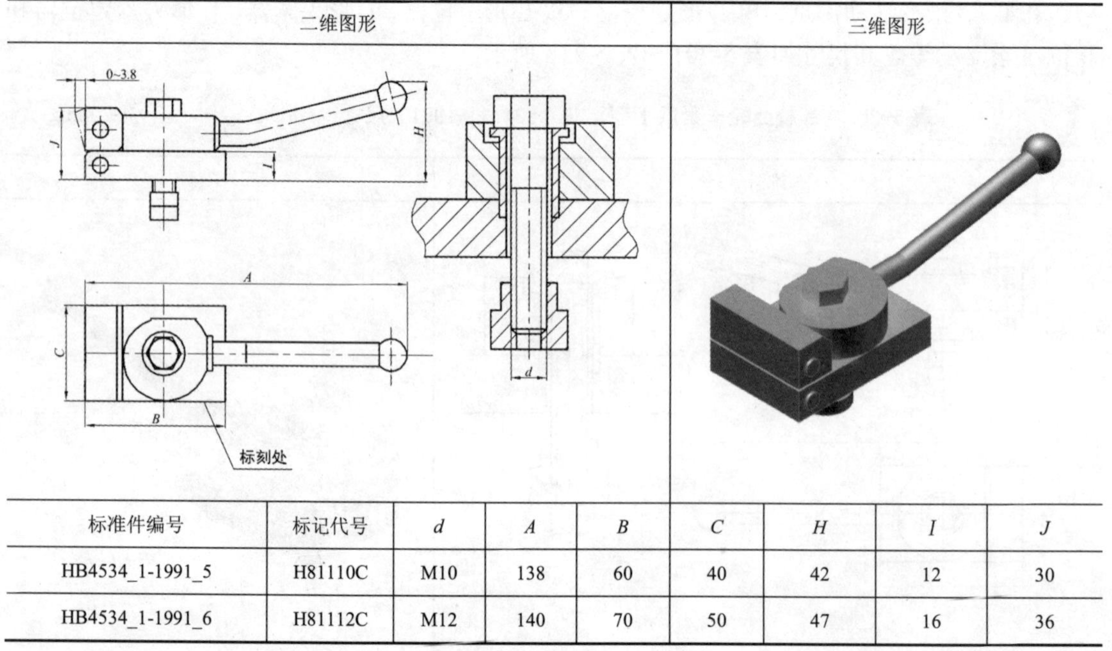

标准件编号	标记代号	*d*	*A*	*B*	*C*	*H*	*I*	*J*
HB4534_1-1991_5	H81110C	M10	138	60	40	42	12	30
HB4534_1-1991_6	H81112C	M12	140	70	50	47	16	36

表 5-204 斜楔卡紧爪Ⅰ型（HB 4534.2-1991）尺寸 单位：mm

二维图形	三维图形
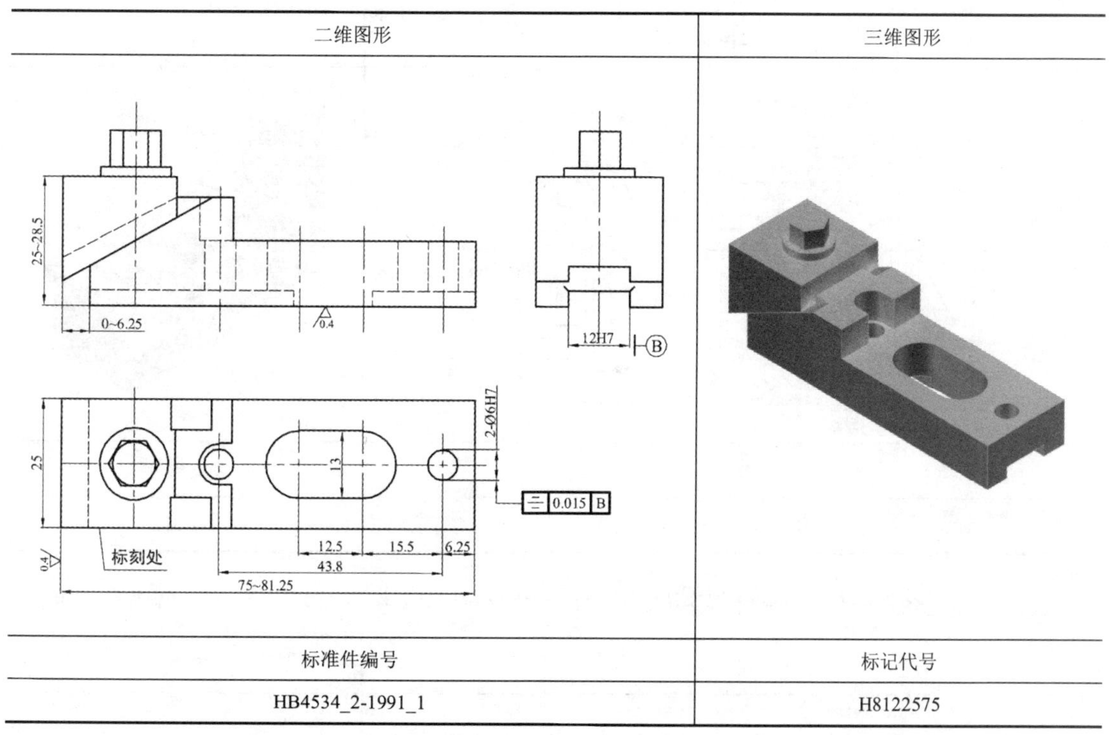	
标准件编号	标记代号
HB4534_2-1991_1	H8122575

表 5-205 斜楔卡紧爪Ⅱ型（HB 4534.2—1991）尺寸 单位：mm

二维图形	三维图形
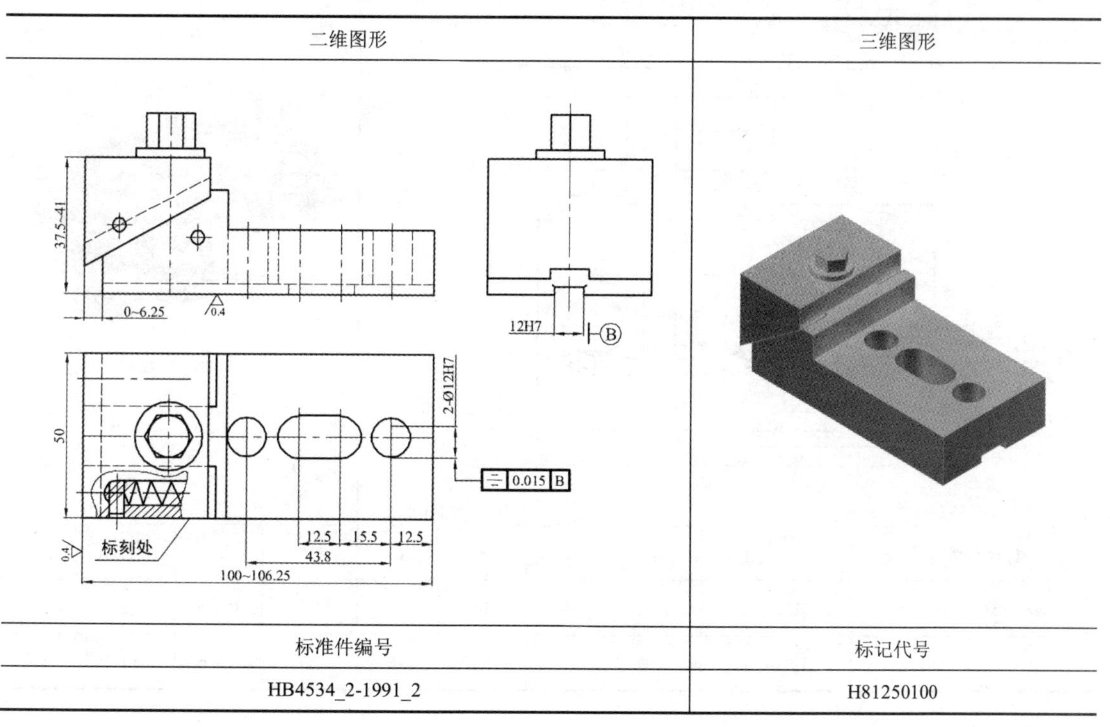	
标准件编号	标记代号
HB4534_2-1991_2	H81250100

表 5-206　槽用斜楔卡紧爪（HB 4534.3—1991）尺寸　　单位：mm

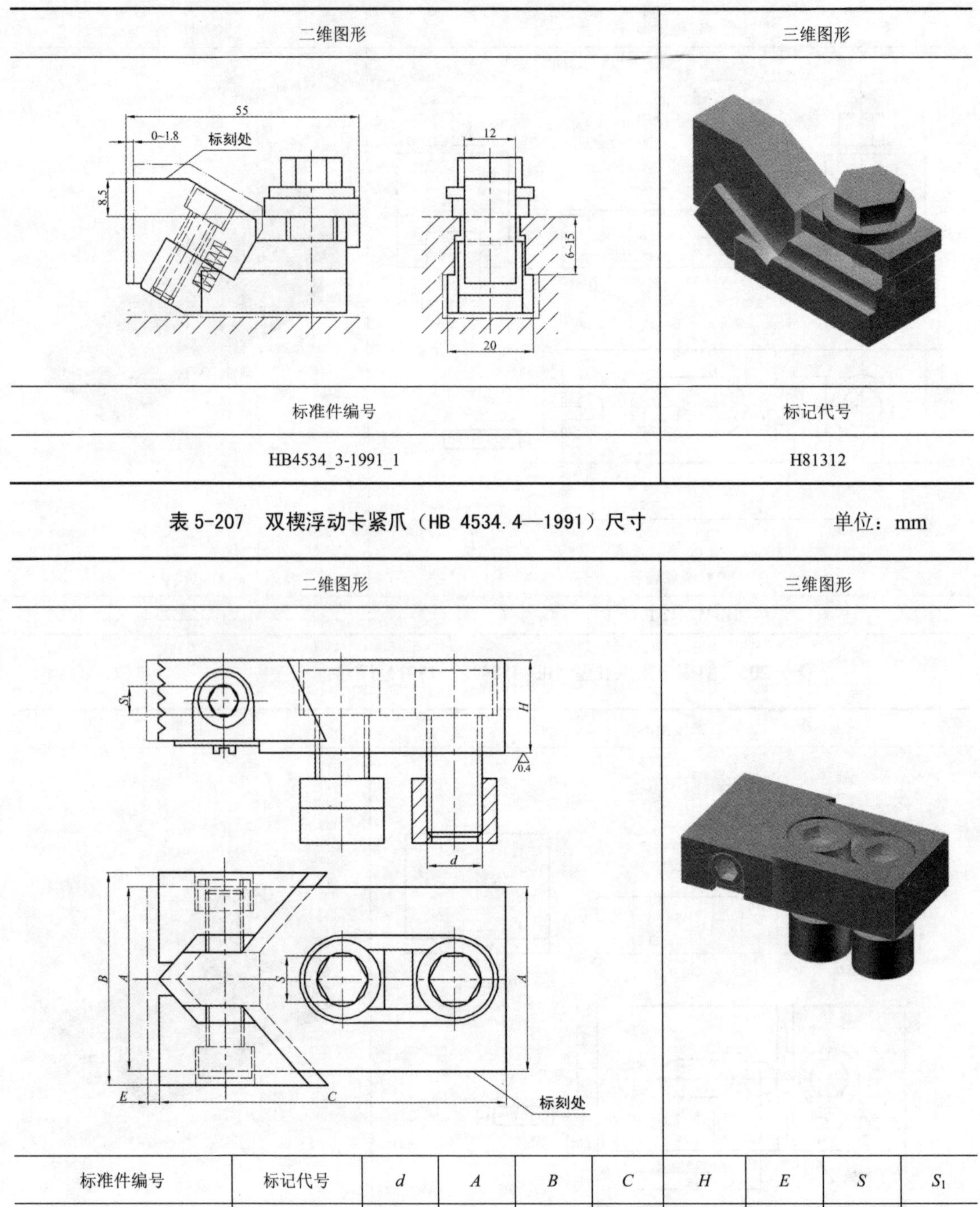

二维图形	三维图形
标准件编号	标记代号
HB4534_3-1991_1	H81312

表 5-207　双楔浮动卡紧爪（HB 4534.4—1991）尺寸　　单位：mm

二维图形	三维图形

标准件编号	标记代号	d	A	B	C	H	E	S	S_1
HB4534_4-1991_1	H81412	M12	40	46	77	20	0～3	10	6
HB4534_4-1991_2	H81416	M16	50	58	96	25	0～4	14	8

表 5-208　齿面钳口（HB 4534.5—1991）尺寸

单位：mm

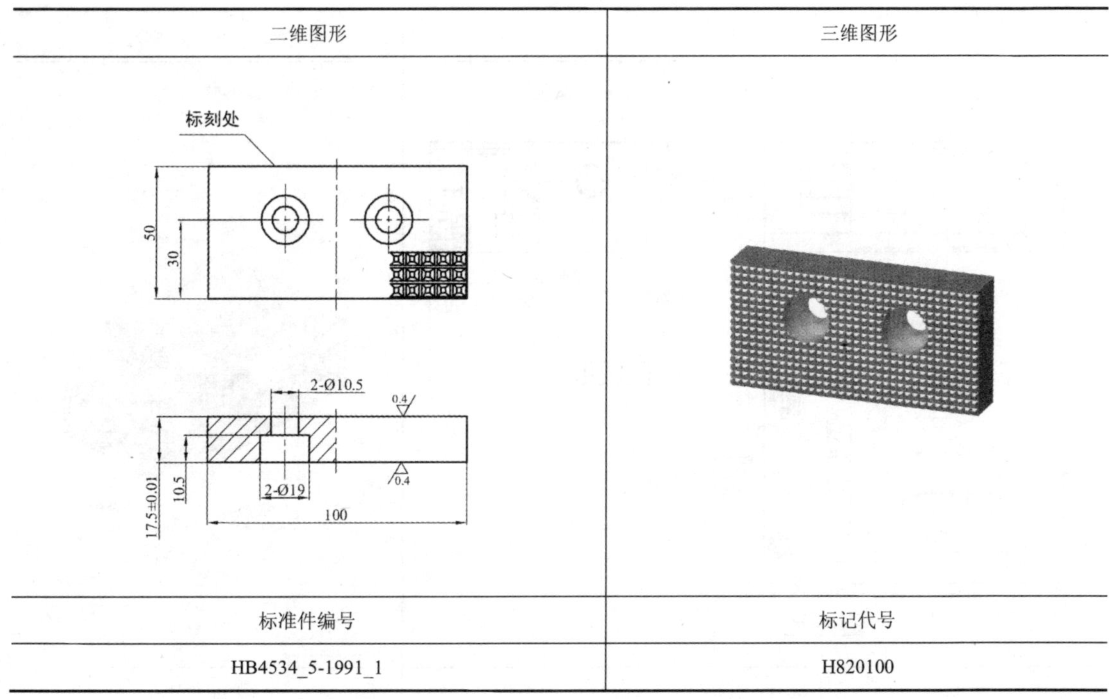

二维图形	三维图形
标准件编号	标记代号
HB4534_5-1991_1	H820100

表 5-209　平固定钳爪（HB 4534.6—1991）尺寸

单位：mm

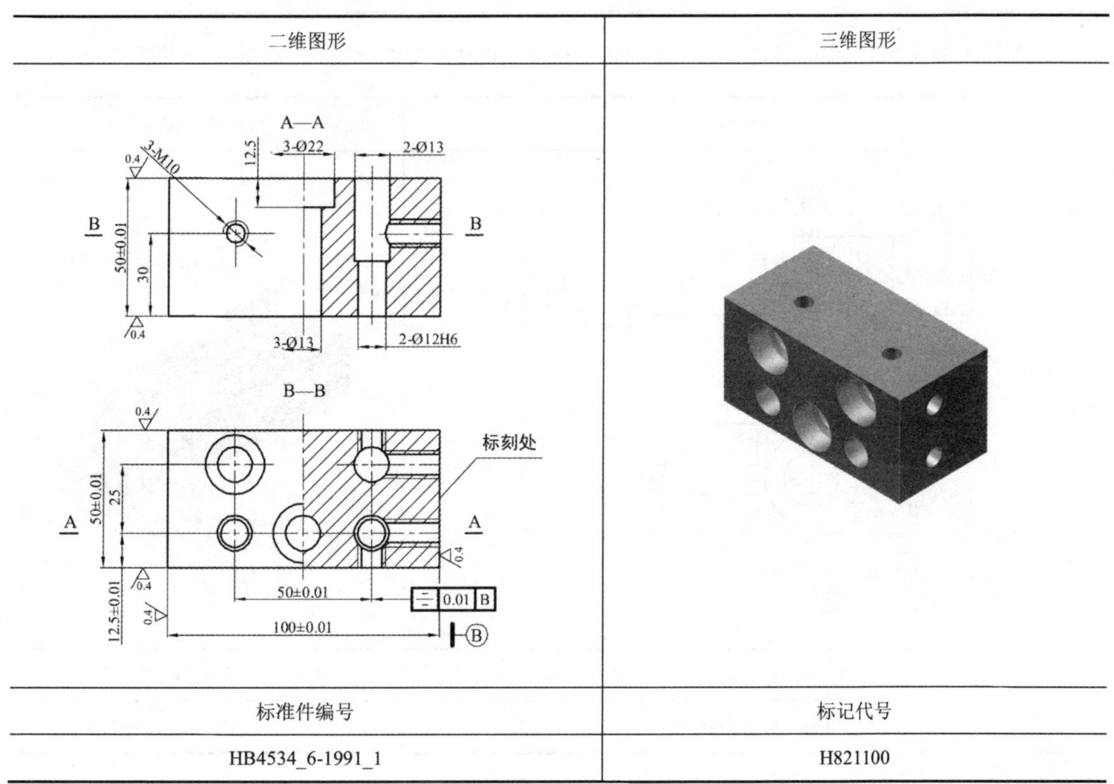

二维图形	三维图形
标准件编号	标记代号
HB4534_6-1991_1	H821100

表 5-210　平活动钳爪（HB 4534.7—1991）尺寸　　单位：mm

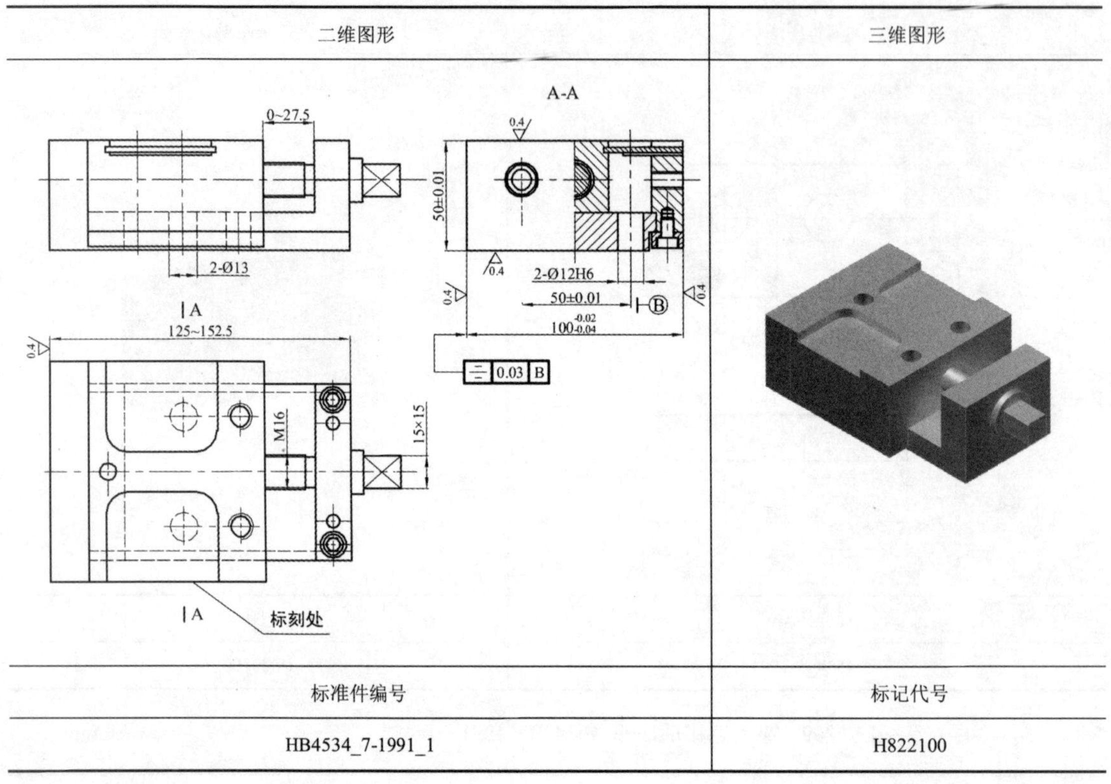

二维图形	三维图形
标准件编号	标记代号
HB4534_7-1991_1	H822100

表 5-211　指形固定钳爪Ⅰ型（HB 4534.8—1991）尺寸　　单位：mm

二维图形	三维图形
标准件编号	标记代号
HB4534_8-1991_1	H82325

表 5-212　指形固定钳爪Ⅱ型（HB 4534.8—1991）尺寸　　　单位：mm

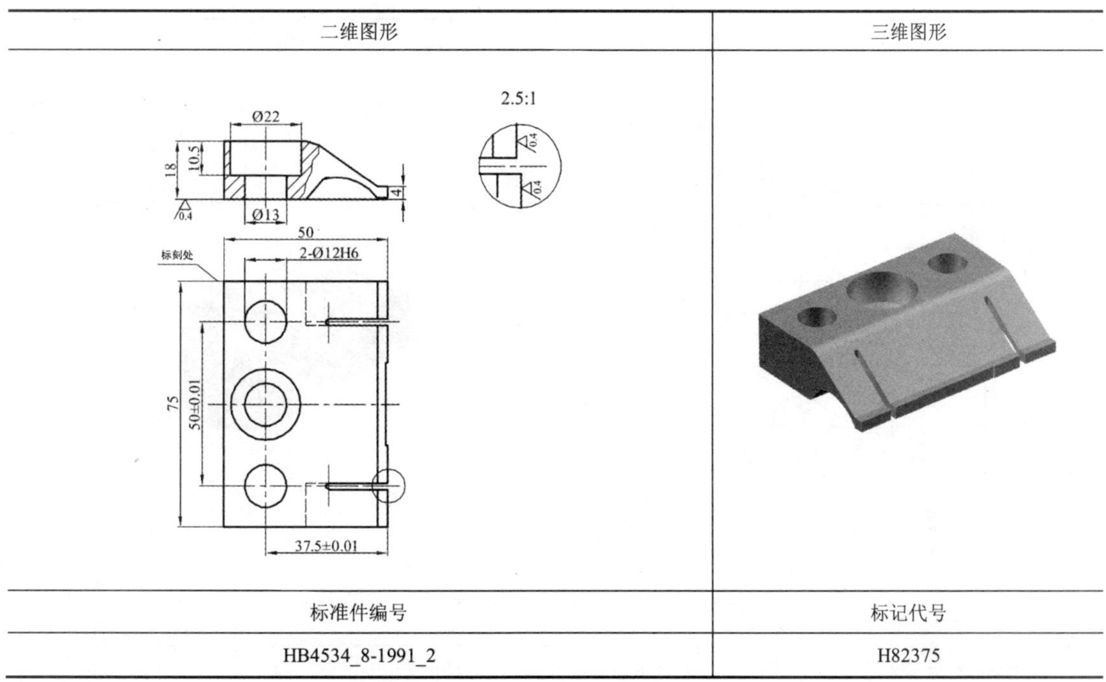

二维图形	三维图形
标准件编号	标记代号
HB4534_8-1991_2	H82375

表 5-213　指形活动钳爪（HB 4534.9—1991）尺寸　　　单位：mm

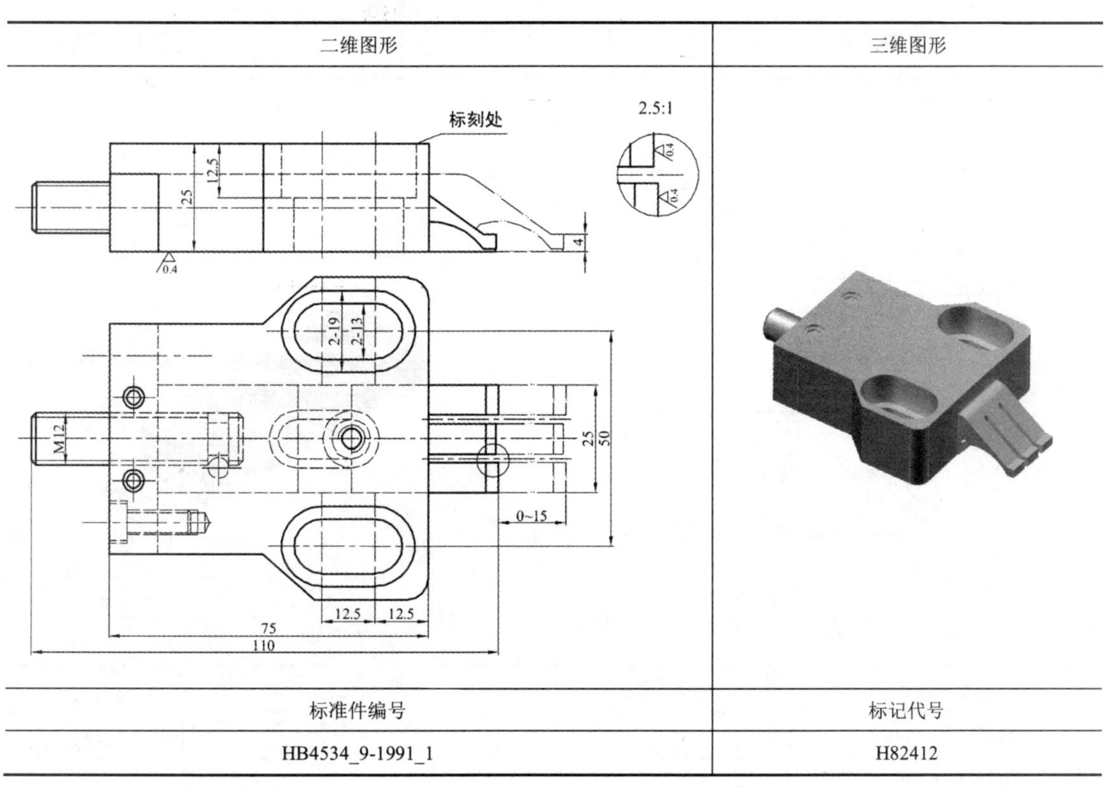

二维图形	三维图形
标准件编号	标记代号
HB4534_9-1991_1	H82412

表 5-214 单 L 形定位器（HB 4534.10—1991）尺寸 单位：mm

二维图形	三维图形

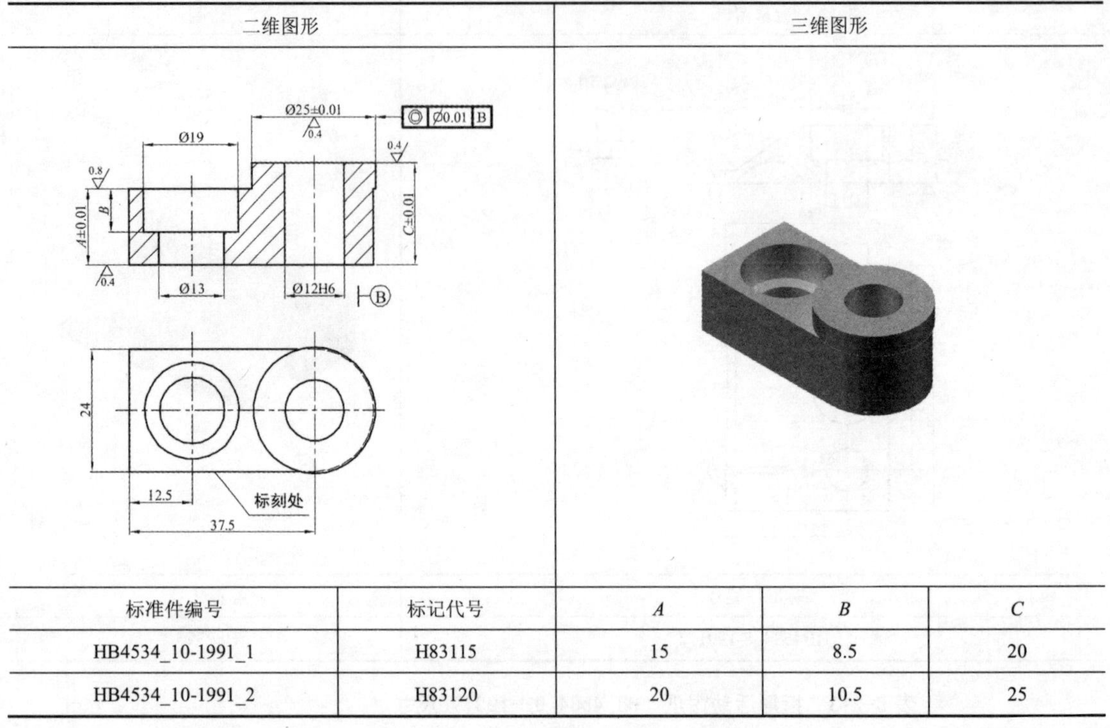

标准件编号	标记代号	*A*	*B*	*C*
HB4534_10-1991_1	H83115	15	8.5	20
HB4534_10-1991_2	H83120	20	10.5	25

表 5-215 双 L 形定位器（HB 4534.11—1991）尺寸 单位：mm

二维图形	三维图形

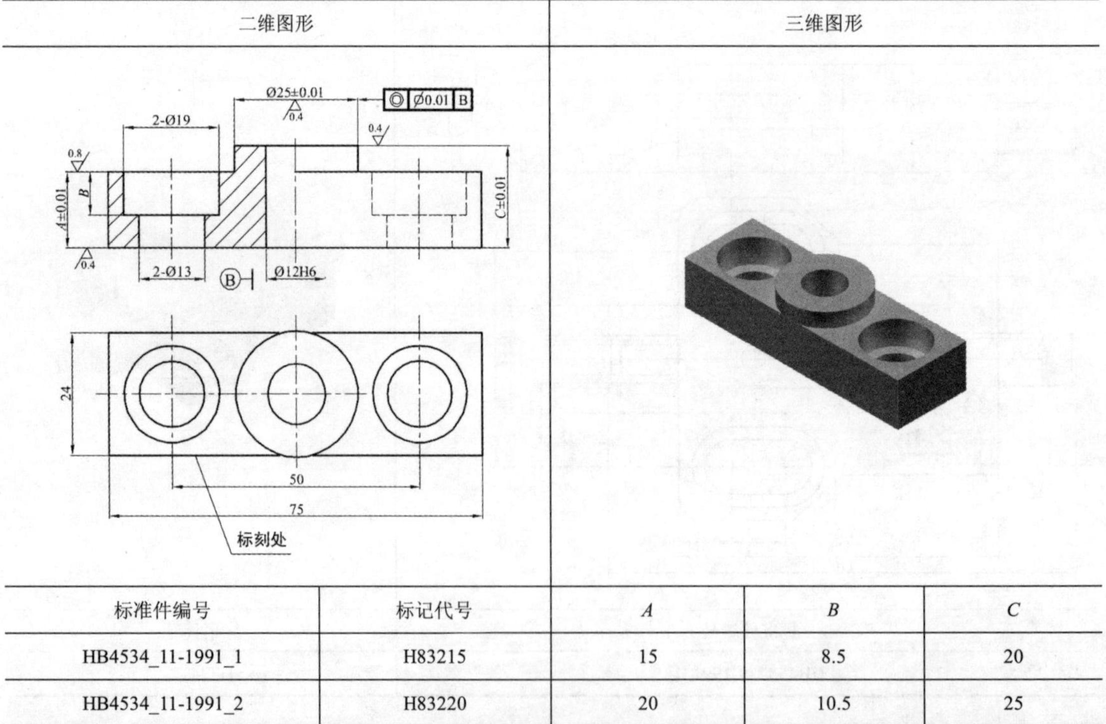

标准件编号	标记代号	*A*	*B*	*C*
HB4534_11-1991_1	H83215	15	8.5	20
HB4534_11-1991_2	H83220	20	10.5	25

表 5-216　L 形夹紧器（HB 4534.12—1991）尺寸　　　　单位：mm

二维图形	三维图形

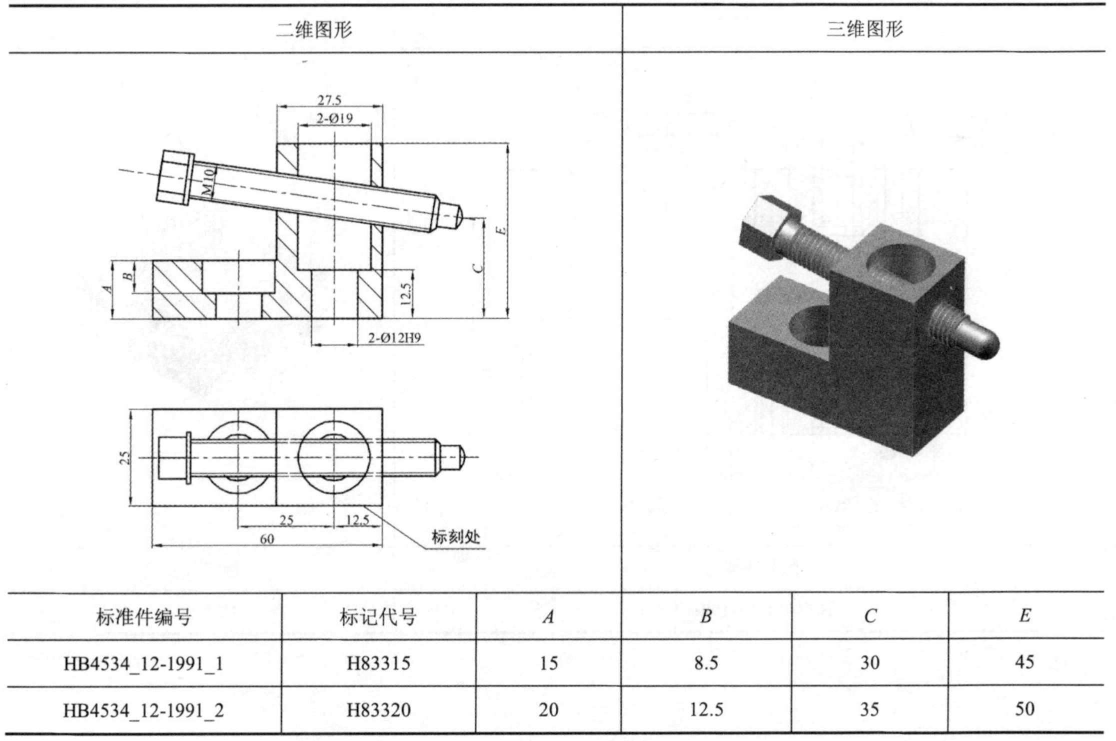

标准件编号	标记代号	A	B	C	E
HB4534_12-1991_1	H83315	15	8.5	30	45
HB4534_12-1991_2	H83320	20	12.5	35	50

表 5-217　L 形夹紧定位器（HB 4534.13—1991）尺寸　　　　单位：mm

二维图形	三维图形

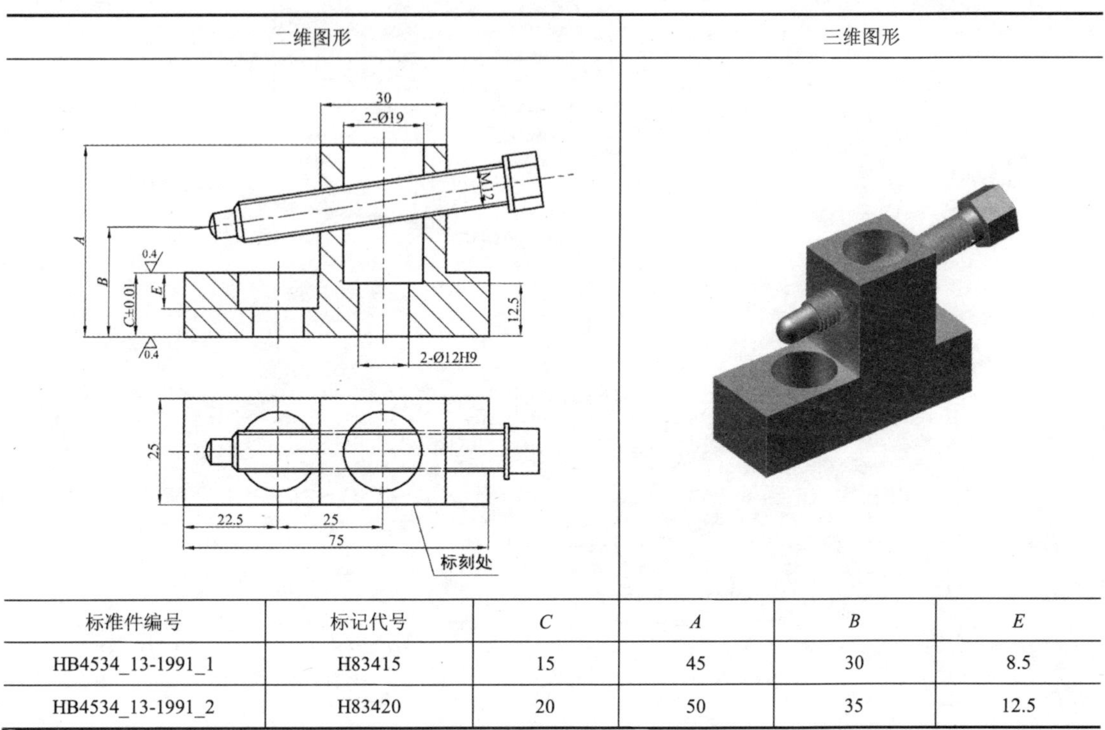

标准件编号	标记代号	C	A	B	E
HB4534_13-1991_1	H83415	15	45	30	8.5
HB4534_13-1991_2	H83420	20	50	35	12.5

表 5-218 高位压紧支承（HB 4534.14—1991）尺寸　　单位：mm

二维图形	三维图形
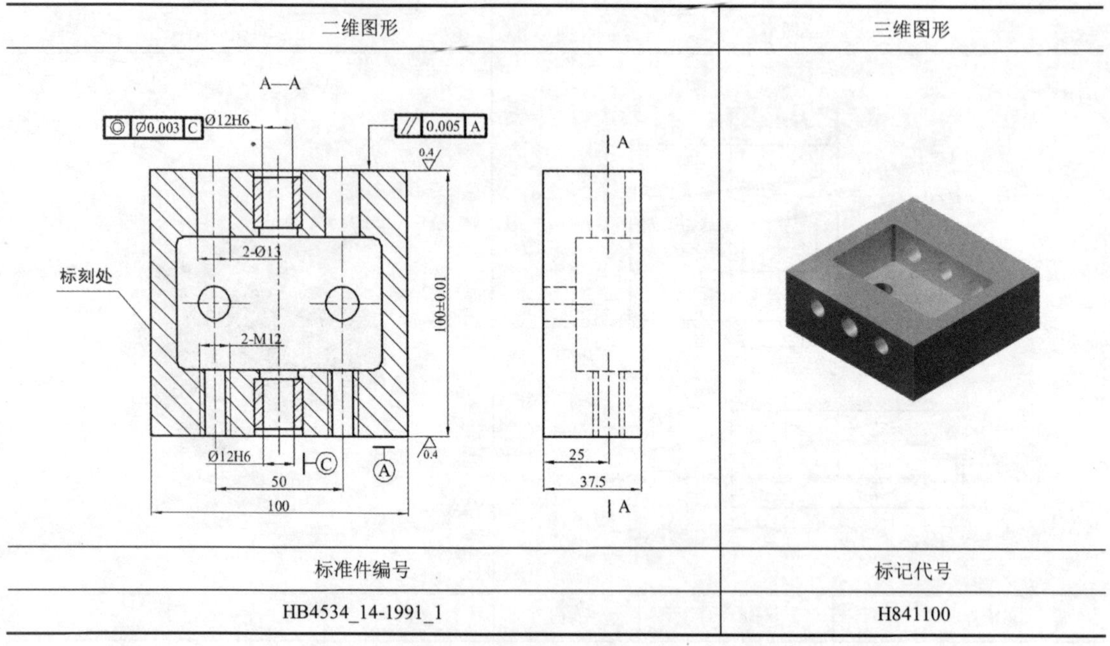	
标准件编号	标记代号
HB4534_14-1991_1	H841100

第 6 章　K 型孔系组合夹具标准件技术设计参数

6.1　基础件类

K 型孔系组合夹具元件（基础件类）包括正方形基础板（Ⅰ型、Ⅱ型）、长方形基础板、方箱、基础角铁、T 形基础。其尺寸如表 6-1～表 6-6 所示。

表 6-1　正方形基础板Ⅰ型（HB 4535.1—1991）尺寸　　单位：mm

二维图形	三维图形
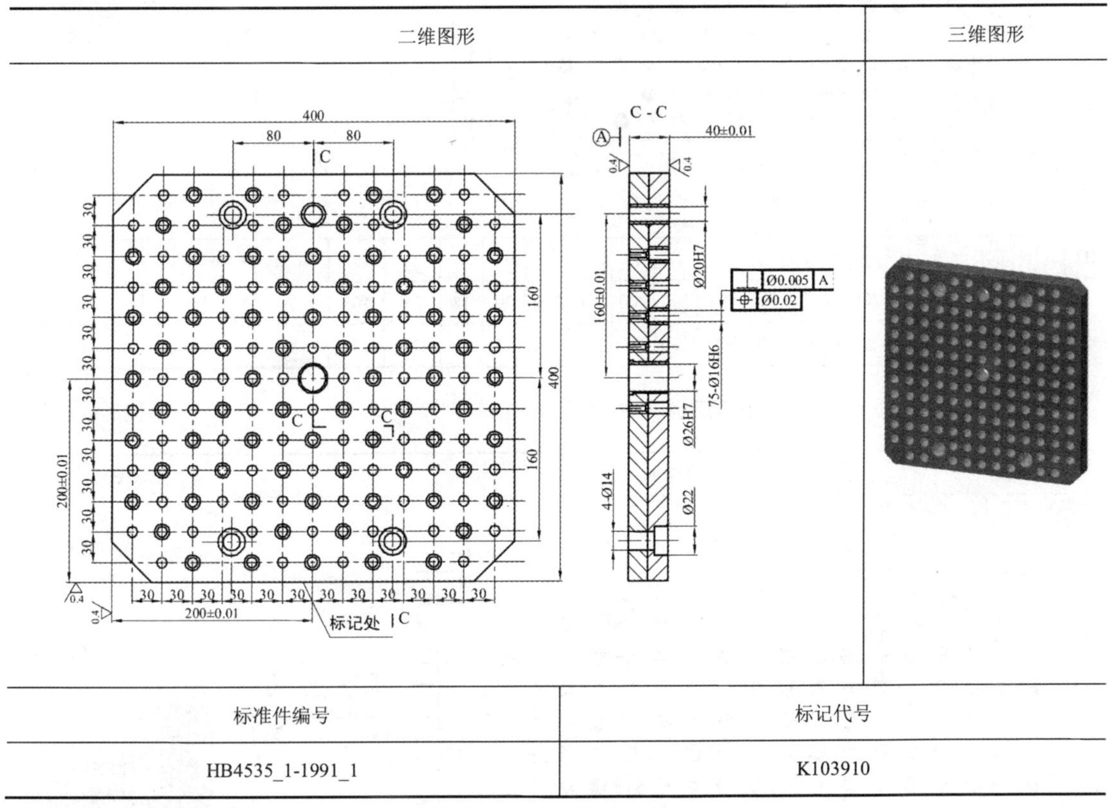	
标准件编号	标记代号
HB4535_1-1991_1	K103910

表 6-2　正方形基础板Ⅱ型（HB 4535.1—1991）尺寸　　　　单位：mm

二维图形	三维图形

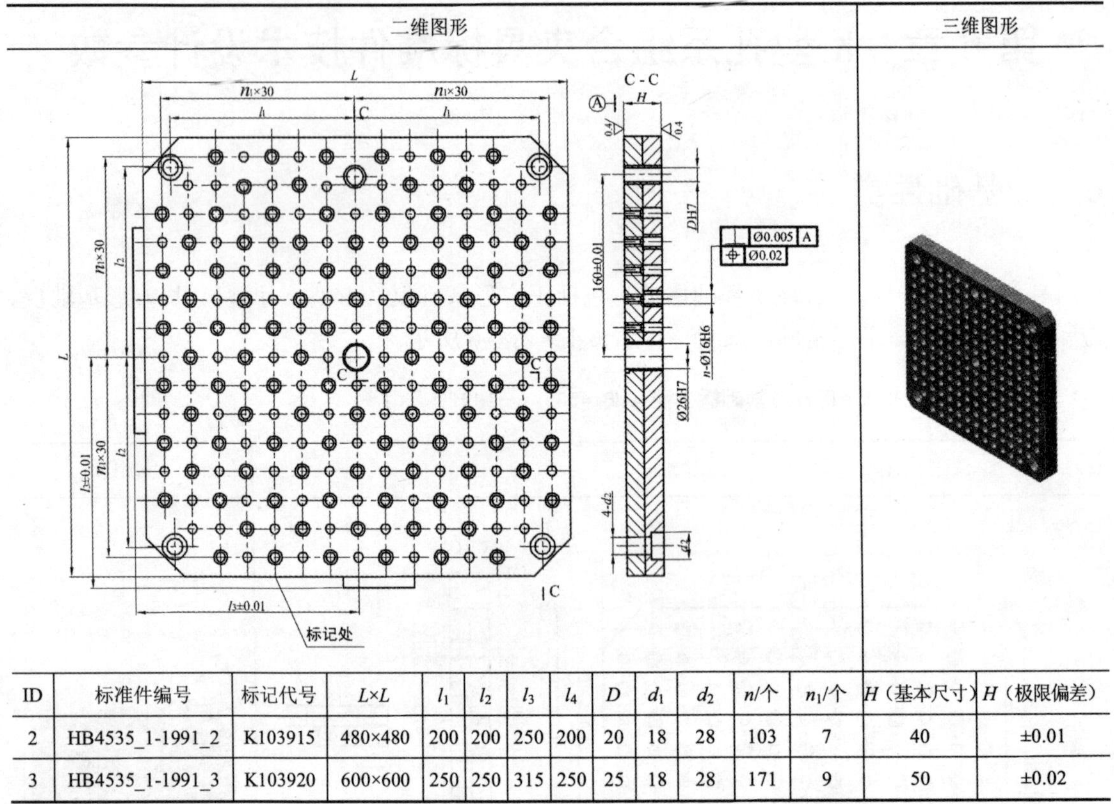

ID	标准件编号	标记代号	L×L	l_1	l_2	l_3	l_4	D	d_1	d_2	n/个	n_1/个	H（基本尺寸）	H（极限偏差）
2	HB4535_1-1991_2	K103915	480×480	200	200	250	200	20	18	28	103	7	40	±0.01
3	HB4535_1-1991_3	K103920	600×600	250	250	315	250	25	18	28	171	9	50	±0.02

表 6-3　长方形基础板（HB 4535.2—1991）尺寸　　　　单位：mm

二维图形	三维图形

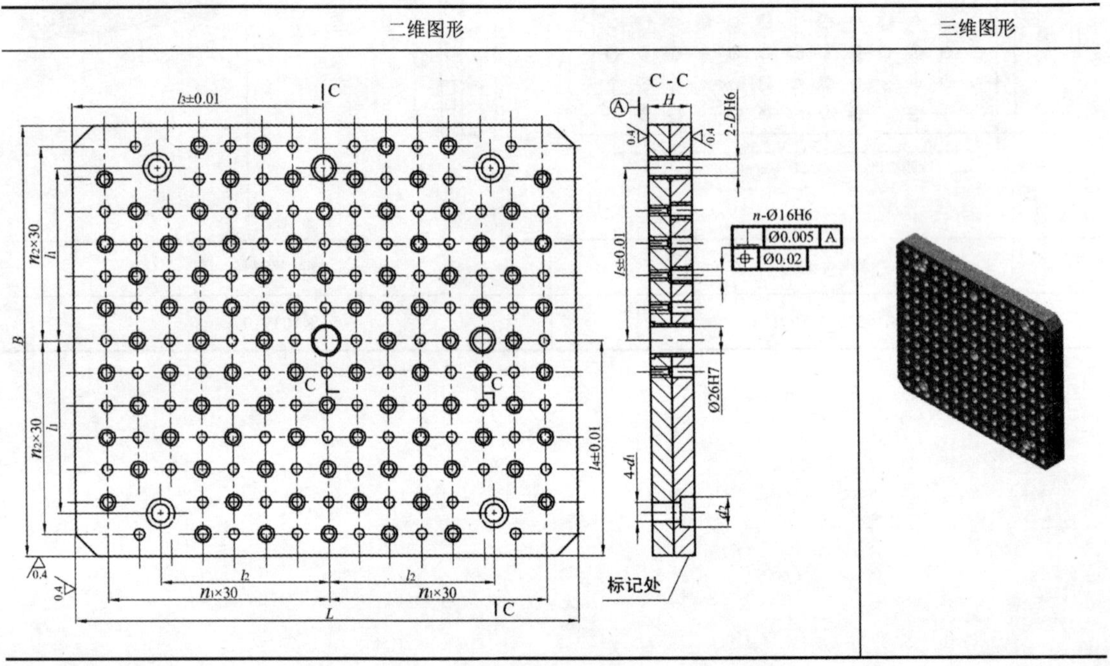

续表

序号	标准件编号	标记代号	B	L	H（基本尺寸）	H（极限偏差）	l_1	l_2	l_3
1	HB4535_2-1991_1	K113910	400	480	40	±0.01	160	160	240
2	HB4535_2-1991_2	K113915	480	500	50	±0.02	200	200	300
3	HB4535_2-1991_3	K113920	600	780	50	±0.02	250	250	390

序号	标准件编号	l_4	l_5	d_1	d_2	D	n/个	n_1/个	n_2/个
1	HB4535_2-1991_1	200	160	14	22	20	87	7	6
2	HB4535_2-1991_2	240	200	18	28	20	129	9	7
3	HB4535_2-1991_3	300	250	18	28	25	223	12	8

表 6-4 方箱（HB 4535.3—1991）尺寸 单位：mm

二维图形	三维图形

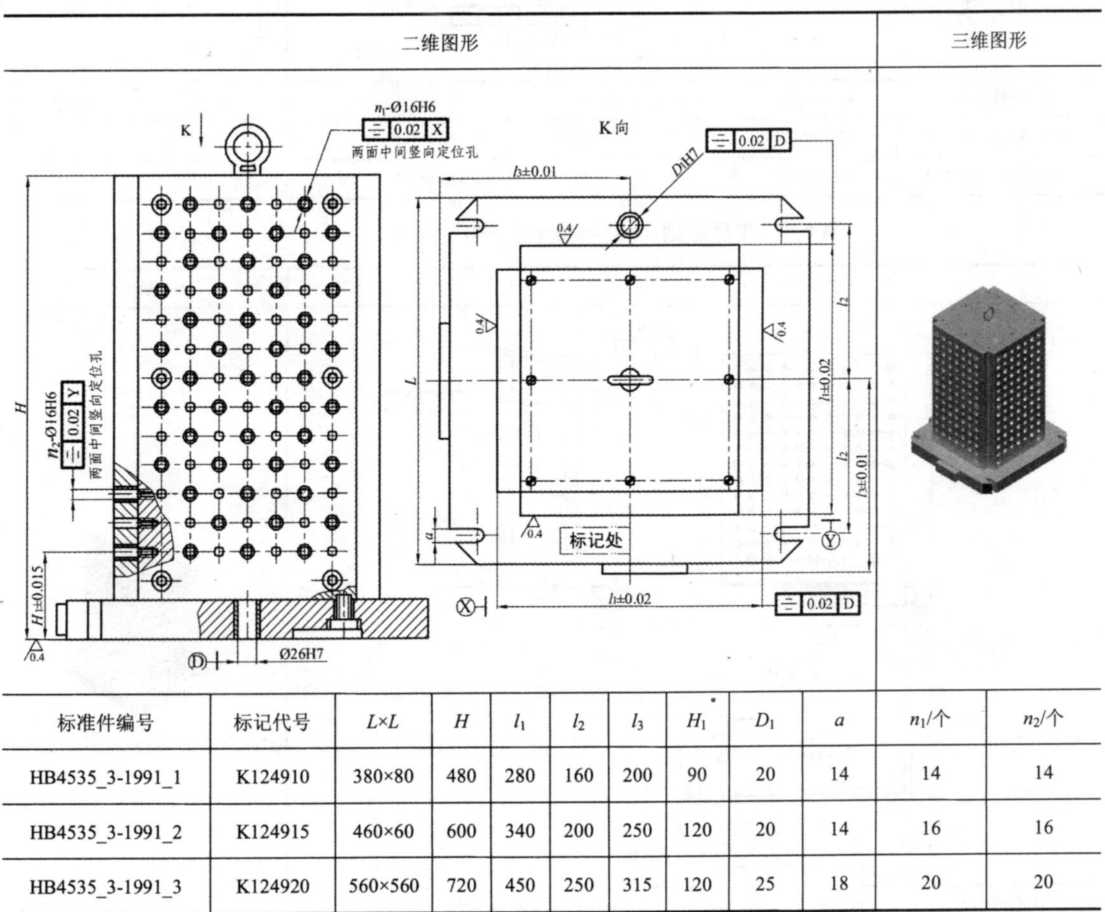

标准件编号	标记代号	$L\times L$	H	l_1	l_2	l_3	H_1	D_1	a	n_1/个	n_2/个
HB4535_3-1991_1	K124910	380×80	480	280	160	200	90	20	14	14	14
HB4535_3-1991_2	K124915	460×60	600	340	200	250	120	20	14	16	16
HB4535_3-1991_3	K124920	560×560	720	450	250	315	120	25	18	20	20

表 6-5　基础角铁（HB 4535.4—1991）尺寸　　　　单位：mm

二维图形	三维图形

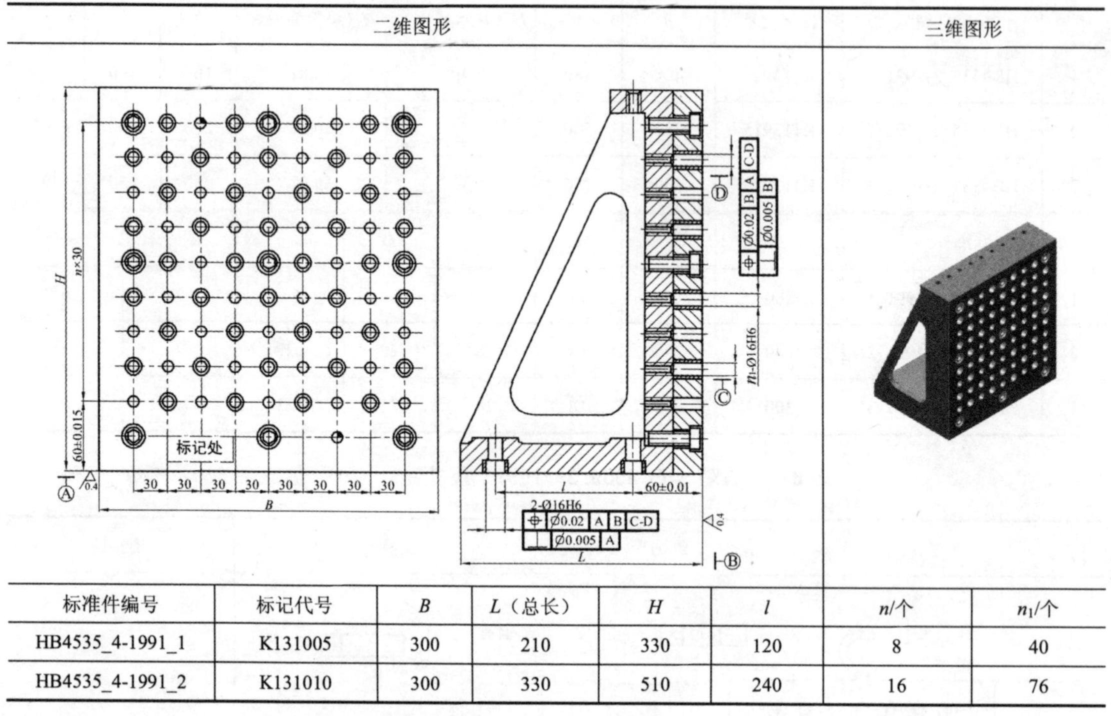

标准件编号	标记代号	B	L（总长）	H	l	n/个	n_1/个
HB4535_4-1991_1	K131005	300	210	330	120	8	40
HB4535_4-1991_2	K131010	300	330	510	240	16	76

表 6-6　T 形基础（HB 4535.5—1991）尺寸　　　　单位：mm

二维图形	三维图形

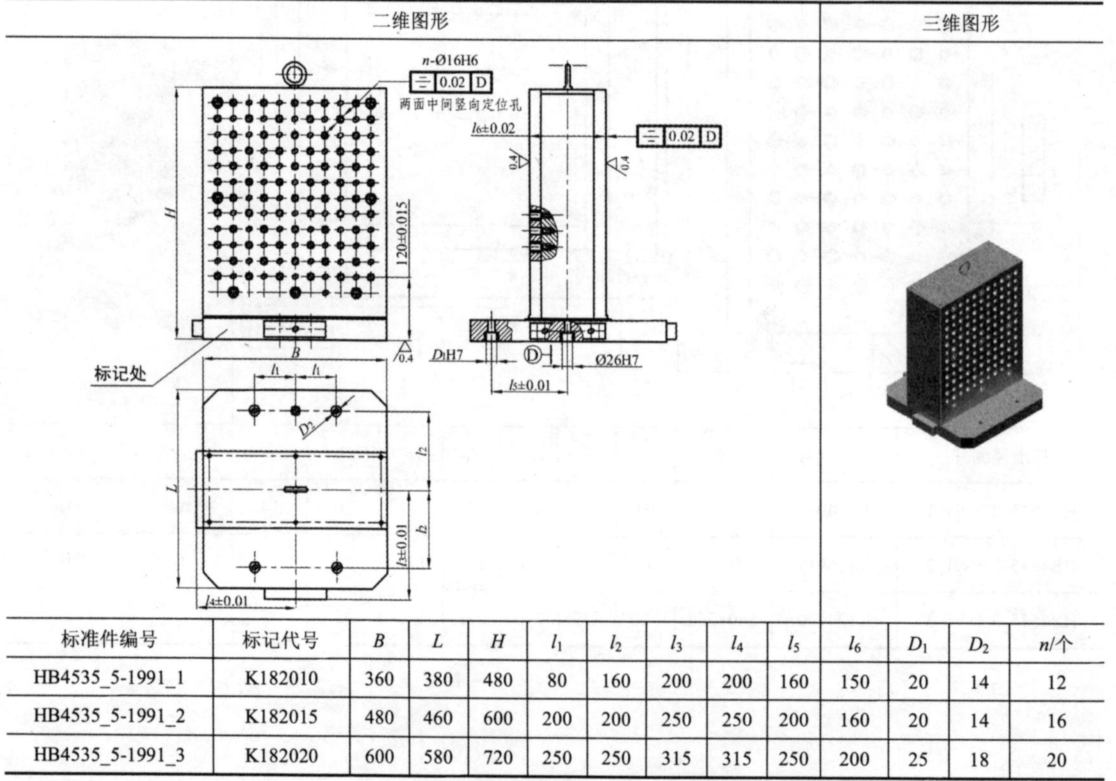

标准件编号	标记代号	B	L	H	l_1	l_2	l_3	l_4	l_5	l_6	D_1	D_2	n/个
HB4535_5-1991_1	K182010	360	380	480	80	160	200	200	160	150	20	14	12
HB4535_5-1991_2	K182015	480	460	600	200	200	250	250	200	160	20	14	16
HB4535_5-1991_3	K182020	600	580	720	250	250	315	315	250	200	25	18	20

6.2 支承件类

K型孔系组合夹具元件（支承件类）包括正方形定位支承、长方形垫片、长方形垫板、空心定位支承、滑动定位支承、角铁、竖向角铁、横向角铁（Ⅰ型、Ⅱ型）、圆柱定位支承、V形板（Ⅰ型、Ⅱ型）、V形支承、V形角铁、V形拼块、二阶长方形定位支承、四阶长方形定位支承、孔槽过渡方形垫板、孔槽过渡支承、孔槽过渡长方形支承、孔槽过渡方形支承。其尺寸如表6-7～表6-27所示。

表6-7　正方形定位支承（HB 4535.6—1991）尺寸　　　单位：mm

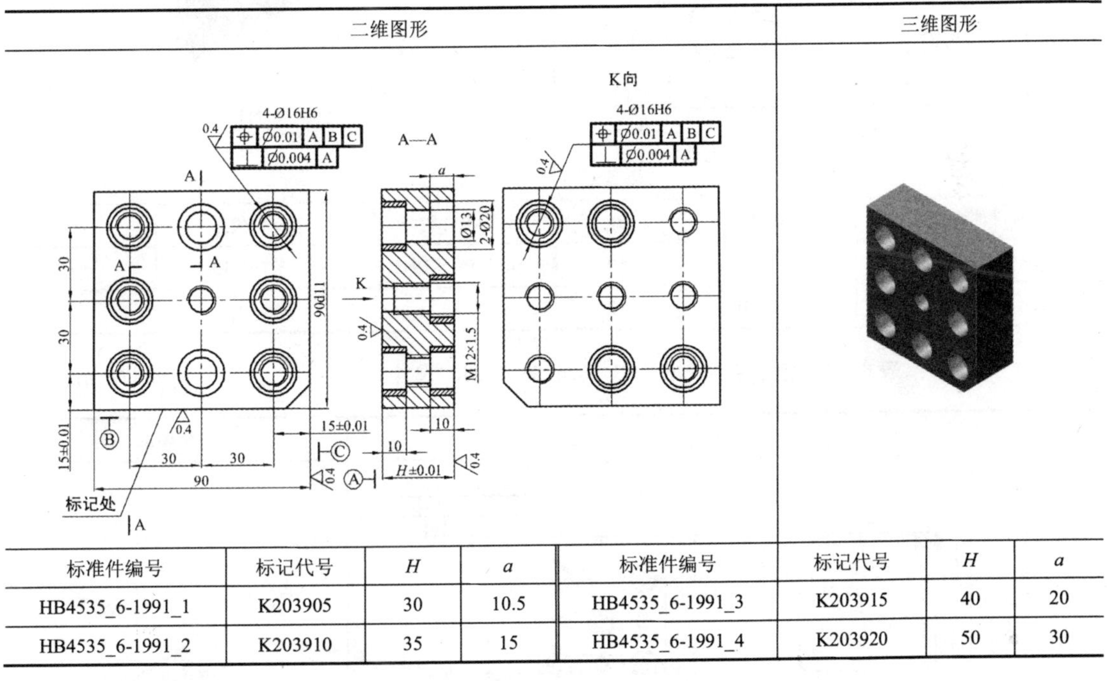

标准件编号	标记代号	H	a
HB4535_6-1991_1	K203905	30	10.5
HB4535_6-1991_2	K203910	35	15
HB4535_6-1991_3	K203915	40	20
HB4535_6-1991_4	K203920	50	30

表6-8　长方形垫片（HB 4535.7—1991）尺寸　　　单位：mm

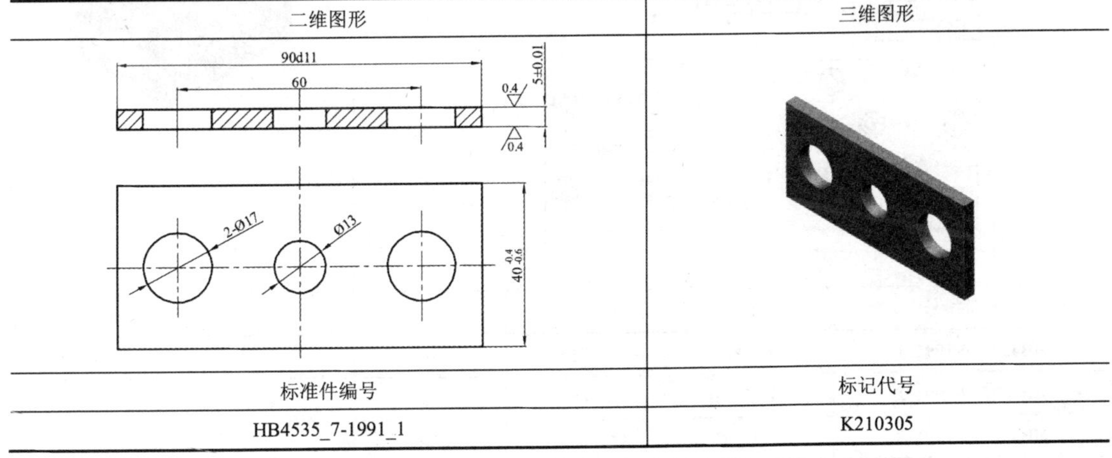

标准件编号	标记代号
HB4535_7-1991_1	K210305

表 6-9 长方形垫板（HB 4535.8—1991）尺寸

单位：mm

二维图形　　三维图形

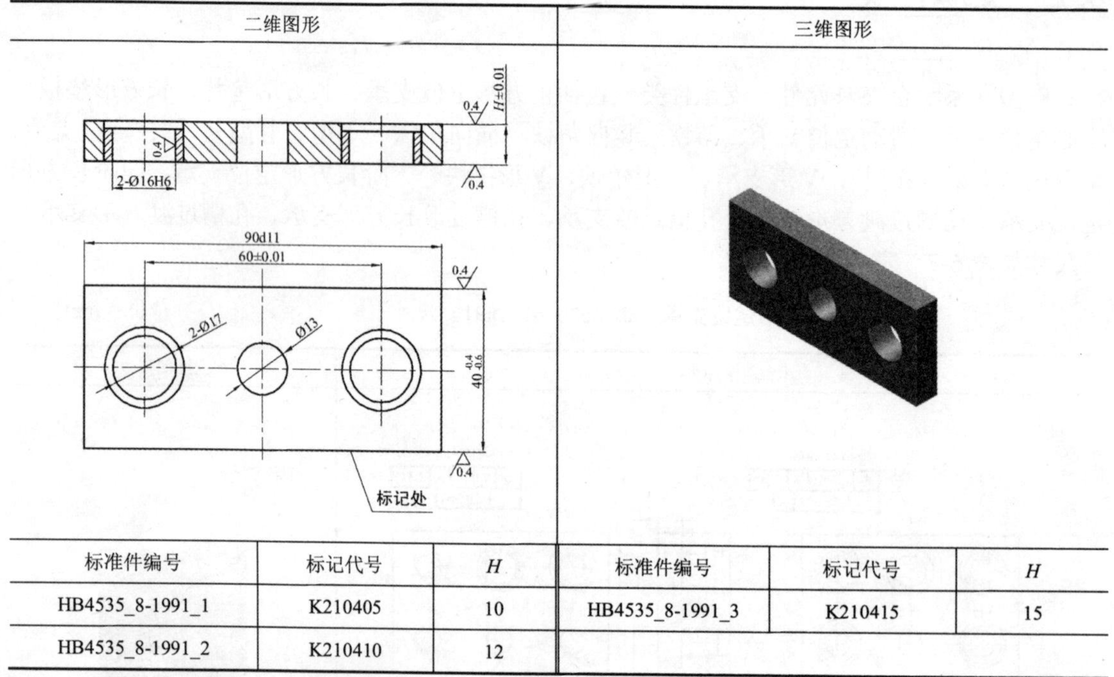

标准件编号	标记代号	H	标准件编号	标记代号	H
HB4535_8-1991_1	K210405	10	HB4535_8-1991_3	K210415	15
HB4535_8-1991_2	K210410	12			

表 6-10 空心定位支承（HB 4535.9—1991）尺寸

单位：mm

二维图形　　三维图形

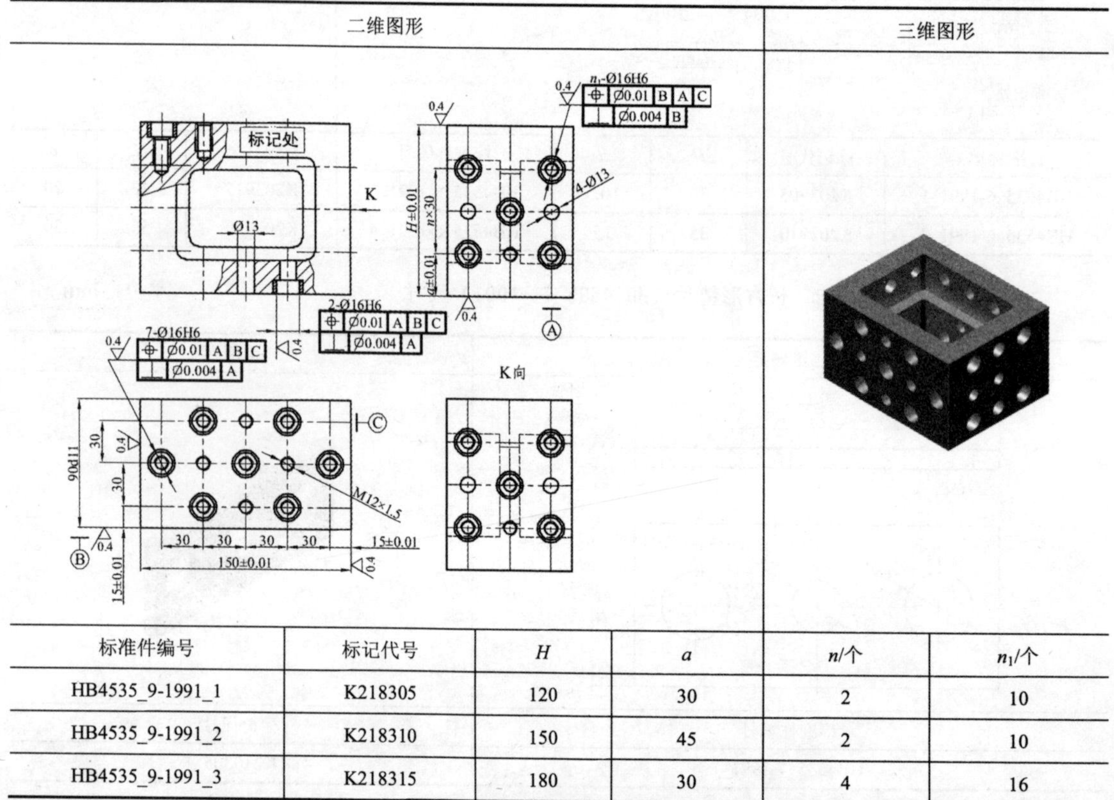

标准件编号	标记代号	H	a	n/个	n_1/个
HB4535_9-1991_1	K218305	120	30	2	10
HB4535_9-1991_2	K218310	150	45	2	10
HB4535_9-1991_3	K218315	180	30	4	16

表 6-11　滑动定位支承（HB 4535.10—1991）尺寸　　单位：mm

二维图形	三维图形

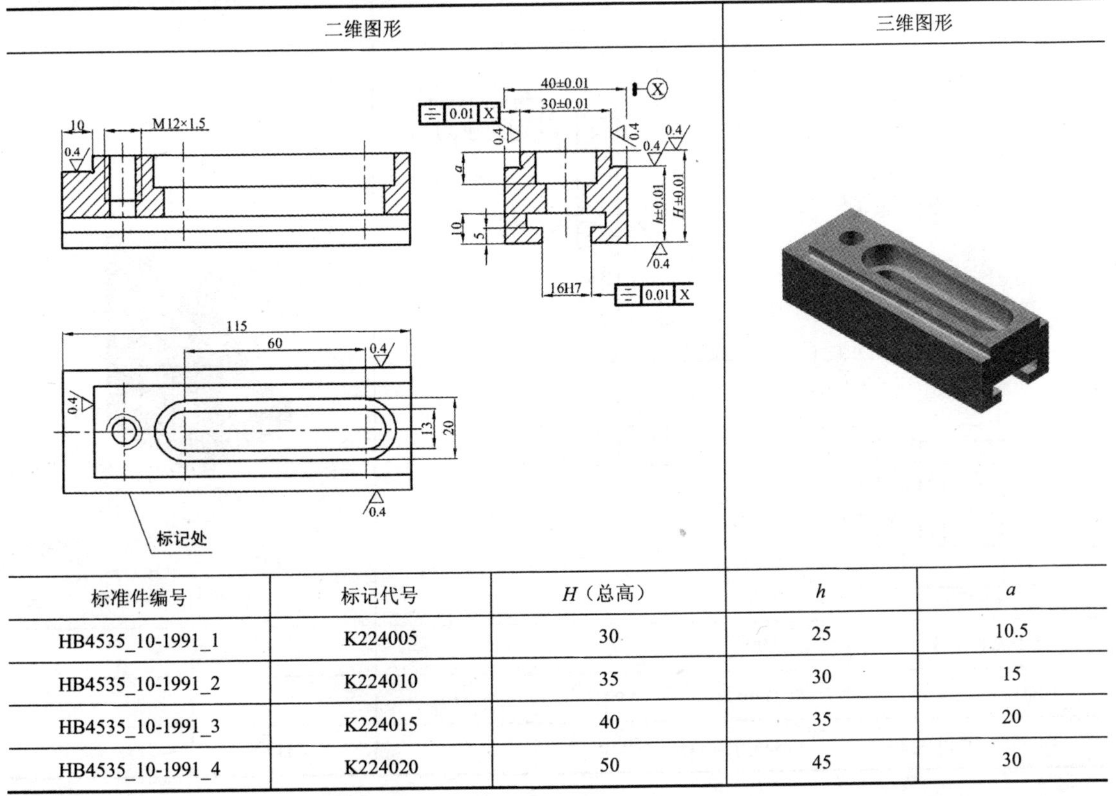

标准件编号	标记代号	*H*（总高）	*h*	*a*
HB4535_10-1991_1	K224005	30	25	10.5
HB4535_10-1991_2	K224010	35	30	15
HB4535_10-1991_3	K224015	40	35	20
HB4535_10-1991_4	K224020	50	45	30

表 6-12　角铁（HB 4535.11—1991）尺寸　　单位：mm

二维图形	三维图形

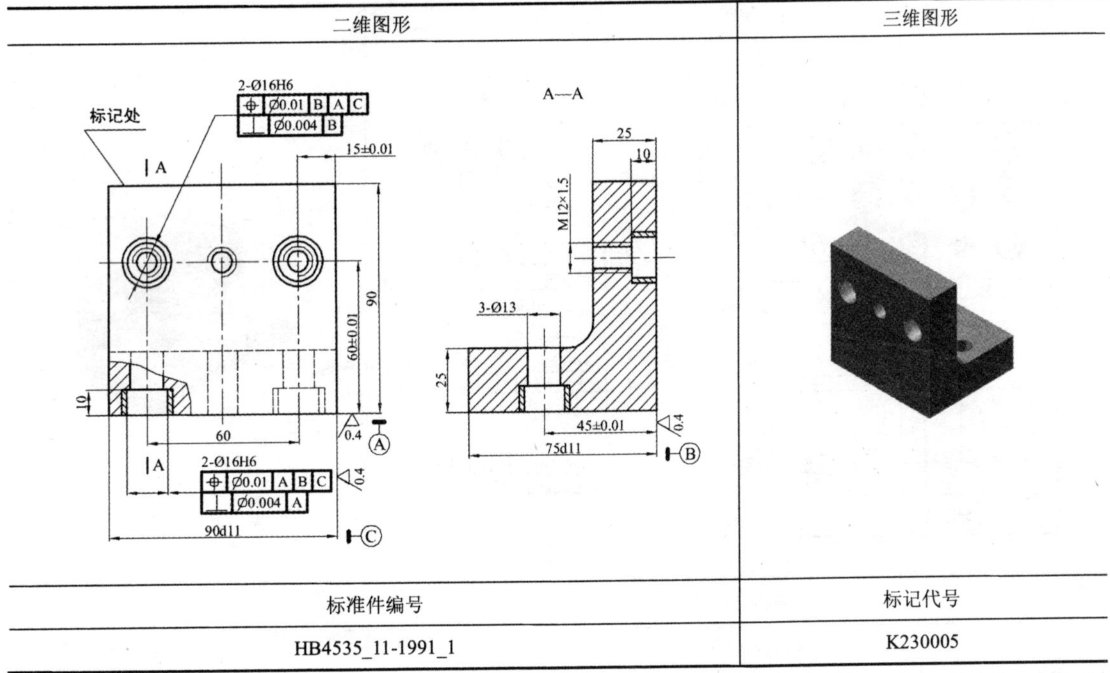

标准件编号	标记代号
HB4535_11-1991_1	K230005

表 6-13　竖向角铁（HB 4535.12—1991）尺寸　　单位：mm

二维图形	三维图形

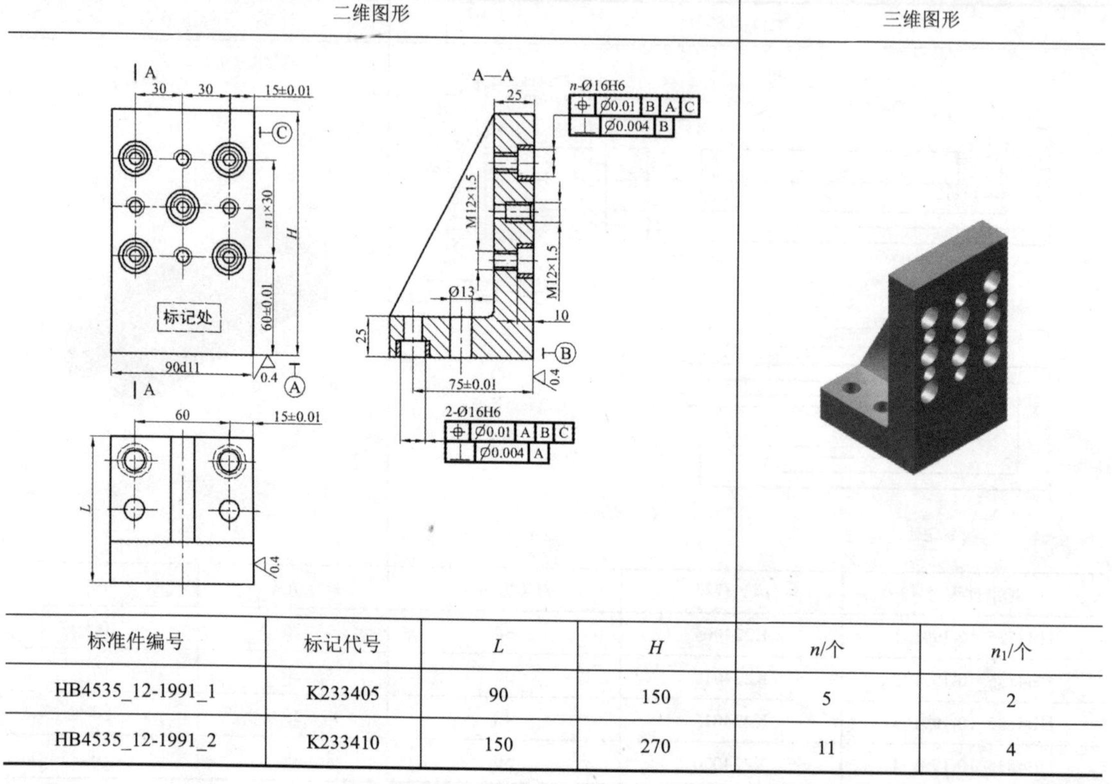

标准件编号	标记代号	L	H	n/个	n_1/个
HB4535_12-1991_1	K233405	90	150	5	2
HB4535_12-1991_2	K233410	150	270	11	4

表 6-14　横向角铁Ⅰ型（HB 4535.13—1991）尺寸　　单位：mm

二维图形	三维图形

标准件编号	标记代号
HB4535_13-1991_1	K233505

表 6-15　横向角铁Ⅱ型（HB 4535.13—1991）尺寸　　单位：mm

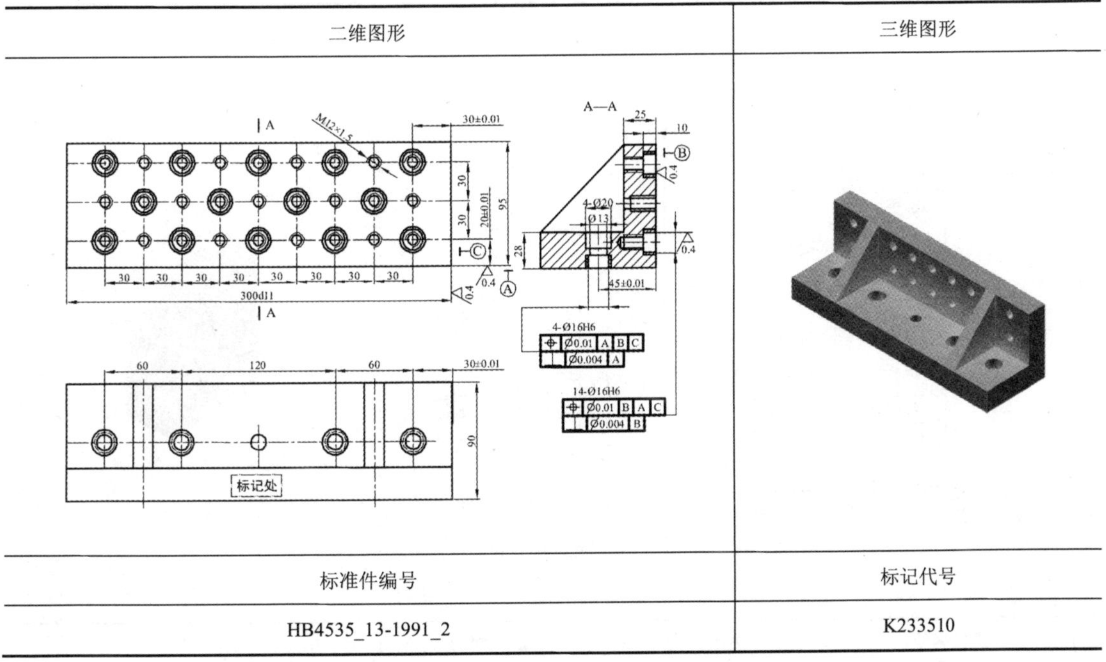

二维图形	三维图形
标准件编号	标记代号
HB4535_13-1991_2	K233510

表 6-16　圆柱定位支承（HB 4535.14—1991）尺寸　　单位：mm

标准件编号	标记代号	H	a
HB4535_14-1991_1	K243105	25	10.5
HB4535_14-1991_2	K243110	30	10.5
HB4535_14-1991_3	K243115	40	20
HB4535_14-1991_4	K243120	50	30

表 6-17　V形板Ⅰ型（HB 4535.15—1991）尺寸　　单位：mm

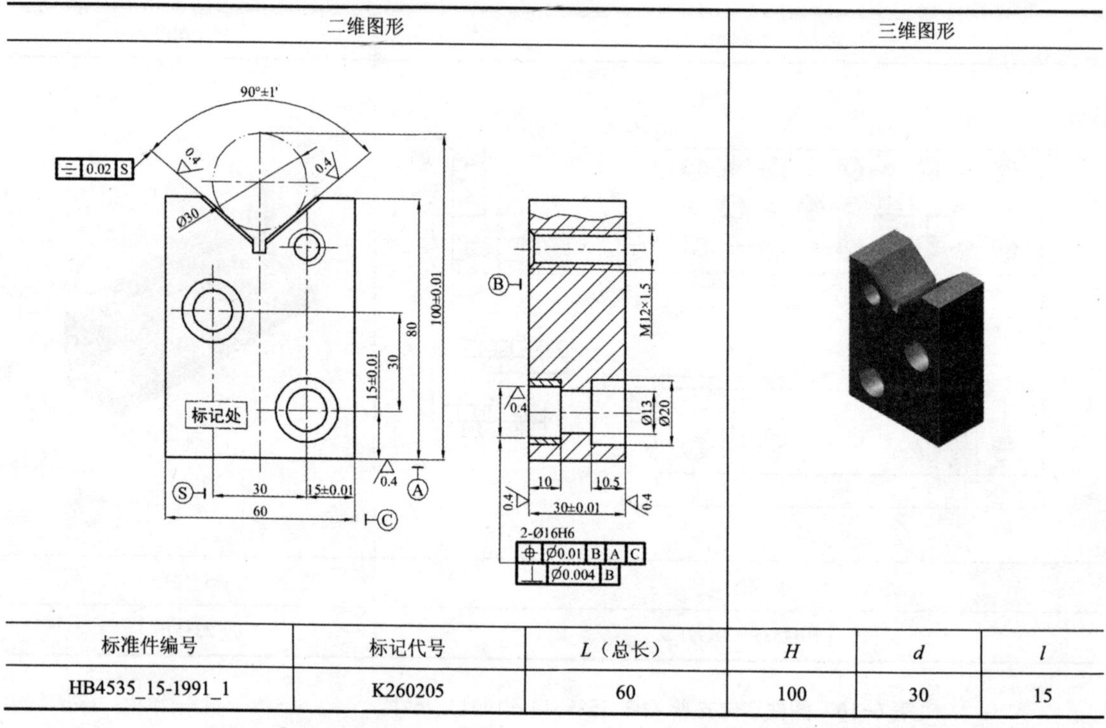

标准件编号	标记代号	*L*（总长）	*H*	*d*	*l*
HB4535_15-1991_1	K260205	60	100	30	15

表 6-18　V形板Ⅱ型（HB 4535.15—1991）尺寸　　单位：mm

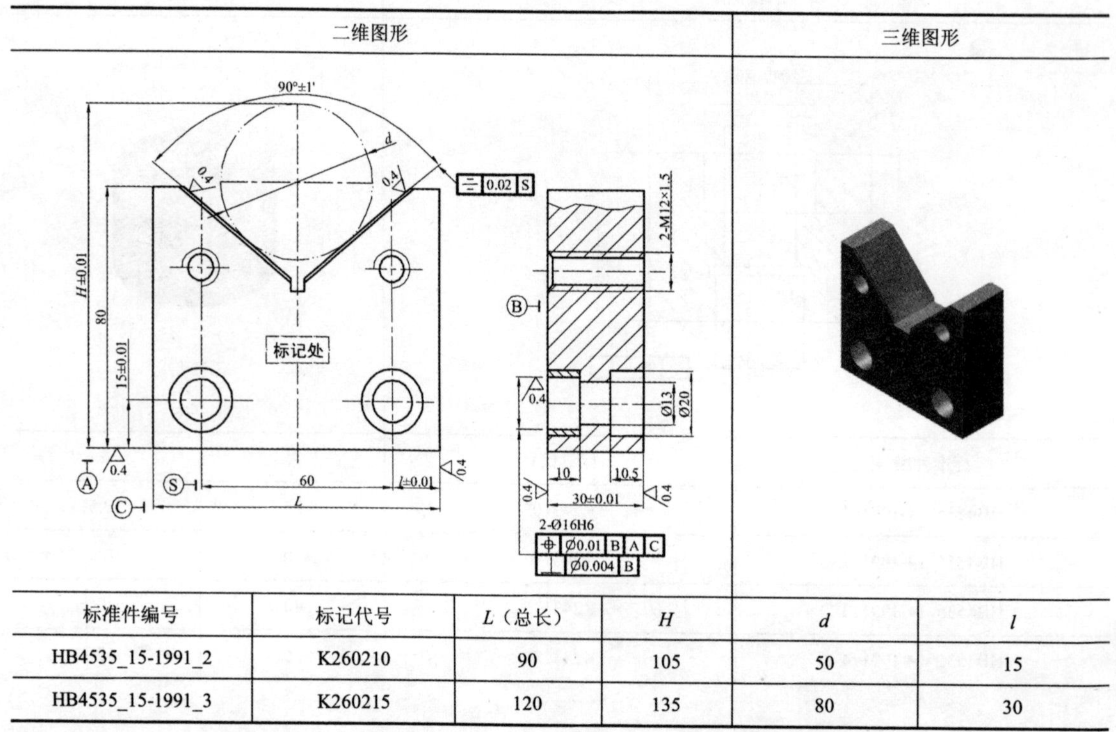

标准件编号	标记代号	*L*（总长）	*H*	*d*	*l*
HB4535_15-1991_2	K260210	90	105	50	15
HB4535_15-1991_3	K260215	120	135	80	30

表 6-19　V形支承（HB 4535.16—1991）尺寸

单位：mm

二维图形	三维图形

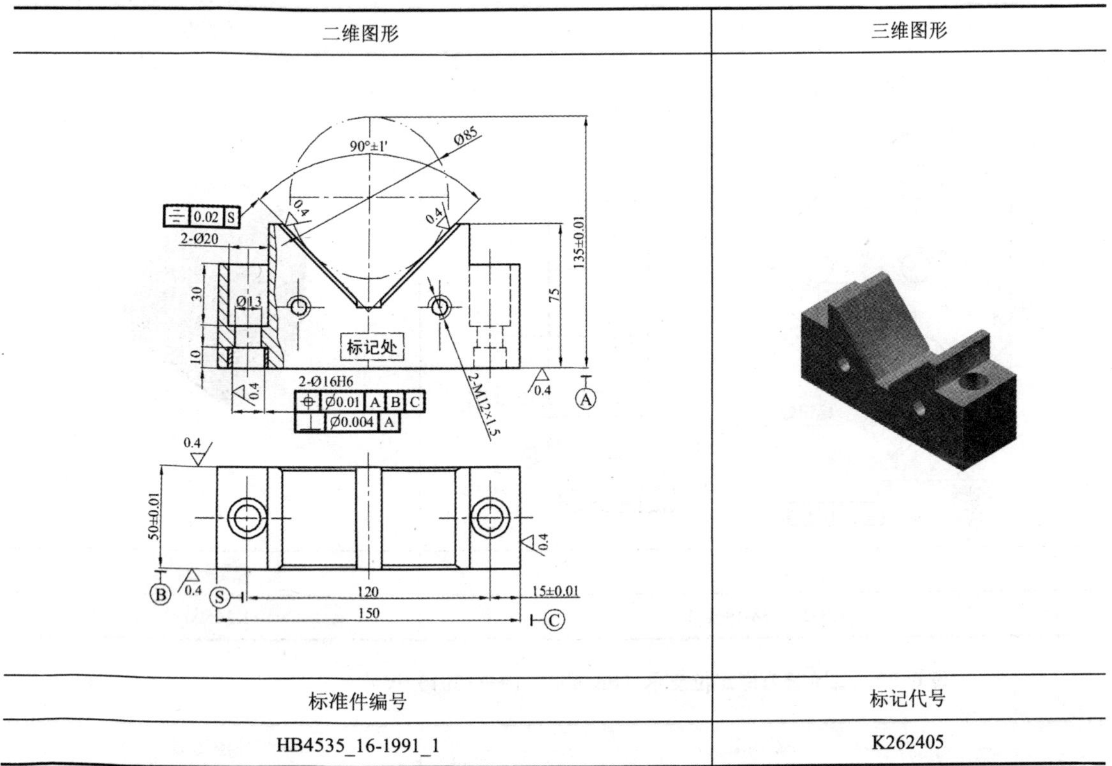

标准件编号	标记代号
HB4535_16-1991_1	K262405

表 6-20　V形角铁（HB 4535.17—1991）尺寸

单位：mm

二维图形	三维图形

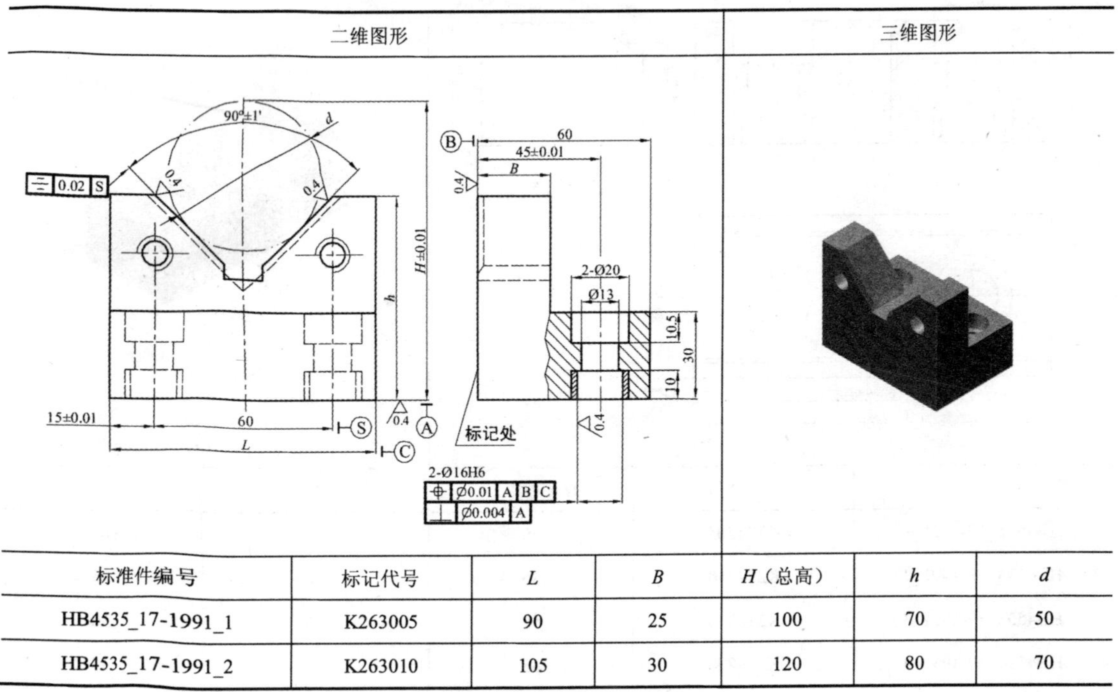

标准件编号	标记代号	L	B	H（总高）	h	d
HB4535_17-1991_1	K263005	90	25	100	70	50
HB4535_17-1991_2	K263010	105	30	120	80	70

表 6-21　V形拼块（HB 4535.18—1991）尺寸　　单位：mm

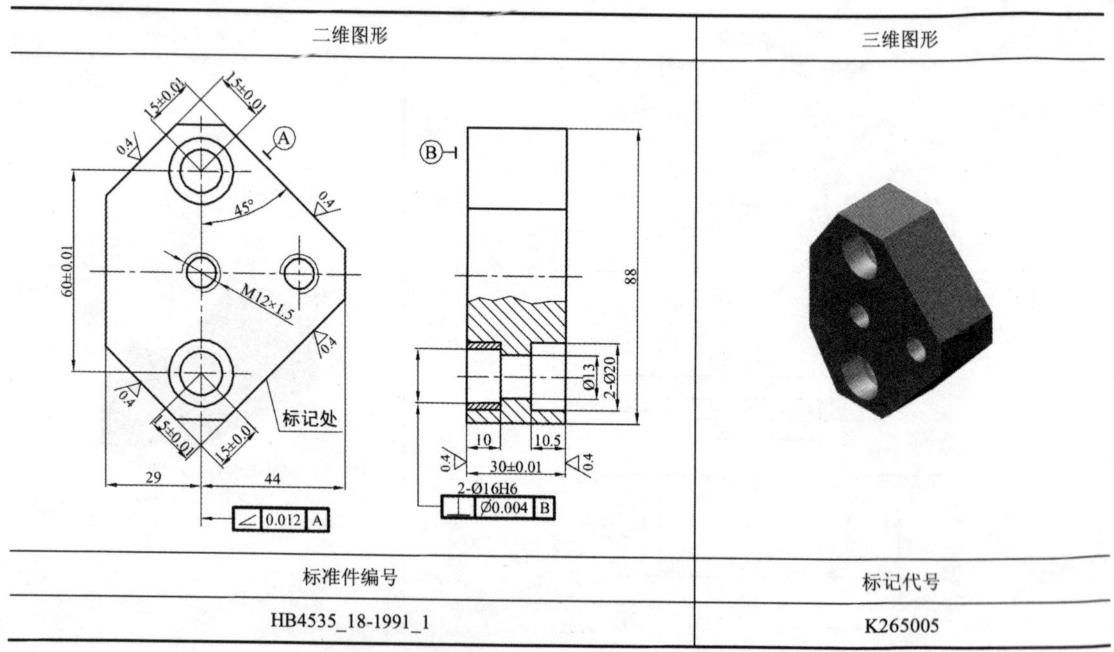

标准件编号	标记代号
HB4535_18-1991_1	K265005

表 6-22　二阶长方形定位支承（HB 4535.19—1991）尺寸　　单位：mm

二维图形	三维图形
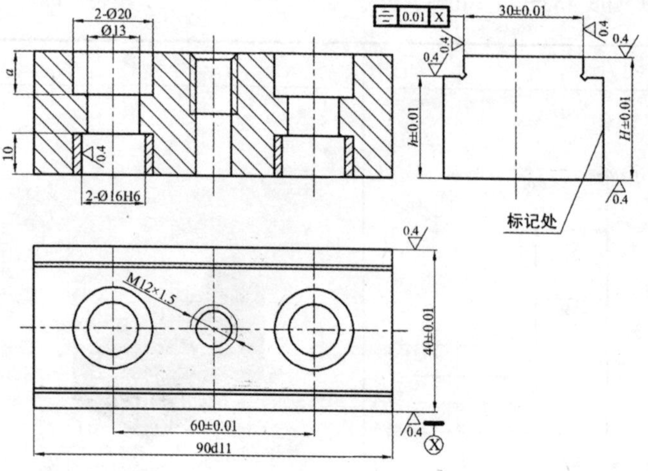 2-Ø20 Ø13 a 10 0.4 2-Ø16H6 0.01 X 30±0.01 h±0.01 H±0.01 标记处 M12×1.5 40±0.01 60±0.01 90d11 X	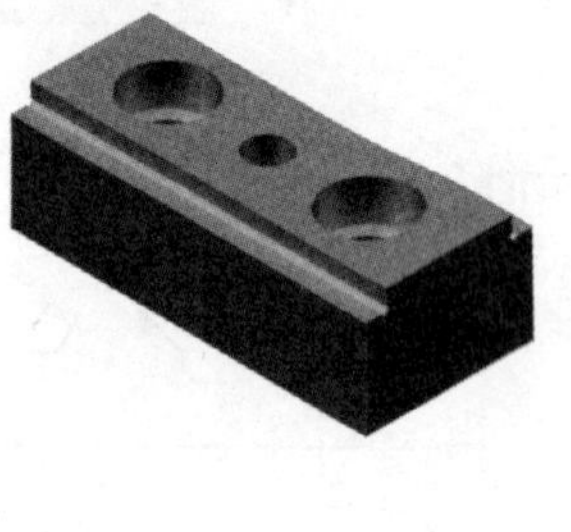

标准件编号	标记代号	H（总高）	h	a
HB4535_19-1991_1	K274205	30	25	10.5
HB4535_19-1991_2	K274210	35	30	15
HB4535_19-1991_3	K274215	50	40	30
HB4535_19-1991_4	K274220	55	50	35

表 6-23　四阶长方形定位支承（HB 4535.20—1991）尺寸　　单位：mm

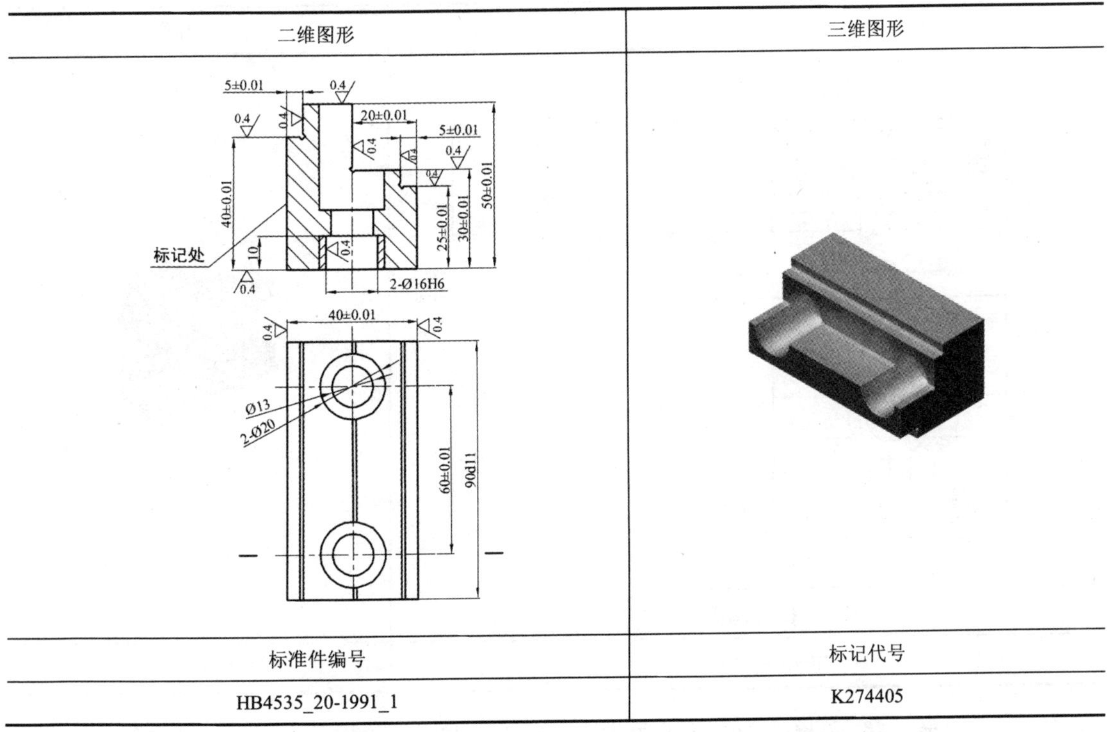

二维图形	三维图形
标准件编号	标记代号
HB4535_20-1991_1	K274405

表 6-24　孔槽过渡方形垫板（HB 4535.21—1991）尺寸　　单位：mm

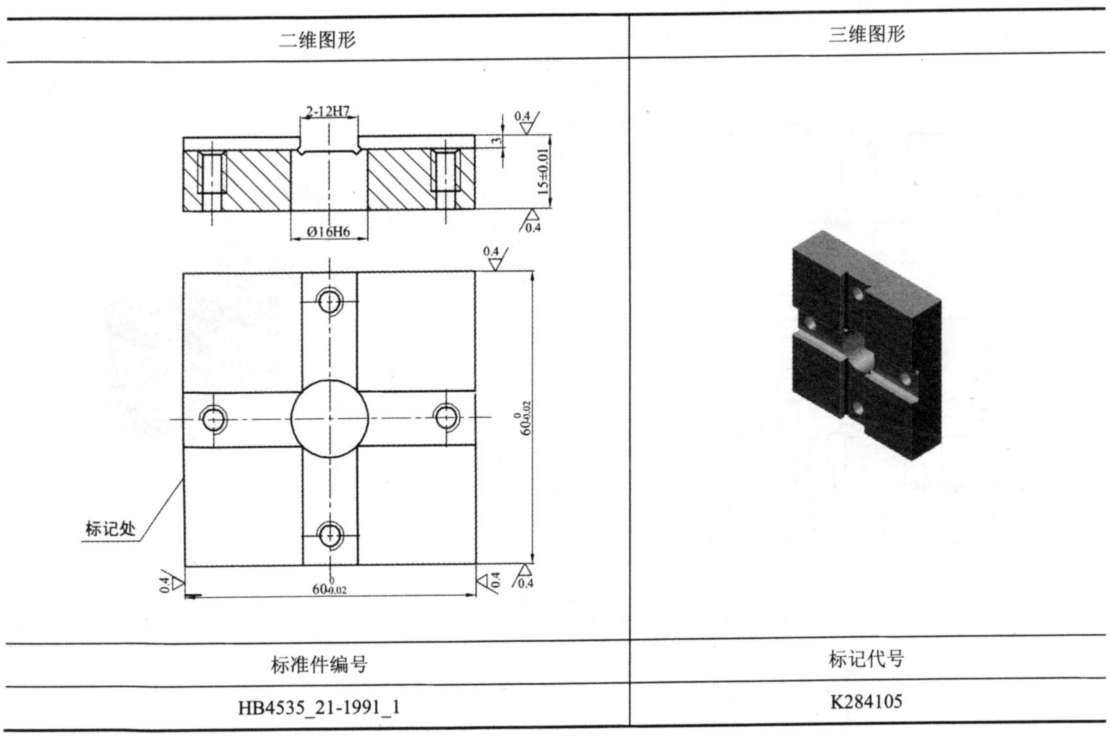

二维图形	三维图形
标准件编号	标记代号
HB4535_21-1991_1	K284105

表 6-25 孔槽过渡支承（HB 4535.22—1991）尺寸 单位：mm

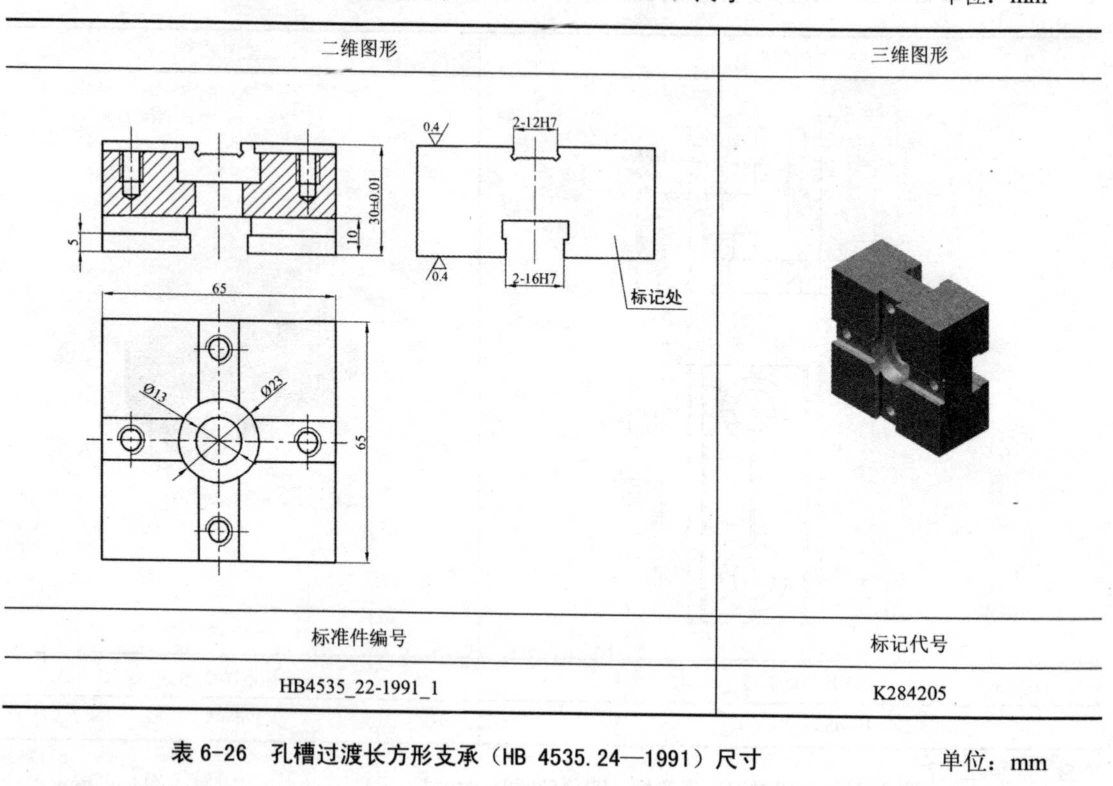

二维图形	三维图形
标准件编号	标记代号
HB4535_22-1991_1	K284205

表 6-26 孔槽过渡长方形支承（HB 4535.24—1991）尺寸 单位：mm

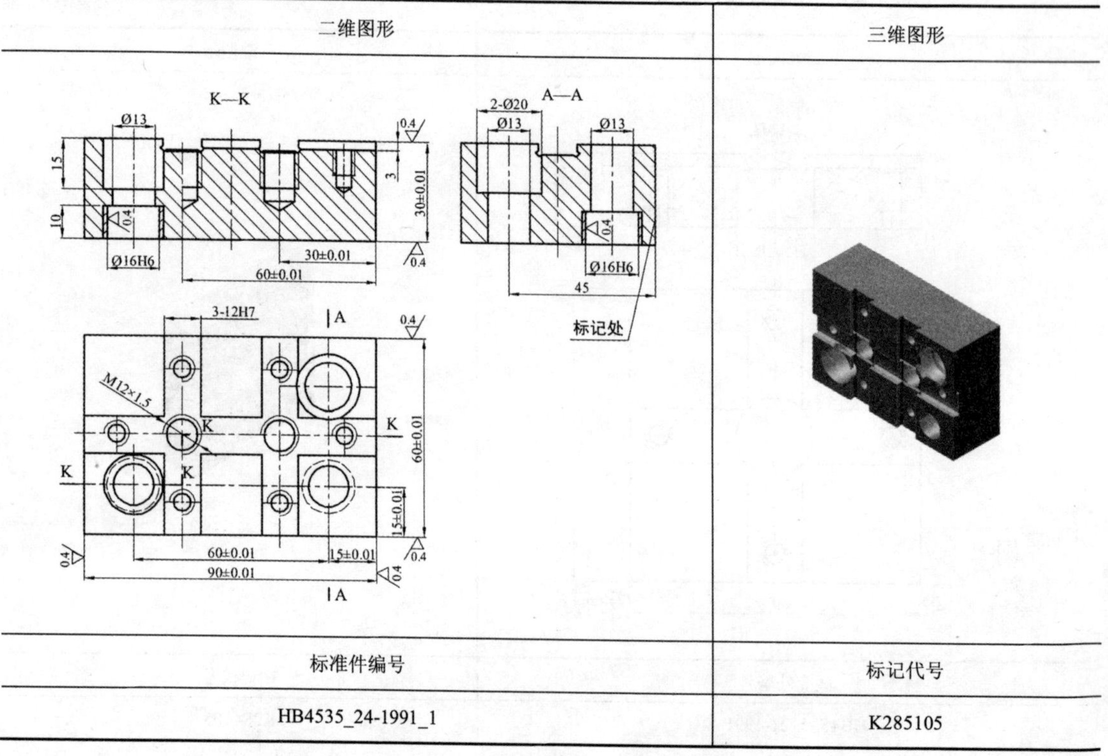

二维图形	三维图形
标准件编号	标记代号
HB4535_24-1991_1	K285105

表 6-27　孔槽过渡方形支承（HB 4535.25—1991）尺寸　　单位：mm

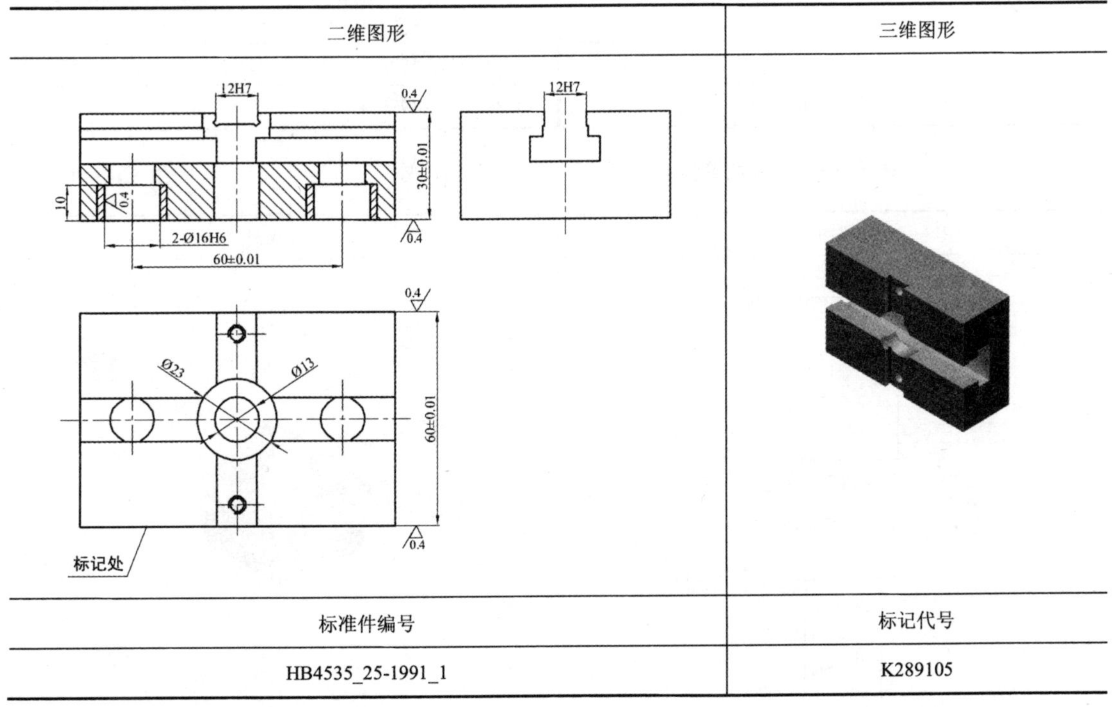

标准件编号	标记代号
HB4535_25-1991_1	K289105

6.3　其他件类

K 型孔系组合夹具元件（其他件类）包括空心定位销、过渡定位销、圆柱头U形压板、内六角螺钉、定位器、可调孔位定位支承、滑动定位器、轴向压紧器、定位侧向顶紧器、侧向顶紧器、偏心侧向顶紧器、斜向顶紧器、定位斜向顶紧器、拔销器、转接板和堵塞等。其尺寸如表 6-28～表 6-43 所示。

表 6-28　空心定位销（HB 4535.26—1991）尺寸　　单位：mm

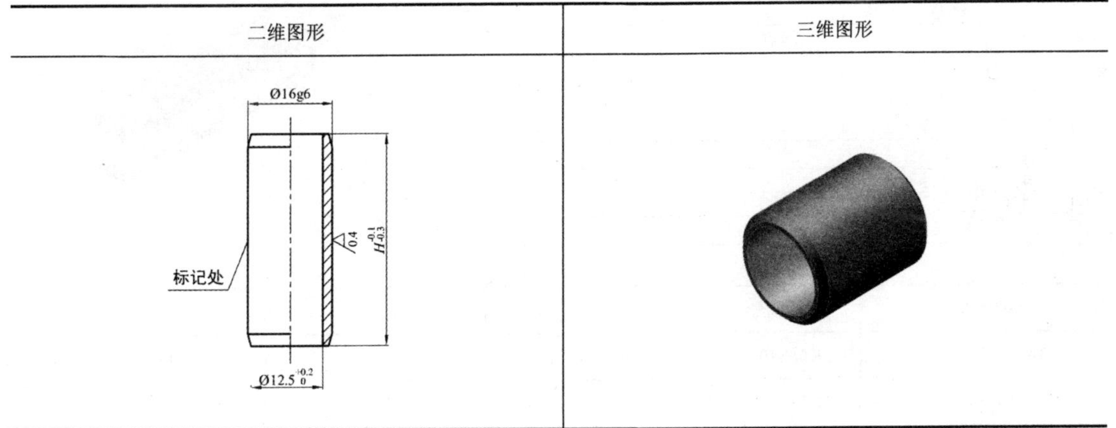

续表

标准件编号	标记代号	H	标准件编号	标记代号	H
HB4535_26-1991_1	K311105	20	HB4535_26-1991_3	K311115	30
HB4535_26-1991_2	K311110	25	HB4535_26-1991_4	K311120	35

表 6-29　过渡定位销（HB 4535.27—1991）尺寸　　单位：mm

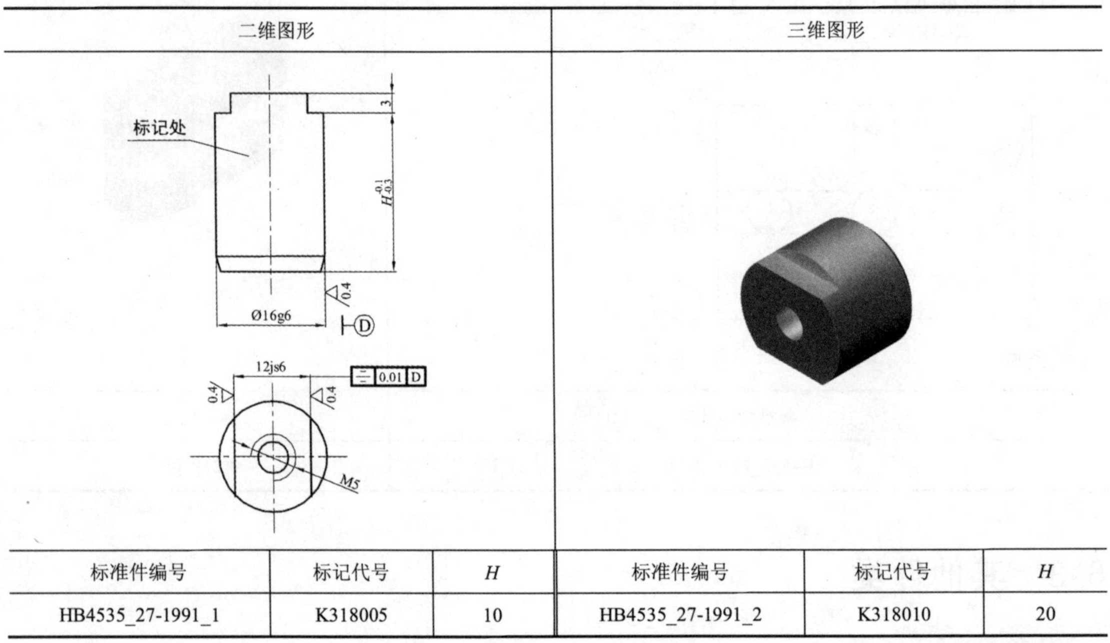

标准件编号	标记代号	H	标准件编号	标记代号	H
HB4535_27-1991_1	K318005	10	HB4535_27-1991_2	K318010	20

表 6-30　圆柱头U形压板（HB 4535.28—1991）尺寸　　单位：mm

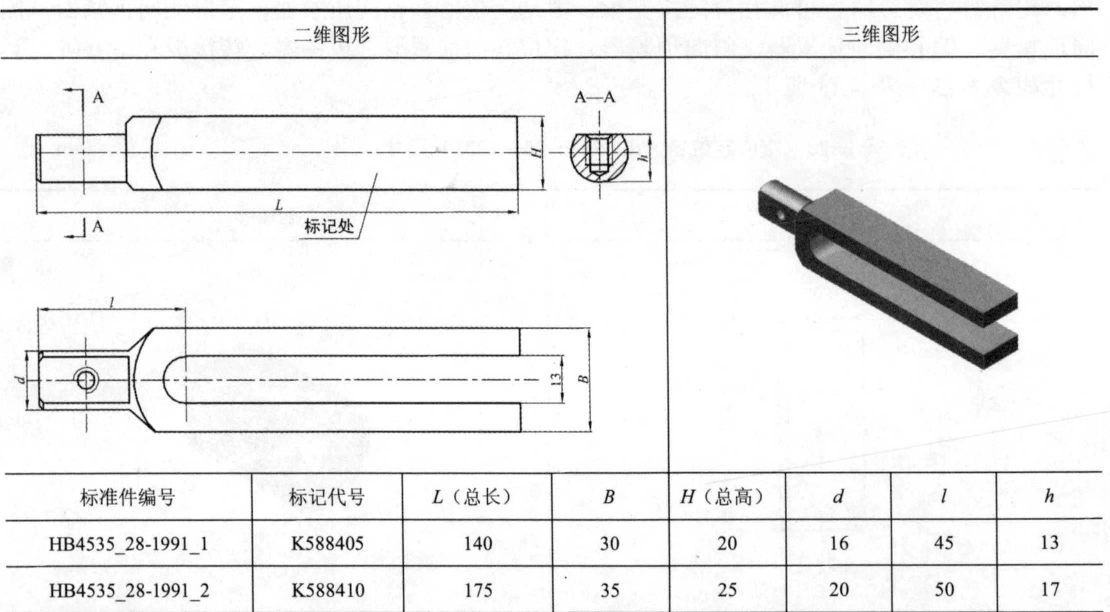

标准件编号	标记代号	L（总长）	B	H（总高）	d	l	h
HB4535_28-1991_1	K588405	140	30	20	16	45	13
HB4535_28-1991_2	K588410	175	35	25	20	50	17

表 6-31　内六角螺钉（HB 4535.29—1991）尺寸　　单位：mm

二维图形		三维图形
标准件编号	标记代号	L
HB4535_29-1991_1	K613001	25
HB4535_29-1991_2	K613002	30
HB4535_29-1991_3	K613003	40
HB4535_29-1991_4	K613004	50
HB4535_29-1991_5	K613005	60
HB4535_29-1991_6	K613006	70

表 6-32　定位器（HB 4535.30—1991）尺寸　　单位：mm

二维图形	三维图形
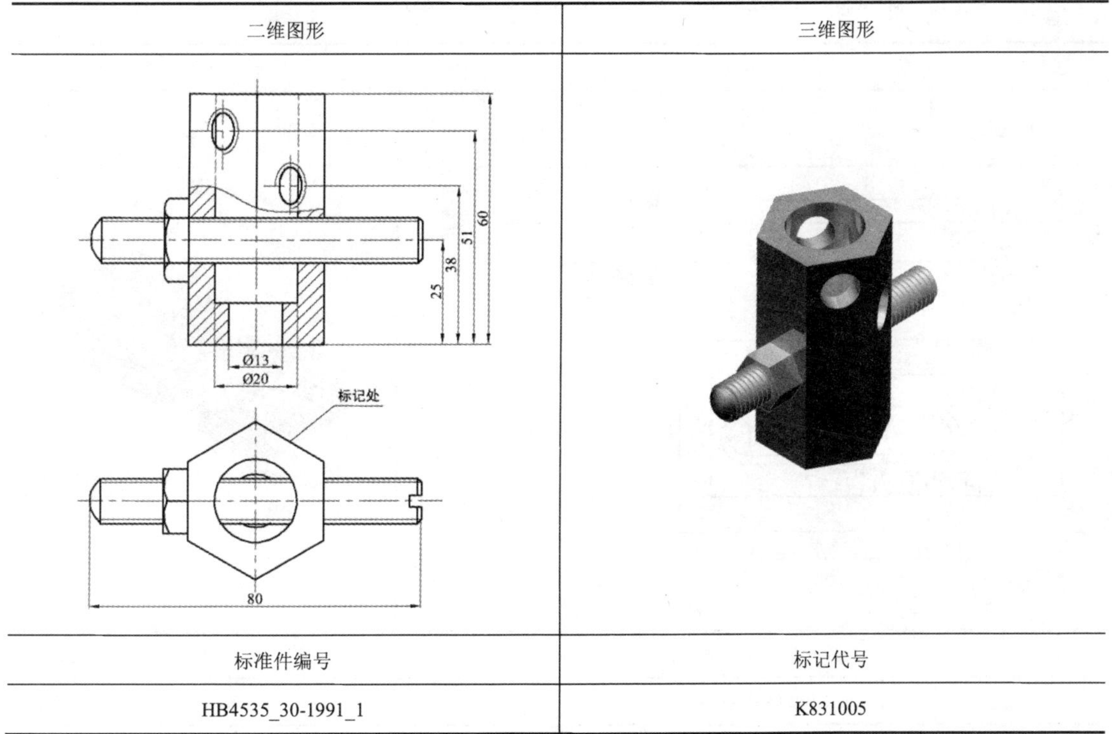	
标准件编号	标记代号
HB4535_30-1991_1	K831005

表 6-33　可调孔位定位支承（HB 4535.31—1991）尺寸　　单位：mm

二维图形	三维图形

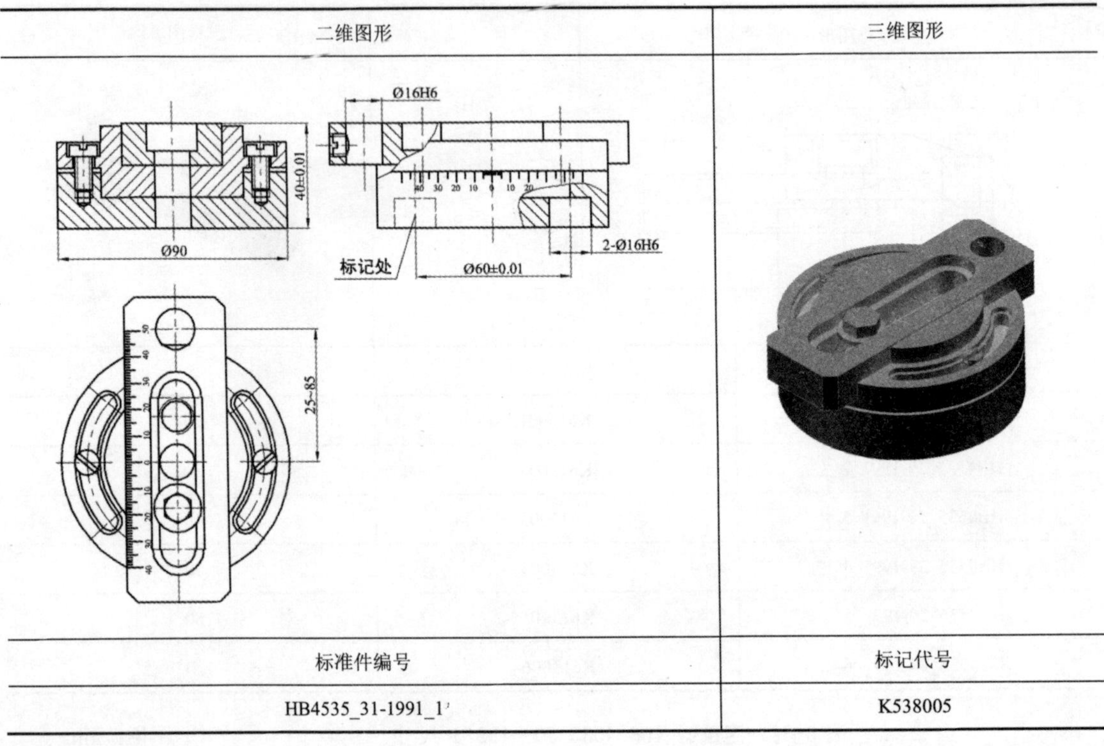

标准件编号	标记代号
HB4535_31-1991_1	K538005

表 6-34　滑动定位器（HB 4535.32—1991）尺寸　　单位：mm

二维图形	三维图形

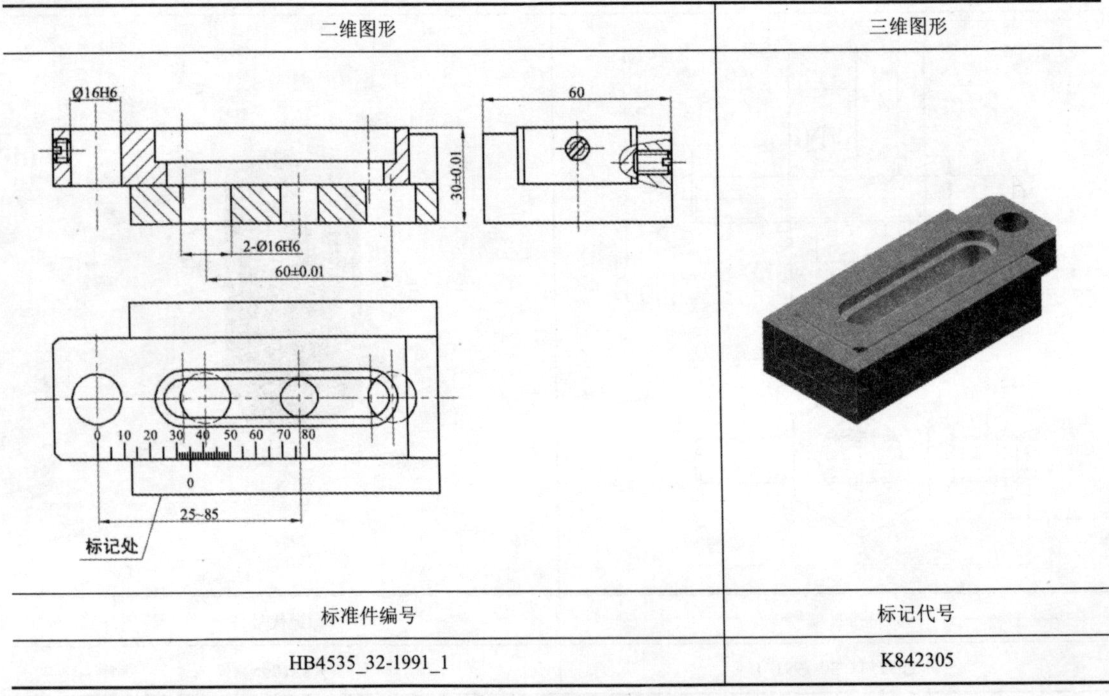

标准件编号	标记代号
HB4535_32-1991_1	K842305

表 6-35　轴向压紧器（HB 4535.33—1991）尺寸　　单位：mm

二维图形	三维图形
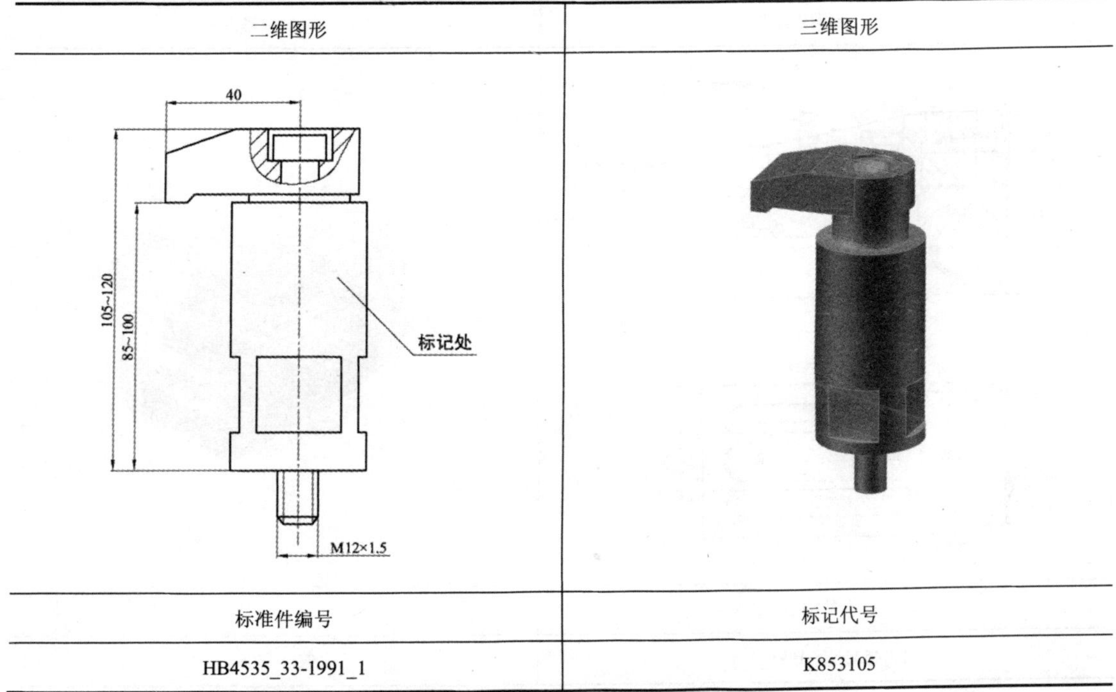	
标准件编号	标记代号
HB4535_33-1991_1	K853105

表 6-36　定位侧向顶紧器（HB 4535.34—1991）尺寸　　单位：mm

二维图形	三维图形
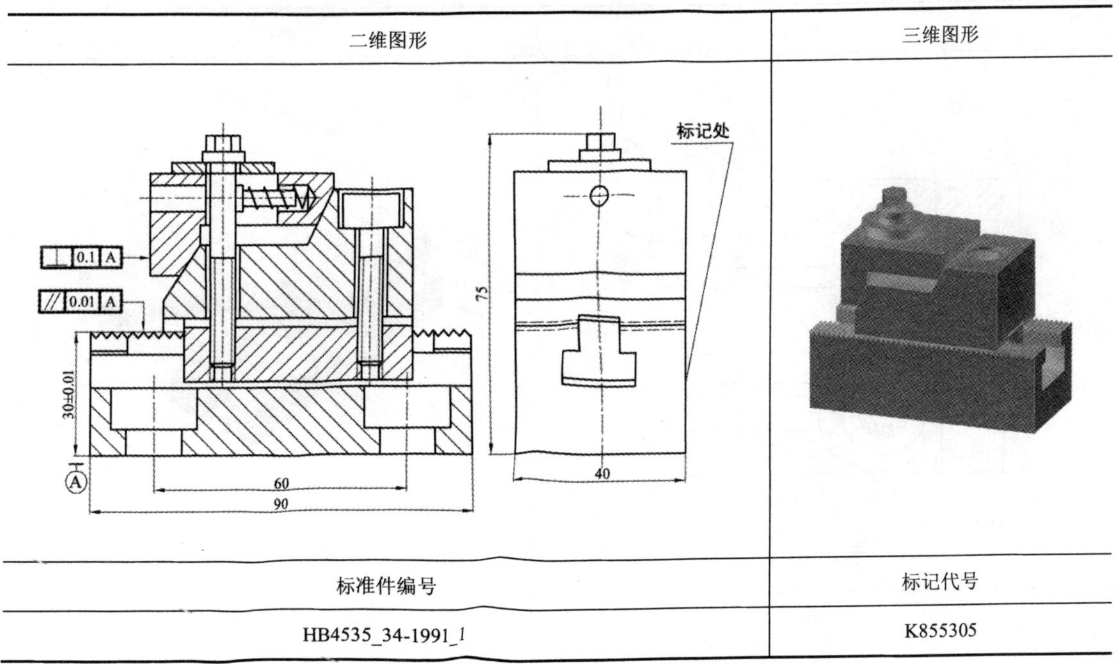	
标准件编号	标记代号
HB4535_34-1991_1	K855305

表 6-37 侧向顶紧器（HB 4535.35—1991）尺寸 单位：mm

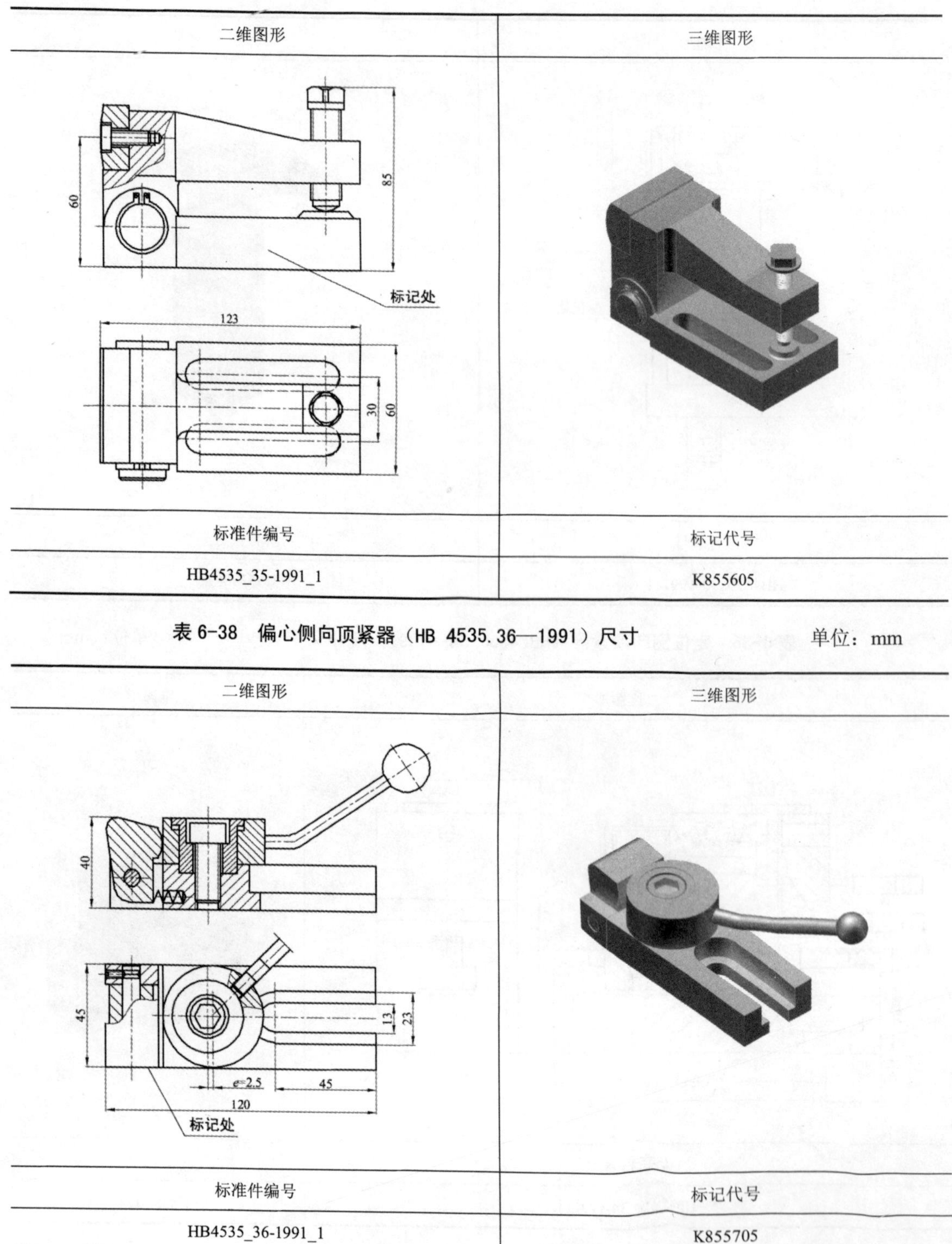

二维图形	三维图形
标准件编号	标记代号
HB4535_35-1991_1	K855605

表 6-38 偏心侧向顶紧器（HB 4535.36—1991）尺寸 单位：mm

二维图形	三维图形
标准件编号	标记代号
HB4535_36-1991_1	K855705

表 6-39　斜向顶紧器（HB 4535.37—1991）尺寸　　单位：mm

二维图形	三维图形

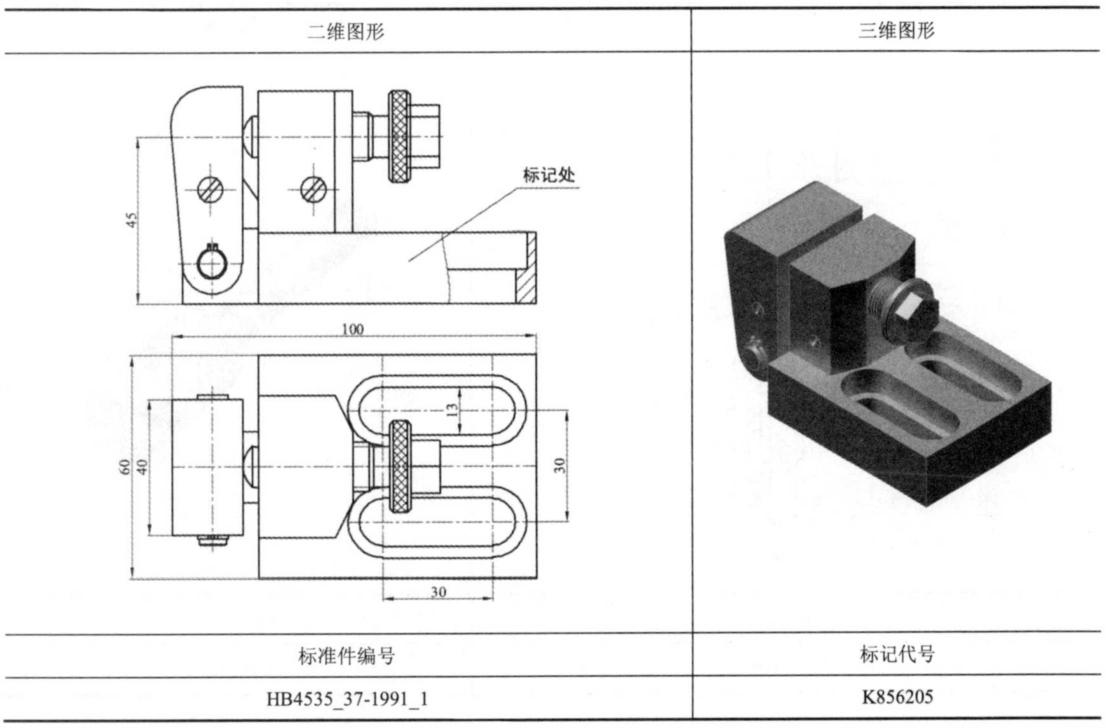

标准件编号	标记代号
HB4535_37-1991_1	K856205

表 6-40　定位斜向顶紧器（HB 4535.38—1991）尺寸　　单位：mm

二维图形	三维图形

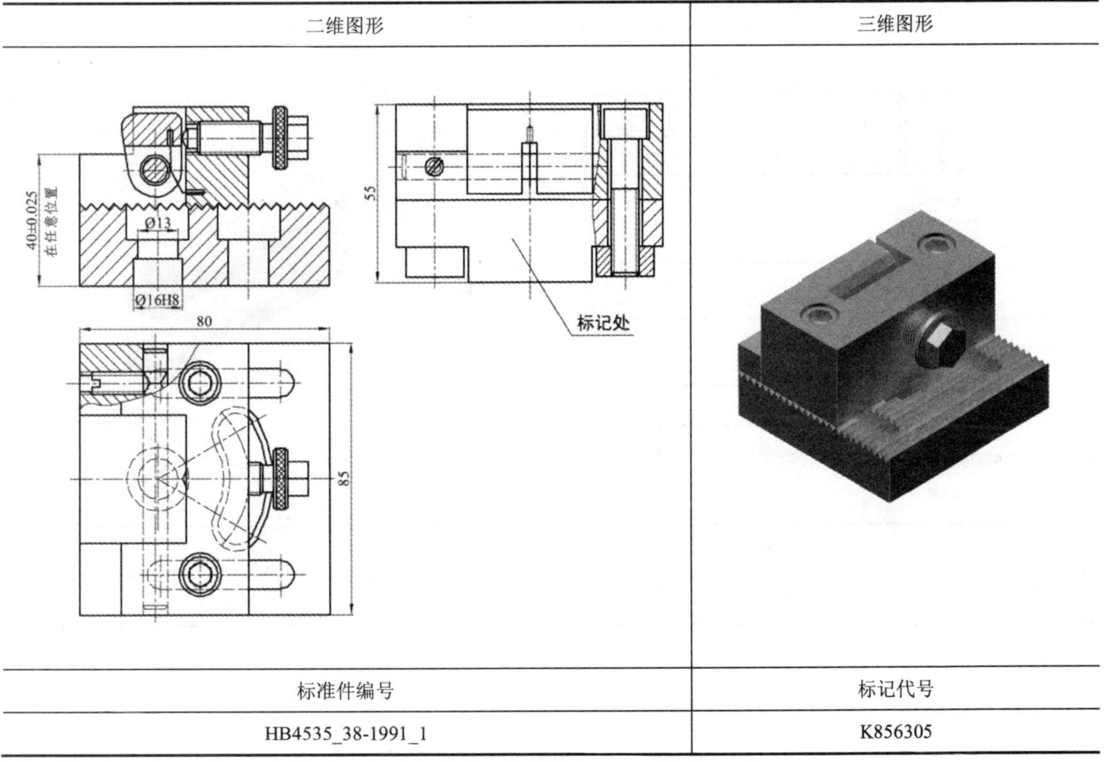

标准件编号	标记代号
HB4535_38-1991_1	K856305

表 6-41　拔销器（HB 4535.39—1991）尺寸　　单位：mm

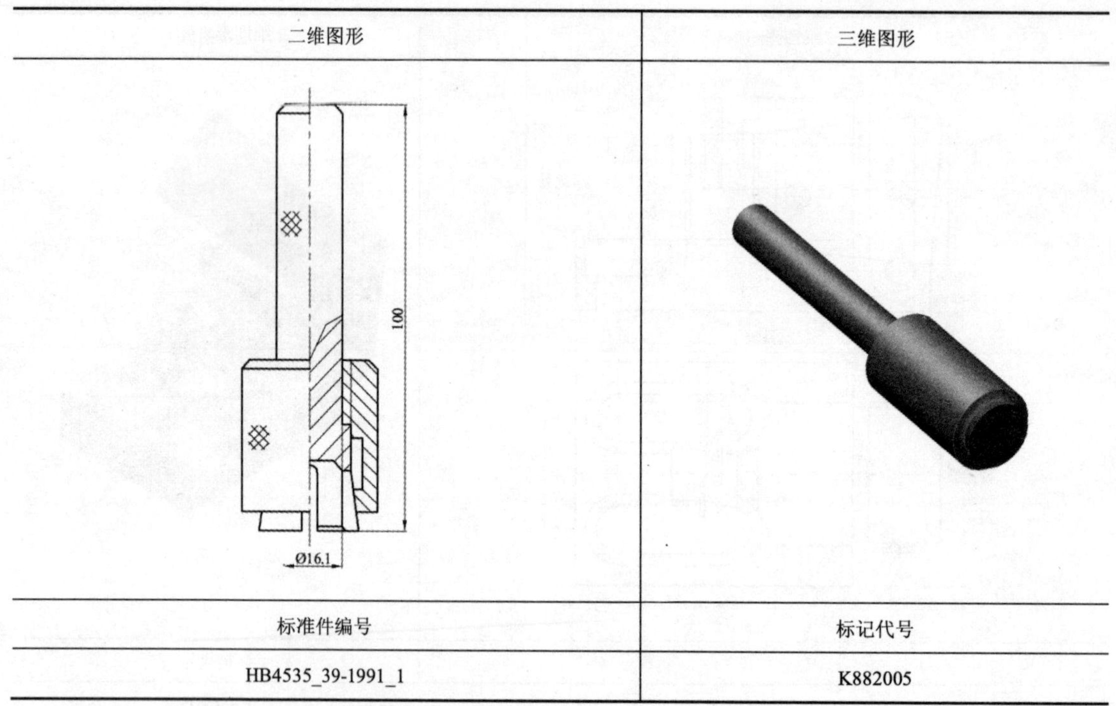

二维图形	三维图形
标准件编号	标记代号
HB4535_39-1991_1	K882005

表 6-42　转接板（HB 4535.40—1991）尺寸　　单位：mm

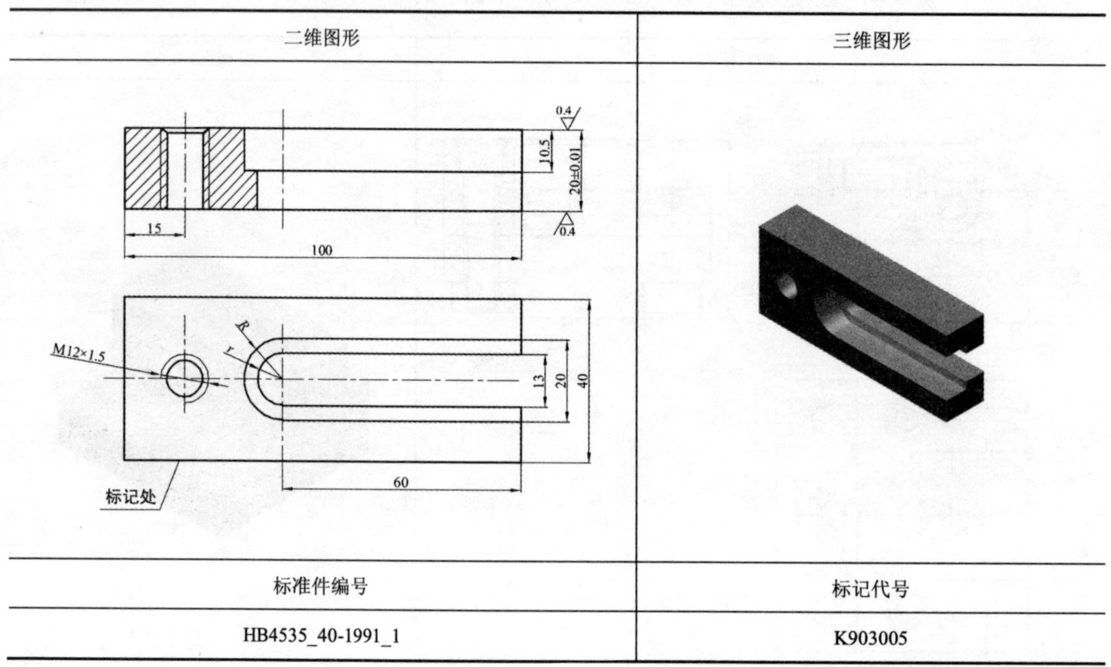

二维图形	三维图形
标准件编号	标记代号
HB4535_40-1991_1	K903005

表 6-43 堵塞（HB 4535.41—1991）尺寸

单位：mm

二维图形	三维图形
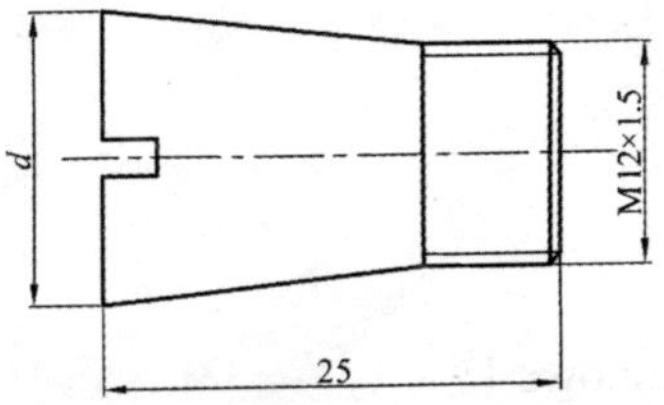 d; M12×1.5; 25	

标准件编号	标记代号	d
HB4535_41-1991_1	K909105	12.9
HB4535_41-1991_2	K909110	15.9

第 7 章　软件的安装、卸载和使用

7.1　安装与卸载

《组合夹具三维图库（SolidWorks 版）》与许多 Windows 应用程序一样，具有良好的用户界面，其安装方法与应用软件类似。《组合夹具三维图库（SolidWorks 版）》只能使用安装程序进行安装，可以根据用户的选择和设置将软件安装到硬盘上，然后从硬盘运行《组合夹具三维图库（SolidWorks 版）》，不能直接将光盘中的文件复制到硬盘上。

7.1.1　运行环境

安装《组合夹具三维图库（SolidWorks 版）》之前，需要检查计算机是否满足最低安装要求。运行《组合夹具三维图库（SolidWorks 版）》的最低要求如下。

硬件要求：

- PIII500 以上 PC 及兼容机。
- VGA 彩色显示器（建议显示方式为 16 位真彩色以上，分辨率为 800×600 以上）。
- 1.0 GB 以上的硬盘剩余空间。
- 256MB 以上的内存。

软件要求：

- 中文 Windows 2000/XP/Vista 以及 Windows 7 操作系统。
- IE 5.0 SP1 及以上版本的浏览器。
- SolidWorks 2007 及以上版本软件。

注意:《组合夹具三维图库（SolidWorks 版）》的安装路径必须为英文字符串，不能包含中文字符。

7.1.2　安装程序

为了保证安装程序正常运行，在安装过程中系统需要获得管理员权限并暂时关闭其他 Windows 应用程序，安装完毕后可以正常启用上述软件。该软件的安装步骤如下。

（1）在光盘驱动器中放入《组合夹具三维图库（SolidWorks 版）》安装盘。

（2）如果系统没有自动运行安装程序，请双击安装盘中的安装程序“组合夹具三维图库（SolidWorks 版）.exe”，弹出“安装向导”界面，如图 7-1 所示。

（3）单击“下一步”按钮，弹出如图 7-2 所示的“许可协议”界面。在软件许可协议中说明了用户的权利和义务，在阅读了协议内容并表示同意后点选“我同意该许可协议的条款”

单选钮。

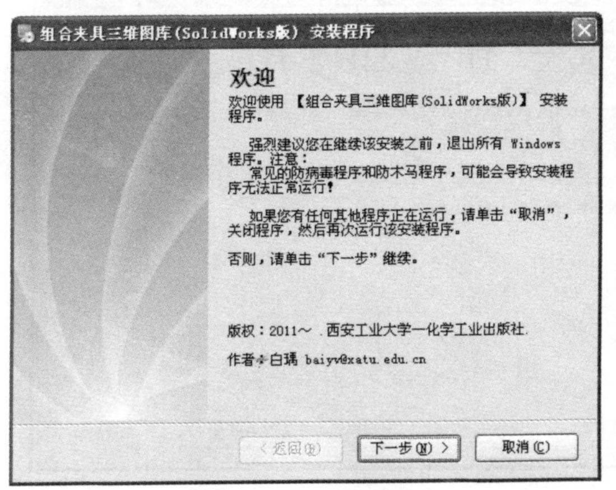

图 7-1 “安装向导”界面

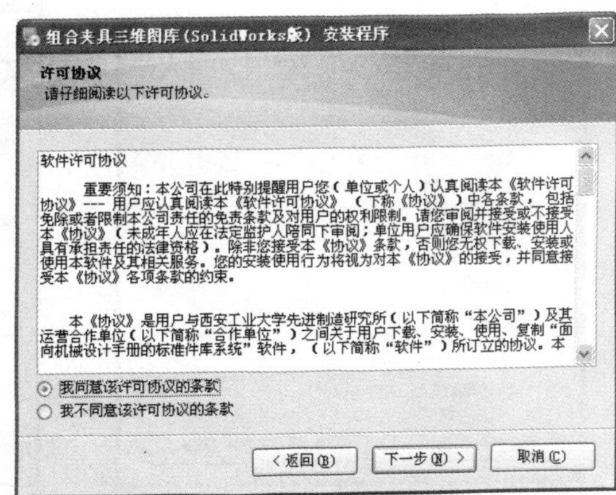

图 7-2 “许可协议”界面

（4）单击“下一步”按钮，弹出如图 7-3 所示的“用户编码”界面，输入随书附带的用户编码并仔细检查用户编码是否准确无误。

（5）单击“下一步”按钮，弹出如图 7-4 所示的“安装文件夹”界面。系统推荐的安装目录是“C:\Program Files\XATU\JHJJ-sw”。如果希望安装在其他的目录中，可单击“更改”按钮，弹出如图 7-5 所示的“浏览文件夹”界面，选择合适的文件夹后，单击“确定”按钮，返回“安装文件夹”界面。

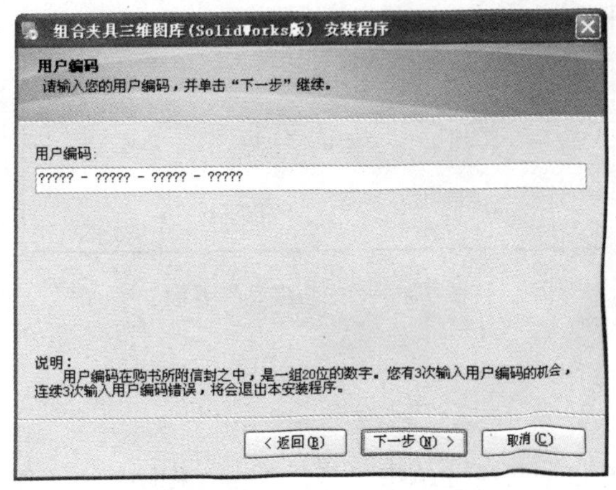

图 7-3 “用户编码”界面

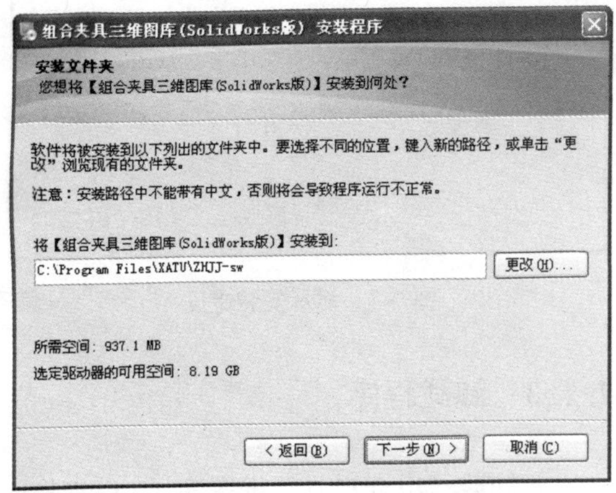

图 7-4 “安装文件夹”界面

（6）单击“下一步”按钮，安装程序将默认建立如图 7-6 所示的快捷方式文件夹。用户可以选择或改变快捷方式文件夹的名称。

（7）单击“下一步”按钮，将弹出“准备安装”界面，其中罗列出了安装所需信息。单击“下一步”按钮，安装程序将把软件复制到硬盘上，并使用进度条来显示安装进度，如图 7-7 所示。用户可以随时单击“取消”按钮退出安装程序。

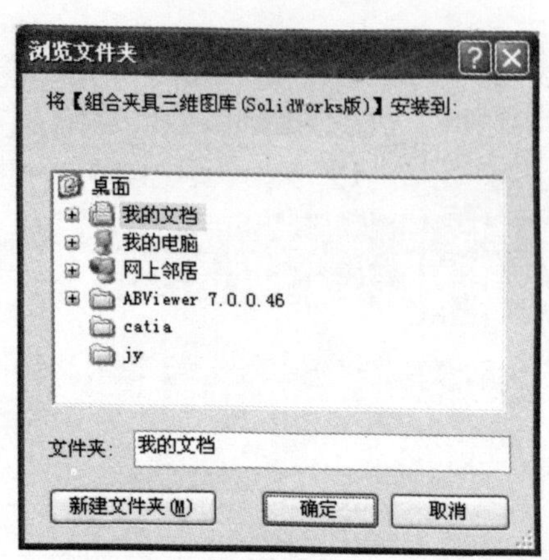

图 7-5 “浏览文件夹”界面

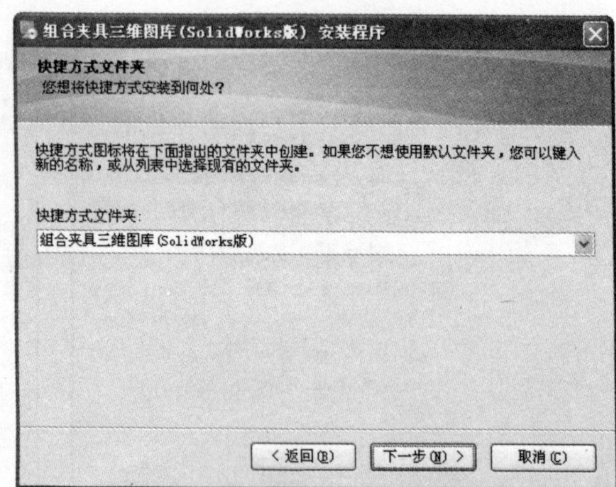

图 7-6 “快捷方式文件夹”界面

（8）安装完成后，出现“安装成功”界面，如图 7-8 所示。单击“完成”按钮，完成软件的安装。

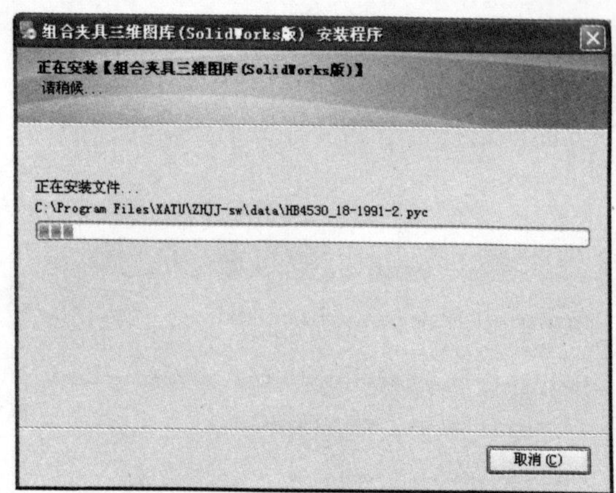

图 7-7 显示安装进度

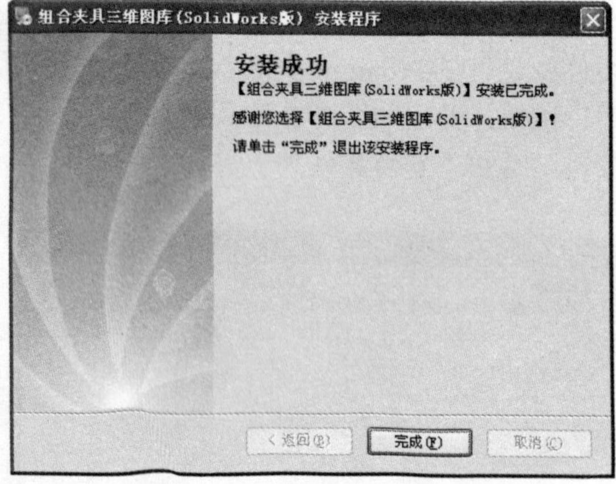

图 7-8 “安装成功”界面

7.1.3 卸载程序

要卸载《组合夹具三维图库（SolidWorks 版）》，可通过单击“开始”→“程序”→“组合夹具三维图库（SolidWorks 版）”程序组下的“卸载组合夹具三维图库（SolidWorks 版）”来卸载，也可以通过单击“控制面板”→“添加/删除程序”来卸载。

7.1.4 启动程序

安装完毕后，在 Windows 系统的桌面上将出现《组合夹具三维图库（SolidWorks 版）》软件的快捷图标，双击该快捷图标即可启动应用程序。

7.1.5 软件注册

安装完成后，获取用户注册信息的方式有如下两种：

（1）在软件安装完成时运行程序，系统弹出如图 7-9 所示的“提示注册”界面，提示用户尚未注册。单击“确定”按钮，弹出如图 7-10 所示的“欢迎您使用正版软件（用户注册）”界面。

图 7-9 “提示注册”界面

（2）若在安装完成后关闭了如图 7-10 所示的“用户注册”界面，还可以通过单击桌面左下角的“开始”→“程序”→“组合夹具三维图库（SolidWorks 版）”→“组合夹具三维图库（SolidWorks 版）用户注册”命令，也可以打开如图 7-10 所示的“用户注册”界面。

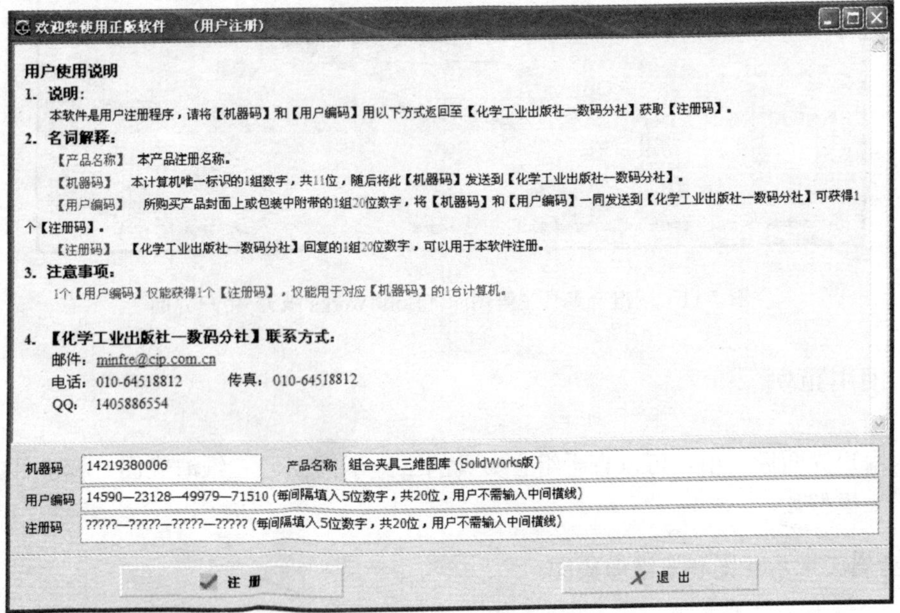

图 7-10 “用户注册”界面

用户按照图 7-10 中显示的联系方式，通过 E-mail（minfre@cip.com.cn）或传真（010-64518812）将获得的机器码、用户编码发送给化学工业出版社数码分社索取注册码。在获取注册码信息后，直接输入注册码，单击“注册”按钮，即可完成软件的注册。

7.2 软件的使用方法

7.2.1 用户界面

软件安装完成后，运行该软件将出现如图 7-11 所示的《组合夹具三维图库（SolidWorks

版)》用户界面。该界面主要包括 3 部分内容：组合夹具分类、二维示意图和三维渲染图以及标准件型号数据。

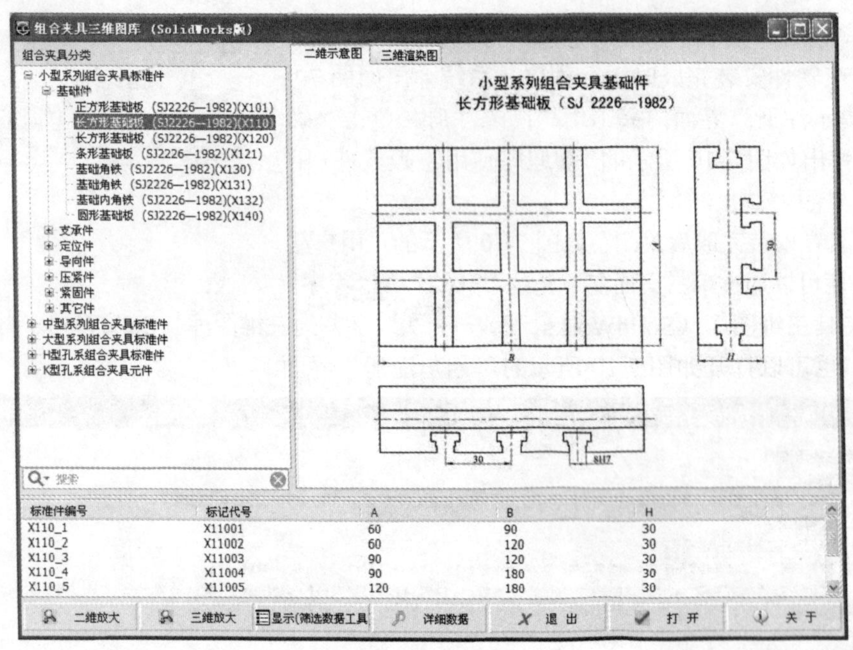

图 7-11　《组合夹具三维图库（SolidWorks 版）》用户界面

7.2.2　使用范例

进入用户界面后，用户可以查看组合夹具的二维示意图、三维渲染图、标准件的型号数据及其三维模型。

1. 查看二维示意图和三维渲染图

用户可以通过以下两种方法查看组合夹具的二维示意图和三维渲染图。

方法 1：在“组合夹具分类”列表中按照标准件的标准名称和标准编号及其子分类查找零件。以查找小型系列组合夹具标准件中基础件的长方形基础板为例，单击“组合夹具分类”列表中的“小型系列组合夹具标准件”→“基础件”→“长方形基础板（SJ2226-1982）（X110）”选项，如图 7-11 所示，即选择“长方形基础板”分类后，在界面右边可以显示出该标准件的二维示意图和三维渲染图，分别如图 7-12 和图 7-13 所示。单击“二维放大”按钮，可得到该标准件二维示意图的放大图；单击“三维放大”按钮，可得到该标准件三维渲染图的放大图。

方法 2：在用户界面上的“分类查找框”中输入待查数据如“110”后按<Enter>键，用户界面中的分类列表区将显示分类查找后的分类列表，如图 7-14 所示。选择“小型系列组合夹具标准件”→“基础件”→“长方形基础板（SJ2226-1982）（X110）”子分类后，在界面右边可以显示出该标准件的二维示意图和三维渲染图。单击“二维放大”按钮，可得到该标准件二维示意图的放大图；单击“三维放大”按钮，可得到该标准件三维渲染图的放大图。

用户可以在“分类查找框”中单击⊗按钮取消分类查找的结果，或者清空“分类查找框”后按<Enter>键，恢复到分类查找前的状态。用户也可以单击“分类查找框”中的🔍按钮查看分类查找数据的最后 5 条历史记录，如图 7-15 所示。

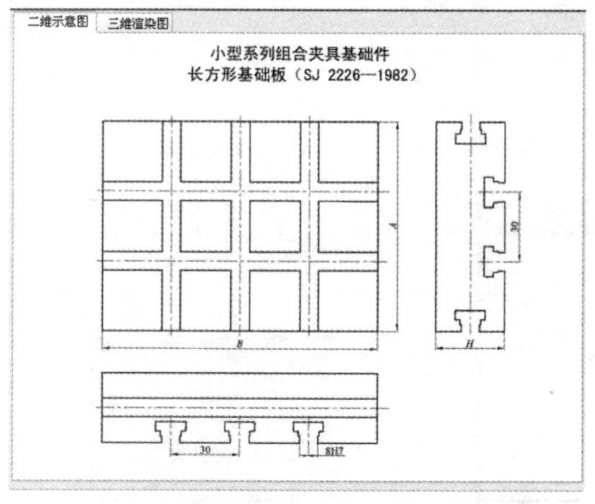

图 7-12　长方形基础板（SJ2226-1982）（X110）的二维示意图

图 7-13　长方形基础板（SJ2226-1982）（X110）的三维渲染图

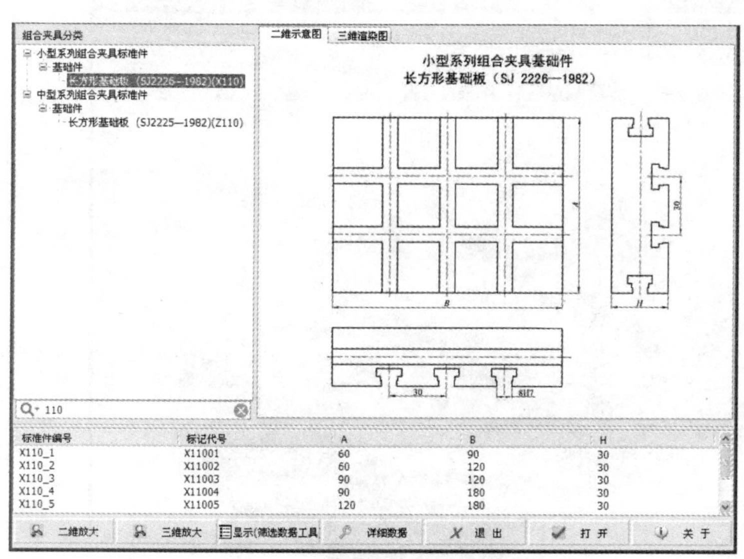

图 7-14　输入分类查找数据

图 7-15　分类查找记录列表

2．查看标准件的型号数据及其三维模型

查找到长方形基础板（SJ2226-1982）（X110）后，选择下方标准件型号数据列表中的第一行数据，如图 7-16 所示，单击“详细数据”按钮，弹出“查看参数”界面，显示该行的详细数据，如图 7-17 所示。如果没有选择数据，则会弹出如图 7-18 所示的“提示”界面，提示选择一行数据。然后单击“打开”按钮，系统就会打开 SolidWorks 软件，显示长方形基础板（SJ2226-1982）（X110）的零件图，如图 7-19 所示。

标准件编号	标记代号	A	B	H
X110_1	X11001	60	90	30
X110_2	X11002	60	120	30
X110_3	X11003	90	120	30
X110_4	X11004	90	180	30
X110_5	X11005	120	180	30

二维放大 三维放大 显示(筛选数据工具) 详细数据 退 出 打 开 关 于

图 7-16 选择标准件型号数据

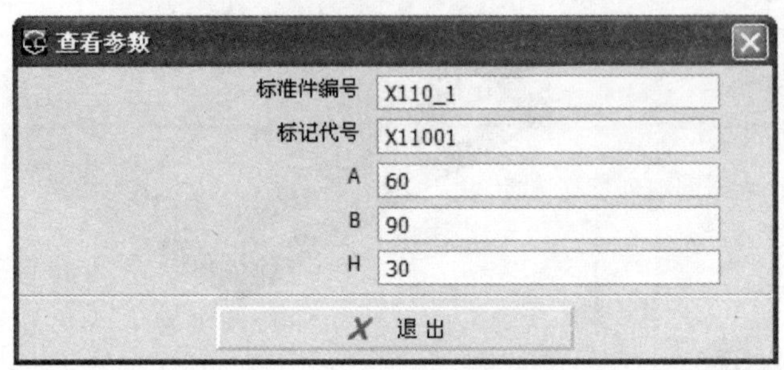

图 7-17 “查看参数”界面

图 7-18 “提示”界面

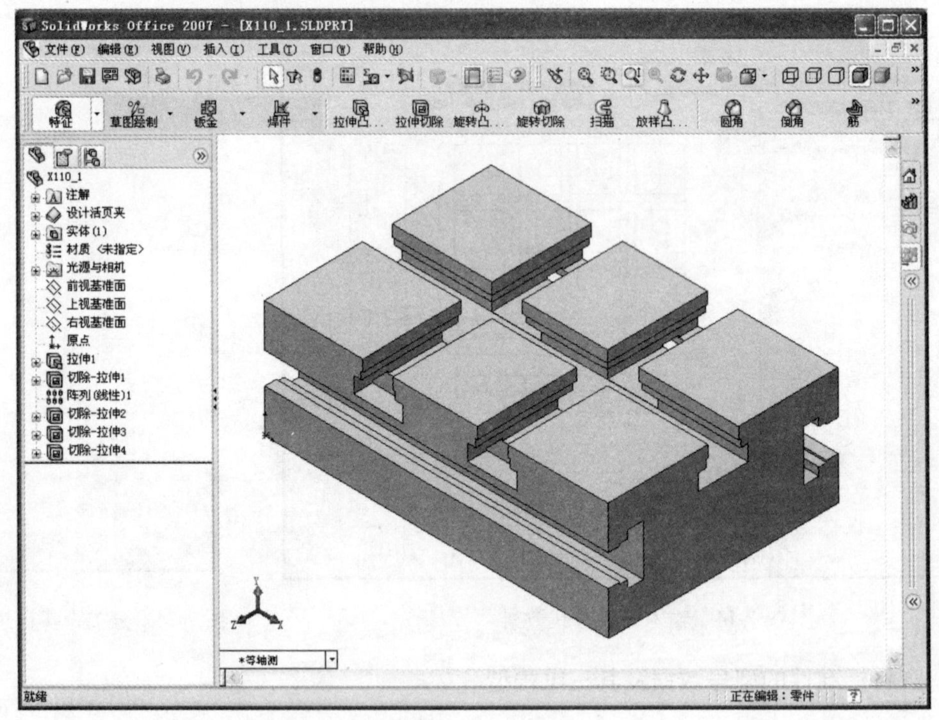

图 7-19 X110_1 零件图

3．使用数据筛选功能

当选定指定零件后，可以看到该零件的二维示意图、三维渲染图和数据详细列表。在数据详细列表中可以使用数据筛选功能，方法如下。

（1）单击“显示（筛选数据工具）”按钮，将显示数据详细列表筛选工具栏，如图 7-20 所示。

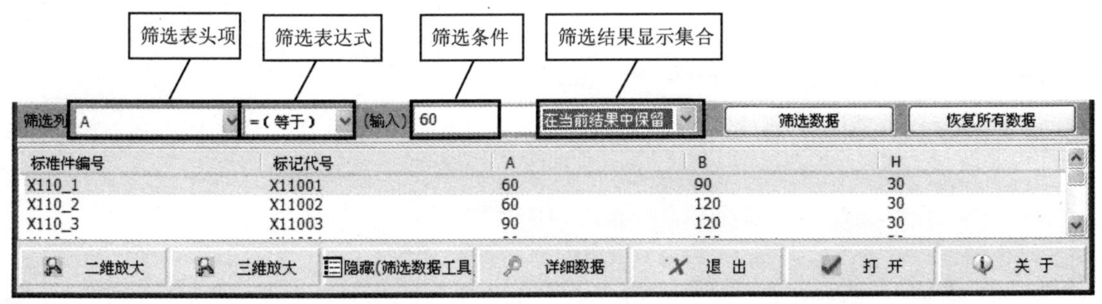

图 7-20 数据详细列表筛选工具栏

（2）选取筛选列中要进行筛选的表头项，然后选取筛选表达式，接着输入筛选条件，再选取筛选结果显示集合。设置好条件后，单击“筛选数据”按钮，即可显示筛选结果。

注意：筛选条件可以组合搭配，筛选过程可以多次组合。例如，选取 A>60、选取筛选结果显示集合为“在当前结果中保留”，可得所有公称尺寸 A>60 的筛选记录（图 7-21）。

（3）单击“恢复所有数据”按钮，将显示所有数据项。

（4）单击“隐藏（筛选数据工具）”按钮，将隐藏数据详细列表筛选工具栏。

筛选列 A　>（大于）　(输入) 60　在当前结果中保留　筛选数据　恢复所有数据

标准件编号	标记代号	A	B	H
X110_3	X11003	90	120	30
X110_4	X11004	90	180	30
X110_5	X11005	120	180	30
X110_6	X11006	120	240	30
X110_7	X11007	180	240	30
X110_8	X11008	180	300	30

二维放大　三维放大　隐藏(筛选数据工具　详细数据　退 出　打 开　关 于

图 7-21 A>60 的筛选记录

7.2.3 标准件模型的使用和保存

在使用软件时，用户可以在组合夹具三维图库中查询并打开三维模型，模型尺寸可按用户的要求进行修改，但是修改后的模型如果下次还要使用，则必须使用菜单栏中的“文件”→“另存为”命令，将修改后的文件重新保存，否则无法保存修改后的文件。